Electrónica

F. Moutinho

Teoría y aplicaciones prácticas De los dispositivos más comunes.

ELECTRÓNICA

F. Moutinho.

**Teoría y aplicaciones prácticas
De los dispositivos más comunes.**

A mis padres, a mi amada esposa Noemí y mi hijo Kevin.

"Si buscas resultados distintos, no hagas siempre lo mismo".

Albert Einstein.

Contenido

Prefacio — xiii
Acerca del autor — xvii

Capítulo I: Ley de Ohm

Introducción — 1
1.1 Ley de OHM — 2
    1.1.1 Resistencia eléctrica de un conductor — 3
    1.1.2 Efecto de la temperatura en la resistencia eléctrica de los conductores metálicos — 6
    1.1.3 Ejemplos — 8
1.2 Leyes de Kirchhoff — 12
    1.2.1 Ejemplos — 12
1.3 Teoremas de Thévenin y Norton — 20
    1.3.1 Aplicación de los teoremas de Thévenin y Norton — 21
1.4 Teorema de la máxima transferencia de potencia — 26
1.5 El efecto Joule — 29
1.6 Energía de un inductor o capacitor — 30
    1.6.1 Potencia activa o real y potencia reactiva — 31
1.7 Ejemplos — 31
1.8 Guía de fórmulas y cálculos — 33
1.9 Cuestionario y problemas del capítulo — 35

Capítulo 2: Filtros RLC

2.1 ¿Que es un filtro RLC? — 40
2.2 Términos básicos para caracterizar los filtros RLC — 42
2.3 Tipos de filtros — 45
    2.3.1 Pasa bajos — 45
    2.3.2 Pasa altos — 47
    2.3.3 Pasa banda — 49
    2.3.4 Rechaza banda — 52
2.4 Análisis de filtros — 55

		2.4.1 Caso 1: Pasa bajos	55
		2.4.2 Caso 2: Pasa altos	60
		2.4.3 Caso 3: Pasa banda RC	64
		2.4.4 Caso 4: Pasa banda resonante paralelo LC	73
		2.4.5 Caso 5: Pasa banda resonante serie LC	84
		2.4.6 Caso 6: Rechaza banda resonante paralelo LC	87
		2.4.7 Caso 7: Rechaza banda resonante serie LC	92
		2.4.8 Efecto de la resistencia de carga en el filtro pasa banda Resonante paralelo LC	94
		2.4.9 Efecto de la resistencia del generador (R_G) en el filtro Pasa banda resonante serie	97
		2.4.10 Efecto de la resistencia asociada al inductor	100
	2.5	Filtros de segundo orden	102
		2.5.1 Pasa bajos	102
		2.5.2 Pasa altos	107
	2.6	Guía fácil para el diseño de filtros RC	111
	2.7	Cuestionario y problemas del capítulo	115

Capítulo 3: Introducción a los semiconductores

3.2	El modelo de átomo de Bohr	121
3.2	El potencial de ionización	126
3.3	Semiconductor intrínseco	127
3.4	Semiconductor tipo N	127
3.5	Semiconductor tipo P	130
3.6	Semiconductor tipo P-N (el diodo)	133
	3.6.1 Polarización del diodo: Reversa	134
	3.6.2 Polarización del diodo: Directa	136
3.7	Curva característica I-V del diodo	138
3.8	Resistencia directa, inversa y dinámica del diodo	140
	3.8.1 Ejemplo de la resistencia Rd del diodo	141
	3.8.2 Ejemplo de la resistencia RI del diodo	143
	3.8.3 Ejemplo de la resistencia dinámica del diodo	145
	3.8.4 Ejemplo 2 de la *rd*	145

	3.8.5 Ejemplo 3 de la *rd*	146
	3.8.6 Ejemplo 4 de la *rd*	147
3.9	Comportamiento ideal y real del diodo	148
3.10	Capacitancias del diodo	150
3.11	Tiempo de recuperación en inverso t_{rr} del diodo: *recovery time*	155
3.12	Efecto de la temperatura en el diodo	157
3.13	El diodo Zener	162
	3.13.1 Regulación de voltaje utilizando el Zener	165
	3.13.2 Ejemplo sobre regulación Zener	167
	3.13.3 Coeficiente de temperatura Zener	168
	3.13.4 Ejemplo sobre el uso del coeficiente de temperatura Zener	169
	3.13.5 Degradación de la potencia con la temperatura: *Power derating*	171
	3.13.6 Ejemplo sobre la degradación de la potencia con la Temperatura	172
3.14	El diodo Schottky	172
3.15	Diferencia entre un diodo de propósito general y otro rápido	174
3.16	Diodo led emisor de luz: *light emitting diode*	176
3.17	Diodo receptor de luz o fotodiodo	181
3.18	Diodo PIN	184
3.19	Diodo laser: *light amplification by stimulated emission of radiation*	186
3.20	Guía fácil para el diseño y cálculos	187
3.21	Cuestionario y problemas del capítulo	190

Capítulo 4: Aplicaciones de los diodos

4.1	La rectificación	195
4.2	La rectificación de media onda sin filtro capacitivo	196
4.3	La rectificación de media onda con filtro capacitivo	205
	4.3.1 Ejemplo de rectificación a media onda con filtro	209
	4.3.2 Ejemplo 2	210
4.4	La rectificación de onda completa	210
4.5	Rectificación de onda completa con filtro	215
	4.5.1 Ejemplo de rectificación a onda completa con filtro	217

		4.5.2 Ejemplo 2	218
4.6	Multiplicadores de voltaje con diodos		219
		4.6.1 Doblador de voltaje de media onda	221
		4.6.2 Doblador de voltaje de onda completa	225
		4.6.3 Triplicador de voltaje de media onda	229
		4.6.4 Cuadriplicador de voltaje de media onda	233
4.7	Regulación de voltaje con diodo Zener		236
		4.7.1 Ejemplo de regulación de voltaje con diodo Zener	237
		4.7.2 Ejemplo 2	239
4.8	Aplicación: diseño de una fuente de alimentación no-regulada		243
4.9	Aplicación: diseño de una fuente de alimentación regulada con Zener		246
4.10	Guía para el diseño fácil		253
4.11	Cuestionario y problemas del capítulo		256

Capítulo 5: El transistor BJT

5.1	Estructura, tipos y operación del transistor de unión bipolar BJT	262
5.2	Características principales en el funcionamiento del transistor	271
	5.2.1 Corriente de colector I_C Vs voltaje V_{CE}: Zonas de operación	271
	5.2.2 El h_{FE} Vs I_C, Vs temperatura	276
	5.2.3 Degradación de la potencia efectiva del transistor: *Power derating*	279
5.3	El transistor como fuente de corriente DC	281
	5.3.1 Fuente de corriente *current source*, utilizando un transistor PNP	282
	5.3.2 Fuente de corriente *current sink* utilizando un transistor NPN	284
	5.3.3 Fuente de corriente *current sink* tipo espejo	289
	5.3.4 Fuente de corriente *current sink* tipo espejo mejorada	293
	5.3.5 La estabilidad en la fuente de corriente *current sink* Tipo espejo	297
	5.3.6 Variante de la fuente de la corriente tipo espejo: Modo *current source*	299
	5.3.7 Variante Wildar de la fuente de corriente tipo espejo en modo	

		Current source	301
5.4		El transistor como conmutador	304
	5.4.1	Tiempo del transistor: tiempo de subida, tiempo de bajada, tiempo de retraso, tiempo de encendido, tiempo de almacenamiento y tiempo de apagado	310
5.5		Polarización DC del transistor: recta de carga DC	315
5.6		Amplificación de voltaje AC, utilizando el transistor	320
5.7		Amplificación de voltaje AC: recta de carga AC	326
5.8		Modelo híbrido AC simplificado del transistor	332
5.9		Modelo de un amplificador de voltaje	339
5.10		Amplificadores de una etapa a transistor:	341
	5.10.1	Amplificador autopolarizado en emisor común (EC)	341
	5.10.2	Amplificador EC con resistencia en el emisor	349
	5.10.3	Amplificador en base común BC	356
	5.10.4	Amplificador en colector común CC	361
5.11		Amplificador de dos etapas: Cascode	365
5.12		Amplificador de tres etapas: Cascode con salida de potencia	375
5.13		Capacitancias parásitas en el transistor: C_{ibo} y C_{obo}	386
5.14		Efecto de las capacitancias C_{ibo} y C_{obo} en la respuesta en frecuencia (Efecto Miller)	387
5.15		Guía fácil para el diseño	393
5.16		Cuestionario y problemas del capítulo	398

Capítulo 6: El transistor de efecto de campo FET

6.1	Descripción general sobre el FET	405
6.2	Estructura y funcionamiento del FET	407
6.3	Polarización DC del FET	414
6.4	Transconductancia G_M del FET	419
6.5	Modelo híbrido AC simple del FET	421
6.6	Amplificador AC con un FET	423
6.7	Las capacitancias del FET	427
6.8	Los tiempos del FET	428
6.9	Parámetros del FET	429

6.10	Efecto Miller en el FET	431
6.11	MOSFET	432
	6.11.1 MOSFET de agotamiento	432
	6.11.2 MOSFET de enriquecimiento	437
6.12	Curva de carga de compuerta o *gate charge curve* en el MOSFET	442
6.13	Ejemplo de la utilización del MOSFET como conmutador	445
6.14	Ejemplo de la utilización de un MOSFET como amplificador	450
6.15	Efecto de la temperatura en los FET y MOSFET	453
6.16	Guía fácil para el diseño	456
6.17	Cuestionario y problemas de capítulo	458

Capítulo 7: Amplificadores: Diferencial, OPAMP, Diseños y Aplicaciones

7.1	Amplificador Diferencial	464
7.2	Análisis del amplificador Diferencial:	467
	7.2.1 Análisis de un amplificador diferencial con BJT	467
	7.2.2 Combinando ahora BJT y FET	476
7.2	El amplificador operacional (OPAMP)	483
7.4	Producto de la ganancia por ancho de banda: GBWP	484
7.5	La retroalimentación negativa en el OPAMP	487
7.6	Configuraciones básicas con el OPAMP:	494
	7.6.1 Amplificador inversor	494
	7.6.2 Amplificador no-inversor	497
	7.6.3 Amplificador seguidor de tensión	498
	7.6.4 Amplificador inversor con filtro pasa-alto	500
	7.6.5 Amplificador inversor con filtro pasa-bajo	501
	7.6.6 Amplificador inversor con filtro pasa-banda	502
	7.6.7 Amplificador inversor sumador: *mixer*	504
	7.6.8 Amplificador inversor diferenciador o sustractor	505
	7.6.9 Amplificador inversor integrador	507
	7.6.10 Amplificador derivador	510
	7.6.11 Comparador de voltaje	511
7.7	Diseños de OPAMP a medida:	518

	7.7.1	Diseño de un modelo de amplificador OPAMP discreto	518
	7.7.2	Diseño de un segundo modelo de amplificador OPAMP discreto	535
	7.7.3	Mejorando aún más el segundo modelo de amplificador OPAMP discreto: *Bootstrapping*	547
	7.7.4	Diseño de un tercer modelo de amplificador OPAMP discreto	553
7.8	Algunas aplicaciones o proyectos interesantes:		579
	7.8.1	Amplificador de $\pm$12V, 4Ω, 7 Watts	579
	7.8.2	Amplificador *Bridge*, +12V, 4Ω, 7 Watts	592
	7.8.3	Final de potencia con MOSFET: +30V, 2Ω, 28.62 Watts	605
	7.8.4	Comparador con histéresis controlada	613
	7.8.5	Comparador de ventana	615
	7.8.6	Sencillo generador de funciones	619
7.9	Guía fácil para el diseño		628
7.10	Cuestionario y problemas del capítulo		634

Capítulo 8: Circuitos osciladores   643

8.1	Descripción general		644
8.2	La retroalimentación positiva		645
8.3	Aumento de la distorsión en la retroalimentación positiva		647
8.4	Tipos de osciladores:		650
	8.4.1	Oscilador de relajación con OPAMP	650
	8.4.2	Oscilador senoidal Colpitts	656
	8.4.3	Oscilador senoidal Hartley	661
	8.4.4	Oscilador Clapp	664
	8.4.5.1	Oscilador Pierce con cristal en serie	669
	8.4.5.2	Oscilador Miller con cristal en paralelo	672
	8.4.6	El 555 como oscilador	674
8.5	Guía fácil para el diseño		685
8.6	Cuestionario y problemas del capítulo		687

Capítulo 9: Dispositivos de potencia y opto-acopladores — 690

- 9.1 Descripción general: Tiristores — 691
- 9.2 El $\frac{dv}{dt}$ del tiristor — 696
- 9.3 El Triac — 698
- 9.4 Opto-acopladores — 701
- 9.5 El IGBT — 704
- 9.6 Guía fácil para el diseño — 707
- 9.7 Cuestionario y problemas del capítulo — 708

Capítulo 10: Principios digitales — 710

- 10.1 Descripción general — 711
- 10.2 Compuertas básicas — 716
- 10.3 Circuitos combinacionales — 720
- 10.4 Circuitos secuenciales — 724
- 10.5 Circuitos osciladores y temporizadores — 729
- 10.6 Convertidor Analógico-Digital ADC — 737
- 10.7 Convertidor R2R — 742
- 10.8 Modulador de ancho de pulso PWM — 749
- 10.9 Guía fácil para el diseño — 754
- 10.10 Cuestionario y problemas del capítulo — 756

Bibliografía

Prefacio

La presente obra ha sido diseñada teniendo como objetivo que el lector pueda aprender a analizar y diseñar en forma sencilla los circuitos más comunes en electrónica, por medio de un enfoque con un sentido práctico y específico en la selección de los temas fundamentales que se considera conforman la columna vertebral del mundo en la electrónica.

La selección de los temas es fundamental como una forma de evitar la dispersión en una gran variedad de tópicos que dificulta y hace más compleja la labor de enseñanza. Es por ello que en cada tema se ha seleccionado los tópicos más relevantes siguiendo una prioridad por importancia y uso práctico.

En cuanto a la didáctica del libro se ha escogido como método de enseñanza, la explicación teórica resumida y sencilla de los efectos y leyes correspondientes, el análisis de circuitos con el uso de una matemática con la menor complejidad posible, ejemplos ilustrativos de los casos de a través circuitos prácticos, planteamientos de diseños y de análisis con circuitos interesantes y de aplicación en la vida real, complementos y reforzamiento a través de la sección de ejercicios.

Los temas seleccionados son compatibles con el esquema de pensum de casi cualquier universidad en la carrera de Ingeniería Electrónica, Física y afines.

Esta obra se considera una de uso práctico, de consulta, aprendizaje y de ayuda referente a los temas que ocupan en la vida diaria de un principiante, estudiante, técnico, profesional, ingeniero o profesor de la materia de electrónica.

Esta obra también puede ser usada como libro de curso en la carrera de electrónica y/o por estudiantes de ingeniería u otras carreras afines, cuyo pensum contemple un curso regular de electrónica básica.

Como prerrequisito (no-limitativo) se exige como mínimo nivel bachiller en ciencias, y tener conocimientos básicos sobre circuitos electrónicos.

Los temas seleccionados comprenden 10 capítulos, que van desde la Ley de OHM, filtros pasivos RLC, diodo rectificador, transistor BJT, MOSFET, Amplificadores, OPAMP, osciladores, hasta principios digitales. En cada capítulo se abordan los tópicos de mayor interés, de una manera muy sencilla e ilustrativa. Para los ejemplos se han escogido solo los componentes electrónicos más comunes que podemos encontrar en casi cualquier aplicación de electrónica. Se hace hincapié en los temas relacionados con el diodo y el transistor, ya que son la base para el buen manejo de la electrónica analógica.

De forma más detallada en el capítulo **I** se aborda de manera introductoria las nociones sobre resistencia eléctrica, ley de Ohm, leyes de Kirchhoff, los teoremas de Thévenin y Norton, máxima transferencia de potencia y el efecto Joule. Se dan algunos ejemplos y se utiliza el método de superposición para resolver problemas de circuitos con fuentes mixtas no dependientes.

El capítulo **II** aborda el tema de caracterización de los filtros pasivos RLC, se dan los tipos de filtros: pasa-bajos, pasa-altos, pasa-banda RC, resonante pasa-banda, resonante rechaza-banda, diagrama de Bode y las fórmulas básicas para el cálculo de filtros. Ejemplos.

El capítulo **III** es la introducción a los semiconductores, se habla de la física del semiconductor, se presenta el diodo, su estructura, tipos de diodos, características y su funcionamiento.

En el capítulo **IV** se dan los ejemplos de aplicaciones de los diodos en base al capítulo III: uso básico en rectificación a media onda, onda completa, voltajes de referencia, multiplicadores de voltaje, regulación con Zener, etc.

El capítulo **V**, inicia con el transistor BJT, estructura, tipos, funcionamiento, efecto de la temperatura, configuraciones básicas, modelo híbrido AC simplificado para pequeña señal. Ejemplos.

El capítulo **VI**, continua con el transistor de efecto de campo FET, estructura, tipos, funcionamiento, efecto de la temperatura, configuraciones básicas, modelo híbrido AC simplificado para pequeña señal. Ejemplos.

El capítulo **VII** aborda los amplificadores discretos de tipo: diferencial y el OPAMP. Se abarca la retroalimentación negativa y se analizan algunas aplicaciones. Se dan ejemplos de la utilización de los tipos más comunes de BJT y FET en aplicaciones básicas. Se plantean varios diseños de amplificadores de audio para entretenimiento, que son relativamente fáciles de construir. Se da toda la explicación posible para que el lector pueda entender, modificar y/o realizar su propio diseño. Es uno de los capítulos claves de este libro.

El capítulo **VIII** toca el tema de los osciladores, sistema de retroalimentación positiva, principios de oscilación y tipos básicos de osciladores que pueden ser construidos muy fácilmente.

El capítulo **IX** aborda lo relacionado a los dispositivos de potencia más comunes y también de los opto-acopladores, se ilustra el funcionamiento con algunas aplicaciones básicas.

El capítulo **X** hace una recopilación para que el lector entienda a grandes rasgos de que trata la electrónica digital, sin caer en las complicaciones que puede tener este tema en particular, ya que el autor considera debe ser desarrollado en un texto aparte. No obstante, se ha procurado que la información dada sea la suficiente como para poder entender de qué se trata y de usar los componentes básicos de la electrónica digital, en cualquier aplicación que el lector desee.

Cada capítulo comienza con una descripción de los objetivos que se espera el lector pueda alcanzar.

Una guía práctica para el diseño se incluye en cada capítulo, justo antes de la sección del cuestionario.

Como ya se ha referido, al final de cada capítulo hay un cuestionario de preguntas con respuestas verdadero o falso, y algunos ejercicios destinados a repasar y practicar los conceptos emitidos. Esta sección no es muy extensiva, pues fundamentalmente este no es un libro de ejercicios.

Parte de la metodología de este libro es la utilización y manejo recursivo de la hoja de datos o *datasheet* de los distintos dispositivos electrónicos, como herramienta de información y aprendizaje fundamental, en especial, en las tareas del diseño y/o análisis de cualquier circuito electrónico.

Se ha procurado también que los distintos componentes electrónicos utilizados en los diseños de este libro sean aquellos relativamente comunes y fáciles de encontrar en cualquier mercado local.

Finalmente, se espera que al completar este libro el lector tenga las capacidades de analizar y diseñar montajes electrónicos propios como por ejemplo: filtros de señal, rectificación de línea, fuentes de poder, amplificadores de audio, generador de ondas, control de encendido y/o apagado con BJT o FET, manejo de luces led, etc. Utilizando para ello distintos componentes electrónicos como: resistencias, capacitores, diodos, transistores (BJT, FET, MOSFET), operacionales, Triac, entre otros dispositivos. Y en general, de realizar cualquier otra aplicación que lo ayude a generar soluciones electrónicas útiles a problemas básicos en el hogar, oficina, campo, industria, laboratorio o entorno que lo requiera.

Acerca del Autor:

Fernando Moutinho es Doctor en Ciencias (D.Sc) y Magíster Scientiarum (M. Sc) mención Instrumentación Científica, graduado en la Escuela de Física de la Universidad Central de Venezuela (UCV), además, posee también una especialización en informática y una Licenciatura en Administración por la Universidad José María Vargas (UJMV).

Su formación incluye cursos de: Electrónica Nuclear por la OIEA (organismo Internacional de Energía Atómica), equipos PLC industriales, Microscopía Electrónica de Barrido y Transmisión, Protección Radiológica, Espectroscopia Auger, Espectroscopia Mössbauer, diseño de equipos electrónicos, entre otros.

Se ha desempeñado como Docente e Investigador en la Escuela de Física, de la Facultad de Ciencias, de la Universidad Central de Venezuela, como investigador desde el 1997, y como docente desde el 2012, dictando las materias de Electrónica y Diseño Lógico.

Su experiencia como docente e investigador abarca tanto conocimientos de electrónica como de la física nuclear, esta última en la que sido formado y que se refleja a través de sus sendos proyectos de tesis de maestría y doctorado.

Como docente no solo imparte conocimientos de electrónica a estudiantes del quinto y sexto semestre de la carrera de Licenciatura en Física de la UCV. Adicionalmente, ha tutorado proyectos de tesis tanto de pregrado como de posgrado en la Escuela Física, relacionados con el área de la detección de electrones y/o fotones, o de temas afines a la instrumentación científica.

Ha participado activamente en la comunidad científica con la publicación de varios artículos relacionados con la instrumentación científica, y asistido en numerosos congresos y cursos tanto a nivel nacional como internacional.

Recientemente, ha realizado trabajos de investigación y desarrollos de instrumentación y de detectores de radiación para Espectroscopia Mössbauer, en el Instituto de Físico-Química "Rocasolano", del Consejo Superior de Investigaciones Científicas (CSIC) en Madrid, España, también en el Centro de Desenvolvimento da Tecnología Nuclear

(CDTN), Belo Horizonte, Brasil y en el Laboratorio de Física de Superficies, de la Facultad de Ciencias, UCV.

Su experiencia ha abarcado de forma continua el diseño y construcción de equipos electrónicos para distintas aplicaciones como: física nuclear (detectores de radiación, Espectroscopia Mössbauer), física de superficies (detectores de electrones, Espectroscopia Auger, analizadores de electrones), química (potenciostatos), laser (de estado sólido y de CO_2), industrial (controladores PLC, medidores), instrumentos de medición y/o análisis de tipo análogo-digital, amplificadores de señal, convertidores tipo AC/DC y DC/DC, diseño de software para control de procesos, soluciones hardware-software integrados, aplicaciones y cursos sobre IoT (Internet of Things), entre otros.

El autor posee un blog: https://electronica-moutinho.blogspot.com/ donde publica material de interés para los interesados en los temas de la electrónica, dispositivos interesantes, proyectos, circuitos varios, módulos de programación, kits de desarrollo, microcontroladores, diseñador de app para móviles, cursos, etc.

Intencionalmente dejada en blanco.

Capítulo 1
Ley de Ohm

Introducción

En este primer capítulo se plantean alcanzar los siguientes objetivos:

Objetivos:

1. Describir y aplicar las de leyes de: Ohm y Kirchhoff.
2. Describir y ejemplificar la simplificación o reducción de una red por equivalente de Thévenin y/o Norton.
3. Entender el significado y uso del teorema de la Máxima Transferencia de Potencia.
4. Entender el efecto Joule, y la diferencia entre la potencia real y la potencia reactiva.

Actividades:

Al final del capítulo se propone una guía con preguntas de verdadero o falso, y con problemas de cálculos, con el que usted podrá comprobar sus conocimientos referentes al capítulo. Las respuestas numéricas están incluidas al finalizar cada pregunta, y las de verdadero o falso, se muestran al final del cuestionario.

1.1 Ley de OHM

*La ley de OHM establece que la caída de tensión **V** en los extremos de un conductor es proporcional a la corriente **I** que circula a través de él y a su Resistencia eléctrica **R**.*

$$V = I.R \qquad (1.1)$$

1.1.1 Resistencia Eléctrica de un Conductor.

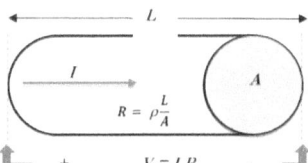

Georg Simon Ohm
1789-1854

📖 **NOTA BIOGRAFICA**

Figura 1- 1. Ley de Ohm en un conductor: L =longitud del conductor, I = corriente, A = área de la sección transversal del conductor, ρ = resistividad del material, R = resistencia equivalente, y V = diferencia de potencial o tensión en los extremos del conductor.

Nacido en Erlangen, Baviera, Alemania. Físico y matemático alemán que estableció la relación que existe entre la tensión, corriente y resistencia.
En 1827 tras publicar los resultados de sus experimentos sobre electromagnetismo en conductores, publicó un libro titulado "El circuito galvánico, analizado matemáticamente" (Die galvanische Kette, mathematisch bearbeitet) y en donde divulgó toda su teoría acerca de la electricidad, en él, destaca su mayor contribución, lo que actualmente se conoce como la ley de Ohm.
En reconocimiento a su trabajo se asignó el Ohmio (Ω) como unidad internacional de la resistencia eléctrica

La resistencia eléctrica **R** de un material es un valor que mide el grado de oposición al paso de la corriente eléctrica, es el inverso de su conductancia **G**, y se expresa en ohmios Ω.

La resistividad es una propiedad intrínseca que tiene cada material y que da lugar a su resistencia específica, se expresa en unidades de Ohmios por metro $\Omega.m$, y se denota con la letra griega

1.1 Ley de OHM

minúscula ρ (rho). La resistividad de un material nos permite calcular el valor de su resistencia R para cualquier medida de longitud y área de conducción determinada.

$$R = \rho \frac{L}{A} \quad , G = \frac{1}{R} \qquad (1.2)$$

Dónde:

R es la resistencia total en Ω, L la longitud del conductor en m, A el área de la sección transversal del conductor en m^2, ρ la resistividad en Ω.m, y G la conductancia expresada en Ω^{-1}

La conductividad σ, similar a la resistividad ρ, es una propiedad que depende de cada material y representa la facilidad al paso de la corriente eléctrica, se define como el inverso de la resistividad:

$$\sigma = \frac{1}{\rho}$$

En los conductores eléctricos cuando se aplica una diferencia de potencial en sus extremos aparece un campo eléctrico ε, este campo eléctrico da origen a un flujo de electrones que pasan de la banda de valencia a la banda de conducción, formando así una corriente eléctrica I. La densidad de corriente J viene dada por la relación I/A. Mientras mayor es la corriente I mayor es la densidad J respecto de una misma área. De igual forma, la densidad J es también mayor si el área del conductor A se reduce para un mismo valor de I. Es decir, la densidad J tiene que ver con la relación de la corriente por unidad de área. La densidad de corriente J es también proporcional a la conductividad σ y al campo eléctrico ε.

El campo eléctrico ε es proporcional al voltaje o tensión que se aplica a los extremos del conductor, e inversamente proporcional a la longitud del mismo. De modo que la densidad de corriente J puede ser expresada como sigue:

1.1 Ley de OHM

$$J = \varepsilon . \sigma = \frac{I}{A}$$

Conociendo que $\varepsilon = V/L$, y sustituyendo en la expresión anterior tenemos que:

$$V = I.R$$

La resistividad y por ende la conductividad de un material dependen también de su temperatura de trabajo. Así por ejemplo, en el caso de los metales aumenta con la temperatura, mostrando un coeficiente de temperatura positivo, mientras que en los semiconductores disminuye, es decir, tienen un coeficiente negativo.

La tabla 1-1 muestra los valores de resistividad ρ para algunos materiales conocidos a una temperatura de referencia de 20°C.

La tabla 1-1 incluye materiales conductores, así como también semiconductores y aislantes. La diferencia en entre uno y otro radica en la facilidad para la conducción eléctrica, siendo los metales los mejores conductores, luego los semiconductores, que no son tan excelentes conductores pero tampoco son aislantes, y por último, los aislantes quienes presenten poca o escasa conductividad.

Nótese que para el caso de los semiconductores como el grafito, silicio y germanio, el coeficiente ρ es negativo, indicando que su resistividad disminuye con el aumento de la temperatura, por ende también su resistencia.

Los materiales donde se cumple la relación lineal $V = I.R$, es decir, que un aumento en la corriente que los atraviesa produce un aumento proporcional en la tensión de sus terminales, a una temperatura constante, se les denomina **óhmicos**, y es el caso de los metales conductores.

1.1 Ley de OHM

Material	ρ (Ω.m) a 20°C
Cobre	**1.67x10⁻⁸**
Aluminio	2.82 x10⁻⁸
Hierro	10 x10⁻⁸
Plata	1.58 x10⁻⁸
Oro	2.21 x10⁻⁸
Grafito	3.5x10⁻⁵
Silicio puro	2300
Germanio puro	0.68
Plomo	22 x10⁻⁸
Madera	1x10³-10⁴
Vidrio	10x10¹⁰-10¹⁴
Agua	2 x10¹-10³

Tabla 1-1 Valores de resistividad ρ, para algunos materiales conocidos.

La característica que hace que un material sea óhmico es que su resistencia a una temperatura fija permanezca constante mientras cambia la corriente o el voltaje sobre éste, cumpliéndose la ley de ohm $V= I.R$. En cambio, aquellos materiales que no mantienen una resistencia única mientras cambia la tensión o corriente a una temperatura fija se les llama: **no-óhmicos**. Es el caso de los dispositivos semiconductores; algunos de ellos como el diodo rectificador por ejemplo, presenta una zona de comportamiento donde un incremento pequeño de tensión produce un aumento significativo de la corriente, lo que se conoce como zona de resistencia-negativa.

Otro tipo dispositivo semiconductor como el diodo Zener, por ejemplo, presenta también resistencia-negativa. Los dispositivos semiconductores no son lineales, y por lo tanto, se les consideran esencialmente no-óhmicos.

Sin embargo, la ley de Ohm puede seguir aplicándose en el caso de los semiconductores en aquellas zonas de su comportamiento donde se considere una aproximación lineal, es decir, donde la resistencia permanece relativamente constante.

1.1.2 Efecto de la Temperatura en la Resistencia Eléctrica de los Conductores Metálicos.

El efecto de la temperatura en los conductores metálicos como el cobre por ejemplo, es bastante lineal. La resistividad del cobre según la tabla 1 es $1,67 \times 10^{-8}$ Ω.m a 20°C. La curva de la figura 1-2 muestra la variación de la resistividad del cobre en función de la temperatura.

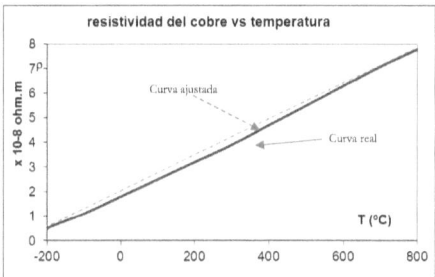

Figura 1- 2 Resistividad ρ del cobre Vs. Temperatura.

La curva de la figura 1-2 muestra un comportamiento bastante lineal que puede expresarse matemáticamente de la forma:

$$\rho(T) = \alpha T + k$$

Dónde: $\rho(T)$ es la resistividad a una temperatura dada, α es el coeficiente térmico de resistividad que vincula la variación de resistividad con la variación de la temperatura, y representa la pendiente de la curva, y k es la ordenada al origen.

La curva de la figura 1-2 fue ajustada (curva punteada) con una recta donde obtenemos los siguientes valores:

$k \cong 1.55 \times 10^{-8}$ Ω.m |0°C y $\alpha = \Delta(\Omega.m)/\Delta T \cong 0,0065 \times 10^{-8}$ Ω.m/°C

1.1 Ley de OHM

Los valores anteriores pueden extraerse directamente de la gráfica de la figura 1-2, o de forma más precisa, a partir de la tabla de valores de la curva de ajuste (punteada).

Si $\rho(T1)$ y $\rho(T2)$ representan los valores de resistividad para las temperaturas T1 y T2 respectivamente, siendo T2 mayor que T1, entonces:

$$\Delta\rho(T2 - T1) = \alpha.(T2 - T1)$$

Luego $\rho(T)$ puede expresarse como:

$$\rho(T2) = \rho(T1) + \alpha(T2 - T1) \qquad (1.3)$$

si $\rho(T1)$ está referido a 20 °C entonces:

$$\rho(T2) = \rho(20ºC) + \alpha(T2 - 20)$$

Si multiplicamos ambos lados de la expresión anterior por: $\frac{L}{A}$

Tenemos:

$$\frac{L}{A}\rho(T2) = \frac{L}{A}\rho(20ºC) + \frac{L}{A}\alpha(T2 - 20)$$

Como sabemos:

$$R = \rho\frac{L}{A} \;;\; \rho = \frac{RA}{L} \;;\; \frac{1}{\rho} = \frac{L}{RA}$$

Multiplicando arriba y bajo por R(20º) en el término $\frac{L}{A}\alpha(T2 - 20)$ tenemos:

$$\frac{L}{A}\rho(T2) = \frac{L}{A}\rho(20ºC) + \frac{L\ R(20º)}{AR(20º)}\alpha(T2 - 20ºC)$$

Simplificando:

$$R(T2) = R(20ºC) + \frac{\alpha}{\rho}R(20ºC)(T2-20ºC)$$

Definimos ahora:

$$\alpha' = \frac{\alpha}{\rho}$$

Sustituyendo:

$$R(T2) = R(20ºC) + \alpha'R(20ºC)(T2 - 20ºC)$$

1.1 Ley de OHM

Reemplazando por su valor al término $\alpha' = \frac{\alpha}{\rho} \sim 0.00389$ 1/°C, y volviendo a simplificar tenemos:

$$R(T2) = R(20°C)[1 + 0.00389(T2 - 20°C)] \quad (para\ el\ cobre)$$
(1.4)

Recuerde que $\alpha = 0.0065 \times 10^{-8}$ Ω.m/°C y $\rho = 1.67 \times 10^{-8}$ Ω.m.

La tabla 1-2 muestra los valores de α' para distintos materiales ya conocidos incluyendo el cobre:

Material	
Aluminio	0.0039
Níquel	0.0047
Cobre	0.00382
Plata	0.0038
Hierro	0.0052
Plomo	0.0037
Oro	0.0034
Grafito	-2×10^{-4}
Germanio	-4.8×10^{-2}

Tabla 1-2 Valores de α' para algunos materiales conocidos.

1.1.3 Ejemplos:

1. Un conductor de cobre tiene una resistencia inicial de 4 ohms a una temperatura de 20 °C. Si la temperatura ambiente se eleva a 120 °C, calcule la resistencia final del conductor.

    Solución:

1.1 Ley de OHM

Datos:

R(20°C) = 4 Ω

T2 = 120 °C

ρ = 1.67 x10⁻⁸ Ω.m | 20 °C

Utilizamos la expresión 1.4:

$$R(T2) = R(20°C)[1 + 0.00389(T2 - 20)]$$

Evaluando obtenemos: R(T2) = 5.55Ω

2. Un conductor de cobre de 100 cm de longitud y 1mm de diámetro se utiliza para construir una bobina toroidal de 27 μH. Calcule cual es el valor de la resistencia asociada a la bobina.

Solución:

Datos:

L = 100 cm = 1m

A = π.r² = 3.14(0.5x10⁻³m)² = 0.785 x10⁻⁶ m²

ρ = 1.67 x10⁻⁸ Ω.m | 20 °C

Utilizamos la expresión:

$$R = \rho \frac{L}{A} = 0.0212 \, \Omega$$

3. Para el caso de la bobina anterior, esta conduce una corriente de 100 ADC, lo que hace que se caliente hasta 600 °C. Calcule la variación de R en el inductor.

Solución:

Datos:

T2 = 600 °C

Definimos la variación como: $\Delta R\% = \frac{[R(120 \, °C) - R(20 \, °C)]}{R(20 \, °C)} \times 100$

1.1 Ley de OHM

Ahora utilizamos la expresión:

$$R(T2) = R(20°C)[1 + 0.00389(T2 - 20)] = 0.0690 \, \Omega$$

$$\Delta R\% \sim 225 \%$$

4. Si a la temperatura de 120°C la variación de un resistor es de 38.75%, y su valor óhmico es de 5.5 Ω. ¿Cuál es el valor del resistor a la temperatura de 20°C?

Solución:

La expresión para calcular la R(20°) sería:

$$R(20°C) = \frac{R(T2)}{\left(1 + \frac{\Delta R\%}{100}\right)}$$

Sustituyendo en la ecuación anterior tenemos:

$$R(20°C) = 3.96 \, \Omega$$

5. Para el caso de un conductor de cobre ¿Cuál es la resistividad que presenta cuando se calienta hasta 120 °C ?, y ¿cuál sería es su variación ?

Solución:

De la ecuación 1.3 tenemos:

$$\rho(T2) = \rho(T1) + \alpha(T2 - T1)$$

$\alpha = 0.0065 \times 10^8 \, \Omega.m/°C$ y $\rho = 1.67 \times 10^8 \, \Omega.m$.

$$\rho(T2) = 2.32 \times 10^{-8} \Omega.m$$

$$\Delta R\% = 38.92 \%$$

En 100 °C de incremento la resistividad y por ende la resistencia en el cobre aumentan cerca del 40 %.

1.1 Ley de OHM

6. Un resistor de grafito exhibe una resistencia de 10 Ω a la temperatura de 20 °C. Si la temperatura se eleva hasta 120 °C, ¿Cuál será el valor final de su resistencia?

Solución:

Ajustando la ecuación 1.4 para el grafito, y con ayuda de la tabla 1-2, la expresión de la resistencia sería:

$$R(T2) = R(20°C)[1 - 0.0002(T2 - 20°C)] \quad (para\ el\ grafito)$$

Evaluando la expresión anterior tenemos:

$$R(T2) = 9.8\ \Omega$$

Obsérvese que la resistencia del grafito disminuye con el aumento de la temperatura. Esto es un coeficiente de temperatura negativo.

Obsérvese también que el coeficiente α es bastante pequeño, más pequeño en comparación con el del cobre, por lo que el grafito exhibe una variación resistiva respecto de la temperatura mucho menor que el cobre.

1.2 Leyes de Kirchhoff.

De voltaje o malla: *La suma algebraica de las caídas de tensión o voltajes $V_n = I_n R_n$ a lo largo de un recorrido cerrado es cero.*

De corriente o Nodo: *La suma algebraica de las corrientes I_n en un nodo es igual a cero. Es decir, la suma de las corrientes que entran es igual a la suma de las que salen, en el mismo nodo.*

Las leyes de Kirchhoff se usan en todos los circuitos eléctricos y electrónicos de hoy en día. Veamos algunos ejemplos ilustrativos. La ley de las mallas o de los voltajes establece que en cualquier trayectoria **cerrada** en una sola dirección se pueden encontrar distintos voltajes con distintos signos, tal que la suma algebraica de todos ellos será siempre igual a cero.

1.2.1 Ejemplos:

1. De las mallas o voltajes:

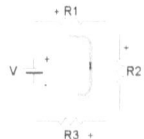

Figura 1- 3 Ley de las mallas de Kirchhoff.

> 📖 **NOTA BIOGRAFICA**
>
>
>
> **Gustav Robert Kirchhoff**
> **1824-1887**
>
> Fue un físico prusiano con importantes contribuciones científicas, una de las más conocidas y que lleva su nombre es en el campo de los circuitos eléctricos; *la ley de las mallas* y *la ley de los nodos*. Esta contribución fue una extensión de la ley de ohm a la que Kirchhoff llegó usando su gran destreza matemática. También incursionó en otras áreas como la espectroscopía, la radiación del cuerpo negro y la termodinámica.

1.2 Leyes de Kirchhoff.

Obsérvese que el circuito de la figura 1-3 da cuenta de que existe una corriente I que circula por las resistencias R1, R2 y R3, y cuyo sentido está indicado por la flecha. Por convención el recorrido en el mismo sentido de la flecha produce caídas de tensión que van de más (+) a menos (-), razón por la cual aparece un signo positivo en cada R de la figura 1-3. Si se recorre en sentido contrario al de la flecha, entonces, la caída de tensión sería de menos (-) a más (+). Entonces, si cerramos el recorrido de la malla en el sentido sugerido por la flecha, la ecuación sería la siguiente;

$$-V + IR1 + IR2 + IR3 = 0$$

De donde:

$$I = \frac{V}{(R1+R2+R3)}$$

2. De los nodos:

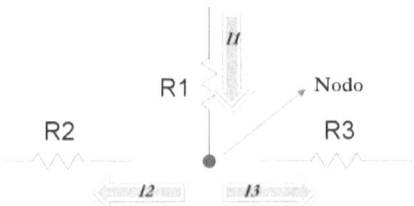

Figura 1-4 Ley de los nodos de Kirchhoff.

Aplicando la ley de los nodos tenemos:

$$I1 = I2 + I3 \text{ ó } I1 - I2 - I3 = 0$$

3. Combinando ambas leyes:

1.2 Leyes de Kirchhoff.

Examinemos un ejemplo como el de la figura 1-5:

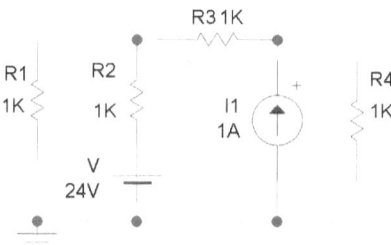

Figura 1- 5 Circuito de ejemplo para aplicar las leyes de Kirchhoff.

En este circuito se ha combinado tanto fuente de tensión con fuente de corriente en régimen DC. Este circuito puede resolverse aplicando el **teorema de la superposición**, que se basa en los siguientes principios:

a) Se fijan al azar los sentidos de las corrientes que circulan por cada malla o nodo.

b) Para analizar las corrientes de una fuente de tensión, se cortocircuitan todas las demás y se abren todas las fuentes de corriente.

c) De forma alternativa al paso b, para analizar las corrientes de una fuente de corriente se abren las demás fuentes de corriente y se cortocircuitan todas las fuentes de tensión.

d) La corriente final en cada nodo o malla es la superposición o suma algebraica de las corrientes obtenidas para cada una de las fuentes en los pasos b y c respectivamente.

Solución:

1.2 Leyes de Kirchhoff.

Se fijan inicialmente los sentidos de todas las corrientes, luego decidimos empezar abriendo la fuente de corriente y dejando solo la fuente de voltaje de 24 voltios.

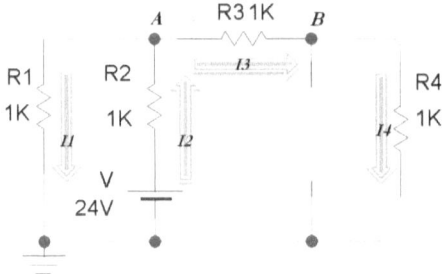

Figura 1-6 Circuito de la figura 1-5 con la fuente de corriente abierta.

El circuito de la figura 1-6 puede simplificarse de la siguiente manera:

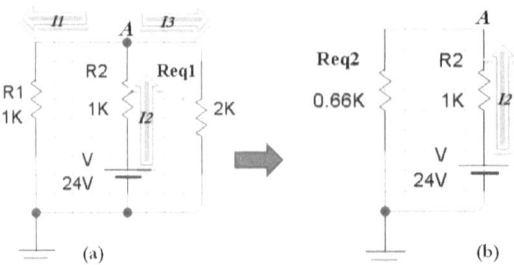

Figura 1-7 (a) primera simplificación del circuito de la figura 1-6. (b) segunda simplificación del circuito de la figura 1-6.

1.2 Leyes de Kirchhoff.

Manteniendo los sentidos asignados inicialmente a las corrientes tenemos:

Aplicando la primera ley de Kirchhoff en la figura 1-7b:

$$I2R2 + I2Req2 - V = 0$$

$$I2 = \frac{V}{(R2+Req2)} = 14.40\ mA$$

Nota: Req1 = R3 + R4 y Req2 = Req1//R1. El símbolo "//" quiere decir en paralelo.

El paralelo de Req1 y R1 es:

$$Req2 = \frac{Req1\ R1}{(Req1 + R1)}$$

Luego, aplicando la segunda ley de Kirchhoff en el nodo designado como **A** de la figura 1-7(a):

$$I2 = I1 + I3$$

La tensión en el nodo **A** es:

$$VA = I2Req2 = 9.6\ V\ \text{(figura 1.6b)}$$

Que resulta igual que: $\quad VA = -I2R2 + 24\ V = 9.6\ V\ \text{(figura 1.6a)}$

Luego las Corrientes *I1*, *I3* e *I4* serían:

$$I1 = \frac{VA}{R1} = 9.6\ mA$$

$$I3 = I2 - I1 = 4.8\ mA$$

También $\quad I3 = \frac{VA}{(Req1)} = 4.8\ mA$

Verificando la ley en el nodo **A** tenemos: $\quad I2 = I1 + I3 = 14.4 = 9.6 + 4.8$

Finalmente: $\quad I4 = I3 = 4.8\ mA$ (figura 1.6)

Observe que hemos aplicado la primera y segunda ley de Kirchhoff de manera alternativa para obtener y comprobar los resultados.

Ahora la segunda parte de la solución consiste en cortocircuitar la fuente de tensión y dejar la fuente de corriente.

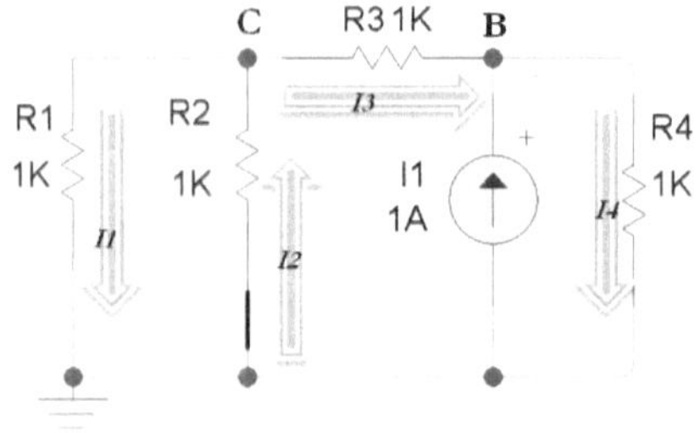

1.2 Leyes de Kirchhoff.

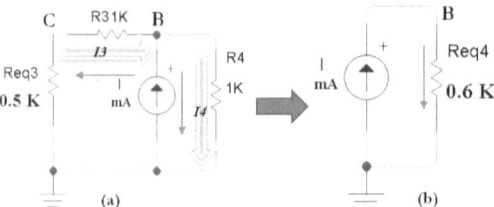

Figura 1-8 Circuito de la figura 1-5 ahora con la fuente de tensión cortocircuitada V =0 V.

Mantenemos los sentidos de las corrientes asignados originalmente. Observe que los nodos cambian de nombre para no confundirnos con los definidos para el caso de la fuente de voltaje.

El circuito de la figura 1-8 puede reducirse tal como presenta en la figura 1-9(a) y 1-9(b) respectivamente.

Las flechas punteadas indican el sentido de la fuente de corriente I en el circuito.

Figura 1-9 (a) Simplificación del circuito de la figura 1-8. (b) Simplificación total del circuito de la figura 1-8.

Aplicando la ley de los nodos tenemos:

La tensión en el nodo **B** es:

$$VB = Req4I = 0.6 \text{ k}\Omega \cdot 1\text{mA} = 0.6 \text{ V}$$

Luego;

$$I3 = \frac{-VB}{(R3+Req3)} = -0.4 \text{ } mA$$

Nótese que existe un signo negativo en I3, debido a que la fuente de corriente I indica que el sentido correcto en esta rama, según el circuito 1-8 es el indicado por la flecha punteada. Por lo que I3 tendrá signo negativo.

Luego;

$$I4 = \frac{VB}{R4} = 0.6 \text{ } mA$$

En este cado I4 si coincide con el sentido de la fuente I por lo que su signo será positivo.

Luego para calcular I1 e I2 tenemos que hallar la tensión en el nodo **C**

$$VC = -I3 \cdot Req3 = 0.2 \text{ } V$$

Luego;

$$I1 = \frac{VC}{R1} = 0.2 \text{ } mA$$

$$I2 = \frac{-VC}{R2} = -0.2 \text{ } mA$$

Nótese que en este caso I1 tiene el mismo sentido al de la fuente I, pero I2 no.

Corroborando nuestros resultados por ley en el nodo **B**:

$$I3 + I = I4 : -0.4 \text{ } mA + 1 \text{ } mA = 0.6 \text{ } mA$$

Finalmente procedemos a sumar algebraicamente totas las corrientes respectivas así.

$$I1 = 9.6 \text{ } mA + 0.2 \text{ } mA = 9.8 mA$$

$$I2 = 14.4 \text{ } mA - 0.2 \text{ } mA = 14.2 \text{ } mA$$

$$I3 = 4.8 \text{ } mA - 0{,}4 \text{ } mA = 4.4 \text{ } mA$$

$$I4 = 4.8 \text{ } mA + 0.6 \text{ } mA = 5.4 \text{ } mA$$

Fernando J. Moutinho Capítulo 1

1.2 Leyes de Kirchhoff.

Para verificar de manera general nuestros resultados utilizamos de nuevo la misma ley de Kirchhoff así:

La figura 1-10 muestra el circuito complete con las Corrientes y nodos asignados.

Por nodos:

A;   I2 - I1 - I3 = 0;   14.2 mA − 9.8 mA − 4.4 mA = 0

B;   I4 - I - I3 = 0;   5.4 mA − 1 mA − 4.4 mA = 0

Por mallas:

Malla externa (línea punteada externa en la figura 1-10):

-I1.R1 + I3.R3 + I4.R4 = 0;   -9.8 V + 4.4 V + 5.4 V = 0

Malla interna (línea punteada interna en la figura 1-10):

-V + I2.R2 + I3.R3 + I4.R4 = 0;   -24 v + 14.2 V + 4.4 + 5.4 = 0

Las flechas continuas indican el sentido definitivo de las corrientes en el circuito.

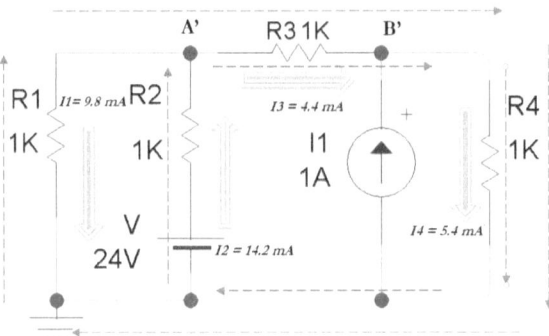

Figura 1-10 Circuito de la figura 1-5 resuelto totalmente usando las dos leyes de Kirchhoff.

1.3 Teoremas de Thévenin y Norton.

Thévenin: Un circuito lineal activo con varias fuentes de corriente o de voltaje, y resistencias, puede reducirse a un circuito equivalente de un sólo puerto: **A** y **B**, que consta de una fuente de voltaje Vth y una resistencia equivalente Req en serie.

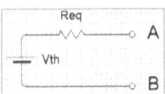

Figura 1-11 Equivalente de Thévenin.

El voltaje a circuito abierto entre los puntos A y B se denomina voltaje de Thévenin.

Norton: Un circuito lineal activo con varias fuentes de corriente o de voltaje, y resistencias, puede reducirse a un circuito equivalente de un sólo puerto: **A** y **B**, que consta de una fuente de corriente In y una resistencia equivalente Req en paralela.

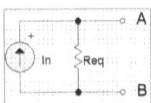

Figura 1-12 Equivalente de Norton.

📖 NOTA BIOGRAFICA

Edward Norton – 1898-1983

León Thévenin 1857-1926

León Charles Thévenin: Ingeniero francés en telegrafía. Sus resultados fueron una extensión de las leyes de Ohm y Kirchhoff. Se interesó en los problemas de medición eléctrica y aunque ya en 1853 había sido descubierto el teorema de Thévenin por Hermann Helmholtz, no fue sino hasta 1883 que fue redescubierto por él.

Edward Lawry Norton: fue un ingeniero y científico estadounidense que trabajo en los famosos Laboratorios Bell. Aunque su interés primario eran las comunicaciones y transmisión a alta velocidad en redes telefónicas, es mejor conocido por su contribución hecha en 1926 cuando **propone un circuito equivalente al de Thévenin, consistente en una fuente de corriente y una resistencia paralela.**

La corriente a corto-circuito entre los puntos A y B se denomina corriente de Norton.

Los teoremas de Thévenin y Norton son complementaros y nos permiten principalmente reducir circuitos complejos en otros más sencillos y equivalentes, para calcular las corrientes, tensiones y/o para estudiar las respuestas transitorias o de estado permanente. Se puede aplicar tanto a circuitos de corriente continua DC como a los de corriente alterna AC. Ciertas limitaciones deben tomarse en cuenta cuando se aplican los teoremas de Thévenin y Norton:

1. El circuito debe ser lineal. Por tanto, en los casos donde existen elementos no lineales; como los semiconductores por ejemplo, el teorema será solo válido en la región lineal I-V correspondiente.

2. Los teoremas de Thévenin y Norton son lineales desde el punto de vista de la resistencia equivalente.

3. Los teoremas de Thévenin y Norton pueden ser aplicados tanto en DC como en AC en base a lo dicho en el punto 2.

4. La potencia disipada por la red equivalente de Thévenin o de Norton entre los puntos A y B es idéntica a la del sistema real.

La resolución de un circuito por cualquiera de los dos teoremas involucra siempre la aplicación de: ley de Ohm y leyes de Kirchhoff , ya descritas y utilizadas en las secciones anteriores.

1.3.1 Aplicación de los teoremas de Thévenin y Norton:

La figura 1-13 muestra el circuito de la figura 1-5, ya resuelto anteriormente en la sección 1.2.1 ejemplo 3, y en donde ahora deseamos encontrar el equivalente de Thévenin y Norton entre los puntos A y B del circuito, y que representa el circuito equivalente que ve la fuente de corriente I y la resistencia R_{14}. La flecha indica de qué lado se desea encontrar el equivalente.

Solución:

La primera simplificación la podemos hacer al pasar de Norton a Thévenin la fuente de corriente I y R_4, tal como se muestra en la figura 1-14.

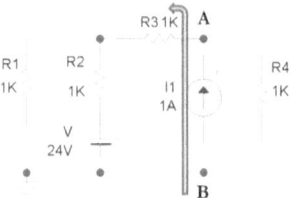

Figura 1- 13 Circuito de la figura 1-5 indicando donde se desea obtener el equivalente de Thévenin y Norton.

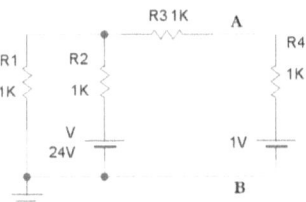

Figura 1- 14 Primera reducción del circuito de la a figura 1- 13, mostrando el equivalente de Thévenin de la fuente de corriente I y R4.

La segunda reducción consiste en hallar ahora el equivalente de Thévenin entre los puntos A y B, lado izquierdo del circuito, por lo tanto, debemos abrir todo lo que está del lado derecho entre A y B, es decir, retirar a R_4 y la fuente de 1 V.

La figura 1-18(a) y 1-18(b) muestra esta solución:

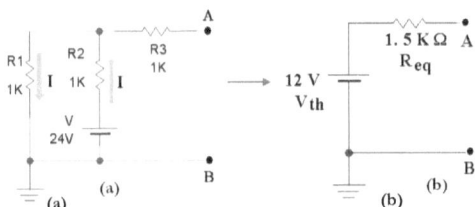

Figura 1- 4 (a) Circuito abierto en los extremos A y B. (b) Circuito equivalente de Thévenin.

Para llegar a la solución propuesta en 1-15(b) lo primero que queremos hallar es la R_{eq} entre los puntos **A** y **B**. Para hallarla, debemos cortocircuitar todas las fuentes de tensión y abrir las fuentes de corrientes. La figura 1-16 indica esta acción:

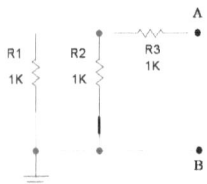

Figura 1- 5 Circuito equivalente para hallar la resistencia R_{eq} entre A y B.

Fácilmente se puede deducir que la resistencia equivalente entre los puntos A y B es:

$$R_{eq} = [(R_1//R_2) + R_3] = 1.5 \text{ k}\Omega$$

Luego, calculamos la tensión **VAB** = V_{th}.

Haciendo Kirchhoff en el sentido de la corriente I indicado en 1-15(a) tenemos:

$$I(R_1 + R_2) = 24 \text{ V} \; ; \; I = \frac{24 \text{ V}}{2 \text{ k}\Omega} = 12 \text{ mA}$$

Luego, el voltaje V_{th} es:

$$V_{th} = -IR_2 + 24\,V = 12\,V$$

Finalmente, el circuito equivalente de Thévenin entre **A** y **B** es:

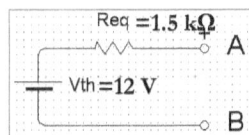

Figura 1- 17 Circuito equivalente de Thévenin entre los puntos A y B, obtenido en la segunda reducción del circuito de la figura 1-13.

Y el circuito equivalente de Norton será de la figura 1.17 será:

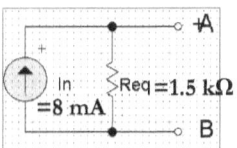

Figura 1- 18 Equivalente de Norton de la figura 1-17.

Nótese que la R_{eq} es siempre la misma en ambos casos.

Ahora el circuito de la figura 1-13 puede presentarse de manera más reducida, tal como se ve en la figura 1-19, y representa el circuito de Thévenin equivalente asociado a los terminales A y B de R4 y la fuente de 1 V.

Para comprobar nuestros resultados, podemos comparar la potencia obtenida entre A y B por el equivalente de Thévenin, con la obtenida por el método de superposición, ya aplicado sobre este circuito cuando se resolvió en la sección 1.2.1, ejemplo 3.

Por Thévenin tenemos:

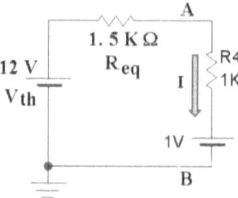

Figura 1- 19 Equivalente de Thévenin conectado al circuito AB.

La corriente I será:

$$I = \frac{11\ V}{(2.5\ k\Omega)} = 4.4\ mA$$

La potencia encontrada en el circuito de R_4 y la fuente d 1V en el extremo AB será:

$$P_{AB} = I^2 R_4 + I1V = 19.36\ mW + 4.4\ mW = 23.76\ mW$$

Por otro lado, la corriente I3 obtenida por superposición (véase ejemplo 3, sección 1.2.1) donde se resolvió este mismo circuito, fue de 4.4 mA, y el voltaje VAB correspondiente fue de 5.4 V. Estos resultados arrojan una potencia en los extremos AB de R14 y la fuente de corriente I de:

$$P_{AB} = 4.4\ mA\ 5.4\ V = 23.76\ mW$$

Obtenemos resultados idénticos.

Recuérdese, que en el ejemplo 3, de la sección 1.2.1, aparece el equivalente de Norton de la resistencia R_4 y la fuente de 1 V.

Adicionalmente, el voltaje entre AB por el equivalente de Thévenin es:

Fernando J. Moutinho *Capítulo 1*

1.4 Teorema de La Máxima Transferencia de Potencia.

$$VAB = I1k\Omega + 1V = 5.4\,V$$

El cual es idéntico al voltaje AB obtenido por el método de superposición que es:

$$VAB = I4R_4 = 5.4\,mA\;1K\Omega = 5.4\,V$$

Lo anterior demuestra que los equivalentes de Thévenin y Norton son útiles para simplificar el análisis de circuitos, mientras se mantienen las equivalencias de voltaje, corriente, y potencia, sobre la red en estudio.

La aplicación de los métodos de superposición, Thévenin, y Norton, de manera combinada puede ayudar a resolver los problemas donde aparezca más de un tipo de fuente, ya sea de voltaje, corriente, o ambas.

1.4 Teorema de La Máxima Transferencia de Potencia.

En un circuito lineal activo que consta de una fuente de voltaje V_G y una R_G equivalente (Thévenin), la máxima trasferencia de potencia a una carga R_L se obtiene solo cuando se cumple que: $\boldsymbol{R_L = R_G}$

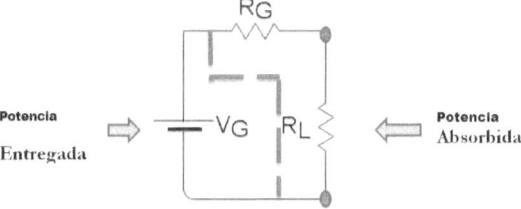

Figura 1- 20 Teorema de la Máxima Trasferencia de Potencia.

1.4 Teorema de La Máxima Transferencia de Potencia.

De acuerdo con la ley de Ohm la potencia se define como: $P = I.V$

En el circuito de la figura 1-20 tenemos:

$$P_L = I_L \cdot V_L = \frac{V_G}{(R_G+R_L)} \cdot \frac{V_G \cdot R_L}{(R_G+R_L)} = \frac{V_G^2 R_L}{(R_G+R_L)^2} \quad (1.5)$$

Arreglando la expresión de la forma siguiente:

$$P_L = \frac{V_G^2 R_L}{(R_G^2 + 2R_G R_L + R_L^2)} = \frac{V_G^2}{\left(\frac{R_G^2}{R_L} + 2R_G + R_L\right)} \quad (1.6)$$

P_L es máxima cuando el denominador es mínimo. Si llamamos el denominador P':

$$P' = \frac{R_G^2}{R_L} + 2R_G + R_L$$

Derivando P' e igualando a cero el resultado, obtenemos:

$$\frac{\partial P'}{\partial R_L} = \left(-\frac{R_G^2}{R_L^2} + 1\right) = 0 \; ; \quad \frac{R_G^2}{R_L^2} = 1 \; ; \; R_G = R_L$$

La condición de $R_G = R_L$ satisface el mínimo de P' y al mismo tiempo el máximo de P_L

Sustituyendo en 1.5 P_L es:

$$P_L = \frac{V_G^2}{4.R_G} \text{ (máxima potencia en } R_L\text{)} \quad (1.7)$$

$$P_T = \text{potencia total} = \frac{V_G^2}{(R_G+R_L)} \quad (1.8)$$

La eficiencia en la carga R_L será: $E\% = \frac{P_L}{P_T} \times 100 \; ; \; E = 50\% \quad (1.9)$

Nótese que cuando la potencia transferida a la carga R_L es máxima, la eficiencia es solo 50%, ya que R_G está disipando el otro 50% de la potencia total que entrega la fuente V_G.

Las curva de la figura 1-21 muestra la función P_L normalizada, mientras que la figura 1-22 muestra un ejemplo del teorema para un circuito práctico como el de la figura 1-20 donde: V_G = 1 V y R_G = 1 Ω.

Según el sistema internacional de unidades, la potencia se expresa en unidades de vatios que en inglés es "Watts", en honor el ingeniero Escocés James Watts (1736-1819).

1.4 Teorema de La Máxima Transferencia de Potencia.

Normalmente se escoge el término "Watts" en inglés, para referirse a la potencia, ya que el mismo se ha adoptado de manera universal.

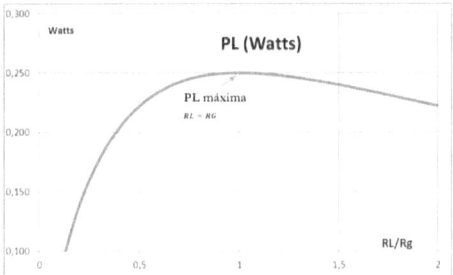

Figura 1- 21 Curva normalizada de la potencia en R_L.

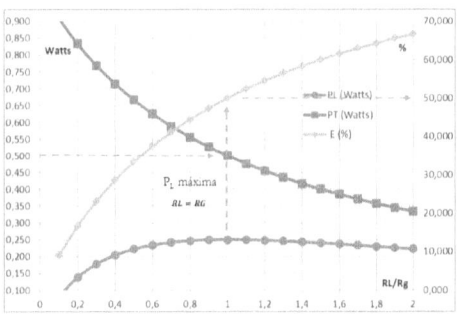

Figura 1- 6 Relación entre potencia en R_L, la potencia total P_T, y la Eficiencia E, con: $V_G = 1V$, $R_G = 1\Omega$

En la gráfica de la figura 1-22 puede observarse que la máxima potencia en R_L, y que es de 0.25 Watts, ocurre cuando: $R_L = R_G$.

Cuando R_L se hace mayor que R_G, la potencia total decae y la potencia en R_L también. No obstante, la eficiencia en R_L aumenta, ya que el voltaje en R_L también aumenta, y la facción de la potencia total, transferida a R_L va aumentando, hasta que para un valor de R_L comparativamente grande, la eficiencia alcanza el 100%, pero siempre con una potencia total menor a la que ocurre cuando $R_L/R_G =1$.

De manera contraria, cuando R_L disminuye, el voltaje y la potencia en R_L decaen también, pero la potencia total aumenta. La disminución de la potencia en R_L continua, hasta que para un valor muy pequeño en comparación con R_G, la potencia en R_L tiende a cero, y la potencia total siendo mayor, se transfiere entonces casi toda a la resistencia R_G, lo que resulta en una eficiencia nula para R_L.

1.5 El Efecto Joule.

El efecto Joule es el fenómeno por medio del cual un conductor trasforma la energía eléctrica en forma de calor que se disipa. El calor producido es el resultado inherente de la interacción entre los electrones de los átomos vecinos que componen el material, mientras estos circulan como un flujo de corriente a través de él, elevando así la temperatura de todo el conductor.

El efecto Joule fue descubierto por el físico británico James Prescott Joule, y publicado por el entre 1885 y 1887. En su honor se designó la unidad internacional de energía como el Joule, y se denota con la letra *J*.

El efecto Joule es utilizado para calcular la energía disipada *E* por un conductor cuando está sometido a una corriente eléctrica.

$$E = \int_0^t P(t).dt = P.t = I.V.t \quad (1.10)$$

La componente de resistencia es la que trasforma la energía eléctrica en trabajo, en calor. La energía y la potencia disipada por un resistor siempre son positivas.

1.6 Energía de un Inductor o Capacitor.

Los inductores y capacitores pueden absorber o entregar energía, la energía absorbida o entregada es la usada para formar lo campos eléctricos o magnéticos en ellos, cuando el campo magnético aumenta en el inductor por ejemplo, se absorbe energía, y por el contrario cuando el campo magnético disminuye o desaparece, se devuelve o se entrega la energía. En contraste, un resistor nunca devuelve la energía que ya se convirtió en calor. La energía de los elementos reactivos por tanto, no se transforma en trabajo y puede ser positiva o negativa

Para calcular la energía de un inductor o de un capacitor se utiliza la misma expresión que para el concepto planteado en el efecto Joule.

En el caso del inductor:

El voltaje en el inductor L es:

$$V = L\frac{dI}{dt}; \quad L\Delta I = V.\Delta t$$

La energía en el inductor será:

$$E_L = \int_0^t P(t)dt = \int_0^t V.I\, dt = \int_0^t V.V.\frac{t}{L}\, dt = V^2\frac{t^2}{2L}$$

Sustituyendo el término: $(LI)^2 = (Vt)^2$ tenemos:

$$E_L = \frac{1}{2}L.I^2 \quad (1.11)$$

En el caso del capacitor:

El voltaje en el Capacitor C se define como:

$$V = \frac{1}{C}\int_0^t I\, dt \; ; V = \frac{1}{C}I.t \; ; V.C = I.t$$

La energía en el capacitor será:

$$E_C = \int_0^t P(t)dt = \int_0^t V.I\, dt = \int_0^t \frac{1}{C}t.I.I\, dt = I^2\frac{t^2}{2.C}$$

Sustituyendo el término: $(VC)^2 = (It)^2$ tenemos:

$$E_C = \frac{1}{2} C.V^2 \quad (1.12)$$

1.6.1 Potencia Activa o Real y Potencia Reactiva.

La potencia absorbida por los elementos resistivos es la que se conoce como potencia activa o real y se mide en Watts. En los elementos como inductores y capacitores la potencia puede ir y venir desde o hacia la fuente de alimentación y por eso se le conoce como potencia reactiva. Si el suministro de energía en la red es una fuente alterna AC, entonces, la potencia reactiva puede verse como aquella potencia oscilante que entra y sale de los elementos capacitores o inductores de la red eléctrica, durante el intervalo del ciclo positivo y negativo de la fuente, siendo entonces su valor promedio nulo. La potencia reactiva se denota con la letra Q y se mide en unidades de Voltio-Amper (VA). A manera ilustrativa se muestran a continuación algunos ejemplos relacionados a los conceptos emitidos en los puntos 1.4-1.5.

1.7 Ejemplos:

1. Una fuente de tensión de 12 V con una resistencia interna R_0 transfiere su máxima potencia a una carga R_L que disipa 10 Watts. Calcule el valor de R_0.
   Solución:
   En máxima trasferencia de potencia: $P_T = 2 P_L = 20$ Watts.; $PR_0 = PR_L = 10$ Watts
   $P_T = I.V$: de donde: $I = 1.66$ A
   $P_L = I^2.R_0$ donde: $\mathbf{R_0 = 3.6 \ \Omega}$

2. Para el caso anterior, calcule la Energía entregada por la fuente en un minuto.
   Solución:
   $$E = P.t = 20*60 = \mathbf{1200 \ J}$$

3. Por un inductor de 1 µH pasa una corriente de 3 A. Calcule la energía que almacena la bobina.
   Solución:
   La energía que almacena el inductor es en forma de campo magnético.
   Aplicando la ecuación: $E_L = \frac{1}{2} L.I^2 = 4.5 \ \mu J$

1.6.1 Potencia Activa o Real y Potencia Reactiva.

4. Un capacitor de 10 μF está cargado a una tensión constante de 100V. Calcule su energía almacenada.

Solución:

La energía almacenada es en forma de campo eléctrico

Aplicando la ecuación: $E_C = \frac{1}{2} C \cdot V^2 = 50 \text{ mJ}$

1.8 Guía fácil de fórmulas y cálculos.

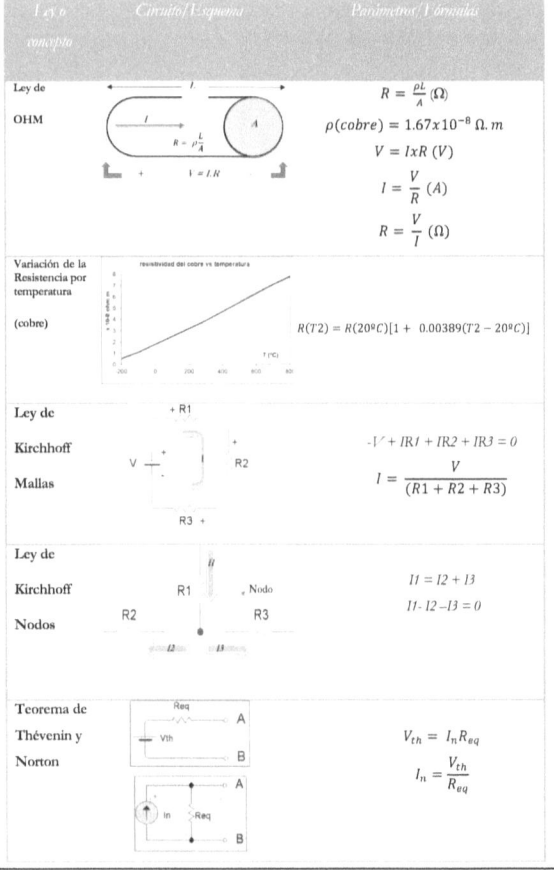

Ley o concepto	Circuito/Esquema	Parámetros/Fórmulas
Ley de OHM		$R = \frac{\rho L}{A}$ (Ω) $\rho(cobre) = 1.67 \times 10^{-8} \, \Omega.m$ $V = I \times R$ (V) $I = \frac{V}{R}$ (A) $R = \frac{V}{I}$ (Ω)
Variación de la Resistencia por temperatura (cobre)		$R(T2) = R(20^{\circ}C)[1 + 0.00389(T2 - 20^{\circ}C)]$
Ley de Kirchhoff Mallas		$-V + IR1 + IR2 + IR3 = 0$ $I = \frac{V}{(R1 + R2 + R3)}$
Ley de Kirchhoff Nodos		$I1 = I2 + I3$ $I1 - I2 - I3 = 0$
Teorema de Thévenin y Norton		$V_{th} = I_n R_{eq}$ $I_n = \frac{V_{th}}{R_{eq}}$

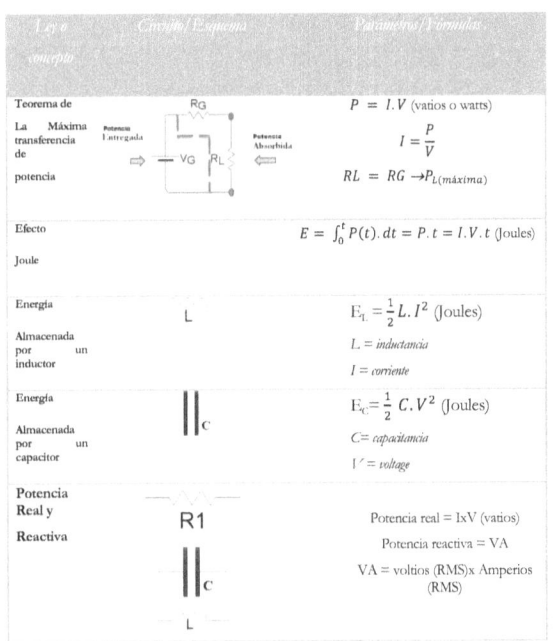

Ley o concepto	Circuito/Esquema	Parámetros/Fórmulas
Teorema de La Máxima transferencia de potencia	(circuito con R_G, V_G, R_L, Potencia entregada, Potencia Absorbida)	$P = I.V$ (vatios o watts) $I = \dfrac{P}{V}$ $RL = RG \rightarrow P_{L(máxima)}$
Efecto Joule		$E = \int_0^t P(t).dt = P.t = I.V.t$ (Joules)
Energía Almacenada por un inductor	L	$E_L = \dfrac{1}{2} L.I^2$ (Joules) $L = inductancia$ $I = corriente$
Energía Almacenada por un capacitor	C	$E_C = \dfrac{1}{2} C.V^2$ (Joules) $C = capacitancia$ $V = voltage$
Potencia Real y Reactiva	R1, C, L	Potencia real = IxV (vatios) Potencia reactiva = VA VA = voltios (RMS) x Amperios (RMS)

1.9 Cuestionario y problemas del Capítulo.

1. La ley de Ohm se aplica solo a los conductores metálicos. **V**erdadero o **F**also.

2. La resistencia de un conductor varía con la temperatura. V ó F.

3. Los materiales no óhmicos son aquellos que solo cumplen con la ley de ohm en algunas regiones de su característica I-V. V ó F.

4. El circuito equivalente de Thévenin consta de una fuente de tensión y una resistencia única en paralelo. V ó F.

5. La máxima potencia de carga P_L, que puede entregar un sistema de una fuente V_G y una resistencia interna R_G, es cuando $R_L = ½ R_G$. V ó F

6. En el punto de máxima transferencia de potencia, la eficiencia en la carga es de 50%. V ó F.

7. El efecto Joule es la energía que disipa en un conductor aun cuando por el no circula corriente. V ó F.

8. En una resistencia de cobre de 10 Ω pasa una corriente de 2.5 A DC, a la temperatura de 20°C. Si la temperatura asciende a 120°C calcule. (a) La resistencia final, (b) La tensión VR, (c) la potencia disipada. Sol. a = 13.8 Ω ; b = 34.5 V; c =86.25 Watts.

9. Por una resistencia de 3Ω pasa una corriente AC i= 1.5 sen(ωt). Determinar: (a) El voltaje, (b) la potencia. Sol. a =4.5 sen(ωt) ; b = 6.75 sen^2(ωt)

10. Para el caso 9, determinar: (a) la tensión máxima instantánea alcanzada por R, (b) la potencia máxima pico alcanzada por R. Sol. a =4.5 V, b = 6.75 Watts.

11. Para acoplar una carga R_L se necesita fabricar un resistor de 1 Ω que soporte una potencia 10 watts. Calcule la longitud L requerida si dispone de solo un conductor cilíndrico de cobre de 1 mm. Sol: 47 m

12. Un resistor R es construido depositando una película delgada de grafito que tiene una resistividad de 3.5 x10^{-5} Ω.m sobre un cilindro de cerámica que tiene 3 mm de diámetro y 6 mm de largo. Calcule el espesor w requerido para que R = 470 Ω. Sol: A $\cong$ 2πrw, w = 0.0474 μm.

13. El resistor construido en el caso anterior ofrece una potencia máxima de ¼ Watt. Se desea construir otro resistor con la misma resistencia R = 470 Ω, pero de potencia ½ Watt. Calcule las nuevas dimensiones del cilindro de cerámica. Asuma un criterio lineal. Sol: w= 0.0947 μm y L = 12 mm.

1.9 Cuestionario y problemas del Capítulo.

14. Para diseñar un potenciómetro de valor R = 1kΩ, se dispone de una placa rectangular de 5 cm de longitud y 1cm de ancho. Si el material utilizado es grafito, calcule el espesor w requerido. Asuma el mismo valor de ρ que en 12. Sol: 0.175 μm.

15. Para diseñar un horno de 1000 Watts/120 VAC que funcione a 200 °C, calcule: (a) El valor de resistencia R a 20°C. Sol R = 8.38 Ω $con\ \alpha' = 0.004$

16. Un motor de 3 hp de potencia trabaja durante 3 horas, si 1 hp = 746 Watts, calcúlese la energía suministrada por el motor. Sol. E = 24.17 MJ.

17. En un resistor pasan 220 A/min y trasfiere calor a razón de 8 kJ/min. Determine cuál es la tensión VR en el resistor. Sol VR = 36.36 V

18. Una fuente de 12 V suministra una corriente de 5 A por 1ms. Calcule (a) la potencia suministrada, (b) la energía entregada. Sol. (a) 60 Watts, (b) 60 mJ.

19. La batería de un carro mide 12 V, y puede suministrar 120 A.h (amperios-hora). Si la corriente de descarga es de 8 A, y la batería mantiene su voltaje por 1 hora, calcúlese la potencia y la energía entregada. Sol P= 96 Watts, 0.34 MJ.

20. En el circuito de la figura 1-23 calcule la tensión V. Sol. V = -70 V

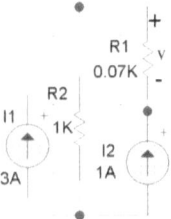

Figura 1- 23

21. En el circuito de la figura 1-24. Determinar. (a) las corrientes I1, I2, I3, (b) el equivalente de Thévenin entre A y B. Sol. (a) I1 = 3.8889 mA, I2=-1.8518 mA, I3=2.037 mA , ; (b) Vth =7.8571V, Req =1.8571 kΩ

1.9 Cuestionario y problemas del Capítulo.

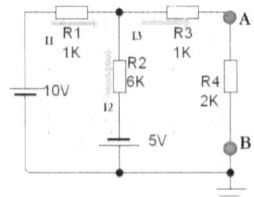

Figura 1- 24

22. Determine la corriente I en el circuito de la figura 1-25. Sol. I = -5A

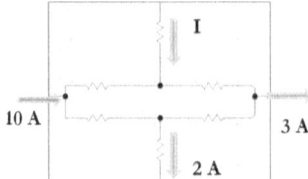

Figura 1- 25

23. En el circuito de la figura 1-26 calcule: (a) la potencia total PT suministrada por la fuente, (b) el equivalente de Thévenin y de Norton In en los puntos A y B. Sol: PT =52 mWatts ; Vth =7.5 V ; In =10 mA ; Req =0.75 kΩ

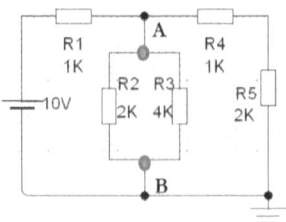

Figura 1- 26

24. En el circuito de la figura 1-27 calcule la potencia total absorbida por los tres elementos activos. Sol. 75 Watts.

Fernando J. Moutinho   *Capítulo 1*

1.9 Cuestionario y problemas del Capítulo.

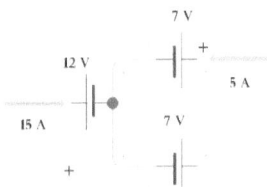

Figura 1- 27

25. Tres resistencias están en serie. Si R_1 tiene una tensión de 10 V, R_2 una potencia de 5 Watts y $R_3 = 10\ \Omega$. Calcule el voltaje total VT si la corriente es de 3 A. Sol. VT = 41.6 V

Respuestas a las preguntas de Verdadero o Falso.

(1) **F**, (2) **V**, (3) **V**, (4) **F**, (5) **F**, (6) **V**, (7) **F**.

Capítulo 2.

Filtros RLC

Objetivos:

1. Entender que es y cómo funciona un filtro RLC.
2. Términos básicos.
3. Tipos de filtros: características generales.
4. Analizar y caracterizar distintos tipos filtros: pasa bajos, pasa altos, pasa banda, resonantes.
5. Diseñar filtros RLC.

Actividades:

Guía con preguntas de verdadero o falso y con problemas de cálculos con el que usted podrá comprobar su conocimiento referente a éste capítulo.

2.1 ¿Que es un filtro RLC?

Es un circuito eléctrico compuesto por la combinación de elementos como: resistor, inductor, y capacitor, y en donde la función principal es la de dejar pasar (filtrar) un rango de frecuencias que conforman la llamada banda pasante, y de atenuar al mismo tiempo, el resto de las frecuencias que conforman la llamada banda de rechazo, véase la figura 2-1.

La función de rechazo, se logra fundamentalmente modificando la amplitud de la componente de frecuencia, esto es, atenuándola, y afecta también el desfasaje de la misma.

El desfasaje producido por el filtro en la banda de rechazo puede ocasionar que la frecuencia rechazada sea retrasada o adelantada significativamente a la salida del filtro, esto es; integrando o derivando la señal de entrada. De esta manera un filtro debidamente calculado puede realizar operaciones matemáticas como las ya mencionadas anteriormente, aunque el propósito principal para el que fuera diseñado sea la de simplemente filtrar.

La manera en que el filtro da paso o rechazo es una característica que depende de la función de transferencia H(ω) del mismo, y es siempre selectiva de acuerdo a la frecuencia de la señal de entrada.

El resultado es que algunas frecuencias pasan o se filtran con poca o ninguna alteración en su amplitud y fase, mientras que otras tendrán una considerable disminución o atenuación en su amplitud, y modificación de fase.

La atenuación de las frecuencias rechazadas depende de la relación entre la frecuencia rechazada y la frecuencia de corte del filtro, siendo mayor la atenuación cuanto mayor es la diferencia o separación entre ambas.

En el ejemplo de la figura 2-1, el filtro esta sintonizado para dejar pasar la frecuencia $f2$, que representa la frecuencia central del filtro.

2.1 ¿Que es un filtro RLC?

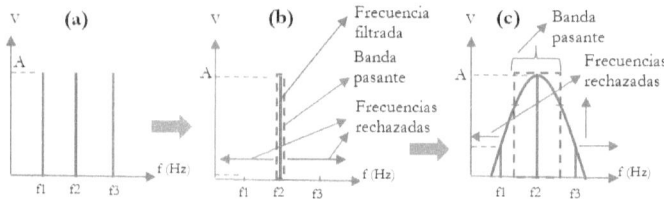

Figura 2-1 Ejemplo de la acción un filtro ideal y real que está centrado en la frecuencia f2: (a) sin filtrar, (b) filtrado ideal, (c) filtrado real.

En un caso ideal como el de la figura 2-1(b), la atenuación en la banda rechazada es infinita para todas las frecuencias distintas de $f2$, es decir, que las amplitudes serán siempre cero para cualquier frecuencia que no sea $f2$, mientras que en la banda pasante, dibujada como un rectángulo, y donde se encuentra la frecuencia $f2$, la atenuación es de cero, es decir, que la amplitud es igual a la amplitud original de $f2$.

Por otro lado, en un caso real, como el de la figura 2-1(c), la banda pasante está conformada por un conjunto de frecuencias muy cercanas a $f2$, y que conservan una amplitud relativamente muy cercana a la máxima, la cual se encuentra en la frecuencia $f2$. La atenuación de las frecuencias más allá de la banda pasante, no es infinita, como en el caso ideal, sino que ocurre con una pendiente que depende del tipo del filtro, y que hace que dicha atenuación aumente conforme las frecuencias se van alejando de la frecuencia central $f2$.

De esta forma la diferencia entre un filtro ideal y uno real es que mientras en el ideal se puede seleccionar una única frecuencia en particular y rechazar absolutamente todas las demás, en un caso real hay considerar un conjunto de frecuencias que pueden pasar junto con la frecuencia central deseada, mientras que el resto se va atenuando paulatinamente conforme se alejen de esta.

Si bien la función de selectividad en el filtro ideal puede considerarse como abrupta, en el filtro real es entonces suave.

Antes de comenzar con el análisis de cualquier filtro es necesario primero conocer la terminología básica usada para caracterizar dichos filtros, la cual se presenta a continuación:

2.2 Términos básicos para caracterizar los filtros RLC.

a) **Función de transferencia $H(\omega)$ ó $H(f)$**: se define cómo el cociente entre el voltaje de salida y el voltaje de entrada. Define la característica global del filtro y tiene la forma:

$$H(\omega) \text{ ó } H(f) = \frac{Vout}{Vin} = |Av|\angle\theta$$

Dónde: **Vout** es el voltaje de salida, **Vin** es el voltaje de entrada, **Av** es el módulo de la ganancia, y θ es el ángulo de desfase.

Por lo general, el módulo de la ganancia se expresa de manera adimensional, pero también suele expresarse en unidades de decibelios, así:

$$|AV\ (dB)| = 20 \log |AV|$$

La función de transferencia del filtro puede considerarse en el contexto de una red pasiva de 2 puertos, donde **H(ω)** define la función de transferencia de dicha red. La figura 2-2 muestra dicha red, indicando la función **H(ω)** en el centro. El voltaje de salida **Vout** puede ser conocido en todo momento multiplicando la función de transferencia **H(ω)** por el voltaje de entrada **Vin**. El voltaje de entrada puede considerarse en términos de Fourier, como una función sumatoria de términos que constan de una amplitud A_n y una frecuencia ω_n así:

$$Vi = \sum_{n=0}^{\infty} A_n f(\omega_n)$$

Dónde: **f(ω)** puede ser una función cualquiera: senoidal, triangular, cuadrada, etc. De frecuencia ω.

2.2 Términos básicos para caracterizar los filtros RLC.

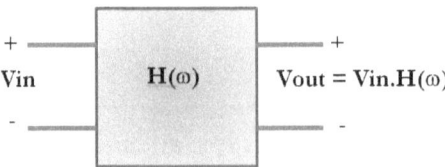

Figura 2-2 Consideración de un filtro como una red de dos puertos.

b) **Frecuencia de corte o de "roll off"** *fc*: Es la frecuencia donde la ganancia del filtro se reduce en -3 dB, es decir, al 70.7% del valor máximo de la ganancia. Esta frecuencia también se conoce como punto de media potencia. En la frecuencia de corte el desfasaje de la salida con respecto a la entrada es de ± 45°, dependiendo del tipo de filtro. Para el caso de los filtros RC o RL, la *fc* se define matemáticamente como aquella frecuencia en donde la componente de la impedancia resistiva ***R*** se iguala a la impedancia reactiva, sea un inductiva (***XL***) o capacitiva (***XC***). En el caso de los filtros resonantes existe además de las frecuencias de corte una frecuencia central *f0*, y que se define como aquella frecuencia donde la impedancia capacitiva es igual a la inductiva.

$$R = |XC| \text{ ó } R = |XL|; se\ obtine\ la\ fc\ en\ filtro\ RL\ o\ RC.$$

$$|XL = XC|; obtiene\ f0\ en\ filtro\ resonante.$$

De lo dicho anteriormente se obtiene que:

$$fc = \frac{1}{2\pi RC}\ ; filtro\ RC \qquad (2.1)$$

$$fc = \frac{R}{2\pi L}\ ; filtro\ RL \qquad (2.2)$$

$$f0 = \frac{1}{2\pi\sqrt{LC}}\ ; filtro\ RLC \qquad (2.3)$$

2.2 Términos básicos para caracterizar los filtros RLC.

c) **Atenuación característica**: representa la pendiente de reducción o atenuación de amplitud, para filtros no resonantes se refiere a la pendiente de caída del filtro. Un filtro puede ser único o estar compuesto por un número de filtros iguales en paralelo, lo que se traduce a su vez en el número de polos (denominador) en la función de transferencia total. Cuando el número de polos es uno, el filtro es único, y se le llama también de primer orden, y la pendiente de atenuación es de -20 dB/década. Cuando tiene dos polos será de segundo orden, con una atenuación de -40dB/década, y así sucesivamente. Una década es una frecuencia 10 veces por delante o detrás de la f_c. La figura 2-3 muestra claramente el tipo de configuración para obtener: (a) un filtro de primer orden, con una atenuación de -20 dB/década, (b) segundo orden, con una atenuación de -40 dB/década.

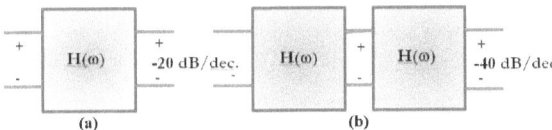

Figura 2-3 Configuración de filtro: (a) atenuación de -20dB/dec., (b) atenuación de -40 dB/dec.

Nótese que el tipo de conexión entre una etapa y la siguiente es en paralelo. La función $H(\omega)$ se repite para lograr el efecto de atenuación con respecto a la misma frecuencia de entrada.

En el caso de los filtros resonantes no se habla de atenuación característica sino más bien del factor de calidad Q, el cual se detallará más adelante.

d) **Banda pasante**: se le conoce también como el ancho de banda BW "Bandwidth" del filtro. Cuando el filtro es de tipo pasa bajos por ejemplo, el $BW = fc$. Cuando es pasa banda, el BW es la diferencia entre la frecuencia de corte alta $fc2$ y la frecuencia de corte baja $fc1$: $BW = fc2 - fc1$. En la banda pasante, las frecuencias no sufren de una atenuación significativa, siendo la mayor atenuación de -3 dB para aquellas frecuencias que están muy cercanas a fc.

2.3 Tipos de filtros.

El filtro resonante presenta también características de un filtro pasa banda, pero mucho más estrecho. Tiene dos frecuencias de cortes $fc1$ y $fc2$, y una frecuencia central $f0$. El $BW = fc2 - fc1$.

En la banda pasante el desfasaje máximo es de -45° si el filtro es pasa bajos, y de +45°si es pasa altos. En el caso del filtro resonante el desfasaje abarca el rango ±45°.

e) **Banda de rechazo**: Es toda aquella frecuencia que no cae en la banda pasante y por lo tanto, sufre de una atenuación mayor y característica del tipo filtro, que puede ser de -20dB/dec por ejemplo. El desfasaje en esta banda se incrementa por encima de ±45°, pudiendo llegar hasta un máximo de ± 90° para aquellas frecuencias que están muy lejos dela fc o $f0$.

f) **Desfasaje θ:** El desfasaje mide la cantidad en grados que la señal de salida se encuentra respecto de la entrada. En la frecuencia fc en el filtro pasa bajos es de -45°, y de +45° en el paso altos. Para el caso del filtro resonante presenta ±45° de desfasaje ya que tiene dos frecuencias de corte. El desfasaje máximo de cualquier filtro único es de ±90° desentendiendo del tipo de filtro. Así por ejemplo, -90° es el máximo par un pasa bajos.

Cuando el desfasaje es negativo se dice que se está en atraso, y de manera contraria cuando el desfasaje es positivo se dice que se está en adelanto.

2.3 Tipos de filtros.

2.3.1 Pasa bajos

Se caracteriza porque la banda pasante está conformada por el rango de frecuencias que va desde cero Hz hasta una frecuencia de corte *fc* menor que infinito. Véase la figura 2-4 que muestra la respuesta ideal y real de la ganancia de un filtro paso bajos. La ganancia está normalizada a 1. La respuesta real se representada como una línea recta sólida con

2.3 Tipos de filtros.

suavizado. La respuesta ideal se corresponde con la línea recta no suavizada y segmentada que incluye el recuadro sombreado. El eje de las ordenadas esta en dB mientras que el de las abscisas es logarítmico.

La figura 2-4 muestra también una pendiente de atenuación constante de -20 dB por década. La respuesta de este filtro se corresponde con los esquemas de circuitos eléctricos planteados en la figura 2-5.

La respuesta típica de la fase versus frecuencia de un filtro pasa bajos de primer orden se representa en la figura 2-6.

La respuesta ideal del filtro se muestra en todos los casos con una línea recta y segmentada.

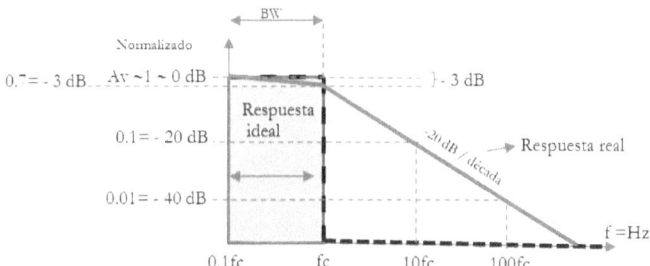

Figura 2-4 Respuesta de la ganancia Av Vs. frecuencia, de un filtro pasa bajos de primer orden.

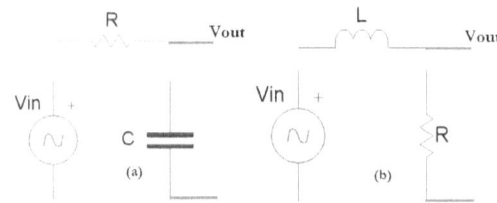

Figura 2-5 Ejemplos de circuitos de filtro pasa bajos de primer orden: (a) RC (capacitivo), (b) LR (inductivo).

Fernando J. Moutinho   Capítulo 2.

2.3 Tipos de filtros.

Nótese que en la gráfica de la figura 2-6 existe una pequeña región ubicada alrededor de la frecuencia $0.1fc$ que presentan fase cercana a cero $0°$.

De manera similar ocurre en la gráfica de figura 2-4, donde la ganancia se acerca a 1 en la región de frecuencias cercana a $0.1fc$. Esta región conforma el grupo de frecuencias que pasan casi sin atenuación ni cambio de fase. Esta zona se extendería como una zona plana con un comportamiento de la fase y la amplitud que hace que a medida que la frecuencia disminuya de 0.1fc, la fase se iría acercando más a $0°$ y la ganancia a 1 respectivamente.

De manera contraria, cuando la frecuencia se incrementa por encima de $0.1fc$, la fase aumenta y la ganancia disminuye de manera gradual, hasta llegar $-45°$ de fase y 0.7 de amplitud en el punto de la frecuencia de corte fc.

Lo anterior significa que la banda pasante del filtro empieza en cero Hz y termina en la fc.

La banda de rechazo va entonces a partir de fc y hasta el infinito.

Nótese también que aunque la a ganancia sigue disminuyendo a una tasa constante de -20 dB/década hasta el infinito, el desfasaje llega a un máximo de $-90°$ y permanece allí. Un comportamiento similar ocurre para los tipos de filtros siguientes.

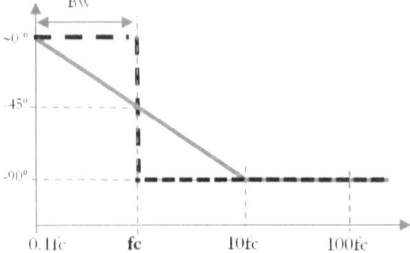

Figura 2- 6 Respuesta ideal y real de la fase θ Vs. frecuencia de un filtro pasa bajos de primer orden.

Fernando J. Moutinho   Capítulo 2.

2.3 Tipos de filtros.

2.3.2 Pasa Altos.

Se caracteriza porque la banda pasante está conformada por el rango de frecuencias que va desde una frecuencia de corte **fc** distinta de cero y hasta el infinito. Véase la figura 2-7 que muestra la respuesta ideal y real de un filtro paso altos. La respuesta de este filtro se corresponde con los esquemas de circuitos eléctricos planteados en la figura 2-8.

En este caso y de manera intencional, se ha representado la respuesta del filtro más allá de la frecuencia 10*fc*, para explicar mejor la región de respuesta plana o banda de paso del filtro.

Cuando la frecuencia es igual a la frecuencia de corte *fc*, la ganancia del filtro es de 0.7. Por encima de *fc*, digamos en la primera década (10*fc*), la ganancia del filtro es cercana a 1, en la segunda década (*100fc*) ya la ganancia es prácticamente 1, y de allí en adelante, se extiende una línea recta hasta el infinito. Lo mismo sucede en el caso del filtro pasa bajos pero por debajo de 0.1*fc* y hasta frecuencia cero.

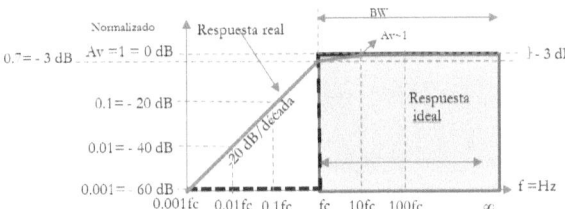

Figura 2-7 Respuesta de la ganancia Av Vs. Frecuencia, de un filtro pasa altos de primer orden.

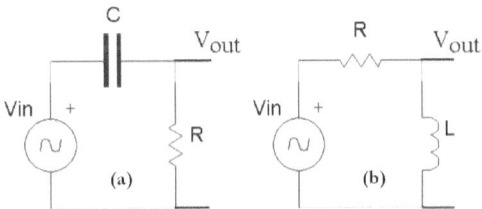

Figura 2-8 Ejemplos de circuitos de filtro pasa bajos de primer orden: (a) RC, (b) LR

Fernando J. Moutinho *Capítulo 2.*

2.3 Tipos de filtros.

La respuesta típica de la fase versus frecuencia de un filtro pasa altos de primer orden se representa en la figura 2-9.

Como puede observarse para frecuencias por debajo de fc, el desfasaje aumenta hasta que en una década por debajo (0.1*fc*) el desfasaje se aproxima a 90°. Por debajo de 0.1*fc*, digamos en la segunda década (0.01*fc*), el desfasaje ya es 90°, y se mantiene allí hasta frecuencia cero.

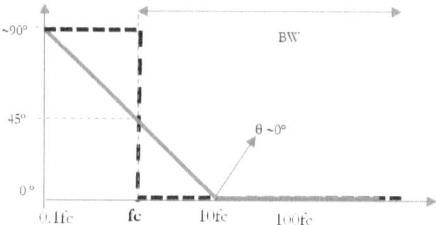

Figura 2- 9 Respuesta aproximada en frecuencia de la fase θ de un filtro pasa altos de primer orden.

Cuando la frecuencia está por encima de *fc* el desfasaje disminuye, ya en una década por encima (10*fc*), el desfasaje es de casi 0°, de allí en adelante la fase llega a ser de 0° hasta el infinito.

Nótese que los cambios de fase entre el filtro pasa bajos y pasa altos tienen signos distintos. Mientras que en el pasa bajos el desfasaje máximo es de -90°, en el pasa altos es de +90°. En la frecuencia de corte fc, el desfasaje es de -45° para el pasa bajos, y de +45° para pasa altos. Sin embargo, ambos filtros presentan un desfasaje cercano a 0° en la banda pasante, comprendida por debajo de 0.1*fc*, en el caso del pasa bajos, o por encima de 10*fc* en el caso del pasa altos.

2.3.3 Pasa banda.

Se caracteriza porque la banda pasante está formada por un grupo de frecuencias centrales comprendidas por el rango de frecuencias que va desde una frecuencia de corte

2.3 Tipos de filtros.

baja **fc1** distinta de cero y otra frecuencia de corte **fc2** mayor que **fc1** y distinta de infinito. Entre **fc2** y **fc1** existe una frecuencia *f0*, llamada frecuencia central, y que se corresponde con la media geométrica de **fc1** y **fc2**. Es en *f0* donde ocurre el máximo de amplitud y el mínimo de desfase del filtro.

$$fo = \sqrt{fc1 \times fc2} \quad (2.4)$$

Véase la figura 2-10 que muestra la respuesta ideal y real de un filtro paso banda. Un filtro pasa banda puede verse como la combinación de dos filtros: uno pasa bajos con frecuencia de corte **fc2**, y otro pasa altos con frecuencia de corte **fc1**. Véase también la figura 2-11 que muestra un esquema de conexión en cascada de dos filtros que forman un filtro pasa banda.

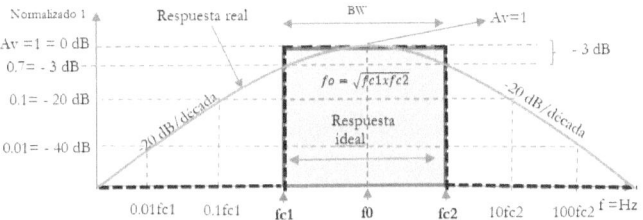

Figura 2-10 Respuesta de la ganancia Av Vs. frecuencia, de un filtro pasa banda.

En la curva de la figura 2-10 la Av está normalizada a 1.

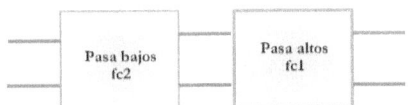

Figura 2-11 Conformación de un filtro pasa banda conectando en cascada dos: una pasa bajos y otro pasa altos.

Como era de esperarse la respuesta que indica la figura 2-10 es una combinación de la respuesta de un filtro pasa bajos y de un pasa altos respectivamente, pero también es

2.3 Tipos de filtros.

obvio que el comportamiento del filtro se vuelve cuadrático por efecto del doble polo en la función de transferencia (que más adelante se detallará) y que aparece al combinar estos dos tipos de filtros. La atenuación característica sigue siendo es de -20 dB/década.

La figura 2-12 muestra distintos tipos circuitos donde se combina un pasa bajos y un pasa altos para obtener un filtro pasa banda, a partir de elementos pasivos RLC.

La respuesta típica de la fase versus frecuencia de un filtro pasa banda se representa en la figura 2-13.

Nótese que la respuesta de fase va desde +90° a frecuencias de una década menor a *fc1*, pasando por +45° a la frecuencia de corte *fc1*, luego cambia a – 45° a la frecuencia de corte *fc2*, para llegar hasta -90° para frecuencias de una década mayor a *fc2*.

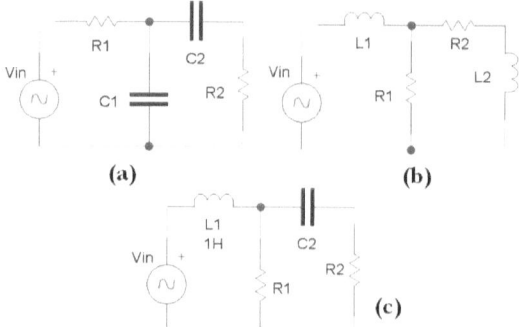

Figura 2-12 Ejemplos de circuitos de filtro pasa banda: (a) tipo RC, (b) LR, (c) LR-CR.

El cambio de fase es pequeño y cercano a cero para aquellas frecuencias que están muy cerca de la frecuencia central *f0*. El ancho de banda *BW* (*fc2*- *fc1*) se corresponde con los sitios donde la frecuencia produce ±45° de cambio en la fase, y – 3dB de atenuación respecto a la amplitud o ganancia máxima del filtro.

2.3 Tipos de filtros.

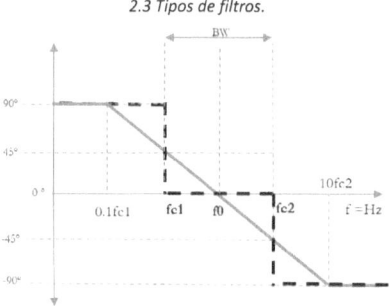

Figura 2-13 Respuesta ideal y real de la fase θ Vs. frecuencia de un filtro pasa banda.

Debido al comportamiento cuadrático de este tipo de filtro, suele caracterizarse por un parámetro de calidad llamado **Q**. El valor de Q se define como:

$$Q = \frac{f0}{BW} \qquad (2.5)$$

Dónde: $f0$ es la frecuencia central, y BW es el ancho de banda.

Si se conoce el valor de Q y de $f0$, se puede calcular las frecuencias de corte a partir de las siguientes expresiones:

$$fc1 = f0\left(\sqrt{1 + \frac{1}{4Q2}} - \frac{1}{2Q}\right); \text{ Frecuencia de corte baja.} \qquad (2.6)$$

$$fc1 = f0\left(\sqrt{1 + \frac{1}{4Q2}} + \frac{1}{2Q}\right); \text{ Frecuencia de corte alta.} \qquad (2.7)$$

El valor de Q da cuenta de cuan estrecho es el filtro (selectividad). Un Q alto significa que el filtro es muy estrecho, y por lo tanto, con una banda pasante muy pequeña. En términos equivalentes, ofrece una selectividad muy alta.

2.3.4 Rechaza banda.

Se caracteriza porque la banda pasante está dividida o partida en dos y está conformada por el rango de frecuencias que va desde cero hasta una frecuencia de corte baja *fc1*

2.3 Tipos de filtros.

distinta de cero y el segundo rango de frecuencias que va desde una frecuencia de corte *fc2* mayor que *fc1* y que se extiende hasta el infinito. Así pues, en medio de estás dos bandas queda una tercera: la banda de frecuencias rechazadas, característica esta por el cual recibe su nombre.

Las frecuencias *fc2* y *fc1*, ocurren igualmente en los puntos donde la amplitud máxima del filtro se reduce en -3dB.

Véase la figura 2-14 que muestra la respuesta de la ganancia ideal y real de un filtro rechaza banda.

Nótese la respuesta peculiar de la fase, que en la banda rechazada cambia abruptamente de -90° a + 90°.

Este tipo de filtro se implementa por lo general con circuitos sintonizados LC paralelo o en serie, llamados filtros resonantes, llamados así porque la energía se cicla o transfiere completamente del inductor al capacitor y viceversa cuando ocurre la resonancia.

Nótese también que la respuesta del filtro tiene una forma cuadrática, parecida a la respuesta del filtro pasa banda descrita anteriormente.

La diferencia en este filtro estriba en que a la frecuencia $f0$, la ganancia del filtro es la mínima, ya que actúa rechazando la banda ubicada entre $fc2$ y $fc1$.

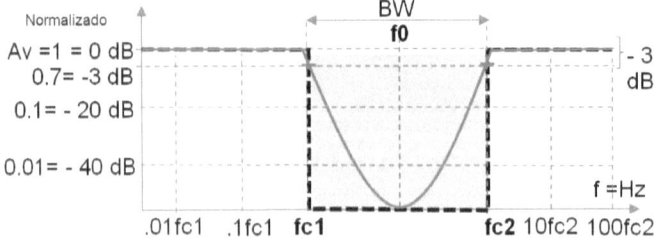

Figura 2-14 Respuesta en frecuencia de la amplitud Av de un filtro rechaza banda.

2.3 Tipos de filtros.

La respuesta de este filtro se corresponde con los esquemas eléctricos planteados en la figura 2-15.

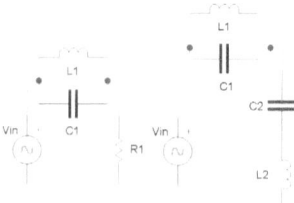

Figura 2- 15 Ejemplos de circuitos de filtro rechaza banda.

En los casos de la figura 2-15, el filtro se ha implementado utilizando elementos L y C que configuran un filtro resonante.

Puede decirse que este filtro es el opuesto al pasa banda.

La aplicación de filtros rechaza banda requiere por lo general de un Q muy alto. Como por ejemplo en aplicaciones de eliminación de ruido frecuencial específico.

La figura 2-16 muestra el comportamiento de la fase para este tipo de filtro.

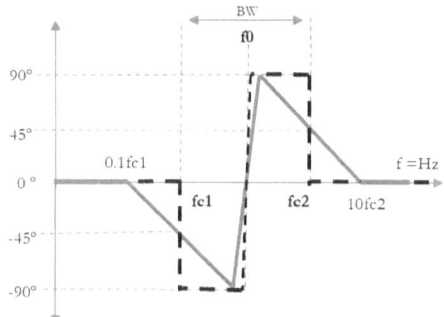

Figura 2- 16 Respuesta de la fase θ Vs. Frecuencias de un filtro rechaza banda.

Nótese que el cambio de fase Vs. Frecuencia en este tipo de filtro va de 0° a -45°, de -45° a -90°, de -90° a 0°, de 0° a +90°, de +90° a +45°, y finalmente desde +45° hasta 0°. El cambio de fase entre -90 y +90° se realiza prácticamente de manera abrupta pasando por el punto de intersección 0°, que ocurre exactamente en $f0$.

Hasta ahora ya hemos definido la terminología básica, los tipos de filtros que existen, y sus características principales. A continuación analizaremos detalladamente algunos casos para ilustrar sobre como caracterizar los mismos.

2.4 Análisis de filtros.

2.4.1 Caso 1: pasa bajos.

Dado el filtro pasa bajos RC de la figura 2-17, determinaremos la *fc*, y la *H(ω)* correspondientes.

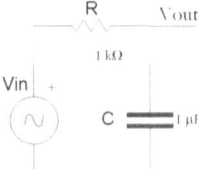

Figura 2-17 Circuito pasa bajos de la figura 2-5(a) con valores numéricos de R y C.

Solución:
De lo dicho en la sección 2.2 (b) sabemos que la *fc* se encuentra dónde: $R = |XC|$.
La impedancia reactiva XC se define como:

$$XC = \frac{-j}{\omega C} \quad \text{dónde} \quad \omega = 2\pi f$$

Tanto la impedancia capacitiva como la inductiva se manejan como números complejos, dónde el vector imaginario se denota con la letra j.

2.4 Análisis de filtros.

La impedancia capacitiva es por definición negativa, mientras que la inductiva es positiva.

Retomando que R = |XC| tenemos:

$$R = |Xc| = \left|\frac{-j}{\omega c}\right| = \frac{1}{\omega C} \; ;$$

Despejando ahora **fc** tenemos:

$$fc = \frac{1}{2\pi RC}$$

fc es entonces la frecuencia de corte de este tipo de filtro según la figura 2.17.

Ahora la función de transferencia **H(ω)** del filtro (aplicando Kirchhoff) es:

$$H(\omega) = \frac{-JXC}{(R-JXC)} = \frac{-J(\frac{1}{\omega C})}{R - J(\frac{1}{\omega C})} = Av \, \llcorner \theta$$

Simplificando la expresión anterior tenemos:

$$H(\omega) = \frac{1}{1 + J\omega RC}$$

El módulo **AV** y fase **θ** de la función H(ω) son:

$$AV = \frac{1}{\sqrt{1 + (\omega RC)^2}} \quad\quad (2.8)$$

$$\theta = -arctang\,(\omega RC) \quad\quad (2.9)$$

Ahora que ya tenemos la respuesta definida del filtro, primero evaluaremos de forma literal la **H(ω)** y luego, con los valores indicados por la figura 2-17.

Definimos **n** como un factor atenuador o multiplicador de la frecuencia **fc:**

$$\omega = 2\pi f \; ; f = fc = \frac{1}{2\pi RC} \; ; nfc = \frac{n}{2\pi RC}$$

Sustituyendo ahora el término **f** por la expresión equivalente **nfc en** ω tenemos:

$$\omega = \frac{n}{RC}$$

Sustituyendo ahora a ω en la expresión de (2.8) tenemos:

$$AV = \frac{1}{\sqrt{1 + (\omega RC)^2}} = \frac{1}{\sqrt{1 + n^2}} \quad\quad (2.10)$$

Sustituyendo igualmente a ω en (2.9) tenemos:

Fernando J. Moutinho   Capítulo 2.

2.4 Análisis de filtros.

$$\theta = -arc\ tang\ (n) \qquad (2.11)$$

Evaluando de forma numérica las expresiones simplificadas 2.8 y 2.9 respectivamente, para n = 0.01*fc* y hasta 100*fc*, obtenemos la tabla 2.1.

Nótese que aún no hemos tomado en cuenta los valores numéricos de R y C que se indican en la figura 2.17. Lo que tenemos hasta ahora es la respuesta general del filtro, la cual es invariante de los valores de R y C.

f	Av	Av (dB)	θ
fc/100: n = $\frac{1}{100}$	1	0	-0.57
fc/10: n = $\frac{1}{10}$	0.99	0	-5.71
fc: n = 1	0.7	-3	-45
10fc: n = 10	0.1	-20	-84.3
100fc: n = 100	0.01	-40	-89.4

Tabla 2-1 Respuesta general tabulada del filtro pasa bajos de la figura 2-17usando las expresiones (2.10) y (2.11).

La figura 2.18 (a) y (b) muestran la respuesta de amplitud y fase del filtro respectivamente.

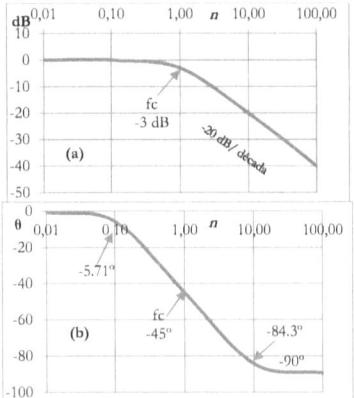

Figura 2-18 Respuesta general del filtro pasa bajos: (a) amplitud en dB, (b) fase θ.

2.4 Análisis de filtros.

Nótese que en las gráficas de la figura 2-18 se han indicado los sitios de amplitud y fase correspondiente a la frecuencia de corte fc, de acuerdo con los resultados de la tabla 2-1. Adicionalmente, se han indicado en la gráfica 2-18(b) los sitios del desfasaje correspondiente a una década por debajo y por encima de fc.

Obsérvese que la respuesta de amplitud indica una atenuación de -3 dB en la frecuencia de corte fc, el desfasaje correspondiente en esta frecuencia es de -45°.

Para las frecuencias inferiores a la fc tanto la atenuación como el desfasaje disminuyen considerablemente.

A frecuencias muy por debajo de la fc la amplitud de salida es máxima y el desfasaje cercano a cero. Es decir, que la señal de salida sigue a la señal de entrada en amplitud y fase.

De modo contrario, cuando la frecuencia se incrementa muy por encima de la fc tanto la atenuación como el desfasaje aumentan. El desfasaje alcanza un máximo de -90° para frecuencias por encima de una década, mientras que la atenuación continúa aumentando a una tasa de -20 dB/década. Es decir, que la señal de salida tiende acercarse a un valor nulo o muy bajo, rechazando la frecuencia.

A la respuesta grafica combinada de amplitud y fase de un filtro se le conoce también como el diagrama de Bode.

Veamos ahora la respuesta particular del filtro para los valores numéricos indicados en la figura 2-17.

Solución:

R = 1 kΩ; C = 1µF

Para calcular la frecuencia de corte:

$$fc = \frac{1}{2\pi RC} = 159.2 \, Hz$$

2.4 Análisis de filtros.

Luego evaluando las expresiones 2.8 y 2.9 respectivamente, obteneos la tabla 2-2:

$$AV = \frac{1}{\sqrt{1+(\omega RC)^2}} \quad ; \quad \theta = -arctang\,(\omega RC)$$

fc = 159.2 Hz	Av	Av (dB)	θ
fc/100= 1.59	1	0	-0.57
fc/10=15.9	0.99	0	-5.70
n=1 ; fc =159.2	0.7	-3	-45
10fc=1592	0.1	-20	-84.3
100fc =15920	0.01	-40	-89.42

Tabla 2- 2 Respuesta tabulada del filtro pasa bajos de la figura 2-17, para los valores numéricos de R y C, y usando la expresiones (2.8) y (2.9).

La figura 2-19 muestra a continuación la respuesta gráfica de amplitud y fase para los valores numéricos dados.

Puede observarse que la respuesta indicada en la figura 2-19 es idéntica a la mostrada en la figura 2-18. Lo único que se ha hecho es sustituir n por el valor de la frecuencia equivalente en Hz. Por lo tanto, la respuesta general es suficiente para describir el comportamiento del filtro, y los valores numéricos indican el valor de posición real de la *fc* en el eje de frecuencias.

2.4 Análisis de filtros.

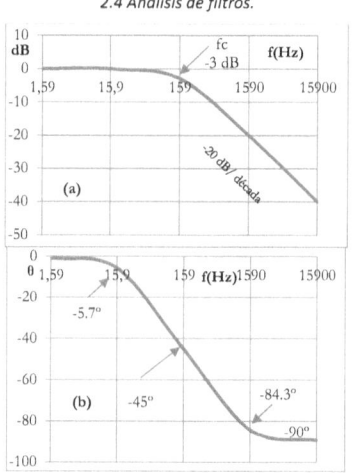

Figura 2-19 Respuesta particular del filtro pasa bajos: (a) amplitud en dB, (b) fase θ.

2.4.2 Caso 2: pasa altos.

Dado el filtro pasa altos RC de la figura 2-20, determinar la *fc*, y la *H(ω)* correspondientes.

Solución:

Al igual que en el caso del pasa bajos la frecuencia de corte es:

$$fc = \frac{1}{2\pi RC}$$

Nótese que la expresión de la frecuencia de corte no cambia, ya que solo se invirtieron las posiciones de los elementos R y C en el filtro.

2.4 Análisis de filtros.

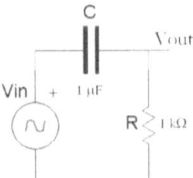

Figura 2-20 Circuito pasa bajos de la figura 2-8(a) con valores de R y C

Ahora aplicando Kirchhoff la función $H(\omega)$ es:

$$H(\omega) = \frac{R}{(R-jXC)} = Av \angle \theta$$

Simplificando de nuevo la expresión anterior:

$$H(\omega) = \frac{1}{(1-j\frac{1}{\omega RC})}$$

El módulo AV y fase θ de la función H(ω) son:

$$AV = \frac{1}{\sqrt{1+\frac{1}{(\omega RC)^2}}} \qquad (2.12)$$

$$\theta = arctang\left(\frac{1}{\omega RC}\right) \qquad (2.13)$$

Sustituimos el término ω por $\frac{n}{RC}$ en (2.12) y (2.13) respectivamente, y obtenemos:

$$AV = \frac{1}{\sqrt{1+\left(\frac{1}{n}\right)^2}} \qquad (2.14)$$

$$\theta = arctang\left(\frac{1}{n}\right) \qquad (2.15)$$

Evaluando ahora las expresiones (2.14) y (2.15) obtenemos la tabla 2.3.

La figura 2.21(a) y 2.21(b) muestran la respuesta general de la amplitud y la fase del filtro respectivamente.

Fernando J. Moutinho   Capítulo 2.

2.4 Análisis de filtros.

f	Av	Av (dB)	θ
fc/100; n = $\frac{1}{100}$	0.01	-40	89.42
fc/10; n = $\frac{1}{10}$	0.1	-20	84.42
fc; n =1	0.7	-3	45
10fc; n =10	0.95	-0.4	5.71
100fc; n = 100	1	0	0.57

Tabla 2- 3 Respuesta tabulada del filtro pasa altos de la figura 2-20, usando las expresiones (2.14) y (2.15).

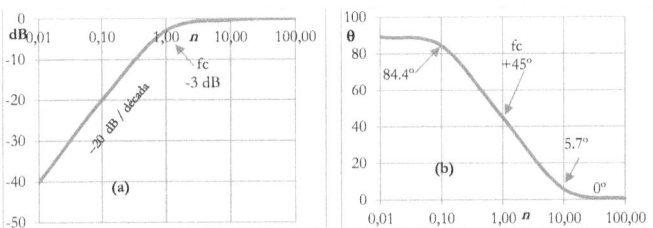

Figura 2- 21 Respuesta general del filtro pasa altos: (a) amplitud en dB, (b) fase θ.

En este caso se indica que a la frecuencia de corte *fc* la atenuación es también igual que en el caso del filtro pasa bajos, -3 dB. La fase en esta frecuencia aunque es igual en magnitud es de signo contrario +45°. El desfasaje máximo es también opuesto al del filtro pasa bajos, y es de +90°, para frecuencias menores a una década de la *fc*. La tasa de atenuación idéntica al filtro pasa bajos es de -20 dB/década.

Veamos ahora la respuesta del filtro para los valores indicados en la figura 2-20.

Solución:

R = 1 kΩ; C = 1μF

Para determinar la frecuencia de corte:

2.4 Análisis de filtros.

$$fc = \frac{1}{2\pi RC} = 159.2 \; Hz$$

Evaluando ahora las expresiones (2.12) y (2.13) respectivamente, obtenemos la tabla 2-4:

$$AV = \frac{1}{\sqrt{1+\left(\frac{1}{n}\right)^2}} \quad ; \theta = arctang\left(\frac{1}{n}\right)$$

Fc = 159.2 Hz	Av	Av (dB)	θ
fc/100= 1.59	0.01	-40	89.42
fc/10=15.9	0.1	-20	84.29
n=1 ; fc =159.2	0.7	-3	45
10fc=1592	0.99	0	5.71
100fc =15920	1	0	0.57

Tabla 2- 4 Respuesta tabulada del filtro pasa bajos de la figura 2-20 para los valores de R y C dados, usando las expresiones (2.12) y (2.13).

La figura 2-22 muestra la respuesta gráfica para los valores numéricos.

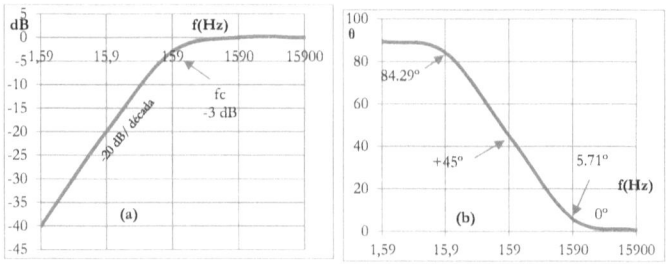

Figura 2- 22 Respuesta particular del filtro pasa altos: (a) amplitud en dB, (b) fase θ.

La respuesta numérica del filtro se ha obtenido adecuando la respuesta literal conforme las tablas 2.1 y 2.3.

2.4.3 Caso 3: pasa banda RC.

Dado el filtro pasa banda RC de la figura 2-23, determinaremos la *fc*, y la *H(ω)* correspondientes.

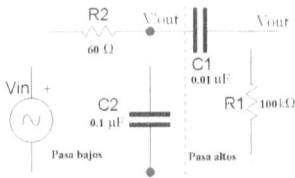

Figura 2- 23 Filtro pasa banda RC.

Solución:

Si vemos el filtro global como la combinación de dos filtros particulares: uno pasa bajos y otro pasa altos. Las frecuencias de corte serán:

$$fc2 = \frac{1}{2\pi R_2 C_2} \ (pasa\ bajos) \quad y \quad fc1 = \frac{1}{2\pi R_1 C_1} \ (pasa\ altos)$$

Obsérvese que hemos considerado 2 filtros independientes. Para que esto sea cierto, es necesario que la red del filtro pasa altos no afecte significativamente la impedancia del filtro pasa bajos, es decir, a XC2. Por esta razón, imponemos una condición que permite hacer las aproximaciones pertinentes a objeto de simplificar los cálculos y hacer las demostraciones que a continuación se detallan.

Condición de aproximación: XC1 >> XC2; digamos por un factor de 10.
Entonces:

$$C_1 \leq \frac{C_2}{10} \ o \ C_2 \geq 10 C_1 \qquad (2.16)$$

R₁ y *R₂* pueden tomar cualquier valor para ajustar la *fc*

2.4 Análisis de filtros.

Ahora la función **H(ω)** total es:

$$H(\omega) = H(\omega)_1 \times H(\omega)_2 = A_{V1} \times A_{V2} = \frac{V'out}{Vin} \times \frac{Vout}{V'out}$$

Recordemos que las ganancias en cascada se multiplican.

Sustituyendo en $H(\omega)$ tenemos:

$$H(\omega) = \frac{-jXC_2}{(R_2 - jXC_2)} \frac{R_1}{(R_1 - jXC_1)} = Av \; \angle \theta$$

Simplificando a $H(\omega)$ tenemos:

$$H(\omega) = \frac{1}{(1 + j\omega R_2 C_2)} \frac{1}{(1 - \frac{j}{\omega R_1 C_1})} \quad (2.17)$$

La expresión del módulo de AV puede escribirse como:

$$AV = \frac{1}{\sqrt{1 + (\omega R_2 C_2)^2}} \frac{1}{\sqrt{1 + \frac{1}{(\omega R_1 C_1)^2}}} \quad (2.18)$$

Y de la fase θ:

$$\theta = -arctang\,(\omega R_2 C_2) + arctang\left(\frac{1}{\omega R_1 C_1}\right) \quad (2.19)$$

En este caso solo es posible simplificar con un solo factor de n considerando la frecuencia central $f0$.

$$\omega_0 = \sqrt{\omega_1 \times \omega_2}$$

$$n\omega_0 = n\sqrt{\omega_1 \times \omega_2} = n\sqrt{\frac{1}{R_1 C_1} \times \frac{1}{R_2 C_2}} = \frac{n}{\sqrt{R_1 C_1 R_2 C_2}}$$

Sustituyendo a ω por $n\omega_0$ en (2.17) tenemos:

$$H(\omega) = \frac{1}{\left(1 + j\frac{nR_2C_2}{\sqrt{R_1C_1R_2C_2}}\right)} \frac{1}{\left(1 - j\frac{\sqrt{R_1C_1R_2C_2}}{nR_1C_1}\right)}$$

$$H(\omega) = \frac{1}{\left(1 + jn\sqrt{\frac{R_2C_2}{R_1C_1}}\right)} \frac{1}{\left(1 - j\frac{1}{n}\sqrt{\frac{R_2C_2}{R_1C_1}}\right)} \quad (2.20)$$

2.4 Análisis de filtros.

La expresión (2.20) deja ver que el Q del filtro es:

$$Q = \sqrt{\frac{R_2 C_2}{R_1 C_1}} \qquad (2.21)$$

Más adelante se comprobará que el Q del filtro corresponde con la expresión (2.20).

De la expresión (2.20) obtenemos el módulo y fase del filtro así:

$$|H(\omega)| = AV = \frac{1}{\sqrt{1+\frac{n^2 R_2 C_2}{R_1 C_1}}} \frac{1}{\sqrt{1+\frac{R_2 C_2}{n^2 R_1 C_1}}} \qquad (2.22)$$

$$\theta = -arctang\left(n\sqrt{\frac{R_2 C_2}{R_1 C_1}}\right) + arctang\left(\frac{1}{n}\sqrt{\frac{R_2 C_2}{R_1 C_1}}\right) \qquad (2.23)$$

En términos del factor Q las expresiones (2.20), (2.22) y (2.23) serán:

$$H(\omega) = \frac{1}{(1+j\,nQ)} \frac{1}{(1-j\frac{1}{n}Q)} \qquad (2.24)$$

$$|H(\omega)| = AV = \frac{1}{\sqrt{1+n^2 Q^2}} \frac{1}{\sqrt{1+\frac{Q^2}{n^2}}} \qquad (2.25)$$

$$\theta = -arctang\,(nQ) + arctang\left(\frac{1}{n}Q\right) \qquad (2.26)$$

De la expresión (2.25) podemos deducir las frecuencias de corte del filtro así:

$$\frac{1}{\sqrt{1+n^2 Q^2}} \frac{1}{\sqrt{1+\frac{Q^2}{n^2}}} = \frac{1}{\sqrt{2}}$$

Despejando a n:

$$\frac{1}{(1+n^2 Q^2)(1+\frac{Q^2}{n^2})} = \frac{1}{2}$$

2.4 Análisis de filtros.

$$(1 + n^2 Q^2)\left(1 + \frac{Q^2}{n^2}\right) = 2$$

$$1 + \frac{Q^2}{n^2} + n^2 Q^2 + Q^4 = 2$$

$$Q^2 + n^4 Q^2 + n^2 Q^4 = n^2$$

$$Q + n^2 Q + n Q^2 = n$$

$$n^2 + \left(Q - \frac{1}{Q}\right)n + 1 = 0$$

Resolviendo la ecuación de segundo grado:

$$n_1 = \frac{-\left(Q - \frac{1}{Q}\right)}{2} - \sqrt{\frac{1}{4}\left(Q - \frac{1}{Q}\right)^2 - 1} \qquad (2.27)$$

$$n_2 = \frac{-\left(Q - \frac{1}{Q}\right)}{2} + \sqrt{\frac{1}{4}\left(Q - \frac{1}{Q}\right)^2 - 1} \qquad (2.28)$$

$$fc1 = n_1 x f0 \qquad (2.29)$$

$$fc2 = n_2 x f0 \qquad (2.30)$$

De la expresiones (2.27) y (2.28) se deduce que en este tipo de filtro el Q debe ser menor que 1.

Ahora bien, en términos prácticos, si $C_2 = 10 C_1$ podemos simplificar y tenemos:

$$AV = \frac{1}{\sqrt{1 + \frac{n^2 10 R_2}{R_1}}} \frac{1}{\sqrt{1 + \frac{10 R_2}{n^2 R_1}}} \qquad (2.31)$$

Nótese que la expresión (2.31) cumple con el requisito de un filtro pasa banda ya que si evaluamos en n = 0 y n=∞ respectivamente tenemos que: $AV = 0$

2.4 Análisis de filtros.

f (Hz)	Av	Av (dB)	θ
15.9	0.1	-20	84.26
159	0.707	-3	44.66
500	0.95	-0.44	16.58
1000	0.98	-0.17	6.88
f0 =2055	1	0	0
4000	0.98	-0.17	-6.29
6000	0.97	-0.26	-11.2
26526	0.707	-3	-44.66
265400	0.1	-20	-84.25

Tabla 2- 5 Respuesta tabulada del filtro pasa banda para los valores de RC indicados.

La curva de fase de la figura 2-24(b) muestra una ligera forma de S en torno a la frecuencia $f0$. Esto se corresponde con la región donde ocurre la transición de fase de +45° a -45°, que es no-lineal y de pendiente distinta al resto de la curva donde las frecuencias están más alejadas de las frecuencias de corte $fc1$ y $fc2$ respectivamente.

No obstante, una línea recta segmentada representa en este caso una buena aproximación de ajuste para la respuesta general de fase del filtro pasa banda RC.

Este tipo de filtro suele utilizarse cuando la banda pasante requerida es bastante ancha. Aunque el Q efectivo de este filtro es muy bajo, puede incrementarse a medida que se reduce el ancho dela banda.

Si se mantiene la condición establecida en (2.16) y las frecuencias de cortes son iguales, la ecuación (2.17) indica que el módulo de la amplitud sería de:

$$AV = \frac{1}{\sqrt{1 + (\omega R_2 C_2)^2}} \frac{1}{\sqrt{1 + \frac{1}{(\omega R_1 C_1)^2}}} = 0.707 x 0.707 = 0.5 \; ; fc1 = fc2$$

Obviamente la fase es de 0° y el Q teórico será de infinito, ya que las dos frecuencias son exactamente iguales. Pero como ya se dijo anteriormente la idea de este filtro es que exista una banda relativamente ancha.

2.4 Análisis de filtros.

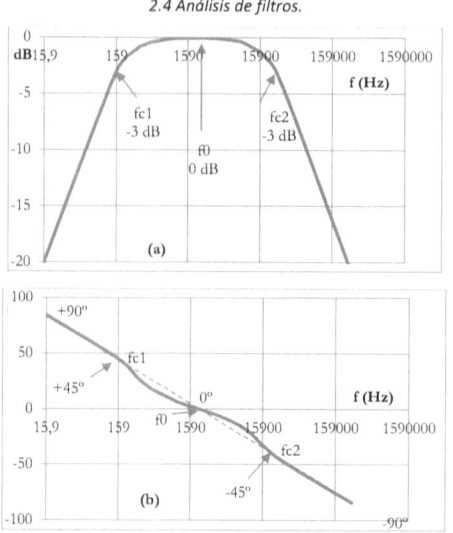

Figura 2-24 Respuesta particular del filtro de la figura 2-23: (a) amplitud en dB, (b) fase θ.

Siguiendo el criterio (2.16) para que las frecuencias *fc1* y *fc1* no sean iguales es necesario que R_1 sea distinto de $10R_2$ ya que en este caso se obtienen frecuencias iguales como se demuestra a continuación:

$$fc1 = \frac{1}{2\pi R_1 C_1} = fc2 = \frac{1}{2\pi \frac{R_1}{10} 10 C_1} \; : \; R_1 = 10 R_2 \; y \; C_2 = 10 C_1$$

Por lo tanto debe cumplirse que:

$$R_1 > 10 \, R_2$$

Como ya se dijo anteriormente la amplitud del filtro es afectada por la relación entre R_2 y R_1.

Tomando la expresión (2.17) e imponiendo cualquiera de las frecuencias de corte tenemos:

2.4 Análisis de filtros.

$$AV = \frac{1}{\sqrt{2}}\frac{1}{\sqrt{1+\frac{1}{(R_2C_2R_1C_1)^2}}} \quad ; \quad \omega = \omega_2 = \frac{1}{R_2C_2}$$

AV en este caso es la ganancia del filtro en cualquiera de las frecuencia de corte.

Como $C_2 = 10\ C_1$:

$$AV = \frac{1}{\sqrt{2}}\frac{1}{\sqrt{1+\frac{1}{(\frac{1}{R_2 10 C_1}R_1C_1)^2}}} = \frac{1}{\sqrt{2}}\frac{1}{\sqrt{1+\frac{1}{(\frac{R_1}{R_2 10})^2}}} = \frac{1}{\sqrt{2}}\frac{1}{\sqrt{1+(\frac{10R_2}{R_1})^2}} \quad ; R_1 > 10\ R_2$$

El término: $\frac{1}{\sqrt{1+(\frac{10R_2}{R_1})^2}}$ de la expresión AV es el que define la amplitud total del filtro.

Evaluando el segundo término para distintos valores de R_1 tenemos:

Con $R_1 = 15\ R_2$; $\frac{1}{\sqrt{1+(\frac{10R_2}{R_1})^2}} = 0.83$

Con $R_1 = 20\ R_2$; $\frac{1}{\sqrt{1+(\frac{10R_2}{R_1})^2}} = 0.89$

Con $R_1 = 25\ R_2$; $\frac{1}{\sqrt{1+(\frac{10R_2}{R_1})^2}} = 0.92$

Con $R_1 = 30\ R_2$; $\frac{1}{\sqrt{1+(\frac{10R_2}{R_1})^2}} = 0.94$

Con $R_1 = 35\ R_2$; $\frac{1}{\sqrt{1+(\frac{10R_2}{R_1})^2}} = 0.96$

Con $R_1 = 50\ R_2$; $\frac{1}{\sqrt{1+(\frac{10R_2}{R_1})^2}} = 0.98$

Con $R_1 = 100\ R_2$; $\frac{1}{\sqrt{1+(\frac{10R_2}{R_1})^2}} = 0.99$

Recuerde que la ganancia total se obtendría multiplicando ambos términos, como por ejemplo con $R_1 = 100\ R_2$:

$$A_V = \frac{1}{\sqrt{2}} * 0.99 = 0.7$$

Los resultados indican que para que la ganancia máxima del filtro (en f_0) se aproxime a 1, el valor de R_1 debe ser de al menos 100 veces mayor R_2. Cuando R_1 se hace menor la ganancia máxima del filtro se reduce.

2.4 Análisis de filtros.

Desafortunadamente el Q efectivo del filtro se reduce conforme aumenta R_1, ya que aumenta el ancho de banda. Disminuir el valor de R_1 produce el efecto contrario en el Q, pero también disminuye la amplitud del filtro de manera considerable.

Para lograr una banda mucho más estrecha y de una manera más efectiva, se utilizan los filtros resonantes, que a continuación se detallan:

2.4.4 Caso 4: Pasa banda resonante paralelo LC.

Dado el filtro pasa banda resonante de la figura 2-25, determinaremos la *fc*, y la *H(ω)* correspondientes.

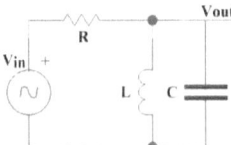

Figura 2- 25 Filtro pasa banda resonante paralelo.

Solución:

Para calcular la frecuencia de resonancia $f0$ del filtro se debe cumplir con la condición establecida en la sección 2.2 (b):

$$|XL = XC| \; ; \; wL = \tfrac{1}{wC} \; ; \; 2\pi f0 L = \tfrac{1}{2\pi f0 C}$$

Despejando $f0$ tenemos:

$$f0 = \frac{1}{2\pi\sqrt{LC}} \qquad (2.32)$$

Dónde $f0$ es la frecuencia de resonancia natural del filtro.

La *H(ω)* es:

$$H(\omega) = \frac{JXL//(-JXc)}{R + (JXL//(-JXC)}$$

Resolviendo el paralelo de impedancias en la expresión de *H(ω)* tenemos:

2.4 Análisis de filtros.

$$H(\omega) = \frac{XLXC}{(XLXC + jR(XL - XC))}$$

Multiplicando arriba y abajo por el término $\frac{1}{XLXC}$ tenemos:

$$H(\omega) = \frac{1}{1 + JR\left(\frac{1}{XC} - \frac{1}{XL}\right)}$$

Sustituyendo a XC y XL por $\frac{1}{wC}$ y wL respectivamente tenemos:

$$H(\omega) = \frac{1}{1 + JR\left(\omega C - \frac{1}{\omega L}\right)} \qquad (2.33)$$

Ahora $\omega_0 = 2\pi f0$, por lo que:

$$n\omega_0 = n2\pi f0$$

Sustituyendo a $f0$ en la expresión anterior tenemos:

$$n\omega_0 = \frac{n}{\sqrt{LC}}$$

Sustituyendo a ω en la expresión (2.33) tenemos:

$$H(\omega) = \frac{1}{1 + JR\left(\frac{nC}{\sqrt{LC}} - \frac{1}{\frac{n}{\sqrt{LC}}L}\right)}$$

Finalmente simplificando la expresión anterior obtenemos:

$$H(\omega) = \frac{1}{1 + JR\sqrt{\frac{C}{L}}\left(n - \frac{1}{n}\right)} \qquad (2.34)$$

El modulo $|H(\omega)|$ será:

$$|H(\omega)| = \frac{1}{\sqrt{1 + R^2 \frac{C}{L}(n - \frac{1}{n})^2}} \qquad (2.35)$$

Y la fase del H(ω) será:

$$\theta = -arctang(R\sqrt{\frac{C}{L}}\left(n - \frac{1}{n}\right) \qquad (2.36)$$

2.4 Análisis de filtros.

De la expresión 2.34 se deduce que el término $R\sqrt{\frac{C}{L}}$ define el factor de calidad del filtro:

$$Q = R\sqrt{\frac{C}{L}} \qquad (2.37)$$

El Factor Q se define también como la potencia reactiva del inductor o capacitor respecto de la potencia promedio del resistor. Un factor Q alto implica que la potencia en el inductor o el capacitor es mayor que la potencia promedio en el resistor. Es decir, que la energía que el circuito está consumiendo mayormente se está ciclando entre el inductor y el capacitor, lo que a su vez genera menos potencia en forma de calor sobre los elementos resistivos, digamos que la fuente de energía del circuito tiende a cargarse menos y por ende la potencia real es mínima en esta condición. Más adelante revisaremos los efectos de los elementos RLC en el factor Q de cada filtro.

También Como: $\qquad w_0 = \frac{1}{\sqrt{LC}}\;;\; n = 1\;;\; Cw_0 = \sqrt{\frac{C}{L}}$

Sustituyendo en Q tenemos:

$$Q = w_0 C R \qquad (2.38)$$

También: $w_0 C = \frac{1}{w_0 L}$ (resonancia), obtenemos que:

$$Q = \frac{R}{w_0 L} \qquad (2.39)$$

Adicionalmente recordemos también que el factor Q es por definición:

$$Q = \frac{f_0}{BW}$$

Tenemos entonces, varias expresiones equivalentes para calcular el valor de Q del filtro pasa banda resonante paralelo indicado en la figura 2-25.

La expresión $H(\omega)$ puede escribirse también en función Q así:

$$H(\omega) = \frac{1}{1 + jQ\left(n - \frac{1}{n}\right)} \qquad (2.40)$$

2.4 Análisis de filtros.

El módulo y fase de (2.40) serían:

$$|H(\omega)| = \frac{1}{\sqrt{1+Q^2\left(n-\frac{1}{n}\right)^2}} \quad (2.41)$$

$$\theta = -arctang\left(Q\left(n-\frac{1}{n}\right)\right) \quad (2.42)$$

Los valores de las frecuencias de corte se pueden hallar igualando la expresión (2.41) al valor de -3 dB, es decir, al valor de ganancia 0.707.

Igualando entonces: $|H(\omega)| = 0.707$, y despejando n, resulta una ecuación de segundo grado que tiene la forma:

$$n^2 - \frac{n}{Q} - 1 = 0 \; ; \quad (2.43)$$

Resolviendo esta ecuación tenemos que:

$$n_2 = \frac{1}{2}\left(\frac{1}{Q} + \sqrt{\frac{1}{Q^2}+4}\right) \; y \; n_1 = \frac{1}{2}\left(\frac{1}{Q} - \sqrt{\frac{1}{Q^2}+4}\right)$$

Las expresiones anteriores pueden simplificarse así:

$$n_2 = \left(\frac{1}{2Q} + \sqrt{\frac{1}{4Q^2}+1}\right) \; y \; n_1 = \left(\frac{1}{2Q} - \sqrt{\frac{1}{4Q^2}+1}\right) \quad (2.44)$$

$$Con \; Q = 1: \; n_1 = -0.618 \; y \; n_2 = 1.618$$

Las frecuencias de corte *fc1* y *fc2* son:

$$fc1 = |n_1|fo \; y \; fc2 = |n_2|fo$$

Evaluemos Ahora la respuesta del filtro para distintos valores de Q.

Se asume un valor inicial de Q = 1.

La tabla 2-6 muestra la respuesta de amplitud y fase correspondiente a este filtro con Q =1.

Tomando en cuenta los valores de n obtenidos para las frecuencias de corte y las expresiones (2.41) y (2.42) generamos la tabla 2-6 que se presenta más abajo.

2.4 Análisis de filtros.

Obsérvese que la tabla 2-6 muestra las frecuencias de corte con ganancia de -3 dB y fase de ±45° respectivamente. En n=1 se encuentra la frecuencia central, donde la ganancia es máxima.

La figura 2-26 muestra la respuesta gráfica de la ganancia y fase según los datos obtenidos en la tabla 2-6.

f (Hz)	Av	Av (dB)	θ
0,01	0,010	-40,0	89,4
0,1	0,100	-20,0	84,2
0,5	0,555	-5,1	56,3
0,6	0,684	-3,3	46,8
0,618	0,707	-3,0	45,0
1	1,000	0,0	0,0
1,5	0,768	-2,3	-39,8
1,618	0,707	-3,0	-45,0
1,66	0,687	-3,3	-46,6
2	0,555	-5,1	-56,3
10	0,100	-20,0	-84,2
100	0,010	-40,0	-89,4

$$Q = R\sqrt{\frac{C}{L}} = 1$$

$$Q = \frac{1}{(1.618 - 0.618)} = 1$$

Tabla 2- 6 Respuesta tabulada del filtro pasa banda resonante de la figura 2-25 con Q= 1.

En la figura 2-26(a) se puede observar la respuesta cuadrática de la ganancia del filtro, se indican los sitios donde ocurren las frecuencias de corte $fc1, fc2$, y central $f0$. Por otro lado, la figura 2-26(b) muestra el cambio de fase alrededor de la frecuencia central $f0$, indicando un cambio abrupto que se manifiesta por una pendiente relativamente alta, entre la $f0$ y las respectivas frecuencias de corte, y que llega hasta un desfasaje de ±45°.

Fernando J. Moutinho   Capítulo 2.

2.4 Análisis de filtros.

Dicha pendiente se va haciendo menor a medida que el parámetro n se aleja de las f_c, hasta llegar un punto donde la pendiente es cero y la fase se mantiene constante en ±90°, según n este por debajo o por encima de $f0$.

La atenuación del filtro es de -3 dB entre la frecuencia central y las frecuencias de cortes. La pendiente de atenuación se mantiene constante en -20 dB/década.

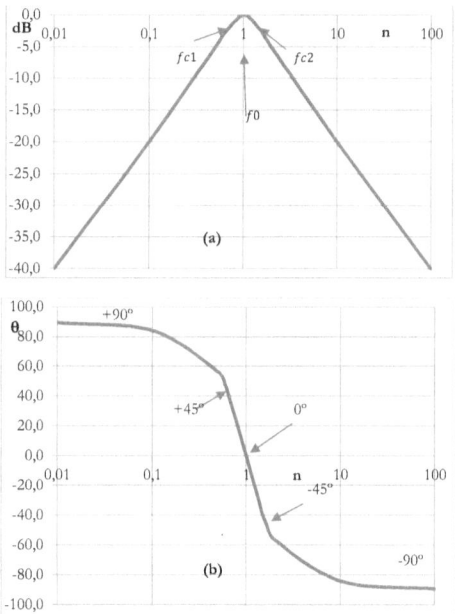

Figura 2- 26 Respuesta de: (a) amplitud en dB, (b) fase θ del filtro de la figura 2-25. $Q=1$

Se asume ahora que **Q =10**.

Aplicando la ecuación (2.44) para Q=10 tenemos:

2.4 Análisis de filtros.

$$n_2 = \left(\frac{1}{2Q} + \sqrt{\frac{1}{4Q^2} + 1}\right) \; y \; n_1 = \left(\frac{1}{2Q} - \sqrt{\frac{1}{4Q^2} + 1}\right)$$

$$Con\; Q = 10:\; n_1 = -0.951 \; y \; n_2 = 1.051$$

Las frecuencias de corte fc1 y fc2 son:

$$fc1 = |n_1|fo \; y \; fc2 = |n_2|fo$$

Obsérvese ahora la respuesta del filtro en la tabla 2-7:

f (Hz)	Av	Av (dB)	θ
0,01	0,001	-60,0	89,9
0,1	0,010	-39,9	89,4
0,5	0,067	-23,5	86,2
0,91	0,468	-6,6	62,1
0,951	0,705	-3,0	45,2
1	1,000	0,0	0,0
1,0515	0,705	-3,0	-45,1
1,1	0,464	-6,7	-62,4
2	0,067	-23,5	-86,2
10	0,010	-39,9	-89,4
100	0,001	-60,0	-89,9

$$Q = R\sqrt{\frac{C}{L}} = 10$$

$$Q = \frac{1}{(1.051 - 0.951)} = 10$$

Tabla 2-7 Respuesta tabulada del filtro de la figura 2-25 con Q= 10

La figura 2-27 muestra la respuesta gráfica de amplitud y fase correspondientes.

En este caso se puede apreciar que tanto la curva de la ganancia como de fase son mucho más abruptas respecto del caso cuando Q=1. El cambio de fase mostrado con Q= 10 en mucho más vertical alrededor de las frecuencias de corte, luego la pendiente se hace horizontal muy rápidamente, alcanzando el máximo de ±90° apenas se sale de la zona entre $f0$ y las frecuencias de cortes respectivas.

Fernando J. Moutinho   Capítulo 2.

2.4 Análisis de filtros.

Adicionalmente, obsérvese también que cuando pasamos de Q = 1 a Q = 10, la atenuación en la primera década por delante y detrás respecto de f_0 cambia de -20 dB a -40 dB por década (véase las tablas 2.6 y 2.7 respectivamente). Sin embargo, la atenuación para las décadas posteriores se mantiene constante en -20 dB/década. Esto significa que la pendiente de atenuación no es constante para valores de Q > 1, presentando una inflexión de aumento en la primera década, y que aumenta conforme aumenta el Q.

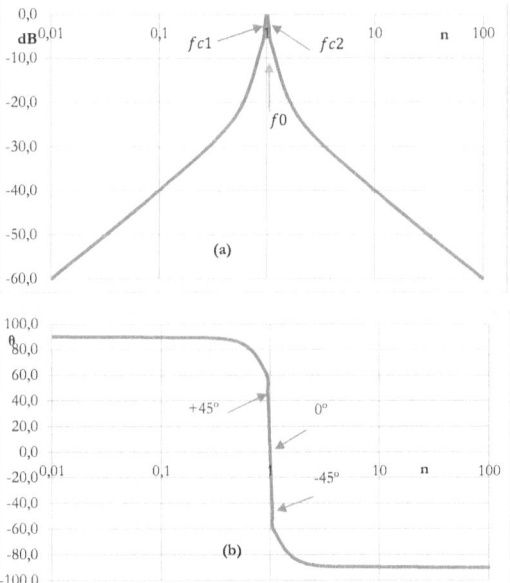

Figura 2-27 Respuesta de: (a) amplitud, (b) fase del filtro de la figura 2-25. Q= 10

La figura 2-27 refleja efectivamente una pendiente casi totalmente vertical entre la primera década por detrás y por delante respecto de f_0, mientras esta se suaviza para las décadas posteriores. Este comportamiento nos permite deducir que, la atenuación correspondiente a la primera década con Q= 100 sería respectivamente de -60 dB.

2.4 Análisis de filtros.

Para comprobar esta estimación evaluamos la expresión 2.41 con Q = 100 y n = 10:

$$20 \log |H(\omega)| = \frac{1}{\sqrt{1+Q^2\left(n-\frac{1}{n}\right)2}} = -60 \, dB$$

La atenuación del filtro aumenta -20 dB cada vez que el Q aumenta una década.

En concordancia con lo dicho anteriormente, la forma más estrecha de las curvas de la figura 2-27 respecto de la figura 2-26, indica una mayor selectividad del filtro, representado por un ancho de banda más pequeño, conforme aumenta el valor del Q.

Obsérvese ahora que sucede cuando el Q es demasiado bajo, como por ejemplo Q = 0.1.

Aplicando la misma ecuación (2.44) obtenemos:

$$Con \; Q = 0.1: \; n_1 = -0.1 \; y \; n_2 = 10.1$$

$$fc1 = |n_1|fo \; y \; fc2 = |n_2|fo$$

La tabla 2-8 muestra la respuesta del filtro ahora evaluada con Q = 0.1.

La figura 2-28 muestra la respuesta gráfica correspondiente.

Como era de esperarse la atenuación respecto a la primera década de f_0 es ahora menor siendo su valor de solo – 3 dB. Nótese que las curvas de la figura 2-28 son menos abruptas que en los dos casos anteriores (Q= 1 y Q=10). La curva de la ganancia es mucho más suave, menos aguda. La curva de fase es también más suave, menos vertical. El ancho de banda resultante es el mayor de los tres casos estudiados hasta ahora.

Este resultado está acorde con la expresión y significado del valor del parámetro Q en el filtro.

La figura 2-29 presenta ahora una comparación gráfica del módulo de $H(\omega)$ considerando como parámetro los valores de Q ya analizados anteriormente.

En resumen, es claro hasta ahora que el valor del Q en esta configuración de filtro resonante impacta considerablemente en el ancho de banda del filtro, y se define en la pendiente de atenuación que existe entre la f_0 y la primera década que se ubica por delante o detrás, haciendo que la forma de la curva de amplitud y fase se estrechen o se ensanchen conforme al

2.4 Análisis de filtros.

aumento o disminución respectivo del valor del Q. Sin embargo, para las décadas posteriores la atenuación mantiene una pendiente constante de – 20 dB/década en todos los casos.

f (Hz)	Av	Av (dB)	θ
0,0001	0,001	-60,0	89,9
0,001	0,010	-40,0	89,4
0,01	0,100	-20,0	84,3
0,099	0,707	-3,0	45,0
0,1	0,711	-3,0	44,7
1	1,000	0,0	0,0
10	0,711	-3,0	-44,7
10,1	0,707	-3,0	-45,0
100	0,100	-20,0	-84,3
1000	0,010	-40,0	-89,4
10000	0,001	-60,0	-89,9

$$Q = R\sqrt{\frac{C}{L}} = 0.1$$

$$Q = \frac{1}{(10.1 - 0.1)} = .1$$

Tabla 2- 8 Respuesta tabulada del filtro de la figura 2-25 con Q = 0.1

En la figura 2-29 puede notarse que a partir de la primera década todas las curvas de atenuación son paralelas.

Una forma práctica de aumentar el factor Q en este tipo de filtro es aumentando el valor de la R y dejando L y C fijos para fijar la frecuencia central.

2.4 Análisis de filtros.

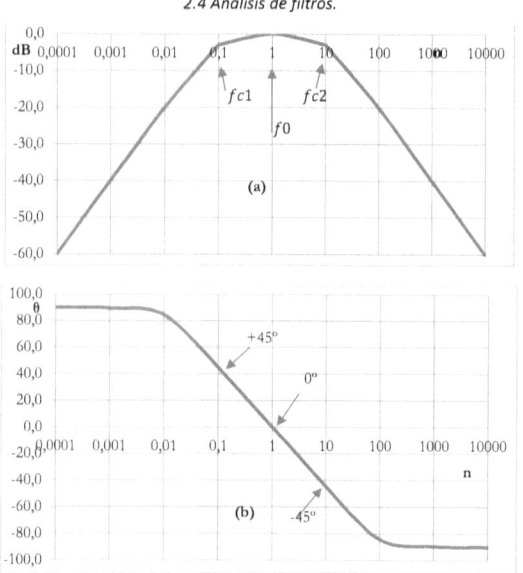

Figura 2-28 Respuesta de: (a) amplitud, (b) fase, del filtro de la figura 2-25. Q= 0.1

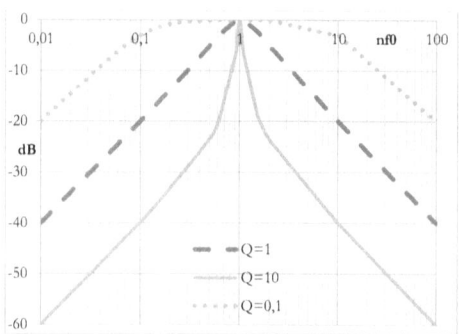

Figura 2-29 Comparación del $|H(\omega)|$ con Q= 0.1, 1, y 10.

2.4 Análisis de filtros.

2.4.5 Caso 5: Pasa banda resonante serie LC.

La figura 2-30 muestra un filtro pasa banda resonante serie, determinaremos la *fc*, y la *H(ω)* correspondientes.

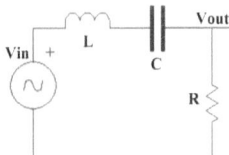

Figura 2- 30 Filtro pasa banda resonante serie.

Solución:

Igual que para el caso del filtro resonante paralelo la condición de resonancia se alcanza cuando:

$$|XL| = |XC|$$

Por la tanto, la expresión de **f0** no cambia.

$$f0 = \frac{1}{2\pi\sqrt{LC}}$$

La *H(ω)* es:

$$H(\omega) = \frac{R}{R + J(XL - XC)}$$

Reemplazando los términos XL y XC por ωL y ωC respectivamente, y simplificando tenemos:

$$H(\omega) = \frac{R}{R + J\left(\omega L - \frac{1}{\omega C}\right)} \quad (2.45)$$

Reemplazando a ω por $n\omega_0 = \frac{n}{\sqrt{LC}}$ tenemos:

2.4 Análisis de filtros.

$$H(\omega) = \frac{R}{R+J\left(\frac{n}{\sqrt{LC}}L-\frac{1}{\frac{n}{\sqrt{LC}}C}\right)} = \frac{R}{R+J\sqrt{\frac{L}{C}}\left(n-\frac{1}{n}\right)}$$

Simplificando la expresión anterior:

$$H(\omega) = \frac{1}{1+J\frac{1}{R}\sqrt{\frac{L}{C}}\left(n-\frac{1}{n}\right)} \qquad (2.46)$$

El modulo $|H(\omega)|$ será:

$$|H(\omega)| = \frac{1}{\sqrt{1+\left(\frac{1}{R}\right)^2\frac{L}{C}\left(n-\frac{1}{n}\right)^2}} \qquad (2.47)$$

La fase del $|H(\omega)|$ será:

$$\theta = -\arctan\left(\frac{1}{R}\sqrt{\frac{L}{C}}\left(n-\frac{1}{n}\right)\right) \qquad (2.48)$$

El término $\frac{1}{R}\sqrt{\frac{L}{C}}$ define ahora el factor de calidad en este filtro:

$$Q = \frac{1}{R}\sqrt{\frac{L}{C}} \qquad (2.49)$$

Como: $w_0 = \frac{1}{\sqrt{LC}}$; n=1; $Lw_0 = \sqrt{\frac{L}{C}}$

Sustituyendo en Q tenemos:

$$Q = \frac{w_0 L}{R} \qquad (2.50)$$

También se cumple que (en resonancia): $w_0 L = \frac{1}{w_0 C}$

Tenemos:

$$Q = \frac{1}{w_0 CR} \qquad (2.51)$$

Adicionalmente y como ya se dijo anteriormente, el factor Q también es por definición:

$$Q = \frac{f0}{BW}$$

Al igual que en el caso del filtro paralelo tenemos entonces varias expresiones equivalentes con la que podemos calcular el valor de Q del filtro pasa banda resonante serie.

2.4 Análisis de filtros.

La $H(\omega)$ puede escribirse en términos del factor Q como sigue:

$$H(\omega) = \frac{1}{1+jQ\left(n-\frac{1}{n}\right)} \qquad (2.52)$$

La expresión $H(\omega)$ obtenida en (2.52) es idéntica a la obtenida en el caso 2.4.4, por lo tanto, el comportamiento de este filtro es idéntico al paralelo, siempre y cuando el Q de ambos sea también el mismo.

La diferencia en este caso estriba en que la expresión de Q, es la inversa de la obtenida en 2.4.4.

La dependencia del valor del Q con respecto al valor de R es directa en el paralelo e inversa en el serie.

Una forma práctica de que el factor Q aumente es este tipo de filtro es disminuyendo el valor de R.

Un resumen de las expresiones del factor Q para los dos tipos de filtros resonantes pasa banda visto hasta ahora se muestra en La tabla 2-9.

Pasa banda paralelo: $Q = \frac{f0}{BW}$	Pasa banda serie: $Q = \frac{f0}{BW}$
$Q = R\sqrt{\frac{C}{L}}$	$Q = \frac{1}{R}\sqrt{\frac{L}{C}}$
$Q = w_0 RC$	$Q = \dfrac{1}{w_0 RC}$
$Q = \dfrac{R}{w_0 L}$	$Q = \dfrac{w_0 L}{R}$

Tabla 2-9 Resumen de las expresiones de Q en filtro pasa banda resonante paralelo y serie.

2.4 Análisis de filtros.
2.4.6 Caso 6: Rechaza banda resonante paralelo LC.

Dado el filtro rechaza banda de la figura 2-31, determinaremos la *fc*, y la *H(ω)* correspondientes.

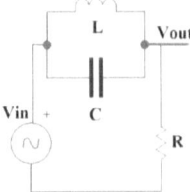

Figura 2- 30 Filtro rechaza banda resonante paralelo.

Solución:

La frecuencia de resonancia sigue siendo:

$$f0 = \frac{1}{2\pi\sqrt{LC}}$$

Y la *H(ω)* es:

$$H(\omega) = \frac{R}{R+(JXL//(-JXC)} \quad (2.53)$$

Resolviendo el paralelo en la *H(ω)* tenemos:

$$H(\omega) = \frac{JR(XL - XC)}{(XLXC + JR(XL - XC))}$$

Reemplazando los términos XL y XC por ωL y ωC y simplificando tenemos:

$$H(\omega) = \frac{JR\left(\omega C - \frac{1}{\omega L}\right)}{1+JR\left(\omega C - \frac{1}{\omega L}\right)} \quad (2.54)$$

Reemplazando ahora ω por $n\omega_0 = \frac{n}{\sqrt{LC}}$ tenemos:

$$H(\omega) = \frac{JR\sqrt{\frac{C}{L}}\left(n-\frac{1}{n}\right)}{1+JR\sqrt{\frac{C}{L}}\left(n-\frac{1}{n}\right)} \quad (2.55)$$

2.4 Análisis de filtros.

La función $H(\omega)$ puede reescribirse así:

$$H(\omega) = \cfrac{1}{1-\cfrac{j}{R\sqrt{\frac{C}{L}}(n-\frac{1}{n})}} \qquad (2.56)$$

Como en el caso del filtro pasa banda resonante paralelo, el término $R\sqrt{\frac{C}{L}}$ define el factor de calidad, por lo tanto, aplica las mismas expresiones equivalentes del Q.

$$Q = R\sqrt{\frac{C}{L}} = w_0 RC = \frac{R}{w_0 L}$$

Obsérvese que la función $|H(\omega)| = 0$, cuando es evaluada en n=1.

El término $|H(\omega)| = 0$ significa que la atenuación en dB sería -∞ dB, por lo que el filtro presenta una atenuación infinita en el valor de frecuencia $f0$, en contraste con una atenuación de 0 dB, con n=1 en los filtros pasa banda resonante serie o paralelo ya que la $|H(\omega)| = 1$.

Un valor de 0 dB, se puede graficar pero -∞ dB no es posible. Por lo tanto, para obtener una respuesta gráfica finita de este filtro se utiliza un valor muy cercano al 1 en el valor de n, que corresponde con una frecuencia muy cercana a $f0$.

En términos del factor Q la expresión $H(\omega)$ puede escribirse así:

$$H(\omega) = \cfrac{1}{1-\cfrac{j}{Q(n-\frac{1}{n})}} \qquad (2.57)$$

El modulo $|H(\omega)|$ será:

$$|H(\omega)| = \cfrac{1}{\sqrt{1+\left(\cfrac{1}{Q^2(n-\frac{1}{n})^2}\right)}} \qquad (2.58)$$

La fase del H(ω) será:

$$\theta = arctang\left(\cfrac{1}{Q(n-\frac{1}{n})}\right) \qquad (2.59)$$

La tabla 2-10 muestra la respuesta de amplitud y fase de este tipo de filtro, para un Q =1.

2.4 Análisis de filtros.

f (Hz)	Av	Av (dB)	θ
0,01	1,000	0,0	-0,6
0,1	0,995	0,0	-5,8
0,5	0,832	-1,6	-33,7
0,618	0,707	-3,0	-45,0
0,7	0,589	-4,6	-53,9
0,8	0,410	-7,7	-65,8
0,9835	0,033	-29,6	-88,1
0,999999	0,000	-114,0	-90,0
1,0000001	0,000	-134,0	0,0
1,000001	0,000	-114,0	90,0
1,01678	0,033	-29,6	88,1
1,25	0,410	-7,7	65,8
1,4285	0,589	-4,6	53,9
1,618	0,707	-3,0	45,0
2	0,832	-1,6	33,7
10	0,995	0,0	5,8
100	1,000	0,0	0,6

$$Q = \frac{1}{(1.618 - 0.618)} = 1$$

Tabla 2-10 Respuesta tabulada del filtro rechaza banda resonante de la figura 2-31. Q= 1

Obsérvese en la tabla 2-10 que la atenuación en $f0$ es muy alta y tiende al infinito cuando el valor de n es exactamente igual a 1.

A este tipo de filtro se le conoce también como filtro de ranura o *Notch* en inglés.

La figura 2-32 muestra ahora la respuesta gráfica general de la tabla 2-10. Obsérvese que aun cuando el Q =1 la curva luce muy estrecha. Esto se debe al salto que da la función $|H(\omega)|$ cuando n se aproxima a 1 y que tiende a -∞, por lo que obliga a la escala gráfica a aumentar la escala vertical muy significativamente, cambiando así la visualización de la curva, que aparenta ser más estrecha para los valores de n.

La respuesta de la fase indica ± 45° para las frecuencias de corte encontradas en -3 dB, y además presenta una transición aparentemente vertical entre ±90°, que ocurre para un conjunto de valores de n muy cercanos a la frecuencia $f0$.

2.4 Análisis de filtros.

Obsérvese que tratándose de un filtro rechaza banda como el indicado en la figura 2-30, la respuesta gráfica para un Q=1 luce comparativamente más estrecha que la de un filtro pasa banda resonante como el indicado en la figura 2.25 del caso 2.4.4, con el mismo valor de Q.

Obsérvese también que la ganancia máxima del filtro en las zonas de la banda pasante es de 1.

La tabla 2-11 muestra ahora otro ejemplo de este tipo de filtro con un Q= 30, y en donde se puede apreciar claramente que el aumento del valor del Q produce un estrechamiento aún mayor de la respuesta del filtro y por lo tanto, un cambio aún más abrupto tanto de amplitud como de la fase alrededor de n =1. La figura 2-33 muestra las curvas de amplitud y fase correspondientes con Q = 30.

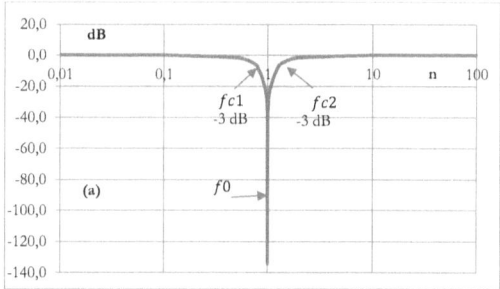

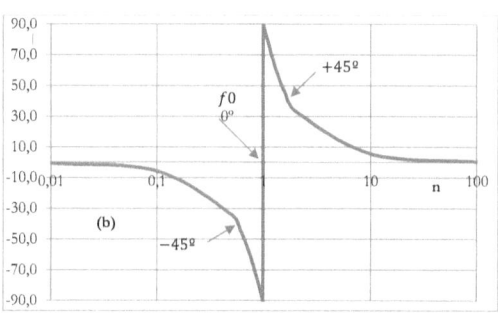

Figura 2- 31 Respuesta de: (a) amplitud, (b) fase del filtro de la figura 2-30. Q= 1

2.4 Análisis de filtros.

Obsérvese que la respuesta de la ganancia que indica la figura 2.33 (a), se parece a una T, mostrando una línea horizontal y otra vertical en el medio. Esto indica que la función de rechazo del filtro se ha estrechado considerablemente, de modo que la banda de rechazo se aproxima más bien a una frecuencia en particular.

f (Hz)	Av	Av (dB)	θ
0,01	1,000	0,0	0,0
0,1	1,000	0,0	-0,2
0,6	1,000	0,0	-1,8
0,8	0,997	0,0	-4,2
0,9835	0,707	-3,0	-45,0
0,999999	0,000	-84,4	-90,0
1,0000001	0,000	-104,4	0,0
1,000001	0,000	-84,4	90,0
1,01678	0,707	-3,0	45,0
1,25	0,997	0,0	4,2
1,6666	1,000	0,0	1,8
10	1,000	0,0	0,2
100	1,000	0,0	0,0

$$Q = \frac{1}{(1.01678 - 0.9835)} = 30$$

Tabla 2- 11 Respuesta tabulada del filtro rechaza banda resonante de la figura 2-30 con Q= 30

El cambio de fase mostrado en 2-33(b) indica un estrechamiento también mayor comparado con el de la figura 2-31 con Q=1. En términos prácticos, esta respuesta indica un salto de fase brusco de ±90° alrededor de la frecuencia $f0$. Fuera de la frecuencia $f0$ la fase es prácticamente de 0°.

2.4 Análisis de filtros.

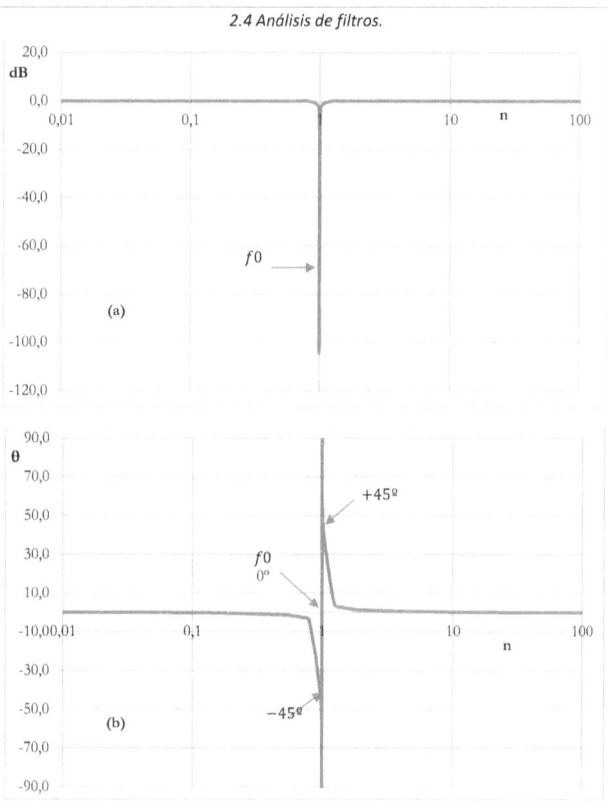

Figura 2-32 Respuesta de: (a) amplitud, (b) fase del filtro de la figura 2-30 con Q= 30

2.4.7 Caso 7: Rechaza banda resonante serie LC.

La figura 2-34 muestra la configuración del filtro rechaza banda resonante serie. De igual forma que en los casos anteriores la función $H(\omega)$ puede determinarse empleando los procedimientos que hasta ahora hemos venido realizando.

2.4 Análisis de filtros.

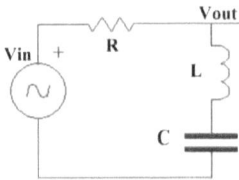

Figura 2-33 Filtro rechaza banda serie resonante.

La $H(\omega)$ obtenida es:

$$H(\omega) = \cfrac{1}{1 - \cfrac{j}{\frac{1}{R}\sqrt{\frac{L}{C}}\left(n - \frac{1}{n}\right)}}$$

El factor Q es:

$$Q = \frac{1}{R}\sqrt{\frac{L}{C}}$$

La expresión $H(\omega)$ puede escribirse:

$$H(\omega) = \cfrac{1}{1 - \cfrac{j}{Q\left(n - \frac{1}{n}\right)}}$$

Estas funciones $H(\omega)$ son la mismas que se obtuvieron para el caso del rechaza banda paralelo.

La diferencia estriba nuevamente en la expresión del Q para cada caso, siendo una la inversa de la otra.

Por lo tanto, si el Q de un filtro rechaza banda paralelo es de igual valor al Q de un rechaza banda serie, las respuestas de amplitud y fase serán también las idénticas.

2.4 Análisis de filtros.

2.4.8 Efecto de la resistencia de carga en el filtro pasa banda resonante paralelo LC.

La figura 2-35 muestra un tipo de filtro ya estudiado en la el caso 4, figura 2-25, y en el que ahora se ha añadido una resistencia de carga R_L.

El filtro de la figura 2-35 es una aplicación práctica que solemos encontrarnos muy a menudo, en los caso de circuitos demoduladores, amplificadores sintonizados, y/ o circuitos de enganche de frecuencia, por ejemplo.

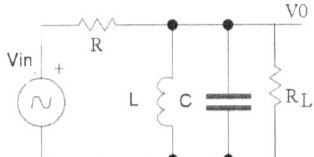

Figura 2- 35 Filtro pasa banda resonante paralelo con carga añadida.

Utilizando los procedimientos ya vistos durante el análisis de los filtros anteriores podemos encontrar la función de transferencia $H(\omega)$, la cual es:

$$H(\omega) = \frac{1}{\left(\frac{R}{R_L}+1\right)+jR\sqrt{\frac{C}{L}}\left(n-\frac{1}{n}\right)} \qquad (2.60)$$

Nótese en la expresión (2.60), que si $R_L = \infty$, la función $H(\omega)$ es la misma que la obtenida en el caso 4.

El módulo de la función $H(\omega)$ será:

$$|H(\omega)| = \frac{1}{\sqrt{\left(\frac{R}{R_L}+1\right)^2 + R^2\frac{C}{L}\left(n-\frac{1}{n}\right)^2}} \qquad (2.61)$$

Y la fase θ será:

Fernando J. Moutinho   Capítulo 2.

2.4 Análisis de filtros.

$$è = -arctang\left(\frac{R\sqrt{\frac{C}{L}}(n-\frac{1}{n})}{(\frac{R}{R_L}+1)}\right) \quad (2.62)$$

El factor Q del filtro queda:

$$Q = \frac{R\sqrt{\frac{C}{L}}}{(\frac{R}{R_L}+1)} \quad (2.63)$$

Puede notarse que el efecto de la resistencia de carga R_L afecta simultáneamente tanto la ganancia máxima del filtro como el factor Q del mismo, haciendo que ambos disminuyan conforme R_L disminuye.

Por ejemplo, si $R_L = R$, la amplitud máxima del filtro en n=1 se reduce a $|H(\omega)| = 0.5$ y el factor Q será reducido también a la mitad: $Q = 0.5xR\sqrt{\frac{C}{L}}$

Para minimizar el efecto de la R_L y mantener la ganancia máxima, y el factor Q, hay que lograr que:

$R_L >> R$, digamos:

$$R_L \geq 10\,R$$

Obsérvese que el divisor de tensión:

$$\frac{R_L}{R_L + R} = \frac{1}{1 + \frac{R}{R_L}}$$

Luego, si llamamos **k** al factor divisor: $\frac{R_L}{(R+R_L)}$, entonces la ganancia máxima en ω_0 del filtro puede expresarse así:

$$|H(\omega_0)| = k \quad ; k \leq 1$$

Y el factor Q puede entonces escribirse como:

2.4 Análisis de filtros.

$$Q = k R \sqrt{\frac{C}{L}} \qquad (2.64)$$

Si llamamos ahora al término: $R \sqrt{\frac{C}{L}} = Q_0$, como el valor original del factor de calidad del filtro, podemos reescribir la expresión anterior así:

$$Q = k Q_0 \qquad (2.65)$$

Y la expresión de la $H(\omega)$ puede reescribirse como:

$$H(\omega) = \frac{1}{\frac{1}{k} + jQ_0(n-\frac{1}{n})} \qquad (2.66)$$

El módulo y la fase respectivos de H(w) pueden reescribirse también en función de (2.66).

Las frecuencias de cortes, igual que en los casos anteriores, se pueden encontrar igualando el módulo de la función de transferencia al 70.7% (- 3 dB) de su máximo, como se expresa a continuación:

$$|H(\omega)| = \frac{1}{\sqrt{(\frac{1}{k})^2 + Q_0^2(n-\frac{1}{n})^2}} = \frac{1}{\sqrt{2}} k \qquad (2.67)$$

Nótese que el término $\frac{1}{\sqrt{2}}$ se ha multiplicado por k para corregir la expresión ya que $|H(\omega)|$ puede ser menor que 1.

Despejando n se encuentra una ecuación de segundo grado:

$$n^2 - \frac{n}{Q_0 k} - 1 = 0 \qquad (2.68)$$

Resolviendo la ecuación (2.50) tenemos:

$$n_1 = \frac{1}{2Q_0 k} - \sqrt{\frac{1}{4Q_0^2 k^2} + 1} \qquad (2.69)$$

Y

$$n_2 = \frac{1}{2Q_0 k} + \sqrt{\frac{1}{4Q_0^2 k^2} + 1} \qquad (2.70)$$

Por ejemplo, si $k = 0.5$ y $Q_0 = 1$, las frecuencias de corte se encuentran en:

$$n_1 = 0.41 f0$$
$$n_2 = 2.41 f0$$

2.4 Análisis de filtros.

El valor real del Q según (2.65) será:

$$Q = \frac{1}{(2.41 - 0.41)} = 0.5 = Q_0 k$$

En resumen, en la práctica, hay que tomar en cuenta que R_L actúa disminuyendo la ganancia y Q reales del filtro, por lo que es aconsejable que R_L asuma un valor lo más alto posible respecto de R si se quiere conservar los valores ideales del filtro.

2.4.9 Efecto de la resistencia del generador (R_G) en el filtro pasa banda resonante serie.

La figura 2-36 muestra el filtro pasa banda ya estudiado en el caso 2.4.5, figura 2-29, y en el que ahora se considera el efecto de la resistencia R_G asociada al generador de señales de V_{in}.

En este caso, tenemos otra aplicación práctica de circuitos de filtros RLC con el que nos podemos encontrar muy a menudo. Es el caso de filtros para selección de frecuencias donde la impedancia de salida del filtro tiene una componente real R_G, que suele ser de 50Ω ó 600 Ω, y que representa una fuente de señales no ideal, a la que se acopla una carga R, como por ejemplo, en líneas de transmisión.

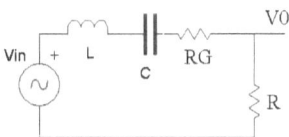

Figura 2- 36 Consideración del efecto de la R_G en le Filtro pasa banda resonante serie.

La función de transferencia $H(\omega)$, puede expresarse así:

$$H(\omega) = \frac{1}{\left(\frac{R_G}{R}+1\right)+j\frac{1}{R}\sqrt{\frac{L}{C}}\left(n-\frac{1}{n}\right)} \qquad (2.71)$$

2.4 Análisis de filtros.

El módulo de la función $H(\omega)$ será:

$$|H(\omega)| = \frac{1}{\sqrt{(\frac{R_G}{R}+1)^2 + \frac{1}{R^2}\frac{L}{C}(n-\frac{1}{n})^2}} \quad (2.72)$$

Y la fase θ será:

$$\theta = -arctang\left(\frac{\frac{1}{R}\sqrt{\frac{L}{C}}(n-\frac{1}{n})}{(\frac{R_G}{R}+1)}\right) \quad (2.73)$$

Nótese que en este caso cuando $R_G = 0$, se obtiene la misma función de transferencia que fue obtenida en el 2.4.5. El efecto de la R_G hace que disminuya el módulo de $|H(\omega)|$, conforme aumenta el valor de la misma. Lo mismo sucede si el valor de R decrece hasta hacerse comparable con el valor de la R_G.

El factor Q del filtro queda:

$$Q = \frac{\frac{1}{R}\sqrt{\frac{L}{C}}}{(\frac{R_G}{R}+1)} \quad (2.74)$$

El factor Q también se ve afectado de forma inversa al valor de R_G.
En otras palabras si la RG es comparable con el valor de R, se afecta la ganancia y factor Q del filtro hacia la baja.

Recuerde que hacer que disminuya el Q es ensanchar la curva de respuesta del filtro.

Para mantener la ganancia y el factor Q fuera del efecto de la R_G hay que lograr que: $R >> R_G$, digamos:

$$R \geq 10\, R_G$$

Al igual que en el caso anterior, si llamamos k al factor: $\frac{R}{(R+R_G)}$, entonces la ganancia máxima del filtro puedo expresarse así:

2.4 Análisis de filtros.

$$|H(\omega_0)| = k$$

Y el factor Q será:

$$Q = k \frac{1}{R}\sqrt{\frac{L}{C}} \qquad (2.75)$$

Si llamamos al término: $\frac{1}{R}\sqrt{\frac{L}{C}} = Q_0$, como el valor original del factor de calidad del filtro, podemos reescribir la expresión anterior así:

$$Q = k\, Q_0$$

Y la expresión de la $H(\omega)$ puede reescribirse entonces como:

$$H(\omega) = \frac{1}{\frac{1}{k} + jQ_0(n - \frac{1}{n})}$$

Finalmente, esta expresión tiene la misma forma que la obtenida en el caso 2.4.8, por lo que aplica el mismo criterio para encontrar las frecuencias de corte del filtro, las cuales serán:

$$n_1 = \frac{1}{2Q_0 k} + \sqrt{\frac{1}{4Q_0^2 k^2} + 1}$$

Y

$$n_2 = \frac{1}{2Q_0 k} - \sqrt{\frac{1}{4Q_0^2 k^2} + 1}$$

Vemos entonces que en este caso para mantener una ganancia máxima y un Q alto hay que buscar que R sea mucho mayor en comparación con la R_G del generador, de lo contario ambos factores se degradan conforme R va disminuyendo. Sin embargo, en algunos casos lo que se busca es la máxima transferencia de potencia, entonces el valor de $R = R_G$, por lo que ambos factores quedan reducidos a la mitad. Ejemplo de esto lo tenemos en los acoples de impedancia en las antenas de televisión, generadores de señales, etc.

2.4 Análisis de filtros.
2.4.10 Efecto de la resistencia asociada del inductor.

Ahora veamos el efecto que puede tener la resistencia R_L serie que está asociada al inductor. La figura 2-37 muestra esta resistencia en el filtro pasa banda paralelo.

Aquí también vemos un caso práctico. Los inductores o bobinas fabricadas utilizando un hilo conductor metálico exhiben una resistencia asociada a la longitud, área de la sección trasversal, y coeficiente de resistividad de conductor. Esto resulta en una resistencia física real e inevitable que se considera en serie con la inductancia que provee el inductor.

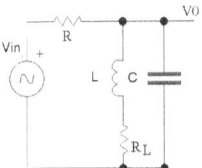

Figura 2- 37 Filtro pasa banda resonante considerando la R_L asociada al inductor.

R_L simboliza aquí la resistencia asociada al inductor.

La función de transferencia $H(\omega)$, es:

$$H(\omega) = \frac{1-j\sqrt{\frac{C}{L}}\frac{R_L}{n}}{\left(1+RR_L\frac{C}{L}\right)+j\sqrt{\frac{C}{L}}\left(R(n-\frac{1}{n})-\frac{R_L}{n}\right)} \qquad (2.76)$$

Nótese en la expresión (2.76) que R_L afecta tanto el numerador como el denominador de la función de transferencia.

El módulo de $H(\omega)$, será:

$$|H(\omega)| = \frac{\sqrt{1+\frac{C}{L}(\frac{R_L}{n})^2}}{\sqrt{(1+RR_L\frac{C}{L})^2+\frac{C}{L}(R(n-\frac{1}{n})-\frac{R_L}{n})^2}} \qquad (2.77)$$

2.4 Análisis de filtros.

Y la fase:

$$\theta = -\arctan\left(\sqrt{\frac{C}{L}}\left(\frac{R_L}{n}\right)\right) - \arctan\left(\frac{\sqrt{\frac{C}{L}}\left(R\left(n-\frac{1}{n}\right)-\frac{R_L}{n}\right)}{\left(1+RR_L\frac{C}{L}\right)}\right) \quad (2.78)$$

El factor Q del puede aproximarse a:

$$Q = \frac{R\sqrt{\frac{C}{L}}}{\left(1+RR_L\frac{C}{L}\right)} = \frac{Q_0}{\left(1+RR_L\frac{C}{L}\right)} \quad (2.79)$$

Obsérvese bien que si $R_L = 0$, la función $H(\omega)$ que queda es idéntica a la expresión original obtenida en el caso 2.4.4.

La expresión (2.76) permite estimar el efecto de la resistencia asociada al inductor, tanto en la amplitud de H(ω) como en el Q real del filtro (2.79).

A medida que esta resistencia aumenta, tanto la amplitud máxima como el Q real del filtro disminuyen.

El efecto de la R_L se ve potenciado por el valor de R y el cociente $\frac{C}{L}$.

El Q real del filtro siempre resultará menor que el Q estimado con R_L =0, es decir menor que Q0.

Un ejemplo numérico ayudará a ilustrar mejor las ecuaciones obtenidas.

Supongamos que en el filtro dela figura 2-37 los valores son: R = 1kΩ, C = 1μF, L=1000 μH, y $R_L = 2\,\Omega$.

Utilizando la ecuación (2.77) con n=1, el módulo será:

$$|H(\omega)| = \frac{\sqrt{1+\frac{C}{L}\left(\frac{R_L}{n}\right)^2}}{\sqrt{(1+RR_L\frac{C}{L})^2+\frac{C}{L}(R(n-\frac{1}{n})-\frac{R_L}{n})^2}} = \frac{1}{3}$$

2.4 Análisis de filtros.

Y el factor Q será:

$$Q = \frac{R\sqrt{\frac{C}{L}}}{\left(1 + RR_L \frac{C}{L}\right)} = \frac{1}{3} R \sqrt{\frac{C}{L}} = \frac{1}{3} Q_0$$

Obsérvese que tanto la ganancia como el Q del filtro decaen a un tercio del máximo. Esto con solo $R_L = 2\,\Omega$.

En conclusión, para reducir el impacto negativo de la resistencia asociada a la bobina, la misma debe ser lo más baja posible, tomando en cuenta que el término:

$$1 + RR_L \frac{C}{L} \to 1$$

2.5 Filtros RC de segundo orden.

2.5.1 Pasa bajos

La figura 2-38 muestra un filtro RC pasa bajos de segundo orden. Nótese que el filtro se compone de un arreglo en cascada de dos filtros.

La frecuencia de corte sigue siendo:

$$fc = \frac{1}{2\pi RC}$$

Sin embargo, como veremos la función $H(ù)$ se verá afectada tanto en amplitud como el desfasaje.

2.4 Análisis de filtros.

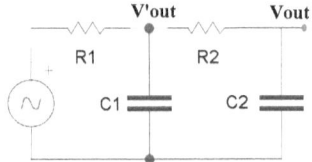

Figura 2-38. Filtro pasa bajos de segundo orden.

La función $H(\omega)$ total del filtro puede expresarse como:

$$H(\omega) = H(\omega 1)H(\omega 2)$$
$$H(\omega) = \frac{V'out}{Vin} \ Y \ H(\omega 2) = \frac{Vout}{V'out}$$
$$H(\omega) = H(\omega 1)H(\omega 2) = \frac{Vout}{Vin} \quad (2.81)$$

Asumiendo que: C1 = C2 y R1 = R2.

Comenzando por $H(\omega 1)$ tenemos:

$$H(\omega 1) = \frac{V'out}{Vin} = \frac{-JXC \ //(R - JXC)}{R + (-JXC \ //(R - JXC))}$$

$Xc = \frac{1}{\omega C}$

Evaluando: $\omega = n\omega_c = n2\pi f_c = \frac{n}{RC}$

$$Xc = \frac{R}{n}$$

Resolviendo ahora la expresión anterior:

$$H(\omega 1) = \frac{-J - \frac{1}{n}}{\left(n - \frac{1}{n}\right) - J3} \quad (2.82)$$

El módulo de $H(\omega 1)$ será:

2.4 Análisis de filtros.

$$|H(\omega 1)| = \sqrt{\frac{1+(\frac{1}{n})^2}{(n-\frac{1}{n})^2+9}} \quad (2.83)$$

Y la fase será:

Para n < 1:

$$\theta = -180º + arctang(n) + 180º - arctang(\frac{3}{(\frac{1}{n}-n)})$$

$$\theta = arctang(n) - arctang(\frac{3}{(\frac{1}{n}-n)}) \quad (2.84a)$$

Para n = 1:

$$\theta = -180º + arctang(n) + 90º$$

$$\theta = -45º \quad (2.84b)$$

Para n > 1:

$$\theta = -180º + arctang(n) + arctang(\frac{3}{(n-\frac{1}{n})}) \quad (2.84c)$$

La función $H(\omega 2)$ más fácil de obtener es:

$$H(\omega 2) = \frac{-JXC}{R-JXC}$$

Sustituyendo los términos y simplificando tenemos:

$$H(\omega 2) = \frac{-J}{(1-\frac{J}{n})} \quad (2.85)$$

El módulo y la fase serán:

$$|H(\omega 2)| = \frac{\frac{1}{n}}{\sqrt{1+(\frac{1}{n})^2}} \quad (2.86)$$

$$\theta = -90º + arctang(\frac{1}{n}) \quad (2.87)$$

La función $H(\grave{u})$ es ahora:

$$H(\omega) = \frac{-J-\frac{1}{n}}{(n-\frac{1}{n})-J3} \frac{-\frac{J}{n}}{(1-\frac{J}{n})} \quad (2.88)$$

2.4 Análisis de filtros.

El módulo y fase general serán:

$$|H(\omega)| = \sqrt{\frac{1+(\frac{1}{n})^2}{(n-\frac{1}{n})^2+9}} \; \frac{\frac{1}{n}}{\sqrt{1+(\frac{1}{n})^2}} \qquad (2.89)$$

Para n < 1:

$$\theta = arctang(n) - arctang\left(\frac{3}{(\frac{1}{n}-n)}\right) - 90º + arctang(\frac{1}{n}) \qquad (2.90a)$$

Para n =1:

$$\theta = -45º - 90º + arctang(\frac{1}{n})$$

$$\theta = -90º \qquad (2.90b)$$

Para n >1:

$$\theta = -180º + arctang(n) + arctang(\frac{3}{n-\frac{1}{n}}) - 90º + arctang(\frac{1}{n})$$

$$\theta = -270º + arctang(n) + arctang(\frac{3}{(n-\frac{1}{n})}) + arctang(\frac{1}{n}) \qquad (2.90c)$$

La respuesta mostrada en la figura 2-39 es la correspondiente al filtro total, y es la combinación de las respuestas parciales de los dos filtros pasa bajos que comprenden el filtro de segundo orden.

La figura 2-39(a) muestra la curva de respuesta del módulo de la función $|H(\omega)|$.

Obsérvese en la figura 2-39(a) que a partir de la primera década por encima de la frecuencia de corte fc, la atenuación del filtro es de -40 dB/década. Esto corrobora que se trata de un filtro de segundo orden, pues como ya es sabido la atenuación de un filtro de primer orden es de -20 dB/década, de segundo orden -40 dB/década, de tercer orden -60 dB/década, y así sucesivamente. Ya la función (2.88) advierte un doble polo en el denominador de la expresión.

La atenuación en el punto donde ocurre la frecuencia de corte fc es de -9.54 dB. En cambio, el sitio donde ocurre -6 dB, se corresponde con una frecuencia menor ubicada alrededor de 0.64 fc. El corrimiento hacia atrás del punto -6 dB se debe al afecto cuadrático no-lineal en el filtro.

2.4 Análisis de filtros.

Por otro lado, la fase del filtro representada en la figura 2-39(b) muestra también un efecto de desplazamiento mucho mayor en comparación con un filtro de primer orden. Ya en la frecuencia de corte (n=1) el desfasaje es de -90°, y ya para una década posterior alcanza cerca de -160°. Para frecuencias mayores a la primera década el desfasaje es de casi -180°. La contribución de cada etapa en el desfasaje total es igual para los valores de n<<1, n=1, y n >>1. Así por ejemplo, para n=1, el desfasaje en cada etapa es de -45° (-45°-45°= -90°), y para n=1000, es de -90° por etapa.

Ocurre entonces una integración que es casi el doble, comparada con la integración de un filtro de primer orden, a partir de que se supera la primera década de la frecuencia fc.

La integración más fuerte en este tipo de filtro hace que se reduzca en mayor grado las amplitudes del contenido frecuencial que comprende la banda de rechazo.

Lo anterior indica que este filtro de segundo orden es mucho más abrupto en el comportamiento de amplitud y fase. Sin embargo, es observable también que el precio a pagar es una menor amplitud de salida (~-10 dB) en el sitio donde la frecuencia es la de corte fc.

Con la utilización de un filtro de segundo orden como este, sería aconsejable que la amplitud de la señal de entrada no sea demasiada baja, ya que puede presentarse problemas de ruido. En este caso, puede utilizarse un filtro activo como los ya indicados en el capítulo VII.

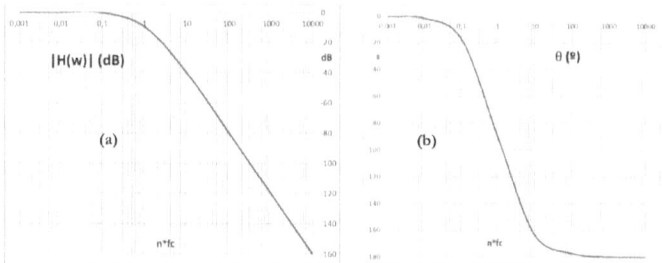

Figura 2-39. Respuesta de: (a) amplitud, (b) fase del filtro de la figura 2-38.

2.4 Análisis de filtros.

2.5.2 Pasa altos.

La figura 2-40 presenta un filtro RC pasa altos de segundo orden.

Como en el caso del filtro anterior, este filtro de segundo orden se compone de dos etapas de primer orden en cascada.

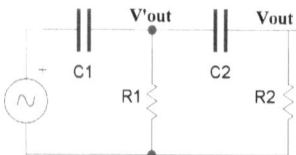

Figura 2-40. Filtro pasa altos de segundo orden

La función $H(\omega)$ total del filtro puede expresarse como:

$$H(\omega) = H(\omega 1)H(\omega 2)$$
$$H(\omega 1) = \frac{V'out}{Vin} \; Y \; H(\omega 2) = \frac{Vout}{V'out}$$
$$H(\omega) = H(\omega 1)H(\omega 2) = \frac{Vout}{Vin} \tag{2.91}$$

Asumiendo que: C1 = C2 y R1 = R2.

Comenzando por $H(\omega 1)$ tenemos:

$$H(\omega 1) = \frac{V'out}{Vin} = \frac{R//(R-JXC)}{R//(R-JXC)-JXc}$$

Resolviendo ahora la expresión anterior:

$$H(\omega 1) = \frac{(1-\frac{J}{n})}{\left(1-\frac{1}{n^2}\right)-J\frac{3}{n}} \tag{2.92}$$

El módulo de $H(\omega 1)$ será:

2.4 Análisis de filtros.

$$|H(\omega 1)| = \sqrt{\frac{1+\frac{1}{n^2}}{(1-\frac{1}{n^2})^2+\frac{9}{n^2}}} \qquad (2.93)$$

Y la fase será:

Para n < 1:

$$\theta = -arctang(n) + 180° - arctang\left(\frac{3n}{1-n^2}\right) \qquad (2.94a)$$

Para n = 1:

$$\theta = -arctang(n) + 90° \qquad (2.94b)$$

Para n > 1:

$$\theta = -arctang(n) + arctang\left(\frac{3n}{n^2-1}\right) \qquad (2.94c)$$

La función $H(\omega 2)$ es:

$$H(\omega 2) = \frac{R}{R - JXC}$$

Sustituyendo los términos y simplificando tenemos:

$$H(\omega 2) = \frac{1}{(1-\frac{J}{n})} \qquad (2.95)$$

El módulo y la fase serán:

$$|H(\omega 2)| = \frac{1}{\sqrt{1+(\frac{1}{n})^2}} \qquad (2.96)$$

$$\theta = +arctang(n) \qquad (2.97)$$

La función $H(\omega)$ es ahora:

$$H(\omega) = \frac{(1-\frac{J}{n})}{\left(1-\frac{1}{n^2}\right)-J\frac{3}{n}} \frac{1}{(1-\frac{J}{n})} \qquad (2.98)$$

El módulo y fase general serán:

2.4 Análisis de filtros.

$$|H(\omega)| = \sqrt{\frac{1+\frac{1}{n^2}}{(1-\frac{1}{n^2})^2+\frac{9}{n^2}}} \quad \frac{1}{\sqrt{1+(\frac{1}{n})^2}} \quad (2.99)$$

Para n<1:

$$\theta = -arctang(n) + 180º - arctang\left(\frac{3n}{1-n^2}\right) + arctang(n)$$

$$\theta = +180º - arctang\left(\frac{3n}{1-n^2}\right) \quad (2.100a)$$

Para n =1:

$$\theta = -arctang(n) + 90º + arctang(n)$$

$$\theta = +90º \quad (2.100b)$$

Para n >1:

$$\theta = -arctang(n) + arctang\left(\frac{3n}{n^2-1}\right) + arctang(n)$$

$$\theta = arctang\left(\frac{3n}{n^2-1}\right) \quad (2.100c)$$

La figura 2-41 muestra el comportamiento de amplitud y fase de este filtro.

Como era de esperarse, la gráfica del módulo indica que es un filtro de segundo orden, por presentar una atenuación característica de -40 dB/década.

La fase del filtro es de +90° en el sitio de la frecuencia de corte f_c.

Para frecuencias mucho menores a la f_c el desfasaje alcanza los 180°.

Para frecuencias mucho mayores a la fc el desfasaje es de 0°.

2.4 Análisis de filtros.

El comportamiento general de este filtro es idéntico al estudiado en el punto 2.5.1. Sin embargo, hay que destacar que al igual que los filtros pasa bajos y pasa altos de primer orden, los desfasajes son opuestos en los sitios de la frecuencia f_c y del desfasaje máximo.

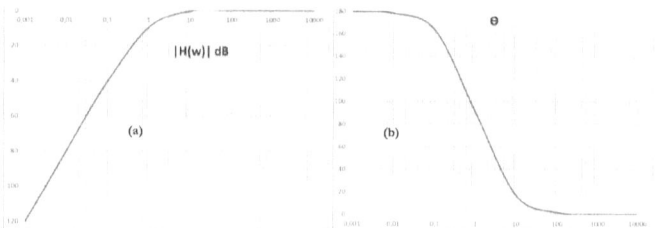

Figura 2-41. **Respuesta de:** (a) amplitud, (b) fase del filtro de la figura 2-40.

En resumen, los filtros de segundo orden presentan un desfasaje máximo de $\pm 180°$, según sea pasa bajos o pasa altos, y una atenuación característica de -40 dB/década.

2.6 Guía fácil para el diseño de filtros RC.

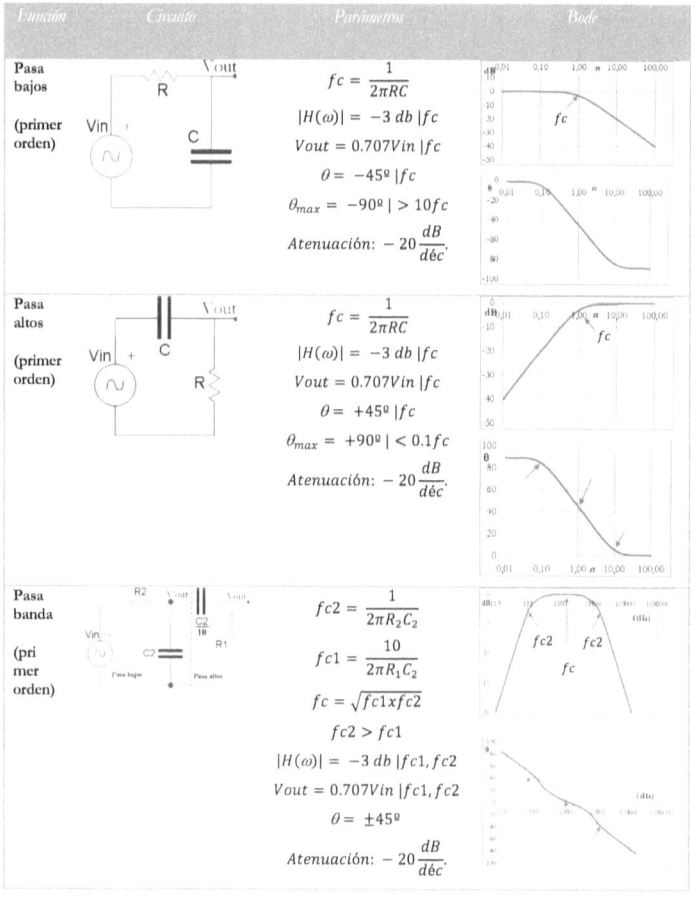

2.6 Guía fácil para el diseño de filtros RC.

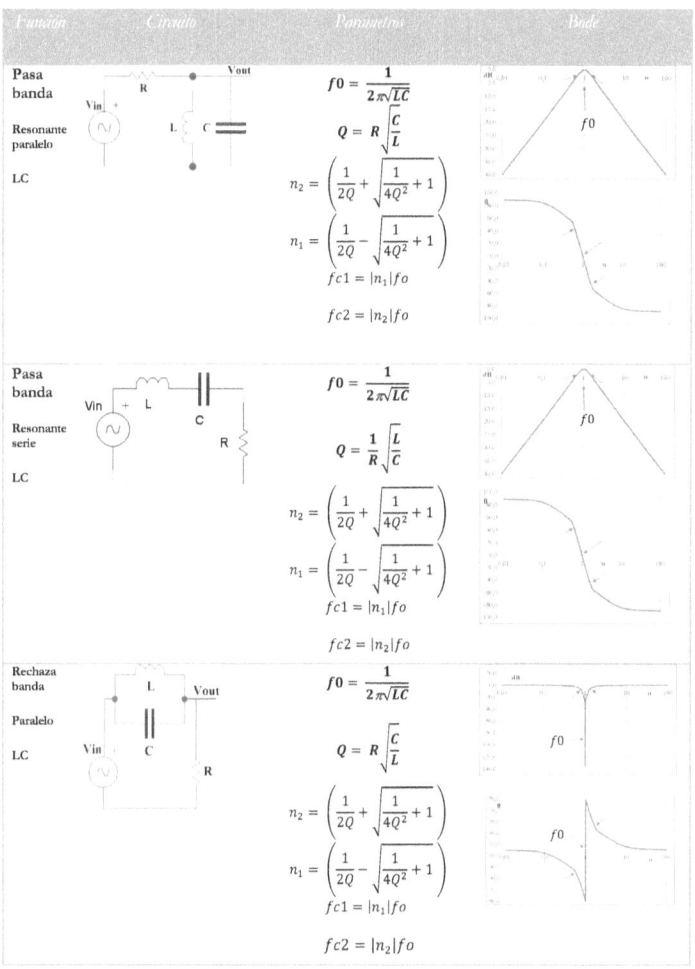

Función	Circuito	Parámetros	Bode
Pasa banda Resonante paralelo LC		$f0 = \dfrac{1}{2\pi\sqrt{LC}}$ $Q = R\sqrt{\dfrac{C}{L}}$ $n_2 = \left(\dfrac{1}{2Q} + \sqrt{\dfrac{1}{4Q^2}+1}\right)$ $n_1 = \left(\dfrac{1}{2Q} - \sqrt{\dfrac{1}{4Q^2}+1}\right)$ $fc1 = |n_1|fo$ $fc2 = |n_2|fo$	
Pasa banda Resonante serie LC		$f0 = \dfrac{1}{2\pi\sqrt{LC}}$ $Q = \dfrac{1}{R}\sqrt{\dfrac{L}{C}}$ $n_2 = \left(\dfrac{1}{2Q} + \sqrt{\dfrac{1}{4Q^2}+1}\right)$ $n_1 = \left(\dfrac{1}{2Q} - \sqrt{\dfrac{1}{4Q^2}+1}\right)$ $fc1 = |n_1|fo$ $fc2 = |n_2|fo$	
Rechaza banda Paralelo LC		$f0 = \dfrac{1}{2\pi\sqrt{LC}}$ $Q = R\sqrt{\dfrac{C}{L}}$ $n_2 = \left(\dfrac{1}{2Q} + \sqrt{\dfrac{1}{4Q^2}+1}\right)$ $n_1 = \left(\dfrac{1}{2Q} - \sqrt{\dfrac{1}{4Q^2}+1}\right)$ $fc1 = |n_1|fo$ $fc2 = |n_2|fo$	

2.6 Guía fácil para el diseño de filtros RC.

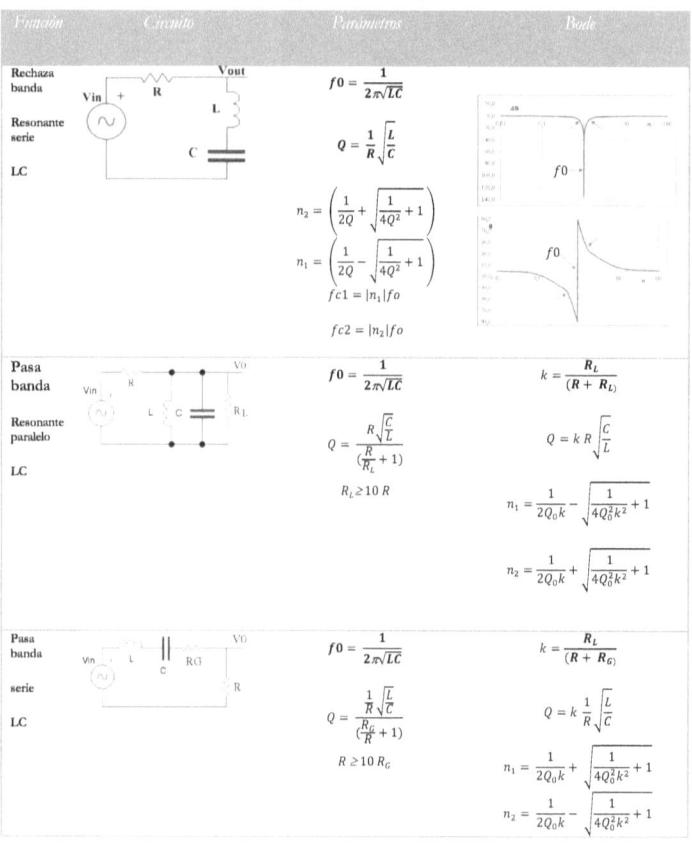

Función	Circuito	Parámetros	Bode
Rechaza banda Resonante serie LC		$f0 = \dfrac{1}{2\pi\sqrt{LC}}$ $Q = \dfrac{1}{R}\sqrt{\dfrac{L}{C}}$ $n_2 = \left(\dfrac{1}{2Q} + \sqrt{\dfrac{1}{4Q^2}+1}\right)$ $n_1 = \left(\dfrac{1}{2Q} - \sqrt{\dfrac{1}{4Q^2}+1}\right)$ $fc1 = |n_1|fo$ $fc2 = |n_2|fo$	
Pasa banda Resonante paralelo LC		$f0 = \dfrac{1}{2\pi\sqrt{LC}}$ $Q = \dfrac{R\sqrt{\dfrac{C}{L}}}{\left(\dfrac{R}{R_L}+1\right)}$ $R_L \geq 10\,R$	$k = \dfrac{R_L}{(R+R_L)}$ $Q = kR\sqrt{\dfrac{C}{L}}$ $n_1 = \dfrac{1}{2Q_0 k} - \sqrt{\dfrac{1}{4Q_0^2 k^2}+1}$ $n_2 = \dfrac{1}{2Q_0 k} + \sqrt{\dfrac{1}{4Q_0^2 k^2}+1}$
Pasa banda serie LC		$f0 = \dfrac{1}{2\pi\sqrt{LC}}$ $Q = \dfrac{\dfrac{1}{R}\sqrt{\dfrac{L}{C}}}{\left(\dfrac{R_G}{R}+1\right)}$ $R \geq 10\,R_G$	$k = \dfrac{R_L}{(R+R_G)}$ $Q = k\dfrac{1}{R}\sqrt{\dfrac{L}{C}}$ $n_1 = \dfrac{1}{2Q_0 k} + \sqrt{\dfrac{1}{4Q_0^2 k^2}+1}$ $n_2 = \dfrac{1}{2Q_0 k} - \sqrt{\dfrac{1}{4Q_0^2 k^2}+1}$

Fernando J. Moutinho   *Capítulo 2.*

2.6 Guía fácil para el diseño de filtros RC.

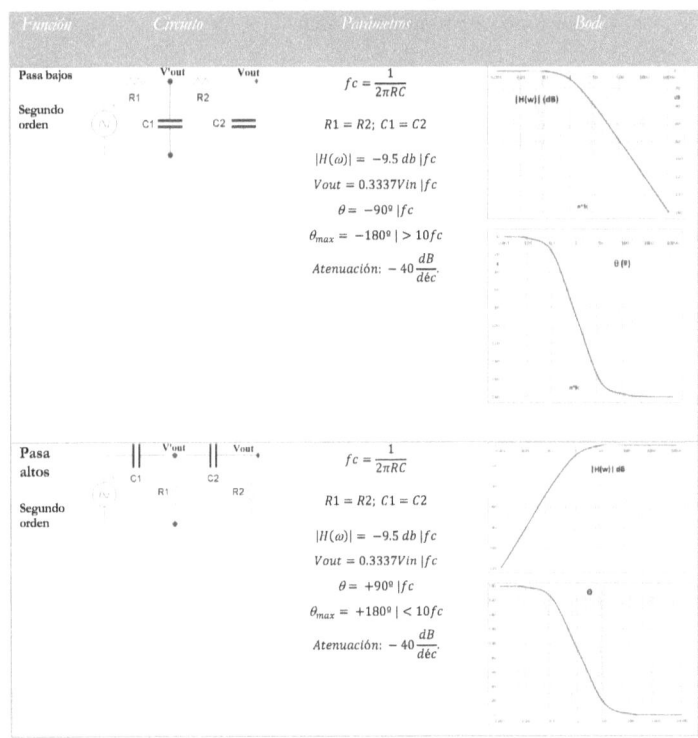

Función	Circuito	Parámetros	Bode
Pasa bajos Segundo orden		$fc = \dfrac{1}{2\pi RC}$ $R1 = R2;\ C1 = C2$ $|H(\omega)| = -9.5\ db\ |fc$ $Vout = 0.3337Vin\ |fc$ $\theta = -90^\circ\ |fc$ $\theta_{max} = -180^\circ\ |\ >10fc$ Atenuación: $-40\,\dfrac{dB}{d\acute{e}c}$.	
Pasa altos Segundo orden		$fc = \dfrac{1}{2\pi RC}$ $R1 = R2;\ C1 = C2$ $|H(\omega)| = -9.5\ db\ |fc$ $Vout = 0.3337Vin\ |fc$ $\theta = +90^\circ\ |fc$ $\theta_{max} = +180^\circ\ |\ <10fc$ Atenuación: $-40\,\dfrac{dB}{d\acute{e}c}$.	

2.7 Cuestionario y problemas del Capítulo.

1. El ancho de banda (BW) define siempre el conjunto de frecuencias con mínima atenuación de amplitud. **V**erdadero o **F**also.

2. Conforme Q aumenta, el BW del filtro disminuye. V o F.

3. El Q del filtro puede verse como: V o F

$$Q = \frac{Energía\ almacenada}{Energía\ promedio\ disipada}$$

4. El punto de potencia media es donde $|Av| = \frac{1}{\sqrt{2}}$. V o F.

5. La atenuación de un filtro RC de primer orden es -40 dB/década. V o F.

6. Un filtro pasa banda tienen dos polos en la función de transferencia H(ω). V o F.

7. Un filtro rechaza banda paralelo tiene el mismo Q que uno pasa banda paralelo con los mismos valores de RLC. V o F.

8. La frecuencia de resonancia solo depende de los valores R y L. V o F.

9. Un filtro tipo resonante pasa banda tiene una respuesta **BW** naturalmente más estrecha que un típico pasa banda RC. V o F.

10. Para el caso del problema 9, si ambos filtros tienen el mismo Q, significa que el BW es igual en ambos. V o F.

11. Un filtro pasa banda resonante serie LC como el de la figura 2-30, se pudiera implementar para eliminar la frecuencia de 120 Hz. Asuma $f0$ = 120 Hz. V o F.

12. En el filtro de la figura 2-42 encuentre cual sería la H(ω). Sol:

$$H(\omega) = \left(\frac{-\frac{j}{\omega c2}}{R1 - \frac{j}{\omega c2}}\right)\left(\frac{1000 R1}{1000 R1 - \frac{j10}{\omega c2}}\right)$$

2.7 Cuestionario y problemas del Capítulo.

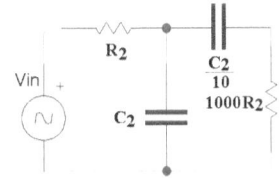

Figura 2- 42

13. Si el filtro de la figura 2-42 satisface la condición:

$C_1 = \frac{C_2}{10}$ y además $R_1 = 1000 R_2$, ¿Cuál es la relación entre f_{c2} y f_{c1}. Sol:

$$fc1 = \frac{fc2}{100} \; ; fc2 > fc1$$

14. En base a 12 y 13 indique que tipo de filtro es el indicado en la figura 2-42. Sol: Filtro pasa-banda RC.

15. En base a las condiciones anteriores ¿Cuál es el valor de *f0*? Sol: $f0 = 0.1 \, fc2$

16. Ahora determine el factor Q del filtro anterior. Sol: Q= $\frac{\sqrt{fc1*fc2}}{|fc2-fc1|}$ ~0.1

17. En el filtro de la figura 2-43 calcule la *f0*. Sol: 159.2 kHz

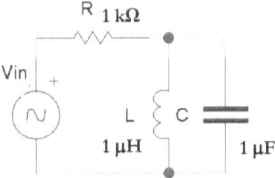

Figura 2- 43

18. Para el filtro de la figura 2-43 estime el **Q** y el **BW**. Sol:

$$Q = R\sqrt{\frac{C}{L}} = \omega 0 RC = \frac{R}{\omega 0 L} = 1000$$

$$Bw = \frac{f0}{Q} = 159.2 \, Hz$$

19. En el filtro de la figura 2-43 cuál es la fase θ para f = *f0* y f = 100*f0*. Sol: 0° y -90°

2.7 Cuestionario y problemas del Capítulo.

20. Si deseamos que el filtro de la figura 2-43 tenga un $Q=100$, para $f0 = 1$ kHz, cuál debería ser el BW. Proponga también como lograr esto. Sol: $0.01 f0$, $R = 100\ \Omega$.

21. En el filtro de la figura 2-44 calcule la $f0$ y el Q. Sol: $f0 = 159.2$ kHz, $Q = 1 \times 10^{-4}$

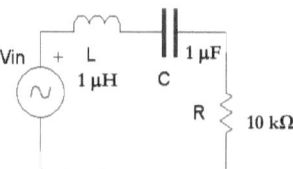

Figura 2-44

22. En el filtro de la figura 2-45 deduzca los valores para que $f0 = 120$ Hz, $Q = 50$, $R = 50\ \Omega$. Sol:

$$L = C = \frac{1}{2\pi f 0}$$

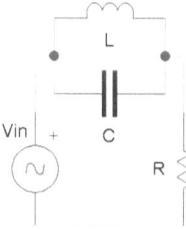

Figura 2-45

23. Para el filtro de la figura 2-45 indique el BW. Sol: 2.4 HZ

24. Para el filtro de la figura 2-46 calcule el $H(\omega)$. Sol:

$$H(\omega) = \frac{1}{1 - \frac{1}{(n - \frac{1}{n})^2}} \quad ; \quad n\omega_0 = \frac{n}{\sqrt{LC}}$$

2.7 Cuestionario y problemas del Capítulo.

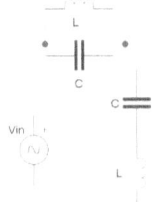

Figura 2-46

25. Indique que tipo de filtro es el de la figura 2-46. Sol: Rechaza banda.
26. Deduzca el valor de Q para el filtro 2-46. Sol: como no existe elemento resistivo, la potencia promedio del resistor es nula, por lo tanto, el Q teórico es infinito.
27. Para el caso del filtro de la figura 2-47 calcule el valor la ganancia máxima y el Q. $R = 10\ k\Omega$, $L = 1\ \mu H$. $C= 1\ \mu F$ y $R_L = 5\ k\Omega$. Sol: $|H(\omega)|= 0.33$, Q = 3333.33

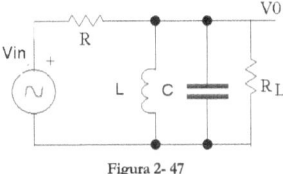

Figura 2-47

28. Dos filtros RC pasa bajos son colocados en cascada, figura 2-48, si en n= 1, $f = fc$, calcule el valor del módulo de $|H(w)|$. Sol:

$$|H(w)| = |H(\omega 1)|x|H(\omega 2)| = 0.4714 x 0.707 = 0.333 = -9.54\ dB.$$

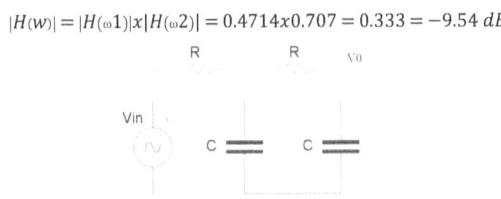

Figura 2-48

2.7 Cuestionario y problemas del Capítulo.

29. Para el filtro de la figura 2-48 si n = 100, y la reactancia capacitiva es $-j\frac{R}{100}$, calcule el nuevo valor de $|H(w)|$. Sol: $|H(w)| = \frac{1}{10.000} = -80\ dB$.

30. Qué orden tiene el filtro de la figura 2-48. Sol: segundo orden.

Respuestas a las preguntas de Verdadero o Falso.

(1) **F**, ejemplo: rechaza banda. (2) **V**, (3) **V**, (4) **V**, (5) **F**, (6) **V**, (7) **V**, (8) **F**, (9) **V**, (10) **V**, (11) **F**.

Capítulo 3

Introducción a los semiconductores.

Objetivos:
1. Estructura Atómica básica: El modelo de Bohr.

2. Noción sobre: aislantes, conductores y semiconductores.

3. Estructura de formación de los semiconductores tipo N y tipo P.

4. El diodo semiconductor de unión P-N: principales características, modelos.

5. El diodo Zener: modelo, características.

6. El diodo Schottky: características.

Actividades:

Guía con preguntas de verdadero o falso y con problemas de cálculos con el que usted podrá comprobar su conocimiento referente a éste capítulo.

3.1 El modelo de átomo de Bohr.

Como usted probablemente ya sabe, la materia está compuesta por átomos. Loa átomos a su vez están compuestos por partículas subatómicas más pequeñas llamadas: electrones, protones y neutrones, y aunque los avances de la física moderna han revelado que estás partículas están compuestas a su vez de otras partículas como: los bosones, mesones, quarks, gluones, etc., consideraremos el átomo en su forma física como fundamentalmente compuesto por electrones, protones y neutrones, en un modelo simplificado tridimensional como lo es el modelo de Bohr (figura 3-1).

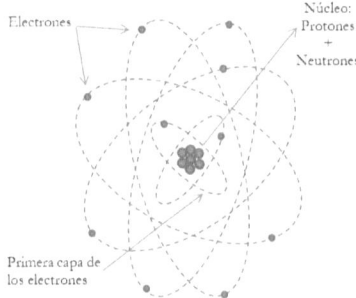

Figura 3-1 Modelo del Átomo de Bohr.

El átomo es su estado natural esta eléctricamente neutro. Es decir, que no está

📖 **BIOGRAFÍA**

Niels Bohr
1885-1962

Físico Danés. Nació en Copenhague, Dinamarca. Obtuvo su doctorado en la Universidad de Copenhague en 1911. En ese mismo año trabajó bajo la guía del químico Sir Joseph Jhon Thonmson, descubridor del electrón. En 1912, trabajó en el laboratorio del físico y químico Ernest Rutherford, en Manchester. Rutherford ya había recibido un premio Nobel en química en 1908, y fue profesor de Niels Bhor. Fue a partir de los descubrimientos de Rutherford sobre el núcleo atómico que Bhor propone su trabajo sobre la estructura del átomo y presenta un modelo. En 1962 recibe el premio Nobel.

Introducción a los semiconductores.

cargado ni positiva ni negativamente. En el centro se encuentra el núcleo que está formado por neutrones y protones. Los neutrones no tienen una carga específica, mientras que los protones poseen carga positiva. Los protones y neutrones son más pesados más que los electrones (alrededor de 185 veces), que poseen carga negativa, así pues, el peso del átomo está determinado básicamente por el peso de sus neutrones y protones. La carga de los protones en el núcleo es compensada por la carga de los electrones que orbitan alrededor de él, de tal manera que se logra un equilibrio eléctrico total neutro.

Los electrones permanecen atados al átomo por la fuerza de atracción de los protones que impide que se escapen de éste. Así, los electrones se mantienen confinados recorriendo trayectorias elípticas alrededor del núcleo llamadas órbitas.

Las orbitas de los electrones tienen distancias finitas específicas, es decir, separadas y únicas (*discretas*) que van desde del centro atómico. Un grupo de órbitas que tienen distancias similares reciben el nombre de capa. La capa más cercana al núcleo se llama **K**, y puede contener solo hasta 2 electrones. La siguiente capa, la **L**, puede contener hasta 8 electrones, la capa **M**, hasta 18 electrones, la siguiente tendrá un máximo de 32 electrones, y así sucesivamente.

El número máximo de electrones (**Ne**) por capa se puede calcular mediante la siguiente expresión:

$$Ne = 2N^2$$

Dónde:

Ne = número de electores, y **N** = número de la capa (1, 2, 3,4......)

Ejemplo:

El número máximo de electrones en la quinta capa será de:

$$Ne = 2(5^2) = 50$$

Introducción a los semiconductores.

Las capas de la *L* en adelante *(M, N,)* pueden a su vez contener subcapas, que son electrones en órbitas cuyas trayectorias son muy cercanas entre sí. Así, la capa L, puede contener hasta dos subcapas, la *M* hasta tres, y la capa *N* hasta cuatro subcapas, y así sucesivamente.

Cada órbita de los electrones alrededor del núcleo está asociada a un cierto nivel de energía discreto. Cada capa de electrones está asociada entonces a una *banda de energía* que forman las subcapas.

Los niveles de energía entre las subcapas son menores que los que existen entre una capa y otra. Véase como ejemplo la figura 3-2.

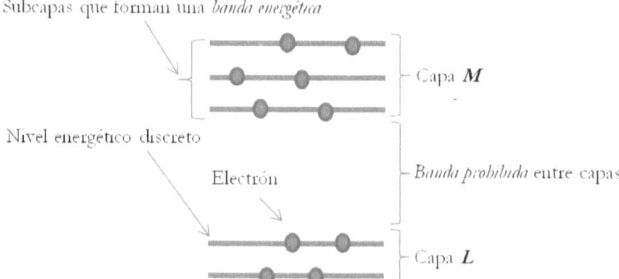

Figura 3-2 *Banda energética.* Capas y subcapas de electrones.

Los electrones pertenecen a una capa en particular, y no pueden existir entre capas. Para que un electrón se pueda mover de una capa a otra se requiere de ciertas cantidades **discretas** de energía definida como *quanta*. Un *quantum* define la mínima cantidad posible de energía en el sistema. De modo que un *quanta*, involucra unidades de quantum, y existen solo como números enteros, ya que no existen fracciones de *quantum*. Por lo tanto, si un electrón requiere de una energía de 5 *quanta* para saltar a un nivel superior, una energía de un *quantum* no producirá ningún salto.

La capa más externa, recibe el nombre de *capa de valencia*. Esta capa determina la actividad química del átomo. Cuando esta capa está completa de electrones, el átomo es inerte y no

Introducción a los semiconductores.

reacciona químicamente. Por el contrario, si la capa de valencia está incompleta, esta puede reaccionar formando enlaces con otros átomos para llegar a un equilibrio semejante cuando se encuentra llena. Este tipo de enlace se le denomina enlace covalente, del cual se hablará más adelante.

La *capa de valencia* está formada a su vez de dos bandas de energía: la *banda de valencia* y la *banda de conducción*.

A los electrones en la *banda de valencia*, se les conoce también como *electrones de valencia*, y no se mueven con facilidad entre átomo y átomo, a diferencia de aquellos en la *banda de conducción*, que si pueden moverse fácilmente entre átomos. Los electrones en la *banda de conducción* reciben el nombre de *portadores de corriente*, ya que el movimiento de estos produce un flujo de electrones que forma una corriente eléctrica.

Entre la *banda de valencia* y la *banda de conducción* puede existir otra banda a la que se le conoce como *banda prohibida*. La *banda prohibida* representa un nivel de energía en el que el electrón no puede existir. Es decir, en esta banda no hay electrones. Para que un electrón pase de la *banda de valencia* hacia la *banda de conducción* es necesaria cierta cantidad *discreta* de energía (*quanta*) para que este salte la *banda prohibida* y pase a la *banda de conducción*.

La figura 3-3 muestra la *banda de conducción* y *banda de valencia* en un átomo aislado de: (a) conductor, (b) aislante, y (c) semiconductor.

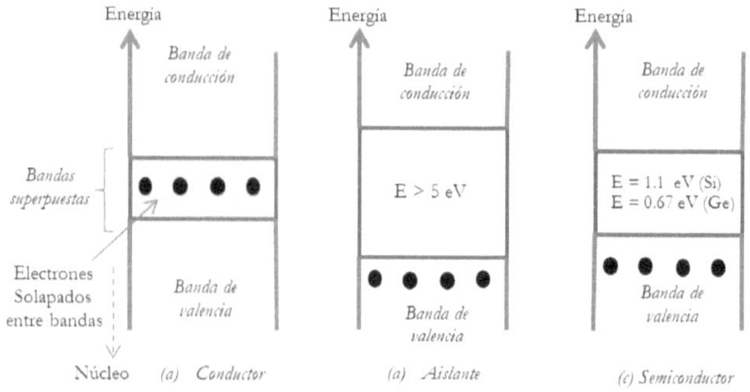

Introducción a los semiconductores.

Figura 3-3 *Banda de conducción* y *banda de valencia* en un átomo aislado de: (a) conductor, (b) aislante, (c) semiconductor. T = 300 K

En el caso de un conductor como el cobre por ejemplo, la banda de valencia y la de conducción están solapadas, es decir, los electores se mueven libremente entre estas dos bandas, por esta razón cuando se aplica u pequeño voltaje entre los extremos de este conductor, una corriente de electrones fluye de manera inmediata. En el caso del aislante, como el teflón por ejemplo, todos los electrones de la última capa están en la *banda de valencia*, adicionalmente, existe una banda de energía prohibida muy grande, lo que constituye una brecha o resistencia que se opone al flujo de electrones. Sin embargo, si el voltaje que se aplica es lo suficientemente grande como para que se supere la energía de la *banda prohibida*, entonces, electrones de la *banda de valencia* saltaran hacia la *banda de conducción*, estableciendo una corriente. En esta condición se dice que se ha roto el aislante bajo el efecto del alto voltaje.

Por último, en el caso de los semiconductores, tenemos una respuesta de medio camino, es decir, que no son excelentes conductores, pero tampoco son aislantes. En este grupo tenemos los elementos del grupo IV de la tabla periódica: Silicio (Si), Germanio (Ge), Carbón (C), por ejemplo. Estos materiales poseen cuatro electrones de valencia. La energía requerida para pasar un electrón de la *banda de valencia* a la *banda de conducción* es mucho menor que en el caso de los aislantes, pero mayor que en los conductores, este voltaje es de 1.1 eV para el Si, y de 0.67 eV para el Ge. Cuando estos elementos se encuentran formando un sólido, es decir, una

3.2 Potencial de ionización.

red de muchos átomos, los electrones de valencia forman enlaces covalentes con átomos vecinos formando un enlace como el que se muestra en la figura 3-4.

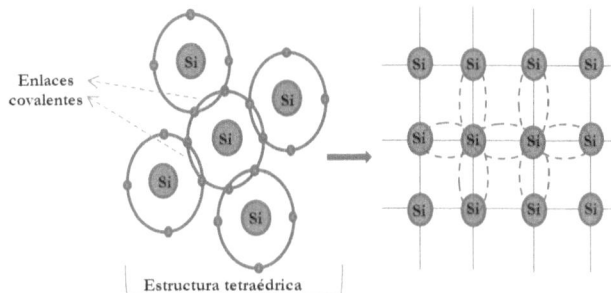

Figura 3- 4 Enlaces covalentes entre átomos de Si que forman un sólido semiconductor intrinsico.

Los enlaces de la figura 3-4 se repiten de manera consecutiva hasta formar un sólido. Los elementos como los del grupo IV de la tabla periódica, poseen todos 4 electrones en la *banda de valencia*, razón por la cual se les llama *tetravalentes*. Aquellos con 5 electrones en la banda de valencia, grupo V, como el Arsénico (As) o Antimonio (Sb), por ejemplo, se les llama *pentavalentes*, y con 3 electrones en la banda de valencia, grupo III, como el Boro (B) o Galio (Ga), por ejemplo, se les llama *trivalentes*.

3.2 Potencial de ionización.

El potencial de ionización puede definirse como el voltaje mínimo requerido para sacar cualquiera de los electrones de la estructura de un átomo. Cuando esto ocurre, el átomo queda con una vacante negativa, y ya no está más eléctricamente nulo, se dice entonces que está en estado ionizado, y se convierte entonces, en un *ion positivo*. El electrón que se retiró forma en cambio un *ion negativo*.

3.3 Semiconductor Intrínseco.

El potencial de ionización que se requiere para sacar un electrón de la banda de valencia es mucho menor en comparación con el requerido para sacar cualquier otro electrón de la estructura más interna del mismo átomo.

El potencial de ionización se mide en electrón-voltios, y se expresa así: eV.

$$1\ eV = 1,6\ x10^{-19}\ C\ x\ 1\ V = 1,6\ x10^{-19}\ J$$

Dónde:

e = es la carga del electrón = $1.6x10^{-19}$ Coulomb.seg

V = voltaje en voltios.

3.3 Semiconductor Intrínseco.

Un material semiconductor hecho de un trozo puro de Germanio o de Silicio, que mantiene una estructura cristalina, es llamado semiconductor intrínseco. Materiales como el Germanio y el Silicio pueden ser producidos sintéticamente en forma de cristales. Un cristal es un material que tiene una estructura de átomos posicionados de manera que presentan un patrón geométrico. En el caso de los cristales de Germanio o Silicio, cada átomo tiene un enlace con otros cuatro átomos iguales, figura 3-4, el enlace covalente es formando con cada uno de los cuatro electrones que posee en su *banda de valencia*. Estos enlaces forman así un tipo de estructura cristalina llamada tetraédrica.

3.4 Semiconductor tipo N.

Elementos del grupo V de la tabla periódica como: Fósforo (P), Arsénico (As), Antimonio (Sb), y el Bismuto (Bi), llamados pentavalentes, son utilizados en la fabricación de un semiconductor tipo N, mediante un proceso llamado *dopaje*. El *dopaje* es una técnica usada para difundir átomos en un sólido cristalino, a una tasa muy controlada, en este caso, de un átomo por cada 10^7 átomos de Germanio o Silicio. El átomo difundido recibe el nombre de

3.4 Semiconductor tipo N.

impureza, para distinguirlo de los átomos predominantes en el semiconductor. El resultado es un cristal con una nueva estructura, donde cada átomo de impureza reemplaza a un átomo de Germanio o Silicio, esta estructura cristalina es llamada ahora extrínseca. La figura 3-5 muestra un ejemplo de la nueva estructura obtenida con átomos de Antimonio (Sb), difundidos como impurezas.

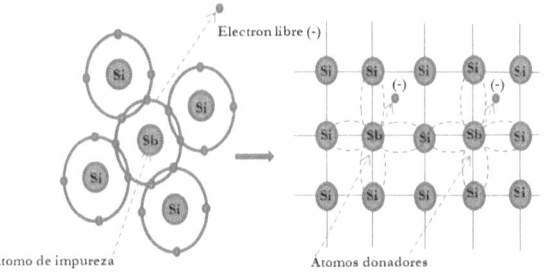

Figura 3- 5 Enlaces covalentes entre átomos de Si con impurezas de Sb, que forman un sólido semiconductor extrinsico tipo N.

La impureza (Sb) pentavalente, forma cuatro enlaces covalentes con cuatro de sus electrones de la *banda de valencia*, formando así una estructura tetraédrica con cuatro átomos vecinos de Silicio. El quinto electrón, pasa a la banda de conducción de la estructura cristalina ahora extrínseca. Este electrón no está más confinado al átomo de la impureza, sino que más bien puede ir a la deriva, como un electrón libre, y por tal razón, recibe el nombre de *electrón libre*. Este *electrón libre* que existe en cada enlace tetraédrico hace que la impureza se comporte como un átomo donador de carga, razón por la cual, a las impurezas del grupo V se les llama *átomos donadores*. El electrón del átomo donador es libre solo porque el átomo donador es parte de la estructura cristalina original. Si este patrón se altera o se destruye este quinto electrón no es más libre.

Ahora bien, el semiconductor formado ahora se llama tipo N, porque posee un exceso de electrones, pero esto no significa que el material este cargado negativamente, por el contrario el total de carga neta seguirá siendo **nulo** o **neutro** en el bloque de material, ya que se

3.4 Semiconductor tipo N.

mantiene igual el número de cagas negativas y de cargas positivas dentro de este. La diferencia estriba en que el *electrón libre*, queda en la *banda de conducción*, por lo que al aplicar un voltaje relativamente bajo, haría circular este electrón, formando una así una corriente eléctrica.

Por ejemplo, el número de electrones libres en un cristal de Silicio intrínseco a la temperatura ambiente es de 1 por cada 10^{12} átomos. Cuando se añaden impurezas pentavalentes se puede aumentar a razón de 1 por cada 10^7 átomos. Es decir, el número de electrones libres aumenta 10^5 veces en un cristal de Silicio extrínseco. Estos electrones constituyen los *portadores de corriente mayoritarios* cuando sobre el semiconductor tipo N se aplica un voltaje.

Por otro lado, a temperatura ambiente existen también algunos electrones que pueden pasar de la *banda de valencia* a la *banda de conducción*, debido al incremento de energía provocado a su vez por el efecto de la temperatura. Estos electrones libres generados por efecto térmico en la red cristalina, también contribuyen a la corriente generada cuando se aplica un voltaje externo, pero en un menor grado.

Los electrones libres generados por efecto térmico dejan huecos en la banda de valencia de donde saltaron originalmente. Estos huecos, vistos como iones positivos, también forman una corriente, llamada *corriente de huecos*, que es opuesta en sentido a la corriente de electrones. Estos *huecos* al ser menores en proporción que los electrones reciben el nombre de *portadores de corriente minoritarios*.

A temperatura ambiente, el número de portadores mayoritarios (electrones) es mayor que el número de portadores minoritarios (huecos).

El material semiconductor N puede verse también como un simple resistor, donde la concentración del dopaje determinará una mayor o menor resistencia eléctrica. Un grado de dopaje mayor, por ejemplo, significaría que existe un mayor número de electrones moviéndose al aplicar un mismo voltaje, en comparación con el mismo semiconductor con un grado de dopaje menor, por lo que sería equivalente a decir que su resistencia eléctrica disminuye conforme aumenta el dopaje y viceversa.

Al polarizar un trozo de material semiconductor tipo N con un voltaje externo, los electrones de conducción irán hacia el positivo de la fuente, y los huecos por el contrario hacia el negativo de la fuente. Véase la figura 3-6. Simultáneamente, electrones de la fuente de alimentación externa van desde el terminal negativo hacia el semiconductor tipo N, reemplazando todos los electrones iniciales que salieron de éste, del mimo modo *huecos* de la fuente externa de alimentación salen del terminal positivo para reemplazar todos los huecos iniciales en el semiconductor tipo N, de modo que el número total de cargas en el semiconductor se mantiene constante, y se produce una corriente I en Amperios en el tiempo.

En el caso del semiconductor tipo N, aunque ambos portadores de carga contribuyen a la corriente total que fluye por el semiconductor tipo N, los electrones representan por mucho los *portadores de corriente mayoritarios* y los huecos, los *portadores de corriente minoritarios*.

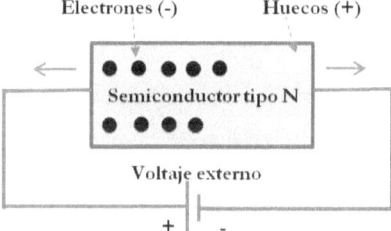

Figura 3- 6 Conducción de electrones y huecos en un semiconductor tipo N.

3.5 Semiconductor tipo P.

Elementos del grupo III de la tabla periódica como: Boro (B), Galio (Ga), Indio (In), y el Talio (Tl), llamados *trivalentes*, son utilizados en la fabricación de semiconductores tipo P, mediante el proceso de *dopaje* ya descrito anteriormente. Cuando estas impurezas son introducidas en la red cristalina del Silicio o Germanio intrínsecos, reemplazan los átomos de Silicio o Germanio por el de la impureza, que formará parte integral de la nueva estructura

3.5 Semiconductor tipo P.

cristalina. El átomo de la impureza difundido será también parte de la estructura cristalina original, como en el caso del semiconductor tipo N, y como también se mencionó, si este patrón se altera o se destruye el semiconductor ya no funcionará como se espera.

En el caso de las impurezas trivalentes difundidas en el cristal semiconductor de Silicio o Germanio, estas formarán enlaces covalentes con sus tres electrones de la *banda de valencia*. Véasela figura 3-7 que muestra un ejemplo de obtención de un semiconductor tipo P, a partir de Silicio dopado con boro.

El resultado es una estructura tetraédrica con un átomo de la impureza en el centro, pero debido a que solo existen tres electrones para formar cuatro enlaces covalentes con cuatro átomos de Silicio o Germanio, uno de los enlaces covalentes queda con un electrón menos, formando entonces un *hueco* en la *banda de valencia* del átomo de la impureza.

En este caso el átomo de la impureza se convierte en un *átomo aceptor*, en contraste con el *átomo donador* del semiconductor tipo N. El *átomo aceptor*, genera un *hueco* que permite aceptar un electrón.

En el semiconductor tipo P, los *huecos* son los *portadores de corriente mayoritarios* mientras que los electrones son los *portadores de corriente minoritarios*.

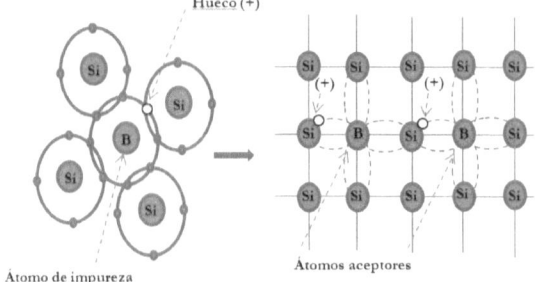

Figura 3-7 Enlaces covalentes entre átomos de Si con impurezas de B, que forman un sólido semiconductor extrínseco tipo P.

3.5 Semiconductor tipo P.

A temperatura ambiente, se generan un cierto número de *huecos*, como resultado de aquellos electrones que pasaron de la *banda de valencia* a la *banda de conducción* por efecto térmico y que dejaron los respectivos *huecos*, en la *banda de valencia*.

El número de *portadores mayoritarios de corriente* (huecos) generados por efecto térmico son menores que los que se generan por el proceso de dopaje en la creación del cristal semiconductor tipo P.

El material semiconductor P al igual que el N puede verse también como un resistor, donde la concentración del dopaje determinará una mayor o menor resistencia eléctrica.

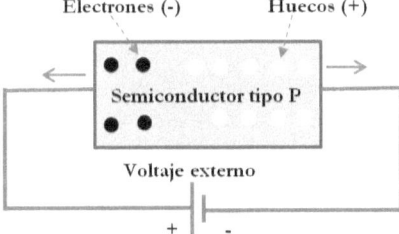

Figura 3-8 Conducción de huecos y electrones en un semiconductor tipo P.

Al polarizar un trozo de material semiconductor tipo P con un voltaje externo, los *huecos* del semiconductor irían hacia el negativo de la fuente, y los electrones del semiconductor por el contrario hacia el positivo de la fuente. Véase la figura 3-8. Simultáneamente, *huecos* de la fuente de alimentación externa van desde el terminal positivo hacia el semiconductor tipo P, reemplazando todos los *huecos* iniciales que salieron de éste, del mismo modo electrones de la fuente externa de alimentación salen del terminal negativo para reemplazar los electrones iniciales en el semiconductor tipo P, de modo que el número total de cargas se mantiene constante, y se produce una corriente I en Amperios en el tiempo, igual que en el caso del semiconductor tipo N.

En caso del semiconductor tipo P, la corriente que fluye se debe fundamentalmente a los huecos, quienes son aquí los *portadores de corriente mayoritarios*.

La corriente que fluye tanto en el semiconductor tipo N o P puede interpretarse como el desplazamiento de cargas de electrones y huecos simultáneamente. Los electrones que van hacia el positivos de la fuente, y los huecos que se desplazan en sentido contrario, es decir, hacia el negativo de la fuente. Puede pensarse que cada electrón que se desplaza hace que un hueco equivalente se desplace también, pero en sentido contrario, y viceversa. De modo que lo que cambia entre un semiconductor P o N, son las concentraciones de *portadores de corriente mayoritarios* que inicialmente existen.

3.6 Semiconductor tipo P-N (El diodo).

Cuando dos semiconductores, uno tipo P, y otro tipo N, se juntan de manera especial, se obtiene un dispositivo con propiedades específicas llamado: diodo.

La juntura semiconductora P-N se obtiene mediante un proceso de fabricación en el que se ha creado ambos semiconductores de una manera continua, esto es, que la primera parte del semiconductor es creada por dopaje con impurezas de *átomos donadores* que forman el semiconductor tipo N, y la segunda parte es creada a continuación con impurezas de *átomos aceptores* que forman el semiconductor tipo P. Dos cristales semiconductores uno tipo P y otro tipo N, que se juntan no formarán una unión P-N, ya que los límites de los cristales ya están formados impidiendo la difusión de cargas que se establece durante el proceso de manufactura continua.

El dispositivo de juntura P-N o diodo, presenta una *región libre de carga* o *región de agotamiento* creada por la interdifusión de cargas cercanas a la región de unión de ambos semiconductores. En esta región de unión, electrones del semiconductor N pasan al semiconductor P, y de manera contraria huecos del semiconductor P pasan al semiconductor N. La interdifusión de cargas genera un campo eléctrico que hace que el flujo de cargas se

3.6 Semiconductor tipo P-N (El diodo).

detenga cuando se alcanza el equilibrio dinámico entre la región P-N. Este equilibrio se alcanza porque los electrones y huecos difundidos generan el campo eléctrico necesario tal que repelen las cargas de su mismo signo, impidiendo que más electrones o huecos sigan moviéndose. Se crea entonces, la ya mencionada *región libre carga*. La concentración de iones negativos y positivos en esta región forma un potencial que se le conoce como *potencial de barrera*. El potencial de barrera constituye el voltaje auto generado en la unión que permite lograr el equilibrio dinámico en el semiconductor. Véase la figura 3-9 que muestra la unión P-N, indicando la *región libre de carga*.

La *región libre de carga* creada durante el equilibrio dinámico del diodo ocupa un espesor o ancho mucho más pequeño que el tamaño de los semiconductores P y N respectivamente.

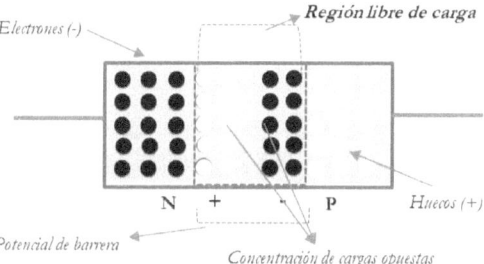

Figura 3-9 Unión P-N indicando entre otras cosas la región libre de carga.

3.6.1 Polarización del diodo: Reversa.

Imaginémonos ahora que polarizamos a la juntura P-N con un voltaje tal como se muestra en la figura 3-10.

Inicialmente, los electrones del semiconductor N se desplazan hacia el terminal positivo de la fuente, de igual manera huecos del semiconductor P se desplazan hacia el terminal negativo de la fuente. Este proceso genera una corriente de carga de manera inmediata, electrones del

3.6 Semiconductor tipo P-N (El diodo).

terminal negativo de la fuente se desplazan hacia el semiconductor P, mientras que huecos del terminal positivo se desplazan hacia el semiconductor N. La corriente generada en este proceso se mantiene a una tasa constante hasta que la concentración de iones o cargas negativas y positivas formadas en la unión de la *juntura P-N* igualan al voltaje de la fuente, en ese momento la corriente se hace cero, la *juntura P-N* llega entonces a una nueva condición de equilibrio cuando el *potencial de barrera* crece hasta igualar el voltaje de la fuente, luego las cargas ya no se pueden mover más.

El aumento de la concentración de cargas negativas y positivas en el la unión del semiconductor P-N conduce al ensanchamiento de la *región libre de carga*, que a su vez es la que conduce al aumento del *potencial de barrera* que tiene el mismo sentido de polaridad que la fuente, como se muestra en la figura 3-10.

La corriente que se anula es la corriente de los *portadores mayoritarios* en cada uno de los semiconductores P y N respectivamente.

Si el voltaje de la fuente de alimentación se incrementara, también lo haría el *potencial de barrera*, de la misma forma como ya se describió anteriormente. Por encima de cierto voltaje, el campo eléctrico establecido por el *potencial de barrera* en la *región libre de carga* es lo suficientemente grande para romper los enlaces covalentes y arrancar electrones de los átomos que son acelerados a través de esta región, estos electrones acelerados chocan con otros átomos arrancado más electrones, produciendo así una corriente que se conoce como *corriente de avalancha*. El voltaje a la cual ocurre este efecto se llama *voltaje de ruptura*. Si la juntura P-N no está diseñada (dopada adecuadamente) para operar en esta zona, esta se dañará.

Recordemos también que existen *portadores minoritarios* en ambos tipos de semiconductores. Los *portadores minoritarios* en el semiconductor N, son los *huecos* mientras que los electrones lo son en el semiconductor tipo P.

Bajo el mismo esquema de polarización ya descrito anteriormente, los electrones (*portadores minoritarios*) del semiconductor tipo P se desplazan hacia el positivo de la fuente, mientras que los huecos (*portadores minoritarios*) del semiconductor tipo N se desplazan hacia el negativo de la

3.6 Semiconductor tipo P-N (El diodo).

fuente, ambos portadores de carga atraviesan la *región libre de carga* . Eventualmente electrones y huecos de la fuente reemplazan estos *portadores minoritarios*, lo que da paso a al establecimiento de una pequeña corriente continua en el tiempo, llamada *corriente de reversa* o *corriente de fuga* del diodo.

La corriente de *portadores minoritarios* establece el comportamiento óhmico en esta polarización. Siendo que la concentración de estos *portadores minoritarios* es mucho menor que la de los *portadores mayoritarios*, la corriente alcanza valores extremadamente pequeños. Lo que equivale a decir que exhibe una alta resistencia en reversa.

La corriente de reversa o de fuga establece el valor resistivo de la juntura P-N a un voltaje y temperatura dados. Esta corriente aumenta con la temperatura, pues aumenta el número de portadores minoritarios generados por efecto térmico.

A esta condición de polarización de la *juntura P-N* o del diodo se le denomina *polarización en reversa*.

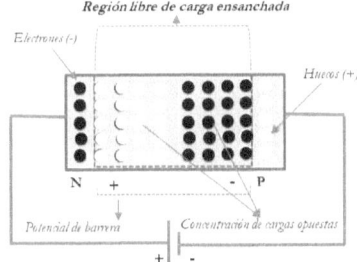

Figura 3- 10 Unión P-N polarizada en reversa.

3.6.2 Polarización del diodo: Directa.

Imaginémonos ahora que cambiamos la polarización de la fuente a la configuración mostrada en la figura 3-11.

3.6 Semiconductor tipo P-N (El diodo).

Cuando el voltaje de la fuente logra superar el *potencial de barrera*, 0.7 Voltios en Silicio y de 0.5 Voltios en Germanio, los *portadores mayoritarios* del semiconductor tipo N pueden desplazarse hacia el positivo de la fuente, ya que el potencial de la fuente suministra la energía adicional para que estos electrones salten la barrera, de igual manera que los *portadores mayoritarios* del semiconductor tipo P se desplazan hacia el negativo de la fuente. Electrones y huecos de la fuente reemplazan a los que salieron de la juntura P-N por lo que se establece una corriente continua en el tiempo que se debe a los portadores mayoritarios.

Este desplazamiento de cargas se hace a través de saltos que atraviesan la *región libre de carga* y que hace que la concentración de cargas iniciales que formaba esta región disminuya, ya que los electrones reemplazan a los huecos en el lado N, y viceversa en el lado P, lo que conduce a una *región libre de carga* más estrecha.

Desde otro punto de vista, la corriente de *portadores mayoritarios* establece un potencial en la unión cuya polaridad resta al *potencial de barrera* inicial. El resultado es un *potencial de barrera* que disminuye conforme aumenta la corriente de *portadores mayoritarios*. Véase figura 3-9 y 3-11.

El efecto de la disminución de la *región libre de carga* con el aumento de la corriente de *portadores mayoritarios* hace que el diodo exhiba un comportamiento de resistencia negativa en esta condición de polarización. Esta resistencia negativa llamada también resistencia dinámica y del cual se comentará más adelante, es relativamente muy baja en comparación con la establecida en la polarización en reversa.

Debido a que la corriente de *portadores mayoritarios* puede ser elevada, una caída de tensión adicional (óhmica) puede también ocurrir en los extremos o terminales metálicos de unión al diodo. Sin embargo, este efecto no será considerado para este apartado.

Los *portadores minoritarios* también aportan una corriente que se suma a la corriente de los *portadores mayoritarios*, pero como ya se mencionó debido a que su proporción a temperatura ambiente es mucho menor, la corriente que predomina es la de *portadores mayoritarios*.

3.6 Semiconductor tipo P-N (El diodo).

Sin embargo, al incrementar la temperatura se incrementará también la corriente de *portadores minoritarios* hasta llegar a un punto donde puede representar un valor significativo o comparativo con la corriente *de portadores mayoritarios*.

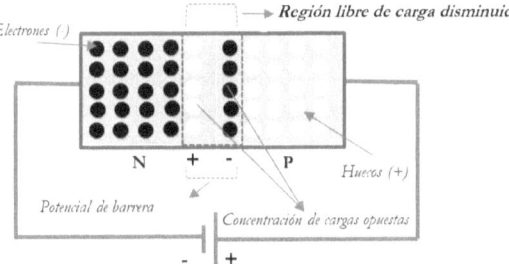

Figura 3-11 Unión P-N polarizada en directa.

A esta condición de polarización de la *juntura* P-N o del diodo se le denomina *polarización en directa*.

En directa, la corriente de portadores mayoritarios es por mucho, mayor que la corriente de portadores minoritarios en reversa.

El diodo (juntura P-N) representa básicamente un interruptor que conduce cuando esta polarizado en directo, ofreciendo una resistencia muy baja. En cambio, cuando se polariza en reversa, representa una resistencia muy alta.

La característica de conducción del diodo es lo que ha permitido su uso en la electrónica, y también como elemento clave en la construcción de otros dispositivos semiconductores como los transistores, por ejemplo.

3.7 Curva característica I-V del diodo.

La figura 3-12 muestra la respuesta ideal y real de un diodo semiconductor.

3.6 Semiconductor tipo P-N (El diodo).

La figura 3-12(a) muestra la respuesta ideal: En la zona directa, encontramos que el diodo ideal actúa idéntico como un suiche ideal: el voltaje del diodo (Vd) es de 0 voltios, tanto para el Silicio como para el Germanio. La corriente de conducción (Id) es infinita cuando la tensión del diodo es de 0 V.

En la zona de reversa, la corriente del diodo pasa a ser de 0 A. Esta corriente se mantiene nula hasta el infinito negativo del voltaje en el diodo (Vr). Esto quiere decir, que el diodo ideal no presenta ninguna ruptura en reversa.

En cambio, la figura 3-12(b) muestra la respuesta real del diodo: En la zona directa, para valores de voltaje cercano a cero voltios, la corriente Id mantiene un valor inicial pequeño pero distinto de cero. La corriente en el diodo se comporta de manera exponencial aumentando a medida que se acerca a un punto de inflexión donde la corriente se incrementa con una pendiente mucho mayor. Este punto de inflexión ocurre en el voltaje Vth, y se le conoce como *tensión de umbral o voltaje de umbral*. La corriente Id sigue incrementándose a medida que se supera el voltaje de umbral del diodo.

Para los diodos de Silicio el Vth = 0.7 V, y para los de Germanio el Vth =0.5 V.

La corriente del diodo en esta zona se le conoce como corriente en directa del diodo (Id).

En términos prácticos (figura 3-12b), la conducción del diodo se inicia en el voltaje Vth. Más allá de este punto la corriente se incrementa rápidamente: con un pequeño incremento del voltaje Vd, se obtiene un incremento mucho mayor en la corriente Id.

Por encima de cierto valor de Vd e Id, se produce una segunda inflexión en la curva de la región directa que provoca la ruptura del diodo.

3.8 Resistencia Directa, Inversa y Dinámica del diodo.

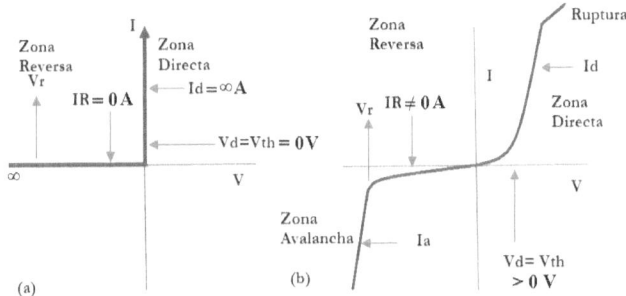

Figura 3-12 Característica I-V del diodo para T= constante. (a) curva ideal, (b) curva real.

En la zona de reversa, la corriente de reversa (IR) tiene un valor distinto de cero, y tiene el valor de la corriente de fuga del diodo, que en términos prácticos suele ser muy pequeña, en el orden de los nano amperios a la temperatura ambiente. La corriente IR se incrementa ligeramente con el incremento del voltaje de reversa. El incremento de la IR se mantiene relativamente bajo hasta llegar a la zona de ruptura (Vr) donde ocurre una inflexión de la curva. Cuando se alcanza el voltaje Vr, se produce una corriente muy alta, llamada corriente de avalancha (Ia).

La corriente Ia aumenta bruscamente, conforme se supera el voltaje Vr, para un incremento pequeño por encima del voltaje Vr, se obtiene un incremento mucho mayor en la corriente de avalancha Ia.

Como ya se dijo anteriormente, si el diodo no está diseñado para operar en la zona de avalancha, operar en esta zona puede ocasionar un daño fatal a la juntura.

3.8 Resistencia Directa, Inversa y Dinámica del diodo.

Tres características se obtienen de la curva I-V del diodo de la figura 3-12(b): la resistencia estática o directa, resistencia inversa, y la resistencia dinámica del diodo.

3.8 Resistencia Directa, Inversa y Dinámica del diodo.

La **resistencia directa** (Rd) del diodo representa un valor puntual de la resistencia del diodo para un determinado punto **Q** de polarización en la zona directa. Es decir, representa el valor equivalente de la resistencia en régimen de operación DC. Se define de la siguiente manera:

$$Rd = \frac{Vd}{Id} \Big| Q \qquad (3.1)$$

Obsérvese la figura 3-13 donde se ha señalado dos puntos Q, correspondientes a dos puntos de operación posible en régimen DC.

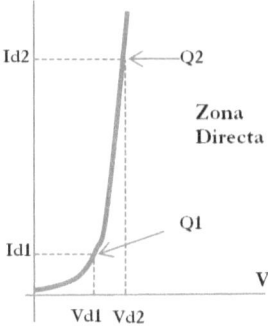

Figura 3-13 Resistencia directa del diodo.

$$Rd1 = \frac{Vd1}{Id1} \Big| Q1 \; ; \; Rd2 = \frac{Vd2}{Id2} \Big| Q2$$

3.8.1 Ejemplo de la resistencia Rd del diodo:

Un diodo de silicio que esta polarizado en directo tiene una corriente de 100 mA. Si el voltaje de caída en los terminales del diodo es de 0.85 V. Determine cuál es su Rd.

Solución:

3.8 Resistencia Directa, Inversa y Dinámica del diodo.

$$Rd = \frac{0.85\ V}{0.1\ A} = 8.5\ \Omega$$

El punto **Q** corresponde a las coordenadas: (0.85 V, 0.1A) en la escala I-V característica del diodo en estudio.

La resistencia directa es siempre mejor cuanto menor es su valor, pues significa que el diodo se acerca más a un diodo ideal, cuyo comportamiento se asemeja mucho más al de un interruptor que conduce cuando está cerrado.

La **resistencia inversa** (RI) se refiere a la resistencia que el diodo ofrece cuando esta polarizado en la zona inversa. La figura 3-14 muestra un ejemplo de un diodo que opera en la zona inversa.

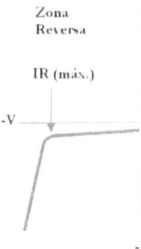

Figura 3- 14 Resistencia Inversa del diodo.

La corriente de reversa IR llamada también corriente de fuga, como ya se ha mencionado varias veces, se incrementa conforme aumenta el voltaje de reverso y la temperatura, hasta un poco antes de llegar a la zona de ruptura.

Típicamente la resistencia RI debido a la corriente de fuga alcanza valores de cientos de mega ohmios y se define de la siguiente manera.

$$RI = \frac{VR}{IR}\ |temp\ ºC$$

3.8 Resistencia Directa, Inversa y Dinámica del diodo.

Normalmente la RI no es un valor que se especifica directamente en la hoja de datos o *Datasheet* del fabricante del diodo, sino más bien se suministran los parámetros de IR y VR máximos y/o de prueba de dispositivo con los que se puede estimar el valor de este parámetro en función del voltaje y la temperatura de trabajo.

El efecto de la temperatura en la corriente del diodo será estudiado en detalle en el punto 3.12.

3.8.2 Ejemplo sobre la RI del diodo:

Un diodo de Silicio, ofrece una corriente de fuga máxima de 10 µA, con una tensión de reverso de 100 V, a temperatura ambiente. Calcule la resistencia de reverso equivalente del diodo.

Solución:

$$RI = \frac{100\ V}{10^{-5}A} = 10\ M\Omega\ a\ 25ºC$$

La resistencia inversa es mejor cuanto mayor es su valor, ya que en este caso, representa algo semejante al circuito abierto que ofrece el interruptor cuando está abierto.

La diferencia de magnitudes entre la resistencia directa y la inversa hacen posible que pueda considerarse al diodo como una aproximación a un interruptor físico que se cierra (baja resistencia) cuando está en directo y se abre (alta resistencia) cuando está en reversa.

La **resistencia dinámica** (*rd*) del diodo, representa la resistencia equivalente en régimen AC y se define como:

$$rd = \frac{\Delta Vd}{\Delta Id}\ |Q$$

La *rd* expresa la relación del cambio en el voltaje del diodo con respecto al cambio en la corriente del mismo.

3.8 Resistencia Directa, Inversa y Dinámica del diodo.

La figura 3-15 muestra el concepto de la resistencia dinámica en un diodo.

La resistencia dinámica cambia constantemente, según el punto **Q** de operación a lo largo de la curva del diodo, por lo que básicamente se comporta como un material no-óhmico. Su resistencia se hace menor cuanto mayor es el valor de la Id (punto Q3), y mayor conforme se hace menor la Id (punto Q1).

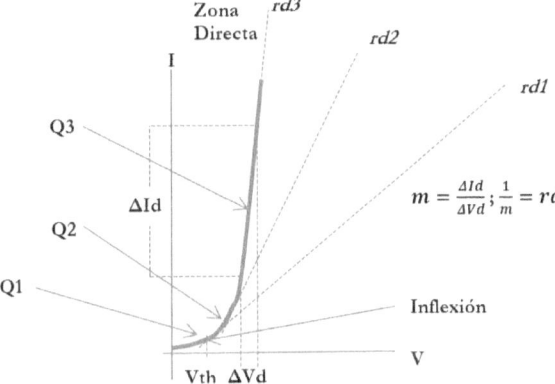

Figura 3-15 Resistencia dinámica del diodo.

La *rd* se corresponde con el inverso de la pendiente de la curva I-V en directa del diodo y presenta un comportamiento de resistencia negativa. Es decir, que la resistencia dinámica del diodo disminuye conforme aumenta la corriente en directa.

Por otro lado, la tensión del diodo puede estimarse en todo momento a partir de su resistencia dinámica, corriente y *voltaje de umbral*. Esto puede deducirse de la expresión ya mencionada anteriormente:

$$rd = \frac{\Delta Vd}{\Delta Id} = \frac{(Vd - Vth)}{(Id - Ith)}$$

3.8 Resistencia Directa, Inversa y Dinámica del diodo.

De donde:

$$Vd = rd(Id - Ith) + Vth \quad (3.2a)$$

Ith es la corriente en el punto de voltaje Vth.

y Sí Id >> Ith, tenemos que el voltaje del dodo puede aproximarse así:

$$Vd \cong rdId + Vth \quad (3.2b)$$

3.8.3 Ejemplo sobe la resistencia dinámica *rd* del diodo:

Un diodo de Silicio tiene una resistencia dinámica de 0.1 Ω, y por el circula una corriente de 1A. Calcule el voltaje de operación del diodo.

Solución:

Si es un diodo de Silicio su Vth = 0.7 V.

Luego aplicando la ecuación 3.2b:

$$Vd = 0.1\Omega \, x \, 1 \, A + 0.7V = 0.8 \, V$$

3.8.4 Ejemplo 2 de la *rd*:

Un diodo de Silicio tiene un voltaje de operación de 0.75 V, y disipa 0.44 Watt. Determine la *rd* equivalente del diodo.

Solución.

Pd = Id.Vd; de donde Id = 0.58 A

Luego:

$$rd = \frac{(Vd - Vth)}{Id} = 0.08 \, \Omega$$

3.8 Resistencia Directa, Inversa y Dinámica del diodo.

La resistencia dinámica también puede aproximarse en términos del voltaje térmico (VT) del diodo, que se desprende de la ecuación característica del diodo (ecuación de Schottky), ecuación que se discutirá más adelante.

$$rd \cong \frac{nVT}{Id} \qquad (3.3)$$

El voltaje térmico se define como:

$$VT = \frac{kT}{Q}$$

Dónde:

K= constante de Boltzman = 1.38×10^{-23} JK^{-1}

T = temperatura en grados Kelvin del diodo. T = 273.15 + °C

Q = constante de carga del electrón= 1.60×10^{-19} Coulomb.s

Id = corriente DC equivalente del diodo.

n = (1-2); 1 para Ge y 2 para Si.

3.8.5 Ejemplo 3 de la *rd*:

A temperatura ambiente (25°C) un diodo de silicio tiene un una corriente DC de 0.58 A. Determine su *rd*.

Solución:

$$rd \cong \frac{nVT}{Id} = \frac{51.4 \; mV}{0.58 \; A} = 0.08 \; \Omega$$

La resistencia dinámica también puede verse como aquella resistencia equivalente que reemplaza un diodo en un circuito AC. Veamos el siguiente ejemplo:

3.8 Resistencia Directa, Inversa y Dinámica del diodo.

3.8.6 Ejemplo 4 de la *rd*:

Un diodo que opera en régimen DC y AC (véase la figura 3-16), tiene una resistencia dinámica de 10 Ω, y está conectado en serie con un generador de señales que proporciona una señal VmSin(ωt). El generador tiene una resistencia interna Rs de 50 Ω. Calcule cual sería el voltaje en Vo.

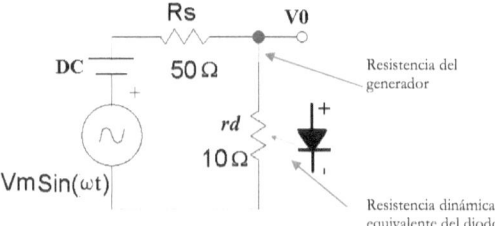

Figura 3-16 Ejemplo de la *rd* equivalente en un circuito AC

Solución:

$$V0 = VmSin(\omega t)\frac{rd}{(rd + Rs)} = 0.16 \, VmSin(\theta)$$

Debe recordarse que el valor de la *rd* es válido para un determinado punto Q (DC) y un ΔVd tal que se corresponda con una misma pendiente o segmento lineal de la curva característica I-V.

Por el contrario, si el valor del ΔVd es muy grande tal que supera este segmento lineal y más de una pendiente de la curva se recorre, como por ejemplo desde el primer punto de inflexión de la curva y hasta antes de la inflexión de ruptura, entonces la *rd* no correspondería con un único punto *Q*, sino más bien con un promedio de varios puntos *Q* recorridos a lo largo de su curva I-V característica. Este es el caso de la aproximación hecha en la ecuación (3.2b)

3.9 Comportamiento ideal y real del Diodo.

Normalmente, el fabricante de un diodo en particular no suele indicar en su hoja de datos la *rd* en forma directa. De ser necesario, esta puede estimarse a partir de su curva Id Vs. Vd. Las curvas de Id Vs. Vd aparecen como datos estándares para todos los diodos.

3.9 Comportamiento ideal y real del Diodo.

La figura 3-17 muestra el símbolo universal utilizado para referirse a un diodo de propósito general. Nótese que existe dos electrodos: positivo (+), conocido también como el *ánodo*, y negativo (-), conocido como *cátodo*. El cátodo suele indicarse también con la letra *K*. La flecha indica la dirección de la corriente de huecos, y que se ajusta al sentido de la corriente universal que ya conocemos.

Figura 3- 17 Símbolo universal del diodo.

Como ya se mencionó en los apartados anteriores, el modelo ideal del diodo puede asumirse como un interruptor. Véase la figura 3-18 donde se utiliza este modelo para un análisis de circuito en DC.

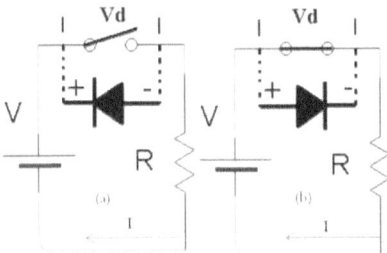

Figura 3- 18 (a) Diodo ideal en bloqueo o reversa. (b) Diodo ideal en conducción.

Cuando el diodo está en reversa, como lo indica la figura 3-18(a), el mismo puede sustituirse por un interruptor abierto. La corriente I y la tensión Vd serán:

3.9 Comportamiento ideal y real del Diodo.

$$I \sim 0\ A;\ con\ Vd = V$$

De modo contrario, cuando el diodo está en directo, como lo indica la figura 3-18(b), el mismo puede sustituirse por un interruptor cerrado (asumiendo un modelo ideal con Vd =0 v). La corriente I y la tensión Vd serán:

$$I \cong \frac{V}{R}\ A;\ con\ Vd = 0\ V$$

El modelo ideal de la figura 3-18 considera tanto la corriente de fuga como el voltaje de caída en directo del diodo como nulos.

En cambio, el modelo real del diodo que se representa en la figura 3-19, considera los siguientes elementos:

- **rd** : como la resistencia dinámica en directa del diodo, ya vista anteriormente y conocida también como resistor serie RS, o *serie resistor* en inglés.

- **RI**: es la resistencia en inversa del diodo, conocida también como la resistencia paralelo R_{SH}, o *shunt resistor* en inglés.

- **IR:** es la corriente en reversa del diodo o corriente de fuga.

- **Id:** es la corriente en directa del diodo.

- **Ct o Cd**: es la capacitancia del diodo: Ct es la capacitancia de transición en reversa y Cd es la capacitancia en directa del diodo.

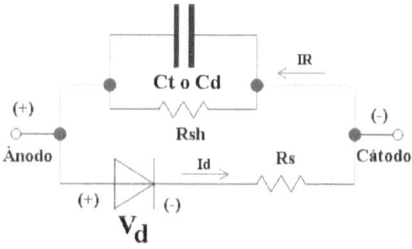

Figura 3-19 Modelo Real equivalente del diodo.

Tomando en cuenta el modelo de la figura 3-19 el valor de la corriente I en el circuito de la figura 3-18 sería:

En inverso:

$$I = \frac{V}{R_{sh} + R} \cong IR \; ; \; Vd \cong V$$

En directo:

$$I = \frac{(V - Vd)}{R} \; ; con \; Vth \sim 0.7 \, V$$

$$Vd = Idrd + Vth$$

En condiciones apropiadas los valores de I en el caso real pueden aproximarse a los valores ideales.

3.10 Capacitancias del diodo.

La capacitancia del diodo depende de la zona de operación. En la zona de reversa, la capacitancia del diodo se conoce como *capacitancia de transición o de agotamiento* (Ct), el término

3.10 Capacitancias del diodo.

transición se refiere a un estado de tránsito hacia la zona de conducción del diodo. El valor de la Ct depende del ancho de la *región libre de carga* conocida también como *zona de agotamiento*. Recordemos que cuanto mayor es el voltaje de reverso en el diodo, mayor es el tamaño de la *región libre de carga* y por ende, de la *zona de agotamiento*.

La capacitancia es por definición:

$$C = \frac{q}{V}$$

El valor de q se debe aquí a los *portadores de carga minoritarios* que atraviesan la *región libre de carga*. A una temperatura constante, esta corriente se incrementa muy ligeramente con el voltaje, mientras que el voltaje crece considerablemente, de allí que la *capacitancia de transición* (Ct) disminuya con el aumento del voltaje de reverso.

El valor de Ct disminuye de manera exponencial respecto del aumento del voltaje de reverso.

El efecto que tiene el voltaje de reverso sobre esta capacitancia es similar al efecto de aumentar la distancia entre placas en un capacitor de placas paralelas, por ejemplo.

Por el contrario, en la zona directa, la carga q aumenta, debido a los portadores de carga mayoritarios. Mientras que la corriente originada por la carga total (q) en el diodo aumenta en proporciones exponenciales, el voltaje en cambio lo hace muy ligeramente, manteniéndose casi constante, por lo que la capacitancia del diodo aumenta exponencialmente.

En este caso, este efecto en el diodo es similar a disminuir la distancia entre las placas del capacitor, según el ejemplo citado anteriormente.

A este efecto capacitivo se le llama *capacitancia de almacenamiento o capacitancia de difusión* (Cd). El término almacenamiento está relacionado al efecto que esta capacitancia produce en el tiempo de recuperación en inversa del diodo. Mientras que el término difusión se refiere al proceso de migración de portadores mayoritarios de carga que atraviesan o difunden la juntura P-N en el diodo.

3.10 Capacitancias del diodo.

La capacitancia Cd suele ser mucho mayor que la capacitancia Ct, la diferencia entre ambas puede alcanzar más de un orden de magnitud, y ambas están por lo general en el rango de los picofaradios.

El aumento de la capacitancia Cd del diodo cuando está en directo es una desventaja, que es compensada por el valor decreciente de la Rs, que se hace mucho más pequeña a medida que aumenta la corriente del diodo. Esto hace que la constante de tiempo $\tau = RsCd$ se mantenga relativamente pequeña en la zona directa.

En aplicaciones de régimen DC, no transitorio, la capacitancia Ct o Cd pueden omitirse, y en cambio, se toman en cuenta los valores de la Rsh y Rs, cuando se opera en reversa y/o en directa respectivamente.

En cambio, en aplicaciones de régimen AC y en especial en aplicaciones de conmutación de señales a cierta frecuencia, las cosas cambian: el valor de la Rsh por ejemplo, ya no es tan importante, en cambio, el valor de la capacitancia Ct es más importante, ya que la impedancia capacitiva (XC) efectiva del diodo a la frecuencia de operación puede llegar a ser mucho más pequeña que la Rsh equivalente, en la operación de reversa por ejemplo. De manera similar sucede con la Rs en AC, la capacitancia Cd puede anular el efecto de la Rs a cierta frecuencia.

En la zona directa, el valor de Cd interviene también en el tiempo de conmutación del diodo, ofreciendo una especie de retraso o *delay*, ya que actúa como un almacenador de carga que mantiene el diodo en directa hasta que este se descargue a través de la Rs equivalente, aun cuando mucho antes la señal externa haya cambiado para poner el diodo en reversa. Este tiempo es mayor cuanto mayor es el valor de Cd.

El diodo presenta entonces características estáticas y dinámicas asociadas a sus resistencias y capacitancias respectivamente.

Las capacitancias del diodo tienen que ver con la respuesta dinámica del diodo.

Idealmente, tanto Rs como las capacitancias de Cd y Ct deben ser lo más pequeños posibles, como para reducir tanto las caídas de tensión como los tiempos de conmutación del diodo.

3.10 Capacitancias del diodo.

El tiempo de conmutación también puede verse afectado por elementos externos de la red en el circuito asociado al diodo, como lo propone el circuito que se muestra en la figura 3-18(b), por ejemplo. Un valor de R mayor implica un tiempo de carga mayor para una capacitancia Cd dada, y por lo tanto, un tiempo de respuesta mayor, en comparación con valores de R más bajos.

Para un diseñador, los valores de Cd, Ct y Rs, pueden convertirse en el criterio de mayor peso al momento de seleccionar un diodo, según una aplicación en particular, por ejemplo.

Diodos con valores de Ct y Cd muy bajos serán más apropiados para señales de mayor frecuencia, mientras que aquellos con valores más altos pueden utilizarse para frecuencias más bajas o para propósitos generales como para la rectificación de señales a 60 Hz, por ejemplo.

Hoy en día en el mercado de componentes electrónicos existe ya una amplia gama de diodos bien diferenciados según el tipo de aplicación, facilitando al diseñador la tarea de su selección.

Normalmente, los fabricantes de diodos suelen expresar en la hoja de datos la capacitancia típica del diodo a un voltaje de reverso específico. Ejemplo 4 pf @ 4V de reverso. Esto se debe a que para aplicaciones de AC la capacitancia Ct es la que define la impedancia efectiva de reverso o estado de alta impedancia del diodo relativa a la frecuencia de trabajo, en el estado de bloqueo o de no conducción, en contraste con la impedancia efectiva en directa o estado de baja impedancia en conducción.

Recuerde que para que el diodo funcione como un interruptor es siempre necesario que haya una diferencia significativa entre los estados de alta y baja impedancia en que opera el mismo.

La figura 3-20 muestra un ejemplo de una curva de la variación de la capacitancia Ct con respecto al voltaje de reverso de un diodo de silicio particular.

Nótese que para un valor de voltaje de alrededor del 40% del voltaje máximo de reverso, la capacitancia Ct ya está reducida a un poco menos del 20% de su valor inicial, mientras que para un 60%, alcanza alrededor del 10% de su valor inicial. Para el resto del voltaje, entre el 60% y 100%, la capacitancia Ct decrece muy poco y luce prácticamente igual.

3.10 Capacitancias del diodo.

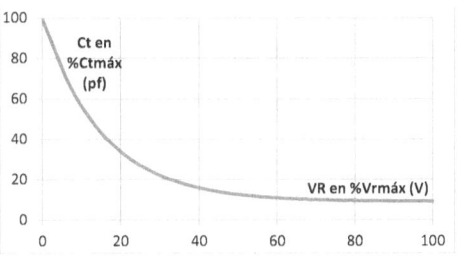

Figura 3- 20 Ejemplo de la variación de la capacitancia Ct vs. voltaje de reverso (VR) del diodo. Los valores de Ct y de V están normalizados a 100 % y solo son referenciales.

La 3-21 muestra en cambio un ejemplo de la variación de la capacitancia Cd en función del voltaje de polarización en directo para un diodo de Silicio en particular.

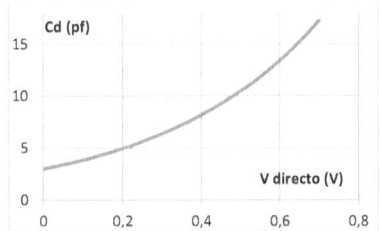

Figura 3- 21 Ejemplo de variación de la capacitancia Cd vs. voltaje en directo, del diodo. Los valores son referenciales.

La curva 3-21 indica el aumento de la capacitancia del diodo conforme aumenta su voltaje en directo. Así, según la proyección de la curva 3-21, la capacitancia Cd del diodo estaría por encima de 20 pf cuando $Vd \cong 0.8$ V.

En términos de comparación, la capacitancia Ct suele estar alrededor de los 2-5 pf, mientras que la capacitancia Cd oscila entre 20-50 pf, para la mayoría de los diodos de propósito general.

3.11 Tiempo de recuperación en inverso t_{rr} del diodo: *recovery time*

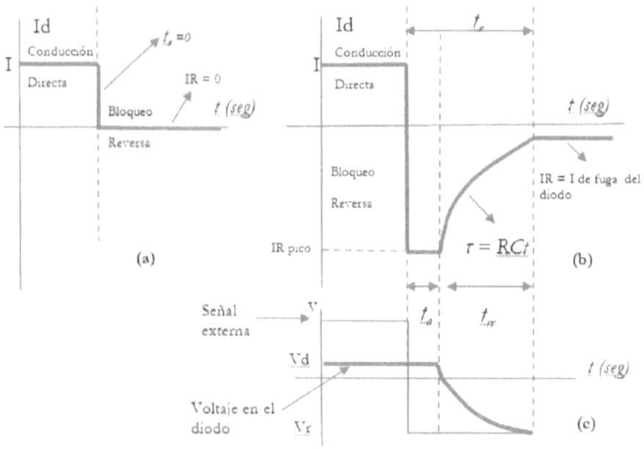

Figura 3-22 Ejemplo del tiempo de recuperación en inverso (t_{rr}) del diodo: (a) Ideal, (b) Real, (c) voltaje en el diodo.

En un semiconductor ideal el tiempo de transición (*tr*) entre el estado de conducción en directa y el estado de bloqueo en reversa es cero (*tr = 0 s*). La figura 3-22 (a) muestra esta respuesta. Sin embargo, y como ya se mencionó anteriormente, debido al efecto térmico, en un semiconductor real siempre existen portadores minoritarios, que generan tanto electrones como huecos adicionales en el material P y N respectivamente. Estos portadores minoritarios son responsables también del tiempo de recuperado en inversa del diodo.

Observando la figura 3-22(b), cuando el diodo está en el estado de conducción, en directa, una corriente I asociada a los parámetros de la red del circuito (V y R) circula a través del diodo. La capacitancia de almacenamiento Cd, se carga entonces hasta la tensión de trabajo del diodo; digamos de 0,7 V para el Silicio y 0,3 V para el Germanio.

En el momento de la imposición de una señal externa para que el diodo pase al estado de bloqueo, es decir, a la zona de reversa, equivale a considerar que la capacitancia Cd del diodo tiene que descargarse primero a través de la resistencia interna del diodo Rs, antes de ir a reversa. Como Rs es un valor muy bajo, la constante de tiempo τ = RsCd, tiende a ser muy pequeña y por lo tanto, el tiempo requerido para que la corriente de portadores mayoritarios llegue a cero es relativamente corto. Sin embargo, y durante este tiempo, indicado como t_a en la figura 3-22(b) y (c), el diodo actúa como si siguiera en directo. En el inicio de esta fase la corriente en el diodo se invierte alcanzando un valor pico, este valor depende de los parámetros externos V y R. El valor pico de la corriente en reversa se mantiene por un tiempo hasta que la corriente de portadores mayoritarios se vaya anulando, es decir, hasta que la tensión que tiene Cd deje de actuar sobre el diodo, consecuentemente la tensión del diodo decae paulatinamente hasta cero voltios y simultáneamente la corriente pico ira decayendo también. Este tiempo en particular se denomina tiempo de almacenaje t_a de carga del diodo. Lo que sucede a continuación es la formación de la zona de agotamiento que se va expandiendo de manera exponencial y que se genera cuando el diodo entre en la zona de reversa. Conforme se expande esta zona, la corriente de reversa va disminuyendo, y se va formando la capacitancia Ct equivalente, hasta llegar a una condición de equilibrio donde se alcanza la corriente de portadores minoritarios o corriente de fuga o de reversa del diodo. Consecuentemente, el diodo alcanza una capacitancia Ct final, acorde al voltaje de la fuente y los parámetros externos donde opera el mismo. El tiempo que ocurre desde que la corriente de portadores mayoritarios comienza a disminuir y hasta alcanzar el valor de la corriente de fuga es el denominado tiempo de recuperado en reversa t_{rr} del diodo, véase la figura 3-22(b), y depende de la constante de tiempo: τ = RCt. Donde la R es un parámetro externo.

Un parámetro que se puede controlar durante la manufactura del diodo es la corriente de portadores minoritarios, y con ello la capacitancia de transición Ct. Un valor más pequeño de Ct significa una constante de tiempo menor, y por ende una velocidad de respuesta mayor, esto es el acortamiento del tiempo t_{rr}.

Así pues, el tiempo total requerido (*tr*) para que finalmente el diodo conmute del estado de conducción al estado de bloqueo es: $tr = t_a + t_{rr}$

El tiempo de recuperación en inverso es importante, ya que determina con qué rapidez puede el diodo pasar de directa a reversa, y puede afectar la conmutación de señales rápidas.

En aplicaciones de AC, se debe asegurar de que el parámetro t_{rr} sea mucho menor que el tiempo de duración de la señal en reversa, pues de lo contrario, el diodo puede comportarse como un interruptor cerrado que conduce igual en ambos sentidos.

El tiempo de recuperación en inversa es uno de los parámetros más importes que suele especificarse en la hoja de datos del fabricante, y es de mucho interés en aplicaciones de conmutación a altas frecuencias. Normalmente el t_{rr} viene dado en nanosegundos, valores típicos oscilan entre 2-5 ns.

3.12 Efecto de la temperatura en el diodo.

La temperatura ejerce un efecto significativo en la corriente y voltaje del diodo. Esto puede demostrarse mediante la ecuación característica del diodo, conocida también como la ecuación de Schottky:

$$Id = ISR \left(e^{\left(\frac{Vd}{nVT}\right)} - 1 \right) \quad (3.4)$$

Dónde:

Id = la corriente de diodo

ISR = la corriente de saturación en reversa del diodo, también conocida como la corriente de escala.

Vd = voltaje del diodo: positivo (+) en directo, y negativo (-) en inverso.

n = factor de ajuste de emisión; 1 para el germanio, y 2 para el silicio.

$$VT = \frac{kT}{q}$$

El voltaje térmico VT, ya fue explicado anteriormente en la sección 3.8.

3.12 Efecto de la temperatura en el diodo.

Sustituyendo en la Id, tenemos:

$$Id = ISR(e^{\left(\frac{VdQ}{nKT}\right)} - 1) \qquad (3.5)$$

Desde el punto de vista de la física del semiconductor la corriente del diodo siempre aumenta con la temperatura, ya que el número de portadores de corriente tanto los mayoritarios como los minoritarios aumentan en la juntura P-N.

En el caso de la polarización en directa por ejemplo, donde la conducción es debida a los portadores mayoritarios, estos se ven aumentados en forma proporcional por el número de electrones y huecos (portadores minoritarios) adicionales que se generan por el incremento de la temperatura tanto en el material N como en le P respectivamente.

En el caso de la polarización en reversa, donde la conducción es debida a los portadores minoritarios, estos también se ven aumentados directamente por el incremento de la temperatura.

La corriente del diodo tiene entonces una dependencia directa con la corriente de portadores minoritarios (ecuación de Schottky) y con la temperatura en la juntura P-N.

La corriente de portadores minoritarios aumenta de forma exponencial con la temperatura y a una temperatura y voltaje de reverso dados alcanza un máximo (saturación), que se conoce como la corriente de saturación en reversa o ISR del diodo, ya comentada anteriormente.

Por otro lado, la tensión del diodo Vd, varia conforme el logaritmo neperiano de la corriente del diodo, según se puede observar en la siguiente ecuación, obtenida a partir de la expresión general (3.4) ya mencionada arriba.

$$Vd = ln\left|\frac{Id}{ISR} + 1\right| nVT \sim ln\left|\frac{Id}{ISR}\right| nVT \quad \left|\frac{Id}{ISR}\right| \gg 1 \qquad (3.6)$$

La ecuación (3.6) plantea que si mantenemos la temperatura constante, esto es: ISR y nVt siempre iguales, encontramos que la tensión del diodo en la zona directa crece con le neperiano de la corriente del diodo, tal como se observa en la curva de polarización del diodo,

3.12 Efecto de la temperatura en el diodo.

representada en el figura 3-12(b). Esto significa que para grandes cambios en la corriente Id, la tensión en el diodo varia en una proporción mucho menor.

Al considerar ahora el efecto del cambio de la temperatura tenemos que tanto la corriente ISR como el voltaje VT también varían.

Como ya se dijo anteriormente la corriente ISR aumenta de manera exponencial con el incremento de la temperatura, mientras que el voltaje VT lo hace en forma lineal.

Según la ecuación (3.6) la componente de ISR actúa en el denominador del argumento del neperiano, modificante sustancialmente su valor, mientras que la componente VT solo afecta ligeramente la proporción de esta.

El resultado combinado de ambos efectos hace que la tensión resultante Vd del diodo decrezca conforme aumenta la temperatura, ya que el incremento en la corriente ISR es por mucho mayor que el incremento que esta origina en la Id, por lo que Vd tiende decrementar su valor respecto a un aumento de la temperatura.

El menor incremento comparativo de Id respecto de ISR se debe a la componente exponencial de la ecuación (3.5) que atenúa o reduce el cambio de Id respecto del cambio (aumento) en la temperatura del diodo. Existe pues una recursividad de efectos.

La condición anterior pone de manifiesto el concepto de la resistencia negativa que ofrece el diodo con respecto a la temperatura, ya que según lo dicho anteriormente, disminuye la tensión Vd mientras aumenta la corriente Id, lo que da como resultado que su resistencia disminuya también conforme aumenta la temperatura.

Esta característica de resistencia negativa lo diferencia de los conductores metálicos que poseen siempre una resistencia positiva.

Adicionalmente, el incremento de la temperatura también provoca un desplazamiento del *voltaje de ruptura* hacia la izquierda. Esto se debe a un aumento de la corriente de portadores minoritarios que hace que el campo eléctrico cercano a la unión P-N se reduzca ligeramente,

3.12 Efecto de la temperatura en el diodo.

ya que reduce también la concentración de cargas en la *zona de agotamiento*, por lo que ahora se requiere de un voltaje externo mayor para volver elevar el campo a los niveles donde se rompan los enlaces covalentes de los átomos, y generar así portadores adicionales que conducirían eventualmente a un proceso de ruptura que origina la corriente de multiplicación o avalancha.

De manera contraria, si la temperatura disminuye, el campo eléctrico en la juntera P-N aumenta, y por lo tanto, se requiere de un potencial externo adicional menor que haría más fácil alcanzar la ruptura del diodo.

La figura 3-23 muestra el efecto de la temperatura en el comportamiento general de un diodo de silicio. Obsérvese que la curva general se desplaza en voltaje hacia la izquierda, haciendo que disminuya el voltaje en directo, mientras que la tensión de ruptura aumenta hacia valores más negativos.

El cambio más drástico ocurre con la corriente de saturación de reversa que aumenta conforme lo hace la temperatura y de una forma exponencial.

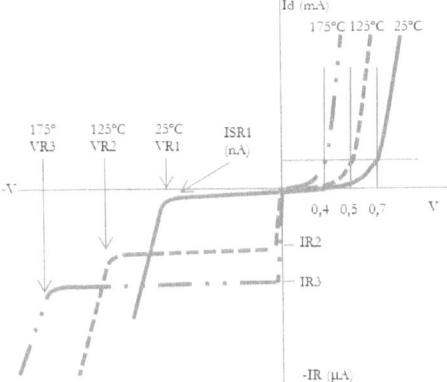

Figura 3-23 Efecto de la temperatura en el comportamiento general del diodo.

3.12 Efecto de la temperatura en el diodo.

A los fines prácticos, una buena aproximación sería estimar la variación del voltaje del diodo con respecto a la temperatura (ΔVd/ΔT) en aproximadamente -2 mV/°C, y la variación de la corriente de reversa que se duplica IR ~2IR0 con cada 5°C de incremento en la temperatura del diodo, respecto a una temperatura de referencia, que normalmente es de 25°C.

Así por ejemplo, por debajo de la temperatura de referencia, es decir, cuando la temperatura decrece el ΔVd/ΔT es positivo y la corriente IR disminuye.

La figura 3-24 muestra: (a) la variación de Vd, y (b) la corriente IR, con respecto a la temperatura.

La curva 3-24(a) fue obtenida de la expresión (3.6) reducida, mencionada arriba, y está ajustada con una línea recta: $y = mT + b$ (línea punteada), que tiene una pendiente negativa de aproximadamente – 2 mV/°C.

El ajuste lineal muestra un error muy pequeño y aceptable dentro del rango 25°C-110°C, por lo que asumir un valor único de la pendiente es aceptable.

Hoy en día, con el mejoramiento en el proceso de fabricación de semiconductores, se ha hecho posible la construcción de diodos con menos imperfecciones, que hacen que la variación ΔVd/ΔT se pueda reducir entre: -1.5 a -1.8 mV/°C.

De igual forma, el factor de emisión n puede ser reducido en algunos casos de 2 a 1.3, para el silicio por ejemplo.

La curva 3-24(b) muestra en cambio, la variación exponencial de la corriente IR, que dobla su valor por cada 5 °C de incremento en la temperatura. Dicha variación fue ajustada con una curva general exponencial de la forma: $IR = k_1 e^{(k_2 \Delta T)}$, donde k_1 representa la equivalente ISR a una temperatura de referencia, que puede ser la temperatura ambiente (25°), y el término $k_2 \Delta t$ la proporción de cambio o pendiente de la curva a una temperatura mayor ($\Delta t = t2 - t_{amb}$).

3.13 El diodo Zener.

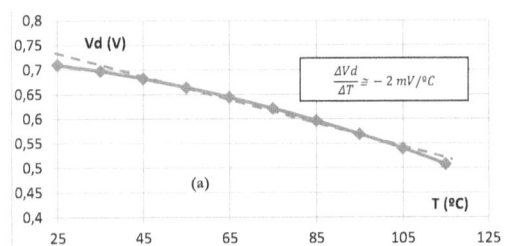

Figura 3-24(a) Variación respecto de la temperatura de: Vd.

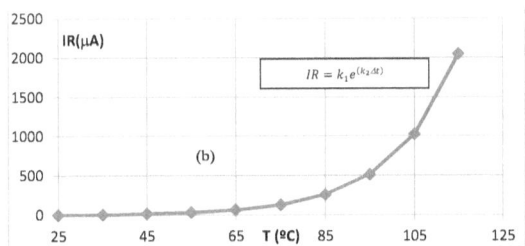

Figura 3-24(b) Variación respecto de la temperatura de: IR.

3.13 El diodo Zener.

Otro dispositivo de unión P-N muy común es el diodo Zener. Un diodo Zener es diseñado a partir de una unión P-N que a diferencia de un diodo normal, está dopada con una concentración de impurezas mucho mayor. El nivel de dopaje permite controlar el voltaje de la *zona de ruptura*, así por ejemplo, un nivel de dopaje mayor conducirá a un voltaje de ruptura menor y viceversa. Por tal razón, un diodo normal tendrá siempre un voltaje de ruptura relativamente más alto en comparación con un diodo Zener.

La elevada concentración de portadores mayoritarios hace que tanto la corriente de reversa IR, como la corriente que se alcanza al llegar al voltaje de ruptura, sean mucho mayores.

3.13 El diodo Zener.

La característica fundamental de este tipo de diodo es que puede operar en la *zona de ruptura*, y con niveles de corriente relativamente altos.

El voltaje de ruptura es llamado aquí voltaje Zener (Vz), en honor al físico estadounidense Clarence Melvin Zener (1905-1993), quien descubrió este efecto.

El efecto Zener se produce con preferencia a bajos voltajes, por debajo de 5 Voltios, donde el campo eléctrico actúa sobre una región de agotamiento que se ha hecho muy estrecha, debido a que se ha dopado fuertemente la juntura P-N. Consecuentemente, el campo eléctrico generado al voltaje de Zener es lo suficientemente alto como para arrancar electrones de las bandas de valencia de los átomos, y así generar una corriente de electrones llamada corriente Zener.

Por encima de 5 voltios, el efecto que predomina es el de avalancha. Esto se debe a que a pesar de que la región de agotamiento es más ancha que en el caso anterior, el campo eléctrico generado al voltaje de ruptura, es suficiente como para arrancar algunos electrones de la banda de valencia de los átomos. Estos electrones ahora acelerados por un campo eléctrico muy fuerte colisionan con otros átomos vecinos en la red cristalina, arrancando más electrones y produciendo así una avalancha de electrones que forman la llamada corriente de avalancha.

El efecto Zener y de Avalancha pueden ocurrir simultáneamente en un diodo Zener.

A pesar de que existen dos efectos de ruptura distintos en este diodo, es conocido simplemente como diodo Zener.

En términos prácticos, es indistinto si lo que ocurre es el efecto Zener o el de avalancha, ya que en ambos casos se obtiene una corriente de reversa relativamente alta cuando se alcanza el potencial de ruptura.

La figura 3-25 muestra la zona de reversa donde opera el diodo Zener, y en donde se detallan las principales características de este dispositivo que a continuación se describen:

3.13 El diodo Zener.

- I_{ZR}: Es la corriente de fuga en reversa, y su valor máximo se determina cuando el voltaje del Zener alcanza aproximadamente el 80% de su valor nominal.

- I_{ZK}: Es la corriente de codo o *Knee* en inglés. Cuando el proceso de avalancha o Zener toma lugar la corriente del Zener se incrementa rápidamente, dando origen al punto de inflexión o codo de la curva, véase la figura 3-25. La I_{ZK} se determina en el punto medio del codo, y es en donde comienza la recta de carga del Zener. La I_{ZK} representa la mínima corriente usable, y se corresponde con el mínimo voltaje útil del Zener V_{zmin}.

- I_{Zmin}: En términos prácticos, se define como la mínima corriente del Zener, por encima de la I_{ZK}, que mantiene la misma pendiente ($\frac{\Delta I}{\Delta V}$) que la obtenida con la corriente I_{ZT}. Por lo general, la I_{Zmin} puede fijarse entre un valor de 5-10% de la I_{Zmax}.

- I_{ZT}: Es la corriente de prueba o *Test*. La corriente de prueba se determina en un punto que corresponde aproximadamente a la mitad del rango de trabajo de corriente del diodo Zener. Entre otros valores, es la corriente usada por el fabricante para especificar los parámetros del Zener en su hoja de datos.

- I_{ZM}: Es la corriente máxima del Zener, donde alcanza la potencia máxima permisible de trabajo para el diodo.

$$I_{ZM} = \frac{P_{máx}}{V_{ZT}} \qquad (3.7)$$

- V_{ZT}: Es el voltaje de Zener que se obtiene a la corriente de prueba I_{ZT}.

- Z_{ZT} o **rz**: Es la impedancia o resistencia promedio del Zener, determinada alrededor del punto de la corriente de prueba I_{ZT}. La Z_{ZT}, se corresponde con el inverso de la pendiente de la recta de carga del Zener. $Z_{ZT} = rZ = \frac{\Delta VZ}{\Delta IZ}$

3.13 El diodo Zener.

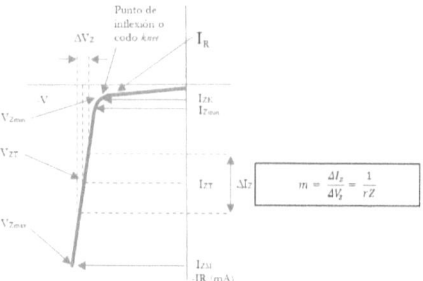

Figura 3-25 Curva característica del diodo Zener, indicando sus principales parámetros.

La figura 3-26 muestra el símbolo universal utilizado para representar el diodo Zener y su circuito equivalente ideal y real.

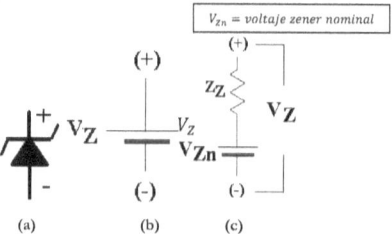

Figura 3-26 (a) Símbolo universal del diodo Zener. (b) modelo ideal. (c) modelo real equivalente.

En los modelos (b) y (c) se han omitido las capacitancias asociadas al Zener, solo se considera el régimen DC.

3.13.1 Regulación de voltaje utilizando el Zener.

La principal aplicación que tiene el diodo Zener es la de regulador de voltaje. Esta característica puede observarse claramente en la curva de la figura 3-25. Obsérvese que para

3.13 El diodo Zener.

una variación grande de la corriente Zener ΔI_Z, le corresponde una variación pequeña en el voltaje del diodo ΔV_Z.

La pendiente de la curva 3-25 representa el inverso de la impedancia Zener Z_Z. Cuanto mayor es esta pendiente menor es la Z_Z resultante y viceversa.

La regulación del voltaje de Zener depende fundamentalmente de su impedancia asociada, como se demuestra a continuación:

$$V_Z = V_{Zn} + I_Z Z_{ZT} \qquad (3.8)$$

La impedancia Z_{ZT} es la impedancia del Zener referida en el punto de prueba o *Test*.

Derivando la expresión (3.8) respecto de I_Z obtenemos:

$$\frac{dV_Z}{dI_Z} = Z_{ZT} \qquad (3.9)$$

La expresión (3.9) representa la variación del voltaje del Zener respecto de la corriente.

Cuanto mayor es la impedancia Z_{ZT} del Zener, mayor es la variación del voltaje con respecto a la corriente. Lo deseable es entonces una impedancia muy baja para que la variación del voltaje sea lo menor posible.

La variación del voltaje del Zener respecto a su voltaje de prueba (V_{ZT}) se define como regulación del Zener y se define de la siguiente manera:

$$\%Regulación = \frac{\Delta V_Z}{V_{ZT}} x100 \qquad (3.10)$$

Dónde: ΔV_Z es:

$$\Delta V_Z = V_z(máximo) - V_z(mínimo)$$

Los voltajes $V_{Z(máximo)}$ y $V_{Z(mínimo)}$, ocurren en los sitios donde la corriente de Zener máxima y mínima suceden respectivamente. Véase la figura 3.25.

3.13.2 Ejemplo sobre regulación Zener.

Un diodo Zener tiene las siguientes especificaciones:

$V_{ZT} = 10$ V; $I_{ZT} = 25$ mA; $Z_{ZT} = 5$ Ω; $I_{Zmín} = 5$ mA, $P_Z = 0.5$ W.

Calcule el % de regulación del Zener.

Solución:

$$V_{ZT} = V_{Zn} + I_{ZT}Z_{ZT}$$

Despejando V_{Zn}:

$$V_{Zn} = V_{ZT} - I_{ZT}Z_{ZT}$$

Sustituyendo:

$$V_{Zn} = 10 \text{ V} - (25 \text{ mA} \times 5 \text{ }\Omega) = 9.875 \text{ V}$$

De 3.8 el voltaje de Zener máximo será:

$$V_{Zmáximo} = V_{Zn} + I_{ZM}Z_{ZT}$$

La potencia máxima en el Zener será:

$$P_{Zmax} = 0.5 \text{ W} = I_{ZM}V_{Zn}$$

Despejando la corriente máxima del Zener tenemos:

$$I_{ZM} = \frac{P_{max}}{V_{Zn}} = \frac{0.5}{9.875} \sim 50 \text{ }mA$$

Sustituyendo en la expresión de $V_{Zmáximo}$ tenemos:

$$V_{Zmáximo} = V_{Zn} + I_{ZM}Z_{ZT} = 9.875 + 0.25 = 10.125 \text{ V}$$

De igual forma el voltaje de Zener mínimo será:

$$V_{Zmin} = V_{Zn} + I_{Zmin}Z_{ZT} = 9.875 + 0.025 = 9.9V$$

Ahora el % de regulación es:

$$\%Regulación = \frac{(10.125 - 9.9)}{10} \times 100 = 2.25\%$$

Y la variación del voltaje de Zener es:

$$\Delta V_z = \Delta I_z Z_z = (50\ mA - 5\ mA) \times 5\Omega = 0.225\ V$$

El valor de ΔV_z indica que para un rango de variación de casi 50 mA la tensión del Zener solo varia en 0.225 V en torno a 10V, lo que se corresponde con un 2.25% de este valor.

Cuando se selecciona un Zener, no solo debe tomarse en cuenta el voltaje y la potencia requerida, sino también la impedancia asociada al mismo, ya que de ella dependerá en gran medida la fluctuación de voltaje que este pueda ofrecer frente a las variaciones de la fuente externa. Es decir, de la regulación del mismo.

3.13.3 Coeficiente de temperatura Zener.

La temperatura también afecta el voltaje Zener, tal como se discutió en el apartado 3.12. El coeficiente de temperatura Zener, que define la variación del voltaje respecto a la temperatura puede ser positivo o negativo.

Para los diodos Zener de menos de 5 V, el coeficiente de temperatura es negativo, mientras que para voltajes mayores a 5V, el coeficiente es positivo.

3.13 El diodo Zener.

Para los diodos Zener que están entre 5 y 6 V el coeficiente es muy cercano a cero, pues la ocurrencia simultánea de los efectos Zener y de Avalancha produce una especie de cancelación en el coeficiente de temperatura.

El coeficiente de temperatura TC, puede expresarse en % de variación del voltaje Zener por °C, o por variación del voltaje Zener por °C.

$$\%TC = \frac{\%\Delta V_{ZT}}{\Delta T} \qquad (3.11)$$

O

$$TC = \frac{\Delta V_{ZT}}{\Delta T} \qquad (3.12)$$

Dónde: TC = Coeficiente de temperatura o *Temperature Coefficient* en inglés.

El voltaje de Zener puede calcularse a partir de las expresiones (3.11) y (3.12) de la siguiente manera:

$$V_{ZT2} = V_{Z(25°C)} \left(1 \pm \frac{\%TC}{100} \Delta T \right) \qquad (3.13)$$

O

$$V_{ZT2} = V_{Z(25°C)} \pm TC\Delta T \qquad (3.14)$$

3.13.4 Ejemplo sobre el uso del coeficiente de temperatura Zener.

Un diodo Zener ofrece 5 V a 25°C, y tiene un coeficiente de temperatura de 0.1%/°C. Otro diodo Zener ofrece 3 V a 25°C, y tiene un coeficiente de -1mV/°C. Determine el voltaje de Zener que corresponde a ambos diodos a la temperatura de 80 °C.

3.13 El diodo Zener.

Solución:

Para el Zener con TC en %/°C empleamos las expresiones (3.11) y (3.13) respectivamente.

De 3.11 tenemos:

$$V_{ZT2} = V_{Z(25ºC)} \pm V_{Z(25ºC)} \frac{\%TC}{100}(T2 - T1)$$

Dónde: T2 es la temperatura de 80°C, y T1 es la temperatura de referencia 25°C, y $\Delta T = T2 - T1$

Como TC es positivo la expresión 3.13 es:

$$V_{Z\,T2} = V_{Z(25ºC)}\left(1 + \frac{\%TC}{100}\Delta T\right)$$

Sustituyendo ahora numéricamente:

$$V_{Z\,T2} = 5\left(1 + \frac{0.1}{100}(55)\right) = 5.275\,V$$

Para el caso de TC en mV/°C se emplean las ecuaciones 3.12 y 3.14:

$$V_{Z\,T2} = V_{Z(25ºC)} \pm TC\Delta T$$

Como el coeficiente es negativo la expresión 3.14 queda:

$$V_{Z\,T2} = V_{Z(25ºC)} - TC\Delta T$$

$$V_{Z\,T2} = 3 - 0.001(55) = 2.945\,V$$

Así, podemos ver como el voltaje del Zener puede ser afectado por la temperatura, y la medida en que es afectado depende de su coeficiente TC y de la variación de la temperatura misma. Por este motivo, a la hora de diseñar con diodos Zener debe considerarse la variación de la temperatura a la que estará sometido.

3.13.5 Degradación de la potencia con la temperatura: power derating.

La máxima potencia que puede disipar un Zener, está dada a una temperatura ambiente de referencia. Por encima de esa temperatura la potencia debe reducirse para no exceder el máximo de temperatura operacional de la juntura P-N.

Por ejemplo, una juntura P-N de silicio, puede operar a una temperatura máxima de 175-200°C aproximadamente.

El factor de degradación de la potencia (Fdp) se expresa en mW/°C y es un factor lineal. La reducción de la potencia con la temperatura puede calcularse con la siguiente expresión:

$$P(reducida) = Pmax - Fdp\Delta T \qquad (3.15)$$

La figura 3-27 presenta una curva típica de degradación de potencia en función de la temperatura para un diodo Zener de silicio en particular.

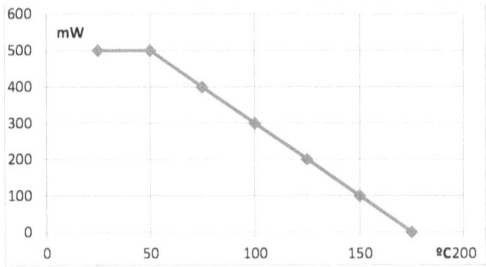

Figura 3-27 Degradación de potencia vs temperatura en un diodo Zener particular.

La figura 3-27 indica que podemos obtener la potencia máxima de Zener (500 mW) siempre y cuando la temperatura ambiente no supere los 50°C, ya que aquí se alcanza la temperatura máxima permisiva de la juntura. A partir de 50°C la potencia debe reducirse para no sobrepasar el límite funcional máximo de temperatura, que en este caso es de 175°C.

El incremento de la potencia en el Zener conlleva a un incremento de su temperatura, por lo que su punto de operación se verá afectado como se vio en el apartado anterior (3.13.4).

3.13.6 Ejemplo sobre la degradación de la potencia con la temperatura.

Un diodo disipa un máximo de 500 mW a una temperatura de 50°C. Si el Fdp es 4 mW/°C, determine la potencia reducida que se obtiene a la temperatura de 150 °C.

Solución:

$$P(reducida) = Pmax - Fdp\Delta T$$
$$P(reducida) = 500 - 0.004(150 - 50) = 100\ mW$$

Esto significa que a una temperatura ambiente de 150°C, la máxima potencia utilizable del Zener se reduce a solo 100 mW. El valor obtenido concuerda con los datos expresados por la curva de la figura 3-27.

3.14 El diodo Schottky.

El diodo Schottky se construye mediante la unión metalúrgica de un semiconductor de silicio dopado tipo N, con un metal como: oro, plata o platino, por ejemplo.

En condición de equilibrio, se forma una *barrera de superficie*, creada en la frontera entre los dos materiales, que actúa como una *zona de agotamiento*.

La zona de agotamiento se crea por la concentración de electrones entre el metal y el semiconductor N que impide cualquier flujo de corriente. Para que se establezca la

3.14 El diodo Schottky.

conducción es necesario entonces aplicar un potencial externo mayor que el potencial de la *barrera de superficie*, para que los electrones del material N se inyecten en el metal.

La unión N-metal que se forma permite que al polarizar el diodo en directa se alcance un voltaje de caída mucho menor en comparación con el de un diodo P-N convencional. El voltaje de caída en directa está alrededor de 0.15 a 0.3 V, comparado con 0.7 V que es la ciada de un diodo normal de silicio.

Adicionalmente, como consecuencia de que el potencial de barrera en el diodo Schottky es menor, la corriente que se obtiene al polarizarlo en directa es mayor comparada con la de un diodo P-N normal.

La conducción en el diodo Schottky es debida fundamentalmente a los portadores de carga mayoritarios, que son los electrones que existen en el semiconductor N y en el metal.

Debido a que existe un número de portadores minoritarios más reducido, solo los del material N, los huecos, el tiempo de recuperación en inverso del diodo Schottky es sustancialmente mucho más corto, comparado con el de un diodo rectificador convencional.

Un tiempo de recuperado en inversa t_{rr} menor indica también una capacitancia de transición Ct menor.

Por otro lado, en la zona de reversa, exhiben un potencial de ruptura menor en comparación con la de un diodo P-N, debido a esto, la corriente de fuga en reversa, es comparativamente mayor que la de un diodo de unión P-N. El voltaje de ruptura menor se debe a la unión metálica.

La existencia de una corriente de fuga mayor implica una resistencia inversa R_{sh} menor.

Por las características ya expuestas, el diodo Schottky es ideal para aplicaciones de alta frecuencia, conmutación, y alta potencia. Como por ejemplo, en las fuentes de alimentación conmutadas y sistemas de comunicación.

3.15 Diferencia entre un diodo de propósito general y otro rápido.

La principal desventaja de este tipo de diodo es que su voltaje de ruptura suele ser bajo, en comparación con los diodos normales de silicio.

Este tipo de diodo puede ser usado también en la de rectificación a bajo voltaje, por ejemplo, debido a una caída de voltaje mucho más baja que la de un diodo común.

La figura 3-28 muestra una comparación de un diodo convencional P-N de silicio con uno Schottky, y en donde se puede apreciar las características antes mencionadas.

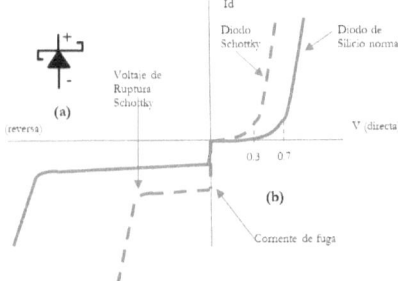

Figura 3- 28 (a) símbolo del diodo Schottky. (b) Comparación de curvas entre un diodo tipo Schottky y uno de silicio convencional.

3.15 Diferencia entre un diodo de propósito general y otro rápido.

Un diodo de propósito general está diseñado para operar como rectificador a baja velocidad, como la frecuencia de línea (60 Hz) por ejemplo, y hasta unos cuantos kHz. Esto se debe a que exhibe características como capacitancias relativamente grandes, que producen tiempos de recuperado y de encendido, relativamente largos, típicamente en el orden de los microsegundos. En cambio, el diodo rápido está diseñado para operar a alta velocidad, típicamente hasta varios cientos de kHz o incluso hasta los MHz. Esto se logra con técnicas de fabricación, como el método epitaxial, por ejemplo, que reducen las capacitancias del

3.15 Diferencia entre un diodo de propósito general y otro rápido.

dispositivo, ofreciendo tiempos de recuperado y de encendido mucho más cortos, típicamente en el orden de los nanosegundos.

A manera de ejemplo tenemos la tabla 3-1, que compara tres diodos: un diodo de propósito general como es el 1N4007, uno de alta velocidad como es el 1N4148, y un tercero como es el diodo Schottky BAT46 de propósito general.

Obsérvese que el diodo 1N4148 posee un tiempo de recuperado en inverso de solo 4 ns. Lo que lo hace rápido, y por ende ideal para aplicaciones de conmutación a baja corriente. Debe notarse también que aunque los diodos Schottky son relativamente más rápidos en comparación con los de propósito general, el modelo BAT46 que presenta la tabla 3-1fue diseñado para propósito general, y aunque sigue siendo más rápido en comparación con el modelo 1N4007, es más lento que el modelo 1N4148. El BAT46 viene siendo entonces un diodo intermedio que pudiera usarse tanto para propósito general como para conmutación.

En cuanto a la caída de voltaje, el diodo Schottky ofrece la mejor ventaja al tener la menor caída de voltaje en comparación con los diodos 1N4007 y el 1N4148.

Diodo	Capacitancia C_t (pF)	Tiempo de recuperado inverso t_{rr}	Corriente Directa Max (A)	Tensión Directa (V)	Voltaje Reverso máx. (V)	Uso/Tipo
1N4007	15	µs	1	1.1	1000	General
1N4148	4	4 ns	.2	1	100	Conmutación
BAT 46	6	ns	0.15	0.85	100	General

Tabla 3-1 Comparativa entre tres diodos: 1N4007, 1N4148, y BAT46.

En algunos casos, es posible que los diodos rápidos se puedan utilizar como de propósito general, pero difícilmente los de propósito general puedan sustituir a los rápidos. Por otro lado, los de uso general, tienden a ser más económicos que los de alta velocidad, debido a una menor complejidad en su proceso de fabricación.

3.16 Diodo led emisor de luz: *light emitting diode.*

Un diodo led es un dispositivo emisor de luz. La luz que emite un led puede caer en el espectro visible, infrarrojo, o ultravioleta. Es considerado un dispositivo opto-electrónico de tipo pasivo. Son construidos partiendo de uniones PN, es decir, diodos semiconductores, que son dopados con materiales especiales como el galio (Ga), Zinc (Zn), Indio (In), Aluminio (Al), o diamante (C).

La figura 3-29 indica el símbolo universal del led.

Figura 3-29 Símbolo del led.

El proceso de emisión de luz ocurre cuando estando polarizado el diodo en directo los electrones que van desde el material N al P llenan una vacante de menor energía, ya que pasan de la banda de conducción en el cristal N a la banda de valencia en el cristal P. El exceso de energía es canalizado por la emisión de un fotón. La utilización de aleaciones de los materiales antes descritos permite que se controle el salto o brecha de energía en el proceso de combinación electrón-hueco. Esto hace que el fotón emitido tenga una cierta energía asociada a la brecha, y por ende a su longitud onda. Dependiendo del tipo de material de dopaje esta longitud puede caer en el espectro visible (rojo, verde, amarillo, azul), infrarrojo, o ultravioleta, como ya se mencionó anteriormente.

El proceso de emisión de fotones de luz visible a través de una corriente eléctrica se conoce como electroluminiscencia.

Los ledes vienen en varios tamaños y formas. Por lo general, están cubiertos con un plástico. Al principio solo existía el led de color rojo, pero hoy en día existen en muchos colores que incluyen el color azul y blanco. El diodo de luz blanca es un diodo que emite

3.16 Diodo led emisor de luz: light emitting diode.

originalmente luz azul y que ha sido recubierto con una película delgada de fósforo amarillo. Un proceso de fosforescencia ocurre cuando el fósforo absorbe el fotón de luz azul y emite un fotón de luz blanca.

La tabla 3.2 muestra los distintos tipos de colores y los voltajes de polarización de los ledes.

Los ledes ofrecen una serie de ventajas como son:

1. Bajo consumo de potencia.
2. Larga vida: 50000-60000 horas.
3. Rápida respuesta: < 1 mseg
4. Baja emisión de calor.
5. Compactos.
6. Alta resistencia mecánica.
7. Alta eficiencia lumen/vatio: 100-150 lumen/vatio.

El lumen es la unidad del sistema internacional para medir el flujo luminoso. De forma sencilla el lumen mide la cantidad de luz visible emitida por una fuente en un cierto ángulo. Se abrevia como lm. A manera de ejemplo, un bombillo incandescente emite 10 lúmenes por vatio aproximadamente.

También suele utilizarse el lux. Un lux es un lumen por metro cuadrado, su símbolo es lx.

1 lux = 1 lumen/m^2.

Los ledes poseen también algunas desventajas como: baja tensión de reverso, lo que los hace fáciles de presentar ruptura si se sobrepasa por mucho tiempo el máximo voltaje de reverso, y emisión angular reducida, típicamente un led convencional tiene un ángulo de visión de entre ±10°. El ángulo es medido en el punto donde la intensidad máxima cae a la mitad.

Los ledes son por mucho más eficientes que los bombillos incandescentes o fluorescentes. Por lo que son la opción ideal para promover el ahorro energético y el consumo eficiente de la energía eléctrica.

3.16 Diodo led emisor de luz: light emitting diode.

LED color	Voltaje (V)
Rojo	1.8-2.0
Amarillo	2.1
Verde	2.5-2.8
Azul	3-3.5
Blanco	3-3.5
Infrarrojo	1.5-1.8

Tabla 3-2 Color del led Vs. Voltaje de polarización.

La corriente promedio para activar un led oscila entre 5-30 mA. Típicamente, una corriente promedio de 10 mA produce una intensidad aceptable. Adicionalmente, la intensidad de luz emitida es proporcional a la intensidad de corriente que por el circula. Sin embargo, y como ya se mencionó, la luz emitida abarca un patrón de dispersión angular relativamente pequeño ($\pm 10°$). La figura 3-30 indica la figura de un led de cabeza redonda y el patrón de luz emitida. El terminal del ánodo es siempre la patilla más larga, y el cátodo la más corta.

La curva indica los grados vs. La intensidad emitida por el led.

El ángulo donde la intensidad del led cae a la mitad de su máximo se denomina ángulo de media intensidad, y es a menudo un parámetro indicado por el fabricante en la hoja de datos del dispositivo. La figura 3-30 indica que el ángulo de media intensidad ocurre cerca de $\pm 10°$.

Por otro lado, el patrón energético es algo complejo, pero un diodo emisor de luz emite un cierto espectro de luz. Dentro de este espectro, ocurre una distribución de longitudes de onda donde la intensidad alcanza un máximo. La longitud de onda donde se alcanza este máximo de intensidad se llama longitud de onda pico, y se expresa por lo general en nanómetros. En este punto ocurre también la máxima potencia radiativa del led.

3.16 Diodo led emisor de luz: light emitting diode.

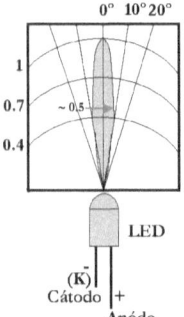

Figura 3-30 Figura de un led cabeza redonda, indicando sus terminales. Se muestra también el patrón de iluminación del led en intensidad vs. Grados.

La figura 3-31 presenta un ejemplo de la curva de longitud de onda vs. Potencia radiativa de un led rojo convencional.

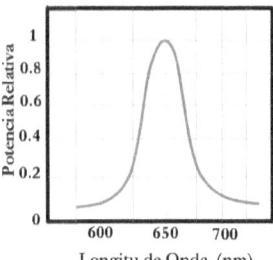

Figura 3-31. Curva de longitud de onda vs. Potencia de emisión relativa. Led color rojo.

La figura 3-31 indica que la longitud pico ocurre alrededor de 650 nm, y por ello el color que produce visualmente es rojo.

La longitud de onda pico es entre otros parámetros importante, y el fabricante del led siempre especifica en su hoja de datos.

Hoy en día los diodos led blancos de alta potencia están de moda. Debido al avance en la ciencia de los materiales se ha hecho posible la construcción de diodos led cada vez más

3.16 Diodo led emisor de luz: light emitting diode.

potentes. Modelos de 1 hasta 100 vatios están ya disponibles en el mercado, especialmente para los ledes de color blanco, que actualmente están siendo utilizados en luminarias exteriores, interiores, en los faros de los vehículos, y en un sin número de aplicaciones. Esto también se debe a que se ha podido miniaturizar los ledes, de modo que un arreglo matricial de filas y columnas de ledes se configuran para lograr así la potencia deseada. Estos arreglos están disponibles en muy variadas formas y diseños según su aplicación. La figura 3-32 presenta la imagen y el arreglo interno de un diodo led blanco de 3 vatios, que es un arreglo de 2x3. Es decir, que existen dos columnas de tres ledes dispuestos en serie, y las columnas a su vez en paralelo.

El led de la figura 3-32 se le conoce como "*COB*" o *chip on board* en inglés. Este es una sola pastilla con terminales positivo y negativo. En este caso el voltaje de operación es de 9-10 Voltios, y la corriente máxima es de 300 mA.

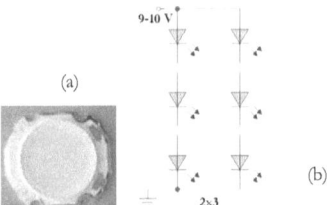

Figua 3-32 (a) Imagen de un led COB. (b) Esquema interno del arreglo COB.

La gran ventaja de este tipo de empaquetamiento que coloca muchos ledes pequeños en una disposición geométrica definida, es que aumenta tanto la intensidad como el ángulo de emisión total. Así por ejemplo un led COB puede alcanzar fácilmente los 300 lúmenes y tener un ángulo de unisón de $\pm 100°$.

Adicionalmente, los ledes blancos tienen una temperatura de color, que indica cuan brillante es el blanco. Una temperatura de 3300 K indica un blanco con un tono amarillento, de 4000 a 5000 K, indica un tono neutro, y de 6500 K el blanco más brillante, con un tono azulado.

3.17 Diodo receptor de luz o fotodiodo.

3.17 Diodo receptor de luz o fotodiodo.

El fotodiodo es también un diodo de unión PN dopado de tal manera que cuando sobre su superficie incide un haz de luz visible o infrarroja, este emite una corriente eléctrica. En términos generales, la corriente que se produce en el fotodiodo se debe a los pares de electrón-hueco generados en la región libre de carga, por la incidencia de los fotones de luz que suministran la energía necesaria para que se produzca un proceso de ionización, esto es la creación de los pares de carga electrón-hueco. Estos pares de carga son separados y llevados hasta los electrodos del fotodiodo por el auto potencial del diodo, que es de 0.7 V en el silicio. Crear un par electrón-hueco en el silicio requiere de cierta energía que es de alrededor de 3.6 eV. Esto significa que si la energía del fotón incidente supera por mucho este nivel se pueden generar cierto número de pares electrón-hueco, este número es directamente proporcional a la energía del fotón de luz incidente. En el caso contrario, si la energía del fotón es insuficiente, se requerirá más de un fotón para crear un par de carga.

El potencial o energía requerida para crear un solo par electrón-hueco se denomina potencial de ionización.

El efecto que permite producir una corriente eléctrica que a su vez induce un voltaje cuando inciden fotones de luz se llama efecto fotovoltaico.

El efecto fotovoltaico es el que ocurre en el fotodiodo cuando está en modo abierto, sin polarización y sobre el inciden fotones de luz. En este caso, se genera un potencial o voltaje en los extremos del fotodiodo cuando incide luz en su superficie activa. El voltaje así generado es directamente proporcional a la intensidad de luz que recibe.

El fotodiodo también puede operar en un segundo modo llamado fotoconductivo. En este modo, se polariza el fotodiodo con un voltaje de reversa. El voltaje de reversa permite aumentar o ensanchar la zona libre de carga, lo que resulta en una mayor eficiencia en la separación y recolección de cargas generadas ya que se ha ensanchado la zona libre de carga.

3.17 Diodo receptor de luz o fotodiodo.

En ausencia de luz, la aplicación de un voltaje de reversa genera una corriente, debido a que existe cierta cantidad de pares electrón-huecos que se generan térmicamente, estas cargas se recogen y forman una corriente llamada corriente oscura.

En presencia de luz, la cantidad de carga de pares electrones-huecos es recolectada por este mismo potencial aplicado en reverso. La carga así recolectada forma una corriente, llamada corriente de luz. Normalmente, la corriente de luz, supera por mucho a la corriente oscura.

Los fotodiodos poseen una ventana, a las que se aplica algún tipo de filtro para maximizar la respuesta del fotodiodo frente a luz visible o infrarroja, o ambas inclusive.

El proceso de convertir fotones de luz a una corriente eléctrica se conoce como efecto fotoeléctrico.

Una característica que define a los fotodiodos es su sensibilidad espectral. Como ya se dijo anteriormente, la cantidad de carga que se genera en el fotodiodo depende de la energía del fotón incidente, y a su vez la energía del fotón está asociada a su longitud de onda. La ecuación de Planck ilustra esta relación:

$$E = \frac{hc}{\lambda} \qquad (3.16)$$

Dónde: h es la constante de Planck, c es la constante de la velocidad de la luz, y λ la longitud de onda.

$$h = 4.13x10^{-15}\ (ev.s), C = 3x10^8(\frac{m}{s}), \lambda\ (m)$$

La ecuación (3.16) permite apreciar la relación existente entre la longitud de onda y la energía asociada. Se puede notar que longitudes de onda más pequeñas son más energéticas que aquellas más grandes.

La figura 3-33 muestra una curva de la sensibilidad espectral de un fotodiodo de ejemplo.

3.17 Diodo receptor de luz o fotodiodo.

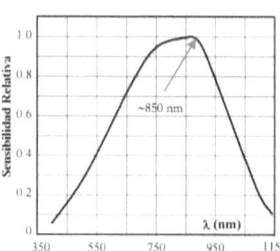

Figura 3-33. Sensibilidad espectral de un modelo de fotodiodo ejemplo.

La figura 3-33 indica que la máxima respuesta de salida del fotodiodo ocurre cerca de 850 nm. Por delante y por detrás de esta longitud la respuesta cae. Así por ejemplo, para longitudes muy pequeñas (<350 nm) o muy grandes (>1150 nm) la respuesta de salida es prácticamente nula. Hay que aclarar que esta respuesta está limitada tanto por las condiciones del filtro utilizado como por la absorción del fotón en la región activa del mismo. Así por ejemplo, si se utiliza una fuente de fotones de rayos-X de longitud adecuada pero mucho más pequeña que 350 nm la respuesta relativa puede volver a incrementarse, ya que el filtro no tendría efecto alguno, absorbiéndose todos los fotones en la región activa, lo que convertiría el fotodiodo en un detector de rayos-X, por ejemplo.

La respuesta de la sensibilidad espectral sirve para determinar la respuesta del fotodiodo frente al tipo de luz al que puede ser expuesto.

Los fotodiodos se utilizan para detectar presencia o cambio de luz. Como detectores ópticos, o incluso como se dijo como detectores de radiación.

La figura 3-34 muestra el símbolo del fotodiodo.

Figura 3-34. Símbolo del fotodiodo.

La figura 3-35 presenta los esquemas de configuración: (a) modo abierto o fotovoltaico, (b) modo fotoconductivo.

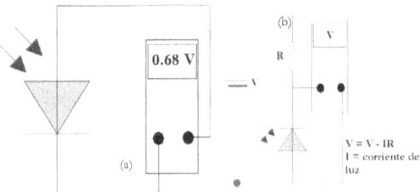

Figura 3-35. Esquema eléctrico del fotodiodo en: (a) modo fotovoltáico, (b) modo fotoconductivo.

3.18 Diodo PIN.

La figura 3-36 presenta la estructura básica de construcción de un diodo PIN. PIN es el acrónimo para designar un diodo que tiene tres capas: Una capa de material semiconductor dopado para que se comporta con exceso de huecos, es decir un semiconductor tipo P, una capa intermedia de material semiconductor puro, por lo general silicio puro o intrínseco, en el cual se han removido todas las cargas, es decir, que no es tipo P ni N, simplemente no hay predominio de cargas, la tercera capa es un material semiconductor dopado como tipo N. De esta forma se logra un diodo PIN. Normalmente, la zona I es de mayor espesor que las zonas P y N respectivamente. Adicionalmente, la zona I es de relativa alta impedancia unos 10.000 Ω/cm mientras que las zonas P y N son de baja impedancia 10 Ω/cm.

La estructura característica de los diodos PIN los hace prácticamente inútiles para usarlos como rectificadores ya que ofrecen una muy alta impedancia de paso en directo, en comparación con los diodos convencionales. Sin embargo, son excelentes como fotodetectores, atenuadores o limitadores de voltaje, suiches, y en radio frecuencia.

3.18 Diodo PIN.

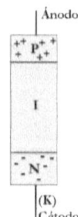

Figura 3-36 Estructura básica de un diodo PIN.

Los diodos PIN poseen una capacitancia mucho menor en comparación con los diodos normales, por lo tanto, son más rápidos. Adicionalmente, el cambio de capacitancia entre directa y reversa permite que ofrezca una reactancia equivalente de baja a alta o viceversa, que es particularmente útil en sistemas de comunicación o de radio frecuencia con impedancias de trabajo alrededor de 50 Ω, por ejemplo. Esto no puede hacerse con un diodo normal, ya que tanto la reactancia en directa como en reversa llegan a ser demasiado bajas respecto de 50 Ω. Recuerde que lo que permite utilizar el diodo es su capacidad para conmutar entre baja y alta impedancia según sea polarizado.

En el caso particular de los fotodiodos con estructura PIN, son excelentes ya que la adición de la zona I permite aumentar el ángulo sólido de detección, al mismo tiempo que permite la utilización de voltajes de reverso más altos, manteniendo una corriente de fuga u oscura relativamente muy baja, a temperatura ambiente. La utilización de un voltaje de reverso más alto permite ensanchar la región libre carga, que es la zona de interés para el detector. El valor del voltaje de reverso puede alcanzar hasta los 100 V, y logra ensanchar la región libre de carga hasta precitamente los electrodos del diodo.

La capacitancia del diodo PIN polarizado en reverso disminuye con el aumento del voltaje de reverso, y consecuentemente aumenta su velocidad de respuesta. El BPW34 es un fotodiodo comercial, muy barato, con estructura PIN, que puede ser utilizado como mini celda solar o como fotodetector para luz visible e infrarroja, incluso como detector de rayos-X blandos o de baja energía. Su velocidad de respuesta es de 1MHz.

3.19 Diodo laser: *light amplification by stimulated emission of radiation.*

El termino laser significa amplificación de luz por emisión estimulada de radiación. El diodo laser es construido a partir de un diodo emisor de luz normal, pero empleando técnicas de construcción especiales en las que el semiconductor PN dopado se dispone en forma de lámina delgada, adicionalmente, se agregan dos superficies, una altamente reflectante o espejo de reflexión total, y otra menos reflectante o semi reflectora. El proceso de emisión laser ocurre cuando la corriente en el diodo supera cierto umbral, antes de ella el diodo funciona como un led convencional, por emisión espontánea, sin embargo, después superar este umbral, los fotones de luz emitidos inicialmente y que son reflejados por el espejo de reflexión total, inciden en la superficie de emisión, reabsorbiéndose y estimulando así la producción de más fotones. El proceso de reflexión cíclico y constante crea una multiplicación de fotones muy elevada, y que eventualmente salen traspasando el espejo semi reflectivo. El espejo de reflexión actúa como una cavidad resonante donde se maximiza la amplificación de luz. La amplificación ocurre de manera sostenida mientras se mantenga la corriente de bombeo necesaria para alcanzar el número de fotones requeridos que permita la amplificación de luz en el diodo.

El espectro de luz de salida no es estrictamente monoenergético, pero tiene una distribución muy estrecha. En términos prácticos, puede considerarse este haz como fundamentalmente monoenergético.

Debido a que el espectro de onda es monoenergético, se le considera un haz de luz coherente.

Debido a que es un haz coherente el *spot* o tamaño del haz suele ser muy pequeño. Por ende, su intensidad es muy alta.

Un ejemplo de diodos laser son el diodo laser rubí cuya longitud de onda de aproximadamente 695 nm, y el diodo láser azul de aproximadamente 450 nm.

Los diodos laser son utilizados en los equipos de *CD*, *DVD*, *Blu-Ray*, etc, para leer datos utilizando el método de reflexión óptica.

Hoy en día el diodo laser está siendo utilizado también en la medicina estética y terapéutica.

3.20 Guía fácil para el diseño y cálculos.

El símbolo del diodo laser es el mismo del diodo led.

La figura 3-37 presenta una foto de un diodo laser comercial.

Un diodo laser rojo como el indicado en la figura 3-37 por ejemplo, puede operar con un voltaje de 1.8-2.2 V a 200 mA (0.5 watts máx.). La potencia del diodo puede variar según el fabricante, pero el voltaje se mantiene constante ya que está asociado a la brecha de energía que corresponde a la longitud de onda específica (rojo este este caso.).

Dependiendo del color variará el voltaje de operación interno del diodo.

En el mercado se pueden conseguir diodos laser que pueden ser manejados con fuentes externas de 5 o 12 Voltios por ejemplo, ya que incluyen un circuito manejador o *driver* interno, que reduce la tensión a la necesaria.

Figura 3-37 Imagen de un diodo laser comercial. (Esta es una imagen de uso libre)

3.20 Guía fácil para el diseño y cálculos.

Dispositivo	Circuito/Esquema	Parámetros/Fórmulas
Curva IV del Diodo Rectificador		En directa: Inicio de conducción: $vd \sim 0.7\ V$ $vd = voltaje\ del\ diodo$ En reversa: $vd = -\ voltaje\ externo\ (V)$ $IR \sim 0\ A$ IR = corriente de reversa. Vr = voltaje de ruptura (V)

3.20 Guía fácil para el diseño y cálculos.

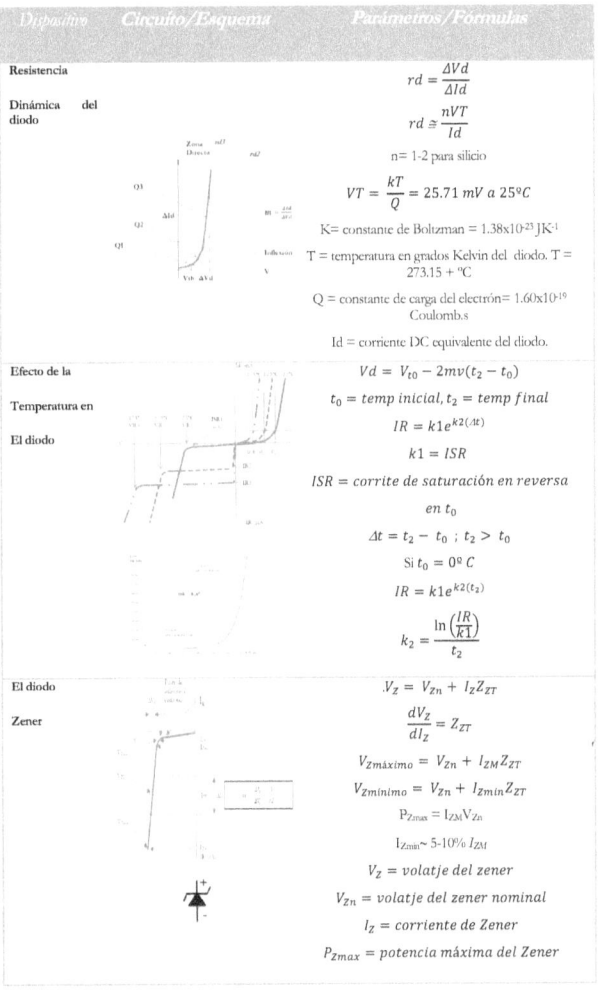

Dispositivo	Circuito/Esquema	Parámetros/Fórmulas
Resistencia Dinámica del diodo		$rd = \dfrac{\Delta Vd}{\Delta Id}$ $rd \cong \dfrac{nVT}{Id}$ n= 1-2 para silicio $VT = \dfrac{kT}{Q} = 25.71\ mV\ a\ 25^\circ C$ K= constante de Boltzman = 1.38×10^{-23} JK^{-1} T = temperatura en grados Kelvin del diodo. T = $273.15 + ^\circ C$ Q = constante de carga del electrón= 1.60×10^{-19} Coulomb.s Id = corriente DC equivalente del diodo.
Efecto de la Temperatura en El diodo		$Vd = V_{t_0} - 2mv(t_2 - t_0)$ $t_0 = temp\ inicial, t_2 = temp\ final$ $IR = k1 e^{k2(\Delta t)}$ $k1 = ISR$ $ISR = corrite\ de\ saturación\ en\ reversa\ en\ t_0$ $\Delta t = t_2 - t_0\ ;\ t_2 > t_0$ Si $t_0 = 0^\circ C$ $IR = k1 e^{k2(t_2)}$ $k_2 = \dfrac{\ln\left(\dfrac{IR}{k1}\right)}{t_2}$
El diodo Zener		$V_Z = V_{Zn} + I_Z Z_{ZT}$ $\dfrac{dV_Z}{dI_Z} = Z_{ZT}$ $V_{Zmáximo} = V_{Zn} + I_{ZM} Z_{ZT}$ $V_{Zmínimo} = V_{Zn} + I_{Zmin} Z_{ZT}$ $P_{Zmax} = I_{ZM} V_{Zn}$ $I_{Zmin} \sim$ 5-10% I_{ZM} $V_Z = volatje\ del\ zener$ $V_{Zn} = volatje\ del\ zener\ nominal$ $I_Z = corriente\ de\ Zener$ $P_{Zmax} = potencia\ máxima\ del\ Zener$

3.20 Guía fácil para el diseño y cálculos.

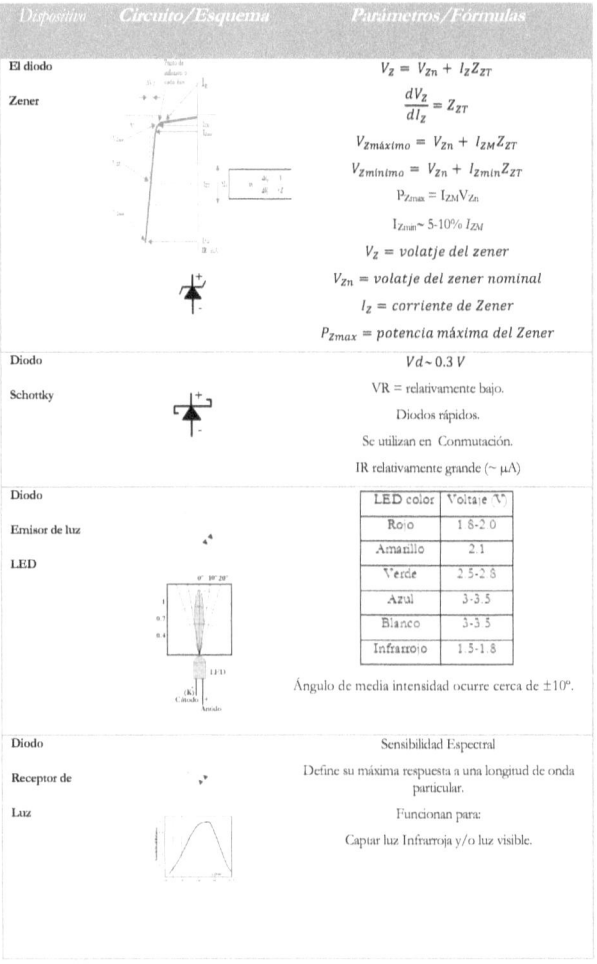

Dispositivo	Circuito/Esquema	Parámetros/Fórmulas
El diodo Zener		$V_Z = V_{Zn} + I_Z Z_{ZT}$ $\dfrac{dV_Z}{dI_Z} = Z_{ZT}$ $V_{Zmáximo} = V_{Zn} + I_{ZM} Z_{ZT}$ $V_{Zmínimo} = V_{Zn} + I_{Zmin} Z_{ZT}$ $P_{Zmax} = I_{ZM} V_{Zn}$ $I_{Zmin} \sim 5\text{-}10\% \ I_{ZM}$ V_Z = volatje del zener V_{Zn} = volatje del zener nominal I_Z = corriente de Zener P_{Zmax} = potencia máxima del Zener
Diodo Schottky		$Vd \sim 0.3\ V$ VR = relativamente bajo. Diodos rápidos. Se utilizan en Conmutación. IR relativamente grande ($\sim \mu A$)
Diodo Emisor de luz LED		LED color / Voltaje (V) Rojo — 1.8-2.0 Amarillo — 2.1 Verde — 2.5-2.8 Azul — 3-3.5 Blanco — 3-3.5 Infrarrojo — 1.5-1.8 Ángulo de media intensidad ocurre cerca de $\pm 10°$.
Diodo Receptor de Luz		Sensibilidad Espectral Define su máxima respuesta a una longitud de onda particular. Funcionan para: Captar luz Infrarroja y/o luz visible.

Fernando J. Moutinho   *Capítulo 3*

3.21 Cuestionario y problemas del Capítulo.

Dispositivo	Circuito Esquema	Características
Diodo PIN		Diodos de tres capas. La capa intermedia es un semiconductor intrínseco libre de cargas. Pueden usarse como fotodiodos o como diodos rectificadores de alta frecuencia.
Diodo Laser		**Laser:** significa amplificación de luz por emisión estimulada de radiación. Tipo de emisión: monoenergético Luz coherente de alta intensidad.

3.21 Cuestionario y problemas del Capítulo.

1. Un semiconductor N, se obtiene dopando un material base como el silicio, por ejemplo, con átomos del grupo V de la tabla periódica. **V**erdadero o **F**also.

2. Elementos del grupo V de la tabla periódica son: Arsénico (As), Fósforo (P), Bismuto (Bi) y Antimonio (Sb). **V** o **F**.

3. En el semiconductor tipo N, el total de carga es negativa ya que posee exceso de electrones. **V** o **F**.

4. Los portadores minoritarios resultan de las impurezas con las que se dopa el material semiconductor. **V** o **F**.

5. El efecto térmico en el semiconductor conduce a un aumento en el número de portadores minoritarios y mayoritarios. **V** o **F**.

6. Impurezas trivalentes son usadas para producir un semiconductor tipo P. **V** o **F**.

7. Un diodo P-N puede obtenerse si juntamos dos trozos de semiconductor: uno P y oro N. **V** o **F**.

8. La zona de agotamiento en una juntura P-N, establece la condición de equilibrio donde no hay flujo de portadores de carga. **V** o **F**.

9. Los portadores de carga son solo los electrones. **V** o **F**.

10. En polarización directa, el diodo actúa como un interruptor abierto.

11. En polarización reversa, la corriente del diodo es debida a los portadores minoritarios y mayoritarios. **V** o **F**.

3.21 Cuestionario y problemas del Capítulo.

12. Con el incremento de la temperatura en la juntura P-N, la tensión del diodo, aumenta exponencialmente. **V** o **F**.

13. La corriente de reversa en el diodo aumenta su valor con el incremento de la temperatura, doblando su valor con cada 5°C de incremento. **V** o **F**.

14. Las capacitancias del diodo son dos: de transición y de difusión. **V** o **F**.

15. El tiempo de recuperado en inversa es debido a los portadores minoritarios. **V** o **F**.

16. La diferencia entre la resistencia del diodo en directa e inversa son casi imperceptibles. **V** o **F**.

17. La resistencia dinámica del diodo es el equivalente de su resistencia AC. **V** o **F**.

18. El diodo Zener se obtiene dopando menos la juntura P-N. **V** o **F**.

19. Una concentración mayor del dopaje en el diodo Zener permite obtener un voltaje de ruptura menor. **V** o **F**.

20. Efecto Zener y Avalancha pueden ocurrir simultáneamente e un diodo Zener. **V** o **F**.

21. Un diodo Zener puede tener un coeficiente de temperatura negativo o positivo, en cambio, un diodo P-N solo tiene un coeficiente negativo. **V** o **F**.

22. Una aplicación del diodo Zener es la de regulador de corriente. **V** o **F**.

23. El diodo Schottky es una juntura P-N especial que ofrece alta velocidad. **V** o **F**.

24. La corriente de portadores minoritarios en una unión P-N polarizada en reversa atraviesa la *zona libre de carga*. **V** o **F**.

25. La capacitancia de transición (Ct) en el diodo, disminuye de manera exponencial conforme aumenta el voltaje de reverso. **V** o **F**.

26. La capacitancia de difusión (Cd) en cambio, aumenta exponencialmente conforme aumenta la corriente de portadores mayoritarios en directa. **V** o **F**.

27. En ausencia de portadores minoritarios el tiempo de recuperado en inversa se incrementaría. **V** o **F**.

28. La resistencia dinámica del diodo aumenta conforme aumenta la corriente en el diodo. **V** o **F**.

29. ¿Un diodo con coeficiente de temperatura negativo puede colocarse en serie con un diodo Zener de coeficiente de temperatura positivo de modo que se cancelen los efectos de la temperatura? **V** o **F**.

3.21 Cuestionario y problemas del Capítulo.

30. La corriente de inversa en el diodo se incrementa con rapidez cuando se alcanza el voltaje de ruptura. **V** o **F**.

31. El diodo Zener es un diodo P-N fuertemente dopado que puede conducir relativamente altas corrientes en la zona de ruptura en reversa. **V** o **F**.

32. Un diodo de silicio mide una corriente de saturación en inversa ISR de 10 µA a una temperatura de 150°C, y de 0.30517 nA a 0°C. Calcule la corriente ISR e Id del diodo a la temperatura de 25°C. Observe la figura 3-29 que muestra el comportamiento de la ISR. Sol: ISR = 1.726 nA y Id = 1.417 mA : $k_1 = 0.30517\ nA$; $k_2 = 0.0693$

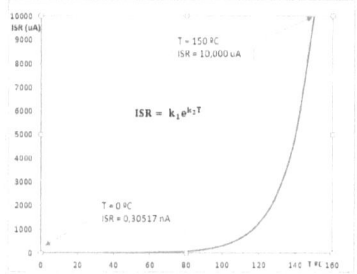

Figura 3-29. Curva de ISR vs T.

33. Un diodo de Silicio mide una corriente Id de 1 mA a la temperatura de 25°C, la ISR correspondiente es de 1.72 nA. ¿Cuál es el voltaje actual en el diodo? Sol: 0.682 V

34. Explique que es el tiempo de recuperado en inversa de un diodo, y que pasaría si una señal AC de entrada tiene un tiempo de reversa mucho más corto que el tiempo de recuperación del diodo. Sol: Véase la figura 3-30. El diodo no rectifica, se comporta como un corto-circuito.

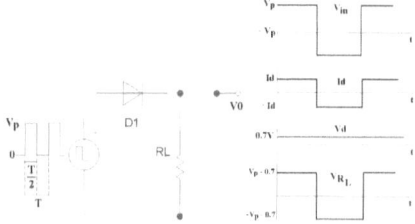

Figura 3-30. Tiempo de recuperado en inversa (a) Circuito, (b) forma de las señales.

3.21 Cuestionario y problemas del Capítulo.

35. Un diodo de silicio conduce una corriente de 3 A disipando una potencia de 4 W. Calcule el voltaje vd del diodo, y su resistencia dinámica asociada. Sol: Vd =1.333V, rd =0.211Ω (según ecuación 3.2).

36. El voltaje de un diodo a 25°C es de 0.7V. Si la temperatura se incrementa a 150°C, ¿Cuál es la tensión final del diodo?. Sol: Vd = 0.45V

37. En el caso de (36) la corriente de reversa del diodo a -4V, es de -1µA, a 25°C. ¿Cuál será el valor aproximado de corriente de reversa cuando la temperatura alcance los 55°. Sol: ≅ -64µA.

38. Utilizando la ecuación característica del diodo, estime cual sería la corriente del diodo si la tensión del diodo es de 0.7 V, la ISR = 1nA, y T = 25°C Sol: 0.814mA.

39. En el caso de (38) estime su resistencia dinámica. Sol: 63.181Ω. (según ecuación 3.3)

40. Para el mismo caso de (38), estime la nueva corriente Id y voltaje Vd si la temperatura se eleva 10°C. Sol: 1.438 mA, 0.68 V.

41. Un diodo Zener presenta un coeficiente de temperatura positivo de 1.5 mV/°C. Si la temperatura se eleva 50 °C por encima. ¿Cuál es el incremento en la tensión del Zener?. Sol: 75 mV.

42. Si un Zener de 10V, tiene una impedancia Z_{ZT} de 1Ω a 0.5 A, y la corriente actual es de 1A. ¿Cuál es la tensión actual del Zener, y la potencia disipada? Sol: 10.5V, 10.5W.

43. En el caso de (42) ¿Cuál sería el % de regulación? Sol: 5%

Respuestas a las preguntas de Verdadero o Falso.

(1) **V**, (2) **V**, (3) **F**, (4) **F**, (5) **V**, (6) **V**, (7) **F**, (8) **V**, (9) **F**, (10) **F**, (11) **F**, (12) **F**, (13) **V**, (14) **V**, (15) **V**, (16) **F**, (17) **V**, (18) **F**, (19) **V**, (20) **V**, (21) **V**, (22) **F**, (23) **F**, (24) **V**, (25) **V**, (26) **V**, (27) **F**, (28) **F**, (29) **V**, (30) **V**, (31) **V**

Capítulo 4

Aplicaciones de los Diodos.

Objetivos:

1. Rectificador de media onda: sin filtro y con filtro capacitivo.

2. Rectificador de onda completa: sin filtro y con filtro capacitivo.

3. Multiplicador de Voltaje.

4. Regulación de Voltaje con diodo Zener.

Actividades:

Guía con preguntas de verdadero o falso y con problemas de cálculos con el que usted podrá comprobar su conocimiento referente a éste capítulo.

4.1 La Rectificación.

En este apartado se revisarán algunas de las aplicaciones prácticas más comunes para los diodos rectificadores y diodos Zener. La teoría del funcionamiento de estos dispositivos ya fue revisada en el capítulo anterior.

4.1 La Rectificación.

Cuando se usa un diodo para rectificar una señal se entiende que se quiere pasar de una fuente de tensión alterna o AC, que cambia su señal entre positivo y negativo, a una fuente de tensión continua o DC, que solo tiene una polaridad, bien sea positiva o negativa.

Si es positiva, la señal rectificada de salida V0, varía entre 0 y un valor máximo o pico (V_M), en cambio, si es negativa, la señal rectificada de salida V0, varía entre 0 y un valor mínimo o pico ($-V_M$). Este valor pico es conocido también como valor de cresta.

La variación de la señal de salida rectificada V0 va de acuerdo a la forma de onda de la seña de entrada V_{in}.

El proceso de pasar de una señal AC a una DC se conoce como rectificación.

La rectificación puede ser de media onda u onda completa.

El proceso de rectificación puede ser con filtro y sin filtro, pero por lo general involucra un filtraje adicional, por medio de la utilización de un capacitor C que estabiliza y aumenta la tensión DC de salida V0.

La estabilización se logra haciendo que el capacitor C se cargue hasta el valor V_M de forma casi instantánea, durante uno más ciclos de la señal de entrada, y que luego solo se puede descargar a través de una resistencia o carga de salida R_L. En este caso, el diodo polarizado en directo permite el paso a baja impedancia de una corriente que logra cargar el capacitor C, y cuando esta polarizado en reverso impide o bloquea la descarga través de este, ya ofrece una muy alta impedancia. Cuando la $R_L = \infty$, por ejemplo, la estabilización del nivel DC de salida produce el equivalente a una línea recta cuyo valor es igual a V_M, razón por la cual a esta técnica se le da el nombre de rectificación.

El proceso de descarga del filtro capacitor ocurre para cualquier valor de $R_L < \infty$, y en el momento en que la señal de entrada es menor que la tensión V0 en el capacitor, durante este período de tiempo el capacitor se descarga a través de la resistencia R_L. El proceso de descarga del capacitor sigue una función que es exponencialmente negativa y genera la caída de la tensión o voltaje de salida V0. La descarga termina cuando la señal de entrada vuelve a ser mayor que la tensión V0 actual en el capacitor, el valor máximo de carga se alcanza cuando ocurre el valor pico de la señal de entrada V_M. Esta variación del nivel del voltaje en el capacitor debido a que se carga y descarga constantemente hace que genere un voltaje DC equivalente de salida V0. Esto puede representarse como una línea recta con variaciones encima de ella. La variación de la tensión genera también una componente AC que se conoce como tensión de rizado V_r, y se suma a la componente DC.

En términos prácticos es aconsejable que el rizado de la señal de salida sea siempre lo más pequeño posible, ya que afecta negativamente disminuyendo el nivel DC promedio de V0. Más adelante se detallará en forma gráfica sobre este proceso.

4.2 La Rectificación de media onda sin filtro capacitivo.

La figura 4-1 muestra un ejemplo de un circuito que rectifica una señal AC a media onda.

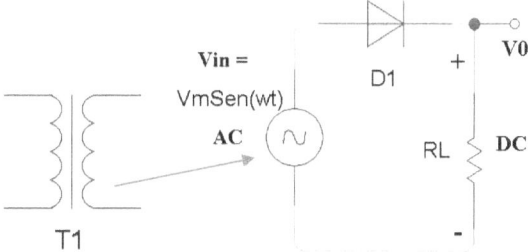

Figura 4-1 Ejemplo de un circuito rectificador a media onda.

4.2 La Rectificación de media onda sin filtro capacitivo.

En el circuito de la figura 4-1 la fuente de voltaje AC representa el transformador T1:

Dónde: f(t) = V$_m$Sen(ωt)

La señal de entada V$_{in}$ = V$_m$Sen(ωt), está normaliza a 1V.

La figura 3 presenta la respuesta en forma gráfica del circuito de figura 4-1.

El eje horizontal está en radianes (π). $(\omega t) = 2\pi f t = 2\pi \frac{t}{T}$

Por ejemplo: Si $f = 1/T$, $t = T$, y π= 180° entonces: $\omega t = 2\pi \frac{t}{T} = 2\pi = 360º$.

Si t = T/2, entonces: $\omega t = \pi = 180º$, y con t = T/4, $\omega t = \frac{\pi}{2} = 90º$, y así sucesivamente.

Con respecto al diodo, recuérdese que en el capítulo III, se dijo que cuando el diodo está en directo, es decir, en conducción, el voltaje del diodo se corresponde con la expresión:

$$Vd = V_{th} + rdId$$

Debe recordarse también, que la *rd* del diodo disminuye exponencialmente conforma aumenta la corriente en el diodo, y que en términos prácticos suele ser muy pequeña.

A los efectos prácticos, si la corriente en el diodo es baja, el voltaje del diodo Vd puede aproximarse al voltaje V$_{th}$ del diodo.

Adicionalmente, en aquellos casos donde el V$_{in}$ supera por mucho el voltaje V$_{th}$ del diodo: V$_{in}$>>V$_{th}$, la caída de voltaje en el diodo en directo puede despreciarse.

En el caso de la figura 4-1, y de modo intencional, el valor máximo de V$_{in}$ = 1 V, lo cual es comparable con el V$_{th}$ = 0.7 V del diodo, por lo que en este caso, la caída de voltaje Vd no puede ser despreciada.

Tomando en cuenta las consideraciones anteriores, veamos lo que sucede en el circuito de la figura 4-1:

Iniciemos la señal V$_{in}$ en su semiciclo positivo, antes de que V$_{in}$ supere el voltaje V$_{th}$ del diodo, véase la figura 4-3, el diodo se mantiene con una corriente casi nula, lo que

4.2 La Rectificación de media onda sin filtro capacitivo.

equivale a una resistencia muy grande. El divisor de voltaje da como resultado que el voltaje en el diodo es aproximadamente igual al voltaje de la fuente V_{in}.

Aplicando Kirchhoff tenemos:

$$Vd = \frac{rd}{(rd+R_L)} V_{in} \cong V_{in} \quad ; \quad rd \gg R_L; \quad Vin < V_{th} \,|Id{\sim}0 \qquad (4.1)$$

El voltaje en la R_L es entonces:

$$VR_L = V_{in} - Vd \cong 0\,V \quad ; \quad 0 < Vin \le V_{th}$$

$$V0 = VR_L \cong 0\,V$$

Esto significa que el diodo no ha entrado en conducción plena por lo que absorbe toda la tensión de la fuente debido a su alta resistencia comparada con R_L.

Ahora cuando Vin supera el voltaje Vth, el diodo entra en conducción rápidamente, lo que equivale a decir, que su resistencia dinámica baja bruscamente de un valor muy grande a un valor muy pequeño. A partir de este punto, la caída de voltaje en el diodo Vd tiende a incrementarse ligeramente de acuerdo a la corriente Id que se establece en el circuito.

El comportamiento del diodo en el circuito durante el semiciclo positivo de la señal de entrada se corresponde con el de la figura 4-2.

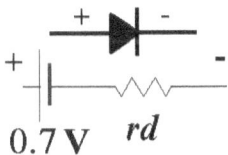

Figura 4-2 Circuito equivalente aproximado del diodo en directo.

La figura 4-2 indica que para que el diodo conduzca en el sentido indicado por la flecha del diodo en necesario que la fuente de entrada Vin supere en este caso, los 0.7 V.

En la fase de conducción del diodo tenemos:

4.2 La Rectificación de media onda sin filtro capacitivo.

$$Vd = \frac{rd}{(rd+R_L)}(V_{in} - 0.7) \cong 0 \quad ; \quad rd \ll R_L, \; Vin \geq V_{th} \; |Id > 0 \tag{4.2}$$

Luego:
$$Vd = V_{th} + Vrd \cong 0.7\,V$$
(4.3)

A efectos prácticos, el voltaje del diodo en directo puede considerarse como constante.

El voltaje de salida en R_L será entonces:

$$V0 = V_{in} - Vd = V_{in} - 0.7 \quad ; \; Vin \geq V_{th} \tag{4.4}$$

Como el valor máximo de la función de entrada Vm es 1 V, el voltaje de salida máximo en la R_L será entonces de 0.3 V. Véase la figura 4-3.

Recuerde que indicamos que cuando la tensión de entrada supera por mucho la caída en el diodo, esta última puede despreciarse.

Obsérvese en la figura 4-3 que mientras la señal de entrada V_{in}, no supera la tensión de umbral del diodo la señal de salida V0 es prácticamente cero. Las señales de V_{in} y Vd están solapadas.

Cuando la señal V_{in} apenas supera la tensión de umbral, la señal de salida es la diferencia entre la señal de entrada y la tensión de caída en el diodo.

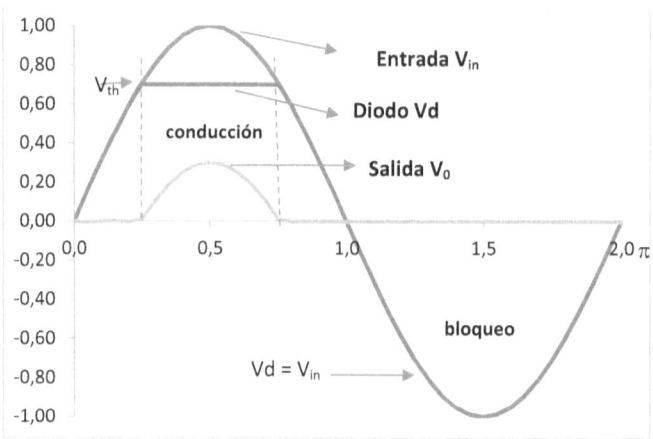

Figura 4-3 Gráficas de V_{in}, Vd y V0, en el circuito de rectificación a media onda de la figura 4-1.

4.2 La Rectificación de media onda sin filtro capacitivo.

Pasemos ahora a cuando V_{in} está en el semiciclo negativo. El diodo entra en reversa, y como ya se discutió en el capítulo III, esencialmente se comporta como un interruptor abierto, con una resistencia equivalente R_{SH} muy elevada, por lo que la tensión en el diodo sigue al voltaje de entrada V_{in}, y las curvas de V_{in} y Vd vuelven a estar solapadas. Tal como se demuestra a continuación:

El voltaje en el diodo es:

$$Vd = \frac{R_{SH}}{(R_{SH}+ R_L)}(V_{in}) = V_{in}; \quad R_{SH} \gg R_L \,|Id \sim 0 \qquad (4.5)$$

Luego: $\qquad V0 = V_{in} - Vd = 0 \,; \quad Vin < 0 \qquad (4.6)$

De la expresión 4.6 se desprende que: $V_{in} = Vd$ cuando V_{in} es negativo.

El comportamiento del diodo en reverso (no conducción), se mantiene durante todo el semiciclo negativo de la señal de entrada.

Obsérvese en la figura 4-3 que el voltaje de salida V0 durante este semiciclo es efectivamente cero.

La señal de salida V0 rectificada se muestra en detalle en la gráfica de la figura 4-4.

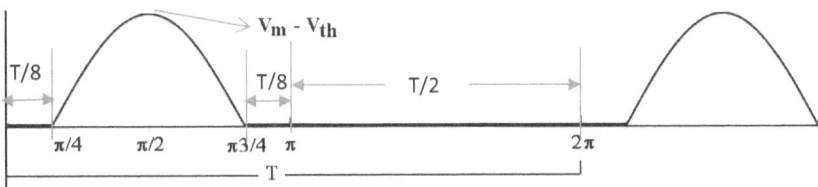

Figura 4- 4 Señal V0 rectificada a media onda con $V_{in} = 1\text{Sen}(\omega t)$

Recuerde también que la señal de salida V0 es cero cuando en el semiciclo positivo de la señal V_{in} el voltaje es menor que la tensión de umbral del diodo V_{th}. Este período de tiempo se corresponde con: $\sim \frac{T}{8}$

4.2 La Rectificación de media onda sin filtro capacitivo.

De la figura 4-3 puede estimarse los valores en radianes identificados en la figura 4-4.

La señal de entrada es:

$$V_{in} = V_m sen(\omega t); V_m = 1$$

La señal V_{in} alcanza la tensión V_{th} cuando el argumento del seno es:

$$(\omega t) = arcsen\left(\frac{V_{in}}{V_m}\right) = arcsen(0.7) = 44.42º \approx 45º$$

Como: $\quad (\omega t) = 2\pi \frac{t}{T}; \quad t = (\omega t)\frac{T}{2\pi} = \frac{45T}{360} = 0.125T = \frac{1}{8}T$

Es decir, que durante 0 y $\frac{T}{8}$ la señal de salida V0 es cero. Como la señal V_{in} es simétrica en cada semiciclo, en torno a $\pi/2$, significa que otra fracción de $\frac{T}{8}$ se debe restar entre: $\frac{\pi}{2}$ y π así:

$$\pi - \frac{T}{8} = \pi - \frac{2\pi}{8} = \frac{3}{4}\pi$$

Lo anterior significa que entre $\frac{3}{4}\pi$ y π, la señal de salida V0 es cero también.

El ángulo de conducción efectivo de V0 es entonces: $\frac{3\pi}{4} - \frac{\pi}{4} = \frac{\pi}{2} = 90º$

Es decir, que la conducción del diodo es el 25 % del periodo T, que se corresponde de forma angular con 90° (360/4).

El valor teórico máximo de conducción a media onda es del 50% de T, que se corresponde con 180° (360°/2).

El valor máximo de conducción se puede alcanzar cuando la señal de entrada es mucho mayor que el voltaje de caída en el diodo.

Lo anterior también indica que cuando la amplitud de la señal a rectificar V_{in}, es comparable con el voltaje V_{th} del diodo, el voltaje de la señal de salida se reduce muy significativamente, tanto en tiempo de conducción como en amplitud.

4.2 La Rectificación de media onda sin filtro capacitivo.

Para el caso del circuito de la figura 4-1 el voltaje DC equivalente de salida es positivo, y puede calcularse mediante la siguiente expresión:

$$V0(DC) = \frac{1}{T}\int_0^T f(\omega t)d\omega t \qquad (4.7)$$

Adaptando la expresión (4.7) con lo expresado en la figura 4.4 obtenemos:

$$V0(DC) = \frac{1}{2\pi}\int_{\pi/4}^{3\pi/4}(Vm - Vth)Sen(\omega t)d\omega t$$

Resolviendo la ecuación anterior tenemos:

$$V0(DC) = \frac{1}{2\pi}(Vm - Vth)\left(-\cos\left(\frac{3\pi}{4}\right) + \cos\left(\frac{\pi}{4}\right)\right) = \frac{1.41(Vm - Vth)}{2\pi}$$
$$= 0.067 \sim 0\ V$$

La reducción del tiempo de conducción a menos del 50% del período T de V_{in} afecta el voltaje DC equivalente de la salida V0.

En términos prácticos el voltaje V0 obtenido en este caso no es útil, debido a que la señal de entrada es comparable con la caída en el diodo.

Este ejemplo deja en claro que la señal a rectificar debe sobrepasar en cierta medida la tensión de umbral del diodo.

Suponiendo ahora que el voltaje de conducción hubiese sido del 50%, el V0(DC) equivalente sería de:

$$V0(DC) = \frac{1}{T}\int_0^\pi (Vm - Vth)Sen(\omega t)\ d\omega t \qquad (4.8)$$

$$V0(DC) = \frac{1}{2\pi}(Vm - Vth)(-\cos(\pi) + \cos(0))$$

$$V0(DC) = \frac{Vm - Vth}{\pi} = 0.095 \sim 0\ V$$

Obsérvese que el voltaje DC equivalente aumenta, pero necesariamente una conducción del 50% implica que la señal de entrada V_m es mucho mayor que 1 y que el Vth del diodo.

4.2 La Rectificación de media onda sin filtro capacitivo.

De la expresión (4.8) puede deducirse que para que el $V0(DC)$ sea mayor que 1V es necesario que:

$$V_m > \pi + V_{th}$$

$$V_m > 3.84\ V$$

Es decir, que la tensión V_m tiene que ser superior a 3.84 V para el ángulo de conducción se aproxime a 180°.

Veamos ahora un ejemplo, supongamos que en el circuito de la figura 4-1 $V_{in} = 20\mathrm{Sen}(\omega t)$.

La figura 4-5 muestra en forma gráfica la forma de onda obtenida en Vd y V0 respectivamente.

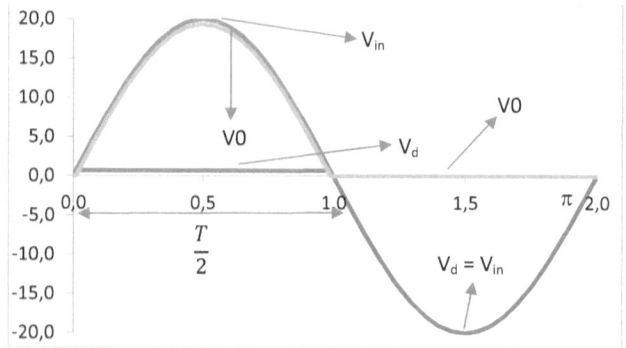

Figura 4- 5 V_{in}, Vd y V0 en el circuito de rectificación a media onda de la figura 4-1. Con $V_{in} = 20\mathrm{Sen}(\omega t)$.

Nótese como la señal rectificada de salida V0 alcanza casi el valor de V_m de entrada. El voltaje del diodo V_d es casi despreciable frente a V0 en la zona directa.

$$V_{in} \gg V_{th}$$

Por otro lado, vemos que el tiempo de conducción, es en términos prácticos es casi T/2, lo que se corresponde con un ángulo de conducción de casi 180°.

4.2 La Rectificación de media onda sin filtro capacitivo.

La figura 4-6 muestra más claramente la señal V0 rectificada de la figura 4-5.

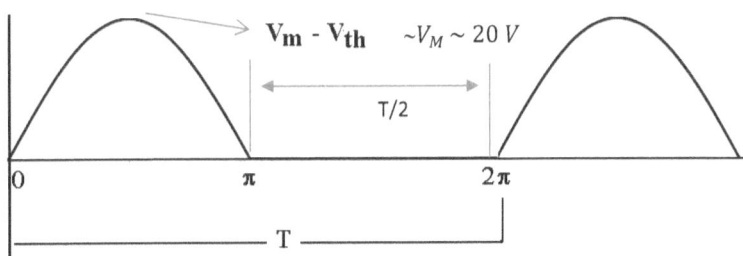

Figura 4- 6 Señal V0 rectificada a media onda con $V_{in} = 20\text{Sen}(\omega t)$

El V0(DC) equivalente sería de:

$$V0(DC) = \frac{1}{T}\int_0^\pi (Vm - Vth)\text{Sen}(\omega t)d\omega t$$

$$V0(DC) = \frac{1}{2\pi}(Vm - Vth)(-\cos(\pi) + \cos(0))$$

$$V0(DC) = \frac{Vm - Vth}{\pi} \cong \frac{Vm}{\pi} = 6.36\ V \qquad (4.9)$$

La expresión (4.9) demuestra que la rectificación es útil solo cuando el voltaje de entrada supera el voltaje de caída del diodo. Siendo el voltaje DC equivalente de salida, mayor cuanto mayor es el valor de V_m de la señal de entrada V_{in}.

Si se emplea diodos rectificadores de silicio convencionales, para obtener un voltaje de salida útil es necesario que el V_m sea de al menos 3.84 V, ya que por debajo de este valor el voltaje DC equivalente de salida se reduce a menos de 1V. Lo que en términos prácticos es muy poco úitil.

En general, tanto en la rectificación de señales a media onda como a onda completa (esta última se verá más adelante), es siempre deseable que la tensión V_m sea mucho mayor que la tensión V_{th} del diodo, para producir una tensión aprovechable para otros circuitos.

4.3 La Rectificación de media onda con filtro capacitivo.

Debido a lo anterior, a veces suele emplearse diodos tipo Schottky en rectificadores de señales de bajo voltaje.

4.3 La Rectificación de media onda con filtro capacitivo.

Como ya se dijo anteriormente, para aumentar el voltaje DC equivalente se emplea un capacitor a la salida del circuito rectificador. El voltaje aumenta ya que el capacitor queda cargado con un voltaje máximo V_m y una carga q almacenada durante el tiempo de carga, la cual puede liberar en forma de corriente a través de una resistencia R_L durante el tiempo de la descarga, y que hace que el voltaje de salida se mantenga más cerca del máximo V_m.

La tensión de rizado presente en el capacitor tiene una amplitud que va desde el máximo de V_m hasta un mínimo que depende de la constante de tiempo asociada a la descarga del capacitor, y al tiempo que transcurre mientras la señal de entrada se encuentra por debajo de la tensión actual del capacitor.

Durante la carga se asume que la constante de tiempo entre la resistencia dinámica del diodo y el capacitor es muy pequeña, por lo que la carga del capacitor sigue a la tensión de entrada de manera inmediata. Esto es particularmente cierto para señales de 60 Hz o menor, e incluso para señales de hasta unos cientos de Hertz, pero debe tomarse en cuenta que puede no ser cierto cuando se trata de señales de relativa alta frecuencia como por ejemplo, 100 kHz, en cuyo caso hay que considerar el valor de C apropiado para lograr que se cargue hasta V_m, apartando el hecho de que para tal frecuencia hay que emplear también un diodo rápido.

A continuación explicamos en detalle lo anteriormente descrito:

La figura 4-7 muestra el circuito de la figura 4-1 pero ahora con un capacitor **C** añadido a la salida V0.

4.3 La Rectificación de media onda con filtro capacitivo.

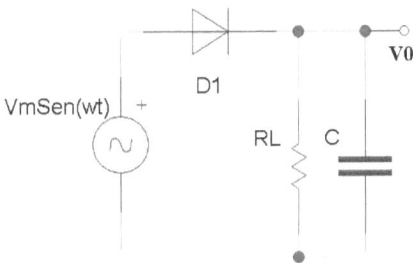

Figura 4- 7 Circuito rectificador de media onda con filtro capacitivo.

La figura 4-8 muestra ahora las formas de onda para V0 con y sin filtro, indicando también el voltaje de rizado y el equivalente de DC.

El capacitor **C** se carga a través de la resistencia dinámica *rd* de diodo D1, mientras que la descarga de **C** ocurre a través de la resistencia R_L.

Como ya se mencionó anteriormente, la resistencia dinámica *rd* en la polarización directa del diodo, es bastante baja. Esto hace que la constante de tiempo durante el período de carga $\tau = rdC$ se mantenga relativamente pequeña durante la fase de conducción en directa del diodo.

La figura 4-8 muestra varias formas de ondas: la señal V0 sin filtro, y la señal V0 con filtro. La señal V0 de línea punteada gruesa se agregó solo para indicar la posición del promedio que genera la forma de onda V0 con filtro.

Supongamos ahora que estamos en el semiciclo positivo de la señal de entrada V_{in}, esto es el tiempo que transcurre entre 0 y T/2 de la señal V0 sin filtro. Véase la figura 4-8.

4.3 La Rectificación de media onda con filtro capacitivo.

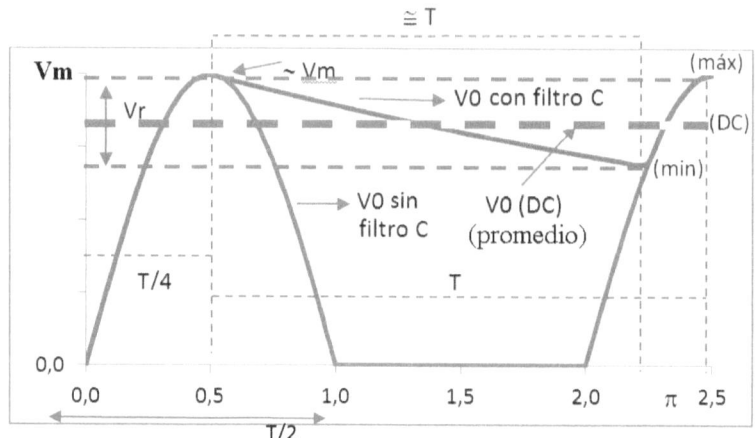

Figura 4- 8 Formas de onda de V0, con y sin filtro capacitivo en el circuito de la figura 4-7, indicando: amplitud del voltaje de rizado Vr (línea punteada fina), V0 sin filtro, V0 promedio DC (línea punteada gruesa), y V0 con filtro C.

Lo que sucede a continuación es que cuando la señal V_{in} alcanza su máximo, es decir V_m en t = T/4, el capacitor queda cargado con el mismo voltaje V_m. Esto se debe a que como ya explicó el τ de carga es relativamente pequeño y en la mayoría de los casos mucho menor que el tiempo que transcurre entre 0-T/4 de la señal V0 sin filtro.

Posteriormente entre T/4 y T/2, el capacitor ya no puede cargarse más ya que la disminución de la señal de entrada pone el diodo D1 en reversa, impidiendo un flujo de descarga a través de D1. Entonces el capacitor comienza a descargarse a través de la R_L.

Cuando la señal de entrada está en su semiciclo negativo, es decir, cuando V0 sin filtro es cero, entre T/2 y T el capacitor continúa descargándose a la misma velocidad a través de R_L.

El proceso de carga y descarga del capacitor está indicado en la figura 4-8 como máx y min, respectivamente.

Observando la figura 4-8 podemos inferir que cuando el voltaje de rizado es lo suficientemente pequeño, el tiempo promedio de la descarga es aproximadamente igual al período de la señal de salida: t $\cong$ T. Véase la figura 4-8.

4.3 La Rectificación de media onda con filtro capacitivo.

El voltaje de descarga del capacitor es entonces:

$$VC = Vm\left(e^{-\frac{t}{\tau}}\right) \qquad (4.10)$$

Dónde:

$\tau = R_L C$, $t \cong T$.

El voltaje de rizado Vr pico-pico será:

$$Vr = Vm - VC = Vm\left(1 - \left(e^{-\frac{t}{\tau}}\right)\right) \qquad (4.11)$$

Se puede demostrar que si el argumento $(-t/\tau)$ es menor que $\frac{1}{2}$ la expresión $\left(e^{-\frac{t}{\tau}}\right)$ puede aproximarse a:

$$\left(e^{-\frac{t}{\tau}}\right) \cong \left(1 - \frac{t}{\tau}\right) \quad \text{si } \frac{t}{\tau} < \frac{1}{2}$$

El término $\frac{t}{\tau}$ puede a su vez reescribirse como: $\frac{t}{\tau} = \frac{\frac{1}{f_{in}}}{R_L C} = \frac{1}{f_{in} R_L C}$

De modo que:

$$\frac{t}{\tau} = \frac{1}{f_{in} R_L C} < \frac{1}{2}$$

Retomando ahora la expresión de Vr y sustituyendo primero el término exponencial tenemos:

$$Vr = Vm - VC \cong Vm\left(1 - \left(1 - \frac{t}{\tau}\right)\right) \cong Vm\frac{t}{\tau}$$

Sustituyendo ahora el término $\frac{t}{\tau}$, el voltaje de rizado pico-pico será:

$$Vr \cong \frac{Vm}{f_{in} R_L C} \qquad (4.12)$$

El voltaje de salida puede ser calculado empleando la expresión:

$$Vo(DC) = \frac{1}{T}\int_0^T f(t)dt$$

Sin embargo, la señal f(t) es una parte senoidal y otra exponencial. De modo que para simplificar los cálculos podemos obtener el equivalente aproximado DC a partir de las gráficas 4-8 y 4-9.

4.3 La Rectificación de media onda con filtro capacitivo.

Utilizando la figura 4-9 el voltaje equivalente DC de salida (línea punteada gruesa) puede aproximarse a:

$$V0(DC) \cong Vm - \frac{Vr}{2} \cong Vm - \frac{Vm}{2f_{in}R_L C}$$

Reacomodando ahora la expresión anterior tenemos:

$$\boldsymbol{V0(DC)} \cong \boldsymbol{Vm}\left(1 - \frac{1}{2f_{in}R_L C}\right) \;\bigg|\; \frac{1}{f_{in}R_L C} < \frac{1}{2} \qquad (4.13)$$

Hemos acotado en la expresión 4.13 que solo converge para valores donde el tiempo de la descarga del capacitor se aproxima o es cercano al período de la señal V_{in}. Es decir, que el voltaje de rizado es pequeño. En términos prácticos, menor al 30% de V_m.

En la figura 4-8 puede apreciarse el V0(DC) indicado por la línea punteada de mayor grosor, al igual que en la figura 4-9, donde se muestra más claramente la señal VO(DC) rectificada y filtrada así como su equivalente de promedio DC.

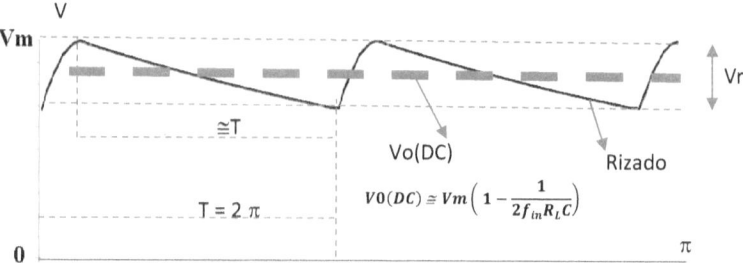

Figura 4- 9 Forma de onda de V0 del circuito de la figura 4-7 con filtro, mostrando el rizado de Vr, y su equivalente DC (línea gruesa punteada).

4.3.1 Ejemplo de rectificación a media onda con filtro.

Un transformador de 20 VRMS, se acopla a un circuito de rectificación de media onda como el indicado en la figura 4-7. Si $R_L = 200\Omega$, C = 1000 μF, y f = 60 Hz. Determine el voltaje de salida V0 DC equivalente.

Solución:

Verificando el término:

$$\frac{1}{f_{in}R_L C} = 0.083 < \frac{1}{2}$$

Luego:

$$V0(DC) \cong Vm\left(1 - \frac{1}{2f_{in}R_L C}\right)$$

$$Vm = 20\sqrt{2} = 28.28\ V$$

Luego:

$$V0(DC) \cong 28.28\left(1 - \frac{1}{2(60)(200)(1x10^{-3})}\right) = 27.1\ V$$

Puede observarse que en este ejemplo el voltaje DC obtenido está muy próxima al valor máximo V_m.

4.3.2 Ejemplo 2

Para el caso del ejemplo 4.3.1, si $R_L = 20\ \Omega$. Determine el valor de **C** para que V0(DC) sea de por lo menos 22 V.

Solución:

Despejando C de la ecuación (4.13) para el V0(DC) requerido tenemos:

$$C > \frac{1}{2fR_L\left(1 - \frac{V0}{Vm}\right)} > 1876\ \mu F$$

4.4 La Rectificación de onda completa.

La figura 4-10 muestra un ejemplo de un circuito de rectificación básico de onda completa. Como puede observarse, en la figura 4-10(a) existen cuatro diodos, los cuales

4.4 La Rectificación de onda completa.

son necesarios para la rectificación tanto del semiciclo positivo como del semiciclo negativo de la señal de entrada, que en este caso proviene del transformador T.

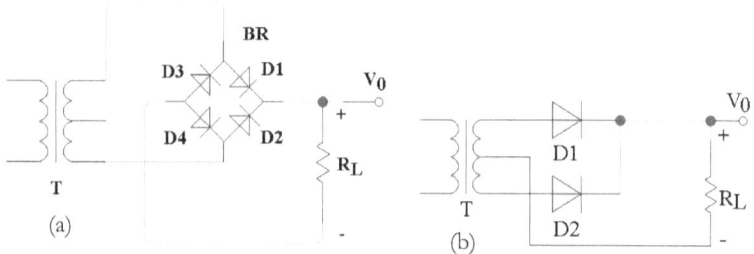

Figura 4-10 **Rectificación de onda completa: (a) con transformador normal, (b) con transformador de toma central.**

La figura 4-10(b) utiliza en cambio solo dos diodos para realizar una rectificación a onda completa.

Obsérvese que la diferencia estriba en el tipo de transformador utilizado. Cuando se usa un transformador de toma central como el indicado en la figura 4-10(b), se puede ahorrar dos diodos, ya la referencia es la misma toma central, mientras que en el caso 4-10(a) la referencia se hace utilizando cuatro diodos.

De acuerdo a lo anterior, la toma central funciona como una referencia de 0V, y los voltajes a los extremos del transformador están desfasados 180° entre sí. Así, entre la toma central y un extremo se obtiene $vmsen(\omega t)$, mientras que al mismo tiempo entre la toma central y el otro extremo se obtiene $-vmsen(\omega t)$. En el caso del transformador normal, pudiéramos decir que la referencia no es fija y se alterna entre sus dos polos.

Vamos a comenzar analizando el primer esquema, la figura 4-10(a). La figura 4-11 muestra los diodos que están en conducción como rellenados en color negro, mientras que los no rellenados están en bloqueo.

Nótese que el voltaje de salida V0 en este caso es siempre positivo.

A la configuración de diodos mostrada en la figura 4-10(a) se le conoce como puente rectificador de diodos, o *Bridge Rectifier* en inglés, de allí que su abreviatura sea BR.

4.4 La Rectificación de onda completa.

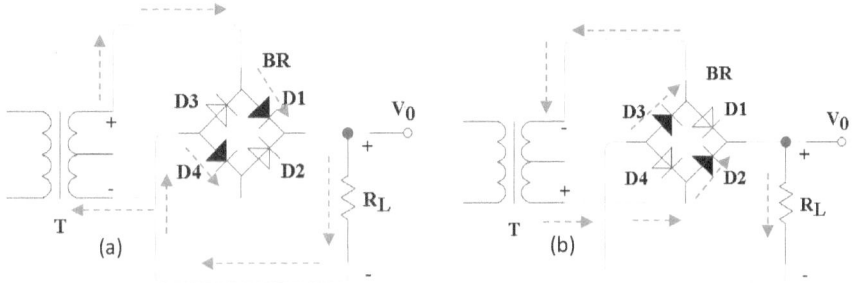

Figura 4- 11 Caso 4-10(a): (a) rectificación semiciclo positivo, (b) rectificación semiciclo negativo.

Durante el semiciclo positivo de la señal de entrada, indicado en la figura 4-11(a), los diodos D1 y D4 conducen, mientras que D2 y D3 permanecen en bloqueo. El flujo de corriente es como lo indica las flechas punteadas la figura 4-11(a).

Durante el semiciclo negativo, indicado por la figura 4-11(b), los diodos D2 y D3 conducen, mientras que D1 y D4 están el bloqueo.

Nótese que aunque la polaridad en los extremos de T cambia de positivo a negativo, según el semiciclo y como lo indica la figura 4-11(a) y 4-11(b) respectivamente, el flujo de corriente indicado por las flechas puntedas en V0, es siempre en el mismo sentido, generando un voltaje siempre positivo. Esto es lo que hace el proceso de rectificar a onda completa una señal AC.

Pasando ahora al caso del esquema 4-10(b) es aún más sencillo. Caundo el extremo superior esta en el semiciclo positivo por ejemplo, indicado por la figura 4-12(a), D1conduce y D2 esta en bloqueo, ya que el desfasaje de 180° hace que el otro extermo de Tsea negativo. Cuando se invierte la polariadad, es decir, el extremo inferior es ahora positivo, figura 4-12(b), D2 conduce y D1 pasa a bloqueo, y así suscesivamente.

El resultado es el mismo que en el caso 4-10(a), una rectificación a onda completa.

4.4 La Rectificación de onda completa.

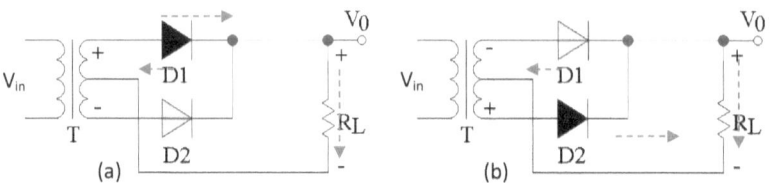

Figura 4-12. Caso 4-10(b): (a) rectifiación semiciclo positivo, (b)rectificación semiciclo negativo.

La figura 4-13 muestra la forma de onda obtenida en V0 para los esquemas de la figura 4-10(a) y 4-10(b), se indica también la señal entrada V_{in}.

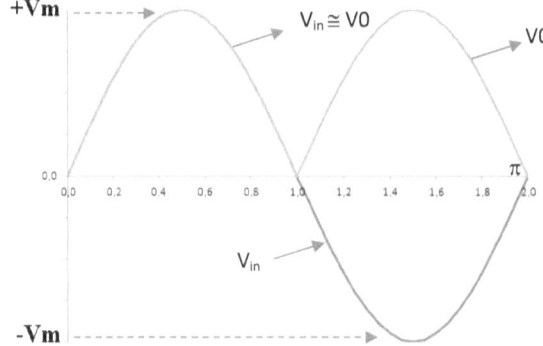

Figura 4-12 Formas de onda de V_{in} y **V0**, rectificada a onda completa.

En la forma de onda de V0 se ha despreciado el voltaje V_{th} de de caida en el diodo, por considerarse muy bajo frente a V_{in}. Por esta razon, en el semiciclo positivo, están solapadas ambas líneas, tanto V_{in} como V0.

La figura 4-14 muestra más claramente la señal V0 ya rectificada.

Obsérvese que a diferencia de la señal V0 rectificada a media onda, en este caso, no existe un semiciclo donde V0 valga cero de forma sostenida. En cambio, el semiciclo negativo de V_{in} es rectificado también para producir un voltaje positivo.

4.4 La Rectificación de onda completa.

Adicionalmente, si comparamos el periodo T de la señal rectificada a onda completa con la de media onda, notamos que este es la mitad, por lo que la frecuencia f de V0 es el doble de la señal de entrada V_{in}.

Debido a lo anterior, y como se demostrará más adelante, en la rectificación a onda completa el voltaje DC equivalente de salida será siempre mayor en comparación con el obtenido a media onda.

La figura 4-14 muestra la señal V0 rectificada a onda completa.

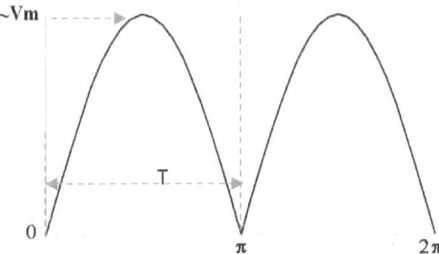

Figura 4- 13 Señal V0 rectificada a onda completa.

El voltaje equivalente DC en V0 es positivo y puede calcularse mediante la expresión (4.7) ya planteada anteriormente:

$$V0(DC) \cong \frac{1}{T}\int_0^{\pi}(Vm)Sen(\omega t)\, d\omega t$$

Resolviendo la ecuación anterior tenemos:

$$Vo(DC) \cong \frac{1}{\pi}(Vm)(-\cos(\pi)+\cos(0)) \cong \frac{2Vm}{\pi} \quad (4.14)$$

Comparando ahora la ecuación (4.14), con la ecuación (4.9), que representa el voltaje V0(DC) obtenido a media onda, y que también desprecia la caída de voltaje en el diodo tenemos:

$$\mathbf{Vo}(DC) \cong \frac{Vm}{\pi} \quad (4.9)$$

Lo anterior demuestra que en la rectificación a onda completa el voltaje DC equivalente de salida sin filtro se duplica, en comparación con la rectificación a media onda.

Para obtener un voltaje negativo de salida basta con invertir el sentido de todos los diodos. El flujo de corriente será también en sentido contario. El análisis es idéntico.

4.5 Rectificación de onda completa con filtro.

La figura 4-15 muestra el circuito correspondiente de rectificación de onda completa con filtro capacitivo.

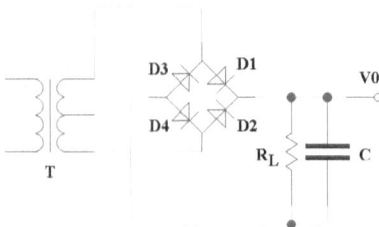

Figura 4- 14 Circuito rectificador de onda completa con filtro capacitivo.

Nuevamente se presenta en la figura 4-16 la forma de onda de V0 sin filtrar, con filtro, y su equivalente de promedio DC.

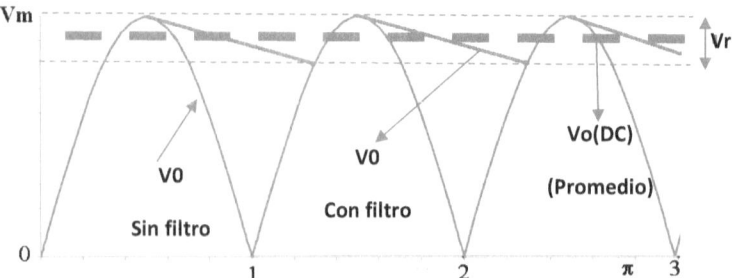

Figura 4- 15 Formas de onda de: V0 sin filtro, con filtro (rectificación de onda completa), y el equivalente DC (línea punteada gruesa).

4.5 Rectificación de onda completa con filtro.

La figura 4-17 muestra más claramente la señal de salida V0 con filtro y su equivalente de promedio DC:

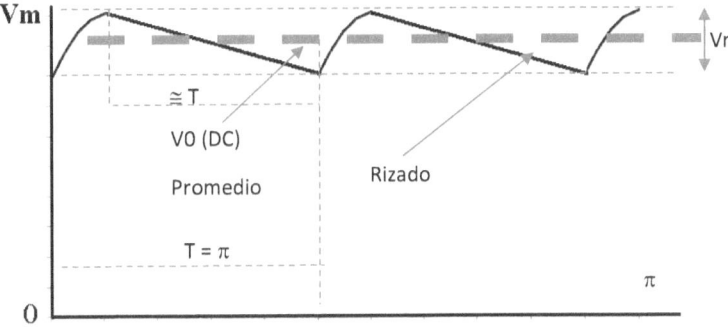

Figura 4-16 Señal de salida V0 rectificada y filtrada a onda completa, indicando también su equivalente de promedio DC (línea punteada gruesa).

El tiempo promedio de descarga para el capacitor será aproximadamente igual al período de la señal rectificada a onda completa que ahora es la mitad del período de la señal de entrada V_{in}. Véase las figuras 4-17 y 4-14 respectivamente.

El período de la señal V0 es:

$$T = \pi = \frac{T_{in}}{2} \; ; f = 2f_{in}$$

Aplicando los criterios ya establecidos en la sección 4-3 para obtener las expresiones deseadas y cambiando el valor de f_{in} por $2f_{in}$, el voltaje de rizado pico-pico será:

$$Vr \cong Vm\frac{T}{\tau} \cong \frac{Vm}{2f_{in}R_L C} \qquad (4.15)$$

Recordemos entonces que el término: $\frac{1}{2f_{in}R_L C} < \frac{1}{2} \; ; \frac{1}{f_{in}R_L C} < 1$; onda completa.

Obsérvese que el término $\frac{1}{f_{in}R_L C} < \frac{1}{2}$ vale para media onda.

Luego el voltaje equivalente DC de salida será:

4.5 Rectificación de onda completa con filtro.

$$V0(DC) \cong Vm - \frac{Vr}{2} \cong Vm - \frac{Vm}{2 \times 2 f_{in} RC}$$

Reacomodando la expresión:

$$\boldsymbol{V0(DC) \cong Vm\left(1 - \frac{1}{4 f_{in} R_L C}\right)} \quad (4.16)$$

Obsérvese que el periodo de la señal en la rectificación a onda completa de V0 es T = π, y a media onda el periodo es T = 2π.

El valor DC de salida en la rectificación de onda completa con filtro es entonces también mayor que el obtenido a media onda con filtro. Compárese las ecuaciones (4.16) y (4.13).

El valor máximo alcanzable tanto en la rectificación a media onda, como en la de onda completa, es V_m. Esta condición puede ser alcanzada si el término $f_{in}R_LC$ es mucho mayor que 1, tal como lo indican las ecuaciones (4.16) y (4.13) respectivamente.

4.5.1 Ejemplo de rectificación a onda completa con filtro.

Un transformador de 20 VRMS, se acopla a un circuito de rectificación de onda completa como el indicado en la figura 4-15. Si los valores de R, C, y f, son idénticos a los del ejemplo 4.3.1, figura 4-7 donde: R_L = 200Ω, C = 1000 μF, y f = 60 Hz. Determine el voltaje de salida V0 DC equivalente.

Solución:

Verificando primero la expresión:

$$\frac{1}{f_{in} R_L C} = 0.082 < 1$$

Aplicando la ecuación 4.16 tenemos:

$$V0(DC) \cong Vm\left(1 - \frac{1}{4 f_{in} RC}\right)$$

$$Vm = 20\sqrt{2} = 28.28 \, V$$

Luego:

4.5 Rectificación de onda completa con filtro.

$$V0(DC) \cong 28.28 \left(1 - \frac{1}{4(60)(200)(1x10^{-3})}\right) \cong 27.69\ V$$

Obsérvese que en este caso, y de manera intencional, debido a que el término $f_{in}R_LC$ es 12, es decir, mucho mayor que 1, el voltaje de salida V0 DC tanto en la rectificación a media onda, como de onda completa, son similares, y llegan a aproximarse al máximo de V_m.

La diferencia entre una rectificación a onda completa, y otra a media onda, se notarán cuando la resistencia de carga haga que el termino $f_{in}R_LC$ sea pequeño o cercano a 1. Como en el ejemplo que a continuación se muestra:

4.5.2 Ejemplo 2.

Para el caso del ejemplo 4.3.2, donde se rectificó a media onda, se calculó que el valor de C necesario para un voltaje de salida V0 = 22 V, es de: C =1876 µF, con R_L = 20 Ω, y V_m = 28.28 V. Si se aplica ahora una rectificación de onda completa con los mimos valores, determine el valor de V0 obtenido.

Solución:

C= 1876 µF, R_L = 20 Ω, y f = 60 Hz.

Verificando el término:

$$\frac{1}{f_{in}R_LC} = 0.44 < 1$$

El voltaje V0(DC) obtenido ahora onda completa será:

$$V0(DC) \cong 28.28 \left(1 - \frac{1}{4(60)(20)(1.87610^{-3})}\right) \cong 25.13\ V$$

En este caso, se nota la diferencia entre la rectificación de onda completa con filtrado respecto de la rectificación a media onda con igual filtrado, y donde el término $f_{in}R_LC$ afecta más significativamente a voltaje de salida V0.

En la rectificación de onda completa se obtiene comparativamente un voltaje DC mayor respecto de la obtenida con la rectificación de media onda.

Consecuentemente en la rectificación a onda completa el voltaje de rizado es menor.

La tabla 4-1 muestra ahora un resumen de fórmulas útiles para esta sección:

Tipo de Rectificación	V0 (DC) sin filtro	V0 (DC) Con filtro	Rizado pico-pico Vr	Capacitor C	Frecuencia f0
Media onda	$\dfrac{V_m}{\pi}$	$V_m(1 - \dfrac{1}{2f_{in}R_LC})$ $\dfrac{1}{f_{in}R_LC} < \dfrac{1}{2}$	$\dfrac{V_m}{f_{in}R_LC}$	$\dfrac{1}{2f_{in}R_L(1 - \dfrac{V0}{V_m})}$	f_{in}
Onda completa	$\dfrac{2V_m}{\pi}$	$V_m(1 - \dfrac{1}{4f_{in}R_LC})$ $\dfrac{1}{f_{in}R_LC} < 1$	$\dfrac{V_m}{2f_{in}R_LC}$	$\dfrac{1}{4f_{in}R_L(1 - \dfrac{V0}{V_m})}$	$2f_{in}$

Tabla 4-1 Resumen de fórmulas para la rectificación a media onda y onda completa con y sin filtro.

Recuerde que la tabla 4-1 aplica para valores de tensiones de rizado pequeños, es decir, con amplitudes no mayores del 30% del valor de V_m.

4.6 Multiplicadores de Voltaje con diodos.

Un multiplicador de voltaje con diodos es un circuito que a través de una o más etapas transforma un voltaje de entrada AC en uno de salida DC, el voltaje de salida se caracteriza por ser mayor y múltiplo del valor pico V_m de entrada.

4.6 Multiplicadores de Voltaje con diodos.

Recuérdese que en el caso de la rectificación de media u onda completa se obtiene un voltaje DC de salida menor o igual al V_m.

El proceso de elevación del voltaje se hace por medio de la carga sucesiva de capacitores durante la alternancia de los ciclos de la señal AC. La utilización de diodos permite que la carga de los capacitores sea muy rápida durante el modo de conducción (directo), y en cambio ofrece una descarga casi nula en el modo de bloqueo (reverso). De este modo, los voltajes cargados son retenidos y se van sumando hasta obtener el valor deseado.

La resistencia de salida, supone una descarga de los capacitores que se van reponiendo de nuevo con los ciclos de la señal AC. Esto hace que aparezca también un rizado en la señal de salida que depende de la constante: $R_L C$.

La corriente máxima de salida en un multiplicador de voltaje se reduce con el incremento del voltaje, es decir, del número de etapas, ya que la potencia total se mantiene siempre constante. Así por ejemplo, en un doblador de voltaje la corriente máxima de salida se reduce aproximadamente a la mitad del valor máximo I_m. Esto es:

$$P = I_m V_m; \quad I_0 = \frac{P}{N V_m} = \frac{I_m}{N} \qquad (4.17)$$

Dónde:

P = potencia máxima del transformador o fuente AC en Watts:

$$P = \text{IRMS } \sqrt{2} \text{ x VRMS } \sqrt{2} = 2\text{PRMS}$$

I_m = corriente pico máxima del transformador o fuente AC: $I_m = \text{IRMS } \sqrt{2}$

I_0 = corriente máxima de salida.

N = número de etapas de elevación. Ejemplo N=2 doblador, N=3 triplicador…etc.

V_m = Voltaje pico de la señal AC: $V_m = \text{VRMS } \sqrt{2}$

La expresión (4.17) indica que cuanto mayor es la elevación del voltaje menor es la corriente de salida aprovechable que se puede obtener de él.

4.6 Multiplicadores de Voltaje con diodos.

Por otro lado, las pérdidas por descarga de los capacitores se suman, por lo que el voltaje de salida es un siempre menor al esperado. Por lo general, cuanto mayor es la multiplicación mayores son las pérdidas.

Veamos ahora algunos casos de multiplicadores de voltaje con diodos.

4.6.1 Doblador de Voltaje de media onda.

La figura 4-18 presenta un circuito doblador de voltaje a media onda.

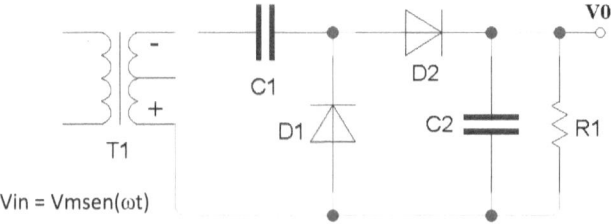

Figura 4- 18 Doblador de voltaje a media onda.

El circuito de la figura 4-18 funciona así: durante el semiciclo negativo, indicado con la polaridad establecida de la señal de entrada, el diodo D1 está en conducción, mientras que D2 está bloqueado o inactivo. La conducción de D1 equivale en términos prácticos, a un interruptor cerrado.

La figura 4-19 indica en negro a D1 activo, mientras que en blanco a D2 inactivo. Lo que sucede a continuación es que el capacitor C1 se carga hasta el voltaje máximo de la señal de entrada, es decir, V_m.

El diodo D1 impide a su vez que el capacitor C1 se descargue, bloqueando la conducción en sentido contrario cuando la señal de entrada está por debajo de V_m, por lo que C1 permanece cargado al valor de V_m.

4.6 Multiplicadores de Voltaje con diodos.

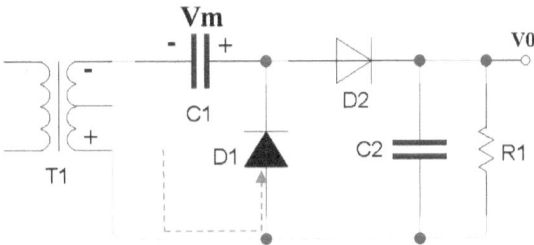

Figura 4-19 Doblador de voltaje: mostrando la carga de C1 durante el semiciclo negativo de T1.

La polaridad de carga de C1 se indica también en la figura 4-19.

La velocidad de carga de C1 está determinada por la constante de tiempo: $\tau = C1(rd+R_G)$.

Dónde:

R_G = es la resistencia de la fuente T1 y rd = la resistencia dinámica del diodo.

Ambas resistencias suelen ser bastante pequeñas por lo que el tiempo τ de carga se mantiene relativamente corto.

En base a lo dicho anteriormente podemos asumir que el proceso de carga es instantáneo.

Ahora cuando la señal de entrada se invierte, es decir, que pasa al semiciclo positivo, D1 pasa a bloqueo, mientras que D2 ahora entra en conducción. Véase la figura 4-20.

El voltaje en V0 durante este semiciclo es:

$$V0 = Vc2 = Vc1 + VmSen(\omega t)$$

Recuerde que la señal de entrada está ahora en el semiciclo positivo, como lo indica la figura 4-20.

4.6 Multiplicadores de Voltaje con diodos.

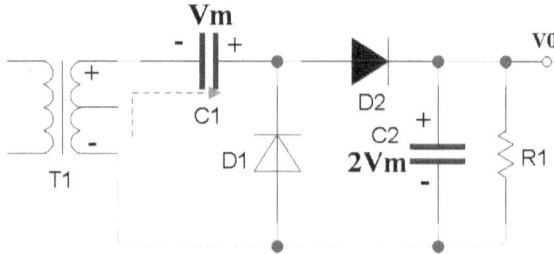

Figura 4- 20 Doblador de tensión: mostrando ahora la Carga de C2 a 2Vm.

Mientras que el capacitor C2 se va cargando, el capacitor C1 se descarga simultáneamente con una constante de tiempo:

$$\tau = C1.R1$$

Si el τ de descarga es mucho mayor que el período de la señal de entrada T, es decir:

$$\tau \gg T$$

El voltaje de descarga en el capacitor C1 es muy poco significativo. Es decir, que solo se descarga parcialmente, pero se carga de modo completo.

Debido a que C2 se va cargando, la descarga de C1 va ocurriendo cada vez menor, ya que el diodo D2 impide también que C1 se descargue mientras que el voltaje sea menor al que tiene C2.

Adicionalmente, el capacitor C2 no debe descargarse totalmente a través de R1, para que el voltaje de salida V0 pueda subir al nivel deseado.

Como C1 se descarga mientras se carga C2, la carga máxima de C2 se completará de manera progresiva y puede que sea en varios ciclos de la señal de entrada, hasta que C2 alcance finalmente una tensión máxima que es el doble del voltaje V_m. Alcanzado este punto, la descarga de C1 es muy pequeña y ocurre cuando carga a C2. Se origina entonces una tensión de rizado normal del circuito.

El diodo D2 bloquea la descarga de C2 a través de él, de modo que solo se descarga a través de R1. C1 se seguirá cargando hasta V_m con cada semiciclo negativo, y C2 hasta

4.6 Multiplicadores de Voltaje con diodos.

2Vm a en el semiciclo positivo, una vez y se alcancen los ciclos de carga que necesite el circuito para llegar a una condición estable.

La tensión de salida V0 será entonces:

$$V0 \cong Vm + VmSen(90º) \cong 2Vm$$

La constante de tiempo para la descarga de C2 será:

$$\tau = C2.R1$$

La forma de onda del voltaje de salida y de la entrada se observa en la figura 4-21.

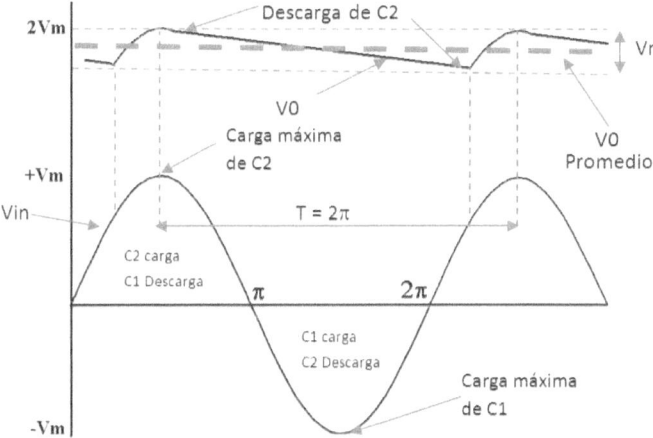

Figura 4- 20 Forma de onda en V_{in} y V0, en el doblador de voltaje media onda.

El período de la señal V0 es: $T = 2\pi$.

Ya que la rectificación es a media onda, el voltaje de promedio de salida puede calcularse con la misma expresión que para el rectificador a media onda con filtro visto ya en el punto 4.3.

$$V0(DC) \cong 2Vm\left(1 - \frac{1}{2f_{in}R1C2}\right) \quad (4.18)$$

4.6 Multiplicadores de Voltaje con diodos.

Nótese que hemos adaptado el término Vm por 2Vm, ya que la tensión de salida es el doble.

En la ecuación (4.18) aplica los mismos criterios establecidos en 4.3. Por lo tanto, la tensión de rizado debe ser pequeña, es decir, que el tiempo de descarga de C2 debe aproximarse al período de la señal V_{in}.

En circuitos dobladores de voltaje, se procura que la R de carga sea un valor grande para que la descarga de C2 sea mínima.

Por otro lado, C2 y C1 tienden a ser relativamente pequeños, como para que la constante de tiempo de carga: $\tau = (rd + Rs)C$, se mantenga baja y se garantice la carga de ellos al voltaje máximo. Esto es: C1 a V_m y C2 a $2V_m$.

Lo anterior implica un compromiso al momento de seleccionar el valor de C1 y C2, para mantener un tiempo de carga, y un nivel de rizado aceptable, dada una carga determinada y a la frecuencia de trabajo.

4.6.2 Doblador de Voltaje de onda completa.

La figura 4-22 muestra un circuito doblador de voltaje de onda completa.

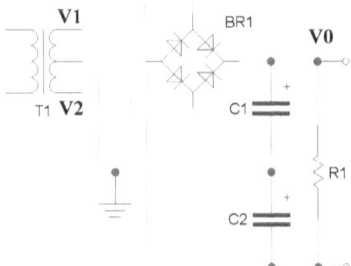

Figura 4- 21 Doblador de Voltaje de onda completa.

Un puente rectificador BR1 y un transformador con toma central son utilizados en este circuito. Las señales V1, y V2 son:

4.6 Multiplicadores de Voltaje con diodos.

$$V1 = V_m Sen(\omega t)$$

$$V2 = V_m Sen(\omega t + 180º) = -V_m Sen(\omega t)$$

V1 y V2 están desfasados por 180º, de modo que cuando V1 = V_m, V2 = -V_m. Recuerde el esquema del rectificador de onda completa descrito en 4.4.

Cuando V1 está en el semiciclo positivo, V2 está en el su semiciclo negativo, luego los capacitores C1 y C2 se cargarán hasta el voltaje pico de V_m. Los diodos involucrados en esta fase se indican de color negro en la figura 4-23, y las flechas indican el sentido del flujo de corriente para V1 y V2 respectivamente.

Los diodos impiden siempre que los capacitores se descarguen, bloqueando la corriente de reversa. De modo que ambos capacitores solo se descargan a través de R1.

La toma central de T1 representa la referencia de 0 V. La corriente en este nodo es prácticamente nula, indicada por una flecha sólida en una dirección, y otra punteada en sentido contario.

La corriente de carga atraviesa ambos capacitores pasando por los diodos en conducción indicados en negro. El resultado es que mientras C1se carga positivamente en el sentido indicado por la figura 4-23, C2 lo hace negativamente, respecto de la referencia.

El voltaje entre C1 y C2 cuando están completamente cargados es entonces 2 V_m.

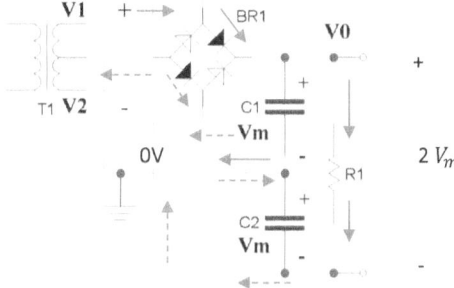

Figura 4- 22 Doblador de voltaje: V1 positivo y V2 negativo.

4.6 Multiplicadores de Voltaje con diodos.

Ahora cuando V1 pasa al semiciclo negativo, V2 está en semiciclo positivo, los diodos involucrados se indican en la figura 4-24.

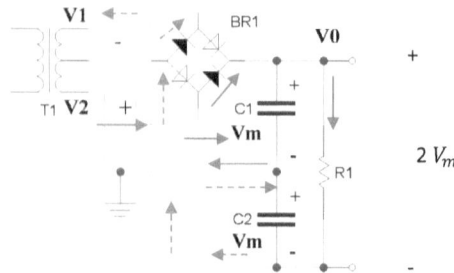

Figura 4- 23 Doblador de voltaje: V1 negativo, V2 positivo.

El resultado es que los capacitores se cargarán de nuevo hasta el voltaje pico V_m respectivamente, y se mantiene la polaridad de carga.

En un circuito doblador de voltaje de onda completa como el de la figura 4-22, los capacitores C1 y C2 se cargan dos veces ciclo, a diferencia de una vez por ciclo en el caso del doblador de media onda.

Como cada capacitor está cargado al voltaje V_m, el voltaje máximo en V0 es:

$$V0(máximo) = Vc1 - Vc2 = Vm - (-Vm) = 2Vm$$

Nótese que el voltaje de salida es obtenido entre los extremos de C1 y C2, y no respecto de la referencia.

El voltaje de salida V0 se descarga a través de R1. La figura 4-25 muestra la forma de onda de V0 comparándola con V1 y V2 respectivamente.

4.6 Multiplicadores de Voltaje con diodos.

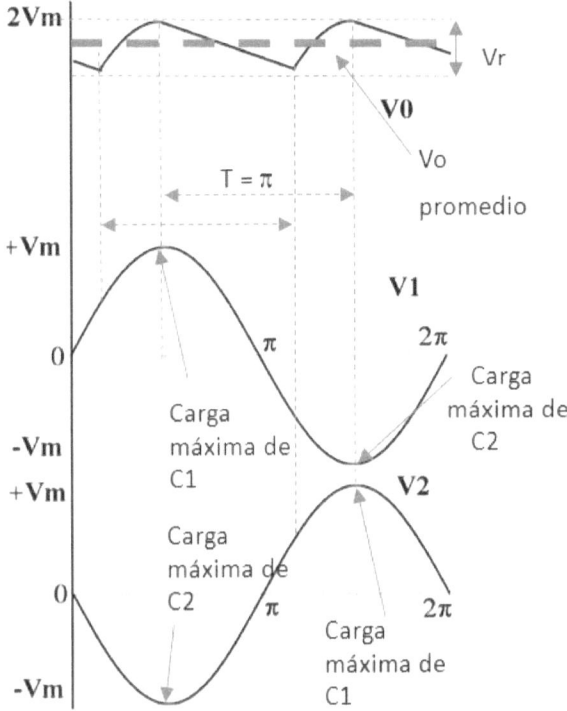

Figura 4-24 Forma de onda V0, V1 y V2 en el doblador de onda completa de la figura 4-20.

La figura 4-25 indica claramente que el período de la señal V0 es la mitad del período de la señal de entrada V1 o V2. Por lo que la frecuencia de V0 es el doble de la señal de entrada.

El voltaje promedio DC de salida puede entonces estimarse bajo los mismos criterios establecidos en 4.5, así:

$$V0(DC) \cong 2Vm \left(1 - \frac{1}{4f_{in}R1Ceq}\right) \quad (4.19)$$

La capacitancia Ceq que se ve en V0, será el equivalente serie de C1 y C2.
Si C1 y C2 son iguales, entonces la capacitancia serie equivalente será:

4.6 Multiplicadores de Voltaje con diodos.

$$Ceq = \frac{C1\,C2}{(C1+C2)} = \frac{C1}{2}$$

Luego la expresión (4.19) queda:

$$V0(DC) \cong 2Vm\left(1 - \frac{1}{2f_{in}R1C1}\right) \;;\; si\; C1 = C2 \quad (4.20)$$

Puede observarse que si R y C son iguales, tanto para el doblador de voltaje de onda completa, como para el de media onda, el voltaje V0 promedio de salida es el mismo. Esto se debe a que la capacitancia efectiva en el doblador de onda completa se reduce a la mitad.

Lo anterior puede resolverse si el valor de C en el doblador de onda completa, es al menos el doble que el estimado para el de media onda.

La ventaja del doblador de onda completa es que la carga de cada capacitor es directa del transformador, a diferencia de la carga en el capacitor de salida C2, que depende de C1, en el doblador a media onda (figura 4-18). Esto no solo permite utilizar valores más altos de C, en comparación con el de media onda, ya que se cargan más rápidos, también hay menos pérdidas de voltaje, por lo que el voltaje efectivo de salida tenderá a ser mayor en el doblador de onda completa.

Adicionalmente, se puede obtener mayor potencia de salida en un multiplicador de onda completa, en comparación con uno de media onda, ya que la corriente promedio DC que se obtiene es mayor, el doble de la que se obtiene con el de media onda.

4.6.3 Triplicador de Voltaje de media onda.

La figura 4-26 muestra ahora el esquema eléctrico de un circuito Triplicador de Voltaje.

4.6 Multiplicadores de Voltaje con diodos.

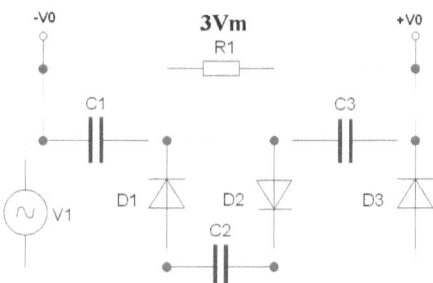

Figura 4- 25 Triplicador de voltaje.

Se ha sustituido el transformador T1 por V1, solo para fines de simplificar el esquema.

Supongamos que V1 inicia en el semiciclo negativo. La figura 4-27 muestra la carga del capacitor C1 durante este semiciclo.

El diodo D1 está en conducción, mientras que D2 y D3 están en bloqueo.

Asumimos que el capacitor C1 queda finalmente cargado hasta el voltaje V_m, y con la polaridad indicada por la figura 4-27.

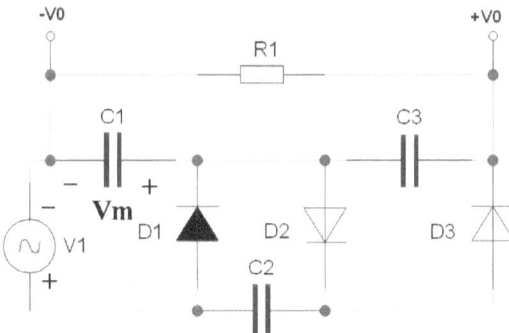

Figura 4- 26 Triplicador de voltaje: mostrando carga de C1.

Ahora durante el semiciclo positivo D1 pasa a bloqueo, mientras que D2 ahora conduce. D3 permanece bloqueado también. La figura 4-28 muestra la carga de C2, a través de D2. La carga de C2 es la suma de los voltajes de C1 y de V1, ambos positivos. Asumimos que la carga de C2 llega hasta el voltaje de $2V_m$.

4.6 Multiplicadores de Voltaje con diodos.

Recuerde que D2 es este caso impide que C2 se descargue por debajo de 2Vm, igual que D1 impide que se descargue C1.

C1 y C2 están ahora cargados. Se ha completado un ciclo de la señal de entrada V1.

Lo que sucede a continuación es que en el siguiente semiciclo negativo se activa D1. Esto supone un corto-circuito equivalente entre D1 que permite que se pueda activar D3, mientras que D2 está bloqueado.

C3 se cargará inicialmente hasta el voltaje V_m, ya que siendo C3 igual que C2, el voltaje de C2 se divide en dos, pero a medida que se repitan los semiciclos negativos, eventualmente C2 irá aportando más y más carga a C3, hasta que C2 y C3 estén cargados al mismo voltaje de C2, es decir 2Vm.

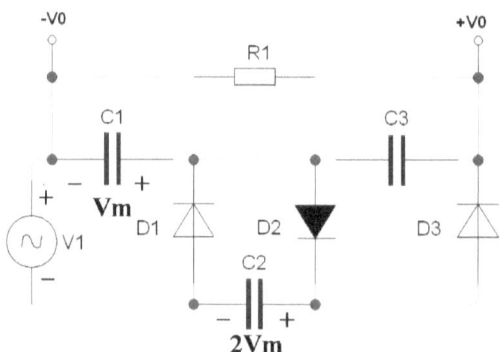

Figura 4- 27 Triplicador de voltaje: mostrando la carga de C2.

Para los próximos ciclos de V1, D1 y D3 se activan simultáneamente y se cargan: C1, a través de D1 y V1, y C3 a través de D3 y C2. Véase la figura 4-29.

C1 y C3 se cargan al mismo tiempo, y ocurre una vez por ciclo de la señal V1. El período de la señal de salida es entonces el mismo de la señal de entrada.

4.6 Multiplicadores de Voltaje con diodos.

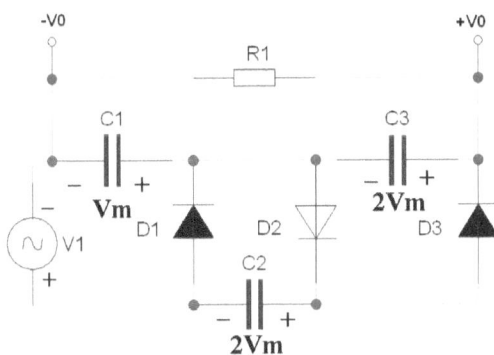

Figura 4- 28 Triplicador de voltaje: carga de C3.

El voltaje de salida se toma entre C3 y C1 como lo indica la figura 4-29.

La resistencia R1 impone una descarga de los voltajes en C1, C2, y C3, respectivamente, que se restituyen con los ciclos de la señal V1, por lo que aparece un rizado que dependerá de nuevo de la constante R1Ceq.

La figura 4-30 muestra la gráfica de la señal de salida y de la señal de entrada en el tiempo.

Como el rectificador es de media onda el voltaje de salida promedio DC puede aproximarse siguiendo ya los criterios establecidos en 4.3, así:

$$V0(DC) \cong 3Vm\left(1 - \frac{1}{f_{in}R1C1}\right)|C1 = C2 = C3 \qquad (4.21)$$

En la expresión de V0 ya están considerados C1 y C3 en serie.

4.6 Multiplicadores de Voltaje con diodos.

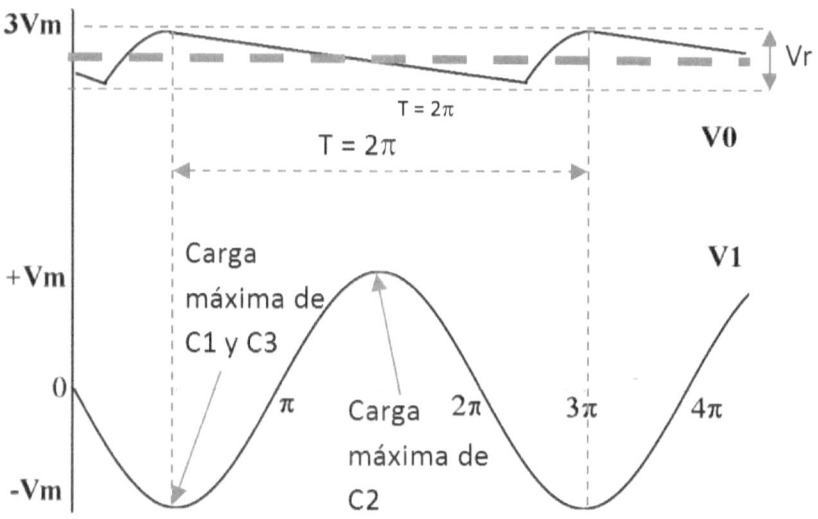

Figura 4-30 Forma de onda: V0 y V1 en el triplicador de voltaje.

A medida que el voltaje se eleva, el voltaje de rizado aumenta en proporción también, por lo que el promedio DC se ve más afectado por la componente de rizado.

El rizado en este caso es mayor, y se debe al efecto cascada de la descarga de los capacitores.

4.6.4 Cuadriplicador de Voltaje de media onda.

La figura 4-31 muestra ahora un esquema de circuito para un cuadriplicador de voltaje de media onda, en el que ya se ha alcanzado los ciclos de carga necesarios hasta que el voltaje de salida alcanza su máximo, de aproximadamente 4 V_m.

4.6 Multiplicadores de Voltaje con diodos.

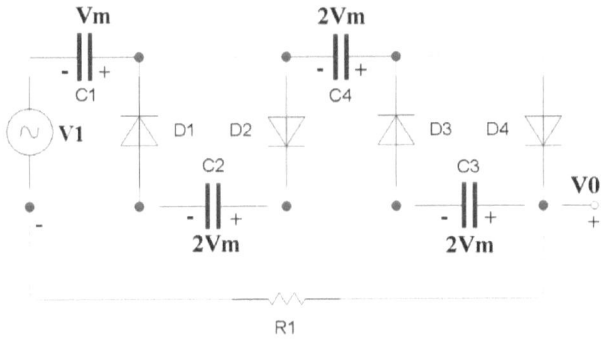

Figura 4- 29 Cuadriplicador de voltaje.

Podemos resumir el funcionamiento así:

En los semiciclos positivos de V1 se cargan C2 y C3, mientras que en los semiciclos negativos se cargan C1y C4.

Cada capacitor se carga una vez por ciclo de V1.

El voltaje de salida promedio DC estimado será:

$$V0(DC) \cong 4Vm \left(1 - \frac{1}{f_{in}R1C1} \right) | C1 = C2 = C3 = C4 \qquad (4.22)$$

Obsérvese que en todos los casos tanto de multiplicadores de media onda como de onda completa la tensión máxima de reverso que soporta cada diodo es 2Vm.

Por tanto, el voltaje de reverso que debe soportar cada diodo en un multiplicador de voltaje es:

$$VR \geq 2Vm \qquad (4.23)$$

En teoría es posible obtener un multiplicador de voltaje de cualquier orden, ya que lo que se debe hacer es repetir en cascada la secuencia hasta lograr el orden requerido de multiplicación.

La capacitancia equivalente de salida disminuye conforme aumente el número de capacitores en serie que este formando el voltaje de salida V0.

4.6 Multiplicadores de Voltaje con diodos.

La disminución de la capacitancia equivalente de salida afecta el V0, haciendo que el término $\left(\frac{1}{f_{in}R1C_{eq}}\right)$, aumente de valor.

La componente de rizado Vr se hace mayor cuanto mayor sea el orden de multiplicación N del circuito. Por lo que será más difícil alcanzar el máximo de la señal $V0 = (NV_m)$.

La resistencia de carga R1 debe ser lo suficientemente grande de modo que se asegure que el término: $\left(\frac{1}{f_{in}R1C_{eq}}\right) < \frac{1}{2}$ y se mantenga un nivel de rizado pequeño.

En un multiplicador de voltaje de N orden, donde N es par y mayor de 2, la capacitancia equivalente será:

$$C_{eq} = \frac{2C}{N} \quad ; N = 4, 6, 8, 10, \ldots \ldots \quad (4.24)$$

N= 4 = cuadruplicador, 6 sextuplicador, 8 = octuplicador....etc.

La tensión de rizado equivalente será:

$$Vr = \frac{N^2 V_m}{2 f_{in} R1 C} \quad ; \frac{N}{f_{in} RC} < 1 \quad (4.25)$$

Nótese en la expresión (4.25) que la tensión de rizado crece con el cuadrado del orden del multiplicador, es decir, un sextuplicador por ejemplo, tendrá 2.25 veces más tensión de rizado que un cuadruplicador con los mismos valores de V_m, R, y C.

Adicionalmente, cuantas más etapas contenga el multiplicador, más tiempo se requerirá para que este alcance su voltaje final, debido a que se necesitan más ciclos para cargar los capacitores en cascada.

Recuerde también que la potencia se distribuye entre las etapas, de modo que la corriente máxima disponible a la salida, disminuye conforme aumentan las etapas, conforme se estableció en 4.18.

La tabla 4.2 presenta un resumen de fórmulas aplicables para los circuitos multiplicadores que se ha revisado.

La tabla 4.2 presenta un resumen de fórmulas aplicables para los circuitos multiplicadores que se ha revisado.

Las expresiones del voltaje de rizado, y de la corriente promedio de salida, se pueden obtener facialmente, a partir de las expresiones ya vistas en los apartados 4.3-4.5.

Multiplicador Tipo/orden	V0(DC) (V)	Vr (pico-pico) (V)	I0 (DC) (A)
Doblador media onda: C1=C2	$2V_m\left(1-\dfrac{1}{2f_{in}RC}\right); \dfrac{1}{f_{in}R_LC}<\dfrac{1}{2}$	$Vr=\dfrac{2V_m}{f_{in}R_LC}$	$I0=\dfrac{I_m}{2\pi}$
Doblador Onda completa: C1=C2; $C_{eq}=\dfrac{C2}{2}$	$2V_m\left(1-\dfrac{1}{4f_{in}RC_{eq}}\right); \dfrac{1}{f_{in}R_LC_{eq}}<1$	$Vr=\dfrac{V_m}{f_{in}R_LC_{eq}}$	$I0=\dfrac{I_m}{\pi}$
Triplicador media onda: C1=C2=C3; $C_{eq}=\dfrac{C2}{2}$	$3V_m\left(1-\dfrac{1}{2f_{in}RC_{eq}}\right); \dfrac{1}{f_{in}R_LC_{eq}}<\dfrac{1}{2}$	$Vr=\dfrac{3V_m}{f_{in}R_LC}$	$I0=\dfrac{I_m}{3\pi}$
>2 y par C1= ....Cn $C_{eq}=\dfrac{2C}{N}$	$V0(DC)\cong NV_m\left(1-\dfrac{1}{2f_{in}RC_{eq}}\right); \dfrac{1}{f_{in}R_LC_{eq}}<\dfrac{1}{2}$	$Vr=\dfrac{NV_m}{f_{in}R_LC_{eq}}$	$I0=\dfrac{I_m}{N\pi}$
Tensión de Reverso máximo por diodo (V)	$2V_m$	-	-

Tabla 4-2 Fórmulas aplicables para los multiplicadores de voltaje revisados.

4.7 Regulación de Voltaje con diodo Zener.

En un circuito eléctrico el diodo Zener es principalmente utilizado como regulador de voltaje. Como elemento regulador permite estabilizar y proveer de corriente a un cierto voltaje, pero en otros casos, y con mucha frecuencia, se utiliza para proporcionar un voltaje de referencia que básicamente no provee corriente. La amplia gama de voltaje de

4.7 Regulación de Voltaje con diodo Zener.

Zener disponible, y de sus características adicionales, hacen que su elección en el diseño de circuitos electrónicos sea muy flexible.

A continuación se presentan dos ejemplos de circuitos de regulación de voltaje con el uso del diodo Zener. Se emplean valores comercialmente disponibles.

4.7.1 Ejemplo de regulación de voltaje con diodo Zener.

Un diodo Zener es utilizado en el circuito de la figura 4-32. Los valores son: $R = 100\ \Omega$, $V_{ZT} = 5.1$ V, $I_{ZT} = 50$ mA, $I_{Zmin} = 5$ mA, $Z_{ZT} = 5\ \Omega$, $P_Z = 500$ mWatts. ¿Cuál será el voltaje de entrada mínimo V_{inmin}, y máximo V_{inmax}, en el que puede operar el diodo Zener, y que porcentaje de regulación se alcanza?

Solución:

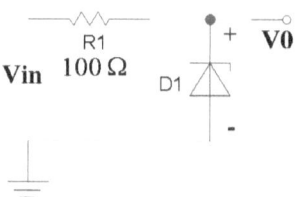

Figura 4-30 Regulador de voltaje con diodo Zener.

Utilizando el modelo para el diodo Zener ya discutido en el capítulo 3, y que es presentado de nuevo en la figura 4-33 tenemos:

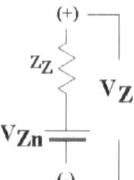

Figura 4-31 Modelo real del diodo Zener visto en el capítulo 3.

4.7 Regulación de Voltaje con diodo Zener.

De acuerdo al modelo tenemos:

$$V_{ZT} = V_{Zn} + I_{ZT}Z_{ZT}$$

$$V_{Zn} = V_{ZT} - I_{ZT}Z_{ZT} = 5.1\,V - 50\,mA\,5\,\Omega = 4.85\,V$$

El voltaje mínimo del Zener será V_{Zmin}:

$$V_{Zmin} = V_{Zn} + I_{Zmin}Z_{ZT} = 4.85\,v + 5\,mA\,5\,\Omega = 4.875\,V$$

El voltaje máximo del Zener será V_{Zmax}:

$$V_{Zmax} = V_{Zn} + I_{Zmax}Z_{ZT}$$

$$I_{Zmax} \cong \frac{P_{max}}{V_{ZT}} \cong \frac{0.5\,Watt}{5.1\,V} \cong 98\,mA$$

Luego:

$$V_{Zmax} = 4.85\,V + 98\,mA\,5\Omega = 5.34\,V$$

Ahora bien, como la corriente del Zener pasa por la resistencia R1, que está en serie, si aplicamos Kirchhoff tenemos en el circuito de la figura 4=32 tenemos:

$$V_{in} = I_Z\,R1 + V_Z$$

Luego:

$$V_{in\,(minimo)} = I_{Zmin}\,R1 + V_{Zmin} = (5mA)(100\Omega) + 4.875\,V = 5.375\,V$$

y

$$V_{in\,(máximo)} = I_{Zmax}\,R1 + V_{Zmax} = (98\,mA)(100\Omega) + 5.34\,V = 15.14\,V$$

La variación del voltaje del Zener es:

$$\Delta V_Z = \Delta I_Z Z_Z = (93\,mA)(5\Omega) = 0.465\,V$$

Y la variación del l voltaje de entrada V_{in} es:

$$\Delta V_{in} = \Delta I_Z R1 + \Delta V_Z = (93\,mA)(100\Omega) + 0.465 = 9.765\,V$$

Finalmente el porcentaje de regulación de voltaje en el Zener es:

4.7 Regulación de Voltaje con diodo Zener.

$$\%Regulación = \frac{\Delta VZ}{VZT} x100 = \frac{(0.465\ V)}{(5.1\ V)} x100 = 9.1\%$$

El porcentaje de variación sobre la entrada $\%\Delta V_{in}$ será:

$$\%\Delta V_{in} = \frac{\Delta V_{in}}{V_{inZT}} x100$$

Donde V_{inZT} es el voltaje de entrada en el punto de voltaje V_{ZT}.

Esto es:

$$V_{inZT} = I_{ZT}R1 + V_{ZT} = 50\ mA\ 100\Omega + 5.1\ V = 10.1\ V$$

Luego:

$$\%\Delta V_{in} = \frac{\Delta V_{in}}{V_{inZT}} x100 = \frac{9.765}{10.1} x100 = 96.68\%$$

El porcentaje de regulación en el Zener indica cuanto representa la variación de la tensión del Zener respecto de un valor promedio **VZT**, cuando la corriente fluctúa entre el mínimo y el máximo. Cuanto más pequeño es el porcentaje de regulación en el Zener, menor es la variación de su voltaje respecto de la corriente, y por lo tanto, mejor es la regulación del voltaje.

En cambio, el porcentaje de variación sobre la entrada, indica cuan buena es la regulación de voltaje, en términos de la fluctuación que puede tener la entrada para mantener la misma regulación de voltaje en el Zener, y es mejor cuanto mayor es el porcentaje.

4.7.2 Ejemplo 2.

Utilizando los datos del diodo Zener del ejemplo anterior, se conecta este al circuito de la figura 4-34, que tiene una carga R_L que demanda una corriente I_L de 25 mA cuando la tensión en D1 es V_{ZT}. Si el voltaje V_{in} varía al máximo, ¿Cuál será la variación de la corriente I_L?

4.7 Regulación de Voltaje con diodo Zener.

La figura 4-34 muestra el circuito indicado en este ejemplo.

Solución:

I_L = 25 mA, VZT =5.1 V

$$R_L = \frac{V_{ZT}}{I_L} = \frac{5.1\,V}{25\,mA} = 204\,\Omega$$

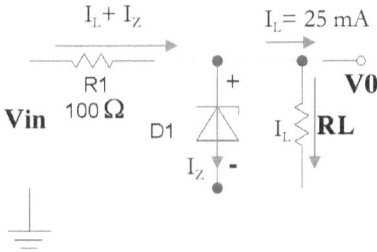

Figura 4- 32 Regulador Zener con carga R_L.

El voltaje mínimo y máximo del Zener es:

$$V_{Zmin} = 4.875\,V$$

$$V_{Zmax} = 5.34\,V$$

Luego:

$$I_{Lmin} = \frac{V_{Zmin}}{R_L} = 23.897\,mA$$

$$I_{Lmax} = \frac{V_{Zmax}}{R_L} = 26.176\,mA$$

El porcentaje de variación de la corriente I_L es:

$$\%\Delta I_L = \frac{\Delta I_L}{I_L} x100 = 9.12\%$$

Ahora los voltajes mínimo y máximo de entrada serán:

4.7 Regulación de Voltaje con diodo Zener.

$$V_{in\,(minimo)} = (I_{Zmin} + I_{Lmin})\,R1 + V_{Zmin} = (28.897\,mA)(100\,\Omega) + 4.875\,V$$
$$= 7.76\,V$$

y

$$V_{in\,(máximo)} = (I_{Zmax} + I_{Lmax})\,R1 + V_{Zmax} = (124.176\,mA)(100\,\Omega) + 5.34\,V$$
$$= 17.75\,V$$

El % de regulación del Zener no cambia, ya que la variación del voltaje de Zener es la misma que en el caso anterior.

La variación de la corriente de carga I_L respecto de la variación del voltaje de Zener será:

$$\Delta I_L = \frac{\Delta V_z}{R_L} = \frac{0.465\,V}{204\,\Omega} = 2.279\,mA$$

En términos de porcentaje sobre la I_L nominal será:

$$\%\Delta I_L = \frac{\Delta I_L}{I_L} \times 100 = 9.11\,\%$$

El porcentaje de variación de la corriente I_L será el mismo que el porcentaje de variación de tensión del diodo Zener.

Una vez más se puede demostrar que el diodo Zener en esencia se comporta como una fuente de Voltaje relativamente constante.

La tabla 4-3 presenta un resumen de fórmulas de esta sección.

La tabla 4-4 presenta una lista muy útil de los voltajes de Zener disponibles en el mercado. Por lo general, los voltajes presentes en la tabla pueden encontrarse, en potencias de: ¼, ½, 1, 5, 10, y 50 vatios respectivamente.

4.7 Regulación de Voltaje con diodo Zener.

Parámetro	Fórmula
%ΔV_Z (%)	$(\frac{V_{Zmax}-V_{Zmin}}{V_{ZT}}) \times 100$ (%)
Z_{ZT}	$Z_{ZT} = \frac{V_{ZT}}{I_{ZT}}$
Voltaje nominal Zener (V)	$V_{Zn} = V_{ZT} - I_{ZT} Z_{ZT}$
Corriente máxima Zener	$I_{Zmax} \cong \frac{P_{max}}{V_{ZT}}$
Corriente mínima Zener	~5% I_{Zmax}
Voltaje de Zener máximo (V)	$V_{Zmax} = V_{Zn} + I_{Zmax} Z_{ZT}$
Voltaje de Zener mínimo (V)	$V_{Zmin} = V_{Zn} + I_{Zmin} Z_{ZT}$
R_1	$R_1 = \frac{V_{in} - V_{ZT}}{I_L + I_{ZT}}$
Voltaje de entrada nominal	V_{in}
Corriente de carga nominal a VZT	$I_L = \frac{V_{ZT}}{RL}$
Voltaje de entrada máximo con carga R1 (V). Fig. 4-34	$V_{inmax} = (I_{Zmax} + I_{Lmax}) R1 + V_{Zmax}$
Voltaje de entrada mínimo con carga R1 (V). Fig. 4-34	$V_{inmin} = (I_{Zmin} + I_{Lmin}) R1 + V_{Zmin}$
Corriente de carga máxima	$I_{Lmax} = \frac{V_{Zmax}}{RL}$
Corriente de carga mínima	$I_{Lmin} = \frac{V_{Zmin}}{RL}$

Tabla 4-3 Resumen de fórmulas para el diodo Zener.

Diodo Zener (V)	Diodo Zener (V)	Diodo Zener (V)
2.7	10	43
3	11	47
3.3	12	51
3.6	15	56
3.9	16	62
4.3	18	68
4.7	20	75
5.1	22	82

4.8 Aplicación: diseño de una fuente de alimentación no-regulada.

Diodo Zener (V)	Diodo Zener (V)	Diodo Zener (V)
5.6	24	91
6.2	27	100
6.8	30	150
7.5	33	180
8.2	36	200
9.1	39	-

Tabla 4-4. Valores comerciales de voltajes Zener.

4.8 Aplicación: diseño de una fuente de alimentación no-regulada.

La figura 4-35 presenta el esquema de diseño de una fuente de poder no-regulada. En este diseño vamos a suponer que se quiere obtener un voltaje de salida $Vout$ de 12 V DC, con una corriente máxima de salida $Iout$ de 1 A DC. El voltaje de rizado máximo Vr debe ser de 1 V. Calcular todos los componentes requeridos del circuito de la figura abajo señalada.

Solución:

En este caso, comenzaremos por calcular el valor del transformador para el cual se emplea la fórmula:

$$VT1 = \frac{Vout}{\sqrt{2}} = \frac{12}{\sqrt{2}} = 8.48\ V\ RMS$$

El valor comercial más cercano es de 9 V RMS. Si el transformador es de tipo *center tap* o de toma central debe ser de 9+9 V RMS.

En términos prácticos, para el transformador siempre debe elegirse un valor un poco más alto ya que hay que compensar las caídas en los diodos rectificadores, y la caída interna en el mismo transformador, que hacen que el voltaje efectivo disponible de salida sea un poco menor al ideal. Como valor práctico, se puede elegir desde 0.5 hasta 1 V RMS por encima. Demasiado alto haría que el voltaje se eleve demasiado.

Para el cálculo de la corriente máxima de salida tenemos:

$$IT1 = \frac{Iout}{\sqrt{2}} = \frac{1}{\sqrt{2}} = 0.7 \: A \: RMS$$

El mismo criterio que para el voltaje del transformador aplica para la corriente. Tenemos entonces que el transformador T1 tiene las siguientes características:

T1: tipo toma central, 9+9 V RMS, y 1 A RMS.

Para la rectificación con transformador de toma central solo se requieren de dos diodos rectificadores. El diodo seleccionado en este caso es el 1N4007 que es un diodo rectificador de 1 A, que es muy comercial.

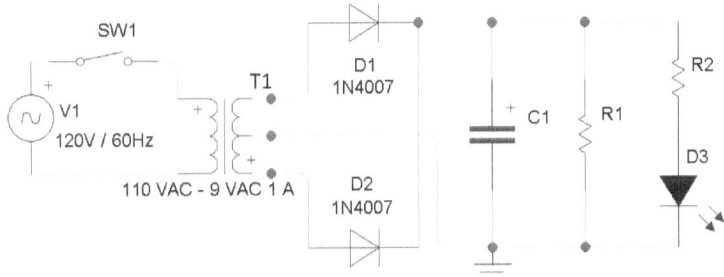

Figura 4-35 Fuente de poder no-regulada.

Ahora, calcularemos el valor del capacitor C1 en función del requerimiento de rizado máximo en la fuente, el cual se obtiene cuando la corriente es máxima.

Para ello debemos hallar la impedancia equivalente cuando $Iout = 1 \: A \: DC$:

$$R1 = \frac{Vout(\min)}{Iout}$$

Pero antes debemos definir el voltaje de salida mínimo que ocurrirá cuando la corriente sea máxima.

Recuerde que la sección 4.1 se señaló que el rizado para que no sea significativo debe ser menor del 30% del valor de V_m.

Esto significa:

$$Vr < 3.81\ V\ ;\ dónde\ V_m = VT1\sqrt{2} = 9\sqrt{2} = 12.72$$

El requerimiento del problema exige 1V, por lo que cumple con la condición anterior.

Empleando la formula señalada en la tabla 4-1 para el caso de rectificación a onda completa con filtro tenemos:

$$Vr = \frac{V_m}{2f_{in}R_LC}$$

Dónde: $V_m = 9\sqrt{2} = 12.72\ V$, $fin = 60\ Hz$, y $Vr = 1\ V$ (como valor máximo)

Despejando el término R_LC:

$$R_LC \geq \frac{V_m}{2f_{in}Vr} = 0.106$$

Utilizando ahora la expresión para calcular el voltaje de salida DC indicada en la tabla 4-1 tenemos:

$$V0 = V_m\left(1 - \frac{1}{4f_{in}R_LC}\right) = 12.22\ V$$

Retomando ahora la expresión para el cálculo de R1:

$$R1 = \frac{Vout(min)}{Iout} = \frac{12.22\ V}{1\ A} = 12.22\ \Omega$$

Como $R_LC = 0.106$, y R1 = R_L tenemos:

$$C \geq \frac{0.106}{12.22} = 8674\ \mu F$$

El valor práctico de C1 se aproximaría a 9400 µF colocando dos capacitores comerciales de 4700 µF/16 V cada uno.

4.9 Aplicación: diseño de una fuente de alimentación regulada con Zener.

El valor real del voltaje de salida DC puede llegar a ser un poco menor al calculado, sobre todo cuando la corriente es máxima, debido a la caída en los diodos y en transformador.

El valor de la tensión de rizado no superará 1 V, y se hará menor cuando la corriente que circula por R1 sea menor a 1 A. Así por ejemplo, cuando no hay carga R1=∞, la tensión DC de salida será prácticamente igual a V_m.

La impedancia de carga R1 puede variar en el rango:

$$R1 \geq 12.22 \, \Omega$$

Finalmente, solo nos falta calcular el valor de R2 y D3. D3 es un led indicador, se elige un led de color azul. La tabla 3-2, sección 3.16, del capítulo III indica que la tensión en directa para un led azul oscila entre 3-3.3 V.

El valor de R2 será:

$$R2 = \frac{(Vout - V_{led})}{I_{led}}$$

La corriente de led puede oscilar ente 5-30 mA. Típicamente para un led de este tipo se puede escoger una corriente de 5 mA.

De modo que:

$$R2 = \frac{(Vout - V_{led})}{I_{led}} = \frac{12.22 - 3 \, V}{5 \, mA} = 1844 \, \Omega$$

El valor comercial de R2 puede aproximarse a 1.8 kΩ, ¼ Watt.

4.9 Aplicación: diseño de una fuente de alimentación regulada con Zener.

4.9 Aplicación: diseño de una fuente de alimentación regulada con Zener.

La figura 4-36 muestra el esquema de diseño de una fuente de alimentación regulada con diodo Zener. En este diseño vamos a suponer que se quiere obtener un voltaje de salida $Vout$ regulado de 12 V DC, con una corriente máxima de salida $Iout$ de .4 A DC. El voltaje de rizado máximo Vr a la entrada debe ser de 3 V. Calcular todos los componentes requeridos del circuito de la figura abajo señalada.

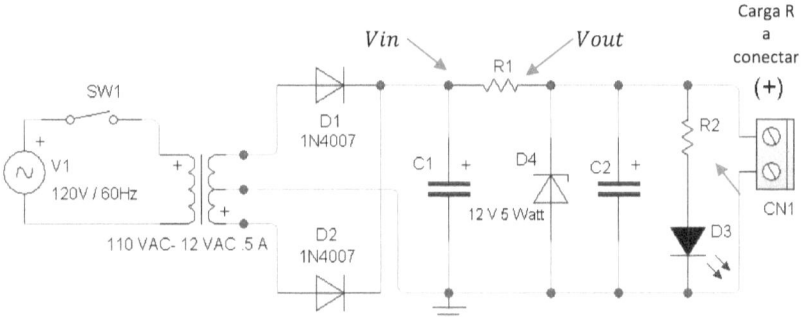

Figura 4-36. Fuente de poder regulada con Zener 12V, .4A.

Solución:

Igual que en el caso 4.8 comenzaremos por calcular el valor del transformador. Pero antes debe recordarse que para regular con un diodo Zener es necesario que el voltaje de entrada sea mayor que el voltaje del Zener. Típicamente entre 2 y 5 voltios por encima son suficientes. Sin embargo, es posible regular una tensión Zener con voltajes aún mucho más altos.

En este caso particular existe una tensión de rizado máxima de 3V, lo que significa que la tensión de entrada debe sumarse al rizado para garantizar un nivel por encima de la tensión Zener.

$$Vin = 5 + V_z = 17\ V$$

$$VT1 = \frac{Vin}{\sqrt{2}} = \frac{17}{\sqrt{2}} = 12\ V\ RMS$$

El valor obtenido es ya un valor comercial. Si el transformador es de tipo *center tap* o de toma central debe ser de 12+12 V RMS.

4.9 Aplicación: diseño de una fuente de alimentación regulada con Zener.

Obsérvese en este caso que a diferencia del caso 4.8 donde $Vin = Vout$, aquí la entrada es claramente distinta de la salida. El transformador se calcula por la demanda de la entrada.

Para el cálculo de la corriente máxima de salida tenemos:

$$IT1 = \frac{Iout}{\sqrt{2}} = \frac{0.4}{\sqrt{2}} = 0.28 \; A \; RMS$$

Se aproxima IT1 al valor comercial de 0.5 A RMS.

T1: tipo toma central, 12+12 V RMS, y .5 A RMS.

Igual que en el caso anterior solo se requieren de dos diodos rectificadores. El diodo seleccionado es el 1N4007 que es un diodo rectificador de 1 A, muy comercial.

Ahora, calcularemos el valor del capacitor C1 en función del requerimiento de rizado máximo en la entrada de la fuente, el cual se obtiene cuando la corriente es máxima.

Para ello debemos hallar la impedancia equivalente cuando $Iout = 0.4 \; A \; DC$:

$$R1 = \frac{(Vin - V_{ZT})}{Iout + I_{ZT}}$$

Pero antes debemos definir el voltaje de entrada que ocurrirá cuando la corriente sea máxima.

Recuerde que la sección 4.1 se señaló que el rizado para que no sea significativo debe ser menor del 30% del valor de V_m.

Esto significa:

$$Vr < 5 \; V \; ; \; dónde \; V_m = VT1\sqrt{2} = 12\sqrt{2} \cong 17$$

El requerimiento del problema exige 3V, por lo que cumple con la condición anterior.

Empleando la formula señalada en la tabla 4-1 para el caso de rectificación a onda completa con filtro tenemos:

4.9 Aplicación: diseño de una fuente de alimentación regulada con Zener.

$$Vr = \frac{V_m}{2f_{in}R_L C}$$

Dónde: $V_m = 12\sqrt{2} \cong 17\ V$, $f_{in} = 60\ Hz$, y $Vr = 3\ V$ (como valor máximo)

Despejando el término $R_L C$:

$$R_L C \geq \frac{V_m}{2f_{in}Vr} \geq 0.047$$

Utilizando ahora la expresión para calcular el voltaje de salida DC indicada en la tabla 4-1 tenemos:

$$V0 = V_m\left(1 - \frac{1}{4f_{in}R_L C}\right) = 15.49\ V = Vin$$

Retomando ahora el cálculo de R1 tenemos:

$$R1 = \frac{(Vin - V_{ZT})}{Iout + I_{ZT}} = \frac{15.49\ V - 12\ V}{0.5\ A} = 6.98\ \Omega \quad I_{ZT} = 100\ mA$$

R1 se aproxima a el valor comercial de 6.8 Ω.

La potencia de R1 será: $PR1 = I^2 R = 1.08$ Watt. El valor comercial más cercano de R1 es de 1 Watt.

La resistencia R_L equivalente para el filtro es de:

$$R_L = \frac{Vin}{Iout} = \frac{15.49\ V}{0.4\ A} = 38.72\ \Omega$$

Como:

$$R_L C \geq 0.047$$

Despejando el valor de C tenemos:

$$C1 = C \geq \frac{0.047}{R_L} \geq 1213\ \mu F$$

4.9 Aplicación: diseño de una fuente de alimentación regulada con Zener.

Como la tensión de rizado es de 3 V, la tensión de entrada en C1 fluctuará entre 15.49 ±1.5 V. En estos puntos tendremos la tensión de rizado en el Zener que de acuerdo a la tabla 4-3 será:

$$V_{Zmax} = V_{Zn} + I_{Zmax}Z_{ZT}$$

Y

$$V_{Zmin} = V_{Zn} + I_{Zmin}Z_{ZT}$$

Si el Zener modelo 1N5349B tiene las siguientes características: V_{ZT} = 12 V, I_{ZT} = 100 mA, Z_{ZT} =2.5 Ω, I_{Zmax} =395 mA, 5 Watt.

Aplicando Kirchhoff tenemos:

$$Vimax = IR1 + V_{Zn} + IR1 Z_{ZT}$$

Utilizando la tabla 4-3 tenemos:

$$V_{Zn} = V_{ZT} - I_{ZT}Z_{ZT} = 11.75\ V$$

Si Vimax=15.49 V+ 1.5 V ≅ 17 V

$$IR1 = \frac{Vimax - V_{Zn}}{(R1 + Z_{ZT})} = 0.45\ A$$

En este punto IR1 es la corriente máxima que pasa por el Zener.

Por lo tanto:

$$V_{Zmax} = V_{Zn} + I_{Zmax}Z_{ZT} = 11.75 + 0.45\ A * 2.5\ \Omega = 12.87\ V$$

Ahora si Vimin=15.49 V- 1.5 V ≅ 14 V

$$IR1 = \frac{Vimin - V_{Zn}}{(R1 + Z_{ZT})} = 0.19\ A$$

En este punto IR1 es la corriente mínima que pasa por el Zener.

Por lo tanto:

4.9 Aplicación: diseño de una fuente de alimentación regulada con Zener.

$$V_{Zmin} = V_{Zn} + I_{Zmin}Z_{ZT} = 11.75\,V + 0.19\,A * 2.5\,\Omega = 12.22\,V$$

El rizado del Zener será entonces:

$$\Delta V_Z = V_{zmax} - V_{zmin} = 0.65\,V$$

Y el porcentaje de regulación será:

$$\%\Delta V_Z = \left(\frac{V_{Zmax} - V_{Zmin}}{V_{ZT}}\right) x100 = 5.41\%$$

Puede notarse como el rizado en el Zener es sustancialmente menor que el presente en el capacitor C1 (3 V).

La corriente máxima en el Zener (tablas 4-3) es de:

$$I_{Zmax} \cong \frac{Pmax}{V_{ZT}} \cong 0.416$$

La corriente máxima es apenas superada durante el rizado, de modo que en términos de la potencia promedio se mantiene dentro del límite seguro de su funcionamiento.

La corriente promedio que circula por el Zener será de:

$$I_Z = \frac{Vin - V_{Zn}}{R1} = \frac{15.49\,V - 12\,V}{9.1\,\Omega} = 383\,mA$$

La corriente mínima para sostener el voltaje del Zener será de ~5% I_{Zmax} = 19 mA

Luego la impedancia de carga a conectar en CN1 variar en el rango:

$$R_L \geq \frac{V_{Zn}}{(I_{Zmaz} - I_{Zmin})} \geq 32.96\,\Omega$$

La corriente máxima aprovechable de salida es: $Iomax = (I_{Zmaz} - I_{Zmin}) = 364\,mA$

El valor de R2 para el led indicador será:

$$R2 = \frac{(Vout - V_{led})}{I_{led}}$$

4.9 Aplicación: diseño de una fuente de alimentación regulada con Zener.

De modo que:

$$R2 = \frac{(Vout - V_{led})}{I_{led}} = \frac{12 - 3\,V}{5\,mA} = 1800\,\Omega$$

Finalmente C2 es un capacitor que ayuda al Zener a estabilizar su tensión, incrementando un poco el nivel DC hacia el promedio, y disminuyendo el rizado. Valores típicos de entre 10 a 470 μF pueden utilizarse. Valores mayores pueden no surtir mejores efectos ya el valor de la ESR o *equivalente serie resistor* en los capacitores electrolíticos aumenta con su valor, lo que equivale a colocar una resistencia en serie con el capacitor C2 que desmaroja su comportamiento ideal de filtro.

Muchas veces se recomienda colocar un paralelo de dos capacitores: uno de bajo valor, y otro de alto valor, como la impedancia equivalente queda en paralelo, se disminuye la ESR efectiva y se aproxima el capacitor a uno ideal.

Esta técnica también vale para el filtro C1.

4.10 Guía fácil para el diseño.

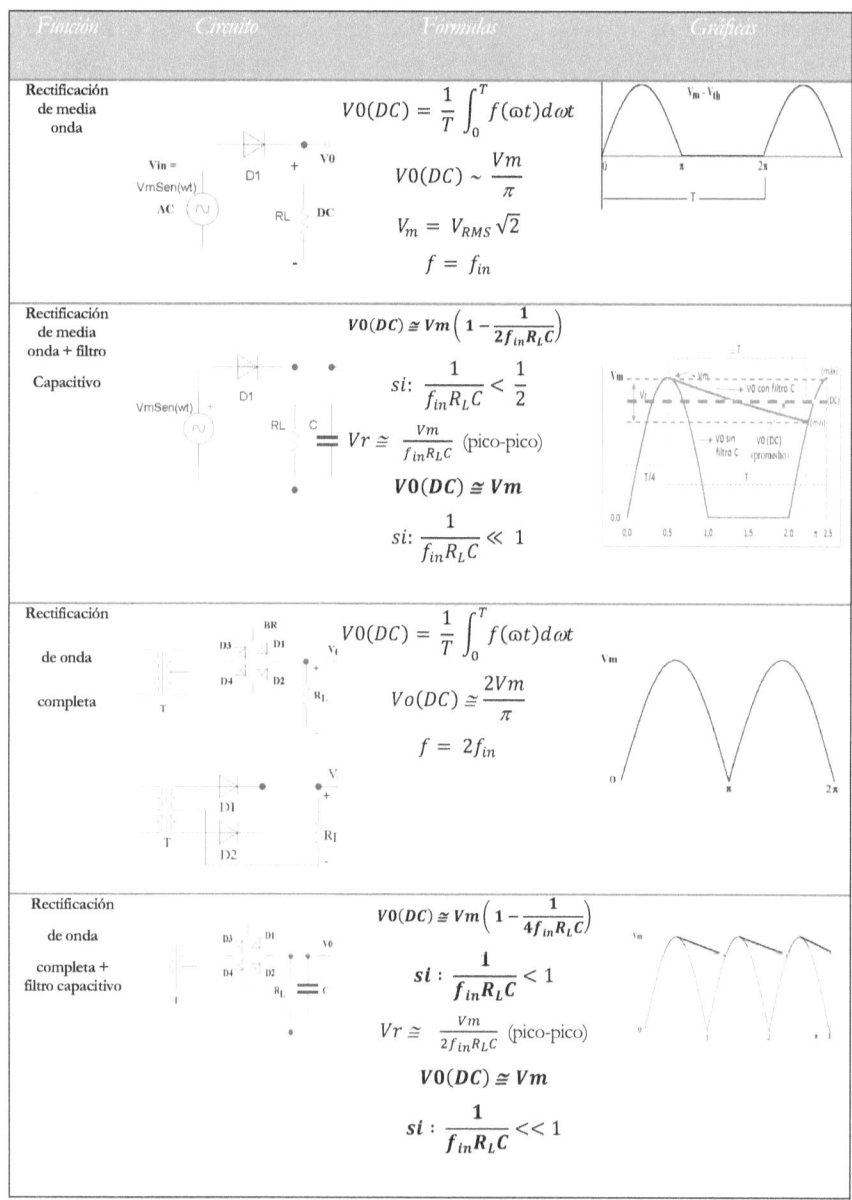

4.10 Guía fácil para el diseño.

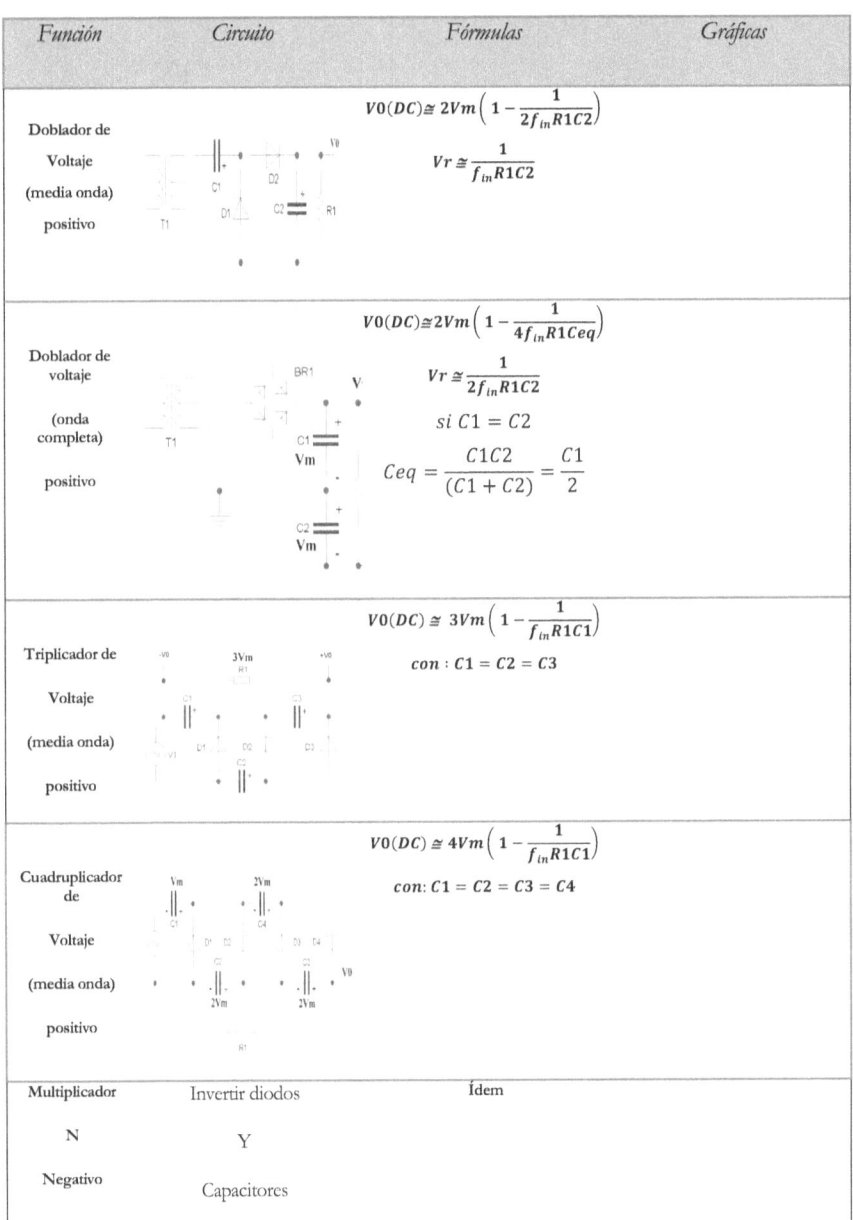

Función	Circuito	Fórmulas	Gráficas
Doblador de Voltaje (media onda) positivo		$V0(DC) \cong 2Vm\left(1 - \dfrac{1}{2f_{in}R1C2}\right)$ $Vr \cong \dfrac{1}{f_{in}R1C2}$	
Doblador de voltaje (onda completa) positivo		$V0(DC) \cong 2Vm\left(1 - \dfrac{1}{4f_{in}R1Ceq}\right)$ $Vr \cong \dfrac{1}{2f_{in}R1C2}$ si $C1 = C2$ $Ceq = \dfrac{C1C2}{(C1+C2)} = \dfrac{C1}{2}$	
Triplicador de Voltaje (media onda) positivo		$V0(DC) \cong 3Vm\left(1 - \dfrac{1}{f_{in}R1C1}\right)$ con : $C1 = C2 = C3$	
Cuadruplicador de Voltaje (media onda) positivo		$V0(DC) \cong 4Vm\left(1 - \dfrac{1}{f_{in}R1C1}\right)$ con: $C1 = C2 = C3 = C4$	
Multiplicador N Negativo	Invertir diodos Y Capacitores	Ídem	

4.10 Guía fácil para el diseño.

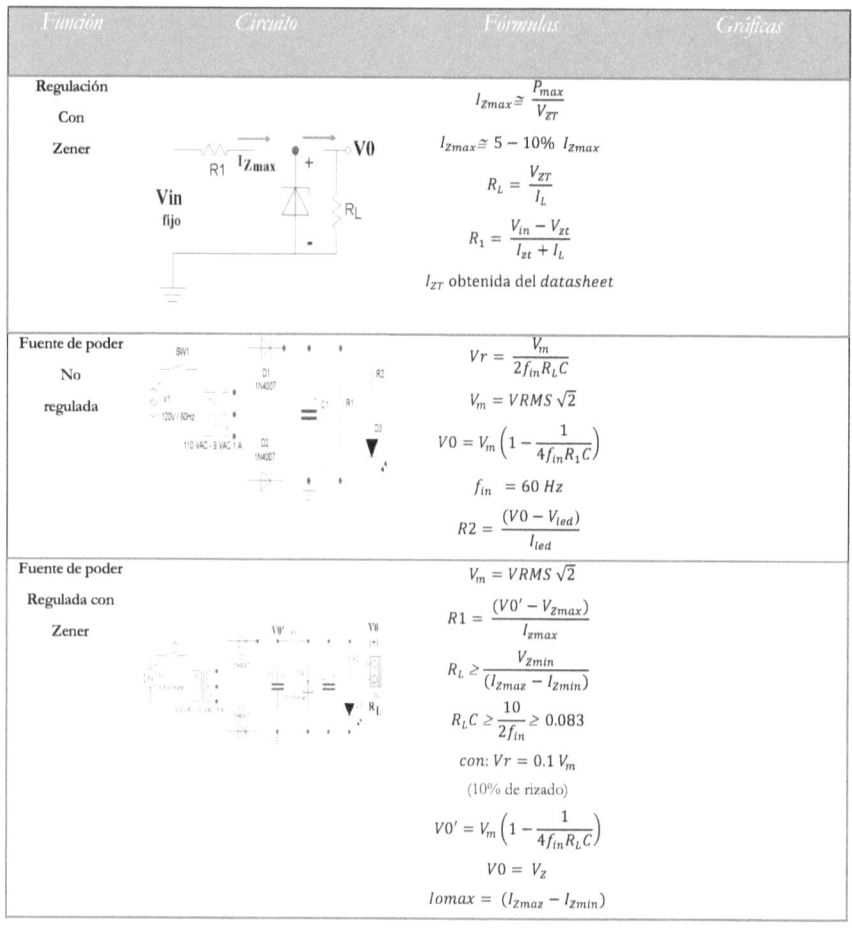

Función	Circuito	Fórmulas	Gráficas
Regulación Con Zener		$I_{zmax} \cong \dfrac{P_{max}}{V_{ZT}}$ $I_{zmax} \cong 5-10\%\, I_{zmax}$ $R_L = \dfrac{V_{ZT}}{I_L}$ $R_1 = \dfrac{V_{in}-V_{zt}}{I_{zt}+I_L}$ I_{ZT} obtenida del *datasheet*	
Fuente de poder No regulada		$Vr = \dfrac{V_m}{2f_{in}R_L C}$ $V_m = VRMS\sqrt{2}$ $V0 = V_m\left(1-\dfrac{1}{4f_{in}R_1 C}\right)$ $f_{in} = 60\,Hz$ $R2 = \dfrac{(V0-V_{led})}{I_{led}}$	
Fuente de poder Regulada con Zener		$V_m = VRMS\sqrt{2}$ $R1 = \dfrac{(V0'-V_{zmax})}{I_{zmax}}$ $R_L \geq \dfrac{V_{zmin}}{(I_{zmax}-I_{zmin})}$ $R_L C \geq \dfrac{10}{2f_{in}} \geq 0.083$ con: $Vr = 0.1\,V_m$ (10% de rizado) $V0' = V_m\left(1-\dfrac{1}{4f_{in}R_L C}\right)$ $V0 = V_z$ $Iomax = (I_{zmax}-I_{zmin})$	

4.11 Cuestionario y problemas del Capítulo.

1. Un diodo rectificador se puede utilizar para fijar un voltaje de salida. **V**erdadero o **F**also.

2. Un rectificador de onda completa se puede configurar con un solo diodo. **V** o **F**.

3. En un multiplicador de voltaje la corriente se salida también se eleva conforme se incrementa el voltaje. **V** o **F**.

4. Es posible obtener un multiplicador x100 usando diodos y capacitores. **V** o **F**.

5. A medida que aumenta las etapas de multiplicación el voltaje de rizado se hace más pequeño. **V** o **F**.

6. La máxima tensión de reversa que debe soportar cada diodo en un multiplicador de voltaje es 4Vm. **V** o **F**.

7. Un diodo Zener es excelente para regular la corriente en un circuito. **V** o **F**.

8. En un circuito con regulación Zener, la entrada puede variar mientras que la tensión de Zener permanece invariable. **V** o **F**.

9. La temperatura externa no afecta al diodo Zener pudiendo disipar siempre la misma potencia nominal. **V** o **F**.

10. Siempre es deseable que el diodo Zener posea una impedancia lo más baja posible. **V** o **F**.

11. Cuando se regula con un diodo Zener lo importante es mantener la variación de voltaje lo más pequeña posible. **V** o **F**.

12. Un diodo led presenta un voltaje de operación que depende del color que emite. **V** o **F**.

13. Un led blanco es un diodo led azul que ha sido cubierto con fósforo amarillo. **V** o **F**.

14. Los diodos ledes presentan un voltaje de ruptura inverso muy alto. **V** o **F**.

15. Una corriente polarización típica para un led es de 5 mA. **V** o **F**.

16. Los diodos ledes tienen un ángulo de media intensidad típico de 180°. **V** o **F**.

17. El fotodiodo es un diodo que es capaz de producir una corriente eléctrica a partir un haz de luz que incide sobre él. **V** o **F**.

4.11 Cuestionario y problemas del Capítulo.

18. Dos son los modos de operación del fotodiodo. **V** o **F**.

19. Un diodo PIN es un diodo con estructura de tres capas. **V** o **F**.

20. El diodo laser utiliza óptica de espejos y emisión por estímulo, para generar un haz de luz coherente que tiende a ser monocromático. **V** o **F**.

21. En el circuito de la figura 4-37 la señal de entrada es un tren de pulsos. Si el tiempo de duración de ambas semiciclos son iguales, calcule: (a) la tensión de rizado si el tiempo de descarga es t, (b) la tensión de rizado si el tiempo de descarga se aproxima a $\frac{T}{2}$, (c) la tensión de rizado si $t = \frac{T}{2}$ y $\frac{1}{f_{in}R_L C} < 1$

Sol: (a) $V_r = V_p(1 - e^{-\frac{t}{R_L C}})$, (b) $V_r = V_p(1 - e^{-\frac{1}{2f_{in}R_L C}})$, (c) $V_r = \frac{V_p}{2f_{in}R_L C}$

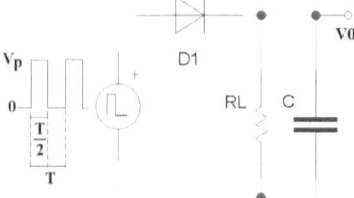

Figura 4-37 Circuito rectificador.

Obsérvese que la entrada es un tren de pulsos y no una senoidal.

22. Para el caso anterior calcule los valores de C para una tensión de rizado Vr.

Sol: (a) $C = \frac{t}{-\ln|1-\frac{Vr}{V_p}|R_L}$, (b) $C = \frac{1}{-\ln|1-\frac{Vr}{V_p}|2f_{in}R_L}$, (c) $C = \frac{V_p}{2f_{in}R_L V_r}$

23. Si en el caso de la figura 4-37 Vp = 10 V, R_L = 1 kΩ, f_{in} = 1 kHz. Calcule el valor de C para que Vr = 100 mV. Sol: asumiendo la expresión en 4(c) tenemos:

$$C = \frac{V_p}{2f_{in}R_L V_r} = 50\ \mu F\ ;\ \frac{1}{f_{in}R_L C} = 0.02$$

El voltaje de salida DC se aproxima a V_p.

24. Para el mismo caso de la figura 4-37 si Vr = 90% de V_p en $t = \frac{T}{2}$, ¿Qué valor tendría C? Sol:

4.11 Cuestionario y problemas del Capítulo.

$$C = \frac{1}{-\ln\left|1 - \frac{Vr}{V_p}\right| 2 f_{in} R_L} = 0.21\ \mu F$$

Esto significa que el capacitor se descarga, pero no completamente cuando t= T/2. El voltaje de salida DC es mayor que $1/2\ V_p$ pero mucho menor que V_p.

25. Continuando con el caso de la figura 4-37 si Vr = 90% de Vp en $t = \frac{T}{8}$, ¿Qué valor tendría ahora C? Sol:

$$C = \frac{t}{-\ln\left|1 - \frac{Vr}{V_p}\right| R_L} = 54.28\ nF$$

Esto significa que el capacitor ya está descargado completamente para cuando T = T/2. El voltaje de salida DC cae cerca de $1/2$ de V_p.

26. En el caso de la figura 4-37 cuando Vr = 100 mV, cual es el valor DC promedio equivalente de salida. Sol:

$$V0(DC) = V_p \left(1 - \frac{1}{4 f_{in} R_L C}\right) = 9.95\ V$$

27. En el circuito de la figura 4-38, ¿Cuál es el voltaje de salida si: C = 1000 μF, R_L = 100 Ω, Vin = 10sen(376.8t)? Sol:

$$V0(DC) = V_m \left(1 - \frac{1}{4 f_{in} R_L C}\right) = 9.58\ V\ ;\ \frac{1}{f_{in} R_L C} = 0.16$$

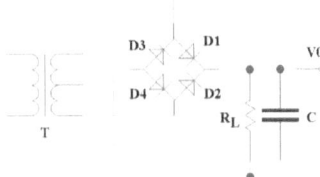

Figura 4-38 Rectificador.

28. Para el caso de la figura 4.38, ¿Cuál es la tensión de rizado Vr? Sol:

$$V_r = \frac{V_m}{2 f_{in} R_L C} = 0.83\ V$$

4.11 Cuestionario y problemas del Capítulo.

29. Si en el caso de 4-38 queremos que el voltaje de salida DC promedio equivalente sea de 90% de V_m, ¿Cuál sería el nuevo valor de C? Sol:

$$C = \frac{1}{4f_{in}R_L\left(1 - \frac{V0}{V_m}\right)} = 416.6 \text{ µF} \; ; \; \frac{1}{f_{in}R_LC} = 0.4$$

30. Si en el caso de 4-38 queremos que $R_L = 10 \, \Omega$ y voltaje de salida siga siendo el 90% de Vm, ¿Cuál sería el valor de C? Sol: C = 4.166,66 µF : $\frac{1}{f_{in}R_LC} = 0.4$

31. En un multiplicador de voltaje de N (N = par) etapas, a media onda, ¿Cuál sería la expresión aproximada del voltaje de rizado Vr y del voltaje de salida V0(DC)?.

$$Vr = N^2 Vm \left(\frac{1}{2f_{in}RC}\right) \; ; \; \frac{N}{f_{in}R_LC} < 1$$

$$V0(DC) = NVm \left(1 - \frac{N}{4f_{in}RC}\right) \; ; \; \frac{N}{f_{in}R_LC} < 1$$

32. En un multiplicador de Voltaje x10 a media onda, con f = 60 Hz, ¿Cuál sería el voltaje DC promedio equivalente de salida. Sol:

$$V0(DC) = 10Vm \left(1 - \frac{5}{2f_{in}RC}\right) \; ; \; \frac{10}{f_{in}R_LC} < 0.5$$

33. Si en el caso anterior V_m = 10 V, R = 10kΩ y C =20 µF, ¿Cuál sería el voltaje de salida DC promedio equivalente y la tensión de rizado de salida. Sol:

$$V0(DC) = 10Vm \left(1 - \frac{5}{2f_{in}RC}\right) = 79.16 \, V; \; V_r = \frac{10V_m}{f_{in}R_LC} = 8.33 \, V$$

34. En el circuito de la figura 4-39 un Zener de 10V que opera a 25°C tiene las siguientes características: I_{Zmin} = 10 mA, I_{ZT}=50 mA, Z_{ZT} = 5 Ω, P= 1 Watt. Calcule el valor de la resistencia R_L mínima que puede hacer operar el Zener. Sol:

$$R_{Lmin} = \frac{V_{Zmin}}{(I_{Zmax} - I_{Zmin})} = 108.88 \, \Omega$$

4.11 Cuestionario y problemas del Capítulo.

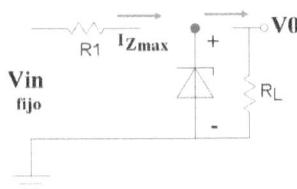

Figura 4-39 Circuito regulador Zener.

35. Si el Zener de la figura 4-39 tiene un TC = 2mV/ °C , y un FDP = 4 mV/°C a partir de 50 °C. Calcule la nueva R_L si la temperatura actual es de 100 °C. Suponga que R1 ya fue ajustada para la nueva I_{Zmax}.

$$P_{reducida} = 1\ Watt - \frac{4\ mW}{°C}(50°C) = 0.8\ Watt$$

$$V_{zmin} = 9.95\ V\ ;\ I_{Zmax} = 80\ mA$$

$$R_{Lmin} = 142.14\ \Omega$$

36. En el caso de 34 y 35, ¿Cuál es el valor máximo de R_L y de la corriente del Zener? Sol: $R_L = \infty$, $I_Z = I_{Zmax}$.
37. Si en la figura 4-39, R_L = R1 = 47.5 Ω, Vin = 15 V. ¿Qué tensión hay en V0?. Sol: 7.5 V. La tensión es el divisor de tensión en R1, ya que el Zener nunca se activa.
38. En el caso de 34, ¿Cuál es el % de regulación del Zener?. Sol:

$$\%R = \frac{(10.25\ V - 9.8\ V)}{10} x100 = 4.5\%$$

Respuestas a las preguntas de Verdadero o Falso:

(1)**V**, (2)**F**, (3)**F**, (4)**V**, (5)**F**, (6)**F**, (7)**F**, (8)**F**, (9)**F**, (10)**V**, (11)**V**, (12)**V**, (13)**V**, (14)**F**, (15)**V**, (16)**F**, (17)**V**, (18)**V**, (19)**V**, (20)**V**.

Capítulo 5.

El Transistor BJT.

Objetivos:

1. Estructura del transistor BJT.
2. Tipos.
3. Funcionamiento.
4. Características principales.
5. El transistor como fuente de corriente.
6. El transistor como conmutador.
7. Polarización DC del Transistor, recta de carga DC.
8. Amplificación AC, Recta de carga AC.
9. Modelo híbrido simplificado del transistor.
10. Circuito emisor común, base común y colector común.

Actividades:

Guía con preguntas de verdadero o falso y con problemas de cálculos con el que usted podrá comprobar su conocimiento referente a éste capítulo.

5.1 Estructura, tipos y operación del Transistor de Unión Bipolar BJT.

El transistor es un dispositivo de tres terminales. Su estructura está basada en la unión de dos diodos PN que comparten un terminal en común, y que son unidos mediante un proceso de fabricación continuo, en el que se obtiene una única estructura.

En término BJT proviene del inglés *Bipolar Junction Transistor* que en español significa: Transistor de Unión bipolar.

El término bipolar se utiliza para indicar que en el proceso de conducción participan los dos portadores de carga: minoritarios y mayoritarios.

El diodo Schottky por ejemplo, ya discutido anteriormente, es un dispositivo unipolar debido a que la conducción se debe solo a los portadores mayoritarios.

Se pueden obtener dos tipos de transistores: compartiendo un ánodo común conocido como tipo **NPN**, o compartiendo un cátodo común conocido como tipo **PNP**.

Como se dijo al principio, la unión de los dos diodos se lleva a cabo durante un proceso de manufactura en el cual se construye la unión NPN o PNP de manera continua, tal y como se hace en la fabricación de una única unión PN.

La figura 5.1 muestra los dos tipos de transistores y la identificación de sus terminales.

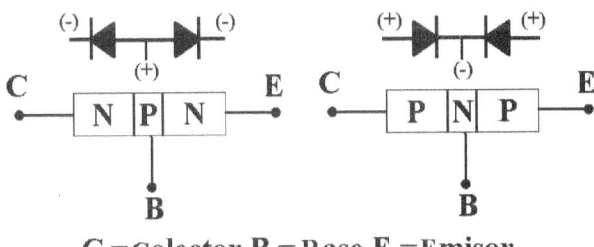

C = Colector B = Base E = Emisor

Figura 5-1 Tipos de Transistor BJT: NPN y PNP.

5.1 Estructura, tipos y operación del Transistor de Unión Bipolar BJT.

Adicionalmente, la figura 5-1 indica también el equivalente de diodos que corresponde a cada tipo de transistor. Nótese que siempre son dos diodos que comparten un terminal en común, llamado base, que puede ser la unión de dos cátodos, o dos ánodos. Los terminales de los extremos se llaman colector y emisor respectivamente. Más adelante, se explicará detalladamente cual terminal corresponde al colector y/o emisor. La figura 5-1 indica también la polaridad necesaria para activar o bloquear cada diodo en el transistor.

En la construcción del transistor de unión **NPN** o **PNP**, el ánodo o cátodo común, llamado en ambos casos la base, está formada por un semiconductor tipo **P** o **N** respectivamente, que está ligeramente dopado, y que tiene un espesor de alrededor de 150 veces más delgado que los semiconductores N o P del emisor y del colector respectivamente.

La unión base-colector y base-emisor tienen aproximadamente el mismo espesor, y ambas están mucho más dopadas que la base.

La unión base-emisor está formada por un semiconductor P o N, y que está más fuertemente dopado que el semiconductor P o N, que forma la unión base-colector. Esta diferencia en el dopaje establece que terminal es el emisor, y quien el colector.

Entre las uniones de base-colector, y base-emisor, se forma también una región de agotamiento, que se crea durante el proceso de la manufactura del transistor, y que es idéntica a la región de agotamiento que se forma entre la unión PN del diodo.

El voltaje de ruptura de la unión base-emisor es mucho menor que el de la unión base-colector, debido a la diferencia en el dopaje. Esta diferencia, hace que el voltaje de ruptura de la unión base-emisor sea de alrededor de 6 Voltios típicamente, comparado con decenas o cientos de voltios en la unión base-colector.

En resumen, el transistor de unión NPN o PNP tiene una estructura que consta de una base muy delgada y poco dopada, frente a un emisor y colector muy dopados y mucho más anchos, y donde el colector esta menos dopado que el emisor.

La estructura presentada es un dispositivo de tres terminales, que cuando se polariza apropiadamente, funciona como un amplificador de corriente.

5.1 Estructura, tipos y operación del Transistor de Unión Bipolar BJT.

La figura 5-2 presenta un esquema de polarización adecuada para que opere un transistor tipo NPN como amplificador de corriente.

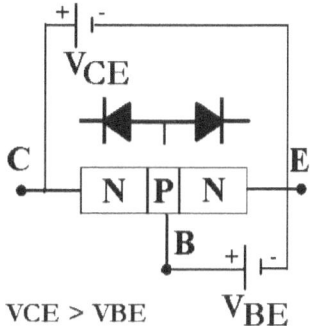

Figura 5- 2 Polarización DC básica de un transistor NPN como amplificador de corriente.

En la figura 5-2 la unión o juntura base-emisor esta polarizada en directa, mientras que la unión base-colector está en inversa.

La unión base-emisor representa el diodo base-emisor, mientras que la unión base-colector representa el diodo base-colector. Véase de nuevo la figura 5-2.

La polarización en directa de la unión base-emisor, hace que se establezca una conducción de los portadores mayoritarios del material P, es decir, huecos, hacia el emisor, estableciendo una corriente de huecos. Al mismo tiempo, los portadores mayoritarios del material N del emisor, electrones, se mueven hacia el material P de la base, estableciendo una corriente de electrones.

Debido a que la densidad de los portadores mayoritarios (dopaje) en el material P de la base es mucho menor que el que existe en el material N, se impide que todos los electrones del emisor puedan circular hacia la base, básicamente solo pueden igualar la corriente de huecos que va desde la base al emisor, adicionalmente, enfrentan una alta resistencia, debido a lo angosto del canal de la base.

La condición de una base menos dopada y muy estrecha, hace que el resto de los electrones del emisor se difundan a través de la base, es decir, la traspasan, y se mueven

5.1 Estructura, tipos y operación del Transistor de Unión Bipolar BJT.

hacia el colector actuando como portadores minoritarios del material P. Recuerde que cuando el diodo esta polarizado en reversa, los portadores mayoritarios quedan bloqueados, mientras que los portadores minoritarios del material P, electrones, se mueven hacia el material N, y del material N, huecos, hacia el material P. Se establece entonces una corriente de portadores minoritarios.

En el caso del transistor NPN, del cual estamos comentando, la unión base-colector está más dopada que una unión PN de un diodo convencional, lo que se traduce en una corriente de reversa relativamente mayor.

La corriente de electrones del emisor puede difundir hacia el colector ya que son atraídos por el potencial positivo de la fuente que está en el terminal del colector, y que actúa halando estos electrones hacia la fuente.

El proceso anterior da como resultado que una pequeña parte de la corriente de electrones que va desde el material N del emisor circule por la base, y el resto por el colector. Los electrones del emisor que llegan a la fuente son reemplazados por el terminal negativo de la fuente V_{CE}, mientras que los huecos de la base, son reemplazados por el terminal positivo de la fuente V_{BE}.

El resultado es una corriente de base-emisor y otra de colector-emisor que se establecen en el tiempo.

La figura 5-3 muestra el sentido convencional de las corrientes en el transistor, la cual sabemos es contraria a la de los electrones en el circuito.

Aplicando Kirchhoff en el nodo emisor **E**, de la figura 5-3 tenemos:

$$I_E = I_B + I_C \qquad (5.1)$$

5.1 Estructura, tipos y operación del Transistor de Unión Bipolar BJT.

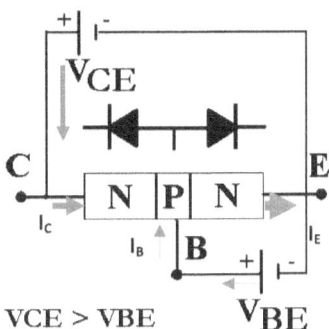

Figura 5- 3 Sentidos de las corrientes en el transistor NPN de la figura 5-2.

Como puede notarse, la corriente en el terminal del emisor es la suma de la corriente de base y la de colector. Esto es correcto, ya que el flujo inicial de corriente se origina en el emisor, y luego se reparte entre la base y el colector.

Recordemos también que el material semiconductor P, tiene portadores minoritarios que son electrones libres. Estos electrones libres atraídos por un potencial mayor que se encuentra en el colector, pueden moverse también con cierta facilidad hacia el terminal positivo de la fuente V_{CE}, aun cuando la unión base-emisor se encuentre sin polarización alguna, es decir abierta. Los electrones libres cedidos por el material P, son reemplazados por el material N del emisor, donde existe exceso de electrones, y los del emisor a su vez son reemplazados por el terminal negativo de la fuente. De modo que se establece en el tiempo una corriente de portadores minoritarios, llamada corriente de fuga del colector-emisor, llamada también corriente de corte del colector I_{CEO}. El nombre de corte es para indicar que la región de corte se establece desde cero hasta el valor donde ocurre la I_{CEO}.

Los portadores minoritarios como electrones libres también contribuyen a la corriente de colector y emisor pero en una proporción mucho menor, y es similar a la corriente de fuga en reversa de un diodo convencional, tal como se explicó cuando se estudió el diodo en el capítulo III.

La figura 5-4 muestra la corriente de fuga I_{CEO} de una unión colector-emisor de un transistor NPN con la base abierta.

5.1 Estructura, tipos y operación del Transistor de Unión Bipolar BJT.

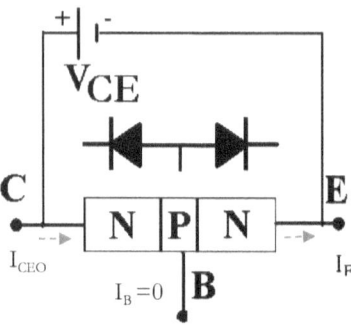

Figura 5- 4 Corriente de fuga I$_{CEO}$ en el transistor NPN.

La corriente de emisor es:

$$I_E = I_B + I_{CEO} \qquad (5.2)$$

Si I$_B$ = 0 entonces:

$$I_E = I_{CEO} \; | I_B = 0 \; y \; V_{CE} > 0 \qquad (5.3)$$

Como ya se indicó la corriente I$_{CEO}$ es por lo general mucho más pequeña que la I$_C$, recordemos que es debida a portadores minoritarios, y para transistores de silicio, está en el orden de los nanoamperios hasta unos pocos microamperios. La corriente de fuga I$_{CEO}$ aumenta con la temperatura. Más adelante se retomará de nuevo la relación entre la I$_{CEO}$ y la I$_C$ del transistor.

La corriente de reversa que circula a través de la unión base-colector con la polarización indicada por la figura 5-3 se debe a la gran cantidad de electrones del material N del emisor que difunden y fungen como portadores minoritarios del material P de la base, pero que en realidad son mayoritarios, y por esta razón la corriente de colector logra alcanzar niveles relativamente altos, cuando el diodo de base-colector está en reversa y la unión base-emisor en directa.

5.1 Estructura, tipos y operación del Transistor de Unión Bipolar BJT.

El proceso explicado anteriormente ocurre de manera idéntica para el caso del transistor PNP, pero invirtiendo las polaridades de las fuentes V_{CE} y V_{BE}, y el sentido de los electrones y huecos en la conducción.

La figura 5-5 muestra el símbolo eléctrico utilizado para referirse a un transistor tipo NPN o PNP respectivamente.

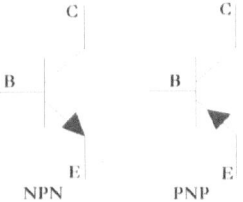

Figura 5- 5 Símbolo eléctrico para representar un transistor tipo **NPN** o **PNP**.

En la simbología de la figura 5-5, la flecha indica el sentido de la corriente convencional (huecos) en la unión base-emisor.

Nótese que en el proceso de conducción descrito en la figura 5-3, se ha dicho que la corriente de base obtenida, es solo una pequeña parte en comparación con la corriente de emisor-colector.

La relación estática (DC) entre la corriente de colector y la corriente de base se llama: β, y se define de la siguiente manera:

$$\beta_{DC} = \frac{I_C}{I_B}\ (DC) = h_{FE} \qquad (5.4)$$

El factor β se conoce como **factor de amplificación o ganancia de corriente en DC**.

El factor β también puede definirse como una relación dinámica (AC) como:

$$\beta_{AC} = \frac{\Delta I_C}{\Delta I_B}\ (AC) = h_{fe} \qquad (5.5)$$

La diferencia entre el β_{DC} y el β_{AC} es que el primero aplica a un comportamiento en régimen DC, mientras que el segundo aplica al comportamiento en AC.

5.1 Estructura, tipos y operación del Transistor de Unión Bipolar BJT.

El β_{DC} suele designarse también como el parámetro h_{FE}, mientras que el h_{fe} con el subíndice fe en minúscula, se usa para referirse al β_{AC}, según el modelo de parámetros híbridos que será discutido más adelante.

La relación entre la corriente de colector y la de emisor se denomina: α, y se define así:

$$\alpha = \frac{I_C}{I_E} \qquad (5.6)$$

Como se dijo en la ecuación (5.1):

$$I_E = I_B + I_C$$

Despejando de la ecuación (5.4) el término I_B tenemos:

$$I_B = \frac{I_C}{\beta}$$

Sustituyendo en la ecuación (5.1) tenemos:

$$I_E = I_C \frac{(\beta + 1)}{\beta}$$

Arreglando a la expresión anterior de la siguiente forma:

$$\frac{I_C}{I_E} = \frac{\beta}{(\beta + 1)}$$

De lo anterior se desprende que:

$$\frac{\beta}{(\beta+1)} = \alpha \qquad (5.7)$$

Y de forma equivalente de la ecuación (5.1) se obtiene que:

$$\beta = \frac{\alpha}{(1-\alpha)} \qquad (5.8)$$

Si $\beta >> 1$, el valor de α tiende a estar cerca de 1, por lo que: $I_E \cong I_C$

5.1 Estructura, tipos y operación del Transistor de Unión Bipolar BJT.

Valores típicos de β pueden ir desde 10 hasta 400, dependiendo de la manufactura del tipo de transistor.

Retomando ahora lo anteriormente dicho sobre la I_{CEO}, partimos de que:

$$I_E = I_B + I_C \tag{5.1}$$

La corriente de colector puede plantearse ahora como:

$$I_C = \alpha I_E + I_{CBO} \tag{5.9}$$

Dónde: I_{CBO} es la corriente de fuga o de saturación en reversa de la unión colector-base, con la base abierta.

Reemplazando al término I_C en (5.1) tenemos:

$$I_E = I_B + \alpha I_E + I_{CBO} \tag{5.10}$$

Despejando a I_E:

$$I_E = \frac{I_B}{(1-\alpha)} + \frac{I_{CBO}}{(1-\alpha)} \tag{5.11}$$

De acuerdo a expresión (5.6) la expresión (5.11) es equivalente a:

$$I_C = \frac{\alpha I_B}{(1-\alpha)} + \frac{\alpha I_{CBO}}{(1-\alpha)} \tag{5.12}$$

Si $I_B = 0$ tenemos:

$$I_C = \frac{\alpha I_{CBO}}{(1-\alpha)} = I_{CEO} \; ; T = cte \tag{5.13}$$

$$I_{CEO} = \frac{\alpha I_{CBO}}{(1-\alpha)} \; |I_B = 0 \,; T = cte \tag{5.14}$$

Si $\alpha = 0.967$ ($\boldsymbol{\beta_{DC} \cong 30}$), por ejemplo; $I_C \sim 30 \, I_{CBO}$. La corriente I_{CEO} crece conforme el α del transistor se aproxima a 1, es decir, que el β_{DC} aumenta. Sin embargo, suele tener valores muy pequeños, en el orden de los nanoamperios hasta microamperios, para β_{DC} cercano a los 200, mientras que la corriente de colector impuesta con $I_B \neq 0$, tiende a estar en el orden de los miliamperios, tres órdenes de magnitud superior, lo cual significa que en términos prácticos la corriente I_{CEO} puede despreciarse frente al valor de la corriente de colector impuesta por los portadores mayoritarios del emisor, esto es:

$$\frac{\alpha I_B}{(1-\alpha)} \gg I_{CEO} \; ; \; \beta I_B \gg I_{CEO} ; \; I_C \gg I_{CEO} \quad (5.15)$$

En resumen, se puede decir que el transistor es una especie de válvula electrónica en el que la corriente de colector-emisor es controlada por una pequeña corriente de base-emisor que actúa como control.

La corriente de base suele ser una fracción muy pequeña, y depende del tipo de transistor, especialmente del factor β, que es propio de cada transistor. Existe siempre una pequeña corriente de fuga (I_{CEO} en nanoamperios típicamente) que se genera aunque no exista corriente de base, que se origina por la simple polarización del colector, esta corriente representa el comportamiento óhmico del transistor estando apagado ($I_B = 0$, $R_{CE} \to \infty$), y que en términos prácticos, suele ser despreciable en la mayoría de los casos.

La hoja de datos o *datasheet* del fabricante suele suministrar el valor de la I_{CEO} como I_{CEX}, obtenida para las tensiones de: V_{CE} cercana al 80% del máximo, y V_{BE} en inversa cerca del 50% del máximo, que se correspondería aproximadamente con la máxima corriente I_{CEO} posible del transistor.

5.2 Características principales en el funcionamiento del Transistor.

5.2.1 Corriente de colector I_C Vs voltaje V_{CE}: Zonas de operación.

Cuando se explicó el proceso de conducción de corriente en el transistor indicado en la figura 5-3, se mencionó también que cuando el diodo base-emisor está en directa y el diodo base-colector en reversa, fluye una corriente de electrones hacia el terminal positivo de la fuente V_{CE} que está unido al colector, esta corriente es la corriente de colector I_C.

5.2 Características principales en el funcionamiento del Transistor.

La corriente de colector se ve ligeramente influenciada por el voltaje positivo de la fuente V_{CE}, de modo que cuanto mayor es este voltaje, el potencial de atracción se vuelve también más fuerte, y la corriente de electrones I_C tiende a ser mayor, mostrando un comportamiento óhmico. Sin embargo, este incremento no es muy significativo ya que los electrones que se están acelerando por este incremento de potencial son los que se formaron inicialmente en la unión del diodo base-emisor, debido al voltaje V_{BE}. De modo que el incremento en el voltaje V_{CE} no afecta fuertemente la corriente I_C.

En términos prácticos, se puede considerar la corriente de colector como una corriente constante dentro de un rango bastante amplio de variación del voltaje V_{CE}, para un valor de corriente de base y temperatura fijas.

La corriente de colector es un parámetro importante en la estabilidad del punto de operación en DC, llamado punto **Q**, y en la ganancia de corriente β del transistor.

La figura 5-6 muestra el comportamiento típico de la corriente I_C respecto a una variación extrema del voltaje V_{CE}.

Obsérvese que en la figura 5-6 se ha indicado varias zonas: **saturación**, **lineal o de amplificación** y **de corte**.

La región que recién acabamos de describir está comprendida entre:

$$V_R > V_{CE} > 0.7\ V$$

Donde V_R es el voltaje de ruptura del diodo base-colector.

Dos líneas verticales punteadas en la figura 5-6 indican la zona descrita por la relación anterior, llamada **zona de amplificación o zona lineal**.

En la zona de amplificación o zona lineal se mantiene la condición de polarización de base-emisor en directa y base-colector en reversa.

La zona de corte representa la mínima corriente de colector que puede existir cuando el voltaje $V_{CE} > 0$ y la corriente de base es cero: $I_B = 0$. Véase también la figura 5-4. En esta zona el transistor se considera como un interruptor abierto. La corriente en esta zona es

5.2 Características principales en el funcionamiento del Transistor.

la I_{CEO}, ya explicada anteriormente, esta corriente aumenta ligeramente conforme aumenta el voltaje V_{CE} y más fuertemente con respecto a la temperatura.

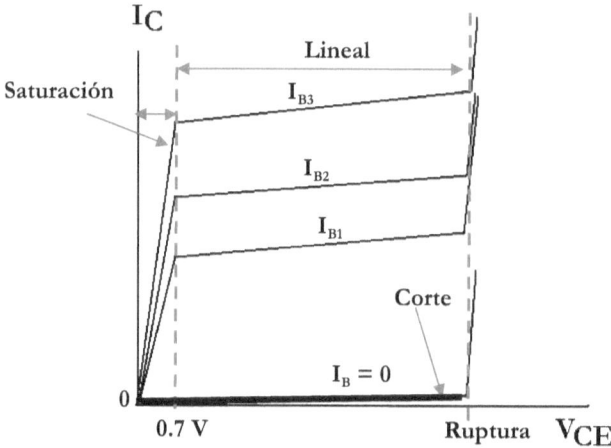

Figura 5-6 Curva de I_C Vs V_{CE} en un transistor NPN. Se indican las zonas de operación.

La zona de saturación ocurre cuando el voltaje V_{CE} desciende de 0.7 V, debido a que a partir de este punto el diodo base-colector tiene ya una diferencia de voltaje entre cátodo y ánodo de 0 V. Si el voltaje V_{CE} continua descendiendo, por debajo de 0.7 V, el diodo base-colector pasa de reverso a directo. En la transición de inversa a directa la corriente de colector va disminuyendo progresivamente, con un comportamiento óhmico.

La corriente de colector disminuye ya que ahora los dos diodos: base-emisor y base-colector están en directa. Lo que significa que los electrones libres del material N del colector y del emisor se dirigen hacia el material P de la base. Lo que produce una **saturación** del canal P, y la corriente de la base aumenta hasta el límite impuesto por sus dimensiones físicas y de la cantidad de portadores de carga minoritarios disponibles.

La saturación de la corriente de base hace que la corriente de colector y emisor disminuyan simultáneamente.

5.2 Características principales en el funcionamiento del Transistor.

En la zona de saturación ya no se cumple la relación lineal:

$$\beta \neq \frac{I_C}{I_B} \; ; \text{dónde } \beta = nominal$$

De hecho, cuando se pasa de la zona de amplificación, a la zona de saturación se obtiene:

$$I_B > \frac{I_C}{\beta} \; ; \; \beta = nominal$$

$$I_C < \beta I_B \; ; \; \beta = nominal$$

El β que resulta en la zona de saturación es considerablemente menor que el nominal del transistor.

$$\beta_{(saturación)} < \beta_{(nominal)} \qquad (5.16)$$

La corriente de colector dependerá de los parámetros: R externo, y de la fuente de voltaje, asociados al circuito que cierran los terminales del colector y el emisor, y no del factor β nominal asociado a la I_B.

Aplicando Kirchhoff se puede demostrar que cuando el transistor está en esta zona, la diferencia de voltaje entre colector y emisor, es cercana a 0 V.

Se pueden obtener corrientes de colector I_C en saturación relativamente grandes, a voltajes V_{CE} tan pequeños como 0.1-0.2 V, ya que el diodo base-colector no está todavía completamente en directa, su voltaje es ligeramente menor que el del diodo base-emisor, lo que significa que los electrones libres del emisor que difunden en la base, todavía pueden ser atraídos suficientemente por un pequeño potencial en el colector.

Con el aumento de la corriente de colector en saturación, el voltaje V_{CE} aumenta, pues el diodo base-colector tiende a migrar hacia la zona de reversa. Si el aumento de la corriente de colector pasa de cierto nivel, el diodo base-colector pasará a reversa, y por ende, el transistor saldrá de la zona de saturación y pasará en la zona lineal.

Para evitar que el transistor pase a la zona lineal, es necesario saturar convenientemente la unión base-emisor, esto se logra inyectando una corriente de base mayor, a fin de que se mantenga la unión base-colector en directa para la corriente de colector deseada.

5.2 Características principales en el funcionamiento del Transistor.

En condiciones de diseño es necesario consultar la hoja de datos del transistor, en particular las curvas de corriente de colector versus voltaje colector-emisor en saturación.

Por otro lado, en la figura 5-6 se indica también una zona de ruptura.

La ruptura del diodo base-colector se alcanza cuando el voltaje de reverso V_{CBO} supera el voltaje máximo al que puede operar en reversa, o cuando se supera el máximo de la tensión V_{CEO}.

La tensión de ruptura V_{CBO}, ocurre en reversa con el emisor abierto, mientras que la tensión V_{CEO} ocurre con la base abierta.

En la zona lineal, la tensión de ruptura en la juntura base-colector acontece más rápidamente cuando se alcanza el voltaje V_{CEO}, en vez del V_{CBO}, ya que estando la unión base-emisor en directa y la de base-colector en inversa, la conducción del diodo base-emisor, es decir, de los portadores mayoritarios del emisor que se inyectan en material P del diodo base-colector (NPN), producen una corriente de colector-emisor mucho mayor que la I_{CEO} con $I_B = 0$, lo que se traduce en una cierta potencia en la juntura base-colector, y existe un límite finito de potencia que puede soportar, en consecuencia, se alcanza el límite de potencia, pero a un voltaje más bajo que el V_{CBO}.

La ruptura en la juntura base-colector puede ocurrir bien porque se exceda el voltaje de operación en reversa como en un diodo normal, o por exceso de potencia estando en reversa, en ambos casos la ruptura provoca un daño permanente en el diodo.

A los voltajes de V_{CEO} y V_{CBO} se le conocen también como *Breakdown voltages* en inglés.

Si solo se aplica tensión entre colector-base con el emisor abierto, la ruptura de la juntura ocurre en el voltaje V_{CBO}.

De modo que:

$$V_{CEO} < V_{CBO}$$

La ruptura de la juntura produce el efecto de avalancha de corriente mostrado en la figura 5-6, y que como ya se mencionó provoca el daño irreversible del transistor.

5.2 Características principales en el funcionamiento del Transistor.

5.2.2 El h_{FE} Vs I_C, Vs Temperatura.

La figura 5-7 muestra el comportamiento general del h_{FE} Vs la corriente de colector, Vs la temperatura.

Los valores de corriente y temperatura son meramente referenciales, los valores reales dependerán del tipo de transistor en estudio.

La curva del h_{FE} a 25°C está normalizada a 1.

En este caso estamos considerando el efecto que tienen dos variables sobre un mismo parámetro.

En primer lugar se estudia el efecto de la corriente de colector.

En la gráfica de la figura 5-7 si tomamos como referencia la curva a 25°C, puede observarse que el valor de h_{FE} no es constante, varía conforme la corriente de colector, de hecho la curva describe una función de parábola. Nótese que la escala de variación de corriente es logarítmica, y la variación total de la corriente de colector es de 200 veces. En este rango de corriente la variación máxima del h_{FE} puede llegar ser más del doble.

En el ejemplo de la figura 5-7 el h_{FE} crece inicialmente con el aumento de la corriente de colector, hasta un punto donde esta corriente es aproximadamente 10 veces superior a una corriente inicial de 1 mA. Alrededor de este punto el h_{FE} alcanza su valor máximo. Pasado este punto, el h_{FE} comienza a decaer y en el punto donde la corriente de colector es 200 veces más grande alcanza un poco menos de su valor mínimo inicial. Pasado este punto la corriente de colector puede aumentar pero el h_{FE} sigue decayendo.

Vemos entonces que el h_{FE} no es un valor estático, sino que varía conforme lo hace la corriente de colector, esta variación puede pasar incluso por un conjunto de valores que alcanza un máximo y un mínimo, cuando la corriente de colector tiene grandes variaciones, como por ejemplo de dos décadas.

Lo anterior representa un problema, pues; ¿Qué valor de I_c podemos tomar como válido? La respuesta radica en tatar de mantener la corriente dentro de una variación lo

5.2 Características principales en el funcionamiento del Transistor.

suficientemente pequeña como para que el factor h_{FE} pueda considerarse como esencialmente el mismo.

En la práctica, el valor del h_{FE} se puede aproximar a un valor constante si la corriente de colector con la que opera el transistor, varía dentro de un rango mucho menor que una década, mientras que se mantiene el voltaje V_{CE} y la temperatura como valores constantes.

Recuérdese también que el parámetro h_{fe}, representa la variación dinámica del h_{FE}, por lo tanto, también depende de la corriente de colector y de la temperatura.

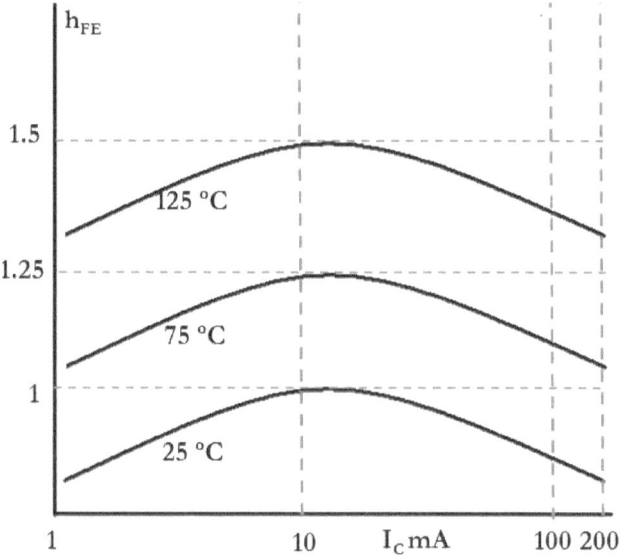

Figura 5- 7 Ejemplo de las curvas del h_{FE} Vs I_C Vs temperatura.

A manera de ejemplo, la figura 5-8 muestra un extracto que ha sido tomado de la hoja de datos de un transistor NPN de propósito general.

El h_{fe} indica que efectivamente no es un valor constante. Véase la flecha que apunta hacia la figura 5-8 (b). Recuérdese que el h_{fe} es: $\frac{\Delta I_C}{\Delta I_B}$

5.2 Características principales en el funcionamiento del Transistor.

La figura 5-8(a) muestra el h_{fe}, que tiene una proporción de variación de aproximadamente 2.5 veces entre el máximo y el mínimo, en un rango de dos décadas de la corriente de colector, para una temperatura de 25 °C, y a un voltaje V_{CE} constante.

En segundo lugar, tenemos el efecto de la temperatura sobre el h_{FE}, que como muestra la figura 5-7 tiene un efecto de desplazamiento vertical que es proporcional con la temperatura.

Las curvas de la figura 5-7 muestran una variación del valor h_{FE} máximo en aproximadamente 50% para una variación de temperatura de 100 °C, lo cual se corresponde con una tasa de aproximadamente 0.5%/°C.

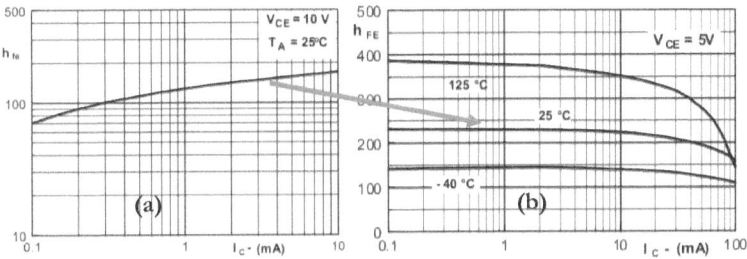

Figura 5-8 Extracto de una hoja de datos de un transistor, mostrando: (a) h_{fe}, (b) h_{FE}

La figura 5-8(b) muestra, tres curvas para temperaturas de -40°C, 25°C, y 125°C, respectivamente, y en donde puede observarse variaciones del h_{FE} en forma proporcional con la temperatura, manteniendo también un V_{CE} constante. La variación es de poco más de 2.5 veces entre un máximo de ~390 y un mínimo de ~140 del h_{FE}, y para un rango de 165 °C. Es decir, a una tasa aproximada de ~0.39%/°C, lo cual concuerda con el rango de variación presentado por el h_{FE} de la figura 5-7.

Nótese también que en la figura 5-8(b) el h_{FE} se mantiene relativamente constante hasta las dos primeras décadas de la corriente de colector, a partir del cual cambia, decayendo. Esto se corresponde con el cambio de la pendiente de la curva 5-8(a) que también comienza a decaer a partir del mismo del punto donde $I_C = 10$ mA.

5.2 Características principales en el funcionamiento del Transistor.

En conclusión, los parámetros h_{FE} (DC) y h_{fe} (AC) no son constantes, son afectados muy significativamente por la corriente de colector y por la temperatura, siendo más sensible a los cambios en la temperatura. La variación de temperatura afecta ambos de manera proporcional.

El valor del voltaje V_{CE} como parámetro es también importante, ya que como se discutió anteriormente afecta ligeramente a la corriente de colector, y por eso se incluye como parámetro en las curvas.

Es necesario entonces, consultar la hoja de datos del fabricante a la hora de utilizar los valores del h_{FE} o h_{fe}, en el diseño de circuitos con transistores.

No obstante, no es de preocuparse, pues, como veremos más adelante, existen métodos de diseño que nos permiten compensar estas variaciones del h_{FE}.

5.2.3 Degradación de la potencia efectiva del transistor: *power derating*

Otro punto importante se relaciona en cómo afecta la temperatura de trabajo en la potencia efectiva de desempeño del transistor.

La figura 5-9 muestra una curva genérica de degradación de la potencia para un dispositivo transistor cuya potencia nominal máxima es 1 Watt a 25 °C.

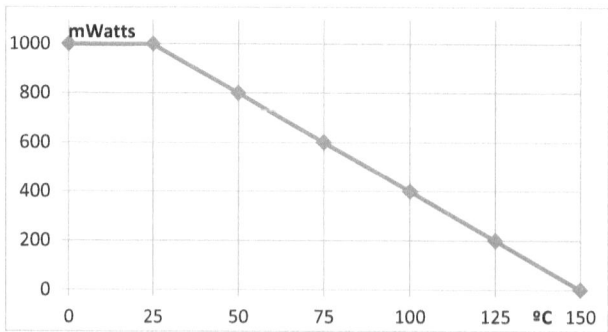

Figura 5- 9 Degradación de la potencia en el Transistor.

5.2 Características principales en el funcionamiento del Transistor.

La curva 5-9 es similar a la curva de degradación de la potencia del Zener, vista en el capítulo III.

El factor de degradación de potencia (FDP) es un valor constante y expresa la tasa de reducción de la potencia con respecto de la temperatura. Se especifica a partir de una temperatura dada. La potencia que puede disipar el transistor, se reduce a medida que la temperatura ambiente aumenta.

La potencia máxima que puede disipar el transistor se puede mantener con el aumento de la temperatura ambiente solo hasta el punto donde la juntura PN alcanza su máximo permisivo de temperatura, de alrededor de 175°C para el silicio. A partir de allí, si la temperatura ambiente sigue en aumento, la potencia debe reducirse para mantener en equilibrio la temperatura máxima de la juntura. En caso contrario, la juntura presentará ruptura por exceso de potencia. En el caso de la figura 5-9, 25°C es la temperatura ambiente máxima que permite la potencia máxima nominal.

La potencia reducida puede calcularse mediante la expresión ya conocida:

$$P(reducida) = P_{máx} - FDP(\Delta T) \qquad (5.17)$$

Así por ejemplo, si el FDP de la curva 5-9 es 8 mW/°C, la potencia máxima a la que puede operar el transistor a 125 °C será:

$$P(reducida) = 1000\ mW - 8\frac{mW}{°C}(100\ °C) = 200\ mW$$

La curva de la degradación de la potencia es importante, sobre todo cuando el transistor está sujeto a fuertes incrementos de la temperatura ambiente, como por ejemplo: hornos, exposición al aire libre, fuentes de calor cercanas, amplificadores de potencia, etc.

5.3 El Transistor como fuente de corriente DC.

Una aplicación que surge naturalmente del transistor es su utilización como fuente de corriente DC.

La figura 5-10 muestra de manera esquemática la configuración general para los dos tipos de fuente de corriente conocidas.

En la configuración de fuente de corriente o *Current Source* en inglés, la carga R_L está conectada siempre a tierra, véase la figura 5-10(a), mientras que en la configuración de sumidero de corriente o *Current Sink*, la carga R_L está en el medio, entre la fuente de alimentación y la fuente de corriente que esta aterrada, véase la figura 5-10(b).

En la figura 5-10 se ha denotado la fuente de corriente DC con un círculo con una flecha que indica el sentido de la corriente.

En los apartados 5.3.1 y 5.3.2 se explica respectivamente cómo implementar las configuraciones de *Current Source* y *Current Sink*, utilizando transistores NPN o PNP.

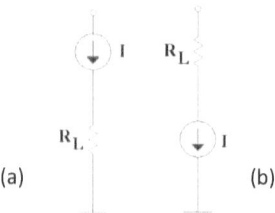

Figura 5-10 Tipos de configuración de fuentes de corriente DC: (a) fuente de corriente o *Current source*, (b) sumidero de corriente o *Current Sink*

5.3 El Transistor como fuente de corriente DC.

5.3.1 Fuente de corriente *Current Source*, utilizando un Transistor PNP.

La figura 5-11 muestra un ejemplo de la utilización de un transistor PNP como fuente de corriente DC.

Una fuente de corriente DC constante con transistor debe operar siempre en la zona lineal.

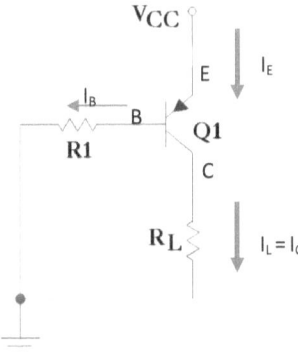

Figura 5- 11 Fuente de Corriente DC usando un transistor PNP.

Aplicando Kirchhoff en el circuito descrito por la figura 5-11 la corriente I_B será:

$$I_B = \frac{(V_{CC} - V_{EB})}{R_1} \qquad (5.18)$$

Como $I_C = \beta I_B$ (zona lineal) y $I_E \cong I_C$ ($\beta > 1$) tenemos:

$$I_C \cong I_L \cong \frac{\beta}{R_1}(V_{CC} - V_{EB}) \qquad (5.19)$$

5.3 El Transistor como fuente de corriente DC.

Recuérdese que $\beta = h_{FE}$, y que $V_{EB} = 0.7\,V$ (silicio).

Nótese que para que el circuito de la figura 5-11 **opere en la zona de lineal o de amplificación** es necesario:

$$V_{EC} > 0.7\,V, \; y \; V_{BC} > 0\,V$$

Los voltajes de emisor y colector respectivamente son:

$$V_E = V_{CC} \;;\quad V_C = I_L R_L$$

Luego:

$$V_{EC} = V_{CC} - I_L R_L \;;\; por\; lo\; que: (V_{CC} - I_L R_L) > 0.7\,V$$

Esto quiere decir que el máximo voltaje de caída en R_L (VR_L) será:

$$I_L R_L = V_C = VR_L$$

$$VR_L < (V_{CC} - 0.7) \qquad (5.20)$$

$$R_L < \frac{(V_{CC} - 0.7)}{I_L} \qquad (5.21)$$

Nótese en la ecuación (5.20) que cuando VR_L alcanza el voltaje ($V_{CC} - 0.7$), el voltaje V_{EC} es de 0.7V, y la caída de voltaje en el diodo base-colector, ecuación (5.22), es de cero 0 V, por lo que aún se pudiera considerar como en el límite de su operación en reversa.

$$V_{BC} = V_B - V_C = (V_{CC} - V_{EB}) - (V_{CC} - V_{EB}) = 0\,V \qquad (5.22)$$

Un incremento en el voltaje VR_L por encima de ($V_{CC} - 0.7$) conduce a un voltaje V_{EC} menor a 0.7 V, y simultáneamente a la activación en directa del diodo base-colector, la ecuación (5.22) genera un valor negativo distinto de cero, y por ende, conduce hacia la saturación del transistor, por lo que la corriente I_L sería distinta; $I_L \neq \beta I_B$. La corriente de colector en condición de saturación será:

$$I_{Csat} = \frac{V_{CC} - V_{ECsat}}{R_L}$$

5.3 El Transistor como fuente de corriente DC.

La corriente de colector en saturación es menor que la obtenida cuando $I_L = \beta I_B$ en régimen lineal.

En el circuito de entrada, el terminal positivo de la fuente está conectado al emisor, permitiendo que el diodo base-emisor esta polarizado siempre en directa.

En cambio, el diodo de base-colector debe estar siempre en reversa para que el transistor, opere en la zona lineal.

Es posible notar que hemos utilizado un transistor PNP con una fuente positiva. Y como se mencionó anteriormente, el sentido de las corrientes en el transistor PNP es opuesto al NPN. Si observamos bien, podemos dar cuenta de que efectivamente las corrientes son contrarias al NPN. De modo que es posible utilizar transistores PNP con fuentes positivas si invertimos también las polaridades de conexión en los terminales base, colector, y emisor, de modo de conseguir siempre polarizar adecuadamente las dos junturas o diodos del transistor.

5.3.2 Fuente de corriente *Current Sink* utilizando un Transistor NPN.

La figura 5-12 muestra ahora otro ejemplo de fuente de corriente DC constante, pero esta vez empleando un transistor NPN, y la configuración de sumidero de corriente o *Current Sink*.

Las corrientes I_B e I_L serán:

$$I_B = \frac{(V_{BB}-V_{BE})}{R_1} \quad (5.23)$$

$$I_L = I_C = \beta I_B = \frac{\beta}{R_1}(V_{BB}-V_{BE}) \quad (5.24)$$

5.3 El Transistor como fuente de corriente DC.

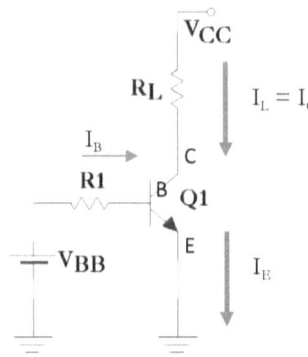

Figura 5-12 Fuente de corrientie *Current Sink* usando un transistor NPN.

Las ecuaciones (5.23) y (5.24) son idénticas a las ecuaciones (5.18) y (5.19) obtenidas en el punto 5.3.1

Al igual que en el caso anterior, el voltaje V_{CE} debe mantenerse por encima de 0.7, para que el transistor opere como amplificador. Aplicando el mismo criterio anterior:

$$V_{CE} = V_{CC} - VR_L > 0.7$$

$$VR_L < (V_{CC} - 0.7) \quad (5.25)$$

$$R_L < \frac{(V_{CC} - 0.7)}{I_L} \quad (5.26)$$

De la misma manera que en el caso anterior, si la tensión VR_L supera el límite establecido, el transistor entra en la zona de saturación, y la corriente de colector ya no será βI_B, la corriente obtenida es la de saturación de colector, y será:

$$I_{csat} = \frac{V_{CC} - V_{CEsat}}{R_L}$$

La figura 5-13 muestra un circuito mejorado respecto de la figura 5-12, en el que se ha añadido una resistencia R1 en el emisor de Q1.

5.3 El Transistor como fuente de corriente DC.

La resistencia R1 permite que la corriente de emisor pueda calcularse de manera independiente del β. Esto representa una gran ventaja, pues, permite que el circuito no dependa en gran medida del parámetro β, que a su vez, y como ya se dijo anteriormente, depende también de la corriente de colector y de la temperatura de trabajo.

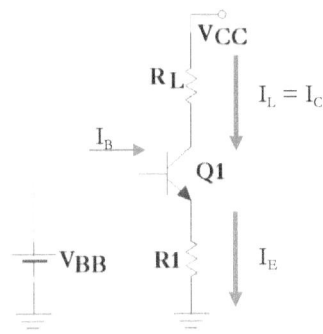

Figura 5-13 Fuente de corriente independiente del parámetro β.

La corriente I_L será:

$$I_E = \frac{(V_{BB} - V_{BE})}{R_1} \quad (5.27)$$

$$I_L = I_C = \alpha I_E = \frac{\alpha}{R_1}(V_{BB} - V_{BE}) \quad (5.28)$$

Si β>>1 significa que α→1 por lo la ecuación 5.28 puede aproximarse así:

$$I_L \cong \frac{(V_{BB} - V_{BE})}{R_1} \quad (5.29)$$

En la ecuación (5.29) puede observarse que en este caso la corriente I_L prácticamente no depende, del factor β, como en los casos anteriores. Por otro lado, Si β >> 1, la corriente I_C se puede aproximar a la corriente I_E.

Normalmente la mayoría de los transistores presentan valores típicos de β por encima de 10.

5.3 El Transistor como fuente de corriente DC.

Al igual que en el caso anterior, el voltaje V_{CE} debe mantenerse por encima de 0.7 para que el transistor opere como amplificador. Aplicando el mismo criterio anterior:

$$V_{CE} = V_{CC} - VR_L - VR_1 \qquad (5.30)$$

$$V_{CE} > 0.7$$

Igualando (5.30) al término $> 0.7V$ y despejando a VR_L tenemos:

$$VR_L < (V_{CC} - VR_1 - 0.7) \qquad (5.31)$$

Como VR_1 es también:

$$VR_1 = V_{BB} - 0.7V \qquad (5.32)$$

Sustituyendo el término VR_1 obtenido en 5.32 y reemplazando en la ecuación 5.31, tenemos:

$$VR_L < (V_{CC} - V_{BB}) \qquad (5.33)$$

La tensión VR_L es también:

$$VR_L = I_L R_L$$

Despejando R_L tenemos:

$$R_L < \frac{(V_{CC} - V_{BB})}{I_L} \qquad (5.34)$$

La tensión V_{CE} pude también reescribirse así:

$$V_{CE} = V_{CC} - I_L R_L - V_{BB} + 0.7V \qquad (5.35)$$

Puede observarse en (5.35), que la tensión V_{CE} esta disminuida ahora no solo por la caída en R_L sino también por la tensión V_{BB}, ya que resta directamente.

Asumiendo que $V_{CE} > 0.7\,V$, y despejando el término V_{BB} en (5.35) tenemos:

$$V_{BB} < V_{CC} - I_L R_L \qquad (5.36)$$

5.3 El Transistor como fuente de corriente DC.

En la ecuación (5.36) el término $I_L R_L$ es conocido.

Si R_L es una carga variable, entonces el término a considerar será la R_{Lmax}, tal como expresa la ecuación (5.37):

$$V_{BB} < V_{CC} - I_L R_{Lmax} \qquad (5.37)$$

Lo anterior indica que la tensión V_{BB} debe cumplir con el requisito impuesto por (5.37) para que el transistor pueda operar en la zona lineal, como amplificador de corriente, y en este caso como sumidero de corriente constante DC.

A manera de ejemplo la figura 5-14 muestra un circuito práctico para implementar una fuente de corriente como la descrita en la figura 5-13.

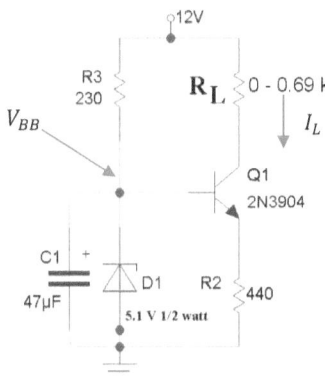

Figura 5-14 Circuito ejemplo para implementar una fuente de corriente como la descrita en la figura 5.13.

En el circuito de la figura 5-14 se utilizado un diodo Zener para obtener la fuente V_{BB}. Esto permite utilizar una sola fuente que alimenta todo el circuito. Esta misma técnica puede ser empleada para el caso de la figura 5.12.

El capacitor C1 ayuda a estabilizar la tensión del Zener. Un transistor común tipo NPN es utilizado en el circuito de la figura 5-14.

5.3 El Transistor como fuente de corriente DC.

La carga R_L puede ser variable, en el rango 0-690 Ω, para cumplir con la condición establecida en 5.37.

La corriente I_L fija es de: 10 mA.

5.3.3 Fuente de corriente *Current Sink* tipo espejo.

La figura 5-15 muestra otro tipo de fuente de corriente constante DC, con configuración de *Current Sink*, llamada tipo espejo, y en la que se usa dos transistores NPN idénticos.

La fuente de corriente tipo espejo suele utilizarse con mucha frecuencia en el diseño de circuitos amplificadores, por las razones que más adelante se detallarán.

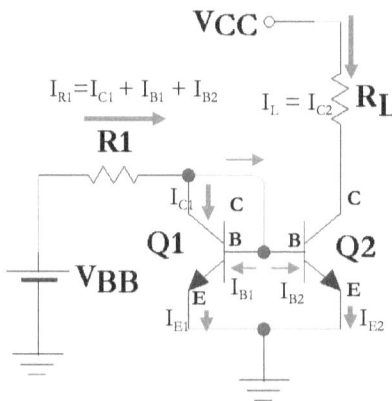

Figura 5- 14 Fuente de corriente *Current Sink*, tipo Espejo.

Nótese que Q1 tiene la unión base-colector en corto-circuito, por lo que el voltaje V_{CE1} es siempre igual a V_{BE1}

Aplicando Kirchhoff la corriente I_{R1} es:

$$IR_1 = \frac{(V_{BB} - V_{BE})}{R_1} \qquad (5.38)$$

En el nodo de **C** de **Q1** tenemos:

5.3 El Transistor como fuente de corriente DC.

$$IR_1 = I_{C1} + I_{B1} + I_{B2} \quad (5.39)$$

$$I_{C1} = \beta_1 I_{B1}$$

Asumiendo que $\beta_1 = \beta_2$ (transistores idénticos):

$$IR_1 = \beta_1 I_{B1} + I_{B1} + I_{B2}$$

Nótese también que:

$$si \quad V_{BE1} = V_{BE2}$$

Entonces:

$$I_{B2} = I_{B1} = I_{B12}$$

También se debe cumplir que:

$$\beta_1 = \beta_2 = \beta_{12}$$

Por lo que la ecuación (5.39) puede escribirse así:

$$IR_1 = \beta_{12} I_{B12} + 2 I_{B12} = (\beta_{12} + 2) I_{B12} \quad (5.40)$$

La corriente $I_L = I_{C2}$ es:

$$I_L = I_{C2} = \beta_{12} I_{B12} \quad (5.41)$$

Despejando ahora I_{B12} de (5.40) y sustituyendo en (5.41) tenemos:

$$I_L = I_{C2} = \beta_{12} \left(\frac{I_{R1}}{(\beta_{12}+2)} \right) \quad (5.42)$$

Si $\beta_{12} >> 1$ queda:

$$\boldsymbol{I_L = I_{C2} \cong I_{R1}} \quad (5.43)$$

Si se divide el circuito con una línea imaginaria entre Q_1 y Q_2, la corriente de I_{C2} es un espejo de la corriente I_{R1}, al igual que las corrientes de base I_{B1} e I_{B2}, y de los voltajes V_{BE1} y V_{BE2}, y por esta razón, debe su nombre este tipo de fuente de corriente.

Es importante resaltar que para que esta fuente funcione apropiadamente, los transistores Q_1 y Q_2 deben ser lo más idénticos posible. Adicionalmente, es necesario que estén colocados físicamente lo más próximo uno del otro, para evitar una posible diferencia en la temperatura que los rodea, y que puede conducir a variaciones en la

5.3 El Transistor como fuente de corriente DC.

resistencia dinámica de las junturas base-emisor de cada uno, y por ende, a diferencias en las corrientes de I_{B1}, I_{B2}, I_{C1}, e I_{C2} respectivamente.

Por otro lado, recuerde que la corriente de I_{C2} puede variar ligeramente con respecto del voltaje V_{CE2}, tal como se discutió en la sección 5.2.1, y de acuerdo con las curvas características de I_C Vs V_{CE}, del transistor en cuestión.

Obviando cualquier disparidad entre las características de ambos transistores, la razón para que las corrientes de I_{C1} e I_{C2} sean diferentes, es que tensiones diferentes de V_{CE} provocan cambios en las corrientes de colector respectivas, y por ende a variaciones en los β de cada transistor. Esto puede suceder ya que la tensión de V_{CE1} es siempre es igual a 0.7 V, mientras que la tensión V_{CE2} puede tomar valores distintos, y por lo general, suele ser mayor a 0.7 V. Esta diferencia puede influir haciendo que la corriente I_{C2} sea ligeramente mayor que I_{C1}.

Para solucionar el problema arriba descrito es importante que la potencia en ambos transistores sea parecida, ya que esta potencia se traduce en efecto Joule que calienta el transistor, modificando su temperatura de trabajo. Como ya se dijo en el capítulo III, la temperatura tiene un efecto sobre la tensión en directa del diodo y en su resistencia dinámica. Si el incremento es muy significativo, se producirá también un cambio significativo de la resistencia dinámica asociada al transistor, que provocará un aumento de su corriente de colector. Como V_{CE2} tiende a ser mayor que V_{CE1}, la potencia en Q_2 será mayor, por lo que I_{C2} aumenta con respecto a I_{C1}.

Para reducir este efecto se debe tratar de que la tensión V_{CE2} no sea demasiado grande respecto de V_{CE1}, es decir, tratando de mantener las potencias similares.

No obstante, en la práctica es posible obtener muy buenos resultados, utilizando transistores discretos, que sean lo más idénticos posible (mismo fabricante), que estén colocados lo más próximo el uno del otro, y con potencias similares.

La ventaja de este tipo de fuente es que la simetría ayuda a programar facilmente la corriente de espejo. Si se colocara en cascada otros transistores Q_3, Q_4, Q_n, por ejemplo,

5.3 El Transistor como fuente de corriente DC.

las corrientes de I_{C3}, I_{C4}, I_{Cn}, respectivamente serían también igual a I_{R1}. Véase la figura 5-16.

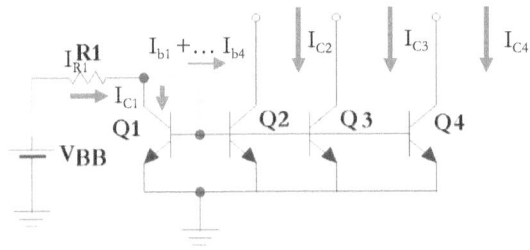

Figura 5- 15 Fuente de corriente espejo con salidas en cascada.

Partiendo del análisis anterior:

$$I_{B1} = I_{B2} = I_{B3} = I_{B14}$$

$$\beta_1 = \beta_2 = \beta_3 = \beta_4 = \beta_{14}$$

$$I_{C1} = I_{C2} = I_{C3} = I_{C4} = I_{C14}$$

$$I_{R1} = I_{C14} + 4I_{B14}$$

$$I_{R1} = I_{C14} + 4\frac{I_{C14}}{\beta_{14}}$$

$$I_{R1} = I_{C14}\frac{(\beta_{14} + 4)}{\beta_{14}}$$

$$I_{C14} = \frac{\beta_{14}I_{R1}}{(\beta_{14}+4)} \cong I_{R1} \; ; si \; \beta_{14} \gg 1 \qquad (5.44)$$

Nótese en la ecuación 5.44 que la corriente de colector disminuye ligeramente conforme se aumenta el número de transistores en el espejo de corriente.

La principal desventaja de este tipo de fuente es que necesita que todos los transistores sean exactamente idénticos, colocados físicamente muy próximos uno del otro, con potencias y temperatura similares. La colocación física no es problema si se encuentran todos encapsulados en una sola pastilla de unos pocos milímetros, como en un circuito integrado, por ejemplo. Sin embargo, si puede ser un factor importante si se utilizan

5.3 El Transistor como fuente de corriente DC.

transistores discretos encapsulados, que pueden estar a varios centímetros uno del otro, y al descubierto, como en una tarjeta de circuito impreso de un amplificador de audio hecho por usted mismo, por ejemplo. En este último caso suele colocarse los encapsulados unidos o envueltos por un mismo disipador que garantiza una misma temperatura.

5.3.4 Fuente de corriente *Current Sink* tipo espejo mejorada.

La figura 5-17 presenta una configuración mejorada de la fuente de corriente tipo espejo ya estudiada anteriormente.

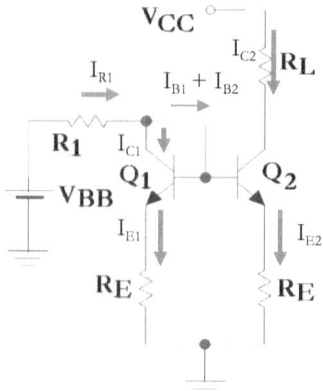

Figura 5- 16 Fuente de corriente tipo espejo mejorada.

Asumimos nuevamente que Q_1 y Q_2 son transistores idénticos.

Aplicando Kirchhoff tenemos:

$$-V_{BB} + I_{R1}R_1 + V_{BE12} + I_{E1}R_E = 0 \quad (5.45)$$

Haciendo las mimas consideraciones que en el caso anterior:

5.3 El Transistor como fuente de corriente DC.

$$I_{R1} = I_{C12} + 2I_{B12} = I_{C12} + 2\frac{I_{C12}}{\beta_{12}}$$

$$I_{R1} = I_{C12}\frac{(\beta_{12} + 2)}{\beta_{12}} \cong I_{C12} \; ; \; si \; \beta_{12} \gg 1$$

$$I_{E12} = \frac{I_{C12}}{\alpha_{12}} \cong I_{C12} \cong I_{R1} \; ; \; si \; \alpha_{12} \cong 1$$

$$I_{R1} \cong I_{C12} \cong I_{E12} \; ; \; \beta_{12} \gg 1$$

La ecuación (5.45) puede reescribirse entonces así:

$$-V_{BB} + I_{R1}(R_1 + R_E) + V_{BE12} = 0 \qquad (5.46)$$

Despejando el término I_{R1}:

$$I_{R1} \cong \frac{(V_{BB} - V_{BE12})}{(R_1 + R_E)} \qquad (5.47)$$

Si $V_{BB} \gg V_{BE12}$ tenemos:

$$I_{R1} \cong \frac{V_{BB}}{(R_1 + R_E)} \qquad (5.48)$$

Para que la corriente en el emisor de Q_1 y Q_2 sean iguales debe cumplirse que:

$$V_{E1} = V_{E2} \qquad (5.49)$$

Lo que significa:

$$I_{E1} = I_{E2} \cong I_{R1}$$

La incorporación de la resistencia R_E introduce mayor estabilidad en las corrientes de I_{C1} e I_{C2} ya que la corriente de emisor $I_E \cong I_C$ depende ahora mayormente de la tensión V_{BB} que cae en R_E y no exclusivamente de la tensión V_{BE}, tal como se demuestra a continuación:

La tensión en V_{E1} es:

5.3 El Transistor como fuente de corriente DC.

$$V_{E1} = V_{BB} - I_{R1}R_1 - V_{BE12} \quad (5.50)$$

Utilizando la ecuación (5.47) sustituimos el término I_{R1}:

$$V_{E1} = V_{BB} - \frac{(V_{BB}-V_{BE12})}{(R_1+R_E)}R_1 - V_{BE12} \quad (5.51)$$

Si queremos que la corriente en I_E sea mayormente dependiente de la tensión en V_E debemos hacer cumplir que:

$$V_{BB} - \frac{(V_{BB}-V_{BE12})}{(R_1+R_E)}R_1 - V_{BE12} > V_{BE12} \quad (5.52)$$

Despejando el término $\frac{R_1}{(R_1+R_E)}$ de (5.52) tenemos:

$$\frac{R_1}{R_1+R_E} < \frac{(V_{BB}-2V_{BE12})}{(V_{BB}-V_{BE12})} \quad (5.53)$$

Si $V_{BB} \gg V_{BE}$ la ecuación (5.53) queda:

$$\frac{R_1}{R_1+R_E} < 1 \quad (5.53)$$

Si $\frac{R_1}{R_1+R_E} = 0.5$ por ejemplo, significa que $R_1 = R_E$, la ecuación (5.51) queda:

$$V_{E1} = \frac{V_{BB}}{2} - \frac{V_{BE12}}{2} = \frac{1}{2}(V_{BB} - V_{BE}) \cong \frac{1}{2}V_{BB} \ ; si \ V_{BB} \gg V_{BE}$$

Si $\frac{R_1}{R_1+R_E} = \frac{3}{4}$ por ejemplo, significa que $R_1 = 3R_E$, la ecuación (5.51) queda:

$$V_{E1} = \frac{V_{BB}}{4} - \frac{V_{BE12}}{4} = \frac{1}{4}(V_{BB} - V_{BE}) \cong \frac{1}{4}V_{BB} \ ; si \ V_{BB} \gg V_{BE}$$

De lo anterior se desprende que puede hacerse que la fuente de corriente espejo sea más simétrica, si las corrientes de cada emisor dependen de las resistencias R_E, ya que las variaciones térmicas de los voltajes V_{BE} de cada transistor afectaran menos a dicha corriente.

5.3 El Transistor como fuente de corriente DC.

El criterio de selección para el término $\frac{R_1}{R_1+R_E}$ dependerá del valor de V_{BB}, que su vez deberá ser mucho mayor que V_{BE}. La idea es que la tensión V_E sea siempre mayor V_{BE}, cuanto mayor sea V_E es mejor, pero el precio a pagar es un incremento del voltaje en los colectores de Q_1 y Q_2, que debe existir para que los transistores puedan operar en la zona lineal.

Si la relación en (5.52) se cumple tenemos:

$$V_{E1} = V_{E2}$$

Luego:

$$I_{E12} = \frac{V_{E12}}{R_{E12}} \text{ , } y\ V_{E12} = V_{RE12}$$

La relación entre las corrientes: I_{E1} e I_{E2} respecto de las resistencias dinámicas rd_1 y rd_2 de cada transistor es:

$$V_{B1} = I_{E1}rd_1 + V_{th} + I_{E1}R_E \qquad (5.54)$$

Y

$$V_{B2} = I_{E2}rd_2 + V_{th} + I_{E2}R_E \qquad (5.55)$$

Dónde: rd_1 y rd_2 son las resistencias dinámicas de emisor Q_1 y Q_2 respectivamente. V_{th} es la tensión umbral de diodo, y es de 0.7 V para el silicio.

Luego como $V_{B1} = V_{B2}$ tenemos:

$$I_{E1}rd_1 + V_{th} + I_{E1}R_E = I_{E2}rd_2 + V_{th} + I_{E2}R_E$$

Resolviendo:

$$I_{E1}(rd_1 + R_E) = I_{E2}(rd_2 + R_E)$$

Acomodando la expresión:

$$\frac{I_{E1}}{I_{E2}} = \frac{(rd_2+R_E)}{(rd_1+R_E)} \qquad (5.56)$$

5.3 El Transistor como fuente de corriente DC.

La ecuación 5.56 demuestra que la variación entre las corrientes de emisor depende de la relación óhmica entre las resistencias de R_E y la *rd*. Esta relación a su vez depende de la condición térmica de cada juntura. Por lo que para minimizar estás variaciones es necesario que se cumpla el siguiente criterio:

Si $R_E >> rd_1$ y rd_2 queda:

$$\frac{I_{E1}}{I_{E2}} \cong \frac{R_E}{R_E} \cong 1 \quad ; si\ R_E >> rd \qquad (5.57)$$

Típicamente *rd* está en el orden de ohmios, si hacemos $R_E = 200$ ohm por ejemplo, logramos que se cumpla la igualdad entre ambas corrientes.

El efecto de la R_E permite reducir significativamente los efectos de las variaciones de las resistencias dinámicas *rd*, ya sea por el proceso de fabricación o por efecto térmico, haciendo que la fuente de corriente se comporte de manera más estable e ideal.

En el caso del circuito de la figura 5-15 la relación entre I_{E1} e I_{E2} es:

$$\frac{I_{E1}}{I_{E2}} = \frac{rd2}{rd1} \quad (\sin R_E\ incorporada) \qquad (5.58)$$

La relación establecida en (5.58) es menos estable que la obtenida en (5.57) con la inserción de la R_E, ya que como dijimos anteriormente, la *rd* de cada transistor puede variar ligeramente, ya sea en el proceso de fabricación, y/o muy sensiblemente con la temperatura, mientras que la resistencia R_E puede considerarse como un valor fijo.

No obstante, el incremento del voltaje de colector en ambos transistores hace que se tenga menos voltaje disponible para una R_L que puede ser variable, lo cual limita su valor a uno menor en comparación con el modelo de fuente planteado en la figura 5-15.

5.3.5 La estabilidad en la fuente de corriente *Current Sink* tipo espejo.

La estabilidad puede definirse como:

5.3 El Transistor como fuente de corriente DC.

$$\frac{\Delta I_{E21}}{\Delta V_{BE21}} \qquad (5.59)$$

Dónde: ΔI_{E21} es la diferencia entre las corrientes I_{E2} y I_{E1} y ΔV_{BE21} es la diferencia en los voltajes V_{BE2} y V_{BE1} respectivamente.

Como ya se dijo anteriormente las tensiones de base de cada transistor será:

$$V_{B1} = V_{BE1} + I_{E1}R_E$$

$$V_{B2} = V_{BE2} + I_{E2}R_E$$

Como se requiere que $V_{B1} = V_{B2}$:

$$V_{BE1} + I_{E1}R_E = V_{BE2} + I_{E2}R_E$$

Acomodando los términos tenemos:

$$\frac{\Delta I_{E21}}{\Delta V_{BE21}} = \frac{1}{R_E} \qquad (5.60)$$

$$\Delta I_{E21} = \frac{\Delta V_{BE21}}{R_E} \qquad (5.61)$$

Las ecuaciones (5.60) y (5.61) demuestran que la diferencia entre las corrientes de emisor I_{E1} e I_{E2} con respecto de la variación de los voltajes de V_{BE1} y V_{BE2}, es directamente proporcional a la variación de los voltajes base-emisor en cada transistor, e inversamente proporcional al valor de la R_E.

Por lo tanto, si queremos que las corrientes de emisor en ambos transistores sean lo más idénticas possible, debemos bien sea minimizar la diferencia de las tensiones base-emisor, o elegir un valor de R_E que haga esta diferencia de corrientes un valor deseable.

En conclusión, la incorporación en el emisor de una resistencia R_E, de valor mucho mayor que *rd*, mejora notablemente la estabilidad del circuito, ya que el término $\frac{\Delta I_E}{\Delta V_{BE}}$ se hace más pequeño conforme aumenta el valor de la R_E.

La estabilidad incluye también el efecto térmico que hace que la *rd* del transistor cambie con la temperatura.

Valores típicos de R_E pueden oscilar entre 50 y 500 ohmios.

Como ya se mencionó anteriormente la desventaja de incorporar una R_E en el emisor es que aumenta la caída de tensión que requiere la fuente de corriente para operar correctamente, debido a la suma de las caídas de tensiones en R_E y V_{CE} respectivamente. Recuerde que la tensión V_{CE} mínima es de 0.7 V. De modo que el valor máximo de la R_E dependerá de los valores de voltaje y corriente asociados al circuito.

El diseñador tiene que establecer un compromiso entre estabilidad y funcionalidad práctica, lo que a menudo requiere de una solución intermedia.

5.3.6 Variante de la fuente de corriente tipo espejo: modo *Current Source*.

La figura 5-18 muestra una variante de la fuente de corriente tipo espejo ya estudiada anteriormente, pero ahora empleando transistores tipo PNP. La fuente de corriente obtenida está en modo *Current Source*.

En esta configuración aplica las mismas condiciones para establecer las corrientes que en el caso 5.3.4.

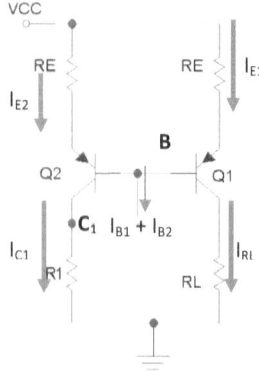

Figura 5- 17 Variante de la fuente de corriente tipo espejo en modo *Current Source*.

Aplicando Kirchhoff tenemos:

$$-V_{CC} + I_{E1}R_E + V_{EB1} + I_{C1}R_1 = 0 \qquad (5.62)$$

La tensión en el nodo **B** es:

$$V_B = V_{CC} - I_{E1}R_E - V_{EB1} \qquad (5.63)$$

También se cumple que:

$$V_B = V_{CC} - I_{E2}R_E - V_{EB2} \qquad (5.64)$$

Igualando (5.63) y (5.64) tenemos:

$$I_{E1}R_E + V_{EB1} = I_{E2}R_E + V_{EB2}$$

Asumiendo que $V_{EB1} \approx V_{EB2}$

Tenemos:

$$I_{E1} = I_{E2} \qquad (5.65)$$

Ahora en el nodo C_1 tenemos:

$$I_{C1} = \alpha I_{E1} + I_{B1} + I_{B2} \qquad (5.66)$$

También:

$$I_{B1} = I_{B2} = \frac{I_{C1}}{\beta}$$

Sustituyendo a I_{B1} e I_{B2} en (5.66) tenemos:

$$I_{C1} = \alpha I_{E1} + I_{C1}\frac{2}{\beta} \qquad (5.67)$$

Arreglando la expresión 5.67 tenemos:

$$\frac{(\beta-2)}{\beta}I_{C1} = \alpha I_{E1} \qquad (5.68)$$

Como los términos: $\frac{(\beta-2)}{\beta} \approx \alpha$ tenemos:

$$I_{C1} \approx I_{E1} \qquad (5.69)$$

La ecuación (5.62) queda entonces como:

$$I_{C1} = \frac{(V_{CC}-V_{EB})}{(R_1+R_E)} \qquad (5.70)$$

Y si $V_{cc} \gg V_{EB}$:

$$I_{C1} \cong \frac{V_{CC}}{(R_1+R_E)} \qquad (5.71)$$

Luego:

$$I_{C2} = I_{RL} = I_{C1} \qquad (5.72)$$

Recuerde que aplica el mismo criterio establecido en 5.3.4 para el cálculo de la R_E.

El voltaje máximo en V_{RL} queda sujeto también al criterio de polarización del transistor en la zona lineal.

5.3.7 Variante Wildar de la fuente corriente tipo espejo en modo *Current Source.*

Otra variante de la fuente de corriente tipo espejo es la llamada fuente de corriente Wildar. La configuración de esta fuente se presenta en la figura 5-19.

La fuente de Wildar es útil cuando se quiere que la corriente de espejo sea mucho menor que la corriente de referencia. Esto es particularmente útil cuando se requiere de fuentes de corriente en el orden del micro-amperio, sin la necesidad de recurrir a resistores de muy alto valor, como por ejemplo, en los circuitos integrados, donde la construcción de resistores de alto valor óhmico ocupa mucho espacio.

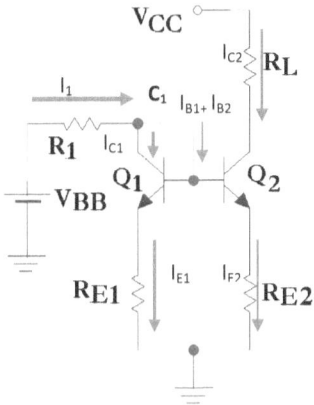

Figura 5- 18 Variante Wildar de la fuente de corriente tipo espejo en modo *Current Source*.

Nótese que R_{E1} y R_{E2} son distintos, siendo R_{E2} mayor que R_{E1}. La relación $\frac{R_{E1}}{R_{E2}}$, define el coeficiente de proporción entre las corrientes I_{E1} e I_{E2}.

En el circuito de la figura 5-19 tenemos:

Aplicando Kirchhoff en la malla de V_{BB} tenemos:

$$-V_{BB} + I_1 R_1 + V_{BE1} + I_{E1} R_{E1} = 0 \qquad (5.73)$$

En el nodo C_1 tenemos:

$$I_1 = I_{C1} + I_{B1} + I_{B2} \qquad (5.74)$$

Sabemos que:

$$I_{B1} = \frac{I_{C1}}{\beta_1}$$

También:

$$I_{B2} = \frac{I_{C2}}{\beta_2}$$

En este caso tenemos que: $I_{B1} \neq I_{B2}$

En el nodo C_1 también se cumple que:

$$V_{C1} = V_{BE1} + I_{E1}R_{E1} \qquad (5.75)$$

$$V_{C1} = V_{BE2} + I_{E2}R_{E2} \qquad (5.76)$$

Asumiendo que $V_{BE1} = V_{BE2}$ e igualando las expresiones (5.75) y (5.76) obtenemos:

$$I_{E1}(R_{E1}) = I_{E2}(R_{E2})$$

Despejando a I_{E2}:

$$I_{E2} = I_{E1}\frac{R_{E1}}{R_{E2}} \qquad (5.77a)$$

Utilizando la expresión: $I_{C1} = \alpha_1 I_{E1}$: , obtenemos:

$$I_{C2} = I_{C1}\frac{R_{E1}}{R_{E2}} \ ; si \ \alpha_1 \ y \ \alpha_1 \to 1 \qquad (5.77b)$$

También:

$$I_{b2} = I_{C1}\frac{R_{E1}}{\beta_2 R_{E2}}$$

Sustituyendo ahora en la ecuación (5.74):

$$I_1 = I_{C1} + \frac{I_{C1}}{\beta_1} + I_{C1}\frac{R_{E1}}{\beta_2 R_{E2}} = I_{C1}\left(1 + \frac{1}{\beta_1} + \frac{R_{E1}}{\beta_2 R_{E2}}\right) \qquad (5.78)$$

Si mantenemos que β_2 y $\beta_1 \gg 1$, y $R_{E2} > R_{E1}$, la ecuación (5.78) queda:

$$I_1 \cong I_{C1}$$

$$I_{E1} \cong I_{C1}$$

Despejando ahora a I_{C1} de la ecuación (5.73) tenemos:

$$I_{C1} = \frac{(V_{BB} - V_{BE1})}{R_1 + R_{E1}} \qquad (5.79)$$

Recuerde que queremos que la corriente I_{E2} sea menor que la corriente I_{E1}, de modo que de acuerdo con la expresión (5.77), R_{E2} debe ser mayor que R_{E1}. En algunos casos, la relación $\frac{R_{E1}}{R_{E2}}$ puede ser mayor a tres órdenes de magnitud. Por lo que en estos casos no conviene colocar un valor de R_{E1} muy grande, ya que resultaría en un valor de R_{E2} demasiado grande. Para lograr una relación adecuada se debe partir de una corriente en I_{C1} que no esté más de tres órdenes de magnitud por debajo de la corriente I_{E2} deseada, y luego elegir una R_{E1} que no sea mayor 1kΩ por ejemplo, para que R_{E2} quede en el orden del 1 MΩ como máximo.

No obstante, el criterio de elección puede variar de acuerdo al caso particular.

Recuerde también los criterios ya discutidos sobre la polarización adecuada de la fuente de corriente, y de cómo disminuir el efecto de la variación dinámica de la tensión V_{BE} y resistencia *rd* en el transistor.

Resumiendo las condiciones generales de esta fuente de corriente son:

Condiciones: $$rd1 \ll R_{E1} : rd2 \ll R_{E2} : \frac{R_{E1}}{R_{E2}} < 1 : \beta_1 \, y \, \beta_2 \gg 1$$

La corriente I_{C2} es una fracción ($\frac{R_{E1}}{R_{E2}}$) de la corriente I_{C1}.

La corriente I_{C1} es aproximadamente igual a la corriente I_1.

Valor aconsejable: $R_{E1} > 500 \, \Omega$

5.4 El Transistor como conmutador.

Otra interesante aplicación del transistor es la de interruptor o conmutador controlado. El control se ejerce a través de la unión base-emisor, de manera similar a la bobina de un relé, o *relay* como se le conoce en inglés.

La operación es posible gracias a que el transistor es capaz de manejar grandes corrientes por la unión colector-emisor, con tan solo una muy pequeña corriente por la unión base-emisor, lo que es muy apropiado para el control o manejo de cargas de alto consumo a través de un circuito que demanda un consumo mucho menor.

5.4 El Transistor como conmutador.

Aunque la acción de control del transistor como interruptor no proporciona un aislamiento completo entre entrada y salida como la ofrece el relé, su funcionamiento es más adecuado para la conmutación de señales rápidas, donde un dispositivo mecánico como el relé no puede operar, debido a su inercia.

La separación ente la entrada y la salida es proporcionado a través de la unión base-colector, cualquier daño a esta juntura puede reflejarse hacia la unión base-emisor, y por ende hacia la entrada. Este aislamiento relativo se mantiene mientras se asegure el funcionamiento correcto del transistor, y proporcionando los elementos de protección externos necesarios para resguardar el transistor y/o la entrada de control, bajo las condiciones específicas de operación.

El transistor utilizado como mecanismo interruptor de potencia se le conoce también como relé de estado sólido.

No obstante, para la conmutación de señales en DC, o de AC de baja frecuencia, por ejemplo, y con altos niveles de corriente, puede preferirse usar el relé, debido a su aislamiento completo, y a su mayor capacidad para manejar grandes potencias.

Por otro lado, el transistor puede conmutar tanto DC como AC de señales rápidas, en el orden de los mega Hertz, o giga Hertz, dependiendo del tipo de transistor y de la configuración utilizada.

La figura 5-20 presenta un circuito ejemplo para ilustrar cómo funciona el transistor como conmutador.

Obsérvese que cuando se cierra el interruptor SW1, se establece una corriente por el diodo de base-emisor que da paso a la acción para que el transistor Q_1 cierre el contacto entre los terminales de colector y emisor.

La corriente de colector I_C, está determinada por los valores de los parámetros externos de la R equivalente de la lámpara, y del voltaje V_{CC}, mientras que la corriente de base I_B, que debe satisfacer cierto valor, está determinada por los valores de R_B y V_{BB}.

5.4 El Transistor como conmutador.

En la figura 5-20 el equivalente del transistor está encerrado en el cuadro punteado. El transistor es un tipo NPN genérico.

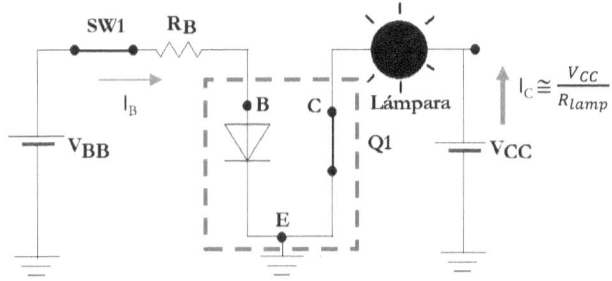

Figura 5- 20 Ilustración del transistor como interruptor cerrado.

Nótese en la figura 5-20 que la tensión base-emisor se corresponde con la de un diodo común, 0.7 V, mientras que la tensión colector-emisor equivale a la de un corto-circuito, es decir de 0 V. El transistor opera en condición de saturación.

La figura 5-21 muestra ahora el cambio en la condición del transistor Q_1: los contactos de colector-emisor abiertos, y el interruptor SW1 también abierto, es decir, la $I_B = 0$.

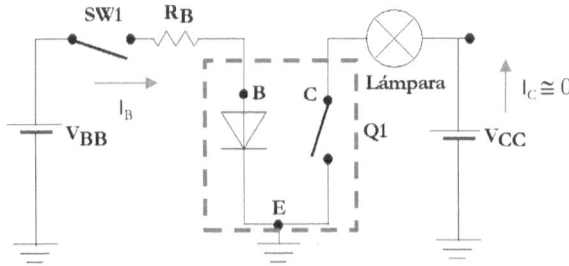

Figura 5- 21 Ilustración del transistor como interruptor abierto.

En la figura 5-21 las corrientes de I_B e I_C son ambas cero.

La tensión base-emisor es de 0 V, mientras que la tensión colector-emisor es de V_{CC} voltios.

El transistor opera en la zona de corte.

5.4 El Transistor como conmutador.

A partir del ejemplo anterior podemos resumir las condiciones necesarias para que un transistor opere como interruptor:

1. El transistor debe poder pasar de la zona de **corte** a la zona de **saturación** y viceversa.
2. En la zona de **corte** $I_B = 0$ y $V_{CE} = V_{CC}$.
3. En la zona de **saturación** ambas uniones, base-emisor y base-colector, deben operar en directa. El voltaje V_{CE} tiende a ser cercano a 0 V, y la corriente de base debe satisfacer la condición de saturación, que es:

$$I_B > \frac{I_C}{\beta(nominal)} \qquad (5.80)$$

Veamos el ejemplo de la figura 5-22, donde se propone un circuito conmutador transistorizado para encender y apagar una lámpara.

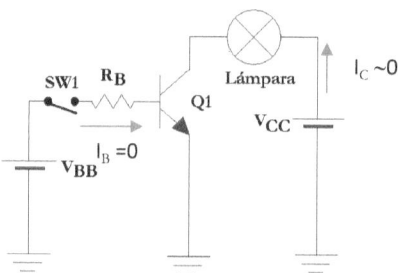

Figura 5- 22 Circuito conmutador ejemplo usando un transistor NPN.

Paso 1: Corte

Aquí simplemente abrimos el interruptor SW1, de modo que:

$$I_B = 0$$

Recuerde que aunque $I_B = 0$ existe una corriente de fuga I_{CEO}. Sin embargo, la caída de voltaje que esta corriente puede producir en la R equivalente de la lámpara (típicamente

5.4 El Transistor como conmutador.

unas decenas de ohmios), no es significativa, por lo que el voltaje de la fuente V_{CC} se ve reflejado en la unión colector-emisor del transistor Q_1.

$$V_{CE} = V_{CC}$$

El valor de la I_{CEO} hace que la unión colector-emisor se vea como una resistencia equivalente muy grande en comparación con la R de la lámpara. Es decir:

$$\frac{V_{CE}}{I_{CEo}} \gg R_{lamp}$$

En esta condición, hay que asegurarse de que el voltaje de la fuente no supere el voltaje de ruptura V_R de la unión base-colector.

$$V_{CC} \ll V_R$$

Paso 2: Saturación

Se cierra el interruptor SW1 como lo indica la figura 5-23.

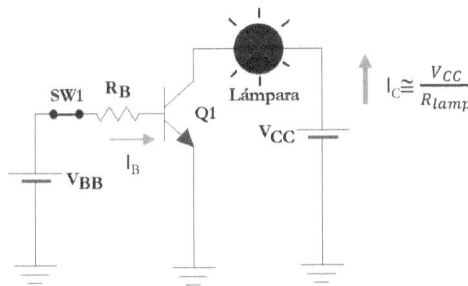

Figura 5- 19 Circuito conmutador usando un transistor **NPN**.

La corriente de saturación I_C será:

$$I_C = \frac{V_{CC} - V_{CEsat}}{R_{lamp}} \cong \frac{V_{CC}}{R_{lamp}}$$

Para asegurar que se opera en la zona de saturación debemos hacer que la corriente de base cumpla con lo definido en 5.80 o sea:

5.4 El Transistor como conmutador.

$$I_B > \frac{I_C}{\beta(nominal)} \quad (5.80)$$

Aplicando Kirchhoff en el circuito de la figura 5-23, la I_B es:

$$I_B = \frac{V_{BB} - V_{BE}}{R_B} \cong \frac{V_{BB}}{R_B}$$

Luego:

$$\frac{V_{BB}}{R_B} > \frac{V_{CC}}{\beta R_{lamp}}$$

Despejando R_B tenemos:

$$R_B < \frac{\beta R_{lamp}}{V_{CC}} V_{BB} \quad (5.81)$$

El valor de la R_B no debe ser demasiado bajo tampoco, ya que se corre el riesgo de aumentar demasiado la corriente de base, pudiendo causar una excesiva disipación de potencia en una juntura débil como lo es la unión base-emisor. La excesiva potencia puede dañar permanentemente el transistor.

Adicionalmente, se genera otro problema, y es que se almacena mayor carga, debido a la capacitancia de difusión C_d del diodo base-emisor. El almacenamiento de carga se traduce en un tiempo adicional en el apagado del transistor, ya que la unión base-emisor permanece encendida por un tiempo adicional, mientras se descarga la capacitancia C_d asociada a la juntura base-emisor, aun cuando la señal de control haya cambiado de estado mucho antes, pudiendo afectar los tiempos de conmutación. Los tiempos de conmutación pueden llegar a ser críticos, especialmente cuando los tiempos de la señal de control son de relativa alta frecuencia o están en el mismo orden o son menores que los tiempos que emplea el transistor, siendo necesario recurrir a técnicas de reducción de los tiempos de conmutación. Por esta razón, es siempre recomendable no saturar demasiado la unión base-emisor del transistor.

En condición de saturación el voltaje V_{CE} se aproxima a cero 0 V, pudiendo tener valores desde unos pocos milivoltios hasta unos 400 mV típicamente, según el modelo de transistor, y la corriente de colector I_C de operación.

La figura 5-24 muestra el circuito de la figura 5-23 en el que se ha reemplazado la función del interruptor SW1 por una señal pulsada en el tiempo f(t), que varía entre 0 y V_p voltios.

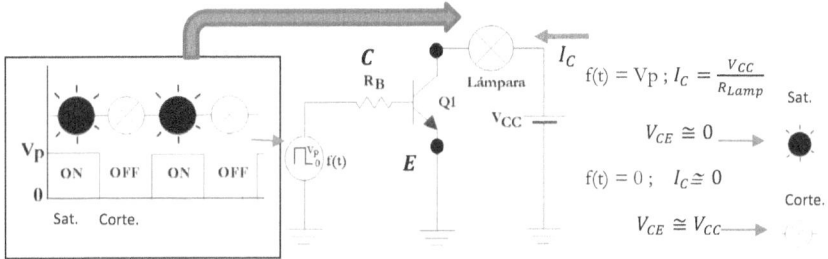

Figura 5- 20 Circuito de la figura 5- 23 sustituyendo el interruptor SW1 por una señal pulsada.

Si la señal f(t) satisface los requerimientos de la corriente de base ya mencionados, el transistor pasará de corte a saturación y viceversa, a medida que la señal pasa de 0 V a su voltaje V_p respectivamente. La lámpara oscilara encendiendo y apagando a la frecuencia de f(t).

5.4.1 Tiempos del Transistor: tiempo de subida, tiempo de bajada, tiempo de retraso, tiempo de encendido, tiempo de almacenamiento y tiempo de apagado.

En el capítulo III se habló sobre las capacitancias asociadas al diodo: capacitancia de transición o agotamiento (Ct), y capacitancia de difusión o almacenamiento (Cd). El transistor como dispositivo de dos junturas exhibe estas mismas capacitancias. En el régimen de operación DC estas capacitancias no juegan un rol importante, sin embargo, cuando se opera en modo conmutado juegan un papel importante. Las capacitancias presentes en el transistor son las responsables de que este no se encienda o se apague al instante y por ende, son responsables también de su frecuencia máxima de operación.

Comenzaremos por definir algunos términos básicos:

5.4.1 Tiempos del Transistor: tiempo de subida, tiempo de bajada, tiempo de retraso, tiempo de encendido, tiempo de almacenamiento y tiempo de apagado.

1. **Tiempo de subida (t_r):** es el tiempo que transcurre entre el 10% y el 90% del valor final de la corriente de colector cuando esta va incrementándose. Se le conoce como *rise time* en inglés. Típicamente está en el orden de los nanosegundos.

2. **Tiempo de bajada (t_f):** es el tiempo que transcurre entre el 90% y el 10% del valor final de la corriente de colector cuando esta va en descenso. Se le conoce como *fall time* en inglés. Típicamente en el orden de los nanosegundos.

3. **Tiempo de retraso (t_d):** es el tiempo que transcurre mientras la corriente de colector no responde a pesar de que ya se ha activado la juntura base-emisor. Se le conoce también como *delay time* en inglés. Típicamente en el orden de los nanosegundos.

4. **Tiempo de encendido (t_{on}):** es la suma del tiempo de retraso más el tiempo de subida. En términos prácticos este tiempo es casi el tiempo de subida. Se le conoce como *on time* en inglés. Típicamente en el orden de los nanosegundos.

5. **Tiempo de almacenamiento (t_s):** es el tiempo que transcurre mientras que la carga almacenada en la capacitancia base-emisor se disipa. Se le conoce como *storage time* en inglés. De todos los tiempos aquí descritos el más importante es éste, debido a que es por mucho el mayor de todos. El tiempo de almacenamiento es el responsable de que el transistor no se apague de manera inmediata, manteniendo la corriente de colector de saturación por un tiempo adicional. De allí que cuando se conmuta el transistor es de mucho interés conocer el tiempo característico de almacenamiento del transistor en particular. Típicamente en el orden de los nanosegundos.

6. **Tiempo de apagado (t_{off}):** Es la suma del tiempo de almacenamiento más el tiempo de caída. En términos prácticos, se aproxima al tiempo de almacenamiento. Típicamente en el orden de los nanosegundos.

Recuerde que estos tiempos varían de acuerdo a las características de fabricación del dispositivo y en especial de sus capacitancias asociadas.

5.4.1 Tiempos del Transistor: tiempo de subida, tiempo de bajada, tiempo de retraso, tiempo de encendido, tiempo de almacenamiento y tiempo de apagado.

La figura 5-25 presenta una gráfica donde se observa una señal de control empleada para conmutar un transistor como en el caso de la figura 5-24. Se observan la corriente de base y de colector, indicando los tiempos arriba descritos.

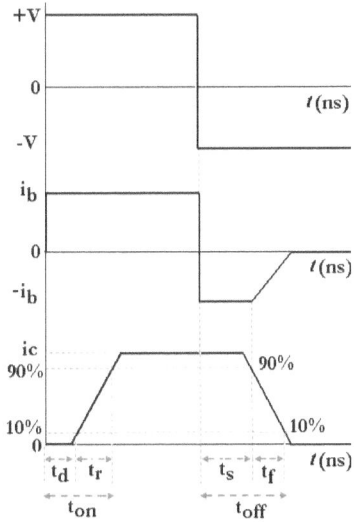

Figura 5-25. Tiempos del transistor.

Nótese en la figura 5-25 que el tiempo de almacenamiento (t_s) depende esencialmente de cuán rápido puede llegar a cero la corriente de la base. Los tiempos t_s descritos por el fabricante en la hoja de datos del transistor están tabulados como función de la corriente de colector, y a una temperatura constante. Son los valores mínimos de tiempo que presenta el dispositivo bajo condiciones determinadas de medición. Sin embargo, es posible que en la práctica los tiempos de almacenamiento sean muy superiores, dependiendo del arreglo o configuración con que se controla la unión base-emisor. En este sentido, existen varias técnicas que ayudan a que este tiempo no sea excesivo.

La primera técnica que se menciona es la de polarizar la base de forma negativa. Esto obliga a que se invierta la polaridad en la juntura y obliga a la capacitancia base-emisor a descargarse de manera inmediata. La figura 5-26 muestra un ejemplo sencillo.

5.4.1 Tiempos del Transistor: tiempo de subida, tiempo de bajada, tiempo de retraso, tiempo de encendido, tiempo de almacenamiento y tiempo de apagado.

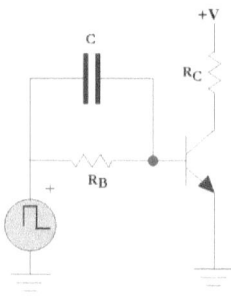

Figura 5-26. Técnica del capacitor para reducir los tiempos de almacenamiento.

La figura 5-27 muestra el tiempo t_s de almacenamiento con y sin capacitor. Puede verse que la inserción del capacitor en paralelo con la R_B disminuye considerablemente el tiempo de almacenamiento en comparación con la opción de solo el resistor R_B.

El valor del capacitor debe escogerse apropiadamente para que a la tasa de descarga ($\tau = R_B C$) este se descargue completamente antes de que la señal de control v_c cambie de estado de bajo a alto, ya que de lo contrario se retrasa la activación del transistor, debido al tiempo adicional requerido para pasar ahora de un voltaje negativo hasta la tensión de activación positiva de la juntura base-emisor.

Esto sin tomar en cuenta que puede generar problemas de sobrecarga al encontrase el potencial positivo de control v_c con uno negativo del capacitor. Esto demandaría una corriente instantánea que puede dañar o atenuar la salida que genera dicha señal de control si esta no soporta los niveles de corriente impuestos. Adicionalmente, el capacitor también impone una corriente de impulso durante el inicio del nivel alto de v_c, lo que genera también una corriente de demanda instantánea mayor.

La segunda técnica consiste en utilizar un diodo rápido tipo Schottky en la forma como se indica en la figura 5-28. La adición de este diodo, que debe tener una tensión de umbral baja, y ser de alta velocidad, impide que la tensión del colector del transistor llegue a niveles cerca de 0 voltios. La tensión del colector mínima en saturación será:

5.4.1 Tiempos del Transistor: tiempo de subida, tiempo de bajada, tiempo de retraso, tiempo de encendido, tiempo de almacenamiento y tiempo de apagado.

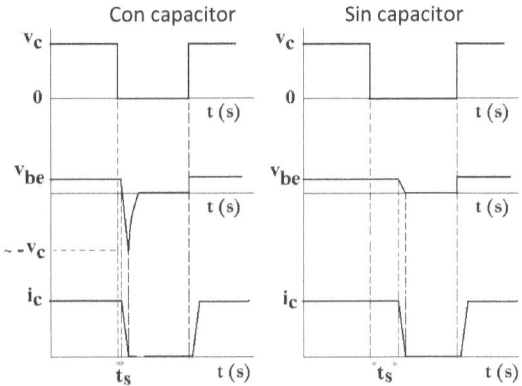

Figura 5-27. Efecto de reducción en el tiempo t_s con y sin el capacitor paralelo C.

$$V_{CEsat} = V_{BEsat} - V_{BE}$$

Figura 5-28. Técnica del diodo para reducir el tiempo de almacenamiento.

Esto es posible ya que por debajo del voltaje de saturación de la base comienza a activarse el diodo que está en paralelo con la juntura base-colector, lo que obliga a la corriente de base a desviarse por el diodo, reduciendo así la corriente efectiva que pasa por la juntura base-emisor, y de esta forma se llega a un equilibrio que impide que la corriente de base sea muy excesiva y por lo tanto, la tensión de colector no llega a valores tan cerca de 0 voltios. Esto evidentemente reduce la cantidad de carga almacena en la base, y por ende el tiempo de almacenamiento. El inconveniente de este método es que como la tensión de colector es relativamente más alta, también incrementa la potencia de conmutación del transistor.

El diodo a utilizar típicamente en este caso es un tipo Schottky (bajo voltaje en directo), como ya se mencionó anteriormente.

5.5 Polarización DC del Transistor: recta de carga DC.

El funcionamiento de un transistor en un circuito depende de cómo se polarizan las junturas respectivas en el tipo de transistor. En el apartado anterior, se examinó el transistor como conmutador y se establecieron las condiciones para ello.

Para que el transistor opere entonces como amplificador, es necesario que este polarizado adecuadamente para que este no pase a la zona de corte o de saturación de forma no esperada.

Ya se mencionó también que es condición básica para que el transistor opere en la zona de amplificación, el que la unión o juntura base-emisor este en directa, mientras que la unión base-colector está en reversa.

Cuando se polariza un transistor en DC, existe un amplio rango de puntos de polarización Q, que pueden existir dependiendo de los parámetros de resistencia R y voltaje V_{CC} en el circuito en cuestión.

Todos los posibles puntos de operación están representados por la llamada recta de carga DC del transistor.

A la polarización DC del transistor se le conoce también como *biasing* en inglés.

La figura 5-25 muestra la intersección entre la recta de carga DC de un transistor NPN, con la curva de I_C Vs el voltaje V_{CE} del transistor, para una temperatura fija.

5.5 Polarización DC del Transistor: recta de carga DC.

La curva I_C Vs V_{CE} representa todos los posibles valores para la corriente de colector I_C y los voltajes de colector-emisor V_{CE} respectivos que se pueden permitir, acorde con sus valores máximos.

La recta de carga DC intersecta la curva anterior indicando los puntos de operación Q que resultarían acorde a los valores de R y V_{CC} con los que estaría operándose en la zona de amplificación del transistor.

Nótese que el punto Q1 se acerca a la zona de saturación, mientras el punto Q4 está cerca de la zona de corte. Los puntos Q2 y Q3, están más aceptablemente dentro de la zona de amplificación.

Un punto de polarización recomendado acorde a la recta de carga DC sería el Q3, ya que el voltaje $V_{CE} \sim V_{CC}/2$.

Un voltaje como el del punto Q3 significa que la posibilidad de excursión o movimiento del punto Q por encima y por debajo es simétrico respecto de V_{CC} y 0 Voltios respectivamente.

Cuando una señal AC es alimentada para amplificarse, es equivalente a desplazar el punto Q del transistor conforme a la señal de entrada AC. La amplitud de salida AC provocará una excursión del punto Q. Si el punto Q está en Q1, por ejemplo, este pasará muy rápido a saturación, y si está en Q4 pasará a corte. De modo que los puntos Q2 y Q3 serían aquellos que pueden permitir un margen de excursión mayor, sin caer en saturación o corte, siendo máxima la excursión simétrica la obtenida con Q3.

En el apartado siguiente se detallará más sobre el transistor como amplificador.

La figura 5-26 ilustra un ejemplo en el uso de la recta de carga para polarizar el transistor, de acuerdo al criterio ya mencionado.

5.5 Polarización DC del Transistor: recta de carga DC.

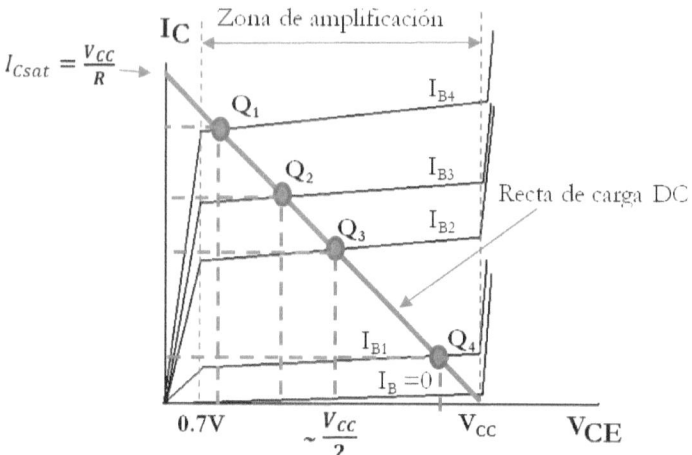

Figura 5-25 Recta de carga DC del transistor.

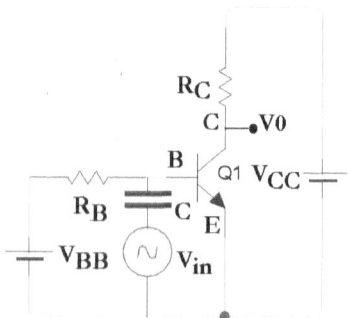

Figura 5-21 Circuito ejemplo para el uso de la recta de carga DC.

Aplicando Kirchhoff en la malla de salida V0 tenemos:

$$-V_{CC} + I_C R_C + V_{CE} = 0$$

Los puntos extremos de la ecuación anterior serían:

$$\text{con } I_C = 0\ ;\ V_{CE} = V_{CC}$$

5.5 Polarización DC del Transistor: recta de carga DC.

$$con\ V_{CE} = 0;\ I_C = \frac{V_{CC}}{R_C}$$

Para que $V_{CE} = V_{CC}/2$ tenemos:

$$R_C = \frac{V_{CC} - V_{CE}}{I_C}$$

Sustituyendo:

$$R_C = \frac{V_{CC} - \frac{V_{CC}}{2}}{I_C} = \frac{V_{CC}}{2I_C} \qquad (5.82)$$

La ecuación (5.82) representa el valor de R_C que coloca la tensión V_{CE} en el punto medio entre 0 y V_{CC} Voltios.

Finalmente, escogemos una I_C válida, es decir, que este dentro de la familia de curvas de I_C Vs V_{CE}. En términos prácticos, significa escoger cualquier valor de corriente que esté por encima de I_{CEO} y por debajo de la I_{Cmax}. Los valores de rango de I_C es una información que está siempre disponible en la hoja de datos del fabricante, ya sea de forma tabular o gráfica.

Finalmente el punto Q de polarización DC quedaría:

$$V_{CEq} = \frac{V_{CC}}{2}\ ;\ I_{Cq} = \frac{V_{CC}}{2R_C}$$

Como ya sabemos, en la zona de amplificación:

$$I_C = \beta I_B$$

De donde obtenemos la corriente I_B:

$$I_B = \frac{I_C}{\beta}$$

Aplicando Kirchhoff en la malla de entrada DC:

$$R_B = \frac{V_{BB} - V_{BE}}{I_B} \qquad (5.83)$$

5.5 Polarización DC del Transistor: recta de carga DC.

La ecuación (5.83) se puede escribir también así:

$$R_B = \frac{\beta(V_{BB}-V_{BE})}{I_C} \quad (5.84)$$

El valor de β al que se refiere la ecuación 5.84 es el h_{FE} (DC) del transistor, que resulta para la corriente IC de colector escogida.

La figura 5-27 muestra la recta de carga DC resultante en el circuito de la figura 5-26.

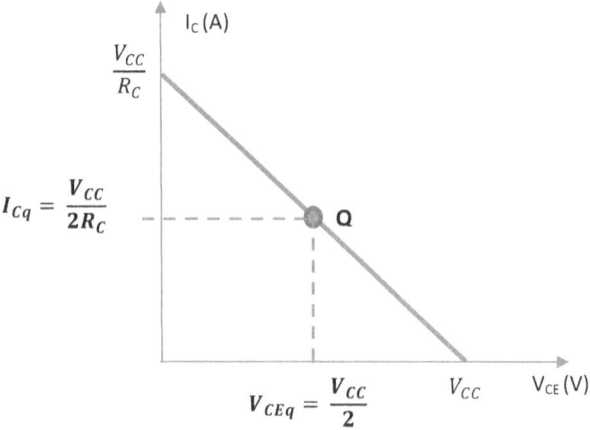

Figura 5- 22 Recta de carga del circuito de la figura 5-26.

Nótese que este análisis solo hemos tomado en consideración la componente DC.

El punto Q en la figura 5-27 indica la corriente de colector y el voltaje colector-emisor con el que opera dicho circuito.

Dado un circuito como el de la figura 5-26, podemos utilizar las expresiones ya obtenidas para calcular los valores de la R_C y R_B, que garantizan un punto Q como el señalado en la figura 5-27, dado cualquier Voltaje V_{CC} y corriente I_C, que estén dentro de la familia de curvas del transistor.

No siempre será necesario polarizar el transistor con un punto Q medio, simétrico, a veces el punto Q puede que sea asimétrico, hacia el lado izquierdo o derecho, dependiendo de los requerimientos particulares de amplificación o de desplazamiento del punto Q.

No obstante, el procedimiento es idéntico sustituyendo al V_{CE} por el valor deseado. Recuerde que: $V_{CE} > 0.7$.

5.6 Amplificación de voltaje AC, utilizando el Transistor.

La figura 5-28 muestra un ejemplo de un circuito de amplificador AC, empleando un transistor NPN.

Obsérvese que se ha indicado que el voltaje V_{CE} es mayor que 0.7 V, esto para mantener la unión base-emisor en directa y la de base-colector en reversa, es decir, en la zona de amplificación.

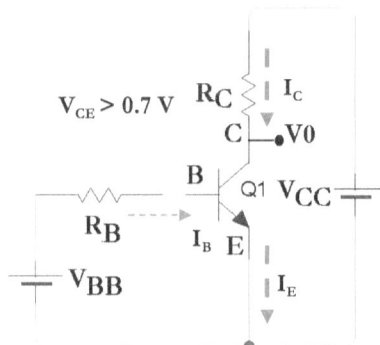

Figura 5- 23 Ejemplo de un circuito de amplificador AC, usando un transistor NPN.

Aplicando Kirchhoff, la corriente de base I_B será:

$$I_B = \frac{(V_{BB} - V_{BE})}{R_B} = \frac{(V_{BB} - 0.7)}{R_B} \cong \frac{V_{BB}}{R_B} \qquad (5.85)$$

Si despejamos V_{BB} de la expresión (no reducida) (5.85) tenemos:

$$V_{BB} = I_B R_B + V_{BE} \qquad (5.86)$$

5.6 Amplificación de voltaje AC, utilizando el Transistor.

La expresión (5.86) puede escribirse como:

$$V_{BB} = I_B R_B + I_B h_{ie} \qquad (5.87)$$

En la expresión (5.87), la derivada de la tensión V_{BE} respecto de I_B es:

$$\Delta V_{BE} = \Delta I_B (h_{ie}) \qquad (5.88)$$

En las expresiones 5.87 y 5.88, el término h_{ie} representa la impedancia dinámica equivalente de la unión base-emisor, es equivalente a la resistencia dinámica del diodo, es decir a la *rd* que ya conocemos, un valor relativamente pequeño. Por lo tanto:

$$rd = h_{ie} \qquad (5.89)$$

El término equivalente h_{ie} se utiliza de acuerdo al modelo de parámetros híbridos, del cual se hablará en detalle más adelante, en la sección 5.8.

Por otro lado la corriente de Colector I_C será:

$$I_C = \beta I_B$$

El voltaje de salida V0 (DC) será:

$$V0 = V_{CE} = V_{CC} - I_C R_C \qquad (5.90)$$

Recuerde que el voltaje V0 se mantiene siempre mayor que el voltaje V_{BE}, para mantener el diodo base-emisor en directa, y base-colector en reversa.

Los valores del voltaje V_{CE} y de la corriente I_C (DC), conforman el llamado punto **Q** de operación del transistor, de acuerdo a la recta carga DC impuesta por R_C y V_{CC}.

Supongamos ahora que existe una variación de la corriente de base I_B, que se traducirá luego en una variación proporcional de la corriente de colector I_C así:

$$\Delta I_C = \beta \Delta I_B \qquad (5.91)$$

De igual forma, si despejamos el término I_B de (5.86), y derivamos I_B a respecto de V_{BB} tenemos:

5.6 Amplificación de voltaje AC, utilizando el Transistor.

$$\Delta I_B = \frac{\Delta V_{BB}}{(R_B + h_{ie})} \quad (5.92)$$

Recordemos también que:

$$\beta_{AC} = h_{fe} = \frac{\Delta I_C}{\Delta I_B} \quad (5.93)$$

De la expresión (5.90) la variación del voltaje de salida V0 con respecto a la variación de I_C será:

$$\Delta V0 = \Delta I_C R_C \quad (5.94)$$

Reemplazando a ΔI_C de (5.94) en términos de ΔI_B de (5.93) tenemos:

$$\Delta V0 = \beta_{AC} \Delta I_B R_C \quad (5.95)$$

Reemplazando ahora ΔI_B de (5.95) en términos de ΔV_{BB} de (5.92) tenemos:

$$\Delta V0 = \beta_{AC} \Delta V_{BB} \frac{R_C}{(R_B + h_{ie})} \quad (5.96)$$

Finalmente la relación entre el voltaje de salida V0 y el de entrada V_{BB} será:

$$\frac{\Delta V0}{\Delta V_{BB}} = \beta_{AC} \frac{R_C}{(R_B + h_{ie})} \quad (5.97)$$

La relación $\frac{\Delta V0}{\Delta V_{BB}}$ de la expresión (5.97) representa la ganancia de tensión en AC, y se denota como A_V.

A_V es el cociente de la relación entre el voltaje de salida V0 y el voltaje de entrada V_{in}, ambas en AC, y representa como ya se dijo, la ganancia de tensión en AC del circuito amplificador.

El término A_V es el método estándar para calcular la ganancia de tensión en cualquier tipo de configuración de amplificador, sea de transistor o de cualquier tipo, visto como una red dos puertos en el que existe una tensión de entrada, y una tensión de salida.

En la expresión (5.97) la variación del voltaje de salida $\Delta V0$, está directamente afectada por el parámetro de amplificación de corriente β_{AC} del transistor, por la variación del voltaje de entrada ΔV_{BB}, y la relación entre las resistencias R_C, R_B y h_{ie}.

5.6 Amplificación de voltaje AC, utilizando el Transistor.

Sin embargo, en la misma expresión (5.97) la ganancia de tensión A_V solo depende de parámetros fijos como son: β_{AC}, R_C, R_B, h_{ie}. De modo que la ganancia es prácticamente en sí un valor constante en esta configuración.

Lo anterior quiere decir que no importa si la entrada cambia de valor, el módulo de la ganancia A_V será siempre el mismo. De modo que dado los valores numéricos en el circuito, la ganancia A_V puede ser calculada fácilmente.

En la ecuación (5.97):

$$Si\ h_{ie} \ll R_B$$

Tenemos:

$$\frac{\Delta V0}{\Delta V_{BB}} = A_v \cong \beta_{AC}\frac{R_C}{R_B} \qquad (5.98)$$

En detalle, la variación de V0 es provocada por la variación de I_C, que a su vez se debe a la variación de I_B. La variación de I_B puede simularse al introducir una componente de voltaje AC que equivale a variar el voltaje V_{BB}, de modo que I_B varía también proporcionalmente en el tiempo, produciéndose los cambios ya explicados.

La figura 5-29 presenta ahora el circuito de la figura 5-28 en el que se ha añadido una fuente AC de voltaje V_{in}, que produce el efecto de variar el voltaje V_{BB}.

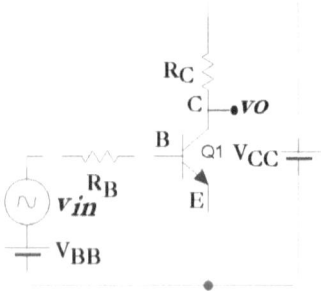

Figura 5- 24 Circuito de la figura 5-28 con una fuente de voltaje AC v_{in} añadida.

5.6 Amplificación de voltaje AC, utilizando el Transistor.

Lo que tenemos ahora es una combinación de DC y AC.

Hagamos las siguientes convenciones de términos para AC:

$$\beta_{AC} = h_{fe}$$

$$\Delta V_{BB} = v_{in}$$

$$\Delta V0 = vo$$

$$\Delta I_C = ic$$

$$\Delta I_B = ib$$

$$\Delta V_{BE} = vbe$$

Como h_{fe} es por lo general un valor mucho mayor que 1, entonces, se convierte en un factor de amplificación o de multiplicación del término: $\frac{R_C}{R_B}$, de acuerdo a la expresión (5.98).

El valor de h_{fe} puede obtenerse de la hoja de datos *datasheet* del fabricante, y esta normalmente referido en torno a un valor DC de la corriente de colector I_C, y del voltaje V_{CE}, a una temperatura de referencia. Aunque su valor no es único, puede comportarse relativamente constante dentro de un rango de variación específico de I_C. Recuerde no confundir el h_{fe} con el h_{FE}.

La ganancia A_V aproximada del circuito de la figura 5-29 es entonces:

$$\frac{vo}{vin} = \frac{\Delta V0}{\Delta V_{BB}} = A_v \qquad (5.99)$$

Y entonces:

$$A_v \cong h_{fe} \frac{R_C}{R_B} \qquad (5.100)$$

5.6 Amplificación de voltaje AC, utilizando el Transistor.

En la expresión (5.99) la resistencia R_B suele tener un valor más alto que la R_C, por lo que el cociente $\frac{R_C}{R_B}$ será menor que 1. Esto hace que el termino h_{fe} tenga que ser muy grande para que la ganancia A_V sea mayor que 1.

Para solucionar el inconveniente de la ganancia en (5.99) se propone el caso de la figura 5-30, en el que se ha cambiado la posición de la entrada del voltaje V_{in}.

El capacitor C_1 añadido es necesario para desacoplar el nivel DC impuesto por la fuente V_{BB} de la fuente V_{in}, de modo que no se alteren las tensiones DC en el circuito.

C_1 representa una impedancia equivalente de corto-circuito a la frecuencia de trabajo de la señal AC y una impedancia de infinito para DC.

Dicho lo anterior, nótese que V_{in} está en paralelo con la tensión V_{BE}, de modo que ahora la variación del voltaje de entrada se corresponde directamente con la variación del voltaje V_{BE}.

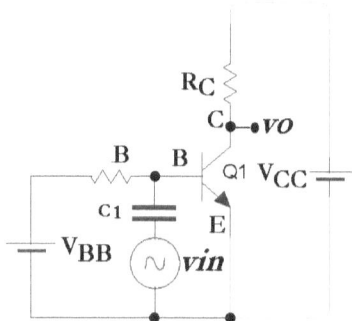

Figura 5-30 Circuito de la figura 5-29 con un capacitor C_1 añadido para incrementar la ganancia A_V

La expresión de ganancia de voltaje quedaría:

$$A_V = \frac{i_c R_C}{v_{be}} = \frac{i_c R_C}{i_b h_{ie}} \cong \frac{h_{fe} R_C}{h_{ie}} \qquad (5.101)$$

5.7 Amplificación de voltaje AC: Recta de carga AC.

Como h_{ie} es por lo general, un valor pequeño, el término A_V se incrementa ahora muy significativamente.

La expresión de ganancia obtenida en (5.101) es muy superior comparada con la obtenida antes en (5.100), solamente al cambiar la posición de la señal de entrada vin.

Ya hemos visto entonces como es posible convertir la ganancia de corriente natural del transistor en una ganancia de voltaje, usando solo elementos pasivos como resistencias y capacitores.

Tenemos que volver a mencionar, que en el ejemplo anterior se ha utilizado un transistor NPN, pero lo mismo ocurre si al utilizar un transistor PNP se invierten las polaridades de las fuentes DC y el sentido de las corrientes en el circuito. La figura 5-31 ilustra este caso.

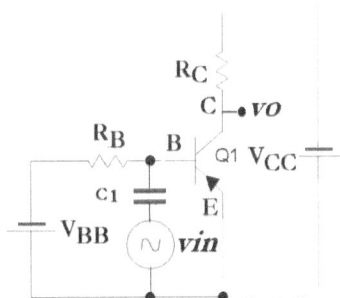

Figura 5- 31 Circuito amplificador de la figura 5-30 pero usando un transistor PNP.

Obsérvese que solo se ha invertido las polaridades de las fuentes V_{BB} y V_{CC}. El análisis es idéntico al caso del NPN.

5.7 Amplificación de voltaje AC: Recta de carga AC.

La recta de carga AC representa todos los posibles valores que pueden tomar la corriente de colector i_c, y el voltaje colector-emisor v_{ce}, en régimen AC.

5.7 Amplificación de voltaje AC: Recta de carga AC.

La recta de carga AC se utiliza junto con la recta de carga DC, para obtener información acerca de la excursión de voltaje AC, y simetría de la señal de salida V0.

Nótese que hemos empleado los términos i_c y v_{ce}, para referirnos a las componentes AC en el análisis de los circuitos.

Veamos la figura 5-32, donde tomamos el caso del circuito de la figura 5-29 como ejemplo para ilustrar el concepto.

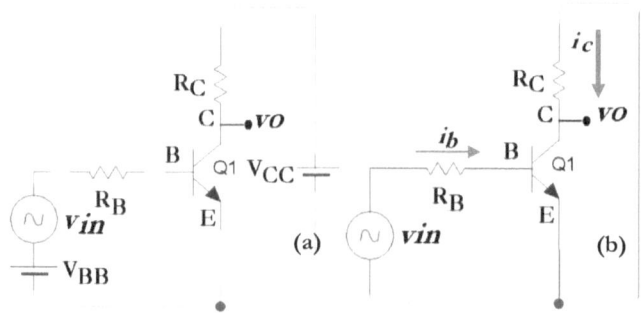

Figura 5- 32 Amplificador de AC: (a) circuito con fuentes DC y AC, (b) equivalente en AC.

La figura 5-32(b) muestra el equivalente AC del circuito de la figura 5-32(a). Nótese que se han cortocircuitado las fuentes DC: V_{BB} y V_{CC}.

La **recta de carga AC** de salida será:

$$i_C R_C = v_{ce} \quad (5.102)$$

Evaluando la recta de carga AC:

$$\text{con } i_c = 0 \, ; \, v_{ce} = 0$$

$$\text{con } v_{ce} = V_{CC} \, ; \, i_c = \frac{V_{CC}}{R_C}$$

Recuerde que la señal AC hace que el punto Q se desplace entre V_{CC} y 0 Voltios, por lo tanto, la amplitud máxima del voltaje AC de salida (v_{ce}) será V_{CC}. De igual manera la corriente máxima AC de colector i_c será: V_{CC}/R_C.

5.7 Amplificación de voltaje AC: Recta de carga AC.

Lo anterior se debe a que la señal AC de salida está siendo generada a partir de los parámetros DC de salida del circuito, véase la figura 5-32(a), y por lo tanto, están sujetos a sus límites máximos y mínimos.

Si graficamos la recta de carga AC obtenida con la expresión (5.102), obtenemos la curva de la figura 5-33.

La figura 5-34 presenta la intersección de la recta de carga DC y AC, del circuito de la figura 5-32. Se indica también cómo se desplazaría el punto Q cuando la señal AC varía su amplitud en el tiempo, mostrando los niveles máximos de excursión, y la simetría de la señal de salida AC.

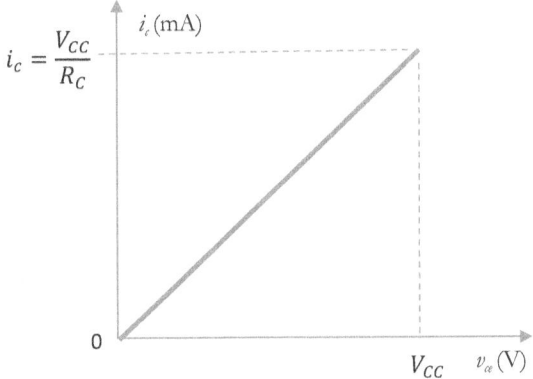

Figura 5- 25 Recta de carga AC del circuito de la figura 5-32.

5.7 Amplificación de voltaje AC: Recta de carga AC.

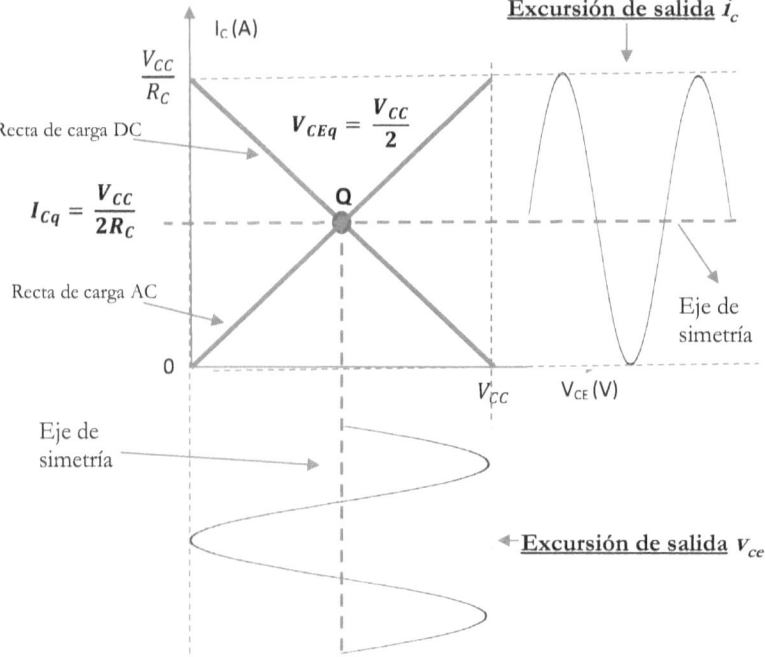

Figura 5- 26 Intersección de la rectas de carga DC y AC. Señales de salida: v_{ce} e i_c

La figura 5-34 muestra la excursión máxima, tanto de la corriente de colector i_c como del voltaje de salida colector-emisor v_{ce}.

Obsérvese que hay una simetría perfecta entre las amplitudes de la señal de salida, debido a que el punto Q está centrado en $V_{CC}/2$, y a que la recta de carga AC intersecta en el punto Q de la recta de carga DC.

Lo anterior es posible siempre y cuando la resistencia de carga AC, en este caso R_C, sea la misma tanto en DC como en AC.

Es posible notar también, que existe un desfase de 180° entre la corriente i_c y la tensión v_{ce}, ya que cuando uno aumenta el otro disminuye y viceversa.

La figura 5-35 muestra un caso en el que la resistencia de carga AC es distinta a la DC.

5.7 Amplificación de voltaje AC: Recta de carga AC.

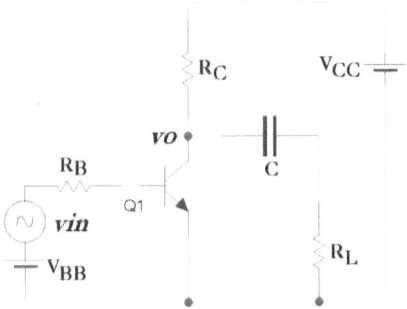

Figura 5- 27 Amplificador de la figura 5-32 con carga R_L acoplada en AC

Supongamos ahora que la impedancia de C resulta un cortocircuito a la frecuencia de operación. Por tanto, en AC la resistencia equivalente en el colector será:

$$R'_C = R_C // R_L$$

La figura 5-36 muestra las rectas de cargas resultantes si:

$$R'_C < R_C \;;\; digamos\; R_L \ll R_C$$
$$R'_C = R_C \;;\; digamos\; R_L \gg R_C$$
$$R'_C > R_C \;;\; (no\; posible\; en\; este\; caso)$$

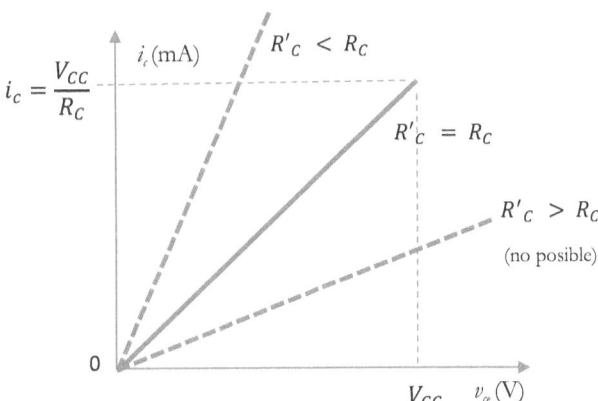

Figura 5- 28 Recta de carga AC del circuito de la figura 5-34.

5.7 Amplificación de voltaje AC: Recta de carga AC.

La figura 5-37 ilustra la intersección de las rectas de carga AC y DC para el caso en que $R'_C < R_C$.

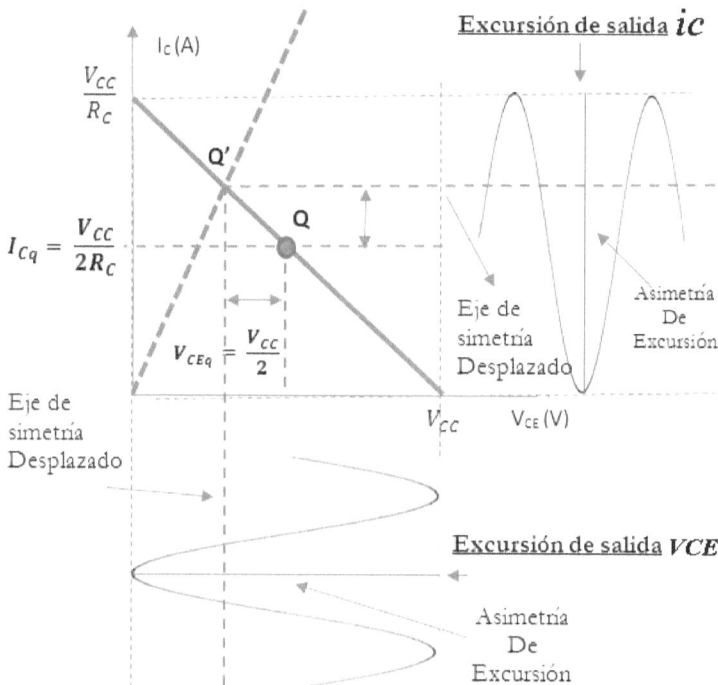

Figura 5- 37 Intersección de la rectas de carga DC y AC cuando $R'_C < R_C$.

La asimetría en las señales de salida i_c y v_{ce}, se produce cuando la resistencia equivalente de carga en DC y AC es distinta. Esto resulta en que uno de los semiciclos de la señal de salida tenga menos amplitud o excursión respecto del otro, esto es la asimetría de excursión.

Para el caso de la figura 5-37, la corriente i_c tiene el lado positivo con menos amplitud que el correspondiente lado negativo. En cambio, el voltaje v_{ce} tiene el lado negativo con menos amplitud que el positivo, existe además una condición de desfase de 180° entre la corriente y voltaje.

5.8 Modelo Híbrido AC simplificado del Transistor.

El punto Q de la figura 5-37 se ha desplazado hacia Q', lo que origina también un desplazamiento del eje de simetría original, lo que a su vez hace que existan distintos niveles de excursión para el lado positivo, y el lado negativo, del voltaje y la corriente. Este desplazamiento del punto Q es debido a como ya se indicó a una resistencia de carga que es distinta en DC y AC.

Lo anterior pone de manifiesto, que cuando se diseñan amplificadores con cargas acopladas en AC hay que tomar en cuenta como la variación de las impedancias afectan la simetría en la excursión de la señal de salida.

La asimetría en la señal de salida puede conducir a que el transistor bien pase a la zona de corte o saturación, generando así una señal de salida distorsionada.

Para evitar la distorsión por asimetría, hay que reducir la excursión tomando como límite máximo, el menor nivel.

La variación de la resistencia de carga R'$_C$ no solo afecta la simetría y excursión, afecta también la ganancia de voltaje AC del circuito, caso que será revisado más adelante.

5.8 Modelo Híbrido AC simplificado del Transistor.

La figura 5-38 muestra los dos modelos híbridos simplificados que utilizaremos en este texto. Ambos modelos son equivalentes, y el uso de uno u otro dependerá de la conveniencia según el caso que se estudie.

En el modelo simplificado de la figura 5-38 se omite la fuente de tensión dependiente $h_{re}V_{CE}$, la cual se desprecia por ser de valor mucho menor que la tensión que se produce en h_{ie} por efecto de la i_b.

El modelo de la figura 5.38 está en la configuración de emisor común. Más adelante se detallará sobre los tipos de configuración del transistor.

5.8 Modelo Híbrido AC simplificado del Transistor.

En el modelo híbrido se usa la letra h para referirse a un modelo que combina diferentes dimensiones de unidades; impedancia, admitancia, y de transferencia. La letra h significa *hybrid* en inglés, que significa híbrido o mezclado.

Si nos referimos por ejemplo, a la impedancia de entrada base-emisor, el parámetro será denotado como h_{ie}, la i significa *input*, o entrada en inglés. La letra e significa emisor. Se expresa en Ω.

Si nos referimos a la admitancia de salida el parámetro será denotado como h_{oe}, la o significa *output*, o salida en inglés. Se expresa en Ω^{-1}.

Si nos referimos a la razón de transferencia inversa de la variación del voltaje de colector-emisor reflejada hacia la variación del voltaje de base-emisor, se denota como h_{re}, r significa *reverse*, o inverso en inglés. Es adimensional. Este parámetro no se considera en nuestro modelo simplificado. $h_{re} \approx 10^{-4}$.

Si nos referimos a la relación de ganancia de corriente salida-entrada, se denota como h_{fe}, f significa forward, o directo en inglés. Es adimensional.

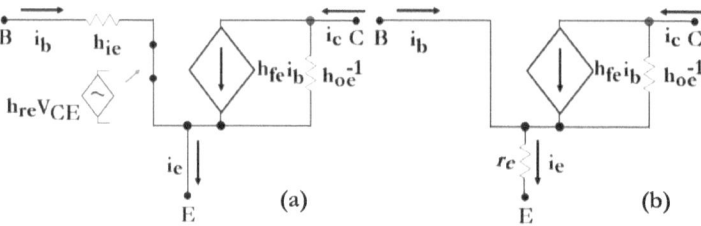

Figura 5- 38 Modelo Híbrido AC simplificado del transistor: (a) de base h_{ie}, (b) de emisor r_e.

Para evitar confusiones, el parámetro re incluido en el modelo 5-38(b), no utiliza la letra h, ya que es un equivalente del parámetro h_{ie}, y utilizado solo en nuestro modelo. Se expresa en Ω.

En este modelo seguiremos utilizando letras minúsculas para referirnos al régimen AC:

5.8 Modelo Híbrido AC simplificado del Transistor.

Por lo tanto:

$$i_e = i_c + i_b$$

$$i_c = h_{fe} i_b$$

A continuación detallamos lo que significa cada parámetro:

El parámetro h_{oe} es la admitancia AC promedio de salida, en la juntura colector-emisor. Se expresa en unidades de Ω^{-1} o en mhos. El mho es la palabra ohm escrita al revés. El h_{oe} representa la pendiente de la curva de la variación de la corriente de colector ΔI_C respecto de la variación del voltaje colector-emisor ΔV_{CE}. La figura 5-39 muestra más claramente el h_{oe} que correspondería a una curva en particular, de la familia de curvas que existen para un transistor de ejemplo.

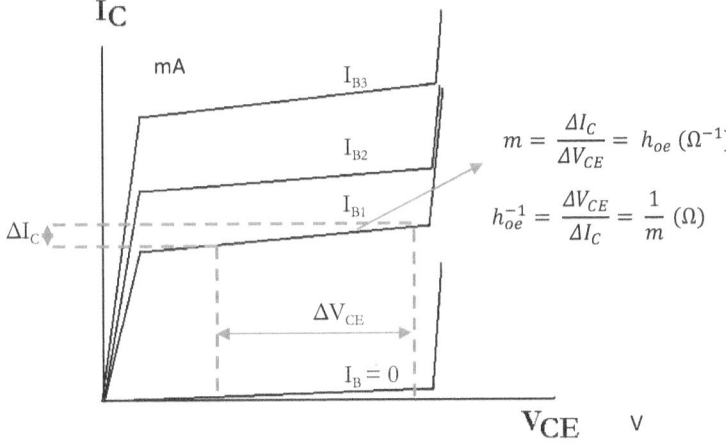

Figura 5- 29 Obtención del h_{oe} a partir de las curvas de I_C s V_{CE}.

El parámetro h_{oe} ideal es de cero mhos, de modo que la resistencia h_{oe}^{-1} tiende al infinito Ω.

En la práctica, el fabricante suministra una curva donde se puede obtener el valor de h_{oe} correspondiente como función de la corriente de colector I_C. El parámetro utilizado es

5.8 Modelo Híbrido AC simplificado del Transistor.

una corriente de base constante. Es decir, que la corriente de base no cambia, mientras que se varía la tensión V_{CE} y se mide la I_C resultante.

$$h_{oe} = \frac{\Delta I_C}{\Delta V_{CE}} \,|I_B(DC) = constante \qquad (5.103)$$

Nótese que el parámetro h_{oe} se obtiene a partir de los parámetros DC del transistor.

En nuestro modelo teórico vamos a suponer que el valor de h_{oe}^{-1} es infinito Ω, a menos que se diga lo contrario.

El parámetro h_{ie} representa la resistencia o impedancia promedio AC de entrada, vista desde la juntura base-emisor, según el modelo 5.38(a). Es la impedancia de la base, está en unidades de Ω, y depende de la corriente de base. El h_{ie} puede expresarse como la variación del voltaje base-emisor respeto de la variación de la corriente de base I_B.

$$h_{ie} = \frac{\Delta V_{BE}}{\Delta I_b} \,|V_{CE}(DC) = constante \qquad (5.104)$$

Nótese ahora que el parámetro es un V_{CE} constante.

El valor del h_{ie} puede aproximarse también según la ecuación del diodo Schottky, ya discutida en el capítulo III, de la siguiente manera:

$$h_{ie} = \frac{nVT}{I_B} \,|V_{CE}(DC) = constante \qquad (5.105)$$

Donde el término $nvt \approx 10^{-3} \, mV$.

Los valores de h_{ie} suelen suministrarse también en la hoja de datos del fabricante.

El parámetro *re* es la resistencia promedio AC de entrada, vista desde la base-emisor considerando el modelo 5.38(b), y se define:

$$re = \frac{\Delta V_{BE}}{\Delta I_E} \,|V_{CE}(DC) = constante \qquad (5.106)$$

Al igual que el h_{ie}, el valor de la *re* puede aproximarse también de la siguiente manera:

$$re = \frac{nVT}{I_E} \,|V_{CE}(DC) = constante \qquad (5.107)$$

5.8 Modelo Híbrido AC simplificado del Transistor.

El parámetro h_{re} es la razón de transferencia inversa de voltaje salida-entrada y se define:

$$h_{re} = \frac{\Delta V_{BE}}{\Delta V_{CE}} |I_C\ (DC) = constante \qquad (5.108)$$

$$h_{re} \approx 10^{-4}$$

Debido a que el término nvt (10^{-3}) es 10 veces mayor que el término h_{re} (10^{-4}) es posible simplificar el modelo, como lo muestra la figura 5.38(a).

Por último, **el parámetro h_{fe}** es la ganancia AC de corriente del transistor y se define:

$$h_{fe} = \frac{\Delta I_C}{\Delta I_B} |V_{CE}\ (DC) = constante \qquad (5.109)$$

Aplicando Kirchhoff en el modelo 5-38(a) y 5-38(b) respectivamente, el voltaje base-emisor es:

$$v_{be} = i_b h_{ie}$$
$$v_{be} = i_e re$$

Igualando ambas expresiones:

$$i_b h_{ie} = i_e re \qquad (5.110)$$

Como:

$$i_e = i_c + i_b$$
$$i_e = h_{fe} i_b + i_b$$
$$i_e = (h_{fe} + 1)i_b$$

Sustituyendo en (5.110):

$$i_b h_{ie} = (h_{fe} + 1)i_b re$$

Despejando el término h_{ie}:

$$h_{ie} = (h_{fe} + 1)re \qquad (5.111)$$

5.8 Modelo Híbrido AC simplificado del Transistor.

Si $h_{fe} \gg 1$, la expresión (5.111) queda reducida así:

$$h_{ie} \cong h_{fe} re \qquad (5.112a)$$

$$re \cong \frac{h_{ie}}{h_{fe}} \qquad (5.112b)$$

En otras palabras, tanto h_{ie} y re representan valores equivalentes, según se utilice el modelo de h_{ie} de base, o el modelo de re de emisor.

La fuente de corriente del colector es dependiente del factor $h_{fe}i_b$.

$$h_{fe}i_b = \beta_{AC}i_b \quad |V_{CE}(DC) = constante$$

La corriente i_c es, véase figura 5-38(a) y 5-38(b):

$$i_c = h_{fe}i_b - i_{h_{oe}^{-1}} \qquad (5.113)$$

Dónde:

$i_{h_{oe}^{-1}}$ es la corriente que circula por la admitancia h_{oe}

En un circuito como el de la figura 5-40 la corriente de colector se puede aproximar a $h_{fe}i_b$, siempre y cuando la corriente que deriva por la impedancia h_{oe}^{-1} sea despreciable. Esto es posible haciendo que la impedancia de salida equivalente Z_O, que resulta del paralelo de la resistencia de carga R_C, con el h_{oe}^{-1}, tienda siempre a R_{C0}, es decir:

$$Z_O = R_C \| h_{oe}^{-1} \sim R_C \qquad (5.114)$$

La impedancia o resistencia de salida AC Z_o debe tender siempre a R_C.

El efecto del paralelo de la resistencia h_{oe}^{-1} hace que disminuya la corriente que pasa por R_C, de modo que la ganancia efectiva de voltaje AC disminuye también.

$$vo = h_{fe}i_b (R_C \| h_{oe}^{-1}) \qquad (5.115)$$

La figura 5-40 muestra en un recuadro punteado, el circuito híbrido simplificado de un transistor NPN en configuración de emisor común. La resistencia de carga R_C está fuera

5.8 Modelo Híbrido AC simplificado del Transistor.

del circuito interno del transistor. Esta figura nos permite explicar el efecto de la impedancia h_{oe}^{-1} en la ganancia de voltaje.

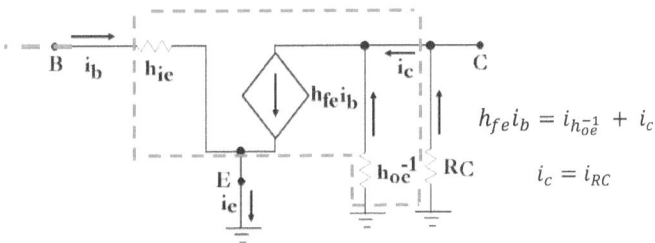

$$h_{fe}i_b = i_{h_{oe}^{-1}} + i_c$$

$$i_c = i_{R_C}$$

Figura 5-40 Equivalente de salida de un transistor NPN conectado a una carga Rc externa, usando el modelo híbrido simplificado.

Consideremos ahora los siguientes casos:

Si $R_C \ll h_{oe}^{-1}$:

$$i_c = h_{fe}i_b \quad ; \quad i_{h_{oe}^{-1}} \approx 0 \tag{5.116}$$

$$vo = h_{fe}i_b R_C \tag{5.117}$$

Si $R_C = h_{oe}^{-1}$:

$$h_{fe}i_b = i_c + i_{h_{oe}^{-1}}$$

$$i_c = i_{h_{oe}^{-1}} = \frac{h_{fe}i_b}{2} \tag{5.118}$$

$$vo = \frac{h_{fe}i_b}{2} R_C \tag{5.119}$$

Y por último, si $h_{oe}^{-1} \ll R_C$:

$$i_{h_{oe}^{-1}} = h_{fe}i_b \quad ; i_c \approx 0 \tag{5.120}$$

$$vo = h_{fe}i_b h_{oe}^{-1} \tag{5.121}$$

Es evidente que el único caso donde la salida se corresponde con el valor de R_C es donde $R_C \ll h_{oe}^{-1}$, ecuación (5.117). En los otros dos casos, la tensión de salida v_o se ve afectada por la impedancia de salida interna.

5.9 Modelo de un Amplificador de voltaje.

De forma general, el voltaje de salida AC tiene un máximo que se corresponde con la ecuación (5.121). El valor de R_C modifica el voltaje de salida cundo es mucho menor o se compara con el valor del h_{oe}^{-1}.

De forma más detallada, en un principio, la ganancia de voltaje puede aumentar directamente con el valor de la R_C, hasta el punto donde ya no aumentará directamente con el valor de R_C, sino con el paralelo de su resistencia interna h_{oe}^{-1}, el efecto de aumento continua hasta donde ya no puede crecer más debido a que el paralelo hace que domine la impedancia interna h_{oe}^{-1}, en este último punto, el voltaje de salida no aumentará, sino que permanecerá constante. La ganancia real efectiva en este caso será mucho menor que la que se esperaría considerando solo la R_C.

El modelo híbrido reducido del transistor puede ser aplicado para todas las configuraciones, no importando el tipo de transistor: NPN o PNP, y nos ayuda a entender cómo funciona; impedancia de entrada/salida, relación de corrientes, voltajes, así como sus límites de operación en un circuito particular.

El modelo híbrido planteado aquí es válido para pequeñas señales AC, y para el rango de frecuencias de hasta unas pocas decenas de MHz, por encima de ello, hay que considerar los elementos capacitivos e inductivos presentes en el transistor, es decir, utilizar un modelo válido para radio frecuencia o RF.

5.9 Modelo de un Amplificador de voltaje.

Antes de empezar con nuestro primer análisis utilizando el modelo híbrido simplificado, debemos decir que las características principales de todo amplificador pueden resumirse en el modelo presentado en la figura 5-41.

5.9 Modelo de un Amplificador de voltaje.

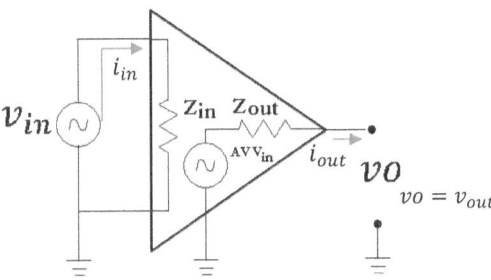

Figura 5- 41 Modelo básico de un amplificador de voltaje AC.

En este modelo se destacan los siguientes parámetros:

- **Z_{in}:** es la impedancia de entrada que ofrece el amplificador a la señal V_{in}. La impedancia de entrada es por definición:

$$Z_{in} = \frac{v_{in}}{i_{in}} \qquad (5.122)$$

- **Z_{out}:** es la impedancia de salida del amplificador. Definida como:

$$Z_{out} = \frac{v_{out}}{i_{out}} \qquad (5.123)$$

- **AV:** es la ganancia de voltaje del amplificador. Que es:

$$AV = \frac{v_{out}}{v_{in}} \qquad (5.124)$$

Dónde:

v_{in} y v_{out} son los voltajes de entrada y salida respectivamente.

i_{in} y i_{out} son las corrientes de entrada y salida respectivamente.

Las impedancias de entrada y salida aunque pueden resultar valores complejos, solo se consideraran aquí como estrictamente reales. Es decir, no considerando los efectos capacitivos o inductivos asociadas a éstas.

En la práctica, la impedancia de entrada de un amplificador se puede medir relativamente muy fácil con la expresión (5.122), sin embargo, para la impedancia de salida hay que

5.10 Amplificadores de una etapa a transistor:

medir el voltaje de salida con $R_L = \infty$, y luego la corriente a corto-circuito con $R_L = 0$, y aplicar la expresión (5.123). Sin embargo, esto a veces no es posible porque puede dañar el amplificador. En estos casos hay que estimarla por otros métodos, o de forma teórica. Adicionalmente, estas impedancias se pueden ver afectadas reduciendo o aumentando su valor según el efecto de retroalimentación o *feedback* de salida-entrada presente en el amplificador.

La ganancia efectiva de voltaje del amplificador también puede verse afectada por la retroalimentación de salida-entrada en el amplificador.

De manera general, se estudian los parámetros de impedancias y ganancia tanto para el caso de lazo abierto, como para el caso de lazo cerrado o con retroalimentación. Estos casos se estudiaran en detalle más adelante.

5.10 Amplificadores de una etapa a transistor:
5.10.1 Amplificador autopolarizado en emisor común (EC).

Retomando ahora el análisis con el modelo híbrido se presenta el caso del amplificador propuesto en la figura 5-42, este es una configuración de mucha aplicación en amplificación de señales AC. Recibe el nombre de emisor común, debido a que el terminal emisor es compartido de manera común entre la entrada y la salida.

El término autopolarizado es porque se utiliza el punto Q del colector para polarizar también el circuito de entrada base-emisor del transistor Q_1.

Q_1 puede ser el transistor modelo 2N3904 o cualquiera de tipo NPN.

El análisis consistirá siempre de dos pasos: DC, y AC. En DC se trata de encontrar el punto de operación Q del transistor (I_C, V_{CE}), zona de operación, y en AC, los parámetros de: impedancia de entrada, de salida, y ganancia de voltaje.

5.10.1 Amplificador autopolarizado en emisor común (EC).

Recuerde que ya se ha mencionado que los parámetros de AC dependen del régimen DC en que opera el transistor.

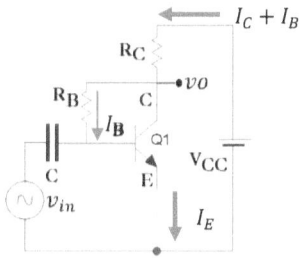

Figura 5- 42 Amplificador autopolarizado en emisor común.

Paso 1: polarización DC.

En el circuito de la figura 5-42 se ha indicado las corrientes DC correspondientes.

En este momento no se toman en cuenta la fuente v_{in}, ni la salida vo.

Aplicando Kirchhoff en el circuito de la figura 5.42 tenemos:

$$V_{CC} = (I_C + I_B)R_C + I_B R_B + V_{BE} \quad (5.125)$$

Como sabemos:

$$I_C = h_{FE} I_B$$

Sustituyendo y arreglando en (5.125), la I_B será:

$$I_B = \frac{(V_{CC} - V_{BE})}{(h_{FE}+1)R_C + R_B} \quad (5.126)$$

Asumiendo que : $h_{FE} \gg 1$, tenemos:

$$I_B \cong \frac{(V_{CC} - V_{BE})}{h_{FE} R_C + R_B} \quad (5.127)$$

Luego la corriente de colector I_C será:

$$I_C \cong \frac{h_{FE}(V_{CC} - V_{BE})}{(h_{FE} R_C + R_B)} \quad (5.128)$$

El voltaje V_{CE} será:

$$V_{CE} = (V_{CC} - (I_C + I_B)R_C) \quad (5.129)$$

Como $h_{FE} \gg 1$ obtenemos:

5.10.1 Amplificador autopolarizado en emisor común (EC).

$$V_{CE} \cong V_{CC} - I_C R_C \quad (5.130)$$

Sustituyendo a I_C (5.128) en la ecuación (5.130) tenemos:

$$V_{CE} \cong V_{CC} - \frac{h_{FE}(V_{CC}-V_{BE})}{(h_{FE}R_C+R_B)} R_C \quad (5.131)$$

Si $V_{CC} \gg V_{BE}$, arreglando la expresión anterior tenemos:

$$V_{CE} \cong V_{CC}(1 - \frac{h_{FE}R_C}{(h_{FE}R_C+R_B)}) \quad (5.132)$$

En resumen el punto Q de operación será entonces:

$$I_C \cong \frac{h_{FE}(V_{CC}-V_{BE})}{(h_{FE}R_C+R_B)} \quad ; \quad V_{CE} \cong V_{CC}(1 - \frac{h_{FE}R_C}{(h_{FE}R_C+R_B)})$$

Si la tensión que resulta de V_{CE} es mayor que 0.7 V, pero menor que V_{CC} el transistor se considerará como que está operando en la zona lineal.

Paso 2: Análisis AC.

En este punto se omite la fuente V_{CC}, asumiéndola como un corto-circuito. Se toman en cuenta las corrientes indicadas en el modelo híbrido usado en la figura 5-43.

Utilizando el modelo híbrido ya conocido podemos plantear el circuito amplificador como lo indica la figura 5-43 así:

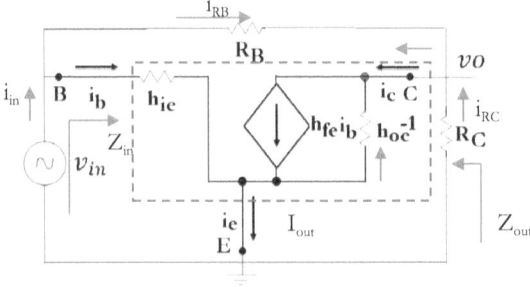

Figura 5- 30 Amplificador de la figura 5-42 utilizando el modelo híbrido.

5.10.1 Amplificador autopolarizado en emisor común (EC).

La impedancia de entrada Z_{in} es:

$$Z_{In} = \frac{v_{in}}{i_{in}} \qquad (5.122)$$

Nótese que la corriente i_{in} se divide en:

$$i_{in} = i_b + i_{RB} \qquad (5.123)$$

La corriente i_b será:

$$i_b = \frac{V_{in}}{h_{ie}} \qquad (5.124)$$

La corriente i_{RB} será:

$$i_{RB} = \frac{(V_{in} - vo)}{R_B} \qquad (5.125)$$

Asumiendo que $R_B \gg R_C$, y $h_{oe}^{-1} \gg R_C$, vo será:

$$vo \cong -i_c R_C = -h_{fe} i_b R_C \qquad (5.126)$$

Recuerde que vo es negativo respecto de la entrada, también puede verse que i_c es de sentido opuesto a i_b.

Sustituyendo a i_b (5.124) en 5.126 tenemos:

$$vo \cong -i_c R_C \cong -h_{fe} \frac{V_{in}}{h_{ie}} R_C \qquad (5.127)$$

Sustituyendo ahora a vo (5.126) en (5.125) tenemos:

$$i_{RB} \cong \frac{(V_{in} + h_{fe}\frac{V_{in}}{h_{ie}}R_C)}{R_B} \cong \frac{V_{in}}{R_B}\left(1 + \frac{h_{fe}R_C}{h_{ie}}\right) \qquad (5.128)$$

Sustituyendo al término i_{RB} en la expresión (5.123) queda entonces:

$$i_{in} = i_b + i_{RB} \cong \frac{V_{in}}{h_{ie}} + \frac{V_{in}}{R_B}\left(1 + \frac{h_{fe}R_C}{h_{ie}}\right)$$

5.10.1 Amplificador autopolarizado en emisor común (EC).

La cual puede ser escrita así:

$$i_{in} \cong V_{in}\left[\frac{1}{h_{ie}} + \frac{1}{R_B}\left(1 + \frac{h_{fe}R_C}{h_{ie}}\right)\right] \qquad (5.129a)$$

La impedancia de entrada en este punto es:

$$Z_{In} = \frac{v_{in}}{i_{in}} = \frac{1}{\left[\frac{1}{h_{ie}} + \frac{1}{R_B}\left(1 + \frac{h_{fe}R_C}{h_{ie}}\right)\right]}$$

No obstante, y si continuamos arreglando la expresión (5.129) de manera conveniente tenemos:

$$i_{in} \cong \frac{V_{in}}{h_{ie}}\left[1 + \frac{1}{R_B}\left(h_{ie} + h_{fe}R_C\right)\right] \qquad (5.129b)$$

Asumiendo de manera práctica que $h_{fe}R_C \gg h_{ie}$, tenemos:

$$i_{in} \cong \frac{V_{in}}{h_{ie}}\left[1 + \frac{h_{fe}R_C}{R_B}\right] \qquad (5.130)$$

De igual manera si consideramos ahora que: $R_B \gg h_{fe}R_C$ la ecuación (5.130) queda:

$$i_{in} \cong \frac{V_{in}}{h_{ie}} \qquad (5.131a)$$

Lo que significa que:

$$Z_{in} \cong h_{ie}$$

También:

$$i_{in} = i_b$$

Loa que implica:

$$v_{in} \cong i_{in}h_{ie} \cong i_b h_{ie} \qquad (5.131b)$$

Evaluando de forma numérica la expresión (5.130) por ejemplo, $R_B = h_{fe}R_C$ tenemos $i_{in} \cong \frac{V_{in}}{h_{ie}}2, y\ Z_{in} \cong \frac{h_{ie}}{2}$

Y si $R_B = \frac{h_{fe}R_C}{2}$ tenemos $i_{in} \cong \frac{V_{in}}{h_{ie}}3, y\ Z_{in} \cong \frac{h_{ie}}{3}$

5.10.1 Amplificador autopolarizado en emisor común (EC).

Lo que significa que el valor de R_B debe ser alto para no disminuir la impedancia de entrada por debajo del valor de h_{ie}. Mientras más alto sea el valor de R_B más se aproxima la corriente a la forma de la expresión 5.131(a), y mientras más bajo sea su valor hace que disminuya la impedancia efectiva que ve la fuente v_{in}.

En términos prácticos, si conservamos a $R_B \gg h_{fe}R_C$, y $R_B \gg h_{ie}$, la corriente i_{in} puede considerarse como la resultante en un paralelo entre h_{ie} y R_B, ecuación 5.129(a) que tiende a ser dominado por h_{ie} que siempre resulta ser más baja.

Resumiendo la impedancia de entrada es:

$$Z_{In} = \frac{v_{in}}{i_{in}} = \frac{1}{\left[\frac{1}{h_{ie}} + \frac{1}{R_B}\left(1 + \frac{h_{fe}R_C}{h_{ie}}\right)\right]} \quad (5.132a)$$

Y la expresión reducida considerando: $R_B \gg h_{fe}R_C$, y $R_B \gg h_{ie}$

$$Z_{In} = h_{ie} \quad (5.132b)$$

Recordemos que:

$$h_{ie} \cong \frac{nVT}{I_B}; \; n = 1.5$$

Recuerde que I_B es la corriente de base en DC del transistor.

La Impedancia de salida Z_{out} es por definición:

$$Z_{out} = \frac{v_0}{i_{out}} \quad (5.133)$$

La corriente de salida i_{out} será:

$$i_{out} = h_{fe}i_b \quad (5.134)$$

En el nodo de colector (C) tenemos:

$$h_{fe}i_b = i_{RB} + i_{RC} + i_{h_{oe}^{-1}} \quad (5.135)$$

5.10.1 Amplificador autopolarizado en emisor común (EC).

Asumiendo de forma práctica como en el caso de Z_{in}, si R_B y h_{oc}^{-1} están en paralelo, y estás a su vez en paralelo con R_C, la corriente i_{RC} en el nodo C puede expresarse entonces como un divisor de corriente así:

$$i_{RC} = \frac{(h_{oe}^{-1}//R_B)h_{fe}i_b}{(h_{oe}^{-1}//R_B)+R_C} \quad (5.136)$$

Y el voltaje de salida será:

$$v_{out} = -i_{RC}R_C = -\frac{(h_{oe}^{-1}//R_B)h_{fe}i_b R_C}{(h_{oe}^{-1}//R_B)+R_C} \quad (5.137)$$

Y la impedancia de salida será:

$$|Z_{out}| = \frac{v_{out}}{i_{out}} = \frac{i_{RC}R_C}{h_{fe}\,i_b} = \frac{(h_{oe}^{-1}//R_B)R_C}{(h_{oe}^{-1}//R_B)+R_C} \quad (5.138)$$

Nótese que la impedancia de salida es prácticamente el paralelo de h_{oe}^{-1}, R_B y R_C.

Las expresiones de v_{out} y Z_{out} pueden simplificarse de manera sencilla si asumimos las siguientes condiciones, normalmente fáciles de lograr en la práctica:

$$R_B \gg R_C$$

$$h_{oe}^{-1} \gg R_C$$

$$(h_{oe}^{-1}//R_B) \gg R_C$$

Las condiciones arriba establecidas son consistentes con las establecidas para calcular la impedancia de entrada Z_{in}.

La ecuación (5.137) puede simplificarse entonces así:

$$i_{RC} = \frac{(h_{oe}^{-1}//R_B)h_{fe}i_b}{(h_{oe}^{-1}//R_B)+R_C} \cong h_{fe}i_b \quad (5.139)$$

Ahora el voltaje de salida simplificado será:

$$v_{out} = -i_{RC}R_C \cong -h_{fe}i_b\,R_C \quad (5.140)$$

5.10.1 Amplificador autopolarizado en emisor común (EC).

Luego:

$$|Z_{out}| = \frac{v_{out}}{i_{out}} = \frac{i_{Rc}R_C}{h_{fe}i_b} \cong R_C \qquad (5.141)$$

La Ganancia de voltaje AV será:

$$A_V = -\frac{V0}{V_{in}} \qquad (5.142)$$

Utilizando las expresiones (5.140) tenemos que A_V es:

$$A_v \cong -\frac{h_{fe}i_b R_C}{i_b h_{ie}} \cong -\frac{h_{fe}R_C}{h_{ie}} \qquad (5.143)$$

Nótese que V_{in} está siempre en paralelo con la impedancia h_{ie}. El valor de la R_B afecta la impedancia de entrada, y la ganancia del voltaje.

Recuerde también que la ganancia es negativa porque mientras la corriente I_B se incrementa, también lo hace el voltaje de entrada V_{in}, y la corriente de colector I_C, el voltaje de salida AC es un desplazamiento del punto Q, y en este caso, cuando aumenta la corriente de colector I_C aumenta también la caída de voltaje en la R_C, lo que conduce a una disminución en el voltaje operativo de V_{CE}, y por el contrario, cuando disminuye I_B, disminuye también la I_C, y consecuentemente la caída en R_C, por lo que aumenta el voltaje V_{CE}. Véase la recta de carga DC y AC descrita en la sección 5.5 y 5.7 respectivamente.

Obsérvese también que si R_C es comparable con las resistencias h_{oe}^{-1} y R_B, la corriente que pasaría por la R_C ya no sería equivalente a la corriente $h_{fe}i_b$, sería menor, dando como resultado una disminución de la ganancia de voltaje respecto al valor original obtenido con R_C.

En el diseño de este tipo de amplificador normalmente se logran cumplir las condiciones de las impedancias: $h_{oe}^{-1}, R_B, y\ R_C$, que hacen posible su utilización práctica sin muchas complicaciones.

La ventaja de este tipo de amplificador es su diseño sencillo, que utiliza pocos componentes, y que ofrece alta ganancia de voltaje. La autopolarización hace que el

5.10.1 Amplificador autopolarizado en emisor común (EC).

punto Q en DC sea bastante estable frente a las variaciones del voltaje V_{CE}. Su principal desventaja es que su ganancia depende de los parámetros h_{fe} y h_{ie}, parámetros que se mueven con la temperatura, afectando así la ganancia en AC del amplificador con los cambios de temperatura.

El valor de h_{oe}^{-1} puede extraerse de la hoja de datos del fabricante, de acuerdo al tipo de transistor, el voltaje V_{CE}, y a la corriente I_C, de trabajo.

5.10.2 Amplificador EC con resistencia en el emisor.

La figura 5-44 presenta otra configuración de emisor común, donde se emplea una polarización DC por medio de un divisor de voltaje. Adicionalmente, se ha incorporado una resistencia R_E en serie con en el emisor de Q_1.

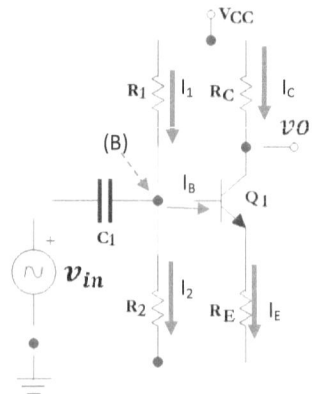

Figura 5- 31 Amplificador de AC en EC con resistencia en el emisor. Q_1 puede ser 2N3904.

Al igual que en el caso anterior, se hará primero el análisis DC y luego el AC.

Paso 1: polarización DC.

En el nodo B tenemos:

5.10.1 Amplificador autopolarizado en emisor común (EC).

$$I_1 = I_2 + I_B \qquad (5.144)$$

Recuerde que la corriente I_B suele ser una corriente pequeña, una fracción de la corriente de colector I_C.

Para facilitar el análisis de este circuito, asumiremos una condición práctica que se utiliza en la mayoría de los casos cuando se diseña con este tipo de configuración.

Asumimos que $I_B << I_2$, digamos: $I_B \leq 10 I_2$, de modo que la ecuación (5.144) queda:

$$I_1 \cong I_2 \cong \frac{V_{CC}}{(R_1+R_2)} \qquad (5.145)$$

Dada la condición en (5.145) el voltaje en el nodo B será:

$$V_B \cong \frac{V_{CC} R_2}{(R_1+R_2)} \qquad (5.146)$$

La corriente de emisor I_E será:

$$I_E = \frac{(V_B - V_{BE})}{R_E} \qquad (5.147)$$

Si aplica el caso de que $V_B >> V_{BE}$ tenemos:

$$I_E \cong \frac{V_B}{R_E} \qquad (5.148)$$

Caso contrario se mantiene la expresión (5.147).

Ahora como: $I_C = \alpha I_E$, y Como $h_{FE} >> 1$, $\alpha \rightarrow 1$; $I_C \cong I_E$

El voltaje V_{CE} será:

$$V_{CE} = V_{CC} - I_C R_C - I_E R_E \qquad (5.149)$$

La expresión (5.149) puede reescribirse así:

$$V_{CE} = V_{CC} - I_E(\alpha R_C + R_E) \qquad (5.150)$$

La expresión aproximada de (5.150) sería:

5.10.1 Amplificador autopolarizado en emisor común (EC).

$$V_{CE} \cong V_{CC} - I_E(R_C + R_E) \qquad (5.151)$$

Sustituyendo ahora el término I_E según (5.147) tenemos:

$$V_{CE} \cong V_{CC} - \left[\frac{(V_B - V_{BE})}{R_E}(R_C + R_E)\right] \qquad (5.152)$$

Si aplica que $V_B >> V_{BE}$ tenemos la expresión reducida de (5.152):

$$V_{CE} \cong V_{CC} - \left[\frac{V_B}{R_E}(R_C + R_E)\right] \qquad (5.153)$$

Ahora ya tenemos tanto la I_E como el V_{CE} de polarización del transistor. Como ya se mencionó, si $V_{CE} > 0.7$ y $V_{CE} < V_{CC}$, se considera el punto de operación Q de Q_1 en la zona lineal.

Desde el punto de vista del diseño normalmente en este tipo de circuito se parte de un voltaje V_{CE}, y una resistencia de carga R_C, que son los valores iniciales impuestos por alguna necesidad en el diseño. De modo que quedan por calcular los valores de I_E, R_E, y V_B, que cumplan con las condiciones de R_C y V_{CE} anteriormente impuestos. Veamos entonces un ejemplo práctico, que ilustrará cómo se puede calcular cada parámetro:

Partiendo del siguiente sistema de ecuaciones tenemos:

$$\left[\begin{array}{l} I_E = \frac{(V_B - V_{BE})}{R_E} \qquad (5.147) \\ \\ V_{CE} = V_{CC} - I_E(\alpha R_C + R_E) \qquad (5.150) \end{array}\right.$$

Para que sea posible resolver el sistema arriba planteado necesitamos tener solo dos incógnitas.

Esto es posible si se asume una condición adicional como lo que a continuación se presenta:

$$V_B = \frac{1}{10}V_{CC} + V_{BE} \qquad (5.154)$$

5.10.1 Amplificador autopolarizado en emisor común (EC).

Con la ecuación (5.154) ya tenemos dos ecuaciones y dos incógnitas, con lo que podemos resolver el sistema.

La consideración hecha en (5.154) está basada desde el punto de vista de que el voltaje en el emisor resta al voltaje útil de V_{CE}, es decir, cuanto mayor sea el voltaje en el emisor, menor será el voltaje que queda en V_{CE}, véase la ecuación (5.150). Si queremos que el voltaje se reparta lo más equitativamente entre R_C y V_{CE}, que es lo recomendado, entonces, el voltaje en el emisor debe ser lo más pequeño posible. Sin embargo, este voltaje no puede ser cero, ya que R_E sería un corto-circuito. Es por esta razón, que en el emisor se escoge un voltaje equivalente a un décimo de la fuente ($\frac{1}{10}V_{CC}$), de modo que la tensión en el mismo sea poco significativa. El voltaje de la fuente V_{CC} se repartirá mayoritariamente entre V_{CE} y R_C. La condición en (5.154) garantiza que la tensión en el V_B supera siempre la tensión umbral de operación de la juntura base-emisor.

En el sistema de ecuaciones, sustituyendo la I_E de (5.150) por la I_E de (5.147), y despejando a R_E tenemos:

$$R_E = \frac{\alpha R_C}{[\frac{(V_{CC}-V_{CE})}{(V_B-V_{BE})}-1]} \qquad (5.155)$$

La expresión (5.155) es la expresión general de R_E, para cualquier valor de V_B, V_{CE} y R_C dados.

Introduciendo ahora la condición de la ecuación (5.154) la expresión (5.155) puede simplificarse de manera práctica así:

$$R_E = \frac{\alpha R_C}{(9-10\frac{V_{CE}}{V_{CC}})} \qquad con: V_B = \frac{1}{10}V_{CC} + V_{BE} \quad (5.156)$$

Y si V_{CE} es ½ V_{CC} por ejemplo, R_E queda:

$$R_E = \frac{\alpha R_C}{4} \cong \frac{R_C}{4} \qquad con: V_B = \frac{1}{10}V_{CC} + V_{BE}, y\ V_{CE} = \frac{1}{2}V_{CC} \quad (5.157)$$

Para estimar los valores de R_1 y R_2 debe cumplirse lo planteado en (5.145) esto es:

$$\frac{V_{CC}}{(R_1+R_2)} \gg \frac{I_E}{(\beta+1)} \quad |I_1 \cong I_2 \qquad (5.158a)$$

5.10.1 Amplificador autopolarizado en emisor común (EC).

Asumimos: $(\beta + 1) \rightarrow \beta$

Despejando a R_1 y R_2:

$$R_1 + R_2 \ll \frac{V_{CC}\beta}{I_E} \quad (5.158b)$$

La ecuación (5.158b) establece el límite máximo de la suma de R_1 y R_2, para que la corriente que pase por ambas resistencias sea aproximadamente igual.

Asignamos ahora un valor a R_1 dentro del límite de la condición establecida por (5.158b).

Para que haya convergencia, R_2 debe cumplir con el criterio de la tensión en el nodo B, establecido por la ecuación 5.146 que es:

$$V_B = \frac{V_{CC}R_2}{(R_1+R_2)} \quad (5.146)$$

Despejando a R_2 de (5.146) tenemos:

$$R_2 = \frac{V_B R_1}{(V_{CC}-V_B)} \quad (5.146b)$$

Con los valores obtenidos de R_1 y R_2 puede comprobarse ahora que la condición (5.157) sigue cumpliéndose.

Finalmente, con todas las asunciones anteriormente hechas el valor de I_E es:

$$I_E = \frac{(V_B - V_{BE})}{R_E} = \frac{(V_{CC})}{10R_E}$$

Hemos obtenido así los valores de I_E, R_E, R_1, y R_2, fijando de antemano los valores de: V_B, R_C, y V_{CE}, por ejemplo.

Paso 2: Análisis AC.

La figura 5-45 presenta ahora el equivalente de AC usando el modelo híbrido simplificado de emisor ya anteriormente propuesto.

5.10.1 Amplificador autopolarizado en emisor común (EC).

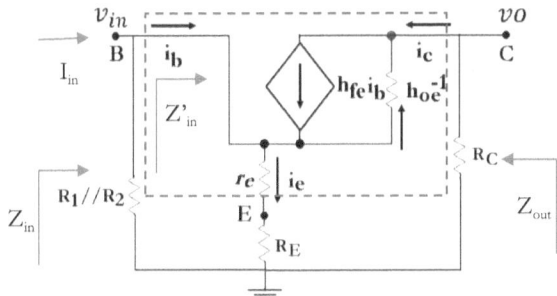

Figura 5-32 Equivalente en AC del circuito de la figura 5-44 utilizando el modelo híbrido simplificado.

La impedancia de entrada Z_{in}:

$$Z_{In} = \frac{V_{in}}{i_{in}} \quad (5.122)$$

$$Z'_{In} = \frac{V_{in}}{i_b} = \frac{i_b(h_{fe}+1)(re+R_E)}{i_b} = (h_{fe}+1)(re+R_E) \quad (5.159)$$

$i_e = (h_{fe}+1)i_b$; si $h_{fe} \gg 1$ entonces:

$$Z'_{In} \cong h_{fe}(re+R_E) \quad (5.160)$$

Luego:

$$Z_{In} = \frac{i_{in} \; Z'_{In}//(R_1//R_2)}{i_{in}} \cong Z'_{In}//(R_1//R_2) \quad (5.161)$$

Obsérvese que hemos planteado la impedancia de entrada como el paralelo de impedancia Z'_{in} asociada a la entrada base-emisor, con la del divisor de tensión formado por R_1 y R_2. R_1 y R_2 quedan automáticamente en paralelo, ya que en AC las fuentes DC se cortocircuitan. Z_{in} representa la impedancia global de entrada que ve la fuente v_{in}, sin embargo la impedancia Z'_{in} es la impedancia de entrada interna del amplificador sacando a R_1 y R_2.

La Impedancia de salida Z_{out}:

$$Z_{out} = \frac{vo}{i_{out}} \quad (5.133)$$

$$i_{out} = h_{fe}i_b$$

5.10.1 Amplificador autopolarizado en emisor común (EC).

Aislando la malla de salida, para hallar la i_c como lo indica la figura 5-46.

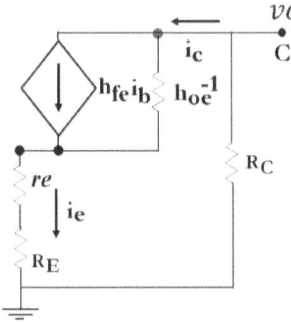

Figura 5- 33 Circuito de salida equivalente de la figura 5-45.

La i_c es:

$$i_c = h_{fe}\, i_b \frac{h_{oe}^{-1}}{(h_{oe}^{-1}+R_C+re+R_E)} \qquad (5.162)$$

$$Z_{out} = \frac{i_c R_C}{i_{out}} = \frac{h_{oe}^{-1}}{(h_{oe}^{-1}+R_C+re+R_E)} R_C \qquad (5.163)$$

Si suponemos que: $h_{oe}^{-1} \gg (R_C + re + R_E)$ tenemos:

$$i_c \cong h_{fe}\, i_b \qquad (5.164)$$

La impedancia Z_{out} puede aproximarse así:

$$Z_{out} \cong \frac{i_c R_C}{i_{out}} \cong R_C \qquad (5.165)$$

La Ganancia de voltaje será:

$$A_V = -\frac{vo}{v_{in}} = -\frac{i_c R_C}{i_b(h_{fe}+1)(re+R_E)} \qquad (5.166)$$

Haciendo la aproximación estimada en (5.164), y asumiendo $h_{fe} \gg 1$ tenemos:

$$A_V \cong -\frac{R_C}{(re+R_E)} \qquad (5.167)$$

5.10.3 Amplificador en base común BC.

En particular, esta configuración tiene mayor estabilidad térmica que la de emisor común autopolarizado sin resistencia en el emisor. Esto es debido a que la corriente de emisor I_E depende predominantemente de los valores de V_B y de R_E, ecuación (5.147), y no del parámetro h_{FE}. Adicionalmente, la impedancia de entrada en esta configuración es comparativamente mayor, gracias al efecto multiplicador que tiene la R_E en el emisor.

5.10.3 Amplificador en base común BC.

La figura 5-47 muestra una configuración de amplificación en base común:

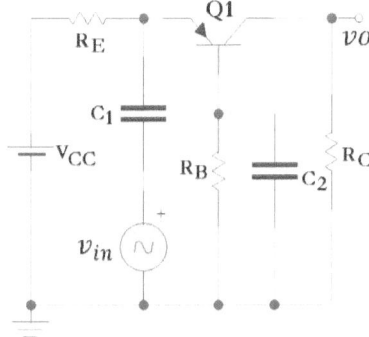

Figura 5- 34 Amplificador AC en configuración BC.

El transistor Q1 es un transistor PNP, puede utilizarse el modelo 2N3906, por ejemplo.

Paso 1: polarización DC.

Aplicando Kirchhoff en el circuito emisor-base tenemos:

$$V_{CC} = I_E R_E + V_{EB} + I_B R_B \qquad (5.168)$$

La corriente I_E se puede obtener de la siguiente expresión:

$$I_E = (h_{FE} + 1)I_B \qquad (5.169)$$

Utilizando las ecuaciones (5.169) y (5.168) I_E queda:

5.10.3 Amplificador en base común BC.

$$I_E = \frac{(V_{CC}-V_{EB})}{R_E + \frac{R_B}{(h_{FE}+1)}} \qquad (5.170a)$$

Si $h_{FE} >> 1$, y $V_{CC} >> V_{EB}$, la ecuación (5.170a) puede simplificarse así:

$$I_E \cong \frac{V_{CC}}{R_E + \frac{R_B}{h_{FE}}} \qquad (5.171)$$

Ahora el voltaje V_{EC} será:

$$V_{EC} = V_{CC} - I_C R_C - I_E R_E \qquad (5.172)$$

La expresión (5.172) puede reescribirse así:

$$V_{EC} = V_{CC} - I_E(\alpha R_C + R_E) \qquad (5.173a)$$

Utilizando la expresión (5.170) y sustituyendo en (5.173) tenemos:

$$V_{EC} = V_{CC} - \left[\frac{(V_{CC}-V_{EB})}{R_E + \frac{R_B}{(h_{FE}+1)}}(\alpha R_C + R_E)\right] \qquad (5.174)$$

La expresión reducida aproximada de (5.174) sería:

$$V_{EC} \cong V_{CC}\left[1 - \frac{(R_C+R_E)}{(R_E + \frac{R_B}{h_{FE}})}\right] \qquad (5.175)$$

Las ecuaciones anteriores nos permiten obtener el I_E y el V_{EC} de operación del transistor, dados todos los valores del circuito.

Desde un punto de vista del diseño, queremos imponer un V_{CE} y un R_C de trabajo. Por lo que nos interesaría calcular el resto de los componentes: R_E, R_B, I_E.

Al igual que en la configuración de EC, hay que establecer criterios de diseño que nos permitan pivotear para calcular el resto de los valores. En este caso, seguiremos asumiendo la condición ya establecida en el caso anterior, en el que el voltaje de caída en R_E debe ser lo menor posible. La idea sigue siendo repartir el voltaje de la fuente V_{CC} lo más simétricamente posible entre el V_{EC} y la carga R_C. Por lo que se asume que:

$$V_{RE} = \frac{1}{10}V_{CC} = I_E R_E \qquad (5.176a)$$

5.10.3 Amplificador en base común BC.

Utilizando ahora la expresión (5.173a) podemos obtener la I_E del circuito así:

$$V_{EC} = V_{CC} - I_E(\alpha R_C + R_E) \qquad (5.173a)$$

$$I_E = \frac{(0.9V_{CC} - V_{EC})}{\alpha R_C} \qquad \text{con } V_{RE} = \frac{1}{10}V_{CC} \text{ y } V_{EC} = \frac{V_{CC}}{2} \qquad (5.173b)$$

Ahora podemos obtener fácilmente el valor de R_E así:

$$R_E = \frac{0.1V_{CC}}{I_E} \qquad (5.176b)$$

El valor de la R_B lo podemos obtener de la expresión (5.170)

$$I_E = \frac{(V_{CC} - V_{EB})}{R_E + \frac{R_B}{(h_{FE}+1)}} \qquad (5.170a)$$

$$R_B = (h_{FE} + 1)[\frac{(V_{CC} - V_{EB})}{I_E} - R_E] \qquad (5.170b)$$

Considerando de nuevo que $h_{FE} \gg 1$, y $V_{CC} \gg V_{EB}$, La expresión reducida de R_B sería:

$$R_B = h_{FE}[\frac{V_{CC}}{I_E} - R_E] \qquad (5.177)$$

Paso 2: Análisis AC.

La figura 5-48 presenta el equivalente de AC usando el modelo híbrido simplificado de emisor.

Obsérvese que se ha cambiado el sentido de las corrientes en el modelo ya que en este caso el transistor es un tipo PNP.

5.10.3 Amplificador en base común BC.

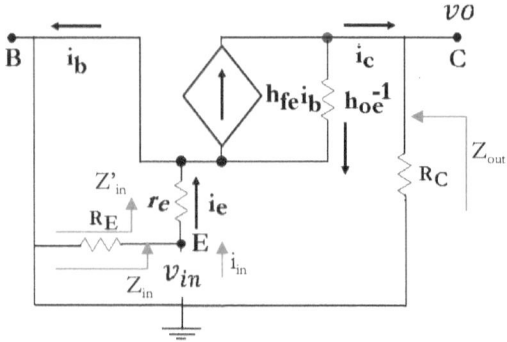

Figura 5- 35 Equivalente en AC del circuito de la figura 5-47. Utilizando el modelo híbrido simplificado.

La Impedancia de entrada Z_{in} es:

$$Z_{In} = \frac{v_{in}}{i_{in}} \tag{5.122}$$

$$Z'_{in} = \frac{i_e re}{i_e} = re$$

$$Z_{In} = \frac{v_{in}}{i_{in}} = \frac{i_{in}(re//R_E)}{i_{in}} = re//R_E \tag{5.178}$$

Obsérvese que de nuevo la Z_{in} es un paralelo entre la impedancia interna del transistor Z'_{in} y la impedancia externa R_E.

si $re << R_E$ entonces:

$$Z_{In} \cong re \tag{5.179}$$

La Impedancia de salida Z_{out}:

$$Z_{out} = \frac{vo}{i_{out}} \tag{5.133}$$

$$i_{out} = h_{fe} i_b$$

$$v_{out} = i_c R_C$$

5.10.3 Amplificador en base común BC.

La i_c es:

$$i_c = h_{fe} i_b \frac{h_{oe}^{-1}}{(h_{oe}^{-1} + R_C)} \qquad (5.180)$$

$$Z_{out} = \frac{i_c R_C}{i_{out}} = \frac{h_{oe}^{-1}}{(h_{oe}^{-1} + R_C)} R_C \qquad (5.181)$$

Manteniendo que: $h_{oe}^{-1} \gg R_C$ tenemos:

$$i_c \cong h_{fe}\, i_b \qquad (5.182)$$

La Z_{out} reducida seria:

$$Z_{out} = \frac{i_c R_C}{i_{out}} \cong R_C \qquad (5.183)$$

La Ganancia de voltaje queda:

$$A_V = \frac{vo}{v_{in}} = \frac{i_c\, R_C}{i_E (re)} \qquad (5.184)$$

Sustituyendo el término i_c la expresión (5.184) queda:

$$A_V = \frac{vo}{v_{in}} = \frac{\alpha R_C}{(re)} \qquad (5.185)$$

Haciendo las aproximaciones ya conocidas la expresión simplificada queda:

$$A_V \cong \frac{R_C}{re} \qquad (5.186)$$

Obsérvese que en este caso la ganancia de voltaje es positiva. Esto se debe a que cuando aumenta V_{in} aumenta también la corriente de base i_b, lo que genera un aumento de la corriente de colector que aumenta también la caída de tensión en la resistencia de R_C, que proporciona directamente el voltaje de salida v_{out}. Por lo tanto, la salida y la entrada de voltaje se encuentran siempre en fase.

5.10.4 Amplificador en Colector común CC.

La figura 5-49 muestra un amplificador en configuración de colector común.

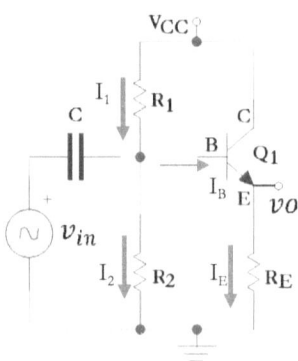

Figura 5- 36 Amplificador en colector común.

Paso 1: polarización DC.

Aplicando Kirchhoff el voltaje en la base de Q_1 será:

$$V_B \cong V_{CC} \frac{R_2}{(R_2+R_1)} \quad |I_B \ll I_2 \qquad (5.187a)$$

V_B es la tensión en el nodo de la base de Q1.

La corriente I_E será:

$$I_E = \frac{(V_B-V_{BE})}{R_E} \qquad (5.188a)$$

Se debe cumplir: $\quad \frac{I_E}{h_{FE}} \ll \frac{V_B}{R_2}$ es decir: $I_B \ll I_2 \qquad (5.189a)$

Se cumple también: $\quad I_1 \cong I_2$

El voltaje V_{CE} será:

$$V_{CE} = V_{CC} - I_E R_E \qquad (5.190a)$$

5.10.4 Amplificador en Colector común CC.

Haciendo las sustituciones:

$$V_{CE} = V_{CC}\left(1 - \frac{R_2}{(R_2+R_1)}\right) + V_{BE} \qquad (5.191)$$

Normalmente, en el diseño de este tipo de amplificador vamos a querer fijar R_E y V_{CE}, de modo que hay que calcular los valores de R_1 y R_2 que satisfacen estás condiciones. Veamos entonces:

Utilizando la expresión (5.190a) despejamos la I_E del amplificador:

$$I_E = \frac{V_{CC} - V_{CE}}{R_E} \qquad (5.190b)$$

Ahora utilizamos la expresión (5.188a) para el Voltaje V_B:

$$V_B = I_E R_E + V_{BE} \qquad (5.188a)$$

Ahora utilizamos la expresión (5.189a) para calcular a R_2:

$$R_2 \ll \frac{h_{FE}}{I_E} V_B \qquad (5.189b)$$

La R_2 seleccionada debe cumplir con la condición descrita por la ecuación (5.189b).

Finalmente utilizamos la expresión (5.187a) para calcular a R_1:

$$R_1 = R_2\left(\frac{V_{CC}}{V_B} - 1\right) \qquad (5.187b)$$

Paso 2: Análisis AC.

La figura 5-50 presenta el equivalente de AC usando el modelo híbrido simplificado de emisor ya propuesto anteriormente.

5.10.4 Amplificador en Colector común CC.

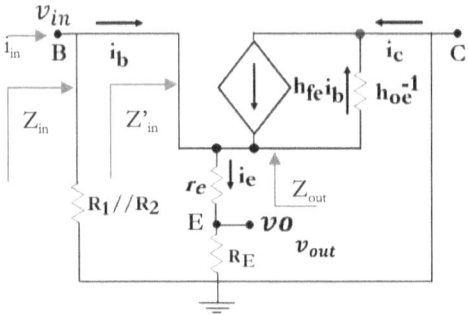

Figura 5- 50 Equivalente en AC del circuito de la figura 5-48 usando el modelo híbrido simplificado.

La Impedancia de entrada Z_{in}:

$$Z_{In} = \frac{v_{in}}{i_{in}} \quad (5.122)$$

$$Z'_{in} = \frac{v_{in}}{i_b} = \frac{i_b(h_{fe}+1)(re+R_E)}{i_b}$$

$$Z'_{in} = \frac{v_{in}}{i_b} \cong h_{fe}(re+R_E) \quad (5.192)$$

Volviendo a Z_{in} tenemos:

$$Z_{In} = (R_1//R_2)//h_{fe}(re+R_E) \quad (5.193)$$

Impedancia de salida Z_{out}:

$$Z_{out} = \frac{v_{out}}{i_{out}} \quad (5.133)$$

$$i_{out} = i_e$$

$$Z_{out} = \frac{i_e re}{i_e} = re \quad (5.194)$$

Obsérvese que la flecha de Z_{out} indica que ésta es la impedancia vista hacia el interior del emisor. Por eso v_{out} es la tensión producida por re.

La Ganancia de voltaje será:

5.10.4 Amplificador en Colector común CC.

$$A_V = \frac{v_{out}}{v_{in}} = \frac{i_e R_E}{i_e(re+R_E)} \quad (5.195)$$

Haciendo las aproximaciones ya conocidas:

$$A_V \cong 1$$

La tensión v_{out} aquí es la producida por la resistencia R_E.

A esta configuración se le conoce también como seguidor de emisor, ya que la salida en el emisor sigue a la tensión entrada V_{in}.

Resumiendo brevemente lo ya analizado hasta aquí podemos decir lo siguiente:

1. La configuración de emisor común ofrece alta impedancia de entrada (Z_{in}), una alta impedancia de salida (Z_{out}), y una ganancia de tensión (Av) alta.
2. La configuración base común ofrece una Z_{in} muy baja, una Z_{out} alta y una Av alta.
3. La configuración colector común ofrece una Z_{in} alta, una Z_{out} muy baja, y una AV unitaria.

Las configuraciones de emisor común, base común, y colector común, se pueden combinar en un amplificador de más de una etapa. Así por ejemplo, un amplificador de tres etapas pudiera contener las tres configuraciones ya analizadas hasta ahora, permitiendo así que se puedan lograr las mejores características de Z_{in}, Z_{out} y A_V, entre otros parámetros deseados.

La tabla 5.1 muestra un resumen con los tipos de configuraciones hasta ahora estudiado y las formulas asociadas.

5.11 Amplificador de dos etapas: Cascode.

Configuración	I_C, V_{CE} (DC)	Z_{in} (AC)	Z_{out} (AC)	A_V (AC)
EC-Autopolarizado	$I_C \cong \dfrac{h_{FE}(V_{CC}-V_{BE})}{(h_{FE}R_C+R_B)}$ $V_{CE} \cong V_{CC} - I_C R_C$	$\dfrac{h_{ie}}{\left[1+\dfrac{h_{fe}R_C}{R_B}\right]}$ $h_{fe}R_C \gg h_{ie}$ $h_{ie} \cong \dfrac{nVT}{I_B};$ $n=1.5$	$\dfrac{(h_{oe}^{-1}//R_B)R_C}{(h_{oe}^{-1}//R_B)+R_C}$ $\cong R_C$	$A_V \cong$ $-\dfrac{h_{fe}R_C}{h_{ie}}$
EC-Divisor de tensión	$I_E = \dfrac{(V_B-V_{BE})}{R_E}$ $V_B \cong \dfrac{V_{CC}R_2}{(R_1+R_2)}$ $V_{CE} \cong V_{CC} - I_E(R_C + R_E)$ $\dfrac{V_{CC}}{(R_1+R_2)} \gg \dfrac{I_E}{(\beta+1)}$	$Z'_{In} \cong h_{fe}(re+R_E)$ $re = h_{fe}h_{ie}$ $Z_{In} \cong Z'_{In}/(R_1//R_2)$	Z_{out} $= \dfrac{h_{oe}^{-1}}{(h_{oe}^{-1}+R_C+re+R_E)}R_C$ $\cong R_C$ $h_{oc}^{-1} \gg (R_C+re+R_E)$	$A_V \cong$ $-\dfrac{R_C}{(re+R_E)}$ $h_{fc} \gg 1$
BC	$I_E = \dfrac{(V_{CC}-V_{EB})}{R_E+\dfrac{R_B}{(h_{FE}+1)}}$ $V_{EC} = V_{CC} - I_E(\alpha R_C + R_E)$	Z_{In} $= re//R_E$ $\cong re$	Z_{out} $= \dfrac{h_{oe}^{-1}}{(h_{oe}^{-1}+R_C)}R_C$ $\cong R_C$	$A_V = \dfrac{\alpha R_C}{(re)}$ $\cong \dfrac{R_C}{re}$
CC	$I_E = \dfrac{(V_B-V_{BE})}{R_E}$ $V_{CE} = V_{CC} - I_E R_E$ $\dfrac{I_E}{h_{FE}} \ll \dfrac{V_B}{R_2}\|I_B \ll I_2$ $V_B \cong V_{CC}\dfrac{R_2}{(R_2+R_1)}$	$Z'_{in} \cong h_{fe}(re+R_E)$ Z_{In} $= (R_1//R_2)$ $//Z'_{in})$	$Z_{out} = \dfrac{i_e re}{i_e} = re$	A_V $= \dfrac{R_E}{(re+R_E)}$ $\cong 1$

Tabla 5.1 Resumen de fórmulas para las configuraciones de: EC, BC, y CC.

5.11 Amplificador de dos etapas: *Cascode.*

En la sección 5.10 se estudió las configuraciones básicas de un amplificador de una etapa.

El amplificador *Cascode* es un ejemplo de un amplificador de dos etapas que combina una etapa de emisor común con una segunda de base común. Esta combinación en particular ofrece entre otras ventajas: una Z_{in}, y A_V moderadas. Adicionalmente, el amplificador *Cascode* es conocido por tener un ancho de banda superior, debido a que las capacitancias de base-emisor y base-colector entre ambas etapas quedan dispuestas en forma de serie, lo que disminuye la capacitancia efectiva de entrada, lo que a su vez hace que la frecuencia de corte f_c del amplificador se desplace más hacia la derecha (aumenta la respuesta en frecuencia).

La figura 5-51 muestra un amplificador *Cascode*.

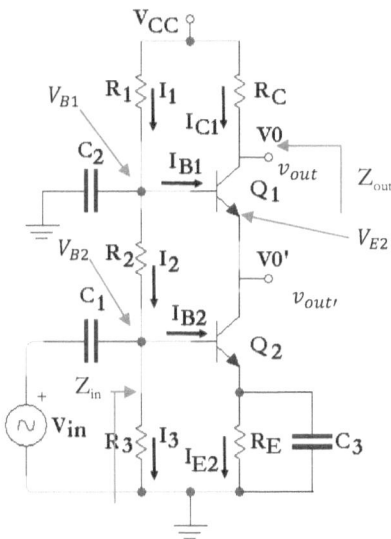

Figura 5-37 Amplificador de dos etapas: Cascode

Siguiendo el esquema acostumbrado para el análisis:

Paso 1: polarización DC.

Supuestos iniciales:

$$I_1 \cong I_2 \cong I_3 \qquad (5.196)$$

Para ello es necesario que:

$$I_{B1} \ll I_2 \; ; \; I_2 \cong \frac{V_{B1}}{(R_2+R_3)}$$

$$I_{B2} \ll I_3 \; ; \; I_3 \cong \frac{V_{B2}}{R_3}$$

Cumpliéndose lo planteado en (5.196), y aplicando Kirchhoff, el voltaje en la base de Q_2, V_{B2} será:

$$V_{B2} \cong V_{CC} \frac{R_3}{(R_1+R_2+R_3)} \quad |I_{B2} \ll I_3 \; y \; I_{B1} \ll I_2 \qquad (5.197)$$

La corriente I_{E2} será:

$$I_{E2} = \frac{(V_{B2}-V_{BE})}{R_E} \qquad (5.198)$$

Se puede observar que:

$$I_{E1} = I_{C2}$$

Como $I_{C2} = \alpha I_{E2}$, y asumiendo un $h_{FE} \gg 1$ tenemos:

$$I_{E1} \cong I_{E2} \qquad (5.199a)$$

Por lo que:
$$I_{B1} \cong I_{B2} \qquad (5.199b)$$

V_{E2} es el voltaje en el emisor de Q_2 y es:

$$V_{E2} = I_{E2} R_E \qquad (5.199c)$$

También:

$$V_{E2} = V_{B2} - V_{BE}$$

De Dónde:

$$V_{B2} = V_{E2} + V_{BE}$$

Luego para cumplir con las condiciones de I_{B1} e I_{B2} tenemos:

$$\frac{I_{E2}}{h_{FE2}} \ll \frac{V_{B2}}{R_3} \quad |I_{B2} \ll I_3$$

De donde obtenemos:

$$R_3 \ll \frac{V_{B2}}{I_{E2}} h_{FE2} \qquad (5.200)$$

Y

$$\frac{I_{E1}}{h_{FE1}} \ll \frac{V_{B1}}{(R_2 + R_3)} \quad |I_{B1} \ll I_2$$

De dónde:

$$(R_2 + R_3) \ll \frac{V_{B1}}{I_{E1}} h_{FE1} \qquad (5.201)$$

Los criterios en (5.200) y (5.201) son necesarios que se cumplan para que se cumpla también lo establecido en (5.196), que es.

$$I_1 \cong I_2 \cong I_3$$

Esto es:

$$\frac{V_{B1}}{(R_2 + R_3)} \cong \frac{V_{B2}}{R_3}$$

Despejando a R_3:

$$R_3 \cong \frac{V_{B2} R_2}{(V_{B1} - V_{B2})} \quad | \ll \frac{V_{B2}}{I_{E2}} h_{FE2} \qquad (5.202)$$

Y R_2 será:

$$R_2 \cong \frac{(V_{B1} - V_{B2}) R_3}{V_{B2}} \quad | \ll (\frac{V_{B1}}{I_{E1}} h_{FE1} - R_3) \qquad (5.203)$$

Si por ejemplo ya se conocen los valores de R_2 y R_3, y las tensiones V_{B1} y V_{B2} en el circuito, se puede verificar que las condiciones de (5.202) y (5.203) se cumplen.

Ahora desde un punto de vista del diseño, hay que tomar en cuenta estas condiciones para calcular todos los demás valores restantes en el circuito.

Aplicando ahora Kirchhoff el voltaje en la base V_{B1} de Q_1 será:

$$V_{B1} \cong V_{CC} \frac{R_2 + R_3}{(R_1 + R_2 + R_3)} \quad |I_{B2} \ll I_3 \text{ y } I_{B1} \ll I_2 \qquad (5.204)$$

Despejando a R_1 tenemos:

$$R_1 \cong (R_2 + R_3)\left(\frac{V_{CC}}{V_{B1}} - 1\right) \quad (5.204b)$$

El voltaje V_{CE1} será:

$$V_{CE1} = V_{CC} - I_{E1}R_C - (V_{B1} - V_{BE}) \quad (5.205a)$$

Y el voltaje V_{CE2} será:

$$V_{CE2} = (V_{B1} - V_{BE}) - (V_{B2} - V_{BE}) = (V_{B1} - V_{B2}) \quad (5.206a)$$

$$V_{B1} = V_{CE2} + V_{B2} \quad (5.206b)$$

En este punto para resolver este sistema de ecuaciones es necesario fijar algunos parámetros. Como ya se hecho anteriormente, una condición práctica para realizar este diseño es imponer un criterio para la tensión en el emisor de Q_2, esto es:

$$V_{E2} = \frac{1}{10} V_{CC}$$

El criterio de para establecer V_{E2} facilita el diseño y permite obtener una recta de carga AC razonablemente optima en excursión.

Adicionalmente, vamos a querer fijar también el valor de R_C, la corriente de colector de Q_1, I_{E1}, y las tensiones de V_{CE1} y V_{CE2}.

De acuerdo a lo anterior la tensión V_{B2} será entonces:

$$V_{B2} = \frac{1}{10} V_{CC} + V_{BE}$$

V_{B2} es una tensión de criterio, pero puede asumir cualquier valor que el diseñador escoja.

Para un valor dado de V_{CE2}, La tensión V_{B1} será:

$$V_{B1} = V_{CE2} + V_{B2} \quad (5.206b)$$

La tensión V_{CE1} será entonces:

$$V_{CE1} = V_{CC} - I_{E1}R_C - (V_{B1} - V_{BE}) \quad (5.205a)$$

Ahora para cálculos los valores de R_E, R_3, R_2, y R_1 tenemos:

$$R_E = \frac{V_{E2}}{I_E} \qquad (5.199b)$$

$$R_3 \ll \frac{V_{B2}}{I_{E2}} h_{FE2} \qquad (5.200)$$

$$R_2 \cong \frac{(V_{B1}-V_{B2})R_3}{V_{B2}} \mid \ll (\frac{V_{B1}}{I_{E1}} h_{FE1} - R_3) \qquad (5.203)$$

Finalmente R_1 será:

$$R_1 \cong (R_2 + R_3)\left(\frac{V_{CC}}{V_{B1}} - 1\right) \qquad (5.204b)$$

Como I_1, I_2 e I_3 son aproximadamente iguales, la corriente I será:

$$I_1 \cong I_2 \cong I_3 \cong \frac{V_{CC}}{(R_1 + R_2 + R_3)} = I$$

Debe comprobarse que:

$$I \gg I_{B12}$$

En este tipo de amplificador es deseable que la tensión colector-emisor de cada transistor sea lo más parecida posible. Típicamente, la tensión V_{CE} podemos repartirla en partes iguales tomando en cuenta la tensión que resta de la fuente V_{CC} la caída en R_C y R_E. Así:

$$V_{CE1} = V_{CE2} = \frac{(V_{CC} - I_E R_C - V_E)}{2} \qquad (5.207)$$

La ecuación (5.207) es solo una referencia de diseño, los valores de V_{CE1} y V_{CE2} pueden tomar cualquier valor dentro del rango válido de valores disponible, acorde con la caída en R_E y R_C.

Para ilustrar este caso, pongamos un ejemplo numérico:

Asumimos:

$$V_{CC} = 10\ V;\ R_C = 1\ k\Omega\ ;\ I_E = 3\ mA\ ;\ V_{E2} = \frac{1}{10}V_{CC};\ V_{CE1} = V_{CE2} = 3\ V;\ h_{FE1} = h_{FE2} = 200$$

Solución:

$$V_{B2} = \frac{1}{10}V_{CC} + V_{BE} = 1.7\ V$$

$$V_{B1} = V_{CE2} + V_{B2} = 4.7\ V$$

$$V_{CE1} = V_{CC} - I_{E1}R_C - (V_{B1} - V_{BE}) = 3\ V$$

$$R_E = \frac{V_{E2}}{I_E} = 0.33\ k\Omega$$

$$R_3 \ll \frac{V_{B2}}{I_{E2}}h_{FE2}$$

$$R_3 \ll 113.3\ k\Omega$$

Si se escoge $R_3 = 10\ k\Omega$

$$R_2 \cong \frac{(V_{B1} - V_{B2})R_3}{V_{B2}} = 17.64\ k\Omega$$

$$R_1 \cong (R_2 + R_3)\left(\frac{V_{CC}}{V_{B1}} - 1\right) = 31.11\ k\Omega$$

Comprobando:

$$V_{B2} = \frac{R_3}{(R_1 + R_2 + R_3)}V_{CC} = 1.70\ V$$

$$V_{B1} = \frac{(R_2 + R_3)}{(R_1 + R_2 + R_3)}V_{CC} = 4.70\ V$$

Finalmente:

$$I \gg I_{B12}$$

$$I \cong \frac{V_{CC}}{(R_1 + R_2 + R_3)} = 0.170\ mA$$

$$I_{B2} = \frac{I_E}{h_{FE}} = 0.015 \ \mu A$$

Con los valores fijados y las ecuaciones ya indicadas hemos podido calcular el resto delos valores que convergen con los criterios de diseño establecidos.

Continuando ahora con la segunda parte tenemos:

Paso 2: Análisis AC.

En base a los análisis anteriores utilizando el modelo híbrido simplificado por etapa, procederemos a analizar ahora esta configuración.

La figura 5-52 muestra la configuración AC equivalente utilizando el modelo híbrido ya discutido.

Nótese que los capacitores han sido reemplazados por corto-circuito en el modelo AC.

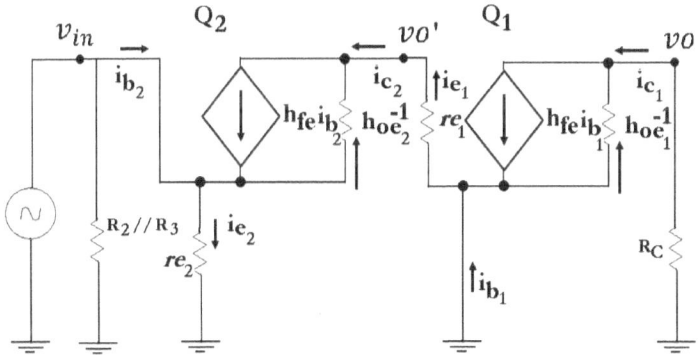

Figura 5-52 Modelo híbrido del amplificador de dos etapas *Cascode*.

La Impedancia de entrada Z_{in}:

$$Z_{In} = \frac{v_{in}}{i_{in}} \qquad (5.122)$$

$$Z'_{in} = \frac{i_{e2} \, re2}{i_{b2}} = h_{fe} re2 \qquad (5.208)$$

La corriente $i_{e2} \cong i_{e1}$, de modo que $re2 \cong re1$, y $h_{fe2} = h_{fe1}$

Lo anterior es posible ya que:

$$re1 + re2 \ll h_{oe1}^{-1} \qquad (5.209)$$

De modo práctico, la corriente de la fuente $h_{fe}i_{b2}$ circula casi totalmente por el paso que ofrece las resistencias de emisor de Q_1 y Q_2, ya que comparativamente son muchos menores en valor (ecuación 5.209).

La impedancia total será:

$$Z_{In} = \frac{v_{in}}{i_{in}} = R_3 // R_2 // h_{fe}(re) \qquad (5.210)$$

La Impedancia de salida Z_{out}:

$$Z_{out} = \frac{vo}{i_{out}} \qquad (5.133)$$

$$i_{out} = i_{c1} \cong h_{fe}i_{b1} \text{ si } R_C \ll h_{oe1}^{-1}$$

$$Z_{out} \cong R_C$$

La Ganancia de voltaje:

$$A_V = A_{V1} \times A_{V2} = \frac{v_{out}}{v_{in}} = \frac{-v_{out}'}{v_{in}} \times \frac{v_{out}}{v_{out}'} = \frac{-i_{e1}\,re1}{i_{e2}re2} \times \frac{i_{c1}R_C}{i_{e1}\,re1}$$

Como $i_{e2} \cong i_{e1}, re2 \cong re1$

Adicionalmente, si $h_{fe} \gg 1 : i_{c1} \cong i_{e1}$

$$A_V \cong \frac{-R_C}{re} \qquad (5.211)$$

La ganancia A_V en este caso suele ser alta, ya que el término **re** por lo general es muy pequeño frente a R_C. Si **re** es 25 Ω, y si R_C es 10kΩ por ejemplo, la ganancia será de 400, lo cual puede considerase un valor relativamente alto.

Nótese también que en este caso la ganancia $|A_{V1}| \cong 1$

Es decir, que toda la ganancia ocurre en A_{V2}, que se corresponde con la etapa de Q_1.

Una ganancia alta se obtiene aquí porque se ha desacoplado la resistencia R_E en AC, por medio del capacitor C3. Pero hacer esto tiene un precio, y es que se obtiene una muy baja impedancia de entrada.

Adicionalmente, esta configuración presenta también una alta impedancia de salida.

La impedancia de entrada Z'_{in} puede mejorarse. Tal como lo ilustra la figura 5-53. Colocando dos resistencias en serie, en vez de una sola, aunque se mantiene el mismo valor actual de R_E, y colocando el capacitor C_3 en paralelo con solo una de ellas.

La porción de resistencia que se deja intencionalmente en el emisor R_{E1}, se puede ajustar a conveniencia para elevar la impedancia de entrada al valor deseado.

La figura 5-54 muestra el equivalente híbrido al incorporar la residencia R_{E1}.

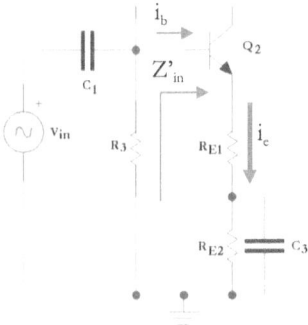

Figura 5- 38 Parte del circuito de la figura 5-51 con mejoramiento en la impedancia de entrada.

En la figura 5-53 la impedancia de entrada interna Z'_{in} queda:

$$Z'_{in} = \frac{i_{e2}(re2+R_{E1})}{i_{b2}} = h_{fe}(re2 + R_{E1}) \qquad (5.212)$$

5.12 Amplificador de tres etapas: Cascode con salida de potencia.

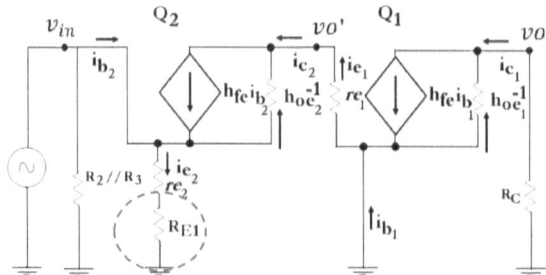

Figura 5-54 Modelo híbrido del amplificador de dos etapas Cascode, con R_{E1}.

Compárese las expresiones (5.208) y (5.212) respectivamente.

Sin embargo, la mejora en la impedancia de entrada hace que disminuya la ganancia total del amplificador, como a continuación puede demostrarse:

$$A_V = A_{V1} \times A_{V2} = \frac{v_{out}}{v_{in}} = \frac{-v_{out}'}{v_{in}} \times \frac{v_{out}}{v_{out}'} = \frac{-i_{e1}\, re1}{i_{e2}(re2 + R_{E1})} \times \frac{i_{c1} R_C}{i_{e1}\, re1}$$

$$A_V = \frac{R_C}{(re2 + R_{E1})} \qquad (5.213)$$

Compárese ahora las expresiones (5.211) y (5.213) respectivamente.

Si en la ecuación (5.213) $R_{E1} \gg re1$:

$$A_V \cong \frac{-R_C}{R_{E1}}$$

La impedancia de salida no se modifica.

5.12 Amplificador de tres etapas: *Cascode* con salida de potencia.

El siguiente es un amplificador multi-etapa que combina todas las configuraciones básicas ya vistas anteriormente. Es el mismo amplificador *Cascode* de la figura 5-51 al que se le añadido una etapa de potencia, que consta de dos pares de transistores

5.12 Amplificador de tres etapas: Cascode con salida de potencia.

complementarios: NPN y PNP, en una configuración de colector común o seguidor de emisor.

La figura 5-55 muestra el esquema del amplificador propuesto:

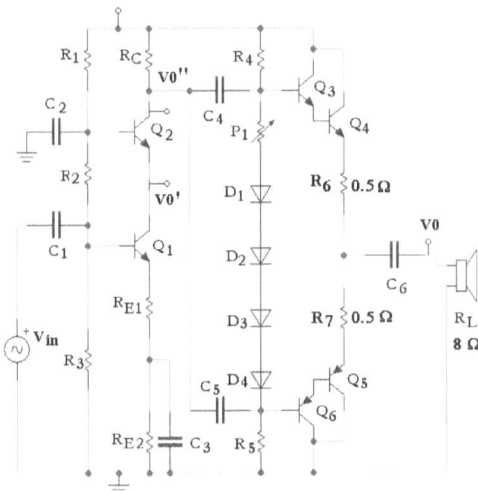

Figura 5- 39 Amplificador *Cascode* de la figura 5-51 con una etapa de potencia añadida.

Una de las utilidades que se puede estudiar es la de audio.

Obsérvese que la etapa de potencia está desacoplada en DC por los capacitores C_4 y C_5 respectivamente. Esto permite que la polarización del *Cascode* original no se vea afectada por la adición de esta tercera etapa. Lo que quiere decir, que lo cálculos hechos anteriormente en la sección 5.12 son aplicables en este caso.

Sin embargo, en régimen AC, la ganancia del *Cascode* puede verse afectada por la impedancia que resulte del paralelo de R_4 con R_5. Para que esta ganancia no se vea afectada hay que cumplir con la siguiente condición:

$$R_C \ll (R_4 // R_5 // Z'_{in})$$

Se supone también que:

$$(P_1 + rd1 + rd2 + rd3 + rd4) \ll R_4 \text{ y } R_5$$

5.12 Amplificador de tres etapas: Cascode con salida de potencia.

Las condiciones anteriores son muy fáciles de cumplir, recuerde que las resistencias dinámicas de los diodos son por defecto bastante pequeñas, por lo general, en el orden de mΩ a Ω, y P_1 es un potenciómetro o resistencia variable que tendrá un valor final cercano a *rd* también. Por otro lado, las resistencias R_4 y R_5 tendrán valores de kΩ, por lo que superan ampliamente (tres órdenes de magnitud) la suma de todas las *rd* que están en serie.

La condición anterior busca que el voltaje DC que cae sobre R_4 y R_5 respectivamente sea el mayor posible, ya que las caídas de tensiones en: P_1, D_1, D_2, D_3 y D_4, restan al voltaje de la fuente, haciendo que haya menos tensión disponible para que se reparta lo más simétrico posible entre R_4 y R_5.

En otras palabras, la tensión que cae entre P_1 y D_4 debe ser la mínima posible, la requerida solo para colocar los transistores Q3-Q6 justo en el borde de la zona lineal.

El voltaje de excursión final se ve afectado también por la caída de tensión utilizada para polarizar los transistores Q_3-Q_6. De modo que la máxima amplitud pico-pico de la señal AC de salida será:

$$V_{AC} = V_{CC} - (V_{p1} + V_{D1} + V_{D2} + V_{D3} + V_{D4}) \qquad (5.214)$$

Por ejemplo, si $V_{CC} = 20V$, y $V_{p1} + V_{D1} + V_{D2} + V_{D3} + V_{D4} = 3\,V$, $V_{AC} = 17\,V_{pp}$ (pico-pico).

Recuerde que la excursión de la señal AC está limitada por el recorrido que puede hacer el punto Q del transistor.

Recuerde también que hay que mantener simetría en el punto Q de operación para que la señal AC de salida sea también simétrica.

Continuando ahora con el análisis del circuito en la tercera etapa tenemos:

La figura 5-56 presenta solo dicha sección.

5.12 Amplificador de tres etapas: Cascode con salida de potencia.

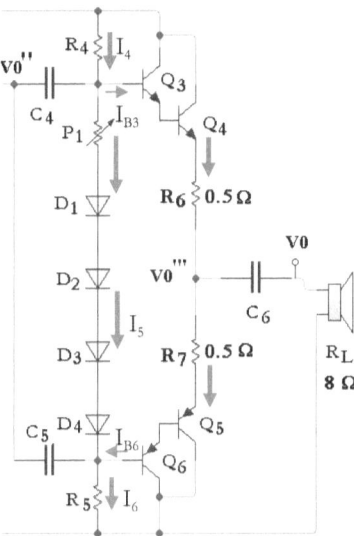

Figura 5- 40 Sección de potencia del circuito de la figura 5-55

Paso 1: polarización DC.

Supuestos iniciales:

$$I_{B3} \ll I_5$$

$$I_{B6} \ll I_6$$

$$I_4 \cong I_5 \cong I_6 = I$$

Aplicando Kirchhoff la corriente I será:

$$I \cong \frac{V_{CC}-4V_{BE}}{(R_4+R_4+P_1)} \quad |I_{B3} \ll I_5 \text{ y } I_{B6} \ll I_6 \qquad (5.215)$$

P_1 es un potenciómetro de ajuste cuyo valor oscilará entre cero y unos pocos cientos de ohmios. La función de P_1 es lograr que las cuatro junturas base-emisor de los transistores Q_3-Q_6 puedan activarse de manera que se ubiquen en la zona de conducción.

5.12 Amplificador de tres etapas: Cascode con salida de potencia.

P_1 puede programar también la corriente de conducción que pasará por los transistores Q_3-Q_6.

A los fines prácticos, se puede asumir que el voltaje máximo en P_1 es equivalente a la tensión de un diodo, de modo que la corriente I puede estimarse así:

$$I \cong \frac{V_{CC}-5V_{BE}}{(R_4+R_4)} \quad |V_{p1max} \cong V_{BE} \qquad (5.216)$$

Nótese que el término $(V_{CC} - 4V_{BE})$ y $(V_{CC} - 5V_{BE})$ son similares, por lo que la corriente I no se verá afectada muy significativamente con la variación de P_1. Sin embargo una pequeña variación en el valor de P_1 puede producir grandes variaciones en la corriente de emisor de Q_4 y Q_5 respectivamente.

El valor de P_1 puede calcularse entonces así:

$$P_{1max} \cong \frac{V_{BE}}{I} \qquad (5.217)$$

Por otro lado, las corrientes:

$$I_{Eq4} = I_{Eq5} = I_E$$

Aplicando Kirchhoff en la malla correspondiente tenemos:

$$4V_{BE} + V_{P1} = 4V_{BE} + I_E(R_6 + R_7)$$

De donde obtenemos la corriente I_E:

$$I_{Emax} \cong \frac{V_{P1}}{(R_6+R_7)} \cong \frac{V_{BE}}{(1\,\Omega)} \qquad (5.218)$$

Nótese que la corriente de emisor de Q_4 y Q_5 está siendo programada por la suma de las resistencias de emisor (0.5Ωx2) y por la tensión que genera P_1.

En la ecuación (5.218) estamos asumiendo que las caídas de tensiones en los diodos: D_1-D_4 son equivalentes a las caídas de tensiones en las junturas base-emisor de Q_3-Q_6. De modo que se cancelan entre ellas. En la realidad puede haber diferencias ya que son junturas diferentes que tienen corrientes diferentes, por esta razón P_1 tiene que ajustar

5.12 Amplificador de tres etapas: Cascode con salida de potencia.

esta diferencia, y se le ha dado una tolerancia máxima equivalente a la tensión de un diodo. De modo que un valor exacto para P_1 es difícil de calcular de antemano tomando en cuenta estas consideraciones. En la práctica, P_1 tendrá que ser ajustado hasta lograr la corriente I_E deseada.

El valor de I_E se denomina corriente de reposo o "Quiescent" en inglés, y es la corriente que consumirá la etapa de potencia en reposo, es decir, cuando no hay ninguna señal AC de salida.

El valor de la I_E es utilizado también para corregir un tipo de distorsión llamada distorsión de cruce, que se produce cuando alguno o varios de los transistores de esta etapa no están en la zona de conducción completamente, sino más bien en corte, por lo que parte de la señal AC de salida se utilizará para llevar el transistor a la zona de conducción, lo que produce un recorte en la señal de salida. Recuerde el capítulo 3 y 4, donde se explicó este efecto con los diodos.

En la práctica, y como ya se mencionó, la I_E necesita calibrarse, de modo de conseguir un valor mínimo de I_E que asegure que no haya tal distorsión (corte) a la salida.

Un valor mínimo adecuado de I_E es aconsejable, ya que por lo general, esta corriente es la responsable de la potencia que consume el amplificador en estado de reposo.

Un valor típico I_E para esta configuración puede oscilar entre 30-50 mA. En todo caso la corriente mínima será aquella que permita activar o poner en conducción todos los transistores de la etapa de potencia. Esto dependerá de los tipos de transistores empleados en el diseño.

Asumiendo ahora que: $h_{FE3} = h_{FE6} = h_{FE36}$, y que: $h_{FE4} = h_{FE5} = h_{FE45}$

Tanto el h_{FE45} como el h_{FE36} pueden tomar valores distintos, y dependerá de la corriente de colector que asuman los transistores involucrados. Los valores estimados del h_{FE} pueden obtenerse a partir de la corriente final I_E, y de la hoja de datos de cada transistor.

Tenemos entonces:

5.12 Amplificador de tres etapas: Cascode con salida de potencia.

$$I_{B3} \cong I_{B6} \cong \frac{I_E}{h_{fe45}h_{fe36}}$$

Luego:

$$I \gg \frac{I_E}{h_{fe45}h_{fe36}} \qquad (5.219)$$

Si conocemos el valor de I_E podemos estimar el valor de I para que cumpla con la condición de (5.219).

Para una excursión simétrica es deseable que el voltaje V0''' sea: $V0''' = \frac{V_{CC}}{2}$

El voltaje V0''' será:

$$V0''' = V_{CC} - IR_4 - 2V_{BE} - I_E R_6$$

Despejando podemos conocer el valor de R_4:

$$R_4 = \frac{\frac{V_{CC}}{2} - 2V_{BE} - I_E R_6}{I} \qquad (5.220)$$

Aplicando Kirchhoff el voltaje en la base Q_6 será:

$$V_{R5} = IR_5$$

El voltaje V_{R5} será también igual a:

$$V_{R5} = V0''' - I_E R_7 - 2V_{BE}$$

Igualando y despejando R_5 tenemos:

$$R_5 = \frac{\frac{V_{CC}}{2} - 2V_{BE} - I_E R_7}{I} \qquad (5.221)$$

Puede observarse que $R_4 = R_5$

Debe cumplirse también que:

$$\frac{(V_{CC} - 5V_{BE})}{(R_4 + R_5)} \gg \frac{I_E}{h_{fe45}h_{fe36}}$$

5.12 Amplificador de tres etapas: Cascode con salida de potencia.

De donde:

$$(R_4 + R_5) \ll \frac{(V_{CC} - 5V_{BE})}{2I_E} h_{fe45} h_{fe36}$$

Como $R_4 = R_5 = R_{45}$

$$R_{45} \ll \frac{(V_{CC} - 5V_{BE})}{2I_E} h_{fe45} h_{fe36}$$

Recuerde también que la resistencia R_{45} debe cumplir con la condición:

$$R_{45} \gg R_C$$

Es decir,

$$\frac{(V_{CC} - 5V_{BE})}{2I_E} h_{fe45} h_{fe36} \gg R_{45} \gg R_C \qquad (5.222)$$

Los criterios arriba mencionados son típicamente los seleccionados para un diseño como este. Sin embargo, el diseñador es libre de escoger cualquier otro valor.

Con las expresiones anteriores logramos polarizar de manera correcta la etapa de salida en DC. Debemos continuar con el siguiente paso.

Paso 2: Análisis AC.

El análisis AC puede llevarse a cabo tomando en cuenta solo la mitad superior o inferior del circuito de salida, ya que ambas mitades son simétricas, y operan en ciclos alternados. Es decir, cuando la señal de entada es positiva (cresta positiva), por ejemplo, operan Q_3 y Q_4, mientras Q_6 y Q_5 están bloqueados, y cuando la cresta es negativa, operan solo Q_5 y Q_6 respectivamente. A esta configuración también se le conoce como *Push-Pull* en inglés, debido a la similitud que hay cuando se empuja y hala corriente de un generador.

La figura 5-57 indica los parámetros AC a calcular en esta tercera etapa:

5.12 Amplificador de tres etapas: Cascode con salida de potencia.

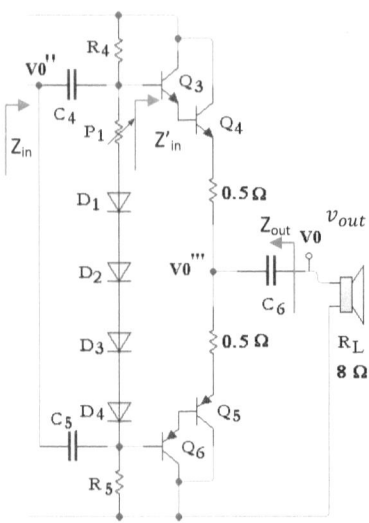

Figura 5- 41 Sección de potencia aislada para su estudio AC.

La Impedancia de entrada Z_{in}:

$$Z'_{in} = \frac{i_{b3}\left[(h_{fe36}+1)re3+(h_{fe36}+1)(h_{fe45}+1)(re4+0.5+R_L)\right]}{i_{b3}} \quad (5.223)$$

Recuerde que:

$$i_{e3} = i_{b4} = (h_{fe36}+1)i_{B3}$$

$$i_{e4} = (h_{fe45}+1)i_{b4}$$

$$Z'_{in} = (h_{fe36}+1)re3 + (h_{fe36}+1)(h_{fe45}+1)(re4+0.5+R_L)$$

$$Z'_{in} \cong h_{fe36}re3 + (h_{fe36}\,h_{fe45})(re4+0.5+R_L)$$

$$Z'_{in} \cong (h_{fe36}\,h_{fe45})(re4+0.5+R_L)$$

Luego:

5.12 Amplificador de tres etapas: Cascode con salida de potencia.

$$Z_{In} = R_4 // R_5 // Z'_{in}$$

La Impedancia de salida Z_{out}:

$$Z_{out} = \frac{v_{out}}{i_{out}} \quad (5.133)$$

$$i_{out} = i_{e4}$$

$$i_{e3} = \frac{i_{e4}}{(h_{fe45} + 1)}$$

$$Z_{out} = \frac{i_{e4}\left[(0.5+re4)+\frac{re3}{(h_{fe45}+1)}\right]}{i_{e4}} \quad (5.224)$$

$$Z_{out} = (0.5 + re4) + \frac{re3}{(h_{fe45} + 1)}$$

La Ganancia de voltaje queda:

$$A_V = x\frac{v_0}{v_0''} = \frac{i_{e4}\, R_L}{i_{e4}[\frac{re3}{(h_{fe45}+1)}+(re4+0.5+R_L)]} \quad (5.225)$$

$$A_V = x\frac{v_0}{v_0''} = \frac{R_L}{(\frac{re3}{(h_{fe45}+1)} + re4 + 0.5 + R_L)}$$

$$A_V \cong \frac{R_L}{(\frac{re3}{h_{fe45}} + re4 + 0.5 + R_L)}$$

Si $(\frac{re3}{h_{fe45}} + re4 + 0.5 + R_L) \rightarrow R_L$

$$A_V \cong \frac{R_L}{(re4 + 0.5 + R_L)} \cong 1$$

Como es de esperarse la ganancia de esta etapa es cercana 1. La adición de esta etapa brinda una impedancia de salida bastante baja, por lo que se pueden acoplar cargas tan pequeñas como 4-8 ohmios.

5.12 Amplificador de tres etapas: Cascode con salida de potencia.

Recuerde que la idea de una Z_{out} baja es que se pueda transferir más potencia del amplificador a la resistencia de carga R_L.

La potencia máxima de salida, fácilmente calculable, dependerá de los valores de: V_{CC} y de R_L.

Por ejemplo, si la máxima amplitud de salida pico-pico es V_{pp}, entonces la potencia máxima será:

$$P_{(máxima)} = \frac{(V_{pp})^2}{4R_L} \qquad (5.226a)$$

La ecuación (5.26a) también puede escribirse como:

$$P_{(máxima)} = \frac{(V_p)^2}{R_L} \qquad (5.226b)$$

Esta potencia también se conoce como potencia de cresta o potencia instantánea de cresta.

La potencia promedio de salida será:

$$P_{(media)} = \frac{1}{2\pi}\int_0^{2\pi} P(\omega t)\, d(\omega t) = \frac{1}{2\pi}\int_0^{2\pi} \frac{V_p^2}{R_L} sen^2(\omega t)\, d(\omega t) \qquad (5.227a)$$

Resolviendo (5.227a):

$$P_{(media)} = \frac{(V_p)^2}{2R_L} = \frac{(V_{RMS})^2}{R_L} \qquad (5.227b)$$

Y La potencia eficaz o RMS será:

$$P_{(RMS)}^2 = \frac{1}{2\pi}\int_0^{2\pi} P(\omega t)^2 d(\omega t) = \frac{1}{2\pi}\int_0^{2\pi} (\frac{V_p^2}{R_L} sen^2(\omega t)\,)^2 d(\omega t) \qquad (5.228a)$$

Resolviendo (5.228a):

$$P_{(RMS)} = \sqrt{\frac{3}{8}} \frac{(V_p)^2}{R_L} = \sqrt{\frac{3}{2}} \frac{(V_{RMS})^2}{R_L} \qquad (5.228b)$$

5.13 Capacitancias parásitas en el transistor: C_{ibo} y C_{obo}

La capacitancia C_{ibo} se define como la capacitancia de entrada, en el modo base-común, con los terminales de salida abiertos, en inglés se llama: *Capacitance Input, Common-Base, Output Open*. La figura 5-58 indica esta capacitancia.

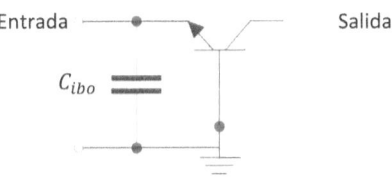

Figura 5-58 Capacitancia parásita de entrada en el transistor: C_{ibo}.

La capacitancia C_{ibo} es la capacitancia que aparece entre los terminales base-emisor. Se mide usando la configuración de base-común, ya que de esta forma no es afectada por la capacitancia de base-colector. Está en el orden del pico-faradio (pF).

El valor de esta capacitancia es suministrado por el fabricante en la hoja de datos del transistor. Normalmente, el valor que se da es medido a un voltaje de reverso determinado. El voltaje de reverso utilizado está casi siempre cercano a cero voltios (V_{BE} = -0.5 V por ejemplo).

Sin embargo, hay que recordar, que cuando el transistor opera con una juntura en directa, el voltaje de operación es aproximadamente de 0.7 V, y como ya se discutió en el capítulo III, en directa la zona libre de carga se reduce, trayendo como consecuencia el aumento de la capacitancia del diodo. De igual forma, operando en directa la juntura base-emisor la capacitancia de entrada C_{ibo} es mayor que la suministrada por el fabricante. Una aproximación válida puede estimar esta capacitancia en un valor de tres veces mayor.

La figura 5-59 muestra ahora las capacitancias parásitas C_{ibo} y C_{obo}. La capacitancia C_{obo} se define como la capacitancia de salida, en el modo base-común, con los terminales de entrada abiertos, en inglés se llama: *Capacitance Output, Common-Base, Input Open*.

5.14 Efecto de las capacitancias *Cibo* y *Cobo* en la respuesta en frecuencia. (Efecto Miller).

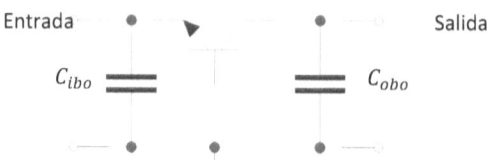

Figura 5-59 Capacitancia parásitas de entrada en el transistor: C_{ibo} y C_{obo}

La capacitancia C_{obo} es la capacitancia que aparece entre los terminales base-colector. Se mide usando la configuración de base-común, ya que de esta forma no es afectada por la capacitancia de base-emisor. Está en el orden del pico-faradio (pF).

El valor de esta capacitancia es también suministrado por el fabricante en la hoja de datos del transistor. Normalmente, el valor que se da es medido a un voltaje de reverso de entre 5-10 Voltios.

A diferencia de la capacitancia C_{ibo}, C_{obo} es de menor valor, ya que por lo general el transistor opera con la juntura base-colector en reversa, si está configurado como amplificador.

A los fines prácticos, el valor a considerar para la capacitancia C_{obo} es el suministrado por el fabricante en la hoja de datos.

Las capacitancias C_{ibo} y C_{obo} no se pueden evitar, y son inherentes al tipo de estructura física y funcionamiento del transistor. Por lo tanto, los valores de estas dependen del tipo de transistor, pudiéndose encontrar desde valores muy bajos, hasta valores muy altos, los cuales se pueden adecuar para cada tipo de aplicación.

5.14 Efecto de las capacitancias C_{ibo} y C_{obo} en la respuesta en frecuencia. (*Efecto Miller*).

En un amplificador con ganancia negativa, como es el caso del emisor común mostrado en la figura 5-60, la capacitancia de salida tiene un efecto incrementador sobre la capacitancia de entrada. A este efecto se le conoce como *Efecto Miller*.

5.14 Efecto de las capacitancias *Cibo* y *Cobo* en la respuesta en frecuencia. (Efecto Miller).

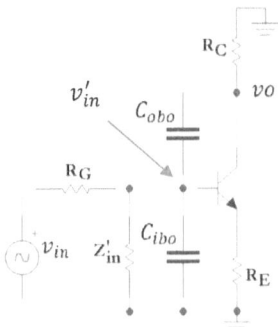

Figura 5-60 Equivalente AC de un Amplificador en emisor común.

Definimos la ganancia AC del amplificador como A_V.

$$A_v = -\frac{vo}{v_{in}} \quad | Z_{in} \gg R_G \quad (5.229)$$

Dónde: R_G es la resistencia asociada a la fuente v_{in}, y Z_{in} es la impedancia de entrada a baja frecuencia del amplificador.

$$Z_{in} = Z'_{in} // (r_e + R_E) \quad (5.230)$$

Tanto A_v como Z_{in} están calculados a baja frecuencia, es decir, donde las capacitancias C_{ibo} y C_{obo} no intervienen, por representar una impedancia muy elevada a la frecuencia dada.

Vamos ahora a redefinir la capacitancia de entrada $C_{in} = C_{ibo}$, y la capacitancia de salida $C_{out} = C_{obo}$.

Las capacitancias de C_{in} y C_{out} están dispuestas en serie, por lo que la corriente de carga que atraviesa ambas es la misma, por lo tanto, podemos decir:

$$C_{in} = \frac{Q}{v'_{in}} \quad y \quad C_{out} = \frac{Q}{(v'_{in} - v_{out})}$$

Igualando las cargas en ambas expresiones tenemos:

$$C_{in} v'_{in} = C_{out} (v'_{in} - v_{out})$$

5.14 Efecto de las capacitancias C_{ibo} y C_{obo} en la respuesta en frecuencia. (Efecto Miller).

Despejando a C_{in} tenemos:

$$C_{in} = \frac{C_{out}\ (v'_{in} - v_{out})}{v'_{in}}$$

Si definimos $A_v = \frac{v_{out}}{v'_{in}}$, como la ganancia efectiva del amplificador tenemos:

$$C_{in} = C_{out}\ (1 - A_V)$$

Como la ganancia es negativa tenemos:

$$C_{in} = C_M = C_{out}\ (1 + A_V) \qquad (5.231a)$$

C_{in} representa el aumento de la capacitancia de entrada por efecto de transferencia de la capacitancia de salida. Es decir, la capacitancia de Miller: C_M.

La capacitancia total equivalente de entrada será:

$$C_{inEQ} = C_{in} + C_m = C_{in} + C_{out}\ (1 + A_V) \qquad (5.231b)$$

Nótese que si evaluamos la expresión (5.31b) con AV=0, la capacitancia C_{inEQ} es igual al paralelo de las capacitancias de entrada y salida, tal y como puede deducirse del modelo de la figura 5-60. Recuerde que la ganancia A_V es negativa.

La ecuación (5.231) demuestra que la capacitancia de entrada es aumentada por el producto de la ganancia (negativa) y la capacitancia de salida. Esto es lo que se conoce como *Efecto Miller*.

El *Efecto Miller* hace que cuanto mayor sea la ganancia negativa, mayor será la capacitancia que a la entrada refleja el amplificador.

Y cuanto mayor es la capacitancia de entrada, menor será la frecuencia máxima de operación, pues esta capacitancia actúa como un filtro pasa-bajo, que reduce la señal efectiva v'_{in}, y consecuentemente la ganancia efectiva A_v del amplificador. La figura 5-61 ilustra el caso, cuando V_{in} se alcanza la frecuencia de corte f_c.

5.14 Efecto de las capacitancias *Cibo* y *Cobo* en la respuesta en frecuencia. (Efecto Miller).

$$f_c = \frac{1}{2\pi R_G C_{inEQ}}$$

$$C_{inEQ} = C_{in} + C_{out}(1 + A_V)$$

5-61 Aumento de C_{in} (Efecto Miller) que reduce la respuesta en frecuencia del amplificador.

Queda claro que la respuesta en frecuencia también depende de la resistencia R_G asociada a la fuente seleccionada como entrada. Cuanto menor sea su valor, mayor será la f_c de respuesta del amplificador.

Por otro lado, la ganancia intrínseca del transistor h_{fe}, disminuye con la frecuencia. Adicionalmente, habrá también una frecuencia a la que la capacitancia de salida es dominante sobre la R_C, es decir, que domina el efecto capacitivo de salida. En este punto la impedancia efectiva de salida del amplificador será:

$$Z_{out} = \left|\frac{1}{\omega C_{out}}\right| \quad (5.232)$$

La impedancia de salida también disminuye con la frecuencia, de modo que la ganancia del amplificador también disminuye. Esto significa que la capacitancia de entrada o el *Efecto Miller* es también dependiente de la frecuencia. Sin embargo, y debido a que la capacitancia de entrada es siempre mucho mayor que la de salida, la frecuencia de corte estará afectada principalmente por las componentes de R_G y C_{inEQ}. No obstante, para frecuencias mucho mayores que f_c la ganancia disminuye por los efectos combinados del h_{fe} y de la capacitancia de salida, los cuales dominan sobre la capacitancia de entrada.

A la frecuencia f_c obtenida con R_G y C_{inEQ} se le conoce como aproximación de Miller, y es considerada una manera segura de determinar la respuesta en frecuencia de un amplificador.

Está claro también que disminuir el valor de R_G tiene impacto deseable sobre la frecuencia de Miller. Esta es una de las razones por la que suele utilizarse como fuente

5.14 Efecto de las capacitancias *Cibo* y *Cobo* en la respuesta en frecuencia. (Efecto Miller).

una etapa de seguidor de emisor a la entrada del amplificador, ya que como se sabe su impedancia de salida equivalente R_G es baste pequeña, ayudando a mantener alta la frecuencia de corte Miller.

El *Efecto Miller* solo se presenta en amplificadores con ganancia negativa, como el tipo emisor-común, para el caso del tipo base-común no existe el *Efecto Miller*, ya que no existe retroalimentación o transferencia a la entrada desde la salida.

Por lo tanto, en un amplificador en base-común la capacitancia de entrada es siempre C_{in} y la de salía C_{out}, no varían con la ganancia. La figura 5-62 ilustra el caso.

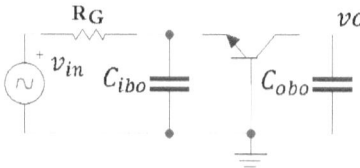

5-62 Capacitancias de entrada y salida en un amplificador en base-común.

$$C_{in} = C_{ibo}$$

Recuerde que si la juntura base-emisor esta en directa la capacitancia de entrada efectiva es ligeramente superior a la capacitancia C_{ibo} que reporta el fabricante, y estimada aquí en un valor de tres veces mayor. (revise el punto 5.13)

$$C_{inefec} \cong C_{ibo} \times 3$$

$$f_c = \frac{1}{2\pi R_G C_{inefec}}$$

La frecuencia de corte en un amplificador base-común es superior comparada con la de un emisor-común con la misma ganancia.

Por esta razón, un amplificador como el *Cascode* presenta un ancho de banda superior, comparado con un equivalente de emisor-común, ya que posee una etapa de emisor-común con ganancia unitaria, que ofrece una relativa alta impedancia de entrada, en cascada con una etapa de base-común, de baja impedancia de entrada pero de alta ganancia. De este modo se mantiene una baja capacitancia Miller a la entrada del amplificador.

Considerando que la capacitancia equivalente de entrada C_{inEQ} puede aproximarse a la capacitancia de Miller C_M, la respuesta en alta frecuencia del amplificador puede aproximarse tomando en cuenta solo la capacitancia de Miller, como lo indica la curva de la figura 5-63.

Como ya se mencionó, la capacitancia de Miller actúa disminuyendo la amplitud efectiva de la señal de entrada al amplificador, por efecto del filtro pasa-bajo formado.

En conclusión, cuanto mayor es la ganancia ($-A_v$), mayor es la capacitancia de Miller, y esto hace que se reduzca la respuesta a alta frecuencia del amplificador.

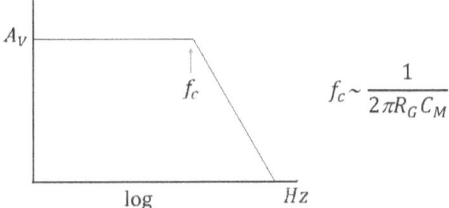

5-63 Aproximación de la frecuencia de corte alta del amplificador utilizando la capacitancia de Miller.

5.15 Guía Fácil para el Diseño.

Función	Circuito	Fórmulas
Transistor BJT	NPN / PNP	$\beta_{DC} = \dfrac{I_C}{I_B}\ (DC) = h_{FE}$ $\beta_{AC} = \dfrac{\Delta I_C}{\Delta I_B}\ (AC) = h_{fe}$ $\alpha = \dfrac{I_C}{I_E}$ $I_E = I_B + I_C$ $I_B = \dfrac{I_C}{\beta}$ $I_E \cong I_C\ ;\ \beta \gg 1$
Fuente de corriente: *Current Source*	(circuito con VCC, R1, Q1, RL)	$I_B = \dfrac{(V_{CC} - V_{EB})}{R_1}$ $I_L \cong \dfrac{\beta}{R_1}(V_{CC} - V_{EB})$ $R_L < \dfrac{(V_{CC} - 0.7)}{I_L}$
Fuente de corriente: *Current Sink*	(circuito con VCC, RL, Q1, VBB, R1)	$I_E = \dfrac{(V_{BB} - V_{BE})}{R_1}$ $I_L = I_C = \alpha I_E$ $I_L \cong \dfrac{(V_{BB} - V_{BE})}{R_1}$ $R_L < \dfrac{(V_{CC} - V_{BB})}{I_L}$
Fuente de corriente: *Espejo*	(circuito con VCC, RL, R1, Q1, Q2, VBB)	$IR_1 = \dfrac{(V_{BB} - V_{BE})}{R_1}$ $I_L = I_{C2} \cong I_{R1}$

5.15 Guía Fácil para el Diseño.

Función	Circuito	Fórmulas
Fuente de corriente: Espejo		$I_{R1} \cong \dfrac{(V_{BB} - V_{BE12})}{(R_1 + R_E)}$ $I_{E1} = I_{E2} \cong I_{R1}$; $\beta_{12} \gg 1$ $R_E > 50\,\Omega$
Fuente de corriente: Espejo		$I_{C1} = \dfrac{(V_{CC} - V_{EB})}{(R_1 + R_E)}$ $I_{C2} = I_{RL} = I_{C1}$
Fuente de corriente: Wildar		$I_{E2} = I_{E1}\dfrac{R_{E1}}{R_{E2}}$ $I_1 \cong I_{C1}$ $I_{E1} \cong I_{C1}$ $I_{C1} = \dfrac{(V_{BB} - V_{BE1})}{R_1 + R_{E1}}$ $R_{E1} > 500\,\Omega$
Conmutador BJT		**Paso 1: Corte** $I_B = 0$ $V_{CE} = V_{CC}$ **Paso 2: Saturación** $I_C = \dfrac{V_{CC} - V_{CEsat}}{R_{lamp}} \cong \dfrac{V_{CC}}{R_{lamp}}$ $I_B = \dfrac{V_{BB} - V_{BE}}{R_B} \cong \dfrac{V_{BB}}{R_B}$ $R_B < \dfrac{\beta R_{lamp}}{V_{CC}} V_{BB}$ $\beta = nominal$ $V_{CE} < 0.7\,V$

5.15 Guía Fácil para el Diseño.

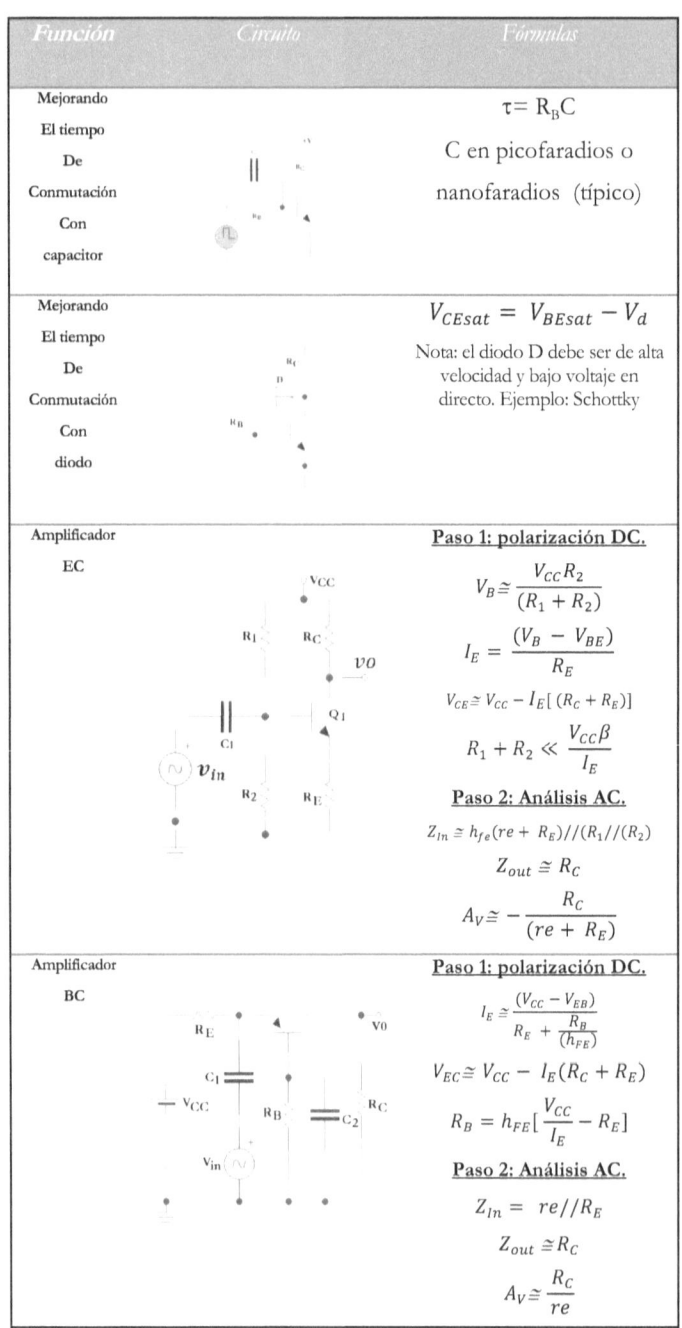

Función	Circuito	Fórmulas
Mejorando El tiempo De Conmutación Con capacitor		$\tau = R_B C$ C en picofaradios o nanofaradios (típico)
Mejorando El tiempo De Conmutación Con diodo		$V_{CEsat} = V_{BEsat} - V_d$ Nota: el diodo D debe ser de alta velocidad y bajo voltaje en directo. Ejemplo: Schottky
Amplificador EC		**Paso 1: polarización DC.** $V_B \cong \dfrac{V_{CC} R_2}{(R_1 + R_2)}$ $I_E = \dfrac{(V_B - V_{BE})}{R_E}$ $V_{CE} \cong V_{CC} - I_E[(R_C + R_E)]$ $R_1 + R_2 \ll \dfrac{V_{CC} \beta}{I_E}$ **Paso 2: Análisis AC.** $Z_{In} \cong h_{fe}(re + R_E)//(R_1//(R_2)$ $Z_{out} \cong R_C$ $A_V \cong -\dfrac{R_C}{(re + R_E)}$
Amplificador BC		**Paso 1: polarización DC.** $I_E \cong \dfrac{(V_{CC} - V_{EB})}{R_E + \dfrac{R_B}{(h_{FE})}}$ $V_{EC} \cong V_{CC} - I_E(R_C + R_E)$ $R_B = h_{FE}[\dfrac{V_{CC}}{I_E} - R_E]$ **Paso 2: Análisis AC.** $Z_{In} = re//R_E$ $Z_{out} \cong R_C$ $A_V \cong \dfrac{R_C}{re}$

5.15 Guía Fácil para el Diseño.

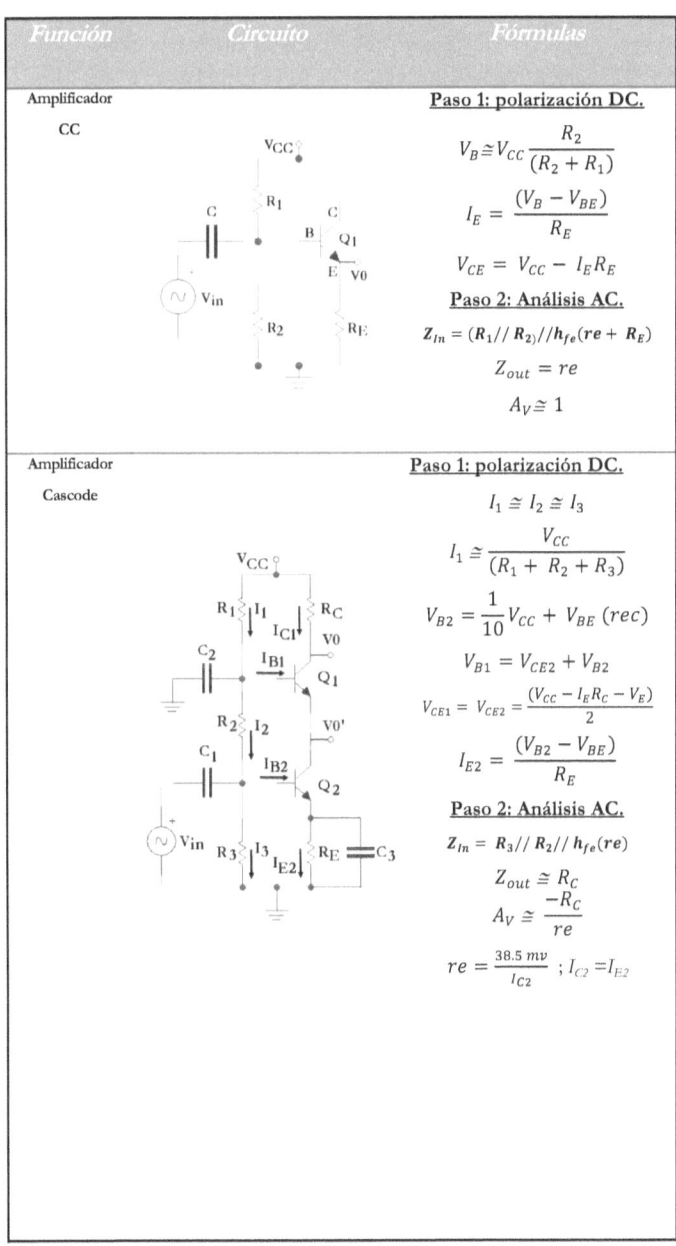

Función	Circuito	Fórmulas
Amplificador CC		**Paso 1: polarización DC.** $V_B \cong V_{CC} \dfrac{R_2}{(R_2 + R_1)}$ $I_E = \dfrac{(V_B - V_{BE})}{R_E}$ $V_{CE} = V_{CC} - I_E R_E$ **Paso 2: Análisis AC.** $Z_{In} = (R_1 // R_2) // h_{fe}(re + R_E)$ $Z_{out} = re$ $A_V \cong 1$
Amplificador Cascode		**Paso 1: polarización DC.** $I_1 \cong I_2 \cong I_3$ $I_1 \cong \dfrac{V_{CC}}{(R_1 + R_2 + R_3)}$ $V_{B2} = \dfrac{1}{10} V_{CC} + V_{BE} \ (rec)$ $V_{B1} = V_{CE2} + V_{B2}$ $V_{CE1} = V_{CE2} = \dfrac{(V_{CC} - I_E R_C - V_E)}{2}$ $I_{E2} = \dfrac{(V_{B2} - V_{BE})}{R_E}$ **Paso 2: Análisis AC.** $Z_{In} = R_3 // R_2 // h_{fe}(re)$ $Z_{out} \cong R_C$ $A_V \cong \dfrac{-R_C}{re}$ $re = \dfrac{38.5 \ mv}{I_{C2}} \ ; I_{C2} = I_{E2}$

5.15 Guía Fácil para el Diseño.

Función	Circuito	Fórmulas
Cascode Con salida de Potencia		DC (etapa de potencia): $R_C \ll (R_4 // R_5 // Z'_{in})$ $I_4 \cong I_5 \cong I_6 = I$ $I \cong \dfrac{V_{CC} - 4V_{BE}}{(R_4 + R_4 + P_1)}$ $I \cong \dfrac{V_{CC} - 5V_{BE}}{(R_4 + R_4)} \quad |V_{p1max} \cong V_{BE}$ $I_{Eq4} = I_{Eq5} = I_E$ $I_{Emax} \cong \dfrac{V_{P1}}{(R_6 + R_7)} \cong \dfrac{V_{BE}}{(1\,\Omega)}$
Cascode Con salida de Potencia (continuación)		AC (etapa de potencia): $Z'_{in} \cong (h_{fe36}\, h_{fe45})(re4 + 0.5 + R_L)$ $Z_{In} = R_4 // R_5 // Z'_{in}$ $Z_{In} \gg R_C$ $Z_{out} = (0.5 + re4) + \dfrac{re3}{(h_{fe45} + 1)}$ $Z_{out} \cong (0.5 + re4)$ $A_{V\prime} \cong \dfrac{R_L}{(re4 + 0.5 + R_L)} \cong 1$ Si $(re4 + 0.5 + R_L) \to R_L$ Etapa de amplificación: $A_V \cong -\dfrac{R_C}{R_{E1}}$ $Z_{In} = R_2 // R_3 // Z'_{in}$ $Z'_{in} \cong re1 + R_{E1}$ Ganancia total: $A_{VT} = A_{V\prime}\, x A_V$

5.16 Cuestionario y problemas del Capítulo.

1. ¿Cuáles son las zonas de operación del transistor?
2. ¿En cual zona la corriente de base $I_B = 0$?
3. ¿Cuál configuración del transistor ofrece mayor impedancia de entrada y alta ganancia?
4. ¿Qué es un amplificador *Cascode*?
5. ¿Qué ventaja ofrece el *Cascode*?
6. ¿Qué es el Efecto Miller?
7. ¿Cómo afecta esta capacitancia la respuesta en frecuencia del amplificador?
8. ¿Cómo puede determinarse la frecuencia de corte alta de un amplificador que presenta Efecto Miller.
9. En la zona de Saturación la juntura base-emisor está en directa pero la juntura base-colector está en reversa. **V ó F**.
10. En la zona de saturación la corriente de colector disminuye. **V ó F**.
11. Estando en saturación, si la corriente de colector aumenta progresivamente, el transistor pasa a la zona de activa. **V ó F**.
12. La corriente de fuga del transistor es la I_{CEO}, y es la que se mide con la corriente de $I_B = 0$ y V_{CE} = max. **V ó F**.
13. En la zona activa el parámetro h_{FE} es constante. **V ó F**.
14. El parámetro h_{FE} es idéntico al h_{fe} en todo momento. **V ó F**.
15. El h_{FE} y el h_{fe} dependen de la corriente I_C, la temperatura, y el voltaje V_{CE}. **V ó F**.
16. Si la temperatura aumenta, el parámetro h_{FE} aumenta en forma proporcional. **V ó F**.
17. Si la temperatura aumenta, se produce un aumento de la corriente de colector. **V ó F**.
18. Si la temperatura aumenta, la tensión base-emisor disminuye. **V ó F**.
19. En una aplicación de conmutación con el transistor, se busca que este pase de corte a lineal y viceversa. **V ó F**.

5.16 Cuestionario y problemas del Capítulo.

20. La potencia consumida por el transistor en conmutación es básicamente: $V_{CEsat} x I_{Csat}$. **V ó F.**

21. La corriente de saturación es aproximadamente: $\frac{V_{CC}}{R_L}$ **V ó F.**

22. La corriente de corte del transistor es I_{CEX}. **V ó F.**

23. Una fuente de corriente con transistores es siempre dependiente del parámetro h_{FE}. **V ó F.**

24. En una fuente de corriente espejo se cumple que $I_{C1} = I_{C2}$ siempre. **V ó F.**

25. Los parámetros híbridos del transistor dependen del punto Q de operación del transistor. **V ó F.**

26. El $h_{ie} = h_{FE} re$. **V ó F.**

27. El parámetro h_{oe} se conoce también como la admitancia de salida. **V ó F.**

28. El parámetro h_{oe} depende $\frac{\Delta I_C}{\Delta V_{CE}} \mid I_B = constante$ **V ó F.**

29. En la configuración de emisor común la ganancia es negativa, en la base común positiva y en la de colector común negativa también. **V ó F.**

30. La configuración que menor impedancia de salida ofrece es la de colector común. **V ó F.**

31. La configuración de *Cascode* se juntan dos etapas: emisor común y base común. **V ó F.**

32. En una etapa de potencia la ganancia de voltaje es básicamente unitaria. **V ó F.**

33. En la figura 5-64 se presenta una fuente de corriente espejo. Si: $R_1 = 430\ \Omega$, $V_{CC} = 15$ V, $V_{BB} = 5$ V, $h_{FE} = 300$. Calcule R_L para que $I_{C1} = I_{C2}$. Sol: $I_{C1} = I_{C2} = 10$ mA. $R_L = 1.43$ kΩ.

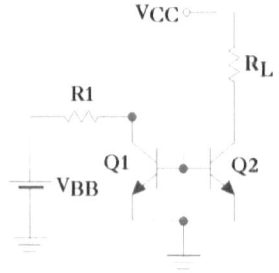

Figura 5-64. Fuente de corriente espejo.

5.16 Cuestionario y problemas del Capítulo.

34. En la figura 5-65 se presenta una fuente de corriente espejo mejorada. Si: $R_i = 10\ \Omega$, $V_{CC} = 15$ V, $V_{BB} = 5$ V, $h_{FE} = 300$, y $R_L = 1$ kΩ. Calcule R_E para que $I_{C1} = I_{C2}$. Sol: $I_{C1} = I_{C2} = 10$ mA. $R_E = 420\Omega$.

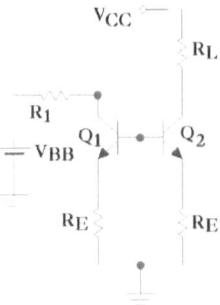

Figura 5-65 Fuente de corriente espejo mejorada.

35. En el circuito de la figura 5-66 los valores son: $R_C = 100\ \Omega$, $R_B = 4$MΩ, $V_{CC} = 12$ V, y $h_{FE} = 200$. Determine: (a) tipo de amplificador, (b) punto de operación Q, (c), Z_{in}, (d) Z_{out}, (e) A_V.

Sol: (a) Emisor común, (b) $I_C = 0.562$ mA, $V_{CE} = 11.94$ V, (c) $Z_{in} \cong h_{ie} = 18.2$ kΩ (n=2), (d) $Z_{out} = 100\ \Omega$, (e) $A_v = \dfrac{-R_C}{r_e} = -1.10$

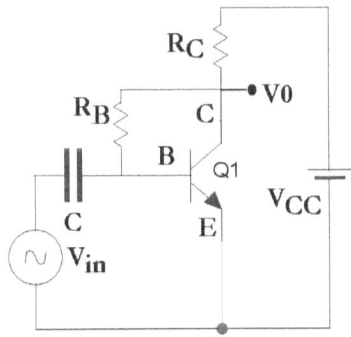

Figura 5-66 Amplificador transistorizado.

36. En base a los resultados obtenidos en (35) indique: (a)¿existe simetría?, (b)¿Cuánto es el voltaje de excursión pico positivo de la señal de salida v_{out}?. Sol: (a) No, (b) $V_{CC} - V_{CE} = 60$ mV.

5.16 Cuestionario y problemas del Capítulo.

37. En base al resultado obtenido en (36), ¿Cuál sería el máximo voltaje de entrada para que no ocurra distorsión por recorte o *clipping* en la salida. Sol:

$$v_{in(máximo)} = \frac{v_{out}}{|A_V|} = 54.54 \ mV$$

38. En el caso de (35), que pasaría si el voltaje de entrada supera el v_{inmax}. Sol: La señal de salida presenta recorte en la cresta positiva.

39. En el circuito amplificador de la figura 5-67 asuma: $h_{FE} = h_{fe} = 300$ y $I_{R1} = I_{R2}$. Calcule: (a) punto Q, (b) A_V. Sol:

$$I_C \cong \frac{\frac{V_{CC}R_2}{(R_2 + R_1)} - V_{BE}}{(R_{E1} + R_{E2})} \ ; \ V_{CE} \cong V_{CC} - I_C(R_C + R_{E1} + R_{E2})$$

$$A_V = \frac{-R_C}{(re + R_{E1})}$$

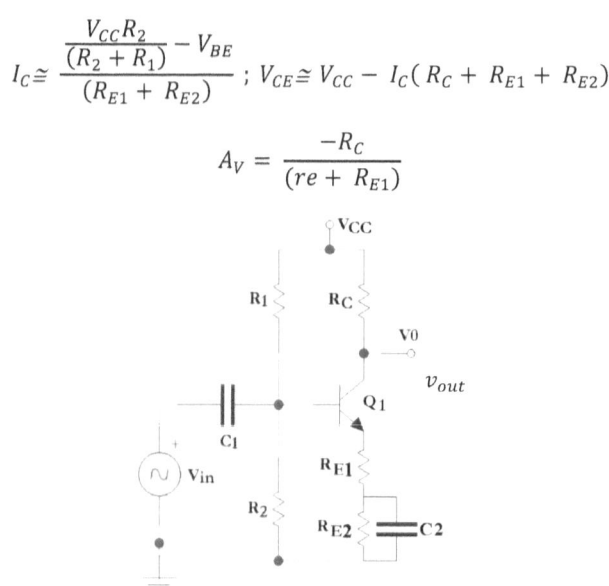

Figura 5-67 Amplificador transistorizado.

40. Determine la Z_{in} del circuito amplificador de la figura 5-67. Sol:

$$Z_{in} = h_{fe}(re + R_{E1}) \ // \ (R_2 \ // \ R_1)$$

41. En el circuito amplificador de la figura 5-68 calcule: (a) La ganancia Av, y (b) la impedancia de salida. Asuma $h_{fe} = 120$, y n=2. Sol:

5.16 Cuestionario y problemas del Capítulo.

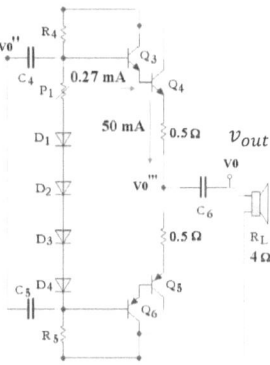

Figura 5-68. Etapa de potencia transistorizada.

$$A_V = \frac{R_L}{(\frac{re3}{h_{fe}} + re4 + 0.5 + R_L)} = \frac{4\Omega}{(\frac{190.44}{120}\Omega + 1.02\Omega + 0.5\Omega + 4\Omega)} = 0.56$$

$$Z_{out} = \left(0.5\Omega + re4 + \frac{re3}{h_{fe}}\right) = 3.10\Omega$$

42. Para el circuito de la figura 5-67 se desea saber cuál será la frecuencia de corte alta. Asuma que $R_G = 600\ \Omega$ (asociada al generador), $R_C = 500\ \Omega$, $re = 50\ \Omega$, $R_{E1} = 50\ \Omega$. y que las capacitancias C_{ibo} y C_{obo} son respectivamente 8 pf y 4 pf. Sol:

$$A_V = \frac{-R_C}{(re + R_{E1})} = -5$$

$$C_M = C_{obo}(1 - A_V) \cong 24\ pf$$

$$f_c = \frac{1}{2\pi R_G C_M} \cong 11\ MHz$$

43. Para el caso de (42) asuma ahora $R_G = 10\ \Omega$ y $R_C = 10\ K\Omega$. Calcule la f_c por *Efecto Miller*, y la f_c de salida. Haga sus observaciones. Sol:

$$A_V = \frac{-R_C}{(re + R_{E1})} = -100$$

$$C_M = C_{obo}(1 + A_V) = 404\ pf$$

5.16 Cuestionario y problemas del Capítulo.

$$f_c = \frac{1}{2\pi R_G C_M} \cong 39\ MHz$$

En la salida:

$$f_c = \frac{1}{2\pi R_C C_{obo}} \cong 3.98\ MHz$$

En este caso, la ganancia del amplificador cae debido a que la frecuencia de corte alta en la salida es menor que la de la entrada. Esto se debe a una R_C muy alta. En consecuencia, la ganancia cae por la etapa de salida y no por la capacitancia Miller de la entrada aun cuando la capacitancia Miller se incrementa hasta 404 pf, debido a una R_G muy baja.

Respuestas a las preguntas.
1. Saturación, activa o lineal, y corte.
2. Corte.
3. Emisor-Común.
4. La combinación de un emisor-común con un base-común.
5. Relativa alta ganancia y un buen ancho de banda, el ancho de banda es superior en comparación con un equivalente en emisor-común.
6. Es el incremento de la capacitancia aparente entrada C_{in}, en un amplificador con ganancia negativa. $C_{in} = C_M = C_{out}(1 + A_V)$.
7. Actúa como un filtro pasa-bajos, reduciendo el ancho de banda y la frecuencial de corte alta del amplificador.
8. $f_c = \frac{1}{2\pi R_G C_M}$

Respuestas a las preguntas de **V**erdadero o **F**also.

(9)F, (10)V, (11)V, (12)V, (13)F, (14)F, (15)V, (16)V, (17)V, (18)V, (19)F, (20)V, (21)V, (22)V, (23)F, (24)F, (25)V, (26)V, (27)V, (28)V, (29)F, (30)V, (31)V, (32)V.

Capítulo 6.

El Transistor de Efecto de Campo: FET.

Objetivos:

1. Descripción general
2. Estructura y Funcionamiento.
3. Características principales.
4. Polarización DC.
5. Transconductancia.
6. Modelo híbrido simple.
7. Amplificador con FET.

Actividades:

Guía con preguntas de verdadero o falso y con problemas de cálculos con el que usted podrá comprobar su conocimiento referente a éste capítulo.

6.1 Descripción General sobre el FET.

Otro tipo de dispositivo semiconductor importante es el transistor de Efecto de Campo, conocido como ***Field Effect Transistor***, en inglés.

En este capítulo, aprenderemos sobre sus principales características, y como se utiliza el FET como dispositivo amplificador y conmutador, utilizando para ello configuraciones similares a las ya vistas con el transistor BJT.

En términos generales, el FET es un dispositivo unipolar, ya que la corriente de drenador I_D que es controlada por el voltaje compuerta-surtidor V_{GS}, se debe solo a los portadores de carga mayoritarios, bien sea, electrones en el FET de canal N, o huecos en el FET de canal P. Más adelante se discutirá en detalle el fenómeno de conducción en el FET.

Algunas comparativas entre el BJT y el FET se resumen a continuación:

- El BJT es un dispositivo bipolar, en el operan tanto cargas minoritarias como las mayoritarias. El FET es unipolar, opera solo con cargas mayoritarias.
- El BJT es controlado por corriente, mientras que el FET es controlado por tensión.
- El FET tienen una impedancia de entrada muy alta (10^9-10^{12} Ω), típicamente en el orden de los miles de mega ohmios. El BJT ofrece comparativamente una impedancia de entrada mucho más baja, típicamente en el orden decenas de kilo ohmios.
- El BJT ofrece una relación exponencial I-V, mientras que el FET ofrece una relación cuadrática entre I-V.
- En el BJT se maneja una relación de corriente-corriente llamada ganancia de corriente (h_{FE}), mientras que en el FET se maneja una relación de tensión-corriente llamada transconductancia (G_M).
- El FET puede utilizarse como una resistencia controlada por tensión, esencialmente el BJT no.

6.1 Descripción General sobre el FET.

- El FET es menos ruidoso que el BJT: El ruido proviene de la corriente de fuga y esencialmente presenta corriente de fuga mucho menor que el BJT.
- El FET presenta menos modulación cruzada y harmónicos que el BJT.
- El FET es también menos sensible térmicamente que el BJT: Debido a que es controlado por tensión, y que la corriente de fuga, es mucho menor que la del BJT, lo afecta en menor grado.
- El FET ofrece predominantemente un coeficiente de temperatura negativo respecto de la corriente de drenador I_D, mientras que el bipolar presenta un coeficiente de temperatura positivo respecto de la corriente de colector I_C.
- El BJT es propenso a quemarse por el efecto reiterativo de la temperatura en I_C (*thermal runaway*), mientras que el FET no lo es.
- El FET puede ser conmutado a mayor velocidad que el BJT. Esto se debe al tiempo de almacenamiento o *storage time* presente en el BJT, y que es causado por el exceso de portadores minoritarios en la juntura base-emisor y que incrementa la capacitancia equivalente. Descargar esta capacitancia añade un tiempo (*delay*) y adicionalmente requiere de un manejador o *driver* externo para reducir lo más posible este tiempo (*on-time*).
- El FET puede considerarse también un conmutador más ideal que el BJT, ya que posee una alta impedancia en abierto y una baja impedancia en cerrado, y mayor velocidad de conmutación. En comparación, el BJT posee una impedancia en abierto y frecuencia mucho menores.
- El FET presenta menor pérdida de potencia en conmutación que el BJT. Esencialmente, debido a que es más ideal que el BJT, y al retraso o *delay* que sufre el BJT.
- La resistencia de encendido *on resistance*, en el FET es mayor que la del BJT.
- El BJT ofrece mayor transconductancia que el FET.
- Desde un punto de vista de sus parámetros, el FET presenta un comportamiento de amplificación más lineal que el BJT, debido a que el h_{fe} del BJT presenta un comportamiento cuadrático respecto de I_C, mientras que le g_m del FET es lineal respecto de I_D.

- El FET es susceptible de daños por estática, debido a que básicamente se comporta como un pequeño capacitor en los terminales compuerta-surtidor. La corriente estática que se puede generar al tocarlo o manipularlo puede inducir altos voltajes en la compuerta que pueden llegar a romper o causar daños irreparables en el dispositivo. En cambio, el BJT es inmune a los efectos de la estática.

Los FET son utilizados generalmente en los circuitos de entrada de los amplificadores, debido a su alta impedancia, en circuitos pre-amplificadores, como resistencia controlada por voltaje, en circuitos de control automático de ganancia y en la conmutación de señales de bajo voltaje.

6.2 Estructura y Funcionamiento del FET.

Al igual que en el caso del transistor bipolar, el FET tiene dos tipos: canal N y canal P. La figura 6-1 muestra la estructura básica de ambos tipos de FET.

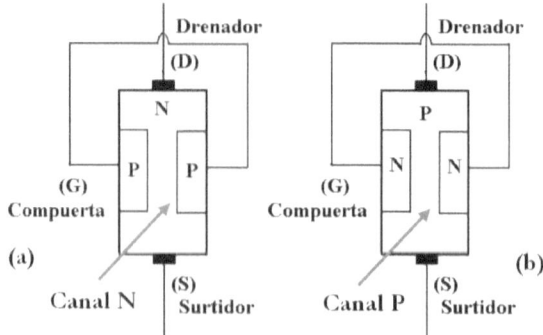

Figura 6-1 Estructura del FET, (a) canal N, (b) canal P.

6.2 Estructura y Funcionamiento del FET.

Recuerde que las regiones PN son desarrolladas durante el proceso de manufactura del FET, de modo que se obtenga una unión metalúrgica donde existe una *zona agotamiento* o *región libre carga* entre los dos materiales. Un método de fabricación puede ser por difusión de impurezas sobre un sustrato N o P respectivamente. La difusión del material P o N que formará la compuerta (G) se hace por encima y por debajo del sustrato adecuado, la difusión se controla para que alcance un espesor determinado, véase la figura 6-1, de modo que en el medio se forma un canal del material substrato que es opuesto al de la compuerta. El semiconductor de la compuerta, P o N según sea el caso, tiene un dopado mayor que el semiconductor del canal, y depende de características como el ancho del canal, niveles de corriente y resistencia deseados.

El dopado en la compuerta está diseñado básicamente en función del campo eléctrico requerido para establecer una *región libre de carga* de determinado ancho o espesor.

La estructura de unión PN o NP entre la compuerta G y el terminal del surtidor S, equivale a un diodo, este diodo tiene un voltaje de ruptura relativamente bajo, debido a su nivel de dopado. Este voltaje de ruptura llamado $V_{(BR)GSS}$ o *gate-source break down voltage*, en inglés, suele estar en el orden de 5 a 25 V.

La unión o juntura de la compuerta que rodea el canal está ubicada generalmente en la zona media del substrato P o N.

Para ilustrar el funcionamiento del FET véase la figura 6-2 donde se toma como ejemplo un FET de canal N que ha sido polarizado con un voltaje V_{DD} positivo y un V_{GG} negativo.

El FET siempre opera con la unión **Compuerta-Surtidor polarizada en reversa**.

El voltaje V_{DD} es siempre opuesto al canal, positivo para canal N, y negativo para canal P.

En el ejemplo de la figura 6-2 supongamos inicialmente que el voltaje V_{GG} es de cero voltios. Como V_{DD} es positivo, y el canal N esta dopado con portadores de carga mayoritarios que son electrones, entonces, se establece un fuljo de electrones en el

6.2 Estructura y Funcionamiento del FET.

sentido de la flecha indicada por la figura 6-2 y que van desde el surtidor hasta drenador, y de allí al terminal positivo de la fuente.

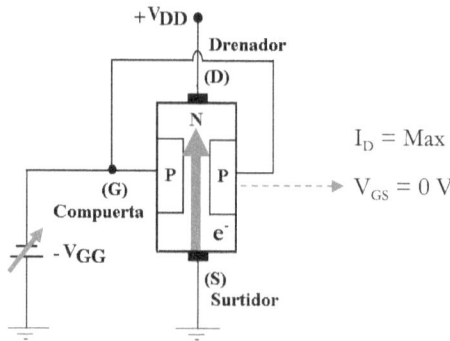

Figura 6- 2 Polarización de un FET canal N.

El total de cargas en el canal N, son reemplazadas constantemente por el terminal negativo de la fuente y así la corriente permanece en el tiempo.

El valor límite de la corriente de drenando-surtidor, que es máxima en este caso, depende de la densidad de portadores mayoritarios del canal, es decir, hasta donde se sature el canal de corriente, por esta razón a esta corriente se le conoce como corriente de saturación de drenador I_{DSS} o *saturation drain current*, en inglés.

Cuando el voltaje V_{GG} comienza a ser negativo, se genera una zona de agotamiento o región libre de carga, entre la compuerta G y el canal, debido a que el diodo compuerta-surtidor está en reversa.

La operación en reversa del diodo compuerta-surtidor hace que se concentren electrones en el material P de la compuerta que son llevados por el terminal negativo de la fuente V_{GG}, al mismo tiempo, los electrones del surtidor se mueven hacia el positivo de la fuente V_{GG}, esto hace que se genere un voltaje igual al de la fuente V_{GG}, por lo que la corriente de portadores mayoritarios entre la compuerta y el surtidor se anula, y se crea la *región libre de carga* correspondiente.

Recuerde que la operación en reversa del diodo ya fue estudiada en el capítulo 3.

6.2 Estructura y Funcionamiento del FET.

El campo eléctrico ε, generado por el voltaje compuerta-surtidor, controla el ancho de la región libre de carga, la cual aumenta con el voltaje de reverso compuerta-surtidor.

El campo eléctrico ε, que establece la región libre de carga en ambos lados de la juntura compuerta-surtidor, genera una especie de compuerta que conduce al estrangulamiento progresivo sobre el canal, impidiendo así que los electrones del surtidor puedan moverse libremente hasta el drenador.

Conforme aumenta el voltaje de reversa, aumenta el campo eléctrico ε, y la extensión de la región libre de carga, hasta llegar a un punto donde hay un solapamiento de las regiones libre de carga de ambos lados del material P, produciendo el estrangulamiento total del canal, conocido como voltaje de corte o de *pinch-off*, en inglés.

El voltaje de *pinch-off* se denota como V_p.

Cuando se alcanza el voltaje V_p, la corriente de drenador-surtidor es prácticamente nula. A esta corriente se le conoce como corriente de corte. $I_D \cong 0$

De esta forma, la corriente de drenador-surtidor en el FET, es controlada por el efecto del campo inducido por el voltaje en los terminales compuerta-surtidor.

Debido a que existen portadores minoritarios respectivos en el material P y N, que forman la compuerta y el canal, existe también una corriente de reversa asociada a la compuerta, que es muy baja, típicamente en el orden de los nano o pico amperios. De modo que la impedancia de entrada compuerta-surtidor del FET no es infinita, pero alcanza valores relativamente altos, y como ya se dijo anteriormente, está en el orden de los miles de mega ohmios, o incluso pudiera ser mayor.

El funcionamiento para un FET canal P, es idéntico salvo que hay que invertir el orden de las polaridades en las fuentes V_{GG} y V_{DD}, y los roles de los electrones y huecos respectivamente.

La corriente en el FET de canal P es contraria al de canal N.

6.2 Estructura y Funcionamiento del FET.

La figura 6-3 muestra de forma visual el efecto de estrangulamiento del canal en un FET canal N: (a) cuando el voltaje de reversa compuerta-surtidor está en algún valor entre cero y el voltaje V_p, y (b) cuando alcanza el voltaje V_p.

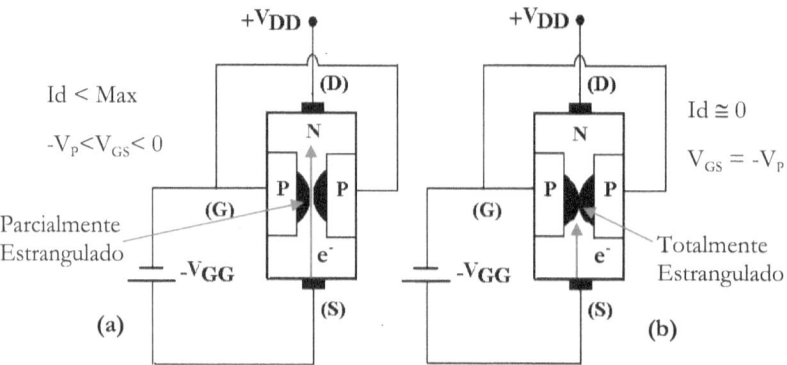

Figura 6- 3 FET canal N: (a) V_{GG} en algun valor entre cero y el volatge V_P, (b) cuando V_{GG} = -V_P.

Nótese que en el caso 6-3(b) el solapamiento de los campos eléctricos impiden o bloquean completamente el paso de los electrones desde el surtidor hacia el drenador.

Polarizar la juntura gate-surtidor en directa por encima de 0 voltios, puede producir un ligero incremento de la corriente de drenador, ya que estimula o promueve que más electrones del sustrato se muevan hacia al drenador. Sin embargo, no se recomienda trabajar en esta zona. Básicamente debe operarse con la juntura gate-surtidor en reversa.

La figura 6-4 muestra la simbología utilizada para representar los FETs.

La ecuación característica que define el comportamiento de la corriente de drenador-surtidor I_D, respecto del voltaje de compuerta-surtidor V_{GS} se expresa a continuación:

$$I_D = I_{DSS}\left(1 - \frac{V_{GS}}{V_P}\right)^2 \qquad (6.1)$$

6.2 Estructura y Funcionamiento del FET.

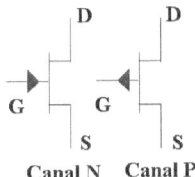

Figura 6- 4 Simbología del FET.

La ecuación anterior describe un comportamiento no-lineal entre I_D y V_{GS}, en el FET.

La figura 6-5 ilustra la familia de curvas de corriente de drenador I_D vs el voltaje drenador-surtidor V_{DS}, para un FET de canal N. En estas curvas se observan las tres regiones de operación básica del FET:

- **La región óhmica**: en esta zona el FET se comporta como una resistencia controlada por el voltaje V_{GS}. El valor de la resistencia mínima se obtiene con $V_{GS}=0$, mientras que el máximo se obtiene cuando $V_{GS} = -V_P$. La zona óhmica se alcanza cuando se establece la siguiente condición:

$$V_{DS} < (V_{GS} - V_P) \; | zona \; óhmica \qquad (6.2)$$

En la figura 6-5 se puede observar que cada curva tiene una zona óhmica que depende de la condición ya establecida para el voltaje V_{DS} y del voltaje V_{GS}.

En esta zona ya no se cumple la ecuación 6.1 descrita para la corriente de drenador I_D

- **La región activa o de amplificación**: en esta zona se cumple:

$$I_D = I_{DSS}(1 - \frac{V_{GS}}{V_P})^2$$

La condición para que se alcance la zona de amplificación se puede expresar así:

$$V_{BRDS} > V_{DS} > (V_{GS} - V_P) \; |zona \; activa \qquad (6.3)$$

Dónde: V_{BRDS}, es el voltaje de ruptura de drenador-surtidor.

6.2 Estructura y Funcionamiento del FET.

En la zona activa, la corriente I_D, permanece casi constante con respecto al incremento del voltaje V_{DS}. Es en esta zona donde el FET puede operar como una fuente de corriente controlada por el voltaje V_{GS}. La amplificación de señales usando el FET será discutida más adelante.

- **La región de corte**: se alcanza cuando el voltaje $V_{GS} = -V_P$, y en donde la corriente de drenador I_D alcanza su valor mínimo, cercano a cero. Esta corriente se llama corriente de corte y está en el orden de varios nanos a micros amperios.

Cuando el Voltaje V_{DS} supera el voltaje de ruptura, se produce un efecto de avalancha similar al del transistor, que ocasiona daños irreparables al FET.

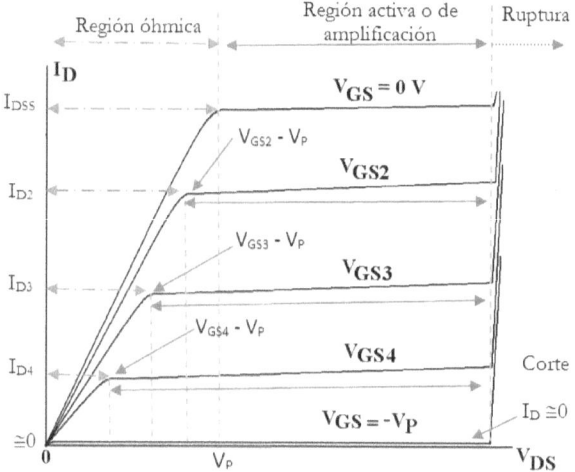

Figura 6- 5 Curvas de corriente I_D Vs V_{DS} para varios V_{GS} en un FET de canal N.

Tenemos que repetir que el funcionamiento del FET canal P es idéntico al descrito para el canal N, invirtiendo las polaridades de las fuentes es decir, V_{DD} será negativo y V_{GS} será positivo. Por supuesto la corriente de I_D tendrá también sentido contrario.

La figura 6-6 presenta las posibilidades de la corriente I_D vs el voltaje V_{DS} y V_{GS} a una temperatura constante.

Obsérvese que la curva de la I_D Vs V_{GS}, ecuación (6.1) muestra un comportamiento cuadrático. El máximo que es I_{DSS} ocurre con $V_{GS} = 0$ y el mínimo, que es I_{DOff}, ocurre cuando $V_{GS} = -V_P$.

En la curva de la figura 6-6 todos los valores de $V_{GS2}...V_{GS4}$ son negativos. La juntura V_{GS} debe estar siempre polarizada en reversa.

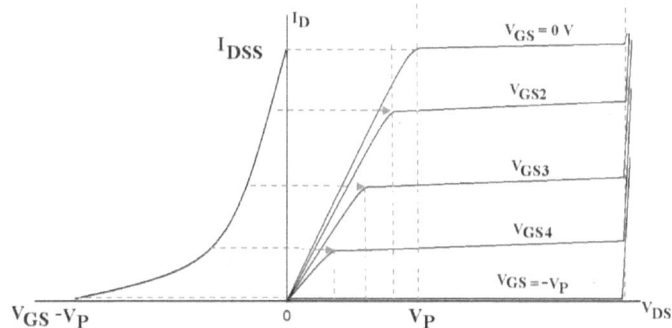

Figura 6-6 Curva de I_D vs V_{DS} Vs V_{GS}.

6.3 Polarización DC del FET.

Al igual que el transistor BJT el FET necesita ser polarizado apropiadamente en DC. La figura 6-7 presenta un circuito autopolarizado empleando un transistor FET de canal N.

El punto de operación Q (I_D, V_{GS}) se obtiene igualando la recta de carga DC, de la malla alrededor de V_{GS}, con la curva I_D del FET en cuestión. Esto se puede hacer por dos métodos: método gráfico, o método numérico. Veamos el primero:

La malla de V_{GS} se puede escribir así:

$$I_G R_G + V_{GS} + I_D R_S = 0 \qquad (6.4)$$

6.3 Polarización DC del FET.

Como la corriente de compuerta $I_G \cong 0$, podemos reescribir la ecuación anterior así:

$$V_{GS} = -I_D R_S \qquad (6.4a)$$

Desde otro punto de vista podemos decir que como V_G es prácticamente cero, debido a que el término $I_G R_G \cong 0$, el voltaje V_{GS} puede escribirse así:

$$V_{GS} = V_G - V_S = -V_s \quad |V_G = 0 \qquad (6.4b)$$

Y el voltaje en V_S es:

$$V_S = I_D R_S \qquad (6.4c)$$

Por lo que:

$$V_{GS} = -I_D R_S \qquad (6.4d)$$

De esta manera se puede observar que gracias a que el voltaje de compuerta es aproximadamente cero voltios, la diferencia V_{GS} es entonces negativa.

Recuerde que para el FET de canal N, el voltaje V_{GS} debe ser negativo y V_{DD} positivo.

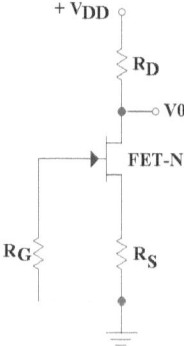

Figura 6-7 Circuito básico autopolarizado usando un FET de canal N.

De la ecuación 6.4d obtenemos que la corriente de drenador es:

6.3 Polarización DC del FET.

$$I_D = -\frac{V_{GS}}{R_S} \qquad (6.4e)$$

Evaluando en (6.4e) las condiciones: $I_D = 0$, y $V_{GS} = -V_P$, , obtenemos al menos dos puntos para graficar la recta de carga DC. La recta de carga DC obtenida, intersecta a la curva del FET en algún punto válido de operación. El sitio de intersección de ambas curvas representa el punto Q de operación del FET.

Los valores de la recta de carga DC del FET según el circuito de la figura 6-7 son:

$$V_{GS} = 0 \mid I_D = 0 \; ; \; Q = (0,0)$$

Y

$$I_D = \frac{V_P}{R_S} \mid V_{GS} = -V_P \; ; \; Q = (-V_P, \frac{V_P}{R_S})$$

Graficando la curva característica del FET, y la recta de carga DC, obtenemos la figura 6-8.

Obsérvese que la intersección de ambas curvas señala el punto donde matemáticamente existe una solución de convergencia.

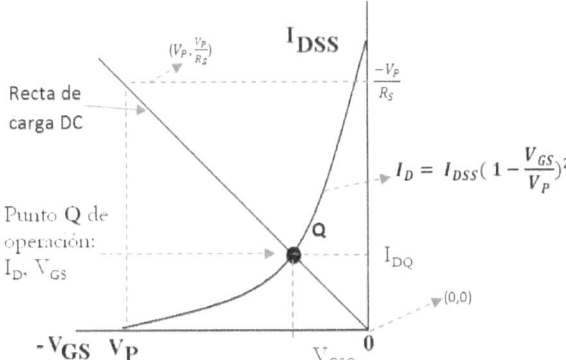

Figura 6- 8 Intersección de la curva del FET con la recta de carga del surtidor.

Siguiendo ahora la malla de salida, el valor del voltaje V_{DS} será:

6.3 Polarización DC del FET.

$$V_{DS} = V_{CC} - I_D(R_D + R_S) \quad (6.5)$$

R_S tiene un rol en la autopolarización del FET, pero al igual que en el caso del BJT también puede ayudar a la estabilidad del circuito.

Derivando la expresión (6.4e) respecto de la tensión V_{GS} obtenemos:

$$\left|\frac{\Delta I_D}{\Delta V_{GS}}\right| = \frac{1}{R_S} \quad (6.6)$$

Recordemos ahora, que el FET es un dispositivo controlado por tensión, en lugar de corriente como en el BJT. De modo que la expresión (6.6) debe expresarse de la siguiente forma:

$$\left|\frac{\Delta V_{GS}}{\Delta I_D}\right| = R_S \quad (6.6)$$

Lo que significa que cuanto mayor sea la R_S, mayor sea la variación de la tensión V_{GS}, y por ende de la corriente I_D. Recuerde que la relación entre la corriente I_D y la tensión V_{GS} es cuadrática.

La tensión V_{GS} puede variar por efecto térmico, por ejemplo, ya que la corriente de fuga de la compuerta varía con la temperatura. El efecto de esta corriente es aumentado por el valor de la resistencia R_S.

En términos prácticos, el valor de la R_S debe ser bajo, típicamente de unos pocos cientos de ohm, y depende del punto de operación que se desee obtener, siendo de mayor valor cuanto menor es la corriente de drenador I_D deseada, y viceversa.

El segundo método para encontrar la convergencia de la recta de carga DC con la ecuación del FET se plantea a continuación:

$$\begin{cases} I_D = I_{DSS}\left(1 - \frac{V_{GS}}{V_P}\right)^2 & (1) \\ I_D = -\frac{V_{GS}}{R_S} & (2) \end{cases}$$

Igualando ambas expresiones:

6.3 Polarización DC del FET.

$$-\frac{V_{GS}}{R_S} = I_{DSS}\left(1 - \frac{V_{GS}}{V_P}\right)^2$$

La expresión resultante es una ecuación de segundo grado.

Ordenando la expresión de la forma indicada tenemos:

$$AX^2 + BX + C = 0$$

$$\frac{I_{DSS}}{V_P^2}V_{GS}^2 + \left(\frac{1}{R_S} - \frac{2I_{DSS}}{V_P}\right)V_{GS} + I_{DSS}$$

Dónde:

$$A = \frac{I_{DSS}}{V_P^2} \; ; B = \left(\frac{1}{R_S} - \frac{2I_{DSS}}{V_P}\right); \; C = I_{DSS}$$

Aplicando la ecuación:

$$\frac{-B \pm \sqrt{B^2 - 4AC}}{2A} \tag{6.7}$$

Tenemos:

$$V_{GS1} = \frac{-B + \sqrt{B^2 - 4AC}}{2A}$$

$$V_{GS2} = \frac{-B - \sqrt{B^2 - 4AC}}{2A}$$

La solución correcta será aquella que converja con la condición:

$$V_p \leq V_{GS} \leq 0 \tag{6.8}$$

El valor de V_{GS} que quede fuera de la condición (6.8), simplemente se descarga, por no corresponder a un valor válido en la curva del FET.

6.4 Transconductancia G_m del FET.

La característica de transferencia que relaciona la corriente de salida I_D con el voltaje V_{GS} de entrada se llama transconductancia.

La transconductancia en DC se define como:

$$G_m = \frac{I_{DQ}}{V_{GSQ}} \qquad (6.9)$$

Y la transconductancia en AC se define como:

$$g_m = \frac{\Delta I_D}{\Delta V_{GS}} \mid V_{GS}\ constante \qquad (6.10)$$

No debe confundirse la transconductancia estática (DC), con la dinámica (AC). La transconductancia dinámica depende del punto de operación Q donde opera el FET, y representa la pendiente de la curva alrededor de un pequeño cambio en el punto Q de operación del FET.

La transconductancia AC se puede definir de la ecuación característica del FET:

$$I_D = I_{DSS}(1 - \frac{V_{GS}}{V_P})^2$$

Si derivamos la expresión anterior respecto de V_{GS} obtenemos:

$$g_m = \frac{2I_{DSS}}{|V_P|}(1 - \frac{V_{GS}}{V_P}) \qquad (6.11)$$

La figura 6-9 muestra una gráfica de la variación del g_m respecto del voltaje V_{GS}.

En esta curva se ha asumido un V_P = -2 V y una I_{DSS} = 5 mA como parámetros.

6.4 Transconductancia Gm del FET.

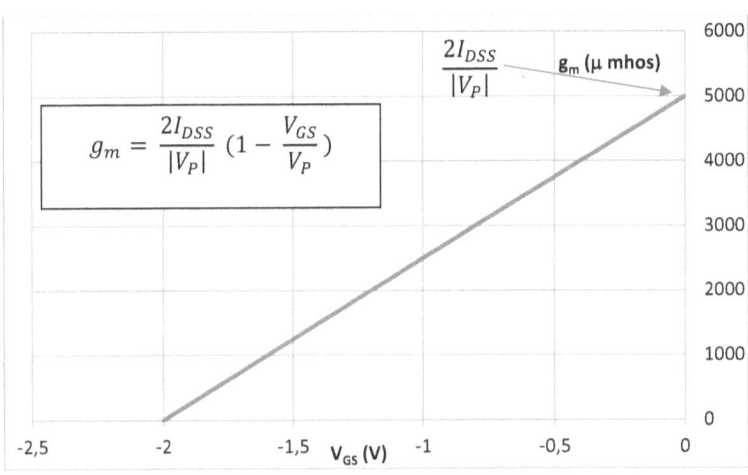

Figura 6-9 Variación de g_m Vs V_{GS}: $V_P = -2$ V, $I_{DSS} = 5$ mA

La variación de la transconductancia g_m respecto de la tensión V_{GS} es lineal.

La figura 6-9 indica que el valor de g_m depende del punto de polarización DC del FET, es decir, del V_{GSQ} y I_{DQ}. El valor máximo de g_m se alcanza cunado $V_{GS} = 0$ V siendo:

$$g_{m(máximo)} = \frac{2I_{DSS}}{|V_P|} \quad |V_{GS} = 0 \qquad (6.11a)$$

Y su valor mínimo, cero, se alcanza cuando $V_{GS} = -V_p$.

$$g_{m(mínimo)} = 0 \quad |V_{GS} = -V_P \qquad (6.11b)$$

La curva 6-9 indica también que para el caso de amplificación de señales con FET, es necesario que se mantenga en pequeña señal, ya que una variación muy grande de V_{GS} conduciría a una variación igualmente grande del valor g_m, lo que implicaría una amplificación no-lineal, ya que la señal de entrada estaría siendo multiplicada por un factor que no es constante en toda su amplitud.

Al igual que el h_{fe} define la ganancia de corriente del transistor en los BJT, aquí el g_m define la transconductancia del FET.

6.5 Modelo híbrido AC simple del FET.

Más adelante se propone un ejemplo sobre la utilización de un FET como amplificador.

6.5 Modelo híbrido AC simple del FET.

La figura 6-10 muestra el modelo híbrido simplificado de un FET canal N.

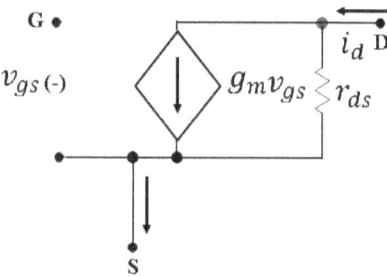

Figura 6- 10 Modelo híbrido AC simplificado para un FET canal N.

Recordando que:

$$g_m = \frac{\Delta I_D}{\Delta V_{GS}} \quad (6.10)$$

Si definimos a $\Delta I_D = i_d$ y $\Delta V_{GS} = v_{gs}$ la expresión (6.10) puede re-escribirse así

$$i_d = g_m v_{gs} \quad (6.10a)$$

El modelo híbrido equivalente para un FET de canal P, es idéntico, solo se cambia la polaridad de v_{gs}, el sentido de la fuente de corriente $g_m v_{gs}$, y de i_d.

El modelo de la figura 6-10 indica que la impedancia de entrada es prácticamente infinita, y por eso se representa como un circuito abierto a la entrada.

La fuente de corriente es dependiente del valor de v_{gs}, y de la transconductancia g_m del FET. Esta expresión esta descrita en (6.10a).

6.5 Modelo híbrido AC simple del FET.

El valor de la resistencia r_{ds} representa el inverso de la pendiente de la curva de I_D Vs V_{DS}, que a su vez representa la variación de la corriente de drenador respecto de la variación del voltaje de drenador-surtidor V_{DS}.

El valor de r_{ds} suele ser suministrado por el fabricante.

La figura 6-11 ilustra el concepto de la r_{ds}.

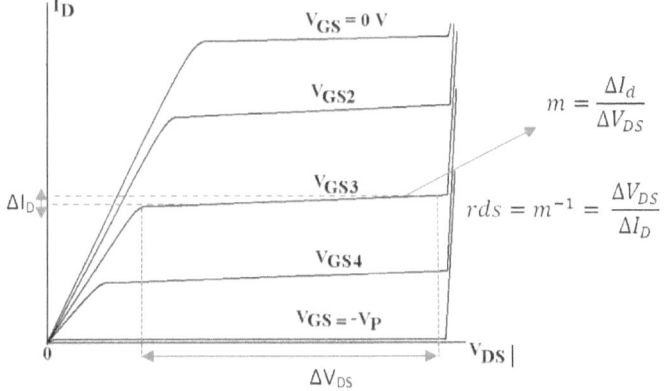

Figura 6-11 Curva de I_D Vs V_{DS}, ilustrando el concepto de la r_{ds}.

El valor de la r_{ds} de una curva en particular es válido para un V_{GS} constante.

$$rds = m^{-1} = \frac{\Delta V_{DS}}{\Delta I_D} \quad |V_{GS} \text{ constante}$$

Por lo general, r_{ds} suele tener un valor grande, pero lejos de ser infinito o comparable con la impedancia de entrada compuerta-surtidor.

No debe confundirse el *rds* de la zona de amplificación con el valor de *rds*(on) de la zona de resistencia controlada por voltaje. El valor de esta última *rds*(on) es pequeña, y controlada por la tensión V_{GS}.

La utilidad de la *rds*(on) tiene particular interés cuando se usa el FET como elemento de conmutación On/OFF.

$$rds(on) = \frac{V_{GS}}{I_D} = \text{mínimo} \quad |V_{GS} = 0$$

6.6 Amplificador AC con un FET.

$$rds(on) = \frac{V_{GS}}{I_D} = \text{máximo} \quad |V_{GS} = -V_p$$

Recuerde la condición (6.2) para que el FET opere en la zona óhmica.

6.6 Amplificador AC con un FET.

La figura 6-12 muestra un circuito amplificador usando un FET canal N.

El primer paso al igual que con los BJT es el análisis DC. Como bien se dijo anteriormente, se puede encontrar el punto Q de operación de este circuito por el método gráfico, o por el método de la ecuación de segundo grado, que también ya fue discutido.

Como dato de diseño, es recomendable, que el valor de R_S no sea muy grande, ya que afectará la disponibilidad de excursión para el voltaje drenador-surtidor (V_{DS}) del FET. De manera idéntica a como R_E afecta en la configuración de emisor-común.

De igual manera es también recomendable que el voltaje DC de V_{DS}, esté cerca de $\cong \frac{V_{DD}}{2}$, si lo que se quiere es amplificar con máxima amplitud y simetría en la señal de salida vo.

A la configuración mostrada en la figura 6-12 se le conoce como surtidor-común.

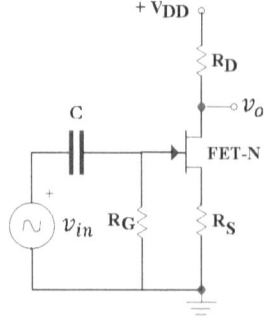

Figura 6-12 Ejemplo de un amplificador AC utilizando un FET de canal N.

6.6 Amplificador AC con un FET.

Paso A: Análisis DC:

Se obtiene el punto Q:

$$V_{GSQ}, I_{DQ}$$

Se puede utilizar el método gráfico o el de ecuación.

Paso B: Análisis AC:

La figura 6-13 muestra el equivalente de AC del circuito amplificador de la figura 6-12, usando el modelo híbrido para el FET ya discutido.

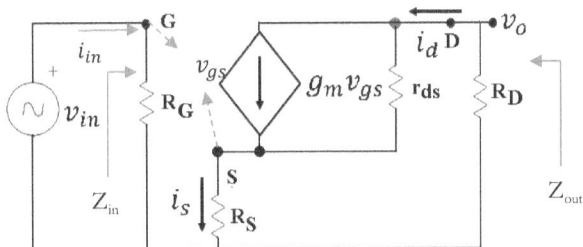

Figura 6- 13 Equivalente AC del circuito de la figura 6-12.

La impedancia de entrada Z_{in} será:

$$Z_{in} = \frac{v_{in}}{i_{in}} \qquad (6.12)$$

$$\boldsymbol{Z_{in} = R_G}$$

Recuerde que la impedancia del FET en los extremos gate-surtidor es prácticamente infinita.

La impedancia de salida Z_{out} será:

$$Z_{out} = \frac{v_o}{i_{out}} \qquad (6.13)$$

La corriente i_{out} es : $g_m V_{gs}$, luego:

6.6 Amplificador AC con un FET.

$$Z_{out} = \frac{i_d R_D}{g_m V_{gs}}$$

La corriente *id* es:

$$i_d = g_m V_{gs} \frac{rds}{(rds + R_S + R_D)}$$

Sustituyendo:

$$Z_{out} = \frac{R_D \, rds}{(rds + R_S + R_D)} \tag{6.14}$$

Si $r_{ds} \gg (R_D + R_S)$

$$Z_{out} \cong R_D \tag{6.15}$$

$$i_d \cong g_m V_{gs}$$

Nótese que la impedancia de salida es prácticamente el paralelo entre la resistencia rds del FET, y la R_D del drenador.

El valor de la rds suele ser especificado por el fabricante en la hoja de datos del dispositivo, bajo el nombre de conductancia de salida, *Output Conductance* en inglés, y se denota con la siglas g_{os}, se expresa normalmente en unidades de micro-mhos.

El mho es la unidad de la conductancia, y es la palabra ohm al revés.

La ganancia de voltaje será:

$$A_V = -\frac{v_o}{v_{in}} \tag{6.16}$$

$$A_V = -\frac{i_d R_D}{v_{gs} + i_S R_S} \tag{6.17}$$

$$i_d = i_S$$

Asumiendo la condición:

$$i_d \cong g_m v_{gs}$$

6.6 Amplificador AC con un FET.

Sustituyendo tenemos:

$$A_V = -\frac{g_m v_{gs} R_D}{v_{gs} + g_m v_{gs} R_S}$$

Simplificando tenemos:

$$A_V = -\frac{g_m R_D}{1 + g_m R_S} \qquad (6.18)$$

g_m por lo general tiene valores de milimhos o micromhos, por lo que la ganancia de tensión suele ser pequeña, comparada con la de un BJT en configuración de emisor-común.

Recuerde que cuando la tensión V_{GS} aumenta, es decir, que se desplaza hacia cero, la corriente de drenador aumenta, por lo que la caída de voltaje en R_D también aumenta, haciendo que el punto Q de V_{DS} se desplace hacia la izquierda en la curva de la recta de carga DC, es decir, que disminuye, por lo que el sentido del voltaje V_{DS} está desfasado 180° respecto al de V_{GS}. La ganancia de tensión es entonces negativa.

La figura 6-14 presenta una variante del circuito de la figura 6-12, en el que se ha incluido un capacitor C_S, para aumentar la ganancia.

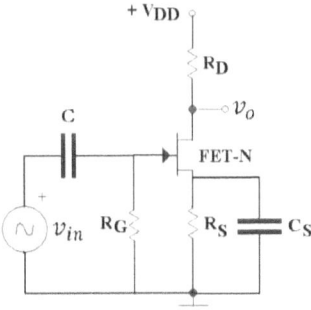

Figura 6- 14 Circuito de la figura 6-12 con mejora de ganancia.

La ganancia en el circuito de la figura 6-14 es:

6.7 Las Capacitancias del FET.

$$A_V = -g_m R_D \qquad (6.19)$$

Nótese que el término R_S se ha eliminado en AC, de la ecuación de la ganancia, por medio de la capacitancia Cs, que está en paralelo con la resistencia R_S.

Recuerde también que la eliminación de la R_S en AC, afecta la recta de carga AC, y por lo tanto, la amplitud pico-pico y simetría de la señal de salida v_o.

6.7 Las Capacitancias del FET.

Las capacitancias a considerar en el FET son dos:

- Capacitancia de entrada C_{iss}: Es la capacitancia que existe entre los terminales gate-surtidor. Se encuentra en el orden del pico-faradio, típicamente entre 5-10 pF. Normalmente se expresa a cierto valor de voltaje de reverso gate-surtidor.
- Capacitancia de transferencia en reversa C_{GD} o C_{rss}: Es la capacitancia que existe entre los terminales gate-drenador. Es de valor ligeramente menor que C_{iss} y se expresa también a cierto voltaje de reverso.

La figura 6-15 indica las capacitancias C_{iss} y C_{GD} en un FET de canal N.

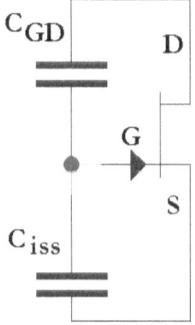

Figura 6-15. Capacitancias del FET.

6.8 Los tiempos del FET.

Al igual que los transistores BJT, el FET también puede ser usado como conmutador. La figura 6-16 muestra los tiempos relacionados en la conmutación de señal de un FET de canal N. Los mismos son aplicables al FET de canal P.

Los tiempos relacionados son:

- Tiempo de retardo t_d o *delay*: El tiempo de retardo es el tiempo que toma el dispositivo para producir un cambio aparente en la corriente de salida de drenador. El tiempo de retardo ocurre en el encendido *on* y en el apagado *off*. Normalmente se expresa en unidades de nano-segundos.
- Tiempo de subida t_r o bajada t_f: Como se explicó con los transistores BJT, se mide por el tiempo que transcurre entre el intervalo de 10% al 90% del valor final de voltaje. Aplica a la tensión V_{GS} y la corriente de drenador. Se expresa también en nano-segundos.
- El tiempo de encendido t_{on} o de apagado t_{off} es la suma respectiva del tiempo de retardo más el tiempo de subida o bajada, según corresponda.

La figura 6-16 muestra un ejemplo que ilustra los tiempos definidos anteriormente.

En la figura 6-16 se ha indicado un V_{GS} negativo. Se indican también los tiempos de las señales de control V_G, de la corriente de drenador I_D, y de la tensión drenador-surtidor V_{DS}.

6.9 Parámetros del FET.

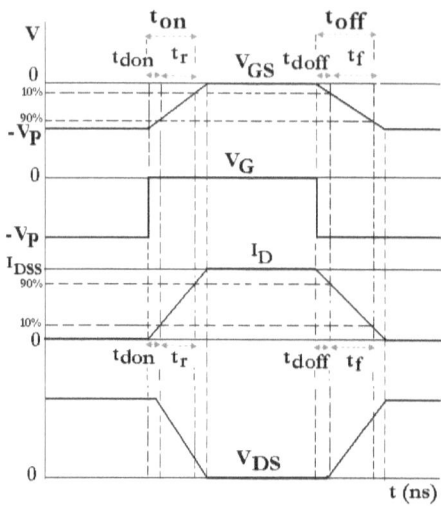

Figura 6-16 Ejemplo de los tiempos de conmutación de un **FET** de canal **N**.

Al igual que con los transistores BJT los tiempos de apagado por lo general siempre son mayores a los tiempos de encendido. En el FET esto se debe a que mientras la capacitancia gate-drenador C_{GS} se descarga la resistencia del canal *rds* aumenta, lo que origina una tasa de tiempo mayor, en comparación a cuando se carga (encendido), ya que la resistencia *rds* disminuye conforme aumenta el voltaje en la capacitancia C_{GS}.

6.9 Parámetros del FET.

El FET al igual que el MOSFET (que a continuación se detallará) son controlados por carga. Es decir, esencialmente se tiene que inyectar o sacar una cantidad finita de carga Q en el terminal de compuerta o gate para encender o apagar el FET según la condición de operación deseada. Existe entonces una corriente inicial durante un período de tiempo relativamente corto mientras se meten o remueven cargas de la compuerta, luego la

6.9 Parámetros del FET.

corriente se hace nula. En el caso de los transistores BJT por ejemplo, es necesario mantener una corriente de base durante todo el tiempo que este permanezca encendido.

Los FET y MOSFET son esencialmente dispositivos capacitivos, la carga Q es un parámetro importante cuando se considera aplicaciones de conmutación y es esencialmente independiente de la temperatura. Por esta razón, los parámetros capacitivos del FET no son afectados por los cambios de temperatura.

Varios parámetros deben ser tomados en cuenta a la hora de diseñar o seleccionar un FET o MOSFET. Entre ellos tenemos:

- La carga **Q**: Es la cantidad de Coulombs Q que se necesita mover en los terminales compuerta-surtidor y compuerta-drenador en el FET para alcanzar una determinada zona de operación. Con el término mover se refiere a cargar o descargar las capacitancias involucradas. En aplicaciones de frecuencia se necesita mover estas cargas más rápidamente. Básicamente, el FET opera tan rápido como sea posible mover estas cargas, y hasta donde se alcance el límite de su frecuencia de operación. Aquí es donde tiene importancia el manejador o *driver* con el que se inyectan o remueven las cargas de la compuerta del FET. En el caso de los FET con capacitancias muy bajas, este parámetro no es significante, en cambio para los MOSFET la cantidad de carga específica Q para lograr una zona de operación es uno de los parámetros que específica el fabricante en la hoja de datos del dispositivo, básicamente porque las capacitancias en el MOSFET son relativamente mucho mayores. La cantidad de carga Q necesaria para una condición de operación específica indicada por el fabricante se expresa en unidades de nano-coulomb.

- Umbral de carga en la compuerta o *gate threshold charge* **$Q_{g(th)}$**: Es la cantidad de carga Q mínima que se debe inyectar para colocar el FET al borde de la conducción, es decir para activarlo. A menudo se especifica también como voltaje de umbral de compuerta o *gate threshold voltaje* $V_{GS(TH)}$.

- Carga de encendido en la compuerta o *gate turn-on charge* **$Q_{G(on)}$**: Es la cantidad de carga en la cual se alcanza un determinado valor de voltaje V_{GS}, una corriente de drenador I_D, y una resistencia de encendido $rds_{(on)}$ específicos. Suele indicarse también como voltaje de encendido de compuerta o *gate turn-on voltaje* $V_{GS(on)}$.

- Resistencia de encendido o *turn-on resistence* **rds**$_{(on)}$: Es la resistencia equivalente en ohmios que ofrece el canal drenador-surtidor cuando es aplicado el voltaje $V_{GS(on)}$. Para el caso de los MOSFET juega un papel muy importante en conmutación de potencia. Suele expresarse en términos de la conductancia de salida en función de la corriente de drenador y del voltaje V_{DS} o V_{GD}.

- Carga máxima de encendido en la compuerta o *máximum gate turn-on charge* **Q**$_{Gm(on)}$: representa la máxima carga o voltaje en la compuerta, se conoce también como máximo voltaje de compuerta **V**$_{GSM(on)}$.

- Voltaje de corte **V**$_{GS(off)}$: representa el valor del voltaje compuerta-surtidor V_{GS} en el que la corriente de drenador es prácticamente nula. El FET está apagado.

6.10 *Efecto Miller* en el FET.

Al igual que en el BJT en el FET también está presente el *efecto Miller*. La capacitancia equivalente de entrada es incrementada por la ganancia negativa del FET y por la capacitancia de gate-drenador C_{GD}, conocida también como capacitancia de transferencia.

La capacitancia equivalente de entrada es:

$$C_{in} = C_{gs} + C_{GD}(1 + AV)$$

Dónde: $A_V = -g_m R_D$

Recuerde que el parámetro g_m es dependiente de la corriente de drenador y directamente proporcional a ésta.

6.11 MOSFET.

6.11.1 MOSFET de Agotamiento.

La figura 6-17 muestra la estructura de un MOSFET de agotamiento, conocido como *Depletion*, en inglés. El término MOSFET significa transistor de efecto de campo de material oxido semiconductor, *Material Oxide Semiconductor Field Effect Transistor*, en inglés.

Los MOSFET son muy similares a los FET, pero tienen un material llamado oxido de silicio (SiO_2), que básicamente es un vidrio, de espesor muy delgado, y colocado entre el contacto metálico de la compuerta y el canal, donde se hace la inducción del campo eléctrico. Como resultado, se logra una compuerta verdaderamente aislada de los terminales: surtidor y drenador, por ende, su resistencia de entrada suele ser mucho mayor que la de los FETs.

Sin embargo, este tipo de aislamiento puede ocasionar problemas, ya que la compuerta actúa básicamente como un capacitor, siendo que la capacitancia ronda típicamente por el orden de los pico-Faradios, una carga tan pequeña de tan solo unos cuantos micro-Coulombs, puede generar varios miles de voltios sobre la compuerta, y como su resistencia de entrada es aún mayor que la de los FET, no se produce ninguna descarga, sino más bien ocurre una retención de la carga y voltaje en el tiempo. Si este voltaje es lo suficientemente grande para superar el voltaje de ruptura del aislante, entonces, se termina por perforar la capa de vidrio a causa de un arco eléctrico, dañando así al dispositivo. Es por esta razón, que estos dispositivos son muy sensibles a sufrir daños por electricidad estática.

Para proteger estos dispositivos los fabricantes implementan diodos Zeners que actúan como sujetadores de voltaje en el terminal de la compuerta, impidiendo así que se supere el voltaje de ruptura. El precio a pagar, es el incremento de la corriente de fuga en la

6.11.1 MOSFET de Agotamiento.

compuerta que es debido al diodo Zener añadido y de la reducción de la impedancia de entrada.

Esta protección también suele implementarse entre los extremos drenador-surtidor para protegerlos también contra picos de alto voltaje en directa y de polarización en reversa.

Los MOSFET son más indicados para manejar niveles de potencia mayores que los FETs.

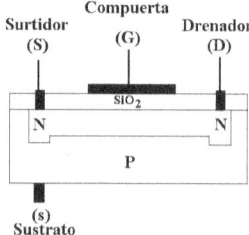

Figura 6- 15 **MOFET de canal N de agotamiento.**

El funcionamiento del MOSFET canal N de agotamiento es similar al del FET de canal N. La diferencia estriba en que debido a que la compuerta está aislada, se previene de cualquier corriente, aun cuando el voltaje de compuerta-surtidor sea positivo. Recuerde que en el caso del FET de canal N un voltaje positivo implica poner el diodo de la compuerta en directa, por lo que la impedancia de entrada caería bruscamente a valores muy bajos. En cambio, la capa de aislante en el MOSFET previene que esto ocurra, permitiendo que se pueda operar también en la zona directa, incluso sin afectar la impedancia del entrada.

Un voltaje positivo en los terminales compuerta-surtidor ocasiona un incremento de la corriente de drenador por encima del valor de I_{DSS}. El voltaje V_{GS} máximo al que puede llegar la compuerta-surtidor es por lo general igual al opuesto del voltaje V_p, por lo que el rango de del voltaje V_{GS} quedaría en $\pm\ V_p$. La corriente máxima del MOSFET de agotamiento ocurre cuando se aplica el voltaje de $+\ V_p$.

6.11.1 MOSFET de Agotamiento.

La corriente de drenador sigue controlada por el efecto del campo eléctrico ε, que establece el voltaje aplicado en los terminales compuerta-surtidor. Cuando el voltaje compuerta-surtidor es cero, se obtiene una corriente en el canal, a esta corriente se le llama I_{DSS}, véase la figura 6-18(a). Cuando el voltaje es lo suficientemente negativo, hasta llegar a -V_P, entonces el efecto del campo eléctrico, establece una correspondiente *región de agotamiento* lo suficientemente ancha como para bloquear la conducción de los electrones del surtidor hacia el drenador, como lo muestra la figura 6-18(B). En cambio, cuando el voltaje de compuerta-surtidor es positivo, se estimula aún más la conducción en el canal ya que el voltaje en la compuerta ejerce más atracción sobre los electrones del canal, facilitando que vayan hacia el drenador, este efecto se puede observar en la figura 6-18(c).

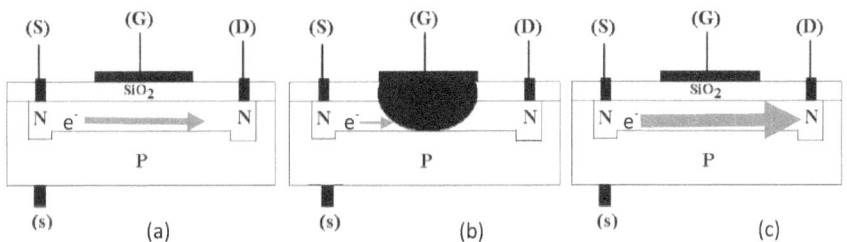

Figura 6- 16 **MOSFET de Agotamiento canal N:** (a) $V_{GS} = 0$ V, (B) $V_{GS} = -V_P$, (c) $V_{GS} = +V_P$.

En el MOSFET de agotamiento de canal N, el voltaje del drenador V_{DD} es siempre positivo, el voltaje de la compuerta puede ir de $-V_p$ hasta $+V_p$.

Si el sustrato es tipo N, y el canal es tipo P, se obtiene entonces un MOSFET de agotamiento de canal P.

El funcionamiento del MOSFET de agotamiento de canal P es idéntico al de canal N, salvo que hay que invertir las polaridades del Voltaje de drenador V_{DD} y de la compuerta V_{GG}. El voltaje de "Pinch off" estaría en $+V_p$ en vez de $-V_p$ como en el caso del tipo canal N. La conducción de la corriente de drenador es también en sentido opuesto al de canal N.

6.11.1 MOSFET de Agotamiento.

La figura 6-19 muestra la simbología utilizada para representar los MOSFET de agotamiento de canal N y canal P.

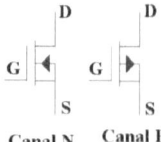

Figura 6- 17 Simbología para representar MOSFET de agotamiento: canal N, canal P.

Obsérvese que hay una línea separada entre el terminal de la compuerta (G) y los terminales de surtidor (S), y drenador (D). Esta separación indica el aislamiento eléctrico total de la entrada.

El sustrato normalmente se conecta siempre al surtidor.

La figura 6-20 muestra las curvas características de corriente de drenador I_D Vs el voltaje V_{DS} para un MOSFET de agotamiento de canal N.

En este caso, y al igual que en el FET se aprecian tres zonas: óhmica, activa y de corte. Adicionalmente se aprecia también la zona de ruptura.

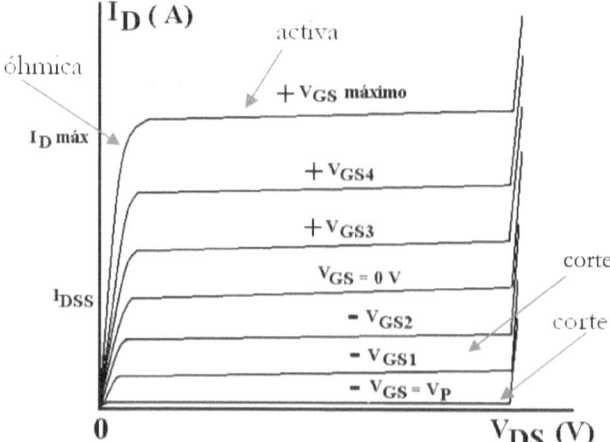

Figura 6- 20 Curvas de I_D Vs. V_{DS} para un MOSFET de agotamiento canal N.

6.11.1 MOSFET de Agotamiento.

Nótese que el voltaje de V_{GS} va de negativo a positivo.

La ecuación que caracteriza la corriente de drenador en el MOSFET de agotamiento es idéntica a la del FET:

$$I_D = I_{DSS}\left(1 - \frac{V_{GS}}{V_P}\right)^2$$

El valor de la corriente máxima será de:

$$I_{D(máximo)} = 4I_{DSS} \quad |V_{GS} = +V_P \qquad (6.20)$$

La transconductancia es:

$$g_m = \frac{dI_D}{dV_{GS}} = \frac{2I_{DSS}}{|V_P|}\left(1 - \frac{V_{GS}}{V_P}\right)$$

El valor máximo de g_m será:

$$g_{m(máximo)} = \frac{4I_{DSS}}{|V_P|} \quad |V_{GS} = +V_P \qquad (6.21)$$

El valor mínimo de g_m será:

$$g_{m(mínimo)} = 0 \quad |V_{GS} = -V_P$$

La figura 6-21 muestra la curva característica de I_D Vs V_{GS}:

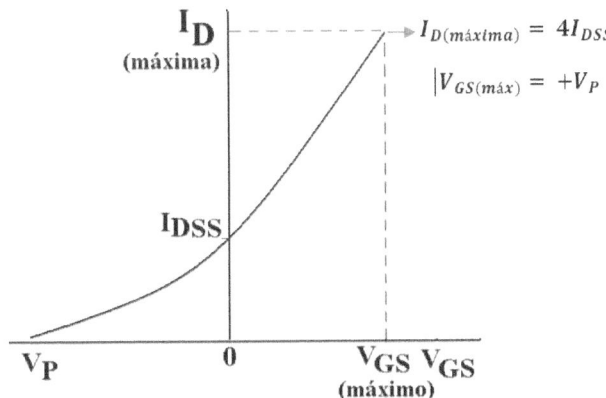

Figura 6- 21 Curva de I_D Vs. V_{DS} en el MOSFET de agotamiento canal N.

6.11.2 MOSFET de Enriquecimiento.

Obsérvese que la corriente I_D sigue aumentando cuando el V_{GS} pasa a positivo.

La corriente I_{DSS} se alcanza en $V_{GS} = 0$ V, pero la corriente sigue aumentando si el voltaje V_{GS} aumenta también hasta un máximo de $+V_P$.

6.11.2 MOSFET de Enriquecimiento.

El MOSFET de enriquecimiento, conocido como *Enhanced* en inglés, se diferencia del de agotamiento porque cuando $V_{GS} = 0$ no hay conducción, y solo puede ser operado con V_{GS} positivo para el canal N, y V_{GS} negativo para el canal P. Adicionalmente, la conducción no se inicia sino después de que se supera un voltaje de umbral, llamado *Threshold Voltage* en inglés.

El voltaje de *Threshold* se denota como V_T.

La figura 6-22 muestra la estructura de un MOSFET de enriquecimiento de canal N.

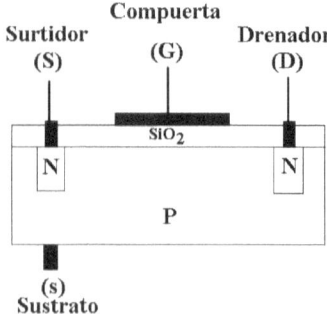

Figura 6- 18 Estructura de un MOSFET de enriquecimiento de canal N.

Obsérvese que el canal N, esta truncado, a diferencia del canal N en el MOSFET de agotamiento. Por esta razón la conducción con $V_{GS} = 0$ es nula. A medida que el voltaje V_{GS} va haciéndose más positivo, los portadores de carga mayoritarios en los segmentos de canal N van construyendo un canal, ya que el potencial positivo de la compuerta

6.11.2 MOSFET de Enriquecimiento.

ejerce una atracción sobre ellos. Sin embargo, la conducción no se inicia verdaderamente, hasta que se alcanza el voltaje de umbral V_T. La corriente de drenador que se alcanza cuando $V_{GS} = V_T$, se llama corriente de corte de drenador.

Cuando el voltaje V_{GS} supera el voltaje V_T, existe suficiente atracción como para que los electrones del surtidor puedan moverse hacia la compuerta, siendo acelerados inicialmente por el voltaje V_{GS}, a medida que se mueven hacia la compuerta, experimentan una atracción aún más fuerte, es el voltaje de drenador, mucho más alto, y por ende, los electrones siguen su camino hacia el drenador. De esta manera se construye un canal por enriquecimiento del mismo.

La figura 6-23 muestra el efecto de un voltaje $V_{GS} = 0$, y cuando $V_{GS} > V_T$ en la conducción de la corriente drenador-surtidor.

En el MOSFET de enriquecimiento de canal N, el voltaje de drenador V_{DD} tiene que ser positivo para mantener el diodo drenador-sustrato en inversa y el voltaje V_{GS} positivo, para enriquecer el canal. En el MOSFET de canal P, el V_{DD} debe ser negativo y el V_{GS} también, su funcionamiento es idéntico al del canal N ya comentado.

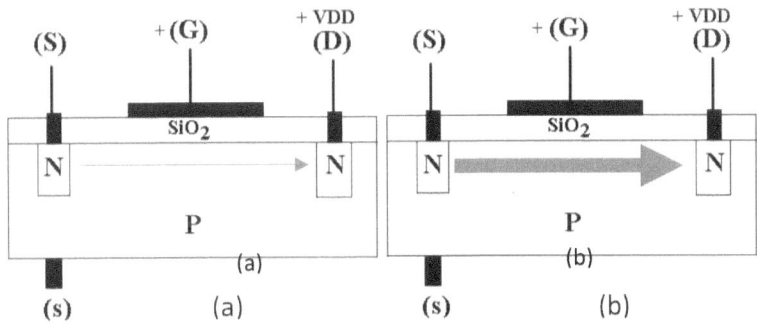

Figura 6- 19 Conducción en el MOSFET de enriquecimiento de canal N: (a) $V_{GS} = V_T$. (b) $V_{GS} > V_T$.

Los símbolos utilizados para representar el MOSFET de enriquecimiento se presentan en la figura 6-24.

6.11.2 MOSFET de Enriquecimiento.

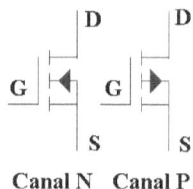

Canal N   Canal P

Figura 6- 20 Simbología para los MOSFET de enriquecimiento de canal N y P.

Nótese que las líneas que unen el drenador con el surtidor, están segmentadas, ya que no hay una unión física entre el canal que conecta el surtidor con el drenador.

La unión de la compuerta sigue estando aislada por la capa de vidrio SiO_2 igual que en los MOSFET de agotamiento.

La figura 6-25 muestra la familia de curvas de corriente de drenador Vs. Voltaje drenador-surtidor para un MOSFET de enriquecimiento de canal N.

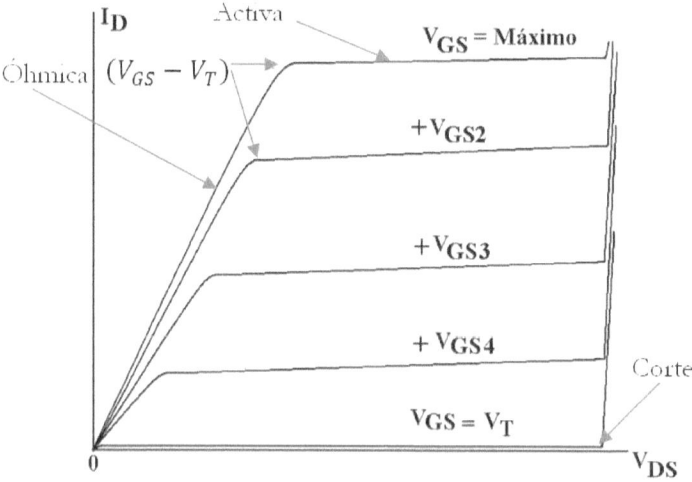

Figura 6- 21 Curvas de I_D Vs V_{DS} en un MOSFET de enriquecimiento de canal N.

6.11.2 MOSFET de Enriquecimiento.

Obsérvese que esta curva es muy parecida a la del FET canal N, solo que el voltaje de V_{GS} es positivo.

Al igual que en los casos anteriores existen tres zonas básicas: óhmica, activa o de amplificación y de corte.

La **zona óhmica** está determinada por la condición:

$$V_{DS} < (V_{GS} - V_T) \qquad (6.22)$$

La **región activa**:

$$V_{DS} > (V_{GS} - V_T) \qquad (6.23)$$

Y la zona de corte:

$$V_{GS} = V_T \quad |I_D = corte \qquad (6.24)$$

La característica de la corriente de drenador en función del voltaje de V_{GS} y V_T viene dada por la expresión:

$$I_D = k(V_{GS} - V_T)^2 \qquad (6.25)$$

Dónde:

k = la constante expresada en unidades de: $\frac{A}{V^2}$, depende del límite de corriente del MOSFET, y Se puede determinar a partir de la curva I_D Vs V_{GS}. El fabricante suele indicarlo en la hoja de datos del dispositivo.

El valor máximo de la corriente de drenador I_D será.

$$I_{D(máximo)} = k(V_{GS(máximo)} - V_T)^2 \qquad (6.25a)$$

La transconductancia puede expresarse de la siguiente forma:

$$g_m = \frac{dI_D}{dV_{GS}} = 2k \, (V_{GS} - V_T) \qquad (6.26)$$

El valor máximo de g_m será:

6.11.2 MOSFET de Enriquecimiento.

$$g_{m(máximo)} = 2k\,(V_{GS(máximo)} - V_T) \quad (6.26a)$$

El valor mínimo de g_m será:

$$g_{m(mínimo)} = 0 \mid V_{GS} \leq V_T \quad (6.26b)$$

La figura 6-26 muestra la curva de I_D Vs. V_{GS} para un MOSFET de enriquecimiento de canal N.

Obsérvese que la conducción de la corriente I_D se inicia a partir de que V_{GS} supera el Voltaje V_T.

A efectos prácticos, si la tensión V_{GS} no supera el voltaje V_T, el dispositivo permanece en corte.

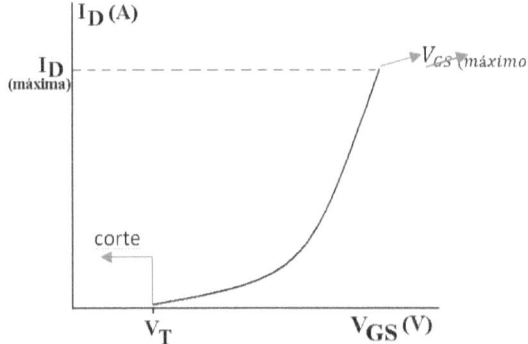

Figura 6- 22 Curva I_D Vs. V_{GS} para un **MOSFET de enriquecimiento de canal N**.

La figura 6-27 muestra la curva de g_m para el mismo MOSFET de la figura 6-26.

6.12 Curva de carga de compuerta o gate charge curve en el MOSFET.

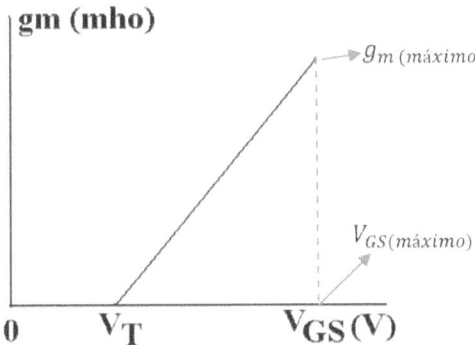

Figura 6- 23 Curva de la variación de g_m Vs. V_{GS} para el **MOSFET** de enriquecimiento de canal **N**.

Tanto los MOSFET de agotamiento como los de enriquecimiento poseen mejores características para conmutación y amplificación de alta potencia y alto voltaje, incluso con mejor aislamiento de entrada que los FET de canal equivalente. No obstante, los FETs tienen muchas aplicaciones en bajo voltaje y baja potencia, ya que suelen ser mucho más baratos.

6.12 Curva de carga de compuerta o *gate charge curve* en el MOSFET.

Cuando se trata de conmutar un MOSFET es importante conocer la curva de carga de compuerta del MOSFET. En particular, la cantidad de carga Q necesaria para alcanzar el estado de total encendido o apagado en el dispositivo. De lo contrario, el MOSFET puede presentar problemas asociados a una mala conmutación, es decir, que no cierra bien o no abre bien el canal de conducción, lo que puede traducirse también como retraso en el encendido y apagado.

Ya se ha mencionado que los MOSFET son dispositivos capacitivos. Las capacitancias C_{GS} y C_{GD} rondan los varios cientos de pico-faradios. También se dijo que los tiempos de

6.12 Curva de carga de compuerta o gate charge curve en el MOSFET.

conmutación están asociados a estás capacitancias, y que son esencialmente independientes de la temperatura. También se mencionó que cuanto más rápido se pueda inyectar o sacar carga de las capacitancias mencionadas, más rápido podrá conmutar el MOSFET.

La figura 6-28 presenta la curva de carga de compuerta para un MOSFET de enriquecimiento genérico.

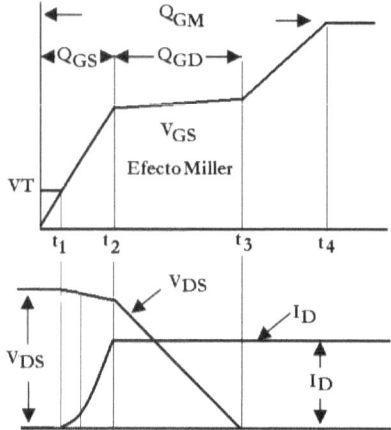

Figura 6-28 Curva de carga de compuerta o *gate charge current* de un MOSFET de enriquecimiento.

Los términos Q_{GS} y Q_{GD} representan la cantidad de carga Q asociada a las capacitancias C_{GS} y C_{GD} respectivamente.

Inicialmente cuando se impone un voltaje o corriente en la compuerta esta comienza a cargarse como se indica en la curva de la figura 6-28. Hasta que la tensión en los terminales compuerta-surtidor o V_{GS} no supera la tensión VT, la corriente de drenador I_D en nula. Solo cuando se supera la tensión VT la corriente de drenador comienza a incrementarse paulatinamente. Durante este tiempo 0-t1, la capacitancia de la compuerta está recibiendo una carga Q, y su tensión irá aumentando a medida que se incrementa la carga acumulada en la compuerta. A partir del tiempo t1 la corriente de drenador aumenta paulatinamente, la tensión V_{DS} se mantiene relativamente estable. Llegado al

6.12 Curva de carga de compuerta o gate charge curve en el MOSFET.

límite de carga Q_{GS}, que es el tiempo t2, comienza a cargarse ahora la capacitancia C_{GD}. El efecto Miller aquí manifestado hace que la capacitancia reflejada hacia la entrada aumente, este aumento de la capacitancia efectiva hace que la tensión V_{GS} se estabilice hasta por un tiempo t2-t3, mientras la capacitancia C_{GD} se carga. La carga de la capacitancia C_{GD} hace que la tensión en V_{DS} cambie rápidamente, de modo que cuando la capacitancia C_{GD} esta totalmente cargada la tensión V_{DS} ha alcanzado su mínimo de voltaje. En este momento t3, las capacitancias C_{GS} y C_{GD} lucen como ambas en paralelo, y la capacitancia total será la capacitancia equivalente de Miller según la expresión:

$$C_{in} = C_{gs} + C_{GD}(1 + AV)$$

Posteriormente, las capacitancias C_{GS} y C_{GD} continúan cargándose hasta el límite de la tensión de pico máxima de compuerta.

A los efectos prácticos, hay que imponer en el MOSFET la carga Q_{GM}, que es la carga máxima, para asegurar la activación completa del MOSFET, en otros términos se trata de imponer el voltaje máximo sobre la compuerta.

La curva de carga del MOSFET es útil porque si queremos activar el MOSFET en un tiempo estimado, solo necesitamos saber la cantidad de carga Q máxima.

Supongamos que la carga Q_{Gm} de un MOSFET particular es de 60 nC, y se desea activar el MOFET en un tiempo de 2 µs. Como la corriente I es:

$$I = \frac{Q}{t}$$

Y Q= 60 nC, y t = 2 µs.

La corriente necesaria para activar el MOSFET será: 30 mA.

Para apagar el MOSFET en un tiempo igual se requiere drenar hacia fuera de la compuerta esta misma corriente.

Cuando se controla el MOSFET inyectando corriente en la compuerta, cuanto más corriente se inyecte, menor será el tiempo de encendido. De igual forma, cuanto más rápido se descargue la compuerta menor será el tiempo de apagado. Los límites de tiempos mínimos de encendido y/o apagado son los impuestos por el fabricante como: t_{don} y t_r o t_{doff} y t_f respectivos.

$$t = \frac{Q}{I}$$

6.13 Ejemplo de la utilización del MOSFET como conmutador.

A.-Controlado por corriente:

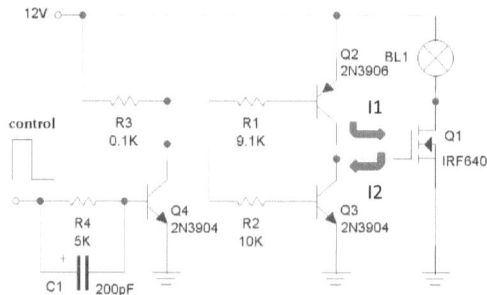

Figura 6-29. MOSFET controlado por corriente.

En la figura 6-29 se propone un circuito donde se utiliza un MOSFET de canal N para activar una lámpara de 12 voltios DC. El MOSFET Q_1 está controlado por un *driver* que consiste en dos fuentes de corrientes que se alternan para inyectar o extraer corriente de la compuerta según la señal de control.

Cuando la señal de control está en alto, Q4 se activa saturándose, se activa también Q_2, y se establece una corriente con sentido I1 (ver figura 6-29). Q_3 permanece inactivo ya que Q_4 impide que se active.

Cuando la señal de control es ahora cero, se desactiva Q4 y Q_2, ya que el potencial en el colector de Q_4 es cercano al de la fuente. En cambio, Q_3 se activa, y se establece una corriente con sentido I2. Q_2 inyecta corriente para cargar y Q_3 descarga.

6.13 Ejemplo de la utilización del MOSFET como conmutador.

El fabricante del MOSFET Q_1 indica que la carga Q_{GM} es de 64 nC. Si queremos que el MOSFET se encienda en un tiempo aproximado de 0.5 µs, ¿Cuál debe ser la corriente I1?

Solución:

$$I1 = \frac{Q}{t} = \frac{64\ nC}{0.5\ \mu s} = 128\ mA.$$

Para que se descargue en el mismo tiempo la corriente I2 será:

$$I2 = I1 = 128\ mA$$

La corriente de carga I1 es:

$$I1 = \left(\frac{V_{CC} - 0.7\ V}{R1}\right) h_{fe} = \frac{12\ V - 0.7\ V}{10^3\ \Omega} 110 \sim 135\ mA$$

$$I2 \sim I1 = 135\ mA$$

Se ha estimado un h_{fe} de 110 para los transistores Q_2 y Q_3 respectivamente.

Con las corrientes actuales el tiempo de activación y apagado será de:

$$t = \frac{Q}{I} = \frac{64\ nC}{135\ mA} = 0.47\ \mu s.$$

En la práctica, puede que el tiempo sea ligeramente distinto en función del parámetro h_{fe} verdadero que tomen los transistores Q_2 y Q_3, ya que incide sobre la corriente definitiva de I1 e I2 respectivamente.

B.-Controlado por tensión:

La figura 6-30 propone un circuito de manejo del MOSFET por tensión en vez de corriente.

6.13 Ejemplo de la utilización del MOSFET como conmutador.

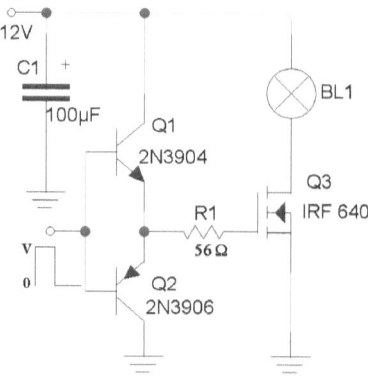

Figura 6-30 MOSFET controlado por tensión.

Un par de transistores en configuración de *push-pull* constituye el *driver* o manejador del MOSFET. Recuerde que debe tratarse siempre de imponer el máximo de tensión sobre la compuerta para acelerar los tiempos.

En el circuito de manejo de la figura 6-30 la impedancia de salida que ve la compuerta del MOSFET es relativamente baja, equivalente a:

$$r_{in} = re + 10\Omega$$

La constante de tiempo τ será:

$$\tau = r_{in} \cdot C_{eq}$$

La *re* del diodo depende de la corriente, y puede ir desde un valor muy bajo, hasta uno muy alto. Para un transistor como el 2N3904 el límite máximo de corriente será de 200 mA. Como ya se explicó en el capítulo III la resistencia dinámica del diodo es:

$$re = \frac{nVt}{IE}$$

Por otro lado, la carga máxima de compuerta $Q_{GM} = Q_{Gtotal}$ en el IRF640 es de: 64 nC a 10 V. Esto significa que la capacitancia efectiva de entrada es:

6.13 Ejemplo de la utilización del MOSFET como conmutador.

$$Ceq = \frac{Q_{GM}}{V} = 6.4 \, nF$$

Nuevamente vemos el aumento de la capacitancia de entrada por efecto Miller.

Suponiendo que la corriente promedio de Q1 y Q2 sea de 100 mA. La residencia re será de: << 1 ohm.

Lo que significa que:

$$r_{in} \cong 56\Omega$$

El tiempo τ será: de: 320 ns. El voltaje en la compuerta será:

$$V_{GS} = V(1 - e^{-t/\tau})$$

Para t = τ = 320 ns, tendremos:

$$V_{GS} = 0.63 \, x \, V$$

Y para t = 2τ = 640 ns, tendremos:

$$V_{GS} = 0.86x \, V$$

De modo que para t = 640 ns, la compuerta ya ha alcanzado casi el 90% del voltaje V. Si V = 12 V, entonces V_{GS} ~ 10.36 V.

Como el fabricante del MOSFET IRF640 indica que el tiempo mínimo de encendido es de casi 100 ns (t_{don} + t_r), entonces el tiempo de activación será de 640 ns, y no de 100 ns. Pero si el tiempo de manejo hubiese sido menor que 100 ns, entonces será siempre el mayor.

Lo mismo aplica para el apagado, el tiempo será de 640 ns.

Q1 actúa cargando, mientras que Q2 actúa descargando.

Los tiempos de carga y descarga son aproximadamente iguales. Para el apagado hay que tomar en cuenta los tiempos t_{doff} y t_f del MOSFET en cuestión.

6.13 Ejemplo de la utilización del MOSFET como conmutador.

Si el voltaje de control V se incrementa, se acortan los tiempos. El valor máximo de la tensión de control será igual que la tensión máxima de la compuerta, en este caso de 20 V.

La ventaja de este método frente al de corriente es que más sencillo de implementar.

Para que el driver funcione bien tanto la impedancia de salida de la fuente de control como la resistencia R1 deben ser lo más baja posible. Ya que de lo contrario se incrementan todos los tiempos.

La resistencia R_1 =56 ohmios, está calculada en base a la corriente pico máxima I_{pmax}, que soportan los transistores Q1 y Q2, y que es de 200 mA:

$$R_1 = \frac{V - 0.7}{I_{pmax}} = \frac{12\,V - 0.7\,V}{200\,mA} = 56.5\,\Omega$$

Si se reduce a R_1 hay que tomar en cuenta la nueva I_{pmax}, y ello conduce a cambiar los transistores Q1 y Q2 por otro par complementario que soporte dicha corriente.

El incremento de las corrientes de emisor en Q1 y Q2 reduce los tiempos en el MOSFET.

La figura 6-31 indica el driver seleccionado para una R_1=10 Ω.

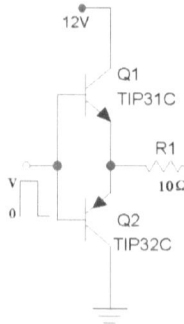

Figura 6-31 Manejador **MOSFET** para **V=12 V** y **R₁ = 10 Ω**.

6.14 Ejemplo de la utilización de un MOSFET como amplificador.

Con $R_i = 10\ \Omega$ el tiempo $t = 2\tau = 64$ ns.

Comparando de nuevo este tiempo de 64 ns con los del MOSFET según lo ya explicado, el tiempo de activación será de 100 ns, y el de apagado $(t_{doff} + t_f)$ de 118 ns.

La corriente I_{pmax} será de: 1.13 A.

6.14 Ejemplo de la utilización de un MOSFET como amplificador.

El circuito de la figura 6.32 es un amplificador de señal que utiliza un MOSFET. Se calculará los parámetros de polarización DC: corriente de drenador I_D y tensión V_{GS}. Y los parámetros AC: ganancia de tensión. Se utilizará el método dela ecuación de segundo grado.

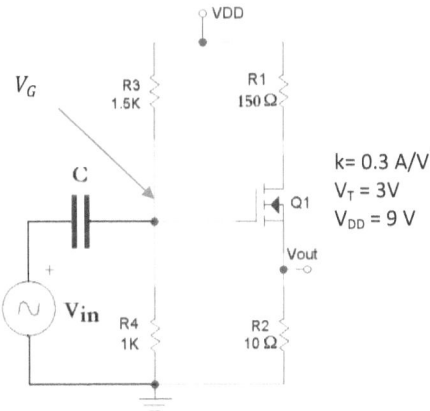

Figura 6-32. Ejemplo de un MOSFET como amplificador.

6.14 Ejemplo de la utilización de un MOSFET como amplificador.

Solución:

Lo primero que debemos notar es que es un MOSFET de enriquecimiento. Por lo tanto, hay que aplicar las expresiones correspondientes.

Analizando en DC primero tenemos:

El Voltaje V_G será (aplicando Kirchhoff):

$$V_G = V_{DD}\frac{R_4}{(R_4 + R_3)} = 3.6\ V$$

La ecuación de la malla de entrada es:

$$-V_G + V_{GS} + I_D R_S = 0 \qquad (6.27)$$

Despejando a I_D tenemos:

$$I_D = \frac{(V_G - V_{GS})}{R_S} \qquad (6.27a)$$

La ecuación de la corriente en el MOSFET es:

$$I_D = k(V_{GS} - V_T)^2 \qquad (6.28)$$

El valor de k puede obtenerse a partir de la hoja de datos del fabricante utilizado las curvas de Id vs. V_{GS}, y logrando ajustar la expresión (6.25) a la curva.

Igualando ambas expresiones tenemos:

$$\frac{(V_G - V_{GS})}{R_S} = k(V_{GS} - V_T)^2 \qquad (6.29)$$

Desarrollando la expresión (6.28):

$$kR_S V_{GS}^2 + (1 - 2kR_S V_T)V_{GS} + kR_S V_T^2 - V_G = 0$$

Simplificando la expresión anterior:

6.14 Ejemplo de la utilización de un MOSFET como amplificador.

$$V_{GS}^2 + \left(\frac{1}{kR_S} - 2V_T\right)V_{GS} + V_T^2 - \frac{V_G}{kR_S} = 0$$

Los coeficientes de la ecuación serán:

$$A = 1 : B = \left(\frac{1}{kR_S} - 2V_T\right) = -5.666 : C = V_T^2 - \frac{V_G}{kR_S} = 7.8$$

Aplicando la ecuación de segundo grado:

$$\frac{-B \pm \sqrt{B^2 - 4AC}}{2A} \qquad (6.30)$$

Tenemos:

$$V_{GS1} = \frac{-B + \sqrt{B^2 - 4AC}}{2A} = 3.308$$

$$V_{GS2} = \frac{-B - \sqrt{B^2 - 4AC}}{2A} = 2.357$$

El valor V_{GS2} queda descartado por ser menor que la tensión V_T. Por lo tanto, el valor correcto es el $V_{GS1} = 3.308$ mA.

Finalmente la corriente I_D será:

$$I_D = k(V_{GS} - V_T)^2 = 28.45 \, mA$$

Mediante este ejemplo puede apreciarse que el tratamiento es el mismo que para el caso del FET, solo hay que tomar en consideración el tipo de ecuación, y los límites donde acotamos las funciones para sean válidas.

La ganancia de tensión será:

$$Av = \frac{v0}{v_{in}} = \frac{idR_s}{V_{gs} + idR_s} = \frac{g_m R_s}{1 + g_m R_s}$$

El valor de g_m es:

$$g_m = \frac{dI_D}{dV_{GS}} = 2k(V_{GS} - V_T) = 0.18 \, mhos$$

6.10 Efecto de la temperatura en los FET y MOSFET.

Por lo tanto:

$$Av = \frac{g_m R_s}{1 + g_m R_s} = 0.66$$

En el capítulo VII se propone la utilización de tanto transistores BJT como FET y MOSFET en diversas aplicaciones.

El lector tendrá la oportunidad de aprender a diseñar con estos dispositivos.

6.10 Efecto de la temperatura en los FET y MOSFET.

Al igual que a los BJT la temperatura afecta también a los dispositivos FET y MOSFET, una vez que es un hecho físico que con el aumento de la temperatura aumenta la cantidad de portadores de carga minoritarios, y con ello la corriente de fuga en el dispositivo. En particular, el efecto de la temperatura puede producir un impacto positivo o negativo sobre la corriente de drenador, según la forma en que la tensión gate-surtidor es afectada.

Existen dos mecanismos que compiten frente al efecto de la temperatura:

- La reducción de la movilidad de las cargas en el canal con el aumento de la temperatura.
- La reducción de la región de agotamiento en la juntura PN tiende a aumentar la corriente la corriente de drenador.

En el caso del FET de baja corriente como el de canal N por ejemplo, el aumento de la temperatura conduce a una reducción de la movilidad de las cargas, es decir, que se comporta de manera óhmica, reduciendo la corriente de drenador. Esto se debe a un aumento de la concentración de cargas negativas en la compuerta, que la hace más negativa, por lo que la tensión V_{GS} es también más negativa, y consecuentemente hace que disminuya la corriente de drenador.

6.10 Efecto de la temperatura en los FET y MOSFET.

Por el contrario, si la temperatura disminuye, la compuerta se hace más positiva, y la corriente de drenador aumenta.

El mismo efecto ocurre para un FET canal P solo que invirtiendo las polaridades y los sentidos de las corrientes. Para el FET de canal P el efecto del aumento de la temperatura hace que la compuerta se vuelva más positiva, reduciendo la corriente de drenador.

La figura 6-33 muestra las curvas de la corriente I_D VS. V_{GS} para tres temperaturas de referencia, y en donde puede apreciarse el efecto sobre la corriente de drenador I_D.

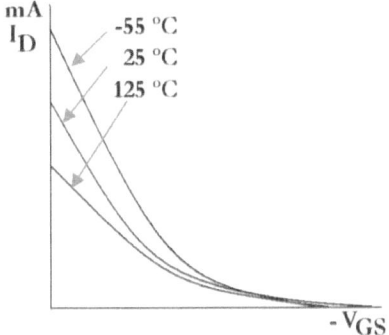

Figura 6-33 Efecto de la temperatura en un FET de canal N de baja corriente.

En caso del MOSFET de enriquecimiento por ejemplo, a bajas corrientes, el incremento de la temperatura afecta mayormente sobre la tensión de umbral VT, haciendo que sea más baja y por lo tanto, inicialmente hay un aumento de la corriente de drenador con la temperatura. No obstante, para corrientes mayores, el efecto que predomina es la reducción de la movilidad de cargas, lo que se traduce en que el canal aumenta también su resistencia óhmica, de manera considerable, debido a la misma temperatura. Esto hace que la corriente de drenador se reduzca.

La figura 6-34 indica a manera de ejemplo las curvas de I_D Vs V_{GS} de un MOSFET de canal N, para dos temperaturas de referencia, y en donde se nota el cambio indicado.

6.10 Efecto de la temperatura en los FET y MOSFET.

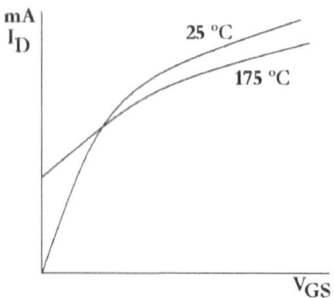

Figura 6-34 Efecto de la temperatura en un **MOSFET** de enriquecimiento canal **N**.

Debido a que los FET son controlados por tensión, y a que las corrientes de fuga son menores en comparación con los BJT, la temperatura tiene menor efecto sobre su operación. Por lo que suele decirse que son más estables frente a ésta.

6.16 Guía fácil para el Diseño.

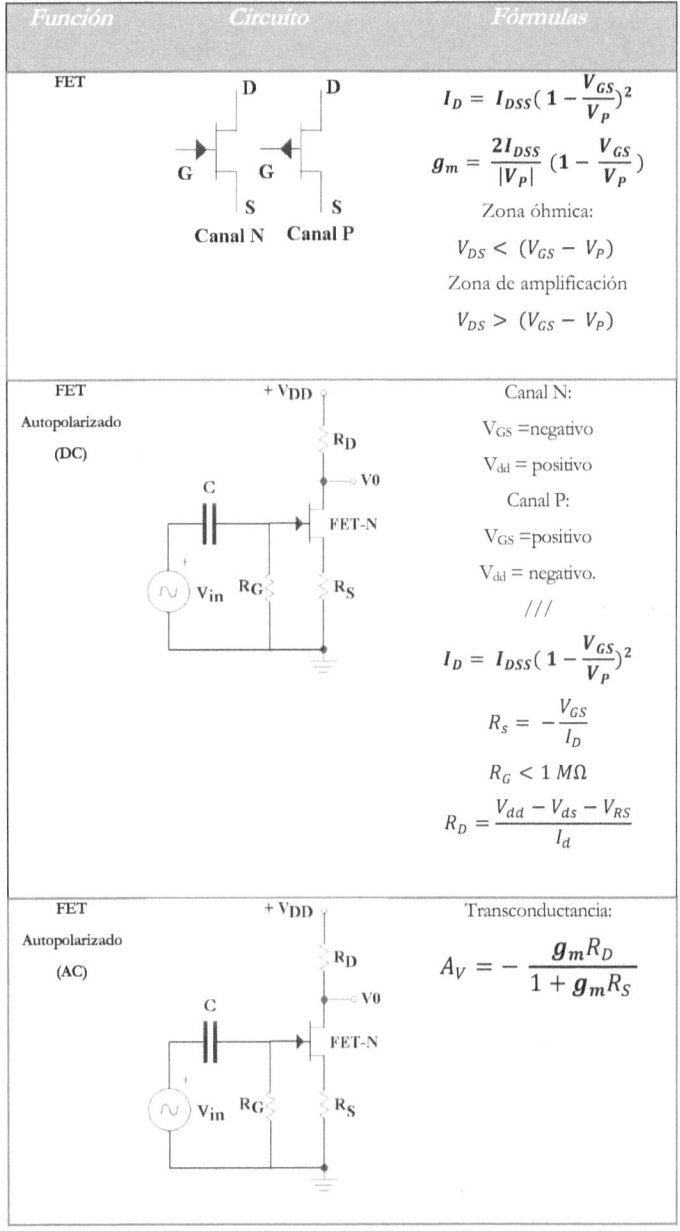

6.16 Guía fácil para el Diseño.

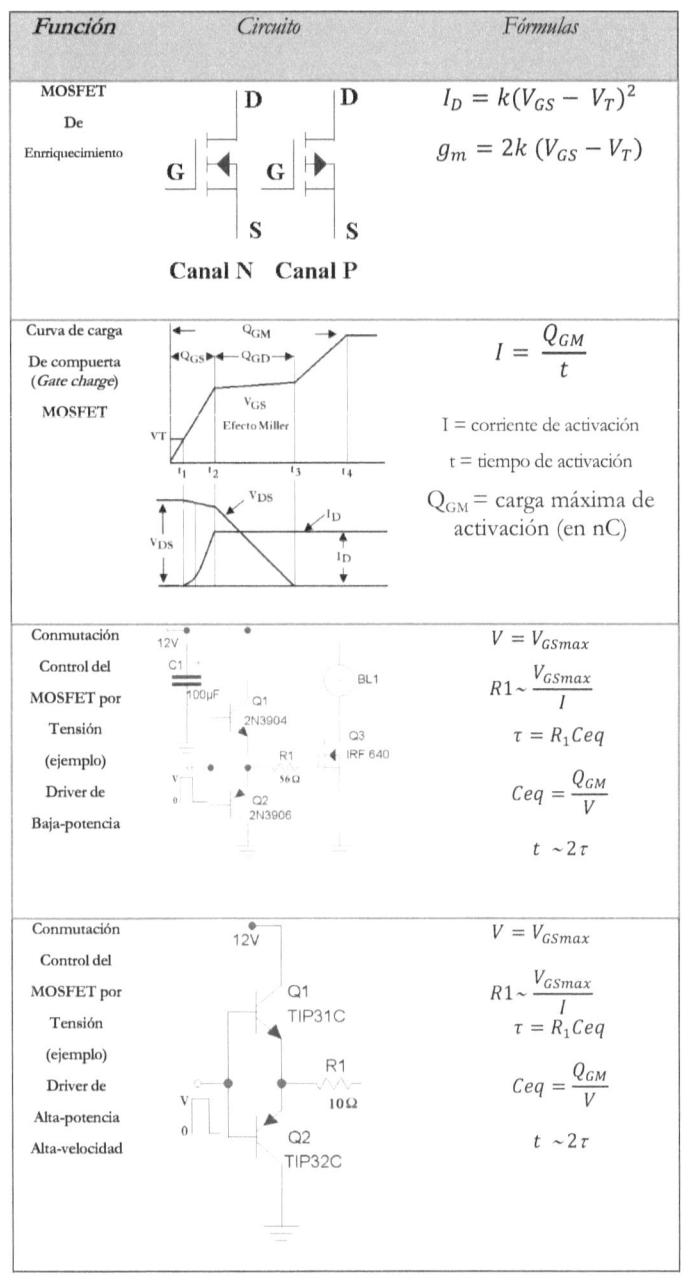

Función	Circuito	Fórmulas
MOSFET De Enrriquecimiento	Canal N Canal P	$I_D = k(V_{GS} - V_T)^2$ $g_m = 2k(V_{GS} - V_T)$
Curva de carga De compuerta (Gate charge) MOSFET		$I = \dfrac{Q_{GM}}{t}$ I = corriente de activación t = tiempo de activación Q_{GM} = carga máxima de activación (en nC)
Conmutación Control del MOSFET por Tensión (ejemplo) Driver de Baja-potencia		$V = V_{GSmax}$ $R1 \sim \dfrac{V_{GSmax}}{I}$ $\tau = R_1 C_{eq}$ $C_{eq} = \dfrac{Q_{GM}}{V}$ $t \sim 2\tau$
Conmutación Control del MOSFET por Tensión (ejemplo) Driver de Alta-potencia Alta-velocidad		$V = V_{GSmax}$ $R1 \sim \dfrac{V_{GSmax}}{I}$ $\tau = R_1 C_{eq}$ $C_{eq} = \dfrac{Q_{GM}}{V}$ $t \sim 2\tau$

6.17 Cuestionario y problemas del Capítulo.

1. Los FETs son dispositivos controlados por tensión. **V ó F**.

2. Los FETs tienen prácticamente una ganancia de corriente infinita. **V ó F**.

3. La característica de transferencia que los define es su transconductancia. **V ó F**.

4. La impedancia de entrada de los FET es similar a la de los BJT. **V ó F**.

5. La característica de linealidad del FET permite que se puedan utilizar en aplicaciones como amplificadores de gran señal. **V ó F**.

6. El g_m en los FET es por lo general un valor grande que permite obtener grandes ganancias de voltaje. **V ó F**.

7. Un FET puede ser utilizado como un resistor controlado por el voltaje de la compuerta-surtidor. **V ó F**.

8. Los FET solo tienen dos regiones de operación: óhmica y activa. **V ó F**.

9. Para operar un FET de canal P el voltaje de compuerta V_{GS} debe ser negativo y el V_{DD} positivo. **V ó F**.

10. El diodo compuerta-surtidor siempre debe operar en reversa en el FET. **V ó F**.

11. El MOSFET se diferencia del FET en que la compuerta está eléctricamente aislada del surtidor por un vidrio de SO_2. **V ó F**.

12. El MOSFET puede trabajar con altas potencias mejor que los FET. **V ó F**.

13. El MOSFET de agotamiento puede operarse con voltaje positivo o negativo en la compuerta, mientras que el MOSFET de enriquecimiento solo opera con un V_{GS} positivo o negativo. **V ó F**.

14. El MOSFET de enriquecimiento presenta un voltaje de umbral que hay que superar para que se produzca la conducción. **V ó F**.

15. En el MOSFET de enriquecimiento no hay un canal físico entre el surtidor y el drenador y por eso hay que enriquecer el canal para iniciar la conducción. **V ó F**.

16. En el MOSFET de enriquecimiento la expresión de la corriente no es cuadrática y depende del factor k. **V ó F**.

17. Los MOSFET de potencia presentan un g_m mayor en comparación con los de baja potencia para un mismo V_{GS}. **V ó F**.

6.17 Cuestionario y problemas del Capítulo.

18. Los MOSFET presentan corrientes de compuerta mayor que los FET equivalentes. **V ó F**.

19. Tanto los FET como los MOSFET son susceptibles de dañarse por estática. **V ó F**.

20. La fuente de corriente del MOSFET en el equivalente de parámetros híbridos sería: $g_m V_{GS}$ **V ó F**.

21. El modelo de parámetros híbridos del FET es idéntico al del MOSFET. **V ó F**.

22. Los FET son inmunes a la electricidad estática. **V ó F**.

23. El g_m es lineal, y varía conforme varía el V_{GS}. **V ó F**.

24. Para señales grandes de V_{in} el gm se mantiene constante. **V ó F**.

25. Los FET no son afectados por la temperatura. **V ó F**.

26. Por encima de cierta temperatura el incremento de la corriente en el MOSFET se reduce, debido al aumento de la resistencia óhmica del canal. **V ó F**.

27. En el circuito de la figura 6-35 determine: V_{GS}, I_D, g_m y la ganancia A_v si: I_{DSS} = 5 mA, V_P = -2 V, R_S = 178.57 Ω, R_D = 1 kΩ. Sol: V_{GS} = -0.5 V, I_D = 2.81 mA, g_m = 3.75 mmhos y

$$A_V = \frac{i_d R_S}{v_{gs} + i_d R_S} = \frac{g_m R_S}{1 + g_m R_S} = 0.40$$

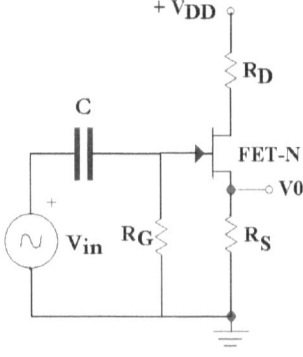

Figura 6-35 Amplificador FET.

6.17 Cuestionario y problemas del Capítulo.

28. En el circuito amplificador de la figura 6-35 calcule la A_V si el V0 estuviese en el drenador en lugar del surtidor. Sol:

$$A_V = \frac{-i_d R_d}{v_{gs} + i_d R_s} = \frac{-g_m R_d}{1 + g_m R_s} = -2.24$$

29. Un MOSFET de enriquecimiento que tiene: $k = 0.3$ A/V^2, y $V_T = 3$ V, opera con una corriente d 3 A. Determine su Voltaje V_{GS}. Sol:

$$I_D = k(V_{GS} - V_T)^2$$

$$V_{GS} = \sqrt{\frac{I_D}{k}} + V_T = 6.16\ V$$

30. En el caso de (29), ¿Cuánto vale el G_m y g_m del MOSFET? Sol:

$$G_m = \frac{I_D}{V_{GS}} = 487\ mmho$$

$$g_m = 2k(V_{GS} - V_T) = 1896\ mmho$$

31. En el circuito de la figura 6-36, $V_{DD} = 9$ V, $k = 0.3$ A/V^2, y $V_T = 3$ V. Determine lo siguiente:

   (a) La ganancia de voltaje A_V en el punto de V_{out}. Utilice el método gráfico.

   (b) La ganancia A_V con el método numérico.

   (c) Que método le ofrece es mejor ¿?.

   (d) Que función cumple el MOSFET en este circuito.

   (a) Sol:

$$V_{GS} = 3.3105\ V$$

$$I_D = 28.92\ mA$$

$$g_m = 186.3\ mmho$$

$$A_V = 0.65$$

6.17 Cuestionario y problemas del Capítulo.

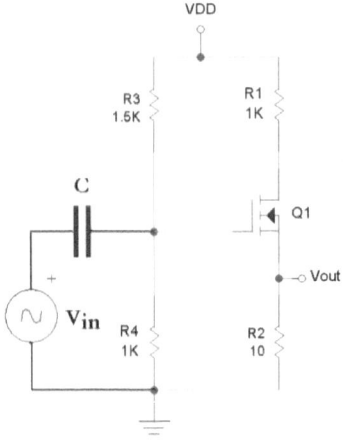

Figura 6-36 Circuito amplificador con MOSFET.

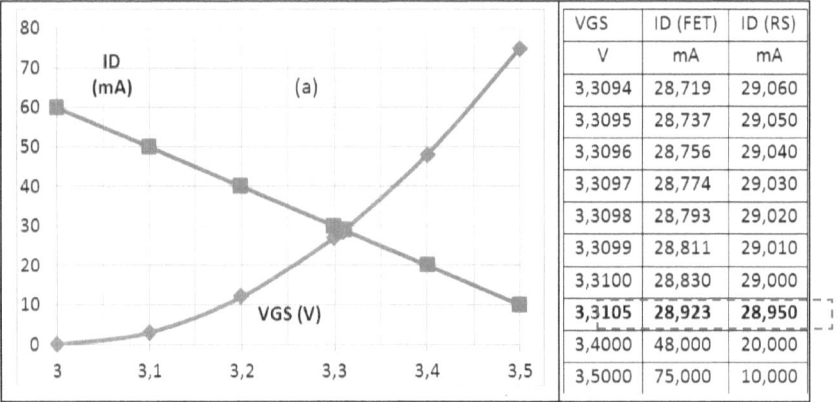

Figura 6-37 (a) Método gráfico, (b) Tabla de datos

(b) Sol: $A_v = 0.65$

(C) Sol: el método gráfico puede ser más rápido pero es menos preciso que el numérico.

(d) Sol: el MOSFET actúa como un manejador de potencia o driver que permite colocar a V_{in} una carga tan baja como 10 ohmios.

6.17 Cuestionario y problemas del Capítulo.

Respuestas a las preguntas de **V**erdadero o **F**also.

(1)V, (2)V, (3)V, (4)F, (5)F, (6)F, (7)V, (8)F, (9)F, (10)V, (11)V, (12)V, (13)V, (14)V, (15)V, (16)F, (17)V, (18)F, (19)V, (20)V, (21)V, (22)F, (23)V, (24)F, (25)F, (26)V.

Capítulo 7.

Amplificadores: Diferencial, OPAMP. Algunos Diseños y Aplicaciones.

Objetivos:

1. El amplificador diferencial: descripción general
2. Características principales: ganancia diferencial, modo común, CMRR.
3. Polarización DC.
4. Análisis AC.
5. El amplificador operacional (OPAMP): descripción general
6. Características principales; ganancia a lazo abierto, ganancia en retroalimentación, impedancias.
7. Configuraciones básicas, diseños y aplicaciones.

Actividades:

Guía con preguntas de verdadero o falso y con problemas de cálculos con el que usted podrá comprobar su conocimiento referente a éste capítulo.

7.1 Amplificador Diferencial.

El amplificador diferencial es uno de los circuitos más utilizados como etapa de entrada del amplificador operacional. El amplificador operacional, conocido por sus siglas OPAMP de *Operational Amplifier* en inglés, será discutido en detalle más adelante.

Un amplificador diferencial es aquel cuya salida se corresponde con la resta o diferencia de los voltajes de entrada: v_1, v_2. Esta diferencia puede estar amplificada por un factor A_{vd} que representa la llamada ganancia en modo diferencial. La expresión de salida puede escribirse así:

$$v_{out} = A_{vd}(v_2 - v_1) \quad |v_1 \neq v_2 \ ; \ modo \ diferencial$$

$$donde: |A_{vd}| \ es \ una \ constante \ \geq 1$$

Nótese que hemos indicado que $v_1 \neq v_2$ para la ganancia diferencial. Cuando $v_1 = v_2$ se pasa al llamado modo común, y la expresión de salida puede representarse así:

$$v_{out} = A_{vc}v_1 \quad |v_1 = v_2 \ ; \ modo \ común$$

$$donde: |A_{vc}| \ es \ una \ constante \ < 1$$

Básicamente, cuando las entradas v_1 y v_2 son distintas se produce un voltaje de salida que es proporcional a la diferencia entre ellas, y esta diferencia en la señal de salida puede estar amplificada. En cambio, cuando v_1 y v_2 son iguales, se produce un voltaje de salida que es menor que cualquiera de las entradas: v_1 o v_2, es decir, se produce una atenuación, que se traduce como un rechazo en el modo común.

En otras palabras, se favorece la amplificación de señales distintas, y se atenúa o desfavorece cuando las señales son iguales.

Esta gran diferencia entre la ganancia diferencial y la ganancia común es lo que ha merecido la amplia utilización del amplificador diferencial en sistemas de reducción de ruido, especialmente en el manejo de pequeña señal, y de amplificadores de precisión.

Caso (a): Modo sencillo.

La figura 7-1 muestra el circuito equivalente de ruido para una señal de entrada v_{in}.

Nótese que la señal de ruido v_n está presente en ambos extremos.

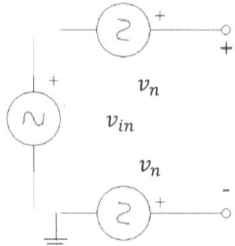

Figura 7- 1 Equivalente de ruido de la señal de entrada v_{in}.

A su vez el amplificador diferencial puede configurarse en dos modos: modo sencillo, y modo diferencial. La figura 7-2 indica estos dos modos:

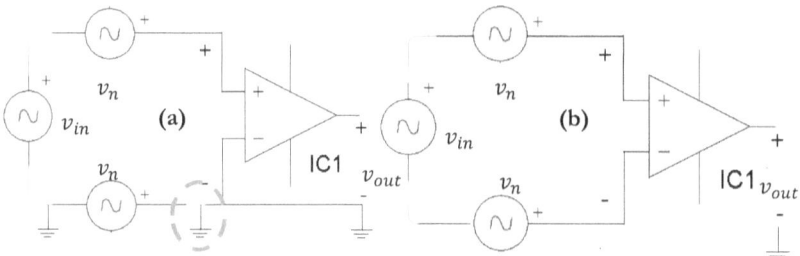

Figura 7- 2 Modos de configuración: (a) modo sencillo, (b) modo diferencial.

Caso (a): Modo sencillo.

En este modo la referencia del circuito o tierra, está en común con el negativo de la entrada del amplificador, nótese el circulo punteado en la figura 7-2a.

La señal de salida será entonces:

Caso (b): Modo diferencial.

$$v_{out} = (v_{in} + v_n)A_{vd} \qquad (7.1)$$

Donde A_{vd} es la ganancia diferencial del amplificador IC_1.

Obsérvese que en la ecuación (7.1) la señal de salida toma en cuenta la señal de ruido v_n.

Es decir, se amplifica tanto señal como ruido en la misma proporción.

Caso (b): Modo diferencial.

Obsérvese que en este caso la entrada (-) de V_{in} se lleva a la entrada (-) del amplificador diferencial. La señal de salida será:

$$v_{out} = v_{in}A_{vd} + A_{vc}v_n \qquad (7.2)$$

Donde A_{vc} es la ganancia en modo común del IC_1.

Nótese que en el término A_{vc} proporciona atenuación a la señal v_n, en vez de amplificación como ocurre en el caso (a).

Adicionalmente, la señal v_{in} es amplificada por el término A_{vd}.

La señal v_{in} puede verse como una diferencia de potenciales de amplitud v_{in} y con polaridad indicada en el circuito. Esto es:

$$v_2 - v_1 = v_+ - v_- = v_{in} \qquad (7.3)$$

La configuración 7-2b es la que debe adoptarse si se desea aplicar rechazo en modo común al ruido presente en la entrada de una señal v_{in}.

En algunos casos, si el nivel de voltaje de la señal v_{in} está muy por encima del nivel de ruido v_n, la opción de la figura 7-2a puede producir también resultados satisfactorios.

Sin embargo, la opción que elimina ruido es la de la figura 7-2b.

7.2 Análisis del Amplificador Diferencial:

En base a lo ya explicado las características principales de un amplificador diferencial pueden resumirse de la siguiente manera:

- La ganancia diferencial A_{vd}: es la ganancia cuando $v_1 \neq v_2$. $A_{vd} \geq 1$
- La ganancia común A_{vc}: es el rechazo o atenuación cuando $v_1 = v_2$. $A_{vc} < 1$.

Otros aspectos a considerar en el amplificador diferencial son:

- La impedancia de entrada Z_{in}: es la impedancia que ve la señal v_1 o v_2.
- La impedancia de salida Z_{out}: es la impedancia interna del amplificador, que se ve desde la salida hacia el interior del amplificador.
- El factor CMRR o *Common Mode Rejection Ratio*, en inglés, significa: relación de rechazo en modo común. Es el cociente de la ganancia diferencial entre la ganancia común, y suele expresarse en decibelios, de la siguiente forma siguiente:

$$CMRR\ (dB) = 20\ log\left(\frac{|A_{vd}|}{|A_{vc}|}\right) \qquad (7.4)$$

Valores típicos del CMRR suelen estar en el orden de 80 dB.

El CMRR es un parámetro que define la calidad del amplificador diferencial.

7.2 Análisis del Amplificador Diferencial:
7.2.1 Análisis de un Amplificador Diferencial con BJT.

La figura 7-3 muestra un amplificador diferencial sencillo, diseñado empleando los conocimientos hasta ahora adquiridos con transistores bipolares y fuentes de corriente.

7.2.1 Análisis de un Amplificador Diferencial con BJT.

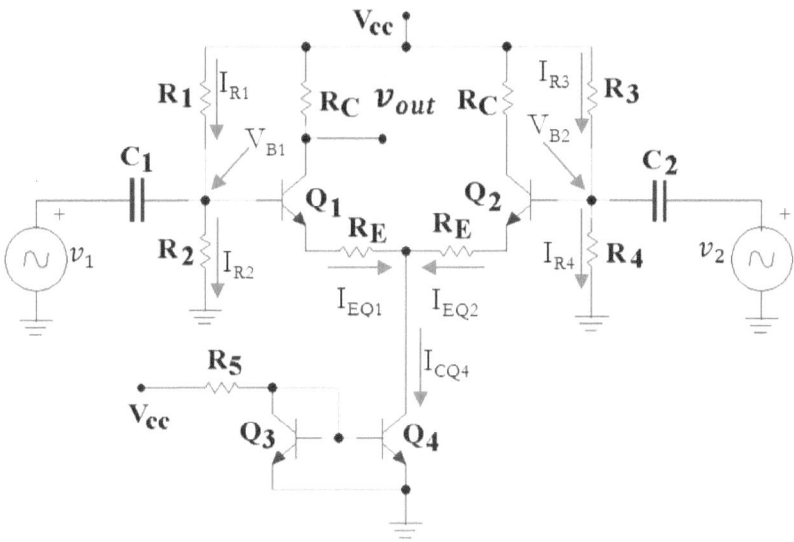

Figura 7- 3 Diseño de amplificador diferencial sencillo con BJT.

Como de costumbre, procederemos con el análisis DC y luego el AC. De modo que el lector pueda entender el diseño propuesto.

Paso 1: Análisis DC

La corriente I_{CQ4} esta generada por medio de una fuente de corriente tipo espejo, ya estudiada en el capítulo IV, y su valor es:

$$I_{CQ4} = \frac{(V_{CC}-V_{BE})}{R_5} \quad (7.5)$$

Dónde $V_{BE} = 0.7$ V

Como hay simetría en el diseño del amplificador, tenemos que:

$$I_{EQ1} = I_{EQ2} = \frac{I_{Cq4}}{2} \quad (7.6)$$

Luego, el punto Q_{12} de operación para Q_1 y Q_2 también es simétrico y será:

7.2.1 Análisis de un Amplificador Diferencial con BJT.

$$V_{CEQ1} = V_{CEQ2} = V_{CEQ12} = V_{CC} - \frac{I_{Cq4}}{2}(R_C + R_E) - V_{CEQ4} \quad (7.7)$$

El voltaje de V_{CEQ4} será:

$$V_{CEQ4} = V_{B12} - V_{BE} - \frac{I_{Cq4}}{2} R_E \quad (7.8)$$

$$V_{B1} = V_{B2} = V_{B12} = \frac{V_{CC} R_2}{(R_2 + R_1)} \quad (7.9)$$

Sustituyendo a V_{B12} en la expresión de (7.8), y luego a V_{CEQ4} en (7.7) tenemos:

$$V_{CEQ12} = V_{CC}\left(1 - \frac{R_2}{(R_2+R_1)}\right) - \frac{I_{Cq4}}{2} R_C + V_{BE} \quad (7.10)$$

Adicionalmente, para el diseño del amplificador debe tenerse en cuenta:

$$I_{R1} \cong I_{R2} \cong \frac{V_{CC}}{(R_2+R_1)} \quad (7.11)$$

Y de igual forma:

$$I_{R3} \cong I_{R4} \cong \frac{V_{CC}}{(R_3+R_4)} \quad (7.12)$$

Esto implica que:

$$I_{R12} = I_{R34} \gg I_{B12} \quad (7.13)$$

Dónde I_{B12} es la corriente de base de Q_1 que es igual a la corriente de base de Q_2.

$$I_{B12} = \frac{I_{Cq4}}{2h_{FE}} \quad (7.14)$$

Dónde el h_{FE} del $Q_1 = Q_2$.

Tenemos entonces que:

$$\frac{V_{CC}}{(R_2+R_1)} \gg \frac{I_{Cq4}}{2h_{FE}} \quad (7.15)$$

Despejando el término $(R_1 + R_2)$ tenemos:

$$(R_2 + R_1) \ll \frac{V_{CC}}{I_{Cq4}} 2h_{FE} \quad (7.16)$$

7.2.1 Análisis de un Amplificador Diferencial con BJT.

Finalmente el voltaje de salida v_{out} será:

$$v_{out} = V_{CC} - \frac{I_{Cq4}}{2} R_C \qquad (7.18)$$

Evaluando con valores numéricos:

Supongamos que el circuito de la figura 7-3 presenta los siguientes valores: $V_{CC} = 20$ V, $R_1 = R_3 = 10$ kΩ, $R_2 = R_4 = 1$ kΩ, $R_C = 1$ kΩ, $R_E = 100$ Ω, y $R_5 = 19.3$ kΩ. $h_{FE1} = h_{FE2} = h_{FE3} = h_{FE4} = 100$. Hallaremos todos los valores que definen el punto Q de operación de Q_1, Q_2 y el voltaje de salida v_{out}.

Solución:

Aplicando las ecuaciones anteriores tenemos:

$$I_{CQ4} = \frac{(V_{CC} - V_{BE})}{R_5} = \frac{19.3 \, V}{19.3 \, k\Omega} = 1 \, mA$$

$$I_{EQ1} = I_{EQ2} = \frac{I_{Cq4}}{2} = 0.5 \, mA$$

$$V_{B1} = V_{B2} = \frac{V_{CC} R_2}{(R_2 + R_1)} = 1.81 \, V$$

$$V_{CEQ4} = V_{B12} - V_{BE} - \frac{I_{Cq4}}{2} R_E = 1.06 \, V$$

$$V_{CEQ12} = V_{CC}\left(1 - \frac{R_2}{(R_2 + R_1)}\right) - \frac{I_{Cq4}}{2} R_C + V_{BE} = 18.38 \, V$$

$$v_{out} = V_{CC} - \frac{I_{Cq4}}{2} R_C = 19.5 \, V$$

Verificando la condición:

$$(R_2 + R_1) \ll \frac{V_{CC}}{I_{Cq4}} 2 h_{FE}$$

$$(11 \, k\Omega) \ll 4 \, M\Omega$$

Paso 2: Análisis AC

7.2.1 Análisis de un Amplificador Diferencial con BJT.

(a) Modo Diferencial: $v_1 \neq v_2$

Analizando por superposición tenemos:

La ganancia es:

$$A_{01} = \frac{v_{out}}{v_1}\Big|v_2 = 0 \qquad (7.19)$$

v_{out} es también:

$$v_{out} = -i_c R_C \qquad (7.20)$$

Y

$$v_1 = 2i_e(r_e + R_E): \text{ sí } h_{oeq4}^{-1} \gg (r_e + R_E)$$

Recuerde que el término r_e es la resistencia dinámica del emisor de Q_1 y Q_2.

El término h_{oeq4}^{-1} representa la impedancia de salida de Q_4, que es el inverso se su admitancia de salida.

Sustituyendo a v_1 y v_{out} en A_{01}:

$$A_{01} = \frac{-i_c R_C}{2i_e(r_e+R_E)}\Big|v_2 = 0 \qquad (7.21)$$

Asumiendo que $h_{fe} \gg 1$, tenemos $i_e \cong i_c$, de modo que 7.21 puede re-escribirse así:

$$A_{01} = \frac{-R_C}{2(r_e+R_E)}\Big|v_2 = 0 \qquad (7.22)$$

Como el circuito es simétrico para v_1 y v_2 tenemos que:

$$A_{02} = \frac{v_{out}}{v_2}\Big|v_1 = 0 \qquad (7.23)$$

$$A_{02} = \frac{R_C}{2(r_e+R_E)}\Big|v_1 = 0 \qquad (7.24)$$

Obsérvese que la ganancia A_{02} es positiva, ya que la señal v_2 está en fase con v_{out}, no así v_1 que está desfasada en 180°. Sin embargo, el módulo es el mismo.

7.2.1 Análisis de un Amplificador Diferencial con BJT.

$$|A_{02}| = |A_{01}| \qquad (7.25)$$

Sumando ahora ambas expresiones de v_{out} tenemos:

$$v_{out} = A_{02}v_2 - A_{01}v_1 \qquad (7.26a)$$

La ecuación (7.26) puede re-escribirse así:

$$v_{out} = A_{01}(v_2 - v_1) \qquad (7.26b)$$

La ganancia A_{01} representa la ganancia diferencial del amplificador:

$$A_{01} = A_{vd}$$

$$|A_{vd}| = \frac{R_C}{2(re+R_E)} \qquad (7.27)$$

Sí es el caso de que $r_e <<$ R$_E$ entonces:

$$|A_{vd}| \cong \frac{R_C}{2R_E} \qquad (7.28)$$

Evaluando ahora con los valores numéricos ya citados anteriormente:

$$|A_{vd}| = \frac{R_C}{2(re + R_E)} = 2.82 \mid re = 77.14 \, \Omega, n = 1.5, T = 25°C$$

En este caso no puede utilizarse la expresión (7.28) por no cumplirse la condición $r_e <<$ R$_E$.

(b) **Modo Común: $v_1 = v_2$**

Cuando las dos entradas son exactamente iguales, el circuito equivalente es el que se muestra en la figura 7-4.

Obsérvese que la impedancia equivalente que ve cada entrada es el doble de la impedancia de salida que corresponde al transistor Q$_4$, en la fuente de corriente espejo.

7.2.1 Análisis de un Amplificador Diferencial con BJT.

Como ya se dijo en el capítulo referente al transistor, la admitancia de salida está indicada por el parámetro híbrido h_{oe}, y representa la variación del voltaje de colector-emisor respecto de la variación de la corriente de colector, manteniendo una corriente de base constante. Es decir, refleja la impedancia dinámica de salida colector-emisor.

Cabe mencionar, que el circuito de la figura 7-4 solo es válido cuando las entradas son iguales, ya que solo en este caso esta forzada la conducción en paralelo de v_1 y v_2, a través de la impedancia Z_{eq} que representa el transistor Q_4. En el caso contrario, cuando las entradas son distintas, la conducción ocurre en forma serial entre v_1 y v_2, ya que la Z_{eq} es demasiado grande en comparación con las resistencias asociadas a v_1 y v_2 respectivamente.

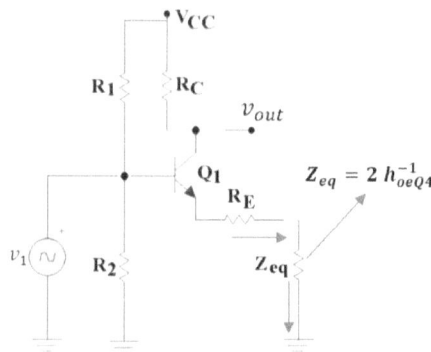

Figura 7- 4 Circuito equivalente en modo común del amplificador diferencial de la figura 7-3.

La ganancia en modo común queda:

$$|A_{vc}| = \frac{v_{out}}{v_1} = \frac{v_{out}}{v_2} \qquad (7.29)$$

$$v_{out} = -i_c R_C$$

$$v_1 = i_e(re + R_E + Z_{eq})$$

Sustituyendo en A_{vc}:

$$|A_{vc}| = \frac{R_C}{(re + R_E + Z_{eq})} \qquad (7.30)$$

$$v_{out} = -A_{vc}v_1 \text{ ; respecto de } v_1$$

7.2.1 Análisis de un Amplificador Diferencial con BJT.

Y

$$v_{out} = -A_{vc}v_2 \;;\; respecto\ de\ v_2$$

Si $Z_{eq} \gg (r_e + R_E)$ entonces:

$$|A_{Vc}| \cong \frac{R_C}{Z_{eq}} \qquad (7.31)$$

Evaluando la expresión de la ganancia A_{vc} tenemos:

Asumiendo: $h_{oe} = 9.09\ \mu mho | I_C = 1\ mA$ tenemos:

$$Z_{eq} = 2\,h_{oeQ4}^{-1} = 220\ k\Omega$$

$$|A_{vc}| = \frac{R_C}{(re + R_E + Z_{eq})} = 0.00454$$

Utilizando la expresión aproximada de A_{vc}:

$$|A_{vc}| = \frac{R_C}{Z_{eq}} = 0.00454$$

En este caso la aproximación en A_{vc} es aceptable, ya que se cumple la condición: $Z_{eq} \gg (r_e + R_E)$

Recuerde que el parámetro h_{oe} de Q_4 depende de I_B y I_C, y debe ser suministrado u obtenido a partir de la hoja de datos del fabricante. En este caso, asuma el valor impuesto.

Finalmente El CMRR puede ser calculado como sigue:

$$CMRR = 20\log\left(\frac{|A_{vd}|}{|A_{vc}|}\right)$$

Simplificando el argumento del logaritmo:

$$\frac{|A_{vd}|}{|A_{vc}|} = \frac{\dfrac{R_C}{2(re + R_E)}}{\dfrac{R_C}{Z_{eq}}} = \frac{Z_{eq}}{2(re + R_E)}$$

7.2.1 Análisis de un Amplificador Diferencial con BJT.

$$CMRR = 20\log(\frac{Z_{eq}}{2(re + R_E)})$$

Evaluando:

$$CMRR = 55.86 \, dB$$

Nótese que el CMRR crece conforme se hace más grande el valor de la Z_{eq}, y al mismo tiempo con el inverso de R_E. Por esta razón, es importante que la impedancia de la fuente de corriente espejo Z_{eq}, sea la mayor posible. Por otro lado, R_E por lo general asume valores de unos pocos cientos de ohmios, su propósito es más bien adecuar la impedancia de entrada del amplificador y de mantener la estabilidad térmica.

Debido a lo dicho anteriormente, especial interés tiene la fuente de corriente en el CMRR del amplificador diferencial.

Continuando con los demás parámetros de AC tenemos:

La impedancia de entrada Z_{in} es:

La impedancia interna del amplificador Z_{inamp} es:

$$Z_{inamp} = 2h_{fe}(re + R_E) \quad (7.32)$$

Luego la impedancia de entrada total es:

$$Z_{in} = R_1//R_2//2h_{fe}(re + R_E) \; |v_1 \neq 0 \; y \; v_2 = 0 \quad (7.33)$$

$$Z_{in} = R_3//R_4//2h_{fe}(re + R_E) \; |v_2 \neq 0 \; y \; v_1 = 0 \quad (7.34)$$

Evaluando y aproximando:

$$Z_{inamp} \cong 2h_{fe}(re + R_E) = 35428 \, \Omega$$

$$Z_{in} \cong R_3//R_4 \cong 0.90 \, k\Omega$$

La impedancia de salida Z_{out} será:

7.2.2 Combinando ahora BJT y FET.

$$Z_{out} = R_C \mid si\ h_{oeQ1}^{-1} \gg R_C \quad (7.35)$$

$$Z_{out} = 1\ k\Omega$$

7.2.2 Combinando ahora BJT y FET.

Hasta ahora ya hemos caracterizado el amplificador diferencial de la figura 7-3.

Veamos otro tipo de amplificador diferencial, implementado esta vez con FETs en la etapa de entrada, y bipolares en la fuente de corriente.

La figura 7-5 muestra el amplificador diferencial FET-BJT propuesto.

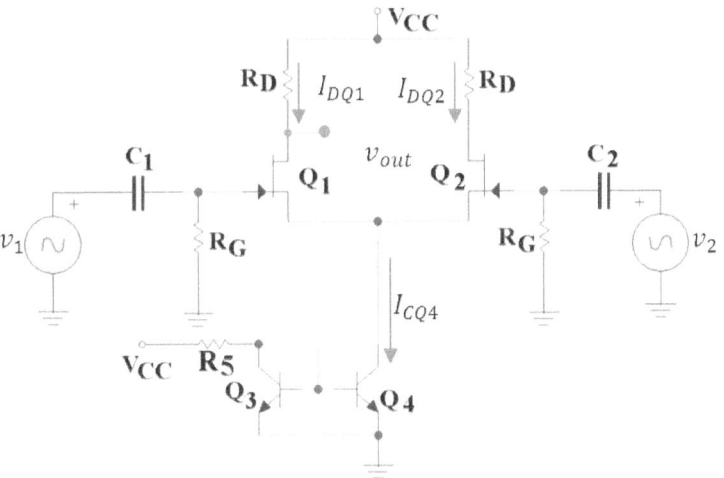

Figura 7- 5 Amplificador diferencial implementado con: FET-BJT.

Siguiendo el procedimiento acostumbrado tenemos:

Paso 1: Análisis DC

La corriente I_{CQ4} es:

$$I_{CQ4} = \frac{(V_{CC} - V_{BE})}{R_5}$$

7.2.2 Combinando ahora BJT y FET.

Dónde $V_{BE} = 0.7$ V

$$I_{DQ1} = I_{DQ2} = \frac{I_{Cq4}}{2} \qquad (7.36)$$

La corriente de drenador $I_{DQ1} = I_{DQ2}$ impone una condición de voltaje $V_{GSQ1} = V_{GSQ2}$ que será acorde con la curva de transferencia característica del tipo de FET que se esté usando. En este caso asumimos que $Q_1 = Q_2$.

En el capítulo 6, se discutió lo relacionado al FET y su característica de transferencia.

La corriente I_{DQ12} puede escribirse de la siguiente manera:

$$I_{DQ12} = I_{DSS}(1 - \frac{V_{GS12}}{V_P})^2$$

El voltaje V_{GS} puede ser hallado en este caso despejando de la expresión anterior, como se plantea a continuación:

$$V_{GS12} = \left(1 - \sqrt{\frac{I_{DQ12}}{I_{Dss}}}\right) V_p \qquad (7.37)$$

El punto Q_{12} de operación para Q_1 y Q_2 también es simétrico y será:

$$V_{DSQ12} = V_{CC} - \frac{I_{Cq4}}{2}(R_D) - V_{CEQ4} \qquad (7.38)$$

El voltaje de V_{CEQ4} será:

$$V_{CEQ4} = -V_{GSQ12} \qquad (7.39)$$

Sustituyendo a V_{CEQ4} en la expresión (7.38) tenemos:

$$V_{DS12} = V_{CC} - \frac{I_{Cq4}}{2}(R_D) + V_{GSQ12} \qquad (7.40)$$

Recuerde que V_{GS} es negativo ya que $V_G = 0$ V

El voltaje de salida v_{out} será:

$$v_{out} = V_{CC} - \frac{I_{Cq4}}{2} R_D \qquad (7.41)$$

7.2.2 Combinando ahora BJT y FET.

Asumiendo los siguientes valores numéricos: $V_{CC} = 20$ V, $R_G = 1$ MΩ, $R_D = 1$ kΩ, y $R_5 = 7.72$ k, $Q_1 = Q_2$, $I_{DSS} = 5$ mA, y $V_P = -2$ V. Determinaremos el punto Q de operación de Q_1, Q_2 y el voltaje de salida v_{out}.

Solución:

Aplicando las ecuaciones anteriores tenemos:

$$I_{CQ4} = \frac{(V_{CC} - V_{BE})}{R_5} = \frac{19.3\ V}{7.72\ k\Omega} = 2.5\ mA$$

$$I_{DQ1} = I_{DQ2} = \frac{I_{Cq4}}{2} = 1.25\ mA$$

De la ecuación (7.37) se obtiene:

$$V_{GSQ12} = -1\ V$$

$$V_{CEQ4} = -V_{GSQ12} = 1\ V$$

Luego:

$$V_{DS12} = V_{CC} - \frac{I_{Cq4}}{2}(R_D) + V_{GSQ12} = 17.75\ V$$

Finalmente:

$$v_{out} = V_{CC} - \frac{I_{Cq4}}{2} R_D = 18.75\ V$$

Paso 2: Análisis AC

(a) Modos Diferencial: $v_1 \neq v_2$

Analizando por superposición tenemos:

$$A_{01} = \frac{v_{out}}{v_1} \Big|_{v_2 = 0} \qquad (7.19)$$

$$v_{out} = -i_d R_D$$

Y

$$v_1 = 2v_{gs}$$

Sustituyendo a v_1 y v_{out} en A_{01}:

7.2.2 Combinando ahora BJT y FET.

$$A_{01} = \frac{-i_d R_D}{2v_{gs}} = \frac{-g_m R_D}{2} \bigg| v_2 = 0 \quad (7.41)$$

Como el circuito es simétrico para v_1 y v_2 tenemos que:

$$A_{02} = \frac{v_{out}}{v_2} \bigg| v_1 = 0$$

$$A_{02} = \frac{g_m R_D}{2} \bigg| v_1 = 0 \quad (7.42)$$

La señal v_2 está en fase con v_{out}, no así v_1 que está desfasada 180°.

Ambas ganancias tienen el mismo módulo:

$$|A_{02}| = |A_{01}|$$

Sumando ahora ambas expresiones de v_{out} tenemos:

$$v_{out} = A_{02}v_2 - A_{01}v_1$$

Que puede re-escribirse como:

$$v_{out} = A_{01}(v_2 - v_1)$$

La ganancia A_{01} representa la ganancia diferencial del amplificador:

$$A_{01} = A_{vd}$$

$$|A_{vd}| = \frac{g_m R_D}{2} \quad (7.43)$$

A_{vd} Es la constante de la ganancia diferencial.

Sustituyendo ahora por los valores numéricos correspondientes tenemos:

$$|A_{vd}| = 1.25 \mid g_m = 2500 \ \mu mhos$$

(b)   Modos Común: $v_1 = v_2$

Cuando las dos entradas son exactamente iguales el circuito equivalente es el que se muestra en la figura 7-6.

7.2.2 Combinando ahora BJT y FET.

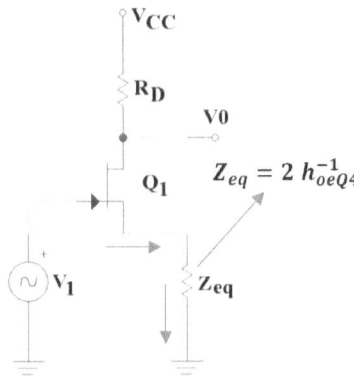

Figura 7-6 Circuito equivalente en modo común del amplificador de la figura 7-5

La ganancia común queda:

$$A_{vc} = \frac{v_{out}}{v_1}$$

$$v_{out} = -i_d R_D$$

$$v_1 = v_{GS} + i_d Z_{eq}$$

Sustituyendo en A_{vc}:

$$A_{vc} = \frac{-g_m R_D}{(1+g_m Z_{eq})} \text{ respecto de } V_1 \quad (7.44)$$

Y

$$A_{vc} = \frac{-g_m R_D}{(1+g_m Z_{eq})} \text{ respecto de } V_2 \quad (7.45)$$

La constante de la ganancia en modo común queda:

$$|A_{vc}1| = \frac{g_m R_D}{(1+g_m Z_{eq})} \quad (7.46)$$

Si es el caso que $g_m Z_{eq} \gg 1$ entonces:

$$|A_{vc}| = \frac{R_D}{Z_{eq}} \quad (7.47)$$

Sustituyendo por los valores numéricos queda:

Asumiendo en Q_4: $h_{oe} = 18 \: \mu mho \: |I_C = 2.5 \: mA$ tenemos:

7.2.2 Combinando ahora BJT y FET.

$$Z_{eq} = 111.11\ k\Omega = 2h_{oeQ4}^{-1}$$

Evaluando:

$$|A_{vc}| = \frac{g_m R_D}{(1 + g_m Z_{eq})} = 0.0089$$

Utilizando la expresión reducida:

$$|A_{vc}1 = \frac{R_D}{Z_{eq}} = 0.009$$

En este caso la expresión (7.47) también arroja una buena aproximación ya que se cumple la condición: $g_m Z_{eq} \gg 1$

Recuerde que el parámetro h_{oe} de Q_4 depende de I_B y I_C, y debe ser suministrado u obtenido a partir de la hoja de datos del fabricante. En este caso, asuma el valor impuesto.

El CMRR es por definición:

$$CMRR = 20 \log\left(\frac{|A_{vd}|}{|A_{vc}1|}\right)$$

Simplificando:

$$\frac{|A_{vd}|}{1 A_{vc} 1} = \frac{\frac{g_m R_D}{2}}{\frac{g_m R_D}{(1 + g_m Z_{eq})}} = \frac{(1 + g_m Z_{eq})}{2}$$

Sustituyendo:

$$CMRR = 20 \log\left(\frac{1 + g_m Z_{eq}}{2}\right) = 42.88\ dB$$

Si es el caso que $g_m Z_{eq} \gg 1$ entonces:

$$CMRR = 20 \log\left(\frac{g_m Z_{eq}}{2}\right) = 42.85\ dB$$

7.2.2 Combinando ahora BJT y FET.

Nótese que el CMRR sigue dependiendo de la impedancia de la fuente de corriente. Una vez más hay que resaltar que es importante mantener la impedancia de la fuente lo más alta posible.

Continuando con el resto de los parámetros:

La impedancia de entrada Z_{in} es:

$$Z_{in} = R_G = 1\ M\Omega \quad (7.48)$$

La impedancia de salida Z_{out} será:

$$Z_{out} = R_D = 1\ k\Omega \quad (7.49)$$

Una de las ventajas del amplificador diferencial con entrada FET reside en su alta impedancia de entrada, la cual prácticamente es el valor impuesto por la resistencia externa R_G, el cual puede estar en el orden de las decenas de $M\Omega$, mientras que en el caso del BJT la impedancia de entrada es mucho menor, y en el orden de los $k\Omega$.

Los FETs son menos ruidosos térmicamente hablando. Son más estables frente a cambios de temperatura. Adicionalmente, los FET son más rápidos conmutando que los bipolares debido al almacenamiento de carga de este último.

La utilización de FET o bipolar va a depender siempre del tipo de aplicación en particular, como por ejemplo: impedancia de entrada, rango de frecuencia, nivel de ruido, temperatura de trabajo, etc., pudiendo resultar en algunos casos indistinto.

Por lo general, se suele utilizar el FET como etapa de entrada, para mejorar la impedancia de entrada a niveles ideales.

La utilización del FET como entrada, es una buena opción para cuando se trata de idealizar un amplificador.

Adicionalmente, una ganancia baja permite (efecto Miller) mantener un ancho de banda máximo.

7.3 El Amplificador Operacional.

El amplificador operacional (OPAMP), es un tipo de amplificador que tiene varias etapas en cascada, como etapa de entrada tiene un amplificador diferencial tipo FET o BJT, y que esta acoplado a sucesivas etapas de amplificación, que logran elevar la ganancia total a valores relativamente altos, y que pueden llegar hasta los 500.000.

La etapa de salida en el amplificador operacional suele ser un seguidor de emisor o de surtidor, para lograr pasar de una impedancia de salida alta a baja, de modo que pueda conectarse con cargas resistivas cuyo valor oscilan los cientos o decenas de ohmios.

La figura 7-7 muestra como ejemplo un esquema general de un amplificador operacional que tiene cinco etapas: un amplificador diferencial donde la ganancia suele ser baja o unitaria, tres etapas sucesivas de elevación de ganancia, y una etapa final de ganancia unitaria.

La ganancia total a lazo abierto es de 1000.

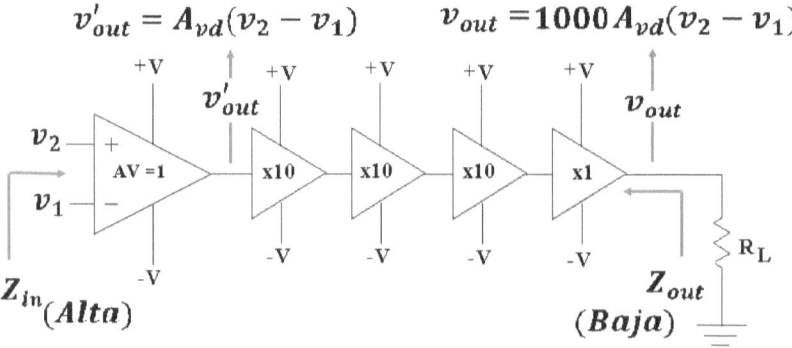

Figura 7- 7 Ejemplo de un esquema general de un amplificador operacional.

7.3 El Amplificador Operacional.

Normalmente, se trata de que la impedancia de entrada sea lo más alta posible, mientras que la impedancia de salida sea lo más baja posible.

Las características ideales de un OPAMP son:

1. Impedancia de entrada infinita. $Z_{in} = \infty \, \Omega$
2. Impedancia de salida nula: $Z_{out} = 0 \, \Omega$
3. Ganancia de lazo abierto infinita: $A_{vOL} = \infty$
4. Ancho de banda infinito: $BW = \infty \, Hz$

7.4 Producto de la ganancia por ancho de banda: GBWP

La razón para lograr la amplificación en varias etapas en vez de una sola se debe al ancho de banda, conocido como BW *bandwidth* o Δf en inglés, se reduce conforme aumenta la ganancia (A_V), para mantener constante un parámetro llamado ganancia por ancho de banda GBWP *Gain Band Width Product*, en inglés. El GBWP es constante según la característica de cada amplificador, básicamente representa el área bajo la curva de la gráfica ganancia a lazo abierto Vs frecuencia. La ganancia a lazo abierto se conoce como la ganancia A_{VOL} *Open Loop gain*, en inglés.

La figura 7-8 representa una curva típica del A_{VOL} Vs frecuencia *f*, en un amplificador OPAMP.

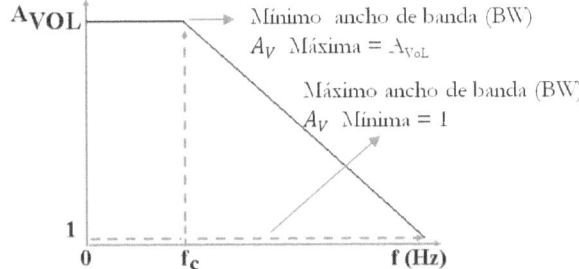

Figura 7-8 Curva típica de la ganancia A_{VOL} Vs frecuencia f de un OPAMP.

7.3 El Amplificador Operacional.

El GBWP puede expresarse como sigue:

$$GBWP = A_V f \qquad (7.50)$$

Nótese que si el GBWP es constante, a medida que se aumenta la ganancia la ganancia A_V, disminuye la frecuencia f. De manera similar a medida que aumenta la frecuencia f, disminuye la ganancia A_V.

El máximo ancho de banda BW o Δf, se obtiene cuando la ganancia es unitaria $A_V=1$.

Una de las razones para que la frecuencia de trabajo disminuya con el aumento de la ganancia es la capacitancia de Miller, efecto ya discutido en el capítulo V. Otras de las razones es que al aumentar la ganancia, por lo general aumentan los valores resistivos, por lo que se reduce la frecuencia de corte del filtro paso-bajo equivalente.

La reducción de la ganancia con la frecuencia, puede verse como la respuesta de un filtro pasa-bajo.

Esta respuesta de transferencia es constante en un amplificador cualquiera.

La figura 7-9 intenta explicar porque el GBWP es factor constante.

En cada punto señalado de la curva de la figura 7-9 se ha indicado el área correspondiente con el producto de A_V x f, pudiéndose ver que este se mantiene constante hasta donde la ganancia se reduce a 1.

Debido entonces al parámetro GBWP, cuando se diseña el amplificador OPAM para tenga un determinado ancho de banda, se toma en cuenta el GBWP de cada etapa, de allí se establece la máxima ganancia por etapa, y por ende el número de etapas necesarias para cumplir con ambos: la ganancia total A_{VOL}, y el ancho de banda BW requerido.

Un circuito integrado OPAMP puede tener como mínimo tres etapas.

7.3 El Amplificador Operacional.

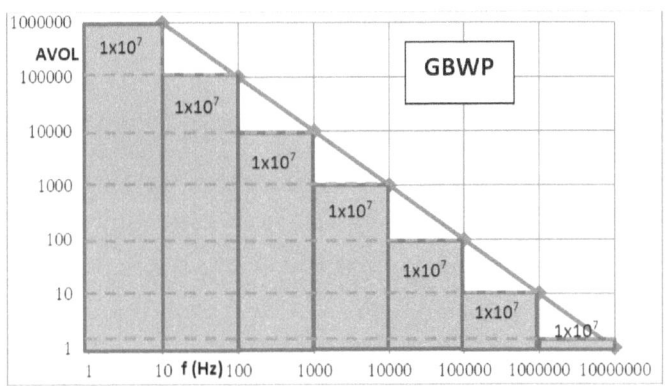

Figura 7-9 Demostración de que el GBWP es constante.

El GBWP también puede ser explicado matemáticamente desde el punto de vista de una función de transferencia de un filtro pasa-bajo, cuya respuesta de amplitud ya fue estudiada en el capítulo II, y que puede ser expresada así:

$$|H_{(\omega)}| = \frac{(\frac{1}{\omega C})}{\sqrt{R^2 + (\frac{1}{\omega C})^2}} \qquad (7.51)$$

Dónde R y C son los elementos que definen el filtro pasa-bajo y $|H_{(\omega)}|$ el módulo de la ganancia que sería equivalente al valor promedio del A_{VOL} del amplificador.

La expresión $|H_{(\omega)}|$, puede ser a su vez expresada en términos de múltiplos de la frecuencia de corte así:

$$|H(\omega)| = \frac{\frac{R}{n}}{\sqrt{R^2 + (\frac{R}{n})^2}} \qquad (7.52)$$

Evaluando a la función $|H(\omega)|$ como se muestra en la tabla 7-1 tenemos:

n	$|H(\omega)|$	$n|H(\omega)|$
10	0.1	1
100	0.01	1
1000	0.001	1

Tabla 7-1 Producto n|H(w)| en un filtro pasa-bajo.

En la tablas 7-1 puede observarse que valores de n ≥ 10 el producto $n|H(\omega)|$ es un valor constante.

$$n|H(\omega)| = 1 \quad |n\geq 10 \qquad (7.53)$$

En n=1 ocurre la frecuencia de corte.

El término $n|H(\omega)|$ equivale a la ganancia máximo del filtro, o en su comparación con el GBWP del amplificador.

De modo que la ecuación 7.53 puede re-escribirse así.

$$n|H(\omega)| = GBWP \quad |n\geq 10 \quad (7.54)$$

Donde n es múltiplo de la frecuencia de corte y $|H(\omega)|$ la ganancia obtenida para dicha frecuencia.

Esta característica se extiende también a los amplificadores, y por ello es necesario tomar en cuenta el parámetro del GBWP cando se diseña aplicaciones donde existe al mismo tiempo un compromiso de ganancia, y frecuencia.

Por otro lado, se mencionó también que la ganancia A_{VOL} en el operacional es bastante alta. Una ganancia tan alta es prácticamente imposible de trabajar en la mayoría de los casos. Por esta razón, es necesario controlar esta ganancia a valores mucho más pequeños, y esto se logra mediante la retroalimentación negativa, aspecto que a continuación tratamos.

7.5 La Retroalimentación Negativa en el OPAMP.

La figura 7-10 muestra el esquema de un OPAMP donde se ha hecho una retroalimentación negativa:

La retroalimentación negativa se produce al conectar la salida v_{out} hacia la entrada utilizando el puerto negativo, de modo que la señal de salida atenuada por la red β esta

7.5 La Retroalimentación Negativa en el OPAMP.

180° desfasada con la señal de entrada v_{in}, esto hace que se produzca una diferencia en el sumador. El término β es siempre menor o igual a 1.

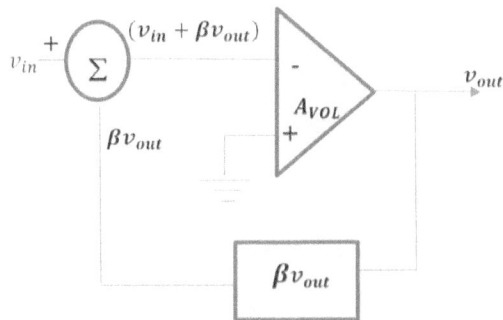

Figura 7-10 Concepto de la retroalimentación negativa en el OPAMP.

$$\beta \leq 1 \qquad (7.55)$$

Utilizando el modelo de la figura 7-10 haremos algunas deducciones:

El voltaje de salida en el OPAMP será:

$$v_{out} = (v^+ - v^-)A_{vOL} \qquad (7.56)$$

En esta etapa la salida v_{out} en el OPAMP es idéntica a la de un amplificador diferencial.

Como $v^+ = 0$, sustituyendo en (7.56) tenemos:

$$v_{out} = -v^- A_{vOL} \qquad (7.57)$$

Y

$$v^- = v_{in} + \beta v_{out} \qquad (7.58)$$

Sustituyendo en (7.57):

$$v_{out} = -A_{vOL}(v_{in} + \beta v_{out}) \qquad (7.59)$$

7.5 La Retroalimentación Negativa en el OPAMP.

Obsérvese en (7.57) que si el término $\beta v_{out} = 0$, la salida es negativa.

Despejando de (7.59) el término v_{out} obtenemos:

$$v_{out} = \frac{-A_{vOL} v_{in}}{(1+\beta A_{vOL})} \qquad (7.60)$$

Luego:

$$\frac{v_{out}}{v_{in}} = A_{vf} = \frac{-A_{vOL}}{(1+\beta A_{vOL})} \qquad (7.61)$$

El término A_{vf} define aquí la ganancia de retroalimentación, o de *feedback*, en inglés.

La retroalimentación es negativa ya que la ganancia A_{vf} se reduce en $(1 + \beta A_{vOL})$. El signo negativo indica también que la señal de salida está desfasada con respecto a la entrada en 180°. Esta configuración particular en el OPAMP se conoce como inversora.

Como el término A_{VOL} es por lo general $\gg 1$ entonces la expresión (7.61) puede reducirse así:

$$A_{vf} \cong -\frac{1}{\beta} \qquad (7.62)$$

La ganancia retroalimentada A_{vf} queda controlada por el parámetro externo: β.

Donde β es una red de atenuación del voltaje de salida.

Para visualizar más claramente lo anteriormente dicho, supongamos que el $A_{vOL} = 1000$, y queremos evaluar la expresión completa de A_{vf} para distintos valores de β. La tabla 7-2 muestra los resultados.

En la tabla 7-2 se utilizan la expresiones (7.61) y (7.62) respectivamente.

Los datos sombreados de la tabla 7-2 indican que para que las expresiones (7.61) y (7.62) puedan converger, la ganancia en retroalimentación debe ser al menos 10 veces menor que la ganancia máxima A_{vOL} (1000).

7.5 La Retroalimentación Negativa en el OPAMP.

Por otro lado, los datos no sombreados muestran también de forma coherente que a medida que el factor β se hace más grande, es decir una ganancia A_{vf} menor, las expresiones (7.61) y (7.62) convergen de manera aceptable.

β $A_{Vol} =$ 1000	$A_{vf} = \dfrac{-A_{vOL}}{(1 + \beta A_{vOL})}$	$A_{vf} \sim -\dfrac{1}{\beta}$	
0.001	-500	-1000	A medida que la ganancia A_{Vf} aumenta su aproximación es menos precisa.
0.002	-333.33	-500	
0.005	-166.66	-200	
0.01	-90.90	-100	
0.1	-9.90	-10	
0.2	-4.97	-5	
0.5	-1.99	-2	
1	-0.99	-1	

Tabla 7- 2 Ganancia en retroalimentación A_{vf} Vs β.

Es por esta razón que es deseable que el término A_{VOL} sea lo suficientemente grande como para que la expresión (7.62) pueda ser válida para un amplio rango de valores del factor β.

Si en el caso de la tabla 7-2 el término A_{VOL} = 100.000 por ejemplo, para un factor β =0.001, la ganancia A_{vf} puede aproximarse (ecuación 7.62) a 1000, con apenas un error de 1%.

La expresión (7.62) es conveniente, ya que la ganancia queda expresada como término de una red resistiva simple, como más adelante se verá.

Como se ha visto la ganancia del amplificador puede ser controlada, reduciéndola a través de una retroalimentación negativa. La retroalimentación negativa también afecta a la impedancia de entrada del amplificador.

7.5 La Retroalimentación Negativa en el OPAMP.

La impedancia de entrada retroalimentada Z_{inf} será:

$$Z_{inf} = \frac{v_{in}}{i_{in}} \qquad (7.63)$$

Asumiendo un circuito de entrada como el que se muestra en la figura 7–11, la Z_{inf} puede representarse de la siguiente manera:

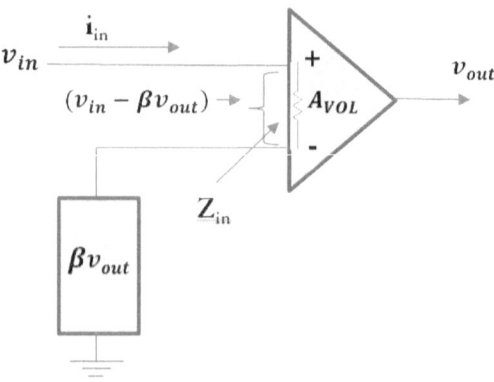

Figura 7- 11 Circuito equivalente para hallar el Z_{inf} en retroalimentación negativa.

Obsérvese que en el circuito de la figura 7-11 existe una retroalimentación negativa. La ganancia retroalimentada en este caso será:

$$(v_{in} - \beta v_{out})A_{VOL} = v_{out}$$

Despejando a v_{out}:

$$v_{out} = \frac{v_{in}A_{VOL}}{(1+\beta A_{VOL})} \qquad (7.64)$$

$$\frac{v_{out}}{v_{in}} = A_{vf} = \frac{A_{vOL}}{(1+\beta A_{vOL})} \qquad (7.65)$$

Nótese que en este caso la ganancia A_{vf} es positiva, es decir que la salida se mantiene en fase con la entrada, pero se mantiene una retroalimentación negativa ya que la ganancia

7.5 La Retroalimentación Negativa en el OPAMP.

se reduce en $(1 + \beta A_{vOL})$. Adicionalmente, el *feedback* de salida-entrada sigue siendo por el puerto negativo. Esta configuración se conoce como no-inversora.

Volviendo con el cálculo de la Z_{in}, la corriente de entrada i_{in} será:

$$i_{in} = \frac{(v_{in} - \beta v_{out})}{Z_{in}} \qquad (7.66)$$

Dónde Z_{in} es la impedancia de entrada natural del amplificador.

Sustituyendo en (7.63) tenemos:

$$Z_{inf} = \frac{v_{in}}{\frac{(v_{in} - \beta v_{out})}{Z_{in}}} = \frac{Z_{in} v_{in}}{(v_{in} - \beta v_{out})}$$

Simplificando la expresión anterior:

$$Z_{inf} = \frac{Z_{in}}{(1 - \beta \frac{v_{out}}{v_{in}})}$$

Que puede escribirse también como:

$$Z_{inf} = \frac{Z_{in}}{(1 - \beta A_{vf})} \qquad (7.67)$$

Luego sustituyendo a A_{Vf} en Z_{inf} tenemos:

$$Z_{inf} = \frac{Z_{in}}{(1 - \frac{\beta A_{vOL}}{(1 + \beta A_{vOL})})}$$

Resolviendo en la expresión anterior:

$$Z_{inf} = Z_{in}(1 + \beta A_{vOL}) \qquad (7.68)$$

Lo anterior indica que la impedancia de entrada efectiva del amplificador queda aumentada por el factor $(1 + \beta A_{vOL})$, cuando se utiliza una configuración no-inversora, y una retroalimentación negativa.

La impedancia de salida retroalimentada Z_{outf} es:

$$Z_{outf} = \frac{v_{out}}{i_{out}} \qquad (7.69)$$

7.5 La Retroalimentación Negativa en el OPAMP.

La figura 7-12 presenta el circuito equivalente para calcular la Z_{outf}

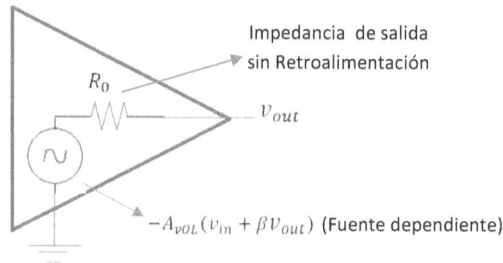

Figura 7- 12 Circuito equivalente de salida para hallar el Z_{outf}.

R_0 es la impedancia de salida natural del amplificador.

Aplicando Kirchhoff en el circuito de salida tenemos:

$$-(V_{in} + \beta v_{out})A_{vOL} = i_{out}R_0 + v_{out} \qquad (7.70)$$

Despejando a v_{out} tenemos:

$$v_{out} = \frac{-i_{out}R_0}{(1 + \beta A_{vOL})} - \frac{v_{in}A_{vOL}}{(1 + \beta A_{vOL})}$$

Derivando la ecuación anterior respecto de i_{out} tenemos:

$$\frac{\partial v_{out}}{\partial i_{out}} = Z_{outf} = \frac{-R_0}{(1+ \beta A_{vOL})} \qquad (7.71a)$$

$$|Z_{outf}| = \frac{R_0}{(1+\beta A_{vOL})} \qquad (7.71b)$$

El término negativo denota una pendiente negativa de la curva de resistencia que disminuye a medida el término ($1 + \beta A_{vOL}$) aumenta.

En términos prácticos, cuando aumenta la ganancia A_{vf} disminuye la Z_{outf} y viceversa.

La impedancia de salida retroalimentada del amplificador disminuye por un factor:

$(1 + \beta A_{vOL})$.

7.6 Configuraciones básicas con el OPAMP:

Resumiendo sobre lo obtenido hasta aquí podemos decir que cuanto más alto sea el término de la ganancia a lazo abierto A_{vOL}, más cerca estará el amplificador de comportarse idealmente.

En este comportamiento ideal, la aproximación del módulo de la ganancia retroalimentada es: $\left|\frac{1}{\beta}\right|$

La retroalimentación negativa no solo permite controlar una alta ganancia a través de una red β externa, sino que además mejora notablemente las características básicas del amplificador como son su impedancia de entrada y salida, por un factor $(1 + \beta A_{vOL})$ de forma correspondiente.

7.6 Configuraciones básicas con el OPAMP:

7.6.1 Amplificador Inversor.

La figura 7-13 muestra un OPAMP ideal en configuración de inversor.

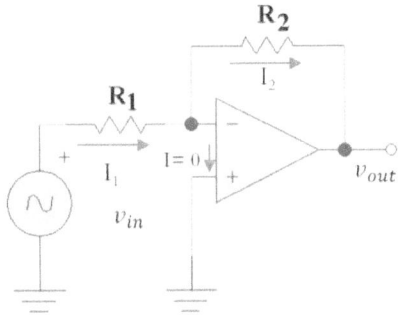

Figura 7-13 OPAMP en configuración de inversor.

Los siguientes parámetros son asumidos para el análisis de este modelo:

- Ganancia a lazo abierto A_{vOL}: muy grande

7.6 Configuraciones básicas con el OPAMP:

- Impedancia de entrada Z_{in}: muy grande

Como ya se dijo anteriormente, el voltaje de salida del OPAMP es siempre.

$$v_{out} = (v^+ - v^-)A_{vOL} \qquad (7.56)$$

Siendo que $v^+ = 0$ tenemos:

$$v_{out} = -v^- A_{vOL} \qquad (7.57)$$

El voltaje en v^- será entonces:

$$v^- = \frac{-v_{out}}{A_{vOL}}$$

Ya que A_{vOL} es muy grande: $v^- \to 0$

Como v^- tiende a cero, se puede utilizar esta aproximación para definir lo que se conoce como *tierra virtual*.

La *tierra virtual*, es la aproximación de un corto-circuito entre los terminales v^+ y v^- que permite considerar que siempre están casi al mismo voltaje. Sin embargo, la corriente que circula a través de los terminales v^+ y v^- es prácticamente nula, debido a la alta impedancia que existe entre estos terminales.

El concepto de *tierra virtual* es aplicable, solo cuando los parámetros de A_{vOL} y la Z_{in} son relativamente muy grandes.

Cuando se diseña circuitos operacionales de forma discreta, por ejemplo, hay que tomar en cuenta que este concepto de aproximación puede conducir a resultados menos exactos.

Considerando las condiciones anteriores y utilizando el concepto de la *tierra virtual* tenemos:

$$v^+ = v^- \qquad (7.72)$$

$$I_1 = I + I_2 \qquad (7.73)$$

Como la corriente I es cero, tenemos:

$$I_1 = I_2 \qquad (7.74)$$

7.6 Configuraciones básicas con el OPAMP:

Luego:

$$I_1 = \frac{v_{in}}{R_1} \quad Y \quad I_2 = \frac{(-v_{out})}{R_2}$$

Igualando y despejando v_{out}:

$$v_{out} = -\frac{R_2}{R_1} v_{in} \qquad (7.75)$$

Como puede verse, el signo negativo indica que la salida esta 180° desfasada de la entrada v_{in}. La ganancia queda:

$$A_{Vf} = -\frac{R_2}{R_1} \qquad (7.76)$$

El término:

$$-\frac{R_2}{R_1} = \frac{-1}{\beta}$$

$$\beta = \frac{R_1}{R_2}$$

Recordemos que la ganancia retroalimentada del inversor (ecuaciones 7.61 y 7.62) es:

$$A_{vf} = \frac{-A_{vOL}}{(1+\beta A_{vOL})} \cong \frac{-1}{\beta}$$

La impedancia de entrada en este caso es:

$$Z_{inf} = \frac{v_{in}}{I_1} = R_1 \qquad (7.77)$$

En esta configuración la impedancia de entrada es automáticamente el valor de R_1. Por lo que no se aprovecha totalmente la alta impedancia de entrada del OPAMP.

La impedancia de salida será:

$$|Z_{outf}| = \frac{R_0}{(1+\beta A_{vOL})} \qquad (7.71b)$$

Supongamos que $A_{vOL} = 1000$, y $A_{vf} = -100$, por ejemplo, $|Z_{outf}| \cong 0.1 R_0$, lo cual significa que la impedancia de salida disminuye en un décimo.

7.6 Configuraciones básicas con el OPAMP:

A medida que la ganancia A_{vf} disminuye, lo hace también la impedancia de salida Z_{outf} del Amplificador.

7.6.2 Amplificador No-Inversor.

La figura 7-14 muestra la configuración de No-Inversor.

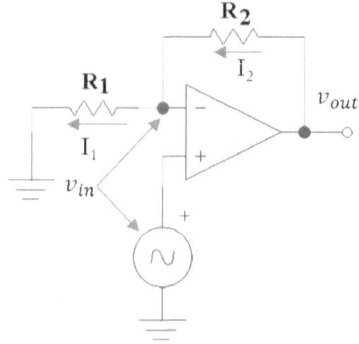

Figura 7- 14 OPAMP en configuración de No-Inversor.

Esta configuración es la misma planteada en la figura 7-11, que se utilizó para calcular la impedancia de entrada Z_{inf}.

Aplicando el concepto de *tierra virtual*:

$$I_1 = I_2$$

Luego:

$$I_1 = \frac{v_{in}}{R_1} \quad Y \quad I_2 = \frac{(v_{out} - v_{in})}{R_2}$$

Igualando y despejando v_{out}:

$$v_{out} = v_{in}\left(1 + \frac{R_2}{R_1}\right) \qquad (7.78)$$

Como puede notarse, la salida está en fase con la entrada.

7.6 Configuraciones básicas con el OPAMP:

La ganancia mínima en esta configuración es 1.

La ganancia retroalimentada queda:

$$A_{Vf} = \left(1 + \frac{R_2}{R_1}\right) \qquad (7.79)$$

El término:

$$1 + \frac{R_2}{R_1} = \frac{1}{\beta}$$

$$\beta = \frac{R_1}{(R_1 + R_2)}$$

La ganancia en retroalimentación del no-inversor es por definición:

$$A_{Vf} = \frac{A_{vOL}}{(1 + \beta A_{vOL})} \cong \frac{1}{\beta}$$

La impedancia de entrada es (véase la figura 7-11):

$$Z_{inf} = Z_{in}(1 + \beta A_{vOL})$$

Podemos observar que en esta configuración se aprovecha la máxima impedancia de entrada que ofrece la retroalimentación en el OPAMP.

La impedancia de salida será igual que en el caso del OPAMP en configuración de inversor:

$$|Z_{outf}| = \frac{R_0}{(1 + \beta A_{vOL})}$$

7.6.3 Amplificador Seguidor de Tensión.

La figura 7-15 muestra el OPAMP en configuración de seguidor.

La expresión de salida v_{out} será:

$$(v_{in} - v_{out})A_{vOL} = v_{out} \qquad (7.80\text{a})$$

7.6 Configuraciones básicas con el OPAMP:

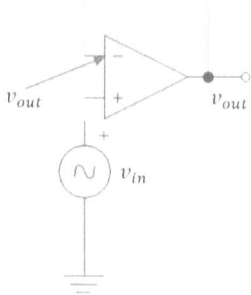

Figura 7- 15 OPAMP en configuración de seguidor.

Despejando v_{out} tenemos:

$$v_{out} = \frac{v_{in} A_{vOL}}{(1+ A_{vOL})} \cong v_{in} \quad (7.80b)$$

De modo que:

$$A_{vf} = \frac{v_{out}}{v_{in}} \cong 1 \quad (7.80c)$$

Debido a que la ganancia es unitaria se le llamada seguidor de entrada o seguidor de tensión.

La impedancia de entrada es (véase la figura 7-11):

$$Z_{inf} = Z_{in}(1 + \beta A_{vOL})$$

La impedancia de salida (véase figura 7-12) será:

$$|Z_{outf}| = \frac{R_0}{(1 + \beta A_{vOL})}$$

En este caso el factor $\beta = 1$.

En esta configuración si bien la ganancia es unitaria, se saca provecho de la máxima impedancia de entrada. Adicionalmente, ofrece también el mayor ancho de banda (BW) que puede ofrecer el amplificador, recuérdese el factor GBWP.

7.6 Configuraciones básicas con el OPAMP:

7.6.4 Amplificador Inversor con filtro pasa-alto.

La figura 7-16 muestra la configuración de inversor en el que se ha añadido un filtro pasa-alto. La adición de un capacitor en la impedancia de entrada R_1, hace que el amplificador se desacople del voltaje DC, quedando acoplado solo en AC. La combinación serie de C_1 y R_1 forma el filtro pasa-alto. La frecuencia de corte de este filtro será:

$$f_c = \frac{1}{2\pi R_1 C_1} \qquad (7.81)$$

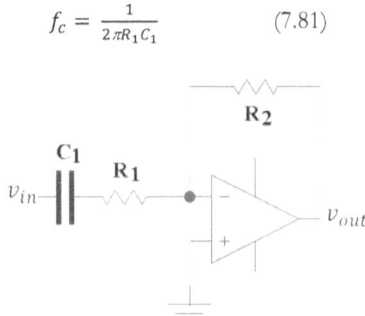

Figura 7-16 OPAMP en configuración de inversor con filtro pasa-alto.

La respuesta de este amplificador es similar a la de un inversor normal, solo que la ganancia máxima ($\frac{R_2}{R_1}$) se alcanza solo para aquellas frecuencias mayores a la frecuencia de corte f_c.

En cambio, la ganancia disminuye para aquellas frecuencias menores a la f_c.

La reducción de la ganancia para las frecuencias inferiores a f_c se corresponde con la atenuación característica del filtro pasa-alto RC, y de es -20 dB/Década.

La respuesta gráfica de este filtro se resume en la figura 7-17.

7.6 Configuraciones básicas con el OPAMP:

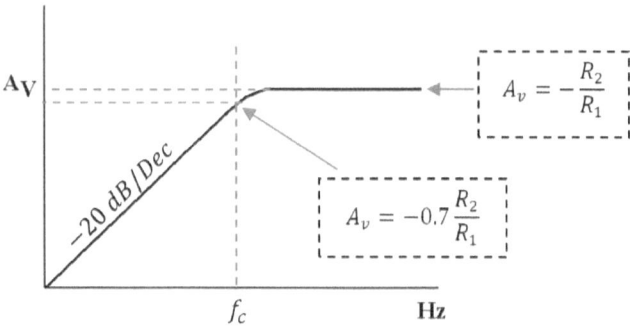

7-17 Respuesta gráfica del circuito de la figura 7-16.

7.6.5 Amplificador Inversor con filtro pasa-bajo.

La figura 7-18 presenta ahora un amplificador inversor con filtro pasa-bajo. La incorporación de un capacitor C_2 en paralelo con R_2 hace que la ganancia del amplificador disminuya conforme la frecuencia supera la frecuencia de corte f_c. La frecuencia de corte es:

$$f_c = \frac{1}{2\pi R_2 C_2} \qquad (7.82)$$

Para frecuencias menores a la f_c la ganancia del inversor es máxima ($\frac{R_2}{R_1}$).

Al igual que en caso anterior, la atenuación característica del filtro pasa-bajo RC para las frecuencias mayores a f_c de -20 dB/Década.

La respuesta gráfica de este filtro se resume en la figura 7-19.

7.6 Configuraciones básicas con el OPAMP:

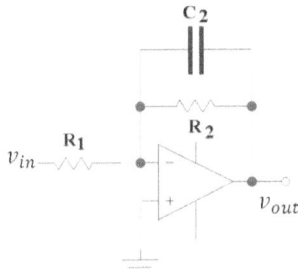

7-18 Amplificador inversor con filtro pasa-bajo.

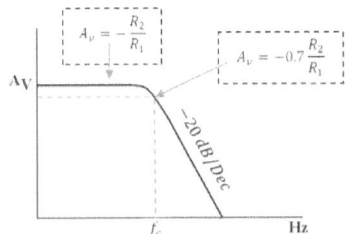

7-19 Respuesta gráfica del circuito de la figura 7-18.

7.6.6 Amplificador inversor con filtro pasa-banda.

La figura 7-20 muestra la combinación de un filtro pasa-alto y un pasa-bajo, en la configuración de inversor. La frecuencia de corte baja f_{c1} y la frecuencia de corte alta f_{c2} serán:

$$f_{c1} = \frac{1}{2\pi R_1 C_1} \quad y \quad f_{c2} = \frac{1}{2\pi R_2 C_2}$$

Como es de esperarse la respuesta del amplificador presenta características tanto de un filtro pasa-alto como de un pasa-bajo, siendo entonces un filtro pasa-banda. La atenuación de la ganancia será de -20 dB/Década por detrás y por delante de las frecuencias de cortes f_{c1} y f_{c2} respectivamente.

7.6 Configuraciones básicas con el OPAMP:

La ganancia, de valor máximo ($\frac{R_2}{R_1}$) ocurre en la banda de paso, y se alcanza justo en la frecuencia central f_c, que se corresponde con la media geométrica de f_{c1} y f_{c2}, que es:

$$f_c = \sqrt{f_{c1} * f_{c2}} \qquad (7.83)$$

En términos prácticos, se puede asumir que la respuesta en la banda de paso es plana, y con ganancia máxima si las frecuencias de corte f_{c1} y f_{c2} están bastante distanciadas, ya que la respuesta parabólica que se corresponde con este filtro, presentaría una curva muy abierta o plana.

La atenuación de la ganancia es también de -20 dB/Década.

La figura 7-21 representa la respuesta gráfica de este tipo de filtro.

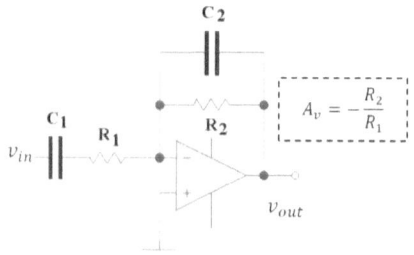

7-20 Amplificador inversor con filtro pasa-banda.

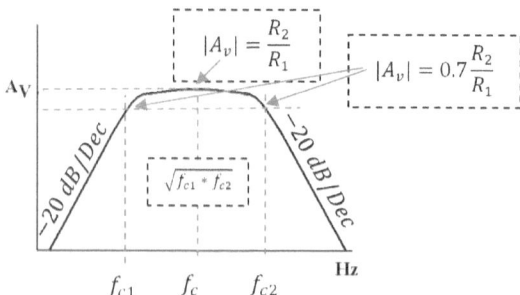

7-21(a) Respuesta gráfica del circuito de la figura 7-20. f_{c1} y f_{c2} bien distanciadas.

7.6 Configuraciones básicas con el OPAMP:

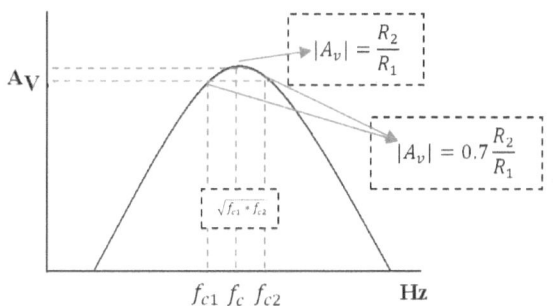

7-21(b) Respuesta gráfica del circuito de la figura 7-20. f_{c1} y f_{c2} muy cercanas.

La figura 7-21(b) muestra el caso cuando las frecuencias de corte f_{c1} y f_{c2} están muy cercanas, pudiéndose notar claramente el efecto parabólico del filtro.

7.6.7 Amplificador Inversor Sumador: *mixer*

La figura 7-22 muestra el OPAM en configuración de sumador.

Aplicando *tierra virtual*:

$$I_1 + I_3 = I_2$$

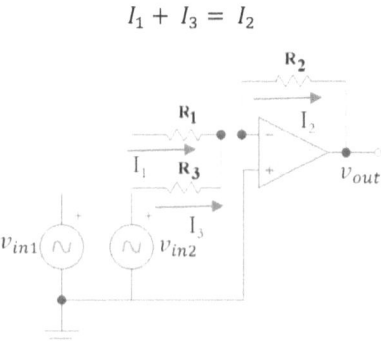

Figura 7-22 OPAMP Inversor en configuración de sumador.

7.6 Configuraciones básicas con el OPAMP:

$$I_1 = \frac{v_{in1}}{R_1} \; ; \; I_3 = \frac{v_{in2}}{R_3} \; ; \; I_2 = -\frac{v_{out}}{R_2}$$

Sustituyendo los términos y despejando a v_{out} tenemos:

$$v_{out} = -\left(\frac{R_2}{R_1} v_{in1} + \frac{R_2}{R_3} v_{in2}\right) \qquad (7.84)$$

Si $R_1 = R_3$ tenemos:

$$v_{out} = -\frac{R_2}{R_1}(v_{in1} + v_{in2}) \qquad (7.85)$$

La configuración de sumador no está limitada a dos señales, de forma teórica se pueden sumar tantas señales como sean posibles.

La ganancia de cada señal será:

$$A_{vf} = -\frac{R_2}{R_1}$$

7.6.8 Amplificador Inversor Diferenciador o Sustractor.

La figura 7-23 ilustra esta configuración:

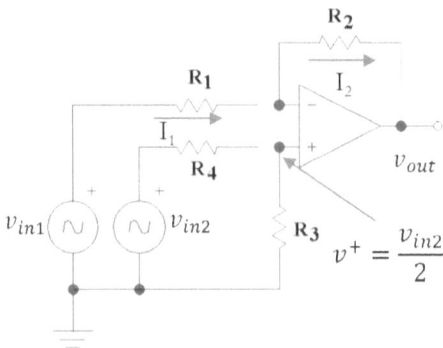

Figura 7-23 OPAMP en configuración de diferenciador o sustractor.

Definimos:

$R_4 = R_3$, y $R_2 = R_1$

7.6 Configuraciones básicas con el OPAMP:

$$v^+ = \frac{v_{in2}}{2}$$

Luego:

$$I_1 = I_2$$

$$I_1 = \frac{(v_{in1} - \frac{v_{in2}}{2})}{R_1} \;;\; I_2 = \frac{(\frac{v_{in2}}{2} - v_{out})}{R_2}$$

Sustituyendo y despejando a v_{out} tenemos:

$$v_{out} = (V_{in2} - V_{in1}) \qquad (7.86)$$

La ganancia en este caso es:

$$|A_{vf}| = \frac{R_2}{R_1} = 1$$

Si $R_4 = R_1$, $R_3 = ?$, y $R_2 \neq R_1$

$$x = \frac{R_3}{(R_3 + R_4)} \qquad (7.87a)$$

$$R_3 = \frac{xR_4}{(1-x)} \qquad (7.87b)$$

$$v^+ = xv_{in2}$$

Luego:

$$I_1 = I_2$$

$$I_1 = \frac{(v_{in1} - xv_{in2})}{R_1} \;;\; I_2 = \frac{(xv_{in2} - v_{out})}{R_2}$$

$$v_{out} = xv_{in2}\left(1 + \frac{R_2}{R_1}\right) - \frac{R_2}{R_1}v_{in1} \qquad (7.88)$$

Igualando la expresión (7.88) a la forma deseada:

7.6 Configuraciones básicas con el OPAMP:

$$xv_{in2}\left(1+\frac{R_2}{R_1}\right)-\frac{R_2}{R_1}v_{in1} = \frac{R_2}{R_1}(v_{in2}-v_{in1}) \quad (7.89a)$$

Despejando el término x:

$$x = \frac{\frac{R_2}{R_1}}{\left(1+\frac{R_2}{R_1}\right)} \quad (7.89b)$$

Sustituyendo x por su valor en (7.87b) obtenemos el valor de R_3, de modo que la salida v_{out} es ahora:

$$v_{out} = \frac{R_2}{R_1}(v_{in2}-v_{in1}) \quad (7.90)$$

La ganancia del diferencial es ahora:

$$|A_{vf}| = \frac{R_2}{R_1}$$

La ganancia puede ser en este caso mayor que 1.

7.6.9 Amplificador Inversor Integrador.

La figura 7-24 muestra ahora un OPAMP como circuito integrador:

El voltaje en el capacitor es:

$$v_C = \frac{1}{C}\int_0^t i_c dt \quad (7.91)$$

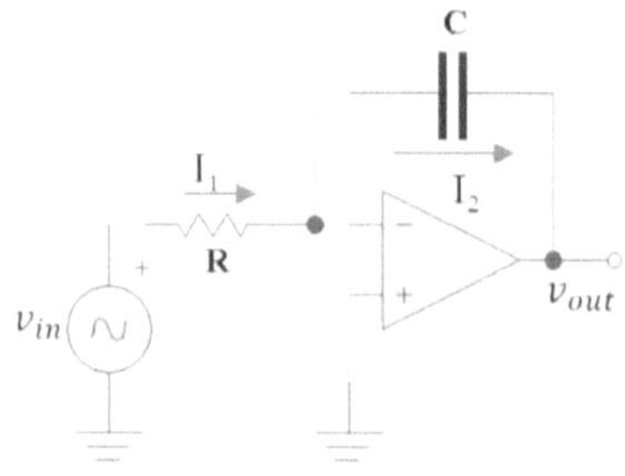

Figura 7- 24 OPAMP como Integrador.

7.6 Configuraciones básicas con el OPAMP:

Dónde i_c es la corriente promedio del capacitor.

Despejando a i_c tenemos:

$$i_c = C \frac{dv_C}{dt}$$

El voltaje en el capacitor V_C es también el voltaje de salida v_{out}, además, v_{out} es negativo por estar en configuración de inversor, por lo que:

$$v_C = -v_{out}$$

Sustituyendo en i_c:

$$i_c = -C \frac{dv_{out}}{dt} \qquad (7.92)$$

Luego tenemos que:

$$I_1 = I_2$$

$$I_1 = \frac{v_{in}}{R} \; ; \; I_2 = i_c$$

Sustituyendo e igualando:

$$\frac{v_{in}}{R} = -C \frac{dv_{out}}{dt}$$

Integrando a la expresión anterior y despejando a v_{out}:

$$v_{out} = \frac{-1}{RC} \int_0^t v_{in} \, dt \qquad (7.93)$$

Dónde el término $\frac{1}{RC}$ representa la constante de ajuste de la pendiente con la que el voltaje de entrada se integra en el intervalo de tiempo ente 0 y t.

$$\tau = RC$$

Por ejemplo, si R = 1kΩ, C = 1μF, t = 1 ms, y $v_{in} = 1 \, V \, DC$ tenemos:

$$como: \tau = RC = 1\text{k}\Omega \; 1\text{μF} = 1\text{x}10^{-3} seg$$

7.6 Configuraciones básicas con el OPAMP:

$$\frac{1}{\tau} = 1000 \; seg^{-1}$$

Si evaluamos la integral en el tiempo de 1 seg, por ejemplo, tendremos:

$$v_{out} = \frac{-1}{RC} \int_0^t V_{in} \, dt = -1000 \; V \, | t = 1 \; seg$$

Para t= 1 ms tenemos:

$$v_{out} = \frac{-1}{RC} \int_0^t V_{in} \, dt = -1 \; V \, | t = 1 \; mseg$$

El resultado de integrar un voltaje DC en el tiempo es una línea recta que se incrementa de manera constante hasta el infinito, si t es infinito también. Por su puesto, en el caso del OPAMP el voltaje de salida no es infinito, este aumentará linealmente hasta alcanzar el voltaje de saturación máximo que puede ofrecer el OPAMP, y en sentido negativo, que es aproximadamente $-V_{CC}$.

Lo anterior significa que el voltaje de salida crece linealmente a razón de 1000 Voltios por segundo. Lo cual a su vez, implica que en un tiempo mucho menor a 1 seg la salida alcanzará su nivel máximo negativo. Luego, la señal permanecerá en este estado tanto como el voltaje V_{in} esté presente en la entrada.

Si disminuimos el valor de R por ejemplo, aumenta la pendiente del voltaje de salida, de igual forma que si disminuimos C.

De manera contraria si aumentamos el valor de la constante τ, disminuye la pendiente del voltaje de salida v_{out}.

Si la señal de entrada es una onda cuadrada por ejemplo, se puede obtener una salida triangular ajustando la constante τ apropiadamente, para que no se alcance la saturación en el intervalo de tiempo que corresponde con los semiciclos de la señal V_{in}.

7.6 Configuraciones básicas con el OPAMP:

Este circuito se puede utilizar para generar una señal triangular a partir de una cuadrada, o una seudo senoidal a partir de una triangular.

7.6.10 Amplificador Derivador.

La figura 7-25 muestra el OPAM en configuración de Derivador.

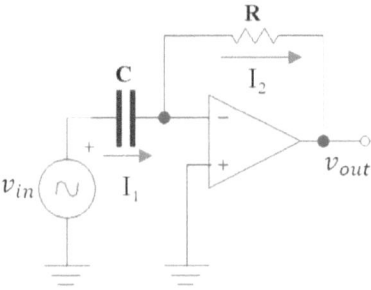

Figura 7- 25 OPAMP en configuración de Derivador.

$$i_c = I_1 = C\frac{dv_C}{dt} \; ; \; v_C = v_{in} \qquad (7.94)$$

$$I_2 = \frac{-v_{out}}{R}$$

Igualando ambas corrientes y despejando a v_{out} tenemos:

$$v_{out} = -RC\frac{dv_{in}}{dt} \qquad (7.95)$$

Donde RC representa la constante que ajusta la amplitud con la que el voltaje de entrada es derivado en el intervalo de tiempo Δt.

$$\tau = RC$$

Por ejemplo, si R = 1 MΩ, C = 1 µF, y v_{in} es una señal triangular, con una pendiente constante de 1V/seg, entonces v_{out} será:

$$v_{out} = -RC\frac{dv_{in}}{dt} = -1\,V$$

7.6 Configuraciones básicas con el OPAMP:

Lo que significa que en el voltaje de salida alcanza instantemente -1V, y como la razón de cambio o pendiente de la señal de entrada es constante, el voltaje de salida se mantendrá en -1 V de forma constante hasta que el v_{in} cambie o modifique su pendiente, como cuando pasa de del nivel positivo al nivel negativo, lo que en este caso hará que la salida del OPAMP cambie de -1V a +1 V. Recuerde también que esta configuración es inversora.

El resultado es que se genera una señal cuadrada a partir de una triangular.

Si aumentamos el Valor R, aumenta la amplitud de salida, de igual forma que si aumentamos el valor de C.

Si la señal de entrada es un por ejemplo valor DC, la amplitud de salida será de 0 V, ya que su variación o pendiente en el tiempo es también nula.

7.6.11 Comparador de Voltaje.

Un comparador de voltaje es básicamente un amplificador operacional con una ganancia muy elevada, y que puede usar retroalimentación positiva, de manera que el voltaje de salida sea el máximo positivo (saturación positiva), o el máximo negativo (saturación negativa), cuando el voltaje de entrada es mayor o menor respecto de un voltaje de referencia.

En el capítulo siguiente se tratará en detalle el concepto de la retroalimentación positiva. Por ahora es suficiente con explicar que en la retroalimentación positiva la señal de entrada se suma con una parte de la señal de salida, ambas en fase, y por lo tanto, la señal de salida crece de manera reiterativa hasta alcanzar un nivel de salida máximo positivo o negativo que corresponda con el voltaje de saturación respectivo.

En la retroalimentación positiva la ganancia puede aumentar hasta hacerse prácticamente infinito, a diferencia de que en la retroalimentación negativa siempre disminuye.

7.6 Configuraciones básicas con el OPAMP:

Los comparadores de voltaje pueden ser de lazo abierto; sin retroalimentación, o de lazo cerrado; con retroalimentación. La figura 7-27 muestra un comparador de lazo abierto.

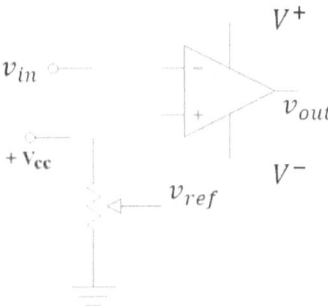

Figura 7-27 Comparador de voltaje de lazo abierto.

La señal de salida v_{out} se representa en la figura 7-28 y se resume así:

$$v_{out} = V_{sat-} \quad si \; v_{in} > v_{ref}$$

$$v_{out} = V_{sat+} \quad si \; v_{in} < v_{ref}$$

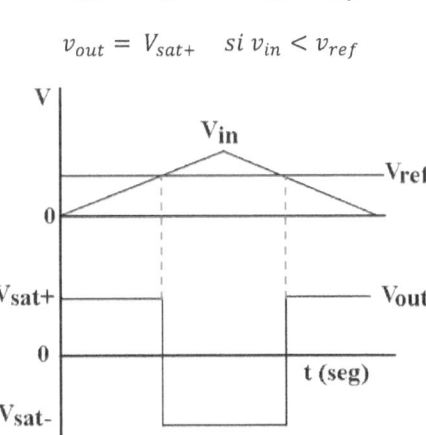

Figura 7-28 Respuesta gráfica del comparador dela figura 7-27

Para que la respuesta del amplificador conduzca a un nivel de saturación en v_{out} es necesario que la ganancia a lazo abierto A_{vol} del operacional sea lo suficientemente alta,

7.6 Configuraciones básicas con el OPAMP:

y que además el diferencial de entrada $(v_+ - v_-)$ sea distinto de cero. Veamos la tabla 7-3 donde se ilustra numéricamente esta condición:

$(v_+ - v_-)\ (mV)$	A_{vol}	$v_{out}\ (V)$
10	10.000	v_{sat+}
1	10.000	10
0,1	10.000	1
0	10.000	0
-0,1	10.000	-1
-1	10.000	-10
-10	10.000	v_{sat-}

Tabla 7-3 Efecto de la A_{vol} y del diferencial $(v_+ - v_-)$ en la respuesta del comparador. $|v_{sat}| = 15\ V$

En el ejemplo de la tabla 7-3 se puede observar que aunque la ganancia A_{vol} es de 10.000, el voltaje de salida del comprador solo alcanza la saturación positiva o negativa cuando el diferencial es de ±10 mV respectivamente. Y cuando el diferencial es cero la salida también cero. Esto se debe a que la respuesta del comparador es también la respuesta del OPAMP, y que es:

$$(v_+ - v_-)A_{vol} = v_{out}$$

De lo anterior se puede deducir que para el funcionamiento ideal de un comparador, la ganancia a lazo abierto debe ser la mayor posible. Una ganancia mayor hará que la salida alcance el voltaje de saturación respectivo con una diferencia en la entrada relativamente menor.

La diferencia de voltaje $(v_+ - v_-)$ más pequeña que puede resolver un comparador para que a su salida sea saturada positiva o negativamente se le llama voltaje de histéresis v_h.

En un comparador de lazo abierto el voltaje de histéresis es muy pequeño y es aproximadamente:

7.6 Configuraciones básicas con el OPAMP:

$$v_h = \frac{|v_{sat}|}{A_{vol}} \quad (7.96)$$

En ocasiones, cuando el voltaje de entrada es ruidoso o fluctúa sobre un valor, puede ocasionar oscilaciones en el comparador, debido a que la histéresis es muy pequeña. Véase el ejemplo de la figura 7-29.

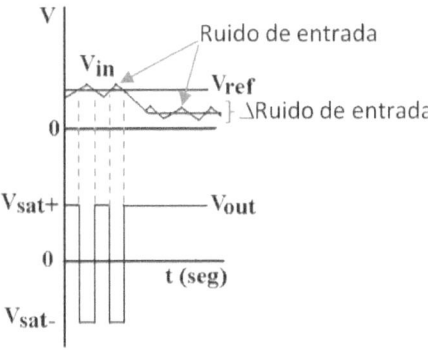

Figura 7-29 Efecto de Oscilación en el comparador por ruido en la entrada.

En este caso, es deseable aumentar la histéresis para reducir o evitar oscilaciones indeseadas en el comparador. Esto se logra mediante la retroalimentación positiva. La figura 7-30 muestra un comparador en el que se utiliza una red resistiva que proporciona retroalimentación positiva. A esta configuración se le conoce como comparador de *Smith Trigger*.

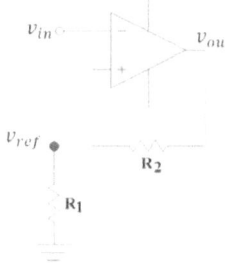

Figura 7-30 Comparador de *Smith Trigger*.

7.6 Configuraciones básicas con el OPAMP:

El voltaje de referencia es:

$$v_{ref} = \pm v_{sat}\left(\frac{R_1}{R_1+R_2}\right) \qquad (7.97)$$

La respuesta gráfica se observa en la figura 7-31.

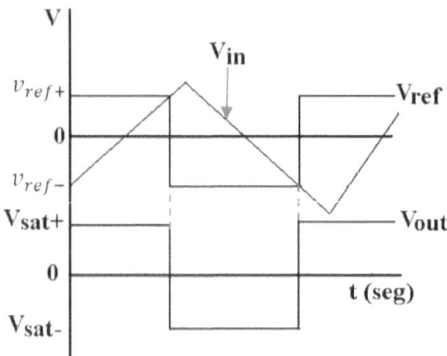

Figura 7-31 Respuesta gráfica del comparador de Smith Trigger.

En la figura 7-31 se puede observar que el voltaje de salida está en fase con el voltaje de referencia, lo cual comprueba la retroalimentación positiva. Nótese también que el voltaje de referencia cambia de signo conforme lo hace la salida v_{out}. Esto hace que una vez que cambie la salida del comparador el nivel de referencia también la hace, de modo que para que la salida pueda volver a cambiar de nuevo la entrada debe variar en voltaje una cantidad mayor que $2v_{ref}$. El voltaje de histéresis se ha aumentado hasta $2v_{ref}$. El aumento del voltaje de histéresis hace que el comprador sea menos propenso a oscilar por ruido en la señal de entrada.

El nivel de referencia y por ende la histéresis se puede controlar a voluntad por medio del divisor de voltaje entre R_1 y R_2, pudiéndose ajustar a los niveles requeridos.

$$v_h = 2v_{sat}\left(\frac{R_1}{R_1+R_2}\right) \qquad (7.98)$$

La función de trasferencia del *Smith Trigger* puede verse en la curva de la figura 7-32.

7.6 Configuraciones básicas con el OPAMP:

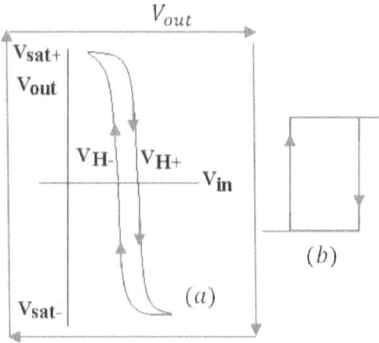

Figura 7-32. (a) Función de transferencia real del comparador *Smith Trigger* implementado con un comparador inversor, (b) símbolo del comparador *Smith Trigger* (ideal).

El símbolo para indicar que se trata de un elemento con respuesta de Smith Trigger es el indicado en la figura 7-32(b).

La figura 7-33 presenta la función de transferencia para el caso de un comparador de *Smith Trigger* no inversor.

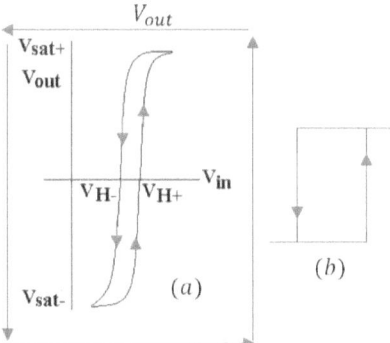

Figura 7-33. (a) Función de transferencia real del comparador *Smith Trigger* implementado con un comparador no inversor, (b) símbolo del comparador *Smith Trigger* (ideal).

La figura 7-34 presenta el esquema de un comparador de *Smith Trigger* implementado con un comparador no inversor.

7.6 Configuraciones básicas con el OPAMP:

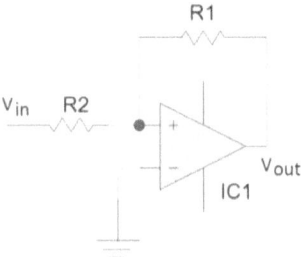

Figura 7-34. Comparador de Smith Trigger no inversor.

El voltaje en V^+ es:

$$V^+ = \frac{R_1}{R_1+R_2} v_{in} + \frac{R_2}{R_1+R_2} v_{sat} \qquad (7.99)$$

En este caso la salida cambiará de estado cuando el terminal V+ esté por encima o debajo de cero voltios.

Si la salida V_{out} es inicialmente positiva por ejemplo:

Para $V^+ = 0$ tenemos:

$$v_{in} = -\frac{R_2}{R_1} v_{sat}$$

Y si la salida v_{out} es inicialmente negativa:

$$v_{in} = \frac{R_2}{R_1} v_{sat}$$

El voltaje de referencia es entonces:

$$V_{ref} = \pm \frac{R_2}{R_1} v_{sat} \qquad (7.100)$$

Y el voltaje de histéresis es entonces:

$$V_h = 2\frac{R_2}{R_1} V_{sat} \qquad (7.101)$$

7.7 Diseños de OPAMP a medida:

Si por ejemplo $R_1 = 10$ K y $R_2 = 5$ K tenemos:

$$V_h = \frac{R_2}{R_1} V_{sat} = 0.5\, V_{sat}$$

La 7-35 muestra ahora el esquema de señales correspondiente al comparador de Smith Trigger no inversor:

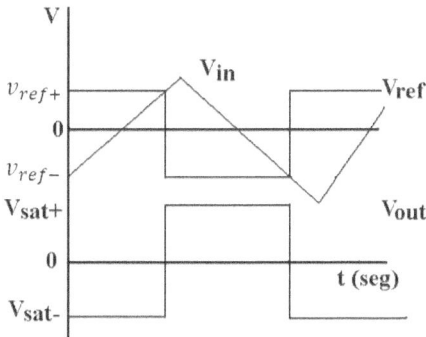

Figura 7-35 Respuesta gráfica del comparador de Smith Trigger no inversor.

7.7 Diseños de OPAMP a medida:

7.7.1 Diseño de un modelo de Amplificador OPAMP discreto.

Un amplificador operacional discreto es aquel que no está integrado en una cápsula única. Los amplificadores OPAMP que normalmente están disponibles comercialmente como por ejemplo: LM741, TL071, LF351, por nombrar algunos, están embutidos en una capsula plástica, de 8, 14, o 16 pines, llamada *chip*, en inglés, y que se fabrican por medio de una técnica de muy alta o ultra escala de integración, conocida como VLSI (*Very Large Scale-Integration*) o ULSI (*Ultra Large Scale-Integration*) en inglés. Esta técnica permite construir transistores de silicio del tamaño de menos una micra, pudiéndose arreglar alrededor de 1 millón de transistores por mm². Tal escala de integración tiene sus beneficios como sus contras. Entre los beneficios es obvio la reducción del tamaño en el diseño de circuitos y de equipos electrónicos, además, de los bajos costos. Entre sus

7.7.1 Diseño de un modelo de Amplificador OPAMP discreto.

contras, tenemos los relacionados al colocar espacialmente muy cerca componentes unos de otros como: ruido cruzado, interferencia de señales, inducción, calentamiento, y limitaciones de potencia, que afectarán o restringirán en mayor o menor grado, según la aplicación en particular.

Normalmente, no es necesario diseñar un OPAMP, la mayoría de las veces basta con seleccionar el apropiado en el mercado de componentes. Sin embargo, en algunos casos, puede resultar atractivo el diseño de un OPAMP discreto, que obviamente tendrá la particularidad de que se puede diseñar a medida, según como deseamos, esto incluye los parámetros como: ganancia a lazo abierto, GBWP, impedancia de entrada/salida, voltaje de funcionamiento, potencia de manejo, entre otros. De modo que podemos adaptarlo a una solución en particular.

Algunos aspectos como la interferencia generada por cruce de señales entre componentes que están demasiado próximos, el GBWP, y la limitación de potencia, pueden solventarse en este tipo de diseño.

La figura 7-36 presenta un esquema eléctrico de un OPAMP discreto. El esquema proporciona los valores de los componentes, de modo que puede ser construido y probado.

En líneas generales este OPAMP consta básicamente de tres etapas:

1. **Etapa 1**: un diferencial construido con FET proporciona un CMRR aceptable de 45 dB, con una ganancia de ~3, y una impedancia de entrada ajustable. En este caso se ha fijado a 100 kΩ, pero puede ser llevada a 1MΩ por ejemplo.
2. **Etapa2**: un amplificador en emisor-común con BJT proporciona una ganancia de ~15.
3. **Etapa 3**: una configuración de seguidor de surtidor con MOSFET complementarios proporciona el acoplamiento de impedancia necesario para transferir sobre una carga de 8 ohmios la potencia necesaria. La ganancia en esta etapa es de ~0.9.

A continuación se presenta el circuito esquemático:

7.7.1 Diseño de un modelo de Amplificador OPAMP discreto.

Las líneas punteadas indican la separación de las etapas ya mencionadas anteriormente.

El circuito se alimenta con una fuente única de +15 V.

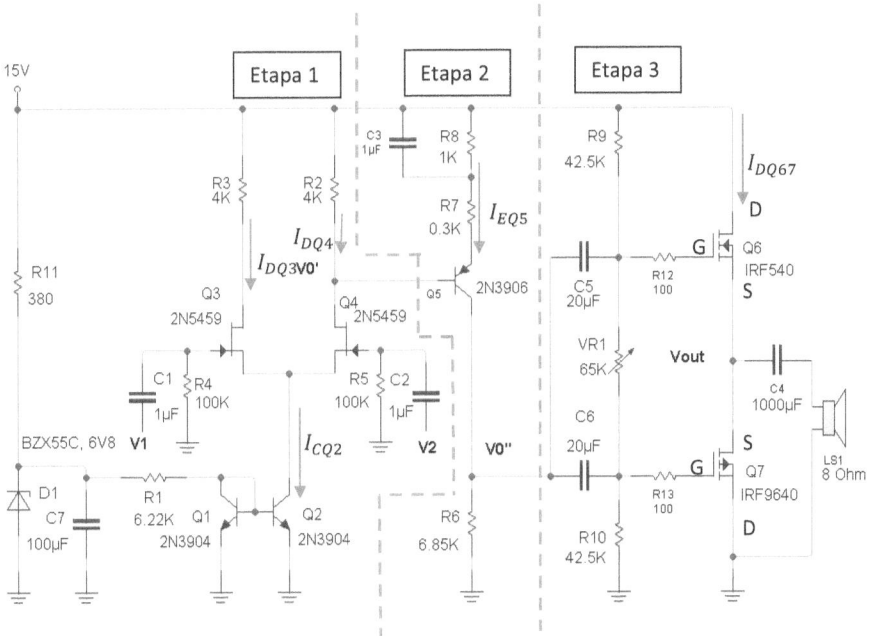

Figura 7-36 Diseño de un modelo de OPAMP discreto.

Paso 1: Análisis DC

Como ya se mencionó, en la etapa 1 tenemos el amplificador diferencial, que se encuentra polarizado por una fuente de corriente tipo espejo. El voltaje de referencia para la fuente de corriente está regulado a su vez por un diodo Zener de 6.8 V, ½ Watt. La idea de este Zener es proveer un voltaje de referencia estable frente a posibles variaciones de la fuente de 15 V. El capacitor C_7 ayuda a estabilizar el voltaje DC del Zener.

La corriente de Zener máxima es:

7.7.1 Diseño de un modelo de Amplificador OPAMP discreto.

$$I_{ZenerMax} = \frac{Potmax}{6.8\,v} = 73.5\ mA \quad (7.102)$$

La corriente de Zener mínima necesaria para que el Zener se mantenga con la misma impedancia Zener Z_z es $\cong$ 5-10 % de $I_{ZenerMax}$ que es:

$$I_{Zenermin} \cong 4\ mA\ (5\%\ del\ máximo) \quad (7.103)$$

Si el Zener opera con una corriente de 21 mA, por ejemplo, y la impedancia Zener reportada en su hoja de datos es de menos de 8 Ω. El voltaje esperado con la corriente actual será:

$$V_{Zener} = V_n + I_{Zener}Z_{zT} \quad (7.104a)$$

$$V_n = V_{ZT} - I_{ZT}Z_{ZT} \quad (7.104b)$$

Nuevamente de la hoja de datos del Zener obtenemos: $V_{ZT} = 6.8\ V$, $I_{ZT} = 5\ mA, Z_{ZT} < 8\ \Omega$

Asumiendo que: $Z_{ZT} = 8\ \Omega$, y aplicando la ecuación (7.104b) tenemos que:

$$V_n = 6.76\ V$$

Luego aplicando (7.104a):

$$V_{Zener} = 6.92\ V\ |\ I_Z = 21\ mA$$

Finalmente la resistencia R_{11} que permite que el Zener converja con la corriente deseada es:

$$R_{11} = \frac{(15\ V - V_{Zener})}{I_{Zener}} \quad (7.105)$$

$$R_{11} = \frac{(15\ V - 6.92\ V)}{21\ mA} = 384{,}76\ \Omega$$

R_{11} puede aproximarse a 380 Ω.

Suponiendo ahora que la corriente del Zener se eleva un 15% por encima, tenemos:

7.7.1 Diseño de un modelo de Amplificador OPAMP discreto.

$$I_{Zener+15\%} = 24.15 \ mA$$

El voltaje del Zener será:

$$V_{Zener} = V_n + I_{Zener}Z_{zT} = 6.95 \ V$$

Lo que significa que la fuente de alimentación debe haberse incrementado hasta:

$$V_{cc} = V_{Zener} + I_{Zener}R11 = 16.1 \ V$$

Suponiendo ahora que la corriente del Zener se reduce un 15% por debajo, tenemos:

$$I_{Zener-15\%} = 17.85 \ mA$$

El voltaje del Zener será:

$$V_{Zener} = V_n + I_{Zener}Z_{zT} = 6.90 \ V$$

Lo que significa que la fuente de alimentación debe haberse reducido hasta:

$$V_{cc} = V_{Zener} + I_{Zener}R_{11} = 13.68 \ V$$

El porcentaje de variación en la tensión del Zener es de apenas 0.72 % mientras que el de la fuente de alimentación es de 16.1%, lo que comprueba que el Zener se comporta como una referencia estable para la fuente de corriente.

En la fuente de corriente espejo tenemos que la corriente I_{Q2} es:

$$I_{CQ2} = \frac{V_{Zener} - V_{be}}{R_1} \qquad (7.106)$$

$$I_{CQ2} = \frac{6.92 \ V - 0.7}{6.22 \ k\Omega} = 1 \ mA$$

Luego:

$$I_{DQ3} = I_{DQ4} = \frac{I_{CQ2}}{2} = 0.5 \ mA$$

Q_3 y Q_4 son transistores FET modelo 2N5459. Tomando de su hoja de datos los valores del I_{DSS} y del V_p tenemos:

7.7.1 Diseño de un modelo de Amplificador OPAMP discreto.

$$I_{Dss} = 5\,mA, V_P = -2V \quad modelo: 2N5459$$

Recordando que la ecuación del FET es:

$$I_D = I_{Dss}\left(1 - \frac{V_{GS}}{V_P}\right)^2$$

Despejando al término V_{GS} tenemos:

$$V_{GS} = \left(1 - \sqrt{\frac{I_D}{I_{Dss}}}\right)V_P \quad (7.107)$$

$$V_{GS} = V_{GSQ3} = V_{GSQ4} = -1.367\,V$$

Esto significa que el voltaje en el colector de Q_2 es $-V_{GS} = 1.367$ V. Recuerde que para que la fuente de corriente sea un espejo perfecto es necesario que el voltaje en los colectores de la fuente de corriente no sean muy distintos, y que además las potencias sean también similares.

En este caso aunque el voltaje y la potencia de Q_2 es el doble de Q_1 están relativamente cercanos. Sin embargo, como Q_2 esta térmicamente un poco más caliente que Q_1 se espera que la corriente I_{Q2} sea apenas un poco mayor a 1 mA.

El voltaje V0' será:

$$V0' = V_{cc} - I_{DQ4}R_2 \quad (7.108)$$

$$V0' = 15\,V - 0.5\,mA \cdot 4k\Omega = 13\,V$$

El voltaje V_{DS} será:

$$V_{DSQ3} = V_{DSQ4} = V0' - V_{CQ2} \quad (7.109)$$

$$V_{DSQ3} = 13\,V - 1.367\,V = 11.63\,V$$

En la segunda etapa tenemos:

$$I_{EQ5} = \frac{V_{CC} - V_{EB} - V0'}{R_8 + R_7} \quad (7.110)$$

7.7.1 Diseño de un modelo de Amplificador OPAMP discreto.

$$I_{EQ5} = \frac{15\,V - 0.7\,V - 13}{1.3\,k\Omega} = 1\,mA$$

El voltaje en V0" será:

$$V0'' = I_{CQ5} R_6 \qquad (7.111)$$

$$V0'' = 1\,mA\ 6.85\,k\Omega = 6.85\,V$$

$$como\ h_{FEQ6} \gg 1, I_{CQ5} = I_{EQ5}$$

El voltaje V_{CEQ5} será:

$$V_{CEQ5} = V_{CC} - I_{EQ5}(R_7 + R_8) - V0'' \qquad (7.112)$$

$$V_{CEQ5} = 15\,V - 1mA\ 1.3\,k\Omega - 6.85\,V = 6.85\,V$$

En la tercera etapa tenemos:

Dos transistores MOSFET: Q_6, modelo IRF540 canal N, y Q_7, el complementario IRF9640 canal P.

Nuevamente, al consultar la hoja de datos de estos dispositivos podemos encontrar los siguientes parámetros:

V_T = 3V, k = 2.7 A/V² (IRF 540, IRF9640).

Recordemos también que estos son MOSFET de tipo enriquecimiento, por lo que la expresión de la corriente de drenador I_D es:

$$I_D = k\,(V_{GS} - V_T)^2$$

En el circuito tenemos un divisor de tensión entre: R_9, V_{R1}, y R_{10}.

Si V_{R1} = 65 kΩ la tensión en V_{R1} será:

$$V_{VR1} = V_{CC} \frac{V_{R1}}{(V_{R1} + R_9 + R_{10})} \qquad (7.113)$$

7.7.1 Diseño de un modelo de Amplificador OPAMP discreto.

$$V_{VR1} = 15 \frac{65\ k\Omega}{(65\ k\Omega + 42.5\ k\Omega + 42.5\ k\Omega)} = 6.5\ V$$

Asumiendo que $V_{GSQ6} = V_{GSQ7}$ entonces:

$$V_{GSQ6} = V_{GSQ7} = \frac{V_{R1}}{2} \qquad (7.114)$$

$$V_{GSQ6} = V_{GSQ7} = 3.25\ V$$

Luego la corriente I_{DQ67} será:

$$I_{DQ67} = k\ (V_{GS} - V_T)^2 \qquad (7.115)$$

$$I_{DQ67} = 2.7\ \frac{A}{V^2}\ (\ 3.25\ V - 3\ V\ )^2 = 168.75\ mA$$

La corriente que circula por los drenadores de Q_6 y Q_7 es de mucha importancia, ya que fija el nivel de consumo de operación del amplificador aun cuando no haya señal que amplificar. Es decir, por estar simplemente encendido. Esta corriente que se consume en modo inactivo suele llamarse *Quiescent* en inglés, y es la responsable del mayor consumo de potencia en el amplificador mientras no está amplificando.

No obstante, la corriente en modo inactivo depende de la carga a ser manejada por el amplificador, en este caso: 8 ohmios.

Transferir voltaje a una carga de 8 ohmios de manera efectiva significa que nuestro amplificador debe tener una impedancia de salida mucho menor que la carga. En este caso: 0.4-0.8 Ω.

Como es de suponerse los responsables de la impedancia de salida del amplificador son los MOSFET ya mencionados.

La impedancia de salida en la etapa de los MOSFET está relacionada con su transconductancia dinámica, la cual depende a su vez de la transconductancia estática, es decir del punto DC.

$$Z_{out} = \frac{1}{g_{mQ67}}\ |V_{GSQ67=constante} \qquad (7.116)$$

7.7.1 Diseño de un modelo de Amplificador OPAMP discreto.

$$g_{mQ67} = 2k\,(V_{GsQ67} - V_T) \quad (7.117)$$

Evaluando los términos:

$$g_{mQ67} = 1.35\,\frac{A}{V}\ |\ V_{gsQ67} = 3.25\,V$$

$$Z_{out} = 0.74\,\Omega\ |V_{GSQ67} = 3.25\,V$$

El valor de g_{m67} indica que tiene el mismo valor tanto para Q_6 como para Q_7. De igual forma aplica para el voltaje V_{GS67}.

Observando el valor de Z_{out} podemos decir que nuestra impedancia de salida es menos de un décimo la impedancia de la carga. De modo que podemos transferir voltaje a esta sin que el amplificador retenga o absorba internamente una parte significativa del mismo.

De lo anterior se desprende que la corriente en modo inactivo tenga ese valor en particular. Un valor de corriente menor hace que la impedancia de salida de nuestro amplificador aumente, mientras que un valor mayor hará que disminuya.

Sin embargo, incrementar demasiado la corriente en modo inactivo puede ser contraproducente, ya que incrementa demasiado la potencia, y por ende, el calentamiento excesivo y deterioro en los MOSFET.

De igual manera, una corriente deficiente o muy baja producirá mala amplificación por aumento de la impedancia y de la distorsión de salida.

La corriente I_{Q67} puede ser ajustada al valor requerido ya que V_{R1} es una resistencia variable.

Finalmente el voltaje V_{out} será:

$$V_{out} = V_{GSQ7} + V_{R10} \quad (7.118)$$

$$V_{R10} = V_{CC}\frac{R_{10}}{R_9 + V_{R1} + R_8} \quad (7.119)$$

7.7.1 Diseño de un modelo de Amplificador OPAMP discreto.

$$V_{R10} = 15 \frac{42.5 \; k\Omega}{42.5 \; k\Omega + 65 \; k\Omega + 42.5 \; k\Omega} = 4.25 \; V$$

Luego sustituyendo en (7.18) tenemos:

$$V_{out} = 7.5 \; V$$

Paso 2: Análisis AC

El primer parámetro a examinar será la impedancia de entrada Z_{in} del amplificador.

La impedancia de entrada Z_{in} se encuentra reflejada en la etapa 1 y es:

$$Z_{in} = R_4 = R_5 \qquad (7.120)$$

$$Z_{in} = 100 \; k\Omega$$

El segundo parámetro a considerar es la impedancia de salida Z_{out} del amplificador.

$$Z_{out} = \frac{v_{out}}{i_{out}} = \frac{v_{gsQ67}}{i_{dsQ67}} = \frac{1}{g_{mQ67}} \qquad (7.121)$$

$$Z_{out} = 0.74 \; \Omega \; | V_{GSQ67} = 3.25 \; V$$

Los parámetros g_m y Z_{out} ya se habían evaluado anteriormente en el análisis DC, ya que se utilizaron como datos para programar la corriente DC de polarización de los MOSFET.

El tercer parámetro a considerar es la ganancia total A_{vol} del amplificador.

La ganancia total A_{vol} se puede expresar como el producto de la ganancia de las tres etapas:

$$A_{vol} = A_{v1} x - A_{v2} x \; A_{v3} \qquad (7.122)$$

La ganancia A_{vol} también se puede escribir así:

$$A_{vol} = \frac{v0'}{v_{12}} x - \frac{v0''}{v0'} x \frac{v_{out}}{v0''} \qquad (7.123)$$

7.7.1 Diseño de un modelo de Amplificador OPAMP discreto.

Nótese que la ganancia en la segunda etapa es negativa.

La ganancia en la primera etapa es:

$$A_{v1} = \frac{v_{0\prime}}{v_{12}} \quad (7.124)$$

$$A_{v1} = \frac{i_{dQ4}(R_2//(Z_{inQ5}))}{2V_{gsQ34}}$$

$$Z_{inQ5} = \frac{i_e(reQ5+R_7)}{i_b} \quad (7.125)$$

$$Z_{inQ5} = h_{feQ5}(reQ5 + R_7) \quad (7.125b)$$

El valor del h_{feQ5} de acuerdo con la hoja de datos del 2N3906, y para una corriente de 1 mA es: 200

$$h_{feQ5} = 200 \mid I_{CQ5} = 1\ mA$$

$$reQ5 = \frac{nV_t}{I_{EQ5}} \quad (7.126)$$

$$reQ5 = \frac{2 \times 25.71\ mV}{1\ mA} = 51.42\ \Omega$$

$$R_7 = 0.3\ k\Omega$$

Luego sustituyendo en (7.125b):

$$Z_{inQ5} = 70.284\ k\Omega$$

$$R_2 = 4\ k\Omega$$

Como:

$$(R_2//(Z_{inQ5})) \rightarrow R_2$$

Entonces:

$$A_{v1} = A_{vd} \cong \frac{g_{mQ34}R_2}{2} \quad (7.127)$$

7.7.1 Diseño de un modelo de Amplificador OPAMP discreto.

Recordemos que en el diferencial de la etapa 1 el voltaje de salida V0' es:

$$v0' = \frac{g_{mQ34}R_2}{2}(v_1 - v_2) \quad (7.128)$$

Donde la ganancia diferencial es $A_{vd} = \frac{g_{mQ34}R_2}{2}$

El valor de g_m aquí es distinto al de los transistores MOSFET Q_6 y Q_7 de salida.

El valor del g_m es el mismo tanto para el FET Q_3 como para FET Q_4 y es:

$$g_{mQ34} = \frac{2I_{Dss}}{|V_p|}\left(1 - \frac{V_{GSQ34}}{V_p}\right)$$

Como V_{GS34} = -1.367 V

$$g_{mQ34} = 1.58 \; mmhos \;|\; V_{GSQ34} = -1.367 \, V$$

Sustituyendo los valores anteriores en la ecuación (7.127) la ganancia A_{v1} será entonces:

$$A_{v1} = 3.16$$

La ganancia A_{v1} es positiva respecto de v_1 y negativa respecto de v_2.

Recordemos que como la etapa de entrada es un diferencial, hay que calcular también la ganancia en modo común A_{vc} y el respectivo CMRR.

La A_{vc} es;

$$A_{vc} = \frac{i_{dQ34}R_2}{V_{gsQ34} + i_{d34} 2h_{oeQ2}^{-1}} = \frac{g_{mQ34}R_2}{1 + g_{mQ34} 2h_{oeQ2}^{-1}} \quad (7.129)$$

Si no recuerda bien, revise cuando se calculó la ganancia en modo común en el ejemplo de la sección 7.2.1 paso 2(b).

El valor aproximado de h_{oe2} obtenido según la hoja de datos para el 2N3904, y para una corriente I_{Q2} de 1 mA es de: 8.5 µmhos

$$h_{oeQ2}^{-1} = \frac{1}{8.5 \; \mu mhos} = 117.64 \; k\Omega \;|\; I_{q2} = 1mA$$

7.7.1 Diseño de un modelo de Amplificador OPAMP discreto.

Luego sustituyendo en (7.129):

$$A_{vc} = 0.01695$$

Luego el CMRR es por definición:

$$CMRR\ (dB) = 20 \log \left(\frac{A_{vd}}{A_{vc}}\right) \quad (7.130)$$

$$CMRR\ (dB) = 45\ dB$$

Un valor de CMRR de 45 dB es muy aceptable para un amplificador que tiene solo una etapa diferencial. Como puede intuirse, la adición de una segunda etapa puede elevar el CMRR a más de 80 dB.

Continuando con la segunda etapa tenemos:

$$A_{v2} = -\frac{v0''}{v0'} \quad (7.131)$$

Dónde:

$$v0' = i_{eQ5}(reQ5 + R_7)$$

Y

$$v0'' = i_{cQ5}\ (R_6 //\ (R_9 //\ R_{10}))$$

Dónde:

$$(R_9 //\ R_{10}) = 21.250\ k\Omega\ ;\ R_6 = 6.85\ k\Omega$$

$$(R_6 //\ (R_9 //\ R_{10}) = 5.18\ k\Omega$$

Luego:

$$A_{v2} = -\frac{v0''}{v0'} = -\frac{(R_6 //\ (R_9 //\ R_{10}))}{(reQ5 + R_7)} \quad (7.132)$$

$$A_{v2} = -14.74$$

7.7.1 Diseño de un modelo de Amplificador OPAMP discreto.

$$como\ h_{feQ5} \gg 1, i_{cQ5} \cong i_{eQ5}$$

Debido a que la segunda etapa es inversora, los roles de polaridad v_1 y v_2 se invierten también, de modo que v_1 tiene ahora ganancia negativa (-) y v_2 ganancia positiva (+), respecto a la salida del amplificador.

Se debe entonces designar a v_2 como el puerto (+) y a v_1 como el puerto (-) del amplificador operacional diseñado.

Ahora en la tercera etapa tenemos:

$$A_{v3} = \frac{v_{out}}{v0''} \qquad (7.133)$$

Dónde:

$$v0'' = v_{gsQ67} + i_{dQ67}R_L$$

Y

$$v_{out} = i_{dQ67}R_L$$

Luego:

$$A_{v3} = \frac{v_{out}}{v0''} = \frac{i_{dQ67}R_L}{v_{gsQ67} + i_{dQ67}R_L} = \frac{g_{mQ67}R_L}{1 + g_{mQ67}R_L} \qquad (7.134)$$

$$R_L = 8\ \Omega\ ;\ g_{mQ67} = 1.35\ \frac{A}{V}\ |\ V_{gsQ67} = 3.25\ V$$

$$A_{v3} = 0.91$$

La ganancia total A_{vol} según (7.122) y (7.123) es:

$$|A_{vol}| = 3.16\ x\ 14.74\ x\ 0.91 = 42.38$$

La tabla 7.4 muestra un resumen de los valores calculados en el circuito.

Aunque la ganancia a lazo abierto de este amplificador es de solo 42.38, esto no significa que no se pueda retroalimentar. La retroalimentación es siempre posible.

7.7.1 Diseño de un modelo de Amplificador OPAMP discreto.

En este caso, la ganancia que se puede obtener a través de una retroalimentación negativa, debe ser menor que 42.38. Por ejemplo, una de ganancia retroalimentada de 5, 10, 15, 20 o 30, es posible de alcanzar en este amplificador.

Parámetro	Valor	Unidad
VDD	15	V
VZ (D1)	6.9	V
I_{CQ2}	1	mA
I_{DQ3}	0.5	mA
I_{DQ4}	0.5	mA
I_{EQ5}	1	mA
I_{DQ67}	168.75	mA
V0' (DC)	13	V
V0" (DC)	6.85	V
Vout (DC)	7.5	V
A_{V1}	3.16	-
A_{V2}	-14.74	-
A_{V3}	0.91	-
$\lvert A_{vOL} \rvert$	42.38	-
Z_{in}	100	kΩ
Z_{out}	0.74	Ω
R_L (min)	8	Ω
CMRR	45	dB
R_L	8	Ω

Tabla 7-4 Resumen de valores calculados en el modelo de la figura 7-36.

Para conservar las expresiones de ganancia que ya se conocen del modelo aproximado del OPAMP, es necesario que los valores equivalentes de R_1 y R_2 de nuestro modelo (figura 7-37), se mantengan muy por debajo de la impedancia de entrada de nuestro amplificador, es decir:

$$R_1 \ y \ R_2 \ll Z_{in}$$

7.7.1 Diseño de un modelo de Amplificador OPAMP discreto.

$$R_1 \, y \, R_2 \ll 100 \, k\Omega$$

Digamos que:

$$R_1 \, y \, R_2 \leq 10 \, k\Omega$$

Adicionalmente, nuestro modelo de OPAMP no está acoplado totalmente en DC, de modo que solo permite la amplificación y manipulación de señales en AC. La figura 7-37 presenta una aplicación directa como amplificador inversor.

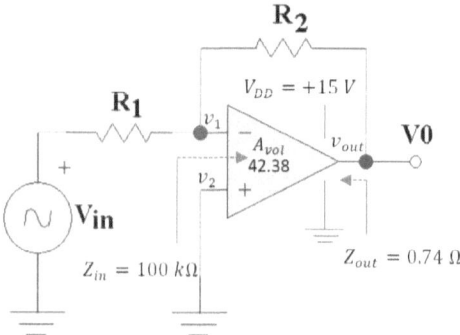

Figura 7-37 Ejemplo que ilustra una de las aplicaciones del modelo de OPAMP discreto diseñado.

Por ejemplo, si $R_1 = 1 \, k\Omega$ y $R_2 = 10 \, k\Omega$, la ganancia obtenida en la configuración descrita por la figura 7-37 puede calcularse utilizando la expresión completa de la ganancia, que para el caso del inversor es:

$$A_{vf} = \frac{Av_{ol}}{1 + \beta Av_{ol}} \qquad (7.135)$$

Como $\beta = \frac{R_1}{R_2}$ tenemos:

$$A_{vf} = -8.09$$

Utilizando la expresión aproximada ($A_{VOL} \to$ muy grande) tenemos:

$$A_{vf} = -\frac{1}{\beta} = -\frac{R_2}{R_1}$$

7.7.1 Diseño de un modelo de Amplificador OPAMP discreto.

$$A_{vf} = -10$$

Debido a que el parámetro A_{VOL} no es tan grande, hay que tomar en cuenta la expresión completa (7.135) y no la aproximada para reducir los errores al momento de calcular la ganancia del circuito de la figura 7-37. Cuando la ganancia se hace menor que 10 ambas expresiones de la ganancia tienden a aproximarse. Por encima de 10 y hasta el límite de la ganancia AVOL la diferencia entre ambas expresiones aumenta.

La expresión de A_{vf} es la misma que la utilizada con cualquier amplificador OPAMP convencional.

En otras palabras, podemos utilizar este modelo como si estuviéramos usando un OPAMP convencional.

Cualquier otra configuración que se desee aplicar sobre este modelo es también válida para este diseño, siempre y cuando se respeten las condiciones ya mencionadas anteriormente.

Una ventaja directa de este diseño, por ejemplo, es que su salida es de potencia, por lo que puede manejar directamente cargas que impongan un nivel de corriente relativamente alto, dependiendo del valor de la carga R_L, y de la amplitud de la señal de salida.

Otra ventaja, es que puede operar con una sola fuente de +15 V.

Los capacitores C_1, C_2, C_3, C_4, C_5, y C_6, pueden ser empleados como filtros pasa-altos. La frecuencia de corte f_c, queda a disposición de la aplicación en particular. Es este caso, C_1 y C_2 están calculados para una $f_c = 1.59$ Hz, C_3 para una $f_c = 159$ Hz, C_5 Y C_6 para una $f_c = 0.18$ Hz, y C_4 para una $f_c = 20$ Hz.

En este caso si la frecuencia de trabajo va desde 20 Hz hasta 20 kHz, por ejemplo, se observa que la f_c de C_3 afecta la ganancia del amplificador, haciendo que se comporte como un filtro pasa-alto donde la ganancia máxima ocurre para aquellas frecuencias mayores a 159 Hz.

7.7.2 Diseño de un segundo modelo de Amplificador OPAMP discreto.

La frecuencia de corte del filtro pasa-bajos equivalente puede calcularse tomando en cuenta las capacitancias intrínsecas de los transistores, o por medio de la adición de uno o varios capacitores que actúen como filtro-pasa bajos, reduciendo así la ganancia del amplificador a la frecuencia deseada.

Un filtro pasa bajo que limita la frecuencia del amplificador se puede lograr también empleando el modo retroalimentado como en el caso 7.6.5 del amplificador inversor con filtro pasa-bajo.

La figura 7-38 resume en un esquema simplificado las características básicas de este amplificador.

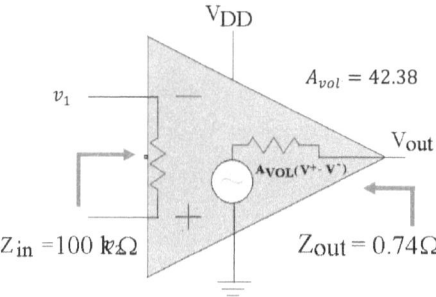

Figura 7-38 Esquema simplificado del diseño del modelo de OPAMP discreto

7.7.2 Diseño de un segundo modelo de Amplificador OPAMP discreto.

La figura 7-39 muestra el esquema circuital de este modelo. Como puede observarse es básicamente el mismo esquema del modelo anterior al que le hemos añadido una etapa intermedia de amplificación, que busca aumentar la ganancia total A_{VOL} del amplificador.

El total de etapas es ahora de cuatro.

7.7.2 Diseño de un segundo modelo de Amplificador OPAMP discreto.

Como las etapas 1, 2, y 4 son iguales a las del diseño anterior, a excepción de la etapa 3, muchos de los cálculos se simplificarán al ser iguales.

La etapa 3 (Q_8) es un amplificador con BJT y en configuración de emisor-común.

A continuación examinamos el circuito:

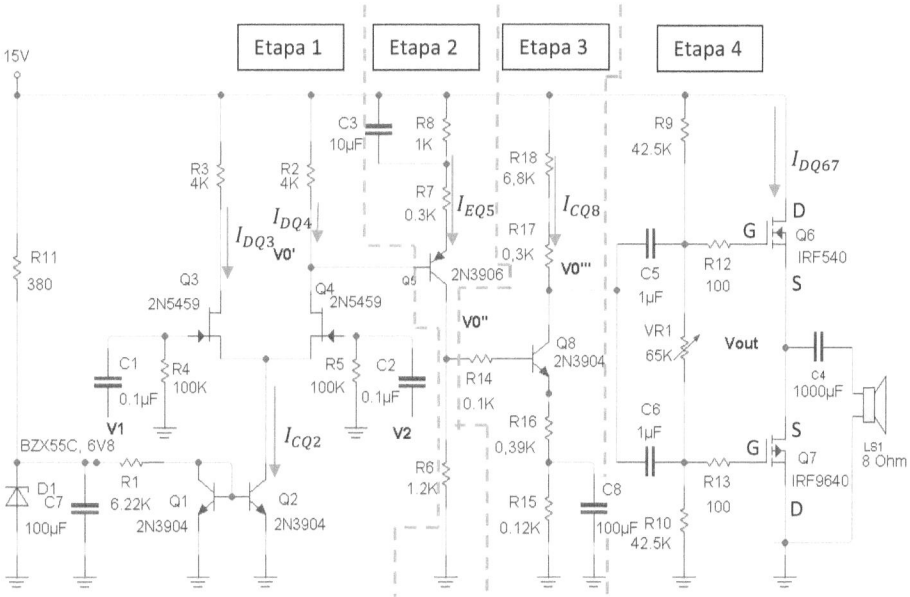

Figura 7-39 Diseño de un segundo modelo mejorado de OPAMP discreto.

Paso 1: Análisis DC

En la etapa 1 tenemos el mismo amplificador diferencial del diseño pasado, por lo tanto, retomamos los valores ya calculados previamente respecto de esta etapa:

Los cálculos referentes al voltaje del Zener también están detallados en el diseño del modelo de OPAMP anterior.

En la fuente de corriente espejo tenemos que la corriente I_{Q2} es:

7.7.2 Diseño de un segundo modelo de Amplificador OPAMP discreto.

$$I_{CQ2} = \frac{V_{Zener} - V_{be}}{R_1} = \frac{6.92\ V - 0.7}{6.22\ k\Omega} = 1\ mA$$

Luego:

$$I_{DQ3} = I_{DQ4} = \frac{I_{Q2}}{2} = 0.5\ mA$$

Recordando que la ecuación del FET es:

$$I_D = I_{Dss}\left(1 - \frac{V_{GS}}{V_P}\right)^2$$

Despejando al término V_{GS} tenemos:

$$V_{GSQ34} = -1.367\ V$$

El voltaje V0' será:

$$V0' = V_{cc} - I_{DQ4}R_2 = 15\ V - 0.5\ mA\ 4k\Omega = 13\ V$$

El voltaje V_{DS} será:

$$V_{DSQ3} = V_{DSQ4} = V0' - V_{CQ2} = 13\ V - 1.367\ V = 11.63\ V$$

En la segunda etapa tenemos:

$$I_{EQ5} = \frac{V_{CC} - V_{EB} - V0'}{R_8 + R_7} = \frac{15\ V - 0.7\ V - 13}{1.3\ k\Omega} = 1\ mA$$

El voltaje en V0" será:

$$V0'' = I_{CQ5}R_6 = 1\ mA\ 1.2\ k\Omega = 1.2\ V$$

En este punto como Q_5 esta acoplado directamente a Q_8, hay que asegurarse de que la corriente de base de Q_8 es mucho menor que la corriente de colector de Q_5. Esto es:

$$I_{CQ5} \gg I_{BQ8} \qquad (7.136)$$

7.7.2 Diseño de un segundo modelo de Amplificador OPAMP discreto.

$$I_{EQ8} = \frac{V0'' - V_{BE}}{\frac{R_{14}}{(h_{FEQ8}+1)} + R_{15} + R_{16}} \quad (7.137)$$

Como el término: $\frac{R_{14}}{(h_{FEQ8}+1)} \ll (R_{15} + R_{16})$

La expresión (7.137) se puede reducir así:

$$I_{EQ8} = \frac{V0'' - V_{BE}}{R_{15} + R_{16}} \quad (7.138)$$

$$I_{EQ8} = \frac{1.2\,V - 0.7\,V}{510\,\Omega} = 0.98\,mA$$

$$I_{CQ8} \approx I_{EQ8}$$

Y

$$I_{CQ5} \approx I_{EQ5}$$

$$h_{FEQ8} \approx 220 \,|_{I_C = 1\,mA}$$

Verificando ahora:

$$\frac{R_{14}}{(h_{FEQ8}+1)} = 0.45\,\Omega \ll 510\,\Omega$$

También:

$$I_{BQ8} = \frac{I_{CQ8}}{h_{FEQ8}} = 4.45\,\mu A$$

Por lo tanto se cumple la expresión (7.136):

$$I_{CQ5} \gg I_{BQ8}$$

Esto quiere decir, que la etapa de Q_8 no afecta la polarización en el colector de Q_5 donde efectivamente la impedancia en DC es la equivalente a R_6.

Continuando con esta etapa:

7.7.2 Diseño de un segundo modelo de Amplificador OPAMP discreto.

El voltaje V_{CEQ5} será:

$$V_{CEQ5} = V_{CC} - I_{EQ5}(R_7 + R_8) - V0'' = 15\,V - 1mA\,1.3\,k\Omega - 1.2\,V = 12.5\,V$$

En la tercera etapa que corresponde a Q_8 (la añadida) tenemos:

La corriente de colector es:

$$I_{CQ8} = 0.98\,mA$$

El voltaje V0''' es:

$$V0''' = V_{CC} - I_{CQ8}(R_{18} + R_{17}) \quad (7.139)$$

$$V0''' = 15\,V - 0.98\,mA(6.8\,k\Omega + 0.3\,k\Omega) = 8.04\,V$$

El voltaje colector-emisor de Q8 será:

$$V_{CEQ8} = V_{CQ8} - V_{EQ8} \quad (7.140)$$

$$V_{CQ8} = V0''' = 8.04\,V$$

$$V_{EQ8} = I_{EQ8}(R_{16} + R_{15}) \quad (7.141)$$

$$V_{EQ8} = 0.98\,mA(0.39\,k\Omega + 0.12\,k\Omega) \cong 0.5\,V$$

$$V_{CEQ8} = 8.04 - 0.5 = 7.54\,V$$

Y en la cuarta etapa volvemos a tener básicamente el mismo arreglo que en el diseño anterior (etapa tres), de modo que resumiendo los cálculos tenemos:

$$I_D = k\,(V_{GS} - V_T)^2$$

Si $V_{R1} = 65\,k\Omega$ la tensión en V_{R1} será:

$$V_{VR1} = V_{CC} \frac{V_{R1}}{(V_{R1} + R_9 + R_{10})} = 6.5\,V$$

$$V_{GSQ6} = V_{GSQ7} = \frac{V_{R1}}{2} = 3.25\,V$$

7.7.2 Diseño de un segundo modelo de Amplificador OPAMP discreto.

Luego la corriente I_{Q67} será:

$$I_{DQ67} = k\ (V_{GS} - V_T)^2 = 2.7\ \frac{A}{V^2}\ (3.25\ V - 3\ V)^2 = 168.75\ mA$$

$$V_{out} = V_{GSQ7} + V_{R10}$$

$$V_{R10} = V_{CC} \frac{R_{10}}{R_9 + V_{R1} + R_{10}} = 4.25\ V$$

Luego:

$$V_{out} = 7.5\ V$$

Paso 2: Análisis AC

Igual que con el análisis DC y debido a que hay similitudes con respecto al diseño anterior, resumiremos los cálculos así:

La impedancia de entrada Z_{in} se encuentra reflejada en la etapa 1 y es:

$$Z_{in} = R_4 = R_5 = 100\ k\Omega$$

La impedancia de salida Z_{out} del amplificador:

$$Z_{out} = \frac{v_{out}}{i_{out}} = \frac{v_{gsQ67}}{i_{dsQ67}} = \frac{1}{g_{mQ67}} = 0.74\ \Omega\ |V_{GSQ67} = 3.25\ V$$

$$g_{mQ67} = 2k\ (V_{Gs67} - V_T) = 1.35\ \frac{A}{V}\ |\ V_{gsQ67} = 3.25\ V$$

La ganancia A_{vol} se puede expresar como el producto de la ganancia de las tres etapas:

$$A_{vol} = A_{v1}x - A_{v2}x - A_{v3}x\ A_{v4} \qquad (7.142)$$

La ganancia A_{vol} también se puede escribir así:

$$A_{vol} = \frac{v0'}{v_{12}}x - \frac{v0''}{v0'}x - \frac{v0'''}{v0''}x\ \frac{v_{out}}{v0'''} \qquad (7.143)$$

Nótese que la ganancia en la segunda y tercera etapa es negativa.

7.7.2 Diseño de un segundo modelo de Amplificador OPAMP discreto.

La ganancia en la primera etapa es:

$$A_{v1} = \frac{v0'}{v_{12}} = \frac{i_{dQ4}(R_2//(Z_{inQ5}))}{2V_{gs34}}$$

$$Z_{inQ5} = \frac{i_e(reQ5 + R_7)}{i_b} = h_{fe5}(reQ5 + R_7)$$

El valor del h_{feQ5} de acuerdo con la hoja de datos del 2N3906, y para una corriente de 1 mA es: 200

$$h_{feQ5} = 200 \mid I_{CQ5} = 1 \, mA$$

$$reQ5 = \frac{nV_t}{I_{EQ5}} = \frac{2x25.71 \, mV}{1 \, mA} = 51.42 \, \Omega$$

$$R_7 = 0.3 \, k\Omega$$

Luego:

$$Z_{inQ5} = h_{feQ5}(reQ5 + R_7) = 70.284 \, k\Omega$$

$$R_2 = 4 \, k\Omega$$

Como:

$$(R_2//(Z_{inQ5})) \rightarrow R_2$$

Entonces:

$$A_{v1} = A_{vd} = \frac{g_{mQ34}R_2}{2}$$

Recordemos que en el diferencial de la etapa 1 el voltaje de salida V0' es:

$$v0' = \frac{g_{mQ34}R_2}{2}(v_1 - v_2)$$

Donde la ganancia diferencial es $A_{vd} = \frac{g_{mQ34}R_2}{2}$

7.7.2 Diseño de un segundo modelo de Amplificador OPAMP discreto.

$$g_{mQ34} = \frac{2I_{Dss}}{|V_p|}(1 - \frac{V_{GSQ34}}{V_p})$$

Como V_{GS34} = -1.367 V

$$g_{mQ34} = 1.58 \, mmhos \mid V_{GSQ34} = -1.367 \, V$$

La ganancia A_{v1} será entonces:

$$A_{v1} = \frac{g_{mQ34}R_2}{2} = 3.16$$

La ganancia A_{v1} es positiva respecto de v_1 y negativa respecto de v_2.

La A_{vc} es;

$$A_{vc} = \frac{i_{dQ34}R_2}{V_{gsQ34} + i_{d34}2h_{oe2}^{-1}} = \frac{g_{mQ34}R_2}{1 + g_{mQ34}2h_{oeQ2}^{-1}}$$

El valor aproximado de h_{oe2} obtenido según la hoja de datos para el 2N3904, y para una corriente I_{Q2} de 1 mA es de: 8.5 μmhos

$$h_{oeQ2}^{-1} = \frac{1}{8.5 \, \mu mhos} = 117.64 \, k\Omega \mid I_{q2} = 1mA$$

Luego:

$$A_{vc} = \frac{g_{mQ34}R_2}{1 + g_{mQ34}2h_{oeQ2}^{-1}} = 0.01695$$

Luego el CMRR será:

$$CMRR \, (dB) = 20 \log\left(\frac{A_{vd}}{A_{vc}}\right) = 45 \, dB$$

Debido ahora que la segunda y tercera etapa son inversoras, los roles de polaridad v_1 y v_2 NO SE INVIERTEN AHORA, de modo que v_1 sigue siendo el puerto de ganancia positiva (+) y v_2 y puerto de ganancia negativa (-), respecto a la salida del amplificador.

7.7.2 Diseño de un segundo modelo de Amplificador OPAMP discreto.

Se debe entonces designar a v_2 como el puerto (-) y a v_1 como el puerto (+) del amplificador operacional diseñado.

En la segunda etapa tenemos:

$$A_{v2} = -\frac{v0''}{v0'}$$

Dónde:

$$v0' = i_{eQ5}(reQ5 + R_7)$$

Y

$$v0'' = i_{cQ5}(R_6 // Z_{inQ8}) \quad (7.144)$$

Dónde:

$$Z_{inQ8} = \frac{i_{bQ8} R_{14} + i_{bQ8}(h_{feQ8}+1)(reQ8+R_{16})}{i_{bQ8}} \quad (7.145)$$

Consultando la hoja de datos del fabricante para el 2N3904 tenemos:

$$h_{feQ8} \cong 120 \mid I_{CQ8} = 1\ mA$$

$$reQ8 = \frac{nV_T}{I_{EQ8}} = \frac{51.43\ mV}{0.98\ mV} = 52.48\ \Omega$$

$$Z_{inQ8} = 100\ \Omega + 121x(52.48\ \Omega + 0.39\ k\Omega) = 53.64\ k\Omega$$

$$R_6 = 1.2\ k\Omega$$

Como:

$$(R_6 // Z_{inQ8}) \rightarrow R_6$$

Luego:

$$A_{v2} = -\frac{v0''}{v0'} \cong -\frac{i_{cQ5} R_6}{i_{eQ5}(reQ5 + R_7)} \quad (7.146)$$

7.7.2 Diseño de un segundo modelo de Amplificador OPAMP discreto.

$$A_{v2} = -3.41$$

La ganancia en la tercera etapa (la etapa añadida) es:

$$A_{v3} = -\frac{v0'''}{v0''}$$

Dónde:

$$v0''' = i_{cQ8}\,((R_{18} + R_{17})\,//\,(R_9\,//R_{10})) \quad (7.147)$$

$$(R_{18} + R_{17})\,//\,(R_9\,//R_{10}) = Z_{CQ8} \quad (7.148)$$

$$Z_{CQ8} = (7.1\,k\Omega\,//\,21.25\,k\Omega) = 5.32\,k\Omega$$

Y

$$v0'' = \frac{i_{eQ8}}{(h_{feQ8}+1)}R_{14} + i_{eQ8}(reQ8 + R_{16}) \quad (7.149)$$

Luego:

$$A_{v3} = -\frac{v0'''}{v0''} = -\frac{i_{cQ8}Z_{CQ8}}{\frac{i_{eQ8}}{(h_{feQ8}+1)}R_{14} + i_{eQ8}(reQ8 + R_{16})}$$

$$como\ h_{feQ8} \gg 1, i_{eQ8} \cong i_{cQ8}$$

$$A_{v3} = -\frac{Z_{CQ8}}{\frac{R_{14}}{(h_{feQ8}+1)} + (reQ8 + R_{16})} = -\frac{5.32\,k\Omega}{443.3\,\Omega} = -12$$

$$A_{v3} = -12$$

Nótese que la ganancia en la etapa anterior bajó respecto de su valor en el diseño anterior, pero la etapa añadida, que es la tercera, incrementa ahora la ganancia por 12, ofreciendo así un total de 12x3.41 = 40.92 de ganancia, que es mucho mayor que lo que ofrece solo la etapa 2 en el diseño establecido en 7.7.1.

En la cuarta etapa tenemos:

7.7.2 Diseño de un segundo modelo de Amplificador OPAMP discreto.

$$A_{v4} = \frac{v_{out}}{v0'''}$$

Dónde:

$$v0''' = v_{gsQ67} + i_{dQ67}R_L$$

Y

$$v_{out} = i_{dQ67}R_L$$

Luego:

$$A_{v4} = \frac{v_{out}}{v0'''} = \frac{i_{dQ67}R_L}{v_{gsQ67} + i_{dQ67}R_L} = \frac{g_{mQ67}R_L}{1 + g_{mQ67}R_L}$$

$$R_L = 8\,\Omega\,;\; g_{mQ67} = 1.35\,\frac{A}{V}\,|\,V_{gsQ67} = 3.25\,V$$

$$A_{v4} = 0.91$$

La ganancia total A_{vol} es ahora:

$$A_{vol} = \frac{v0'}{v_{12}} x - \frac{v0''}{v0'} x - \frac{v0'''}{v0'} x \frac{v_{out}}{v0'''}$$

$$|A_{vol}| = 3.16 \; x \; 3.41 \; x \; 12 \; x \; 0.91 = 117.66$$

Nótese que la adición de una tercera ha aumentado la ganancia A_{vol} a más del doble, con respecto al modelo de diseño anterior descrito en detalle el punto 7.7.1.

La tabla 7-5 muestra el resumen de los valores calculados para este diseño.

7.7.2 Diseño de un segundo modelo de Amplificador OPAMP discreto.

Parámetro	Valor	Unidad
VDD	15	V
VZ (D1)	6.9	V
I_{CQ2}	1	mA
I_{DQ3}	0.5	mA
I_{DQ4}	0.5	mA
I_{EQ5}	1	mA
I_{EQ8}	0.98	mA
Parámetro	Valor	Unidad
I_{DQ67}	168.75	mA
V0' (DC)	13	V
V0'' (DC)	1.2	V
V0'''	8.04	V
Vout (DC)	7.5	V
A_{V1}	3.16	-
A_{V2}	--3.41	-
A_{V3}	-12	-
A_{V4}	0.91	-
$|A_{vOL}|$	117.66	-
Z_{in}	100	kΩ
Z_{out}	0.74	Ω
R_L (min)	8	Ω
CMRR	45	dB

Tabla 7-5 Resumen de los valores calculados en el diseño de la figura 7-39.

El esquema de modelo simplificado de este amplificador se presenta en la figura 7-40.

7.7.2 Diseño de un segundo modelo de Amplificador OPAMP discreto.

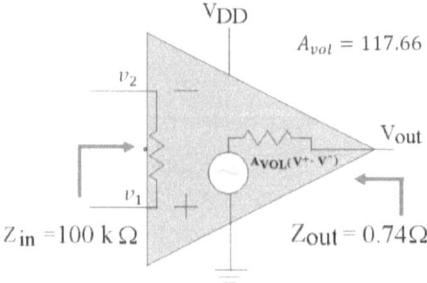

Figura 7-40 Esquema simplificado del diseño del segundo modelo de OPAMP discreto.

Nótese la inversión de los puertos V^+ y V^- respecto del modelo dela figura 7-36.

Las frecuencias de corte f_c, de C_1 y C_2 están calculada en este caso para f_c = 15.9 Hz, C_3 para f_c =15.9 Hz, C_5 y C_6 para f_c =14.9 Hz, C_4 para f_c = 20 Hz, y C_8 para f_c = 13.2 Hz.

Nótese también que en este caso la f_c de los distintos filtros pasa-altos se acerca más a una única frecuencia general del amplificador, y que se aproxima en promedio a los 16 Hz.

7.7.3 Mejorando aún más el segundo modelo de Amplificador OPAMP discreto: *Bootstrapping*.

En esta sección incorporamos un nuevo concepto: el *Bootstrapping*, término utilizado a menudo en electrónica para referirse a algo que ha sido aumentado o potenciado fuertemente, por medio de una retroalimentación.

La técnica del *Bootstrapping* permite por ejemplo; mejorar la impedancia de entrada Z_{in} de un circuito amplificador con ganancia unitaria, ya que actúa elevando la impedancia efectiva del circuito a valores mucho más altos. Se fundamenta en el uso de la retroalimentación positiva, entre la salida y la entrada del amplificador.

7.7.2 Diseño de un segundo modelo de Amplificador OPAMP discreto.

La retroalimentación positiva se logra mediante la utilización de un capacitor, llamado capacitor de *Bootstrap*, y que hace posible la retroalimentación de señales solo en régimen AC.

Este es uno de los casos en que la retroalimentación positiva no causa oscilación, ya que la ganancia base del amplificador tiende a ser menor que uno. En caso contrario, si el amplificador tiene ganancia mucho mayor que uno, se puede producir inestabilidad u oscilación en el amplificador.

La figura 7-41 muestra un esquema de un circuito amplificador en el que se ha implementado la técnica del *Bootstrapping*, para elevar la Z_{in}, a través del capacitor C.

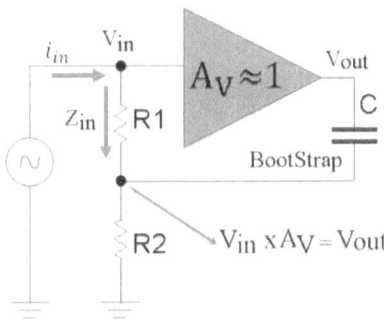

Figura 7-41 Esquema de un amplificador con *Bootstrapping* implementado.

Nótese que en el amplificador de la figura 7-41 $A_v \rightarrow 1$, y la retroalimentación que hace el capacitor C es positiva.

En el circuito de la figura 7-41 la impedancia Z_{in} se define como:

$$Z_{in} = \frac{V_{in}}{i_{R1}}$$

Dónde:

$$i_{R1} = \frac{V_{in} - V_{in}A_v}{R_1} = \frac{V_{in}(1 - A_v)}{R_1}$$

Sustituyendo en Z_{in} tenemos:

7.7.2 Diseño de un segundo modelo de Amplificador OPAMP discreto.

$$Z_{in} = \frac{V_{in}}{\frac{V_{in}(1-A_v)}{R_1}} = \frac{R_1}{(1-A_v)} \quad (7\text{-}150)$$

Evaluando a Z_{in} para $A_v = 0.9$ por ejemplo, tenemos:

$$Z_{in} = \frac{R_1}{(1-0.9)} = 10\, R_1 \mid A_v = 0.9$$

Si $Av = 0.95$ tenemos:

$$Z_{in} = \frac{R_1}{(1-0.95)} = 20\, R_1 \mid A_v = 0.95$$

Y con $Av = 0.99$ tenemos:

$$Z_{in} = \frac{R_1}{(1-0.99)} = 100\, R_1 \mid A_v = 0.99$$

Se demuestra entonces que esta técnica permite elevar significativamente la impedancia de entrada del amplificador.

Elevar la impedancia de entrada causa un efecto regenerativo de la ganancia, que tiende a aumentar, de modo que se acerca más al valor ideal de 1.

En el caso del diseño de OPAMP discreto planteado en 7.7.1 y 7.7.2 respectivamente, recordemos que la impedancia de colector (R_6) en Q_5, y (R_{18}+ R_{17}) en Q_8, están en paralelo con la impedancia que ofrece la etapa de potencia constituida por Q_6 y Q_7, que son R_9 y R_{10}, y que hacen que la impedancia efectiva en Q_5 y Q_8 respectivamente sea menor, por lo que la ganancia real se ve reducida por el efecto que causa la impedancia de entrada del amplificador de potencia.

Una manera de solventar este problema es añadiendo capacitores de *Bootstrap* entre la salida del amplificador de potencia y la entrada que se encuentra en los nodos de R_{10}, C_6, R_9, y C_5, respectivamente. Se utilizan dos capacitores para conservar la simetría del par complementario.

Como se dijo anteriormente, el *Bootstrap* mejora también la ganancia de la etapa de potencia.

7.7.2 Diseño de un segundo modelo de Amplificador OPAMP discreto.

La figura 7-428 presenta una imagen del esquema recortado en la sección de potencia, y muestra el arreglo de circuito para lograr el *Bootstrapping*.

Nótese que se ha agregado los capacitores C_9 y C_{10}, que son los de *Bootstrap*. Adicionalmente, se ha re-arreglado las impedancias agregando las resistencias R_{19}, R_{20}, y R_{21}.

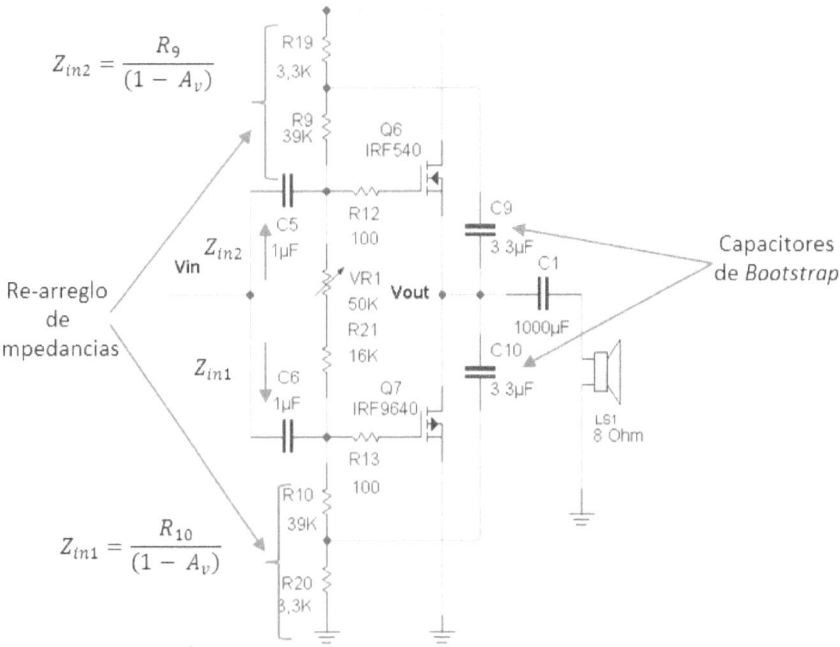

Figura 7-42 Esquema circuital recortado de la sección potencia del amplificador de la figura 7-36 y 7-39, mostrando el arreglo para el *Bootstrapping*.

Los valores de resistencias indicados son los comerciales. La idea, es re-distribuir los pesos de las resistencias conservando la suma total. De modo que se conserve la corriente de esta rama.

De manera intencional en la re-distribución de los pesos, se busca que el nuevo valor de R_9 y R_{10} sea lo más alto posible. Sin embargo, R_{19} y R_{20} deben tener también un valor

7.7.2 Diseño de un segundo modelo de Amplificador OPAMP discreto.

distinto de cero y mucho mayor que R_L, para no afectar la impedancia de carga de salida del amplificador. Por tal razón, se escogieron valores de R_{19} y R_{20}, de 3.3 KΩ.

Es posible lograr otro arreglo, no obstante, hemos escogido este que sirve a nuestro propósito.

En el circuito de la 7-42 la señal V_{in} ve simultáneamente las impedancias Z_{in1} y Z_{in2} en paralelo, la impedancia efectiva Z_{in} es:

$$Z_{in} = Z_{in1} // Z_{in2} = \frac{R_{10}}{2(1-A_v)} \qquad (7.151)$$

Si la ganancia en Q_6 y Q_7 es de 0.91:

$$Z_{in} = Z_{in1} // Z_{in2} = \frac{R_{10}}{2(1-A_v)} = \frac{39\ k\Omega}{2(1-0.91)} = 216.66\ k\Omega$$

Como puede observarse 216.66 KΩ es mucho mayor que R_6 y que (R_{18} +R_{17}), por lo tanto, habrá de aumentar también la ganancia de la etapa previa.

En el diseño de 7.7.1 la ganancia de la segunda etapa fue:

$$A_{v2} = -\frac{v0''}{v0'} = -\frac{i_{cQ5}\ (R_6 // (R_9 // R_{10}))}{i_{eQ5}(reQ5 + R_7)} = -14.74$$

Ahora con el *bootstrapping*:

$$A_{v2} = -\frac{v0''}{v0'} = -\frac{i_{cQ5}\ (R_6 // (Z_{in}))}{i_{eQ5}(reQ5 + R_7)} = -19$$

R_6 = 6.85 kΩ, R_7 = 0.3 kΩ, reQ_5 = 51.42 Ω, y R_9=R_{10} = 42.5 kΩ

La ganancia total $|A_{vOL}|$ fue de: 42.38 y ahora es 56.63.

En el diseño de 7.7.2 la ganancia de la tercera etapa fue:

$$A_{v3} = -\frac{Z_{CQ8}}{\frac{R_{14}}{(h_{feQ8}+1)} + (reQ8 + R_{16})} = -\frac{5.32\ k\Omega}{443.3\ \Omega} = -12$$

Ahora:

7.7.2 Diseño de un segundo modelo de Amplificador OPAMP discreto.

$$A_{v3} = -\frac{(R_{17} + R_{18})//Z_{in}}{\frac{R_{14}}{(h_{feQ8} + 1)} + (reQ8 + R_{16})} = -\frac{6.9\ k\Omega}{443.3\ \Omega} = -15.60$$

$Z_{cQ8} = (R_{17} + R_{18}) // (R_9 // R_{10})$, $R_{17}+R_{18} = 7.1$ kΩ, $R_{14} = 100$ Ω, $h_{feQ8} = 120$, reQ_8 =51.48, $R_{16}=0.39$ kΩ.

La ganancia total $|A_{vOL}|$ fue de: 117.66 y ahora es 152.9.

Vemos entonces que la técnica del *Bootstrapping* logra mejorar también la ganancia total del amplificador de manera significativa.

La tabla 7-6 muestra todos los valores calculados para esta etapa.

El resto de los valores de las etapas anteriores se pueden mantener iguales.

Parámetro	Valor	Unidad
VDD	15	V
I_{DQ67}	168.75	mA
Vout (DC)	7.5	V
A_{V4}	0.91	-
Z_{out}	0.74	Ω
Z_{in}	216.6	kΩ
R_L (min)	8	Ω

Tabla 7-6 Cuadro de valores del segundo diseño con la adición del *Bootstrapping*.

La figura 7-43 muestra ahora el esquema circuital completo, que incluye la mejora del *Bootstrapping*, la figura 7-44 muestra el esquema simplificado correspondiente.

7.7.2 Diseño de un segundo modelo de Amplificador OPAMP discreto.

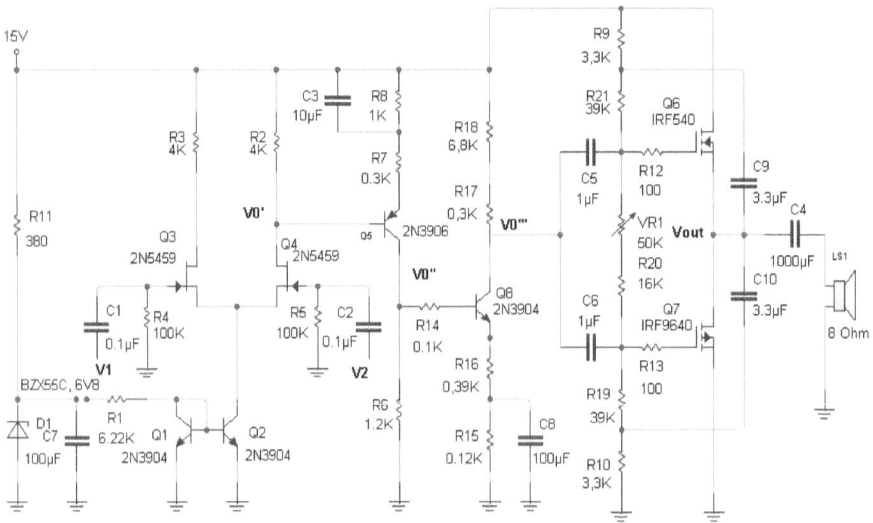

Figura 7-43 Esquema circuital del diseño del segundo OPAMP discreto, incluyendo la mejora del Bootstrapping.

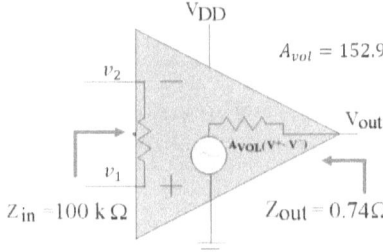

Figura 7-44 Esquema simplificado del diseño del segundo modelo de OPAMP discreto mejorado.

7.7.4 Diseño de un tercer modelo de Amplificador OPAMP discreto.

En este caso, se ha querido presentar un modelo aún más complejo, con un total de seis etapas: dos etapas diferenciales con FET, dos etapas en emisor común con BJT, una

7.7.2 Diseño de un segundo modelo de Amplificador OPAMP discreto.

etapa en colector común o seguidor de emisor con BJT, y una etapa de potencia con BJT complementarios.

Adicionalmente, se ha reducido el voltaje de alimentación general a solo 12V.

Este diseño pretende también disminuir el consumo total del circuito en modo inactivo.

La figura 7-45 presenta el diseño propuesto.

Paso 1: Análisis DC

Dos amplificadores diferenciales en cascada conforman las etapas 1 y 2, los transistores (Q_4, Q_5) y (Q_6, Q_7), representan dichas etapas respectivamente. La polarización se logra por medio de una fuente de corriente tipo espejo. Al igual que en los casos anteriores, el voltaje de referencia para la fuente de corriente está regulado por el diodo Zener de 6.8 V, ½ Watt.

Como ya fue establecido en el diseño #1 del amplificador discreto:

La corriente de Zener mínima necesaria para que el Zener se mantenga con la misma impedancia Zener Z_z es $\cong$ 5-10 % de $I_{ZenerMax}$ que es:

$$I_{Zenermin} \cong 4\ mA\ (5\%\ del\ máximo)$$

Asumiendo $Z_{ZT} = 8\ \Omega$ tenemos que: $V_n = 6.76\ V\ |I_Z = 5\ mA$

Luego, escogiendo una corriente de 10 mA como la corriente de trabajo del Zener tenemos:

$$V_{Zener} = 6.84\ V\ |\ 10\ mA$$

La resistencia R_{11} que permite que el Zener converja con la corriente deseada es:

$$R_{11} = \frac{(12\ V - V_{Zener})}{I_{Zener}} = \frac{(12\ V - 6.84\ V)}{10\ mA} = 516\ \Omega$$

R_{11} puede aproximarse a 510 Ω.

7.7.2 Diseño de un segundo modelo de Amplificador OPAMP discreto.

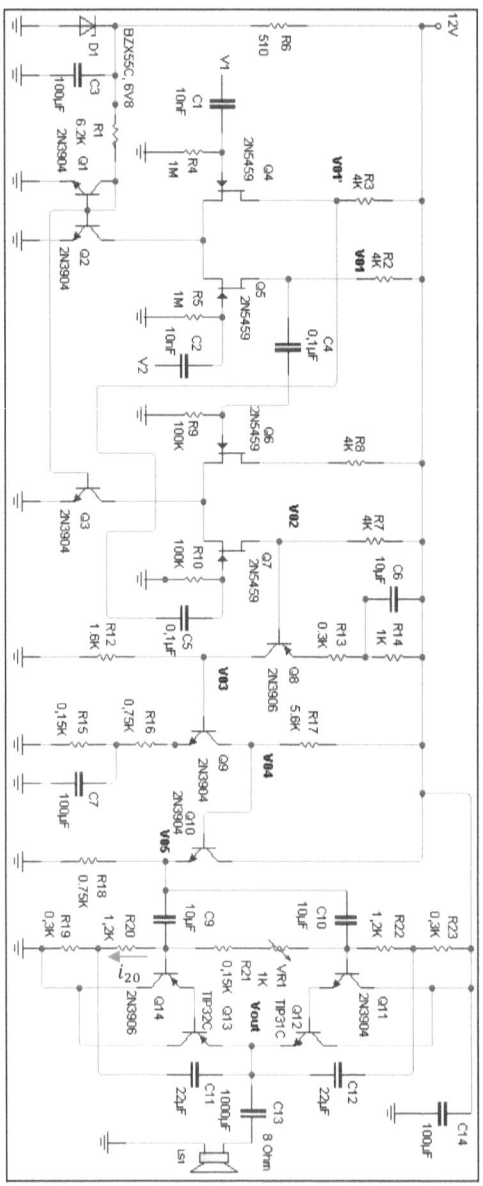

Figura 7-45 Esquema circuital del diseño del tercer **OPAMP** discreto, incluyendo la mejora del bootstrapping.*

*Nota: se sigue la técnica del primer esquema para indicar las corrientes que circulan por las ramas principales.

7.7.2 Diseño de un segundo modelo de Amplificador OPAMP discreto.

En la fuente de corriente espejo deseamos que la corriente $I_{CQ2} = 1$ mA

$$I_{CQ2} = \frac{V_{Zener} - V_{be}}{R_1}$$

$$R_1 = \frac{V_{Zener} - V_{be}}{I_{CQ2}} = \frac{6.84\,V - 0.7\,V}{1\,mA} = 6.14\,k\Omega \cong 6.2\,k\Omega$$

$$I_{CQ2} = \frac{V_{Zener} - V_{be}}{R_1} = \frac{6.84\,V - 0.7}{6.2\,k\Omega} = 0.99 \cong 1\,mA$$

Por ser una fuente espejo tenemos también que:

$$I_{CQ3} = I_{CQ2} = 1\,mA$$

Luego:

$$I_{DQ4} = I_{DQ5} = I_{DQ6} = I_{DQ7} = \frac{I_{CQ2}}{2} = \frac{I_{CQ3}}{2} = 0.5\,mA$$

Q_4, Q_5, Q_6, Q_7 son transistores FET modelo 2N5459. Tomando de su hoja de datos los valores del I_{DSS} y del V_p tenemos:

$$I_{Dss} = 5\,mA, V_P = -2V$$

Recordando que la ecuación del FET es:

$$I_D = I_{Dss}\left(1 - \frac{V_{GS}}{V_P}\right)^2$$

Despejando al término V_{GS} tenemos:

$$V_{GS} = \left(1 - \sqrt{\frac{I_D}{I_{Dss}}}\right)V_P = \left(1 - \sqrt{\frac{0.5}{5}}\right)(-2V) = -1.367\,V$$

Por lo tanto:

$$V_{GSQ4} = V_{GSQ5} = V_{GSQ6} = V_{GSQ7} = -1.367\,V$$

Esto significa que el voltaje en el colector de Q_2 y Q_3 es $-V_{GS} = 1.367$ V.

7.7.2 Diseño de un segundo modelo de Amplificador OPAMP discreto.

El voltaje V01 y V02 serán:

R_2, R_3, R_7, R_8 se escogen iguales a 4 kΩ, para mantener una caída de voltaje 2 V a través de ellas.

Recuerde que como la ganancia en la etapa 1 y 2 es pequeña, no hace falta que el transistor opere en el centro de la recta de carga DC.

Continuando con los cálculos tenemos:

$$V01 = V_{cc} - I_{DQ5}R_2 = 12\,V - 0.5\,mA\ 4k\Omega = 10\,V$$

$$V02 = V_{cc} - I_{DQ7}R_7 = 12\,V - 0.5\,mA\ 4k\Omega = 10\,V$$

El voltaje V_{DS} será:

$$V_{DSQ4} = V_{DSQ5} = V01 - V_{CQ2} = 10\,V - 1.367\,V = 8.63\,V$$

$$V_{DSQ6} = V_{DSQ7} = V02 - V_{CQ3} = 10\,V - 1.367\,V = 8.63\,V$$

En la tercera etapa (Q_8) queremos también que la corriente de emisor de Q_8 sea de 1 mA.

De modo que:

$$R_{13} + R_{14} = \frac{V_{CC} - V_{EB} - V02}{I_{EQ8}} = \frac{12\,V - 0.7\,V - 10}{1\,mA} = 1.3\,k\Omega$$

Comprobando:

$$I_{EQ8} = \frac{V_{CC} - V_{EB} - V02}{R_{13} + R_{14}} = \frac{12\,V - 0.7\,V - 10}{1.3\,k\Omega A} = 1mA$$

R_{13} es asignada con un valor de 0.3 kΩ y R_{14} = 1 kΩ.

El voltaje en V03 será:

$$V03 = I_{CQ8}R_{12} = 1\,mA\ 1.6\,k\Omega = 1.6\,V$$

7.7.2 Diseño de un segundo modelo de Amplificador OPAMP discreto.

Tanto R_{12} como R13 fueron fijadas en su valor en forma premeditada, en función de la ganancia AC que se desea en esta etapa, y que se explicará más adelante en el análisis AC.

$$como\ h_{FEQ8} \gg 1, I_{CQ8} = I_{EQ8}$$

El voltaje V_{CEQ8} será:

$$V_{CEQ8} = V_{CC} - I_{EQ8}(R_{13} + R_{148}) - V03 = 12\,V - 1mA\,1.3\,k\Omega - 1.6\,V = 9.1\,V$$

En la cuarta etapa (Q_9) tenemos:

La corriente de emisor de Q_9 también será de 1 mA.

Luego:

$$R_{16} + R_{15} = \frac{V03 - V_{EB}}{I_{EQ8}} = \frac{1.6\,V - 0.7\,V}{1\,mA} = 0.9\,k\Omega$$

R_{16} se fija en 0.75 kΩ y R_{15} = 0.15 kΩ (valores comerciales próximos)

Nuevamente, la asignación de R_{16} y R_{15} no afecta el punto DC, pero si la ganancia en AC. Dicho efecto será explicado en el análisis AC.

Comprobando la corriente de emisor en Q_9:

$$I_{EQ8} = \frac{V03 - V_{EB}}{R_{16} + R_{15}} = \frac{1.6\,V - 0.7\,V}{0.9\,k\Omega} = 1\,mA$$

$$como\ h_{FEQ9} \gg 1, I_{CQ9} = I_{EQ9}$$

En este caso en Q_9 tenemos ya una ganancia alta, por lo que hay que procurar que el punto Q en DC del transistor quede en el medio de la recta de carga DC, para garantizar la máxima excursión y simetría de la señal AC. Adicionalmente, hay que procurar también que la impedancia que se ve en AC no sea muy distinta de la que se ve en DC, para que la recta de carga AC resultante no desplace mucho el punto Q DC efectivo, lo cual haría la excursión muy asimétrica.

Si tomamos en cuenta lo anterior:

7.7.2 Diseño de un segundo modelo de Amplificador OPAMP discreto.

El voltaje en el emisor Q_9 es:

$$V_{EQ9} = I_{EQ9}(R_{16} + R_{15}) = 0.9\,V$$

El voltaje asignado a R_{17} sería:

$$V_{R17} = \frac{(V_{cc} - V_{EQ9})}{2\,I_{EQ9}} = 5.55\,k\Omega$$

Se asigna $R_{17} = 5.6\,k\Omega$ (valor comercial)

El voltaje en V04 será:

$$como\ h_{FEQ8} \gg 1, I_{CQ8} = I_{EQ8}$$

$$V04 = V_{CC} - I_{CQ9}R_{17} = 12 - 1\,mA\,5.6\,k\Omega = 6.4\,V$$

El voltaje colector-emisor de Q_9 será.

$$V_{CEQ9} = V04 - V_{EQ9} = 6.4\,V - 0.9\,V = 5.5\,V$$

En la quinta etapa (Q_{10}) tenemos un seguidor de emisor, lo que persigue es pasar de una alta impedancia en el colector de Q_9, a una baja impedancia en el emisor de Q_{10}. El cambio de impedancia es necesario ya que de acoplarse directamente a la etapa de potencia haría que la ganancia de Q_9 cayera significativamente, debido a que las impedancias adyacentes que polarizan la etapa de potencia son comparables con la resistencia de colector en Q_9, y forman un paralelo cuando se está en régimen AC.

Por lo tanto, colocando un seguidor de emisor no afectamos significativamente la ganancia en Q_9 y logramos trasladar efectivamente la señal amplificada hasta la etapa de potencia adecuadamente.

Tomando en consideración lo anterior tenemos:

$$Z_{inQ10} \gg R_{17}$$

Como $R_{17} = 5.6\,k\Omega$, $Z_{inQ10} > 56\,k\Omega$ de modo que $R_{17}//Z_{inQ10} \to R_{17}$

7.7.2 Diseño de un segundo modelo de Amplificador OPAMP discreto.

Ahora:

$$Z_{inQ10} = (h_{fe} + 1)(re + R_{18})$$

Asumiendo que el valor de h_{fe} ronda un valor de 100 si escogemos R_{18} = 750 Ω tenemos:

$$Z_{inQ10} > 75\ k\Omega |\ re \ll R_{18}\ y\ h_{femin} = 100$$

Por lo tanto, R_{18} cumple con la condición.

Verificando la situación en Q_{10}:

$$I_{EQ10} = \frac{V04 - V_{BE}}{R_{18}} = \frac{6.4\ V - 0.7\ V}{750\ \Omega} = 7.6\ mA$$

Revisando ahora la hoja de datos de Q10 (2N3904) para $I_{EQ10} = 7.6\ mA$ encontramos:

$$h_{FE} \cong 220\ |\ I_C \cong 7.5\ mA$$

Y

$$h_{fe} \cong 160\ |\ I_C \cong 7.5\ mA$$

Observamos que para la corriente de trabajo de Q_{10} el valor del h_{fe} se mantiene por encima de 100, de modo que sigue cumpliendo la condición $Z_{inQ10} \gg R_{17}$.

Tomando en cuenta también el h_{FE} tenemos:

$$I_{BQ10} = \frac{I_{CQ10}}{h_{FE}} = \frac{7.5\ mA}{220} = 34\ \mu A$$

$$I_{CQ10} = I_{EQ10}\ |\ h_{FE} \gg 1$$

Luego:

$$I_{CQ9} \gg I_{BQ10}$$

De modo que a pesar de que circulan 7.5 mA por colector de Q_{10} la corriente de base que genera es muy pequeña y no significativa respecto de la corriente de colector de Q_9, por lo que no se afecta de ningún modo la operación DC o AC del mismo.

7.7.2 Diseño de un segundo modelo de Amplificador OPAMP discreto.

El voltaje V05 será:

$$V05 = V04 - V_{BE} = 6.4\,V - 0.7\,V = 5.7\,V$$

Y el voltaje colector-emisor de Q10 será:

$$V_{CEQ10} = V_{CC} - V05 = 12\,V - 5.7\,V = 6.3\,V$$

Se observa que el punto Q de Q_{10} está muy próximo al centro de la recta de carga DC, lo cual es requerido ya que en esta etapa se continúa con la máxima ganancia de la señal, y por lo tanto, con su nivel de excursión mayor.

El punto DC del emisor de Q_{10} fue aprovechado de Q_9, quien también estaba centrado.

En la sexta etapa tenemos otro seguidor de emisor en configuración de potencia. La configuración de Q_{11}, Q_{12} y Q_{13}, Q_{14} se conoce como Darlington, que consiste en colocar dos transistores seguidos con conexión emisor del primero a la base del segundo. Adicionalmente, la configuración general está en *push-pull*, un término que se utiliza para indicar que existe pares complementarios de transistores, en este caso, NPN y PNP, que hacen que la señal positiva empuje por un lado o *push* en inglés, a través de los transistores NPN, y hale por el otro lado o *pull* en inglés, a través de los PNP.

La configuración *push-pull* también aplica para conexiones con MOSFET complementarios.

Usar transistores BJT en vez de MOSFET como en los casos anteriores tiene sus ventajas y desventajas. Entre las desventajas tenemos:

- Una impedancia de entrada muy baja.
- No hay aislamiento entre la entrada-salida.
- Manejo de media potencia.

Entre las ventajas tenemos:

- Tensión de umbral mucho más baja que los MOSFET.
- Mejor linealidad para bajas corrientes.

7.7.2 Diseño de un segundo modelo de Amplificador OPAMP discreto.

En este caso, y para este diseño, dado que la fuente se redujo de 15 a 12 voltios, se decidió utilizar BJT en la etapa de potencia en base a los criterios de menor umbral de trabajo, mejor linealidad, y manejo de potencia media. Sin embargo, el precio a pagar, es una impedancia de entrada más baja, que obligó a colocar la etapa 5 (Q_{10}).

Para establecer una impedancia de salida en la sección de potencia:

$$Z_{out} = \frac{i_{eq12}(reQ12) + \frac{i_{eQ12}}{h_{feQ12}}(reQ11)}{i_{eQ12}} = reQ12 + \frac{reQ11}{h_{feQ12}}$$

Dónde:

$$reQ12 = \frac{nV_T}{i_{eQ12}} \quad y \quad reQ11 = \frac{nV_T}{i_{eQ11}}$$

$$i_{eQ11} = \frac{i_{eQ12}}{h_{feQ12}}$$

Como sabemos: nVT = 34.71 mV | n=1.35, T=298.15

El valor de n seleccionado es un valor obtenido de datos experimentales con transistores del tipo 2N3904, 2N3906, TIP31, TIP32, entre otros. Esta es una variante en la expresión de *re* que se introduce en este diseño ya que en este caso el valor de la *re* afecta mucho el diseño del amplificador en cuanto al parámetro de impedancia de salida, dado a que la impedancia a conectar es de 8 ohmios.

Para los transistores Q_{12} y Q_{13} se escogieron un par complementario muy comercial: TIP31C y TIP32C que son NPN y PNP respectivamente.

Si escogemos una corriente de *Quiescent* para el amplificador de 120 mA y consultamos la hoja de datos para el transistor TIP31C encontramos los siguientes datos:

$$h_{FEmax} \cong 160 \mid I_C = 120 \, mA$$

Y

$$h_{femin} \cong 20 \mid I_C = 500 \, mA$$

7.7.2 Diseño de un segundo modelo de Amplificador OPAMP discreto.

Obsérvese que hemos indicado valores máximos y mínimos de los parámetros h_{FE} y h_{fe}. En este caso, los fabricantes de este par complementario TIP31 y TIP32, ofrecen información muy escasa acerca de estos parámetros. Las curvas del h_{FE} por ejemplo, no indican si son valores típicos, y más bien parecen estar referidas a valores máximos, por otro lado, en las tablas de datos se muestra uno o dos valores mínimos del mismo parámetro h_{FE}.

Lo anterior hace que sea difícil imponer un valor típico o promedio. Por lo que recurriremos a los valores experimentales obtenidos con este tipo de transistores:

De lo dicho anteriormente obtenemos:

$$I_{eQ12} = 120\ mA;\ h_{FE} \cong 70$$

$$h_{FE12} = h_{FE13} = 70$$

Y

$$h_{fe12} = hf_{fe13} = 30$$

Luego:

$$I_{eQ11} = \frac{I_{eQ12}}{h_{FEQ12}} = \frac{120\ mA}{70} = 1.71\ mA$$

Q_{11} es un 2N3904 cuyo complementario es el 2N3906, y para $I_C = 1.5$ mA la hoja de datos indica los siguientes valores típicos:

$$h_{FEQ11} = h_{FEQ14} \cong 220\ |\ I_C = 1.5\ mA$$

Y

$$h_{feQ11} = h_{feQ14} \cong 120\ |\ I_C = 1.5\ mA$$

Ahora podemos calcular los valores de re de cada transistor así:

$$reQ12 = \frac{34.71\ mV}{120\ mA} = 0.29\ \Omega$$

7.7.2 Diseño de un segundo modelo de Amplificador OPAMP discreto.

y

$$reQ11 = \frac{34.71\ mV}{1.71\ mA} = 20.3\ \Omega$$

La impedancia de salida con estas condiciones será:

$$Z_{out} = reQ12 + \frac{reQ11}{h_{feQ12}} = 0.29\ \Omega + \frac{20.3\ \Omega}{30} = 0.96\ \Omega$$

Obviamente la impedancia Z_{out} puede bajar si aumentamos la corriente de *Quiescent*, pero el costo a pagar es mayor potencia de consumo. De modo que con un criterio de menor consumo dejamos la corriente en 120 mA.

Si el voltaje de la fuente se reparte de manera equitativa en los dos transistores Q_{12} y Q_{13}, la potencia de consumo en modo inactivo será:

$$P_{Q12} + P_{Q13} = I_Q V_{CC} = 120\ mA\ 12\ V = 1.44\ watt.$$

Lo anterior implica usar un disipador de calor apropiado para que la juntura de los transistores Q_{12} y Q_{13}, funcionen en el rango de operación de temperatura permitida (<175ºC), de acuerdo a la potencia disipada. Recuerde que el incremento de la temperatura, disminuye la tensión V_{BE} y la resistencia dinámica *re* de los transistores, aumentando así la corriente, y por ende, la potencia disipada. Por lo tanto, sería deseable controlar o ajustar la corriente del transistor a la temperatura de trabajo para que no exceda demasiado el valor nominal de la misma.

Suponiendo ahora que la señal de salida AC en V_{out}, es de 6 voltios pico, sobre una caga de 8 ohmios, implica una corriente de:

$$i_{Lmax} = \frac{V_{out}}{8\ \Omega} = \frac{6\ V}{8} = 0.75\ A$$

Lo que implicaría:

$$I_{BQ11} = \frac{I_{CQ11}}{h_{FEQ11}} + \frac{i_{Lmax}}{h_{feQ12}\ h_{feQ11}} \cong \frac{i_{Lmax}}{h_{feQ12}\ h_{feQ11}} = \frac{0.75\ A}{30*120} = 0.2\ mA$$

7.7.2 Diseño de un segundo modelo de Amplificador OPAMP discreto.

Lo que significa que la corriente que atraviesa la rama serie desde R_{19} hasta R_{23} debe ser mayor que 0.2 A para que no se alteren los niveles DC en esta rama.

De lo anterior se escoge una corriente de 3 mA como la corriente que pasa en serie por las resistencias R_{19}, R_{20}, R_{21}, R_{21}, V_{R1}, R_{22}, y R_{23}.

La resistencia total serie será:

$$R_{total} = \frac{V_{cc}}{3\ mA} = \frac{12\ V}{3\ mA} = 4\ k\Omega$$

Ahora bien, como los voltajes de activación en cada transistor son aproximadamente igual a V_{BE} tenemos:

$$V_{R1} + VR_{21} = 4V_{BE} = 2.8\ V$$

Lo que significa que el resto del voltaje cae sobre las demás resistencias:

$$V_{R19} + VR_{20} + V_{R22} + VR_{23} = V_{CC} - 4V_{BE} = 9.2\ V$$

Y la resistencia asociada será:

$$R_{19+20+22+23} = \frac{9.2\ V}{3\ mA} = 3066.6\ \Omega$$

Si repartimos en partes iguales a (R_{19}+ R_{20}) y (R_{22}+R_{23}) tenemos:

$$R_{19+20} = 1533.3\ \Omega$$

Y

$$R_{22+23} = 1533.3\ \Omega$$

Se escoge un valor comercial de 1500 ohmios.

Como lo que importa es que la suma de 1500 ohmios se escoge:

$$R_{19} = 0.3\ k\Omega, R_{20} = 1.2\ k\Omega, y\ R_{22} = 0.3\ k\Omega, R_{23} = 1.2\ k\Omega$$

La corriente I será entonces:

7.7.2 Diseño de un segundo modelo de Amplificador OPAMP discreto.

$$I = \frac{V_{CC} - 2.8\ V}{(R_{19+20+22+23})} = \frac{9.2\ V}{3\ k\Omega} = 3.06\ mA$$

La razón para esta distribución es que como hay un *Bootstrapping* incorporado, las resistencias R_{20} y R_{23} son efectivamente aumentadas, haciendo que la impedancia de entrada de la sección de potencia sea más grande.

Para los valores de VR1 y R_{21} tenemos:

$$V_{R1} + R_{21} = \frac{2.8\ V}{3.06\ mA} = 913.24\Omega$$

Como las tensiones V_{BE} pueden ser un poco distintas entre un transistor y otro, es necesario que se introduzca un ajuste fino que permita variar estos voltajes hasta lograr el valor de la corriente de *Quiescent* requerida. Por esta razón, se asigna como valor mínimo a R_{21}=0.15 kΩ, y VR1= 1 kΩ, que permite ajustar cualquier valor entre 0.15 V y los 2.8 V o más si es requerido.

La tensión VR1+R_{21} estará finalmente alrededor de los 2.8 V, un poco por encima o por debajo de este valor, digamos entre: 2.66 V mínimo y 3 V máximo.

La corriente I y voltaje V_{out} definitivos serán entonces:

$$I = \frac{V_{CC}}{3913.24\Omega} = 3.06\ mA$$

$$V_{out} = V_{CC} - I(R_{22} + R_{23}) - 2\ V_{BE} = 12\ V - 4.6\ V - 1.4 = 6\ V$$

o

$$V_{out} = I(R_{19} + R_{20}) + 2\ V_{BE} = 4.6\ V + 1.4 = 6\ V$$

Paso 2: Análisis AC

El primer parámetro a examinar será la impedancia de entrada Z_{in} del amplificador.

La impedancia de entrada Z_{in} se encuentra reflejada en la etapa 1 y es:

7.7.2 Diseño de un segundo modelo de Amplificador OPAMP discreto.

$$Z_{in} = R_4 = R_5 = 1\ M\Omega$$

Nótese que la impedancia de entrada de los modelos anteriores era de 100 kΩ. El incremento de la impedancia en esta etapa es posible gracias a que se utiliza un FET, cuya impedancia de entrada ronda los 100 MΩ. Esta es claramente una ventaja de los FET.

El segundo parámetro a considerar es la impedancia de salida Z_{out} del amplificador, la cual ya fue adelantada en la sección de análisis DC, ya que se requería este cálculo de antemano para estimar la corriente de *Quiescent* en DC de la etapa de potencia.

$$Z_{out} = reQ12 + \frac{reQ11}{h_{feQ12}} = 0.96\ \Omega$$

$$reQ12 + \frac{reQ11}{h_{feQ12}} = reQ13 + \frac{reQ14}{h_{feQ13}}$$

El tercer parámetro a considerar es la ganancia total A_{vol} del amplificador.

La ganancia A_{vol} se puede expresar como el producto de la ganancia de las seis etapas:

$$A_{vol} = A_{v1} x\ A_{v2} x - A_{v3} x - A_{v4} x\ A_{v5} x\ A_{v6}$$

La ganancia A_{vol} también se puede escribir así:

$$A_{vol} = \frac{v01}{v_{in}} x \frac{v02}{v01} x - \frac{v03}{v02} x - \frac{v04}{v03} x \frac{v05}{v04} x \frac{v_{out}}{v05}$$

Nótese que la ganancia en la tercera y cuarta etapa son negativas, de modo que se cancelan los signos en la ganancia total.

La ganancia en la primera etapa es:

$$|A_{v1}| = \frac{v01}{v_{in}} = \frac{i_{dQ5}(R_2//(Z_{inQ7})}{2V_{gsQ45}}$$

$$v_{in} = V_1\ o\ V_2$$

7.7.2 Diseño de un segundo modelo de Amplificador OPAMP discreto.

$$Z_{inQ7} = R_{10} = 100 \ k\Omega$$

Como:

$$(R_2//(Z_{inQ7})) \rightarrow R_2$$

Entonces:

$$A_{v1} = A_{vd} = \frac{g_{mQ45}R_2}{2}$$

En el diferencial de la etapa 1 el voltaje de salida V01 es:

$$v01 = \frac{g_{mQ45}R_2}{2}(v_1 - v_2)$$

Donde la ganancia diferencial es $A_{vd} = \frac{g_{mQ45}R_2}{2}$

El valor del g_m es el mismo de los FET: Q_4, Q_5, Q_6 y Q_7 y es:

$$g_{mQ4567} = \frac{2I_{DSS}}{|V_p|}\left(1 - \frac{V_{GSQ34}}{V_p}\right)$$

$$g_{m4} = g_{m5} = g_{m6} = g_{m7} = g_{m4567}$$

Como V_{GS34} = -1.367 V

$$g_{mQ4567} = 1.58 \ mmhos \ | \ V_{GSQ4567} = -1.367 \ V$$

La ganancia A_{v1} será entonces:

$$A_{v1} = \frac{g_{mQ4567}R_2}{2} = 3.16$$

La ganancia A_{v1} es positiva respecto de v_1 y negativa respecto de v_2.

La ganancia en modo común A_{vc} será:

La A_{vc} es;

7.7.2 Diseño de un segundo modelo de Amplificador OPAMP discreto.

$$A_{vc} = \frac{i_{dQ45}R_2}{V_{gsQ34} + i_{d34}2h_{oeQ2}^{-1}} = \frac{g_{mQ34}R_2}{1 + g_{mQ34}2h_{oeQ2}^{-1}}$$

Si no recuerda bien, revise cuando se calculó la ganancia en modo común en el ejemplo de la sección 7.2.1 paso 2(b).

El valor aproximado de h_{oe2} obtenido según la hoja de datos para el 2N3904, y para una corriente I_{Q2} de 1 mA es de: 8.5 µmhos

$$h_{oeQ2}^{-1} = h_{oeQ3}^{-1} = \frac{1}{8.5 \, \mu mhos} = 117.64 \, k\Omega \mid I_{q2} = 1mA$$

Luego:

$$A_{vc} = \frac{g_{mQ34}R_2}{1 + g_{mQ34}2h_{oeQ2}^{-1}} = 0.01695$$

Luego el CMRR en esta etapa será:

$$CMRR \, (dB) = 20 \log \left(\frac{A_{vd}}{A_{vc}}\right) = 45 \, dB$$

En la segunda etapa tenemos que la ganancia diferencial respecto de v01 y v01' será:

$$|A_{vd}| = \frac{v02}{v01} \; ; respecto \, de \, v01 \, y \, v01'$$

Como la segunda etapa es otro diferencial tenemos:

$$|A_{vd}| = \frac{v02}{v01} = \frac{i_{dQ7}(R_7//(Z_{inQ8}))}{2V_{gsQ67}}$$

$$Z_{inQ8} = h_{feQ8}(req8 + R_{13})$$

$$h_{feQ8} = 200 \mid I_{cQ8} = 1 \, mA; req8 = 34.71 \, \Omega \, n = 1.35$$

$$Z_{inQ8} = 66.9 \, k\Omega$$

Como: $(R_7//(Z_{inQ8})) \to R_7$ tenemos:

7.7.2 Diseño de un segundo modelo de Amplificador OPAMP discreto.

$$|A_{vd}| = \frac{v02}{v01} = \frac{i_{dQ7}R_7}{2V_{gsQ67}} \;; respecto\ de\ v01\ y\ v01'$$

La ganancia diferencial en esta etapa resulta igual a la etapa anterior:

$$|A_{vd}| = \frac{g_{mQ4567}R_7}{2} = 3.16 \;; respecto\ de\ v01\ y\ v01'$$

Ahora V02 es:

$$v02 = \frac{g_{mQ4567}R_7}{2}(v_{01} - v_{01'}) \qquad (7.152)$$

Dónde:

$$v01 = \frac{g_{mQ4567}R_2}{2}(v_1 - v_2)$$

Y

$$v01' = \frac{g_{mQ4567}R_3}{2}(v_2 - v_1)$$

Sustituyendo en (7.152):

$$v02 = \frac{g_{mQ4567}R_7}{2}\left(\frac{g_{mQ45}R_3}{2}(v_1 - v_2) - \frac{g_{mQ45}R_2}{2}(v_2 - v_1)\right)$$

Como $R_2 = R_3 = R_7$ tenemos:

$$v02 = (\frac{g_{mQ4567}R_2}{2})^2((v_1 - v_2) - (v_2 - v_1))$$

$$v02 = A_{vd}^2 2(v_1 - v_2) \qquad (7.153)$$

La ecuación (7.153) representa la ganancia del par diferencial.

Ahora la ganancia respecto de v_2 y v_1 en esta etapa es:

$$A_{v2} = \frac{v02}{v01} = \frac{A_{vd}^2 2(v_1 - v_2)}{A_{vd}(v_1 - v_2)} = 2A_{vd} = 6.32 \;; respecto\ de\ v_1\ y\ v_2$$

7.7.2 Diseño de un segundo modelo de Amplificador OPAMP discreto.

La A_{vc} es;

$$A_{vc} = \frac{i_{dQ67} R_7}{V_{gsQ67} + i_{d67} 2 h_{oeQ3}^{-1}} = \frac{g_{mQ4567} R_7}{1 + g_{mQ4567} 2 h_{oeQ3}^{-1}}$$

$$h_{oeQ2}^{-1} = h_{oeQ3}^{-1} = \frac{1}{8.5\ \mu mhos} = 117.64\ k\Omega \mid I_{q3} = 1mA$$

Luego:

$$A_{vc} = \frac{g_{mQ4567} R_7}{1 + g_{mQ4567} 2 h_{oeQ3}^{-1}} = 0.01695$$

Luego el CMRR en esta etapa será:

$$CMRR\ (dB) = 20 \log\left(\frac{A_{vd}}{A_{vc}}\right) = 45\ dB$$

El CMRR total que incluye las dos etapas diferenciales será:

$$CMRR_{total}\ (dB) = 90\ dB$$

También el CMRR total puede calcularse así:

$$CMRR_{total}\ (dB) = 20\ log\left(\frac{A_{vd}^2}{A_{vc}^2}\right) = 20 \log\left(\frac{(3.16)^2}{(0.01695)^2}\right) = 20 \log\left(\frac{9.98}{0.2873 x 10^{-3}}\right)$$

$$CMRR_{total}\ (dB) = 90.8\ dB$$

La ligera discrepancia entre valores se debe a la aproximación de los decimales considerados. En términos generales el CMRR es de 90 dB, lo cual refleja un valor muy bueno, considerable con un OPAMP comercial de alta calidad.

Continuando con la tercera (Q_8) etapa tenemos:

$$A_{v3} = -\frac{v03}{v02}$$

7.7.2 Diseño de un segundo modelo de Amplificador OPAMP discreto.

Dónde:

$$v02 = i_{eQ8}(reQ8 + R_{13})$$

$$reQ8 = 37.71\ \Omega\ y\ R_{13} = 0.3\ k\Omega$$

Y

$$v03 = i_{cQ8}\ (R_{12}//\ h_{feQ9}(reQ9 + R_{16}))$$

Dónde:

$$h_{feQ9} = 110\ |I_{CQ9} = 1\ mA\ ;req9 = 34.71\ \Omega\ ;n = 1.35\ ;R_{16} = 0.75\ k\Omega$$

$$h_{feQ9}(reQ9 + R_{16}) = 86.3\ k\Omega\ ;R_{12} = 1.6\ k\Omega$$

Luego:

$$(R_{12}//\ h_{feQ9}(reQ9 + R_{16}))\rightarrow R_{12} = 1.6\ k\Omega$$

Luego:

$$v03 \cong i_{cQ8}\ R_{12}$$

La ganancia es:

$$A_{v3} = -\frac{v03}{v02} = -\frac{i_{cQ8}\ R_{12}}{i_{eQ8}(reQ8 + R_{13})} = -4.78$$

$$como\ h_{feQ8} \gg 1, I_{cQ8} \cong I_{eQ8}$$

En la cuarta etapa (Q_9) tenemos:

$$A_{v4} = \frac{v04}{v03}$$

Dónde:

$$v03 = i_{eQ9}(reQ9 + R_{16})$$

7.7.2 Diseño de un segundo modelo de Amplificador OPAMP discreto.

$$reQ9 = 34.71; n = 1.35 \text{ y } R_{16} = 0.75 \, k\Omega$$

Y

$$v04 = i_{cQ9}(R_{17}//Z_{inQ10})$$

$$R_{17} = 5.6 \, k\Omega$$

$$Z_{inQ10} = h_{feQ10}(reQ10 + R_{18})$$

$$reQ10 = 4.56 \, \Omega; h_{feQ10} > 150 \, |I_{CQ10} = 7.6 \, mA, y \, R_{18} = 0.75 \, k\Omega$$

$$Z_{inQ10} > 113.18 \, k\Omega$$

Luego:

$$(R_{17}//Z_{inQ10}) \rightarrow R_{17}$$

Luego:

$$A_{v4} = -\frac{v04}{v03} = -\frac{i_{cQ9} R_{17}}{i_{eQ9}(reQ9 + R_{16})} = -7.13$$

$$\text{como } h_{feQ9} \gg 1, I_{cQ9} \cong I_{eQ9}$$

La ganancia de la quinta etapa es:

$$A_{v5} = \frac{v05}{v04}$$

Dónde:

$$v04 = i_{eQ10}(reQ10 + R_{18}//Z_{inX})$$

Dónde:

$$Z_{inX} = R'_{20}//R'_{22}//(Z_{inQ1112}) \qquad (7.154)$$

$$Z_{inQ1112} = \frac{i_{eQ11}(reQ11 + h_{feQ12}(reQ12 + R_L)}{i_{bQ11}}$$

7.7.2 Diseño de un segundo modelo de Amplificador OPAMP discreto.

$$Z_{inQ1112} = h_{feQ11}(reQ11 + h_{feQ12}(reQ12 + R_L) \cong h_{feQ11}h_{feQ12}(reQ12 + R_L)$$

$$h_{feQ11} = 120 \,;\, h_{feQ12} = 30 \,;\, reQ12 = 0.29\Omega$$

$$Z_{inQ1112} \cong h_{feQ11}h_{feQ12}(reQ12 + R_L) \cong 29.8 \, k\Omega$$

Ahora las impedancias efectivas R_{20}' y R_{22}' serán:

$$R'_{20} = R'_{22} = \frac{v05}{i_{20}}$$

$$i_{20} = \frac{(v05 - v_{out})}{R_{20}}$$

La ganancia en sexta etapa A_{V6} es:

$$A_{v6} = \frac{v_{out}}{v05} \qquad (7.155)$$

Dónde:

$$v_{out} = i_{eQ12}R_L$$

Y

$$vo5 = \frac{i_{eQ12}}{h_{feQ12}}reQ11 + i_{eQ12}(reQ12 + R_L)$$

Sustituyendo en (7.155) tenemos:

$$A_{v6} = \frac{v_{out}}{v05} = \frac{i_{eQ12}R_L}{\frac{i_{eQ12}}{h_{feQ12}}reQ11 + i_{eQ12}(reQ12 + R_L)} = \frac{R_L}{\frac{reQ11}{h_{feQ12}} + (reQ12 + R_L)}$$

$$reQ11 = 20.3 \, \Omega$$

$$A_{v6} = \frac{8}{8.97} = 0.89$$

Ahora:

7.7.2 Diseño de un segundo modelo de Amplificador OPAMP discreto.

$$v_{out} = v05 \, x \, A_{v6}$$

Sustituyendo ahora en:

$$i_{20} = \frac{(v05 - v_{out})}{R_{20}} = \frac{(v05 - v05 x A_{v6})}{R_{20}} = \frac{v05(1 - A_{v6})}{R_{20}}$$

Sustituyendo de nuevo en:

$$R'_{20} = R'_{22} = \frac{v05}{i_{20}} = \frac{v05}{\frac{v05(1 - A_{v6})}{R_{20}}} = \frac{R_{20}}{(1 - A_{v6})}$$

De dónde:

$$R_{20} = 1.2 \, k\Omega \; y \; A_{v6} = 0.89$$

Luego:

$$R'_{20} = R'_{22} = 10.9 \, k\Omega$$

El efecto del *Bootstrap* ha hecho que la impedancia efectiva en AC se eleve de 1,2 kΩ a 10.9 kΩ, casi 10 veces mayor.

Retomando ahora la expresión (7.154):

$$Z_{inX} = R'_{20}//R'_{22}//(Z_{inQ1112}) = 10.9 \, k\Omega // 10.9 k\Omega // 29.8 k\Omega = 4.6 \, k\Omega$$

Luego:

$$v04 = i_{eQ10}(reQ10 + R_{18}//Z_{inX})$$

$$reQ10 = 4.56 \, \Omega \, | I_{EQ10} = 7.6 \, mA; \, R_{18} = 0.75 \, k\Omega$$

$$R_{18}//Z_{inX} = 0.75 \, k\Omega \, // \, 4.6 \, k\Omega = 0.64 \, k\Omega$$

Finalmente la ganancia Av₅ es:

$$A_{v5} = \frac{v05}{v04} = \frac{i_{eQ10}(R_{18}//Z_{inX})}{i_{eQ10}(reQ10 + R_{18}//Z_{inX})} \cong \frac{(R_{18}//Z_{inX})}{(R_{18}//Z_{inX})} \cong 1$$

7.7.2 Diseño de un segundo modelo de Amplificador OPAMP discreto.

Como la impedancia efectiva en AC en el emisor de Q_{10} es menor que R_{18}, hay que verificar que la impedancia de entrada de Q_{10} sea todavía mucho mayor que R_{17} para que se mantenga la ganancia AV_4 ya calculada.

$$Z_{inQ10} = h_{feQ10}(reQ10 + R_{18}')$$

$$reQ10 = 4.56\ \Omega\ ; h_{feQ10} > 150\ |I_{CQ10} = 7.6\ mA, y\ R_{18}' = 0.64\ k\Omega$$

$$Z_{inQ10} > 96.6\ k\Omega$$

Luego:

$$(R_{17}//Z_{inQ10}) \rightarrow R_{17}$$

De modo que la ganancia Av4 se mantiene como fue ya calculada.

La ganancia total A_{VOL} es entonces:

$$|A_{vol}| = A_{v1}x\ A_{v2}xA_{v3}xA_{v4}x\ A_{v5}x\ A_{v6} = 3.16\ x\ 6.32\ x\ 4.78\ x\ 7.13\ x\ 1\ x\ 0.89 = 605$$

La tabla 7.6 muestra un resumen de los valores calculados en el circuito.

Todos los capacitores están calculados para una frecuencia de corte cercana a 16 Hz, $f_c \cong$ 16 Hz.

7.7.2 Diseño de un segundo modelo de Amplificador OPAMP discreto.

Parámetro	Valor	Unidad
VDD	12	V
VZ (D1)	6.8-6.9	V
I_{CQ2}	1	mA
I_{CQ3}	1	mA
I_{DQ4}	0.5	mA
I_{DQ5}	0.5	mA
I_{DQ5}	0.5	mA
I_{DQ7}	0.5	mA
I_{EQ8}	1	mA
I_{EQ9}	1	mA
I_{EQ10}	7.6	mA
$I_{Q12-Q13}$	120	mA
V01 (DC)	10	V
V02 (DC)	10	V
Parámetro	Valor	Unidad
V03 (DC)	1.6	V
V04 (DC)	6.4	V
V05 (DC)	5.7	V
V_{out} **(DC)**	6	V
A_{V1}	3.16	-
A_{V2}	6.32	-
A_{V3}	-4.78	-
A_{V4}	-7.13	-
A_{V5}	1	-
A_{V6}	0.89	-
$|A_{vOL}|$	605	-
Z_{in}	1	MΩ
Z_{out}	0.96	Ω
R_L (min)	8	Ω
CMRR	>90	dB

Tabla 7-6 Resumen de valores calculados en el modelo de la figura 7-45

7.7.2 Diseño de un segundo modelo de Amplificador OPAMP discreto.

La figura 7-46 resume en un esquema simplificado las características básicas de este amplificador.

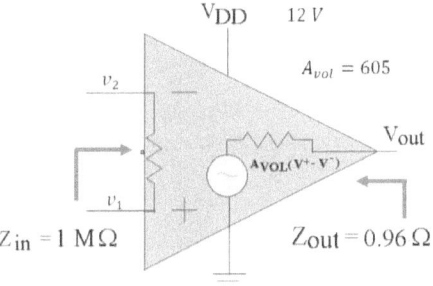

Figura 7-46 Esquema simplificado del diseño del modelo de OPAMP discreto

7.8 Algunas Aplicaciones o proyectos interesantes:

7.8.1 Amplificador de ±12 V, 4Ω, 7 Watts.

La figura 7-47 muestra el esquema de circuito de una aplicación útil y divertida. Se trata de un amplificador de audio que emplea OPAMP y una etapa de salida *Push-Pull*. Puede entregar una potencia de cerca de 7 W, con una carga de 4 ohm. La fuente utilizada es dual: ± 12V, 3 amperios máximo.

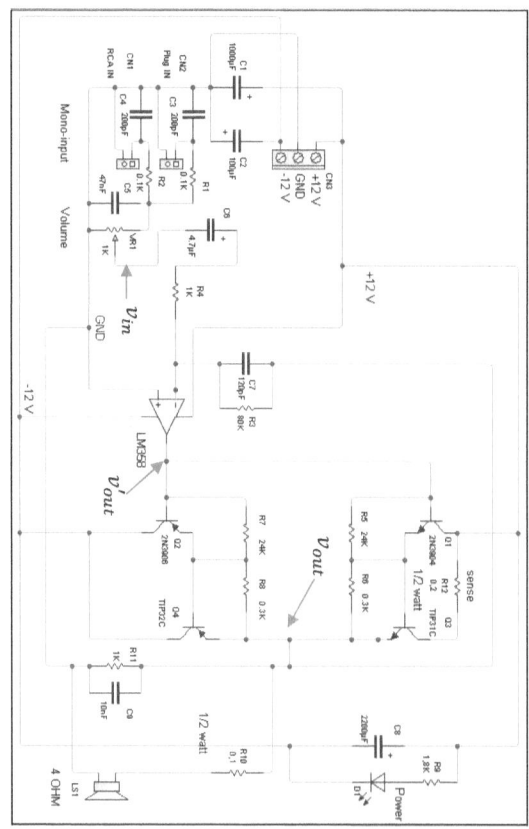

Figura 7-47 Amplificador con OPAMP con etapa de salida de potencia *Push-Pull*.

7.8 Algunas Aplicaciones o proyectos interesantes:

Análisis DC:

Para comenzar debe notarse que el circuito trabaja con simetría DC. Por esta razón la fuente debe ser ± 12 V.

Para el diseño se ha escogido el circuito OPAM modelo LM358, el cual es un integrado muy popular, contiene dos amplificadores operacionales en un solo integrado de 8 pines. Este amplificador puede operar con una sola o doble fuente, y hasta un máximo total de 32V DC.

El segundo candidato a considerar será el CA3240E, menos popular que el LM358, es sin embargo, compatible pin a pin con el LM358. Es decir, contiene también dos operacionales en una sola capsula de 8 pines. Su principal ventaja frente al LM358 son: ancho de banda, impedancia de entrada, y CMRR superiores. La tabla 7-7 resume las principales diferencias.

	Ancho de Banda GBWP (típico)	Impedancia de Entrada Z_{in} (Ω)	Voltaje de Operación (V)	CMRR (dB) típico	Corriente de salida (mA) típico
LM358	1.1 MHz	Bipolar ~ 1 MΩ	3-32 o ±1.5-±16	70	$I_{source} = 40\ mA$ $I_{sink} = 20\ mA$
CA3240E	4.5 MHz	1.5 TΩ (Mosfet)	4-36 o ±2-±18	90	$I_{source} = 20\ mA$ $I_{sink} = 1\ mA$

Tabla 7-7. Principales diferencias entre el LM358 y el CA3240E.

Aunque la tabla 7-7 indica que hay relevantes diferencias en cuanto a algunos parámetros, la funcionalidad entre ambos es muy similar. De modo que queda a discreción del diseñador utilizar uno y otro tipo para las aplicaciones que a continuación se describen. Salvo que se haga alguna aclaratoria al respecto.

En este caso, se puede alimentar el circuito hasta ± 16 V DC, para que exista compatibilidad de operación entre el LM358 y el CA3240E.

Sin embargo, tanto la salida en el LM358 como la del CA3240E son de baja potencia. De allí que la etapa de salida *Push-Pull* permita acoplar las impedancias para transferir la potencia deseada sobre una carga tan baja como de 4 ohmios.

7.8 Algunas Aplicaciones o proyectos interesantes:

Los cálculos relacionados a este circuito son válidos para ambos modelos de OPAMP, y aunque el diseño se refiere principalmente al LM358, el CA3240E puede utilizarse sin problemas, a menos que se indique lo contrario.

La configuración OPAMP empleada en este caso es la de inversor. Nótese que el puerto positivo (+) está conectado a tierra. Adicionalmente, C_6 y R_4, están desacoplados en DC. La retroalimentación es negativa, y está determinada por los valores de R_3 y C_7.

La señal de salida v_{out} en DC es:

$$v_{out}(DC) = v^+ \left(1 + \frac{R_3}{R_4 + \infty}\right) = v^+$$

$v^+ = 0\,V$, por lo tanto:

$$v_{out}(DC) = 0\,V$$

Pero, para que $v_{out}(DC) = 0\,V$, es necesario que los transistores Q_1-Q_4 estén apagados, por lo que las tensiones V_{bc} de cada transistor será de 0V respectivamente.

Luego:

$$v'_{out}(DC) = 0\,V$$

La entrada V_{in} puede ocurrir por la entrada CN2 designada como *Plug-in*, o por el conector CN1 designado como RCA.

La entrada de *Plug-in* es un conector de 3 mm que puede ser estéreo o mono. La entrada RCA es de tamaño estándar. Ambas entradas son redundantes y permiten aumentar la conectividad con el amplificador.

El Led de indicador permite conocer que la alimentación o *Power* ± 12V está presente, opera con una corriente de:

$$I_{LED} = \frac{2V_{cc}}{R9} = 13.3\,mA$$

7.8 Algunas Aplicaciones o proyectos interesantes:

Los capacitores C_1, C_2, y C_8 estabilizan la fuente de alimentación, reduciendo ruido o picos de voltaje por efecto inductivo en el circuito. Los avalores asignados son meramente prácticos en función de la expertica conocida para estos casos. No hay un valor exacto, depende del ruido, cableado, tipo de circuito impreso (PCB), fuente de poder, etc.

Análisis AC:

Para comenzar con la entrada v_{in} tenemos:

Los capacitores C_4 y C_3 actúan como filtros pasa bajos, y para suavizar la señal de entrada. Limitan el contenido frecuencial para reducir ruido de alta frecuencia. El capacitor C_5 forma un filtro pasa-bajos en conjunto con R_1 y R_2. La frecuencia de corte es:

$$f_{c1} = \frac{1}{2\pi R_1 C_5} = 33.87\ kHz$$

La impedancia mínima de entrada se reduce a:

$$Z_{in}(\min) = R_1 = 100\ \Omega$$

En este caso, como la señal de entrada es por lo general un dispositivo apto para audífonos, su nivel de amplificación es bajo ~100-150 mV$_p$, a 16-32 Ω. Por lo que 100 Ω ofrece una carga de menor potencia y distorsión.

La cantidad de señal de entrada puede controlarse con el potenciómetro de volumen "VR1".

La señal de entrada es filtrada también por un filtro pasa-altos, conformado por C_6 y R_4, cuya frecuencia de corte es:

$$f_{c2} = \frac{1}{2\pi R_4 C_6} = 33.89\ Hz$$

La ganancia máxima del amplificador es:

7.8 Algunas Aplicaciones o proyectos interesantes:

$$A_{v(max)} = \frac{R_3}{R_4} = 80$$

El valor de la ganancia máxima se desprende de la premisa de que la salida máxima del amplificador es 12 V$_p$, y la entrada máxima correspondiente es ~150 mV$_p$.

$$A_{v(max)} = \frac{12\ V}{150\ mv} = 80$$

Un filtro pasa-bajos conformado por C$_7$ y R$_3$, hace que la ganancia del amplificador decrezca por encima de cierta frecuencia, limitando así el ancho de banda del amplificador. Esta frecuencia de corte es:

$$f_{c3} = \frac{1}{2\pi R_3 C_7} = 16.58\ kHz$$

Esto significa que por encima de $fc3$ la ganancia se reduce a una tasa de -20 dB/dec, hasta el punto de la frecuencia $fc1$ donde la tasa será de -40 dB/dec.

En este punto se hace una observación importante. Nótese que la frecuencia f_{c3} es de 16.58 kHz, y la ganancia requerida es de 80. Si se utiliza el LM358, con un GBWP de 1.1 MHz, la frecuencia de operación se reduce a:

$$BW = \frac{1.1\ MHz}{80} = 13.75\ kHz\ (LM358)$$

Y si se utiliza el CA3240E:

$$BW = \frac{4.5\ MHz}{80} = 56.25\ kHz\ (CA3240E)$$

Lo anterior significa que en el caso del uso del LM358 la ganancia a lazo abierto del amplificador A_{VOL} que resulta a la frecuencia f$_{c3}$, es menor que la requerida, es decir, menor de 80. Por lo que la ganancia real en el circuito se reduce a menos de 80 mucho antes de alcanzar la frecuencia de corte f_{c3}.

En el caso del CA3240E la A_{VOL} se mantiene muy superior a 80 para la frecuencia f_{c3}, Lo que se traduce que se pueda lograr una ganancia real más cercana de 80 en el circuito.

7.8 Algunas Aplicaciones o proyectos interesantes:

Lo anterior se puede explicar de manera numérica así:

Las ganancias A_{VOL} aproximadas en cada caso serán:

$$A_{VOL} = \frac{1.1\ MHz}{16.58\ kHz} = 66\ (LM358)$$

$$A_{VOL} = \frac{4.5\ MHz}{16.58\ kHz} = 271\ (CA3240E)$$

Recuerde también que la ganancia de retroalimentación negativa es:

$$A_{Vf} = \frac{A_{VOL}}{1 + \beta A_{VOL}}$$

Con $\beta = 0.0125$ (1/80), las ganancias de retroalimentación efectivas serán:

$$A_{Vf} = 36\ (LM358)$$

$$A_{Vf} = 62\ (CA3240E)$$

Se puede observar que ambas ganancias no llegan al valor requerido de 80. No obstante, la que se aproxima más corresponde al CA3240E.

En el caso del LM358 ocurre una atenuación de aproximadamente -7dB en la ganancia efectiva del amplificador respecto de la calculada a la frecuencia f_{c3}, , y de aproximadamente -2dB para el caso del CA3240E.

La afectación de la ganancia efectiva respecto de la frecuencia y acorde con el GBWP respectivo de cada OPAMP hace que la ganancia total no sea plana sino que cae gradualmente a medida que se acerca a la frecuencia f_{c3}, como ya se ha demostrado. Esto es muy importante cuando se exigen ganancias y/o ancho de banda altos, por lo que debe tomarse en cuenta este aspecto en la respuesta real del amplificador.

Si estimamos un A_{VOL} de 800 por ejemplo, las frecuencias respectivas serán:

$$BW = \frac{1.1\ MHz}{800} = 1.375\ kHz\ (LM358)$$

7.8 Algunas Aplicaciones o proyectos interesantes:

Y si se utiliza el CA3240E:

$$BW = \frac{4.5 \, MHz}{800} = 5.625 \, kHz \, (CA3240E)$$

Y las ganancias efectivas serán:

Con β = 0.0125, las ganancias de retroalimentación efectivas serán:

$$A_{Vf} \sim 73 \, (LM358 \, a \, 1.3 \, KHz)$$

$$A_{Vf} \sim 73 \, (LM358 \, a \, 5.6 \, KHz)$$

Lo anterior indica que la zona de ganancia cerca de 80 se mantiene hasta 1.3 KHz en el LM358 y hasta 5.6 KHz para el CA3240E. De allí en adelante, la ganancia disminuye a medida que aumenta la frecuencia según lo ya dicho anteriormente.

La figura 7-48 muestra una respuesta aproximada en frecuencia de la ganancia del amplificador para ambos operacionales, considerando sus respectivos GBWP, y para una ganancia requerida de 80.

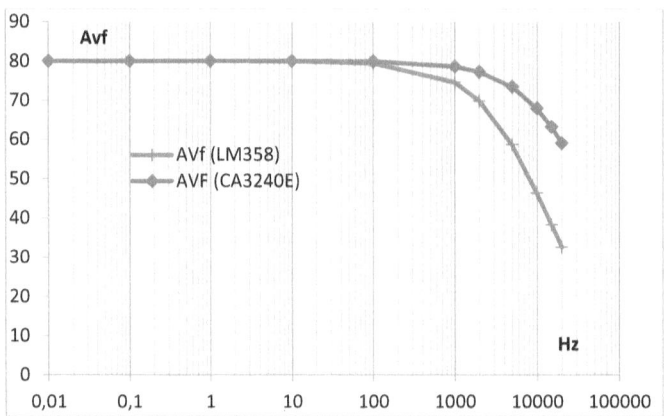

Figura 7-48. Respuesta en frecuencia de la ganancia del amplificador, considerando el LM358 y CA3240E.

En conclusión, la respuesta en frecuencia mejora con el CA3240E. Sin embargo, para una aplicación como la de audio puede resultar igualmente satisfactorio el LM358.

7.8 Algunas Aplicaciones o proyectos interesantes:

Como puede notarse, la respuesta real de la ganancia Vs. frecuencia del amplificador, depende del tipo de operacional empleado, por lo tanto, en el diseño teórico solo se tomará en cuenta los parámetros externos que fijan la ganancia y la frecuencia, asumiendo un operacional con un parámetro GBWP suficientemente alto. El diseñador podrá calcular siempre la respuesta real obtenido el parámetro GBWP de la hoja de datos del dispositivo, tal y como ya se ha descrito aquí.

Por otro lado, y continuando con el diseño, para reducir los tiempos de activación de los transistores, se emplean los resistores R_5-R_8, los cuales descargan las capacitancias de las junturas V_{be} de cada transistor. Adicionalmente, reduce también la caída de tensión en V_{be} y la distorsión de salida.

El criterio para calcular los resistores R_5-R_8 es:

La corriente máxima en Q_3-Q_4 es de 3 A. El h_{fe} reportado puede estar en el rango de 20-50. Para estimar la resistencia R_{68} debe escogerse el valor máximo del h_{fe} de modo de que se garantice siempre una corriente relativamente pequeña, en comparación con la que circula por la juntura base-emisor que está en paralelo. Si se toma como punto de partida el valor mínimo del h_{fe} por ejemplo, se corre el riesgo de que si el valor real es mayor, la corriente real en la juntura base-emisor será mucho más pequeña, y puede que sea comparable entonces con la que circula por la resistencia R_{68}, afectando así la amplificación de corriente en Q_3-Q_4.

La corriente de base correspondiente será:

$$i_{bQ34max} = \frac{i_{cQ34max}}{h_{feQ34}} = 60 \ mA \ | h_{feQ34} = 50$$

Asignamos un 10% como la corriente que circula por los resistores de modo que:

$$i_{R68} = 0.1 x i_{bQ34max} = 6 \ mA$$

La tensión máxima en V_{be} para $i_{cQ34max} = 3 \ A$, es de 1.8 V, por lo que R_{68} es:

$$R_{68} = \frac{v_{be(max)}}{i_{R68}} = 300 \ \Omega$$

7.8 Algunas Aplicaciones o proyectos interesantes:

Como ya se dijo anteriormente, los resistores R_6 y R_8 no pueden ser demasiados bajos, ya que reducirían el efecto de amplificación de corriente de los transistores Q_3 y Q_4, y de la impedancia de salida que ve el OPAMP.

El mismo criterio aplica entonces para los resistores R_5 y R_7, y los transistores Q_1 y Q_2.

La corriente máxima en Q_1-Q_2 es de:

$$i_{CQ12} = i_{bQ34max} = 60\ mA$$

El h_{fe} de Q_1 y Q_2 para una corriente de 60 mA está en el rango de 70-180. La corriente de base correspondiente será:

$$i_{bQ12max} = \frac{i_{bQ34max}}{h_{feQ12}} = 333.33\ \mu A\ |\ h_{feQ12} = 180$$

Asignamos también un 10% como la corriente que circula por los resistores de modo que:

$$i_{R57} = 0.1 x i_{bQ34max} = 33.33\ \mu A$$

La tensión máxima en V_{be} para $i_{CQ12max}$ ~60 mA, es de ~0.8 V, por lo que R_{68} es:

$$R_{57} = \frac{v_{be(max)}}{i_{R57}} = 24\ k\Omega$$

Si los valores reales del h_{feQ34} y h_{feQ12} son menores a los estimados las corrientes de base correspondientes serán mayores, por lo que las corrientes equivalentes que pasan por los resistores R_{68} y R_{57} seguirán siendo relativamente pequeñas.

La corriente máxima que debe ser entregada por el LM358 será considerando los valores mínimos del h_{feQ34} y h_{feQ12} respectivamente. En este caso:

$$I_{omax} = \frac{\frac{V_{omax}}{R_L}}{h_{feQ34min}\ h_{feQ12min}}$$

Dónde:

7.8 Algunas Aplicaciones o proyectos interesantes:

$$V_{omax} = V_{OHLM358} - V_{beQ12max} - V_{beQ34max}$$

El voltaje de salida máximo (V_{OH}) del LM358 es de ~10 V con V_{CC} = 12 V. (De acuerdo con su hoja de especificaciones).

$$V_{beQ12max} = 0.7\ V$$

$$V_{beQ34max} = 1.8\ V$$

$$V_{omax} = 7.5\ V$$

$$I_{omax} = 1.39\ mA\ (máxima)\ |h_{feQ34min} = 20\ y\ h_{feQ12min} = 70$$

Si los parámetros h_{fe} efectivos de los transistores se mantienen por encima del mínimo estimado, la corriente I_{omax} será mucho menor.

El nivel de corriente I_{omax} puede ser suministrado tanto por el LM358 como por el CA3240E. De acuerdo con su hoja de datos y las consideraciones hechas. De modo que puede considerarse dentro de sus límites de operación aceptable.

Ahora La impedancia de salida del amplificador es:

Como los transistores no están polarizados en DC, no hay un valor de resistencia dinámica *re* de partida. De modo que habrá que estimar valores promedios.

Suponiendo que la salida mantiene una corriente de la forma:

$$I_o = I_m\ sen(\omega t)$$

Dónde: $I_m = \frac{V_{omax}}{R_L}$

Luego:

$$I_m = 1.875\ A$$

Como cada par en la configuración de *Push-Pull* trabaja medio ciclo, el valor promedio de corriente que resulta en cada rama es:

7.8 Algunas Aplicaciones o proyectos interesantes:

$$I_{oprom} = \frac{1}{T}\int_0^{T/2} I_o dt = \frac{I_m}{\pi} = 0.59\ A \quad |V_{out} = V_{omax}$$

Pero V_{out} depende de la señal de entrada V_{in}, y puede estar en cualquier valor entre 0 V y el máximo. De modo que el valor de I_{oprom} calculado anteriormente representa un valor máximo promedio cuando la salida es máxima.

Para estimar ahora un valor mínimo de la I_{oprom} supondremos que el voltaje de salida es ahora un 10% de su valor máximo. De esta forma obtenemos:

$$V_{omin} = 0.75\ V$$

Luego:

$$I_m = 0.1875\ A$$

$$I_{oprom} = \frac{1}{T}\int_0^{T/2} I_o dt = \frac{I_m}{\pi} = 59.71\ mA \quad |V_{out} = 0.1 V_{omax}$$

El peor escenario se presenta cuando $I_{oprom} \sim 60$ mA, ya que la impedancia de emisor es la mayor:

$$re_{Q34} = \frac{nV_T}{I_{oprom}} = 0.55\ \Omega \quad |n = 1.3$$

Y

$$re_{Q12} = \frac{nV_T}{\dfrac{I_{oprom}}{h_{feQ34}}} = 16.5\ \Omega \quad |n = 1.3$$

La mayor impedancia de salida (Z_o) sin tomar en cuenta la retroalimentación será:

$$Z_o = re_{Q34} + \frac{re_{Q12}}{h_{feQ34}} \sim 1\ \Omega$$

Recordando que la impedancia efectiva de salida se reduce por efecto de la retroalimentación negativa tenemos:

7.8 Algunas Aplicaciones o proyectos interesantes:

$$|Z_{outf}| = \frac{R_0}{(1+\beta A_{vOL})}$$

$R_0 = Z_o = 1\Omega, \beta = \dfrac{R_4}{R_3}, A_{VOL} = 1100 \ (a\ 1\ kHz\ LM358)$

Tenemos:

$$|Z_{outf}| < 0.1\ \Omega$$

Es decir, que la impedancia de salida efectiva es mucho menor que la R_L, de modo que se conserva una ganancia unitaria en la etapa de potencia. La ganancia unitaria permite acoplar una carga de muy baja impedancia al OPAMP, manteniendo el voltaje de salida, por ende, la potencia deseada.

El voltaje de excursión o *Swing* máximo pico-pico será de:

$$v_{omaxpp} = 2xV_{omax}$$

La potencia promedio máxima será entonces estimada por la expresión:

$$P_{max} = \frac{1}{T}\int_0^T P(t)dt \qquad (7.156)$$

$$P(t) = \frac{V_{omax}^2}{R_L} sen(\omega t)^2$$

$$P_{max} = \frac{V_{omax}^2}{2R_L} = 7\ W$$

Y la potencia máxima RMS será de acuerdo a la expresión:

$$P_{maxRMS} = \sqrt{\frac{1}{T}\int_0^T P(t)^2 dt} \qquad (7.157)$$

$$P_{maxRMS} = \sqrt{\frac{3}{8}\frac{V_{omax}^2}{R_L}} = 8.61\ W\ RMS$$

La resistencia R_{12} permite sensar el nivel de corriente que pasa por el transistor Q_3 y la caga R_L. Como este sistema es simétrico, la corriente es la misma que pasa por Q_4 y R_L.

7.8 Algunas Aplicaciones o proyectos interesantes:

La caída máxima en R_{12} será de 0.6 V. La potencia pico en R_{12} es de 1.8 W, sin embargo, como solo conduce medio ciclo la potencia promedio es 0.45 W, por lo que puede fijarse en ½ W.

La resistencia R_{10}, limita la corriente de corto-circuito para que no sea infinita en caso de que haya un corto accidental en la salida. De esta manera se evita que los transistores Q_3 y Q_4 se dañen. Sin embargo, la duración sostenida del corto-circuito puede llegar a dañar los transistores. Se aconseja que tanto Q_3 como Q_4 usen disipadores de calor para mantener las junturas a una temperatura de operación razonable.

La resistencia R_{10} ayuda también a prevenir oscilaciones por efecto del filtro resonante formado a la salida, reduciendo el Q efectivo del filtro RLC formado.

La resistencia R_{11} actúa como una carga mínima ($\neq$ de infinito), para reducir distorsión cuando R_L no está conectada. R_{11} mantiene una impedancia relativa baja en los transistores del *push-pull* que asegura tiempos de respuesta acordes para que la salida no presente señales distorsionadas.

7.8.2 Amplificador *Bridge*, +12 V, 4Ω, 7 Watts.

La figura 7-49 muestra ahora el esquema de otro circuito de aplicación útil. Se trata de otro amplificador de audio que emplea OPAMP, dos etapas de salida *Push-Pull* en configuración puente o *Bridge*, en inglés, y que utiliza una fuente simple unipolar de: 12V, 3 amperios.

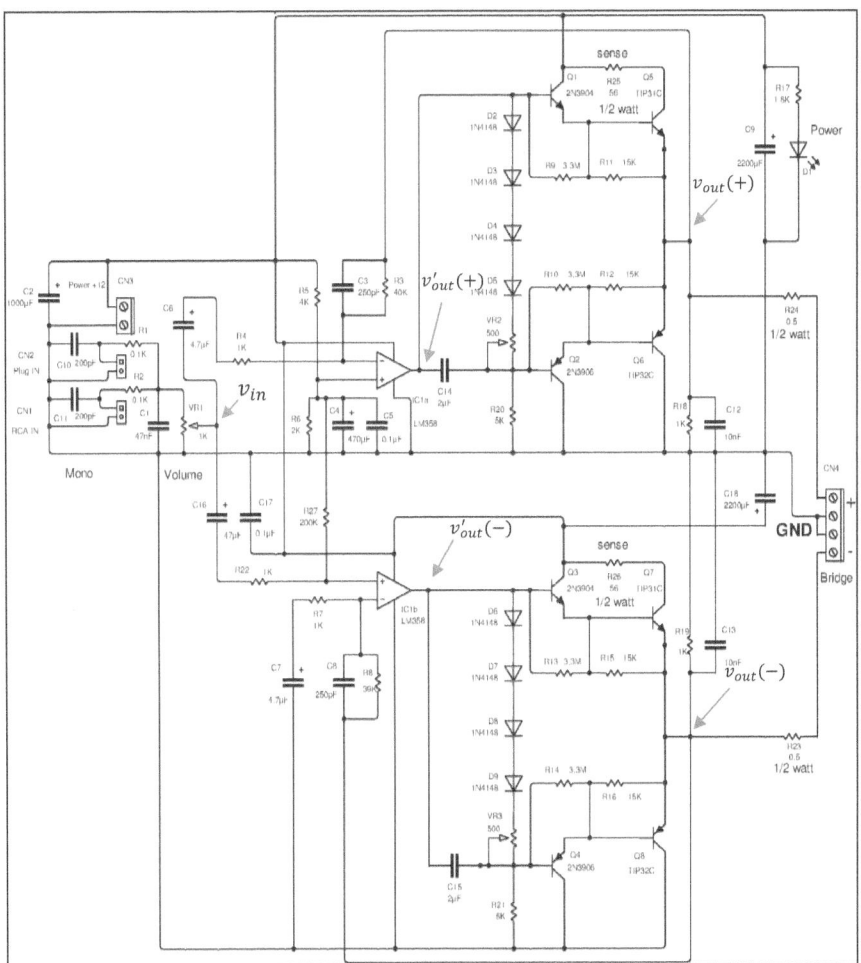

Figura 7-49 Amplificador tipo *Bridge* con OPAMP y salida *Push-Pull*.

7.8 Algunas Aplicaciones o proyectos interesantes:

Se trata de un amplificador similar al planteado en la figura 7-47 pero que emplea una segunda etapa con una salida que esta 180° en desfase, de este modo se obtiene una salida diferencial que es el doble de la salida en una sola etapa. El resultado es que se duplica el voltaje y se cuadruplica la potencia sobre la carga R_L. Obviamente se requiere también mayor potencia tanto de la fuente de alimentación como de los transistores de potencia Q_5, Q_6, Q_7, y Q_8 respectivamente.

Análisis DC:

Como ya dijo anteriormente, el circuito OPAM modelo LM358 es un integrado de 8 pines que contiene dos amplificadores operacionales. Este amplificador puede operar con una sola alimentación hasta un máximo de 32V. En este caso, se puede alimentar el circuito con cualquier valor entre 10- 32 V, de acuerdo con las especificaciones máximas que reporta su hoja de datos.

Sin embargo, para mantener el máximo de potencia admisible por los transistores de salida escogidos, el voltaje de alimentación debe ser de 12 V. Para obtener mayor potencia hay que cambiar los transistores de salidas que permitan una corriente mayor a 3 A. Por ejemplo, si se desea alimentar el amplificador con 32 V, los transistores Q_7 Y Q_8 deben manejar una corriente no menor a 8 A.

En este amplificador se usan los dos OPAMP que posee el LM358, uno como no-inversor y el segundo como inversor.

El primer OPAMP funciona como inversor. Nótese que el puerto positivo (+) está conectado a un divisor de tensión, formado por R_5 y R_6. La tensión en el puerto (+) de IC1A es:

$$V^+ = \frac{R_6}{(R_6 + R_5)} V_{CC}$$

$$V^+ = 0.42 V_{CC} \sim 5 V$$

Nótese que este voltaje no está centrado en V_{cc}, sino que más bien toma en cuenta la excursión máxima real de salida del OPAMP, y la caída por polarización en los transistores. El voltaje de excursión máxima (AC) V_{omaxp} será:

7.8 Algunas Aplicaciones o proyectos interesantes:

$$V_{omaxp} = \frac{V_{OHmax} - 2(V_{BEQ1} + V_{BEQ5})}{2}$$

$V_{OHmax} = 10\ V$, y como se verá más adelante la tensión $V_{BEQ1} + V_{BEQ5}$ es de alrededor de 1.25 V.

$$V_{omaxp} = 3.75\ V$$

El voltaje V_{omaxp} se reparte de forma simétrica entre Q_1, Q_5 y Q_2, Q_6. El nivel de excursión de Q_2, Q_6 es directamente el voltaje DC en R_{20}. De modo que:

$$V_{R20} = V_{omaxp} = 3.75\ V$$

Luego el voltaje DC en V_{out} será:

$$V_{out} = V_{R20} + (V_{BEQ2} + V_{BEQ6}) = 5\ V$$

Y el voltaje en DC V'_{out} será:

$$V'_{out} = V_{out} + (V_{BEQ1} + V_{BEQ5}) = 6.25\ V$$

Con esta distribución se alcanza el máximo voltaje de excursión simétrico.

Adicionalmente, C_6 y R_4, están desacoplados en DC. La retroalimentación es negativa, y está formada por R_3 y C_7.

La señal de salida DC en V_{out} (+) en IC1A DC es:

$$V_{out}\ (+)\ (DC) = V^+ \left(1 + \frac{R_3}{R_4 + \infty}\right) = V^+$$

$V^+ = 0.42 V_{CC}$, por lo tanto:

$$V_{out}\ (+)(DC) \sim 5\ V$$

Ahora IC1B opera como no-inversor. Tenemos:

$$V^+ = 0.42 V_{CC}$$

7.8 Algunas Aplicaciones o proyectos interesantes:

Como R_{22} y C_{16} están desacoplados en DC no modifican el nivel DC en el puerto V^+. Adicionalmente R_7 y C_7 también están desacoplados DC por lo que el voltaje $V'_{out}(-)$ será.

$$V_{out}(-)(DC) = V^+ \left(1 + \frac{R_8}{R_7 + \infty}\right) = V^+$$

Luego:

$$V_{out}(-)(DC) \sim 5\ V$$

Obsérvese que el circuito de IC1A refleja los mismos valores en DC que el circuito IC1B, a pesar de que un es inversor y el otro no-inversor.

El valor de referencia asignado a cada puerto V^+ es: $0.42 V_{CC}$

La salida de cada OPAMP esta desplaza hacia un nivel DC de $0.42 V_{CC}$, lo que permite que pueda moverse entre esta referencia y V_{CC}, o entre la referencia y 0 V, para generar así una componente AC.

Esta es la técnica que usualmente se emplea para generar una señal AC cuando solo se tiene una fuente unipolar.

Por otro lado, la entrada V_{in} puede ocurrir por la entrada CN2 designada como *Plug-in*, o por el conector CN1 designado como RCA, igual que en caso del amplificador visto en 7.8.1.

Los capacitores C_2, C_4, C_5, C_9, y C_{18} estabilizan la fuente de alimentación, y el voltaje de referencia, reduciendo ruido o picos de voltaje por efecto inductivo en el circuito.

Como el circuito IC1A e IC1B están realimentados, tanto la salida $V_{out}(+)$ como $V_{out}(-)$ serán:

$$V_{out}(+) = V_{out}(-) = 0.42 V_{CC} \sim 5\ V$$

Para lograr la salida el OPAMP debe compensar las caídas de tensión en los transistores Q_1, Q_5 y Q_2, Q_6 respectivamente. Las salidas $V'_{out}(+)$ y $V'_{out}(-)$ respectivamente serán:

7.8 Algunas Aplicaciones o proyectos interesantes:

$$V'_{out}(+) = V'_{out}(-) = V_{out}(+) + V_{BEQ5} + V_{BEQ1}$$

Recuerde también que la impedancia de salida depende de la corriente DC con que se polariza los transistores, esto ya se ha discutido en ejemplos anteriores.

Si la corriente de *Quiescent* se fija en 60 mA, por ejemplo. La tensión V_{BE} del transistor TIP31C (Q_5) será de 0.6 V, y el h_{FE} ~ 150. Según la hoja de datos de este dispositivo.

La corriente de colector en el transistor 2N3904 (Q_1) será de:

$$I_c = \frac{60\ mA}{150} = 0.4\ mA$$

Con estos valores la tensión V_{BE} y h_{FE} en el 2N3904 serán: 0.65V, ~220 respectivamente.

Luego:

$$V'_{out}(+) = V'_{out}(-) = 0.42 V_{CC} + 1.25\ V \sim 6.25\ V$$

Como los transistores 2N3906 y TIP32C, son complementarios del 2N3904 y TIP31, respectivamente, las tensiones V_{BE} respectivas serán también similares.

Ahora para que cada grupo *Push-Pull* trabaje es necesario que el nivel DC de salida de cada OPAMP active los transistores que conforman el *Push-Pull*. Es decir, hay que polarizar los cuatro transistores de cada *Push-Pull*. De los contrario solo trabajarían dos de los cuatros, los de tipo NPN, ya que los de tipo PNP quedarían bloqueados.

El circuito conformado por los diodos D_2-D_5, y VR_2, se encarga de polarizar los cuatro transistores en la salida de IC1A. Lo mismo hacen los diodos D_6-D_9 y VR_3 en la salida de IC1B.

La corriente que circula por la rama de D_2-D_5 es aproximadamente:

$$I_{D25} = \frac{(V'_{out}(+) - 4V_{BE})}{(VR_2 + R_{20})}$$

Como: V_{BE} = 0.6 V (1N4148), VR_2= 500 Ω, y R_{20} = 6.2 kΩ tenemos:

7.8 Algunas Aplicaciones o proyectos interesantes:

$$I_{D25} = 0.57\ mA$$

Para estimar la tensión real del diodo 1N4148 se ha revisado la hoja de datos respectiva.

La tensión entre D_2 y VR_2 (V_{D2R2}) será:

$$V_{D2R2} = 4V_{BE} + I_{D25}VR_2$$

Como VR_2 es un potenciómetro variable los valores de V_{D2R2} mínimo y máximo serán:

$$V_{D2R2max} = 2.68\ V\ |VR_2 = 500\ \Omega$$

Y

$$V_{D2R2min} = 2.4\ V\ |VR_2 = 0\ \Omega$$

De modo que VR_2 ajusta una diferencia de 0.28 V. Eso puede parecer poco, pero recuerde que la corriente de colector se incrementa rápidamente a partir de 0.7 V.

La tensión V_{D2R2} debe ser entonces de:

$$V_{D2R2} = 0.6Vx2 + 0.65Vx2 = 2.5\ V$$

Puede observarse que el potenciómetro VR_2 puede ajustar para que la tensión V_{D2R} sea de 2.5, manteniendo la corriente de colector de Q_5 y Q_6 alrededor de 60 mA, como se fijó al principio.

El valor de VR_2 será:

$$VR_2 = \frac{V_{D2R2} - 2.4}{I_{D25}} \sim 175\ \Omega$$

Como VR_2 es menos un décimo de R_{20}, la corriente I_{D25} puede considerarse aproximadamente constante. Con el valor actual de VR2 la corriente I_{D25} es:

$$I_{D25} = 0.6\ mA$$

7.8 Algunas Aplicaciones o proyectos interesantes:

En la práctica VR_2 puede variar debido a las discrepancias entre los transistores, y al efecto de la temperatura. Pero puede ajustarse de nuevo, midiendo la corriente a través de la resistencia *Sense*, R_{25}, y R_{26}, colocadas en los colectores de ambas etapas *Push-Pull*.

Recuerde que lo calculado para una etapa en IC1A vale de igual manera para la etapa IC1B ya que son complementarias.

La utilización de diodos para fijar el punto de operación de los transistores se escogió porque de esta manera se compensa el efecto de la temperatura en el incremento de la corriente de colector. Nótese que si la corriente de colector en Q_5, Q_6, se incrementa por efecto de la temperatura, como por aumento de la temperatura externa por ejemplo, la tensión V_{BE} respectiva decrece, si la tensión V_{D2R2} permanece constante, se genera un aumento de la corriente de colector, que originaría un nuevo aumento de la temperatura por auto-calentamiento, lo cual haría decrecer de nuevo la tensión V_{BE}, y así se genera una espiral de aumento en la corriente de colector, debido a la resistencia negativa característica de la juntura. Este aumento se previene al colocar diodos en el circuito como se ilustra en el esquema de la figura 7-49, ya que cuando decrece la tensión V_{BE} en los transistores, también decrece la de los diodos, haciendo que baje el voltaje V_{D2R2}, y por lo tanto, la corriente de colector en Q_5 y Q_6. Lo que conduce a un equilibrio dinámico respecto de la temperatura.

Para reducir el efecto del incremento de la corriente por auto-calentamiento del transistor es necesario que los mismos estén operando con disipadores de calor apropiados. Adicionalmente, se puede graduar la corriente de colector ajustando VR_2, VR_3, respectivamente, cuando los transistores ya tienen al menos un tiempo calentando, para que no sobrepase el límite deseado, y evitar la espiral de auto-calentamiento.

Otra técnica útil consiste en colocar cerca de los transistores un termistor con coeficiente negativo, cuya resistencia decrece con la temperatura, y en serie con el circuito de los diodos, de modo que si se calientan los transistores, la resistencia del termistor baja, y baja también la tensión V_{D2R2}, restableciendo de nuevo el equilibrio de la corriente. El valor del termistor debe poder ajustar al menos un décimo de la tensión V_{D2R2}.

7.8 Algunas Aplicaciones o proyectos interesantes:

De igual forma, para lograr el mismo efecto, se puede colocar también muy cerca del transistor uno o dos de los diodos que están en serie (D_2-D_5 por ejemplo). Este método evita el uso del termistor adicional.

La estabilización de la corriente con la temperatura es importante, ya que evita el sobre calentamiento, mal funcionamiento, y desgaste prematuro de la vida del semiconductor.

Como ambas salidas, en IC1A e IC1B tienen en mismo DC, la carga R_L puede estar conectada entre ellas sin acople capacitivo. Para ello es necesario, que ambas salidas complementarias tengan el mismo nivel DC de salida. De lo contrario se pierde el balance y la amplificación pareja.

La potencia disipada por el amplificador en reposo, sería:

$$P_{reposo} = I_{Quisicent} \times 2 \times V_{CC} = 1.44\ W$$

La potencia disipada por los transistores Q_5, y Q_7 sería:

$$P_{Q57} = I_{Quisicent}\left[(1-0.42)V_{CC} - I_{Quisicent}R_{sense}\right] = 0.3\ W$$

Y la potencia disipada por los transistores Q_6, y Q_8 sería:

$$P_{Q68} = I_{Quisicent} \times 0.42 V_{CC} = 0.3\ W$$

Como se puede notar la resistencia de *sense* no solo permite sensar la corriente de salida sino también ajustar la potencia en los transistores para que sean parecidas.

El criterio para calcular los resistores R_9-R_{16} es:

Como los transistores están polarizados en DC aparece una corriente promedio con el que podemos calcular dichas resistencias:

$$I_{bQ5} = \frac{I_{cQ5}}{h_{FEQ5}} = 0.4\ mA\ |h_{FEQ5} = 150$$

Siguiendo el criterio de asignar un 10% como la corriente que circula por los resistores, tenemos:

7.8 Algunas Aplicaciones o proyectos interesantes:

$$I_{R11} = 0.1 x I_{bQ5} = 40 \mu A$$

La tensión máxima en V_{be} para $I_{cQ5} = 60\ mA$, es de 0.6 V, por lo que R_{68} es:

$$R_{11} = \frac{V_{be}}{I_{R11}} = 15\ k\Omega$$

Luego por simetría tenemos:

$$R_{11} = R_{12} = R_{15} = R_{16} = 15\ k\Omega$$

La corriente en Q_1 es de:

$$I_{CQ1} = I_{bQ5} = 0.4\ mA$$

El h_{FE} de Q_1 para una corriente de 0.4 mA está en el rango de 220. La corriente de base correspondiente será:

$$I_{bQ1} = \frac{I_{bQ5}}{h_{FEQ1}} = 1.8\ \mu A\ |\ h_{FEQ1} = 220$$

Asignamos también un 10% como la corriente que circula por los resistores de modo que:

$$I_{R9} = 0.1 x I_{bQ1} = 0.18\ \mu A$$

La tensión máxima en V_{be} para $I_{cQ1} \sim 0.4\ mA$, es de ~0.6 V, por lo que R_{68} es:

$$R_9 = \frac{V_{be}}{I_{R9}} = 3.3\ M\Omega$$

Luego por simetría tenemos:

$$R_9 = R_{10} = R_{13} = R_{14} = 3.3\ M\Omega$$

Análisis AC:

Para comenzar con la entrada v_{in} tenemos:

7.8 Algunas Aplicaciones o proyectos interesantes:

Los capacitores C_{11} y C_{10} actúan para suavizar la señal de entrada. Limitando el contenido frecuencial para reducir ruido de alta frecuencia. El capacitor C_1 forma un filtro pasa-bajos en conjunto con R_1 y R_2. La frecuencia de corte es:

$$f_{c1} = \frac{1}{2\pi R_1 C_1} = 33.87 \, kHz$$

La impedancia mínima de entrada se reduce a:

$$Z_{in}(\min) = R_1 = 100 \, \Omega$$

La cantidad de señal de entrada puede controlarse con el potenciómetro de volumen "VR_1".

La señal de entrada en IC1A es filtrada también por un filtro pasa-altos, conformado por C_6, R_4, cuya frecuencia de corte es:

$$f_{c2} = \frac{1}{2\pi R_4 C_6} = 33.89 \, Hz$$

La ganancia máxima del amplificador IC1A es:

$$A_{v(max)} = \frac{R_3}{R_4} = 40$$

El valor de la ganancia máxima se desprende de la premisa de que la salida máxima del amplificador es 6 V_p (ideal), y la entrada máxima correspondiente es 150 mV_p.

Un filtro pasa-bajos conformado por C_3 y R_3, hace que la ganancia del amplificador decrezca por encima de cierta frecuencia, limitando así el ancho de banda del amplificador. Esta frecuencia de corte es:

$$f_{c3} = \frac{1}{2\pi R_3 C_3} = 15.9 \, kHz$$

Esto significa que por encima de $fc3$ la ganancia se reduce a una tasa de -20 dB/dec, hasta el punto de la frecuencia $fc1$ donde la tasa será de -40 dB/dec.

7.8 Algunas Aplicaciones o proyectos interesantes:

En IC1B tenemos:

La señal de entrada en IC1b es filtrada también por un filtro pasa-altos, conformado por C_{16}, R_{22}, cuya frecuencia de corte es:

$$f_{c4} = \frac{1}{2\pi R_4 C_6} = 3.38\ Hz$$

La idea es aislar la componente DC entre la entrada de V_{in} y la tensión de referencia en el puerto V+ de ambos OPAMP.

Para no afectar la ganancia en comparación con la etapa IC1A, el filtro pasa-altos tiene una frecuencia de corte muy por debajo de la frecuencia f_{c2}. El divisor de tensión entre R_{27} y R_{21} garantiza que la señal de entrada es de la misma magnitud que la que entra en el circuito de IC1A.

La señal de entrada es filtrada por un pasa-altos formado por R_7 y C_7, los cuales generan la misma frecuencia de corte f_{c2}.

$$f'_{c2} = \frac{1}{2\pi R_7 C_7} = 33.89\ Hz$$

La ganancia máxima del amplificador IC1B es:

$$A_{v(max)} = \frac{R_8}{R_7} + 1 = 40$$

Un filtro pasa-bajos conformado por C_8 y R_8, presenta la misma frecuencia de corte que la frecuencia f_{c3}.

$$f'_{c3} = \frac{1}{2\pi R_8 C_{83}} = 15.9\ kHz$$

Por otro lado, la corriente máxima que debe ser entregada por cada OPAMP en el LM358 será considerando los valores mínimos del h_{feQ1} y h_{feQ5} respectivamente. En este caso:

7.8 Algunas Aplicaciones o proyectos interesantes:

$$i_{omax} = \frac{\dfrac{V_{omaxp} \times 2}{R_L}}{h_{feQ1min}\, h_{feQ5min}}$$

Luego:

$$i_{omax} = 1.33\ mA \quad |h_{feQ1min} = 70\ y\ h_{feQ5min} = 20$$

La corriente total a suministrar por el OPAMP es:

$$I_{OPAMPmax} = I_{D25} + i_{omax} = 1.9\ mA$$

De acuerdo con su hoja de datos, la corriente $I_{OPAMPmax}$ puede ser suministrada por el LM358. De modo queda dentro de sus límites de operación segura.

El voltaje de salida pico máximo a considerar sobre la carga R_L es:

$$V_{oR_Lp} = V_{omaxpico} \times 2 = 7.5\ V$$

Y el voltaje de salida pico-pico o *output Swing* será:

$$V_{oR_Lpp} = 15\ V$$

Recuerde que como las salidas son complementarias el voltaje de excursión sobre R_L es el doble.

Ahora La impedancia de salida del amplificador es:

Como los transistores si están polarizados en DC,

$$I_{oprom} = I_{oQ5} = 60\ mA$$

$$re_{Q5} = \frac{nV_T}{I_{oprom}} = 0.55\ \Omega\ |n = 1.3$$

Y

$$re_{Q1} = \frac{nV_T}{\dfrac{I_{oprom}}{h_{feQ5}}} = 11\ \Omega\ |n = 1.3$$

7.8 Algunas Aplicaciones o proyectos interesantes:

La mayor impedancia de salida (Z_0) sin tomar en cuenta la retroalimentación será:

$$Z_o = re_{Q5} + \frac{re_{Q1}}{h_{feQ5}} \sim 1\,\Omega$$

La impedancia de salida total es:

$$Z_{ototal} = 2xZ_o$$

Recordando que la impedancia efectiva de salida se reduce por efecto de la retroalimentación negativa tenemos:

$$|Z_{outf}| = \frac{R_0}{(1+\beta A_{vOL})}$$

$R_0 = Z_o = 1\,\Omega, \beta = \dfrac{1}{40}, A_{VOL} = 1100\ (f = 1\,kHz)$

Tenemos:

$$|Z_{outftotal}| = 2x|Z_{outf}| \sim 70\,m\Omega$$

La potencia máxima promedio será:

$$P_{max} = \frac{1}{T}\int_0^T P(t)dt$$

$$P(t) = \frac{V_{oR_Lp}{}^2}{R_L} sen(\omega t)^2$$

$$P_{max} = \frac{V_{oR_Lp}{}^2}{2R_L} = 7\,W$$

La potencia máxima RMS será:

$$P_{maxRMS} = \sqrt{\frac{1}{T}\int_0^T P(t)^2 dt}$$

7.8.3 Final de potencia con MOSFET: +30V, 2Ω, 28.62 Watts.

$$P_{maxRMS} = \sqrt{\frac{3}{8} \frac{V_{oR_Lp}{}^2}{R_L}} = 8.57 \ W \ RMS$$

Un amplificador en configuración *Bridge* con una fuente de alimentación unipolar produce una potencia similar en comparación con su equivalente de amplificador con fuente dual. Si en el caso del *Bridge* se emplea fuente dual, la potencia equivalente sería de aproximadamente 4 veces mayor.

7.8.3 Final de potencia con MOSFET: +30V, 2Ω, 28.62 Watts.

En este caso se presenta un diseño de amplificador con una etapa de potencia que utiliza MOSFET de potencia. La figura 7-50 muestra el esquema del circuito.

Se emplean los modelos IRF530 y IRF9530, los cuales son MOSFET de enriquecimiento de canal N y P respectivamente. Estos dispositivos pueden manejar hasta 10 Amperios fácilmente.

Como el modelo presentado es muy similar a los dos modelos anteriores, describiremos y analizaremos solo lo concerniente a la etapa de potencia que incluye los MOSFET. El resto de los parámetros pueden obtenerse con el mismo análisis de los diseños anteriores.

Análisis DC:

Como ya se dijo anteriormente, el circuito OPAM modelo LM358 es un integrado de 8 pines que contiene dos amplificadores operacionales. Este amplificador puede operar con una sola fuente de hasta un máximo de 32V. En este caso, se alimenta el circuito con 30 V, lo que permite una excursión máxima de salida (V_{OHmax}) de ~28 V, de acuerdo con las especificaciones máximas que reporta su hoja de datos.

7.8.3 Final de potencia con MOSFET: +30V, 2Ω, 28.62 Watts.

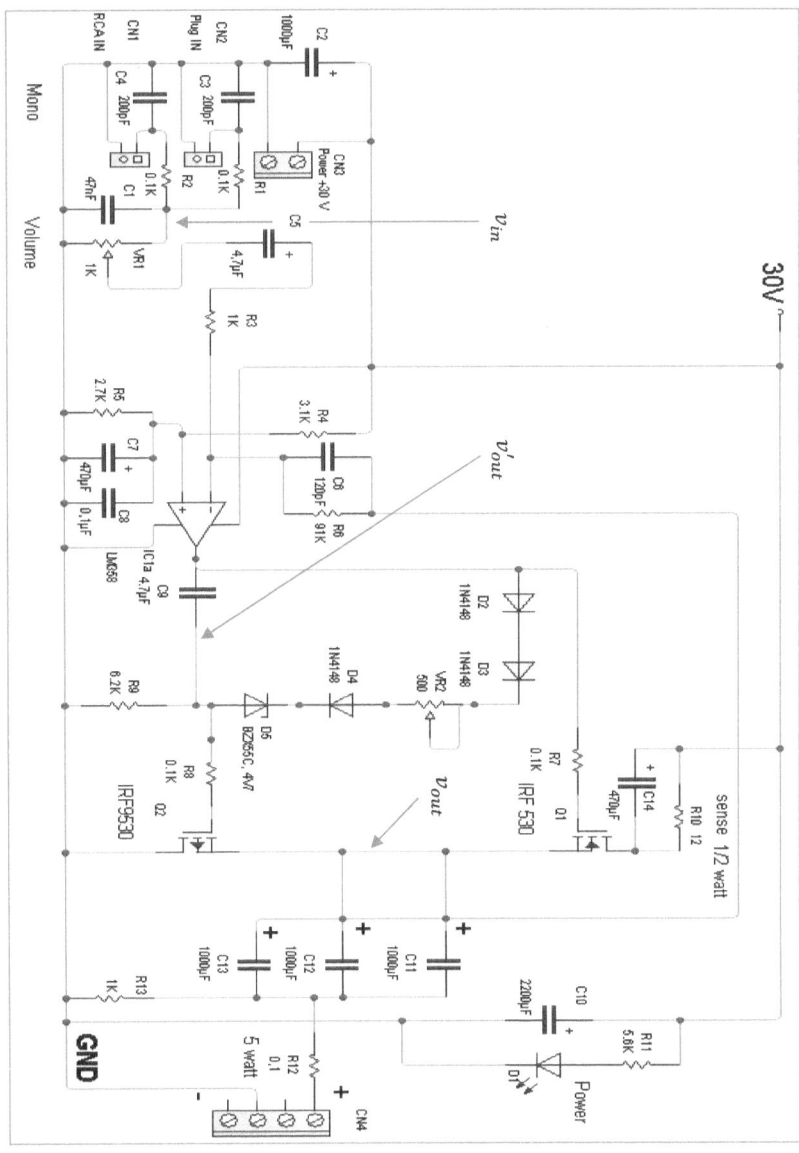

7-50. Final de potencia de xx vatios con **MOSFET** complementarios.

7.8.3 Final de potencia con MOSFET: +30V, 2Ω, 28.62 Watts.

En este amplificador se usa solo uno de los dos OPAMP que posee el LM358, en configuración de inversor.

La tensión de referencia en el puerto (+) de IC1A es:

$$V^+ = \frac{R_5}{(R_4 + R_5)} V_{CC}$$

$$V^+ = 0.465 V_{CC} \sim 14\ V$$

Nótese que este voltaje no está centrado en V_{cc}, sino que más bien toma en cuenta la excursión máxima real de salida del OPAMP, y la caída por polarización en los MOSFET. El voltaje de excursión máxima (AC) V_{omaxp} será:

$$V_{omaxp} = \frac{V_{OHmax} - 2V_{GSQ}}{2}$$

$V_{OHmax} = 28\ V$, y como se verá más adelante la tensión V_{GS} es de alrededor de 3.3 V.

$$V_{omaxp} = 10.7\ V$$

El voltaje V_{omaxp} se reparte de forma simétrica entre Q_1 y Q_2. El nivel de excursión de Q2 es directamente el voltaje en R_9. De modo que:

$$V_{R9} = V_{omaxp} = 10.7\ V$$

Luego el voltaje en V'_{out} será:

$$V'_{out} = V_{omaxp} + 2V_{GSQ} = 17.3\ V$$

Y el voltaje en V_{out} será:

$$V_{out} = V'_{out} - V_{GSQ} = 14\ V$$

Con esta distribución se alcanza el máximo voltaje de excursión simétrico.

La retroalimentación es negativa, y está formada por R_6 y C_6.

La señal de salida V_{out} en IC1A DC es:

7.8.3 Final de potencia con MOSFET: +30V, 2Ω, 28.62 Watts.

$$V_{out}\ (DC) = V^+ \left(1 + \frac{R_6}{R_3 + \infty}\right) = V^+$$

$$V_{out}\ (DC) = 14\ V$$

Para lograr la salida el OPAMP debe compensar las caídas de tensión en los transistores Q_1, y Q_2, respectivamente.

Si la corriente de *Quiescent* se fija en 170 mA, por ejemplo. La tensión V_{GS} del transistor IRF530 (Q_1) será de alrededor de 3.3 V, según la hoja de datos de este dispositivo.

La ecuación modelo para este tipo de MOSFET se puede estimar a partir de la hoja de datos que reporta el fabricante, y es:

$$I_D = k\ (V_{GS} - VT)^2$$

Donde: $k = 1.3\ \frac{A}{V^2}\ y\ VT = 3\ V$.

Para una corriente de 170 mA se obtiene una tensión V_{GS} de:

$$V_{GS} = \sqrt{\frac{I_D}{k}} + VT = 3.33\ V \quad |I_D = 170\ mA$$

El valor de la transconductancia AC será:

$$g_m = 2k(V_{GS} - VT) = 0.858\ \Omega^{-1}$$

El valor de g_m tiene importancia desde el punto de vista de la ganancia y de la impedancia de la etapa de salida, como más adelante se verá.

El circuito conformado por los diodos D_2-D_5, y VR_2, se encarga de polarizar los dos MOSFET en la salida de IC1A.

La corriente que circula por la rama de D_2-D_5 es aproximadamente:

$$I_{D25} = \frac{(V'_{out} - 3V_{BE} - V_Z)}{(VR_2 + R_9)}$$

7.8.3 Final de potencia con MOSFET: +30V, 2Ω, 28.62 Watts.

Como: $V_{BE} = 0.6$ V (1N4148), $V_Z = 4.7$ V, $VR_2 = 500$ Ω, y $R_9 = 5$ kΩ tenemos:

$$I_{D25} = 1.61 \; mA$$

Para estimar la tensión real del diodo 1N4148 se ha revisado la hoja de datos respectiva.

La tensión entre D_2 y D_5 (V_{D25}) será:

$$V_{D25} = 3V_{BE} + V_Z + I_{D25}VR_2$$

Como VR_2 es un potenciómetro variable los valores de V_{D2R2} mínimo y máximo serán:

$$V_{D25max} = 7.3 \; V \; |VR_2 = 500 \; \Omega$$

Y

$$V_{D25min} = 6.5 \; V \; |VR_2 = 0 \; \Omega$$

De modo que VR_2 ajusta una diferencia de 0.8 V. Suficiente para ajustar la corriente de los MOSFET a 170 mA.

La tensión V_{D25} debe ser entonces de:

$$V_{D25} = 2 * V_{GS} = 6.66 \; V$$

El valor de VR_2 para que V_{DR25} sea de 6.66 V será:

$$VR_2 = \frac{V_{D25} - 3V_{BE} - V_Z}{I_{D25}} \sim 285 \; \Omega$$

Como ya se mencionó anteriormente, en la práctica, VR_2 puede variar debido a las discrepancias entre los transistores, y al efecto de la temperatura. Pero puede ajustarse de nuevo, midiendo la corriente a través de la resistencia *Sense*, R_{10}, colocada en los drenador de Q_1.

Nótese que la resistencia R_{10} no solo permite medir la corriente en reposo del amplificador, sino que además permite emparejar las potencias en Q_1 y Q_2. R_{10} está saltada o en *By-pass* en AC por el capacitor C_{14}.

7.8.3 Final de potencia con MOSFET: +30V, 2Ω, 28.62 Watts.

La potencia total disipada por el amplificador en reposo, sería:

$$P_{reposo} = I_{Quisicent} \times V_{CC} = 5.1\,W$$

La potencia disipada por los transistores Q_1, y Q_2 sería:

$$P_{Q12} = I_{Quisicent} \times (V_{CC} - I_{Quisicent} R_{30} - V_{out}) = 2.37\,W$$

Las resistencias R_7 y R_8 son utilizadas para evitar que el MOSFET entre en oscilación, debido al circuito LC resonante presente entre la compuerta y el surtidor de Q_1 y Q_2 respectivamente.

<u>Análisis AC:</u>

El capacitor C_1 forma un filtro pasa-bajos en conjunto con R_1 y R_2. La frecuencia de corte es:

$$f_{c1} = \frac{1}{2\pi R_1 C_1} = 33.87\,kHz$$

La impedancia mínima de entrada se reduce a:

$$Z_{in}(\min) = R_1 = 100\,\Omega$$

La cantidad de señal de entrada puede controlarse con el potenciómetro de volumen "VR_1".

La señal de entrada en IC1A es filtrada también por un filtro pasa-altos, conformado por C_5, R_3, cuya frecuencia de corte es:

$$f_{c2} = \frac{1}{2\pi R_3 C_5} = 33.89\,Hz$$

La ganancia máxima del amplificador IC1A es:

$$A_{v(max)} = \frac{R_6}{R_3} = 91$$

7.8.3 Final de potencia con MOSFET: +30V, 2Ω, 28.62 Watts.

Un filtro pasa-bajos conformado por C_6 y R_6, hace que la ganancia del amplificador decrezca por encima de cierta frecuencia, limitando así el ancho de banda del amplificador. Esta frecuencia de corte es:

$$f_{c3} = \frac{1}{2\pi R_6 C_6} = 14.58\ kHz$$

Esto significa que por encima de $fc3$ la ganancia se reduce a una tasa de -20 dB/dec, hasta el punto de la frecuencia $fc1$ donde la tasa será de -40 dB/dec.

Por otro lado, la corriente máxima AC que debe ser entregada por cada OPAMP en el LM358 será:

$$i_{omax} = \frac{V_{omaxp}}{R_9} = 1.72\ mA$$

La corriente total a suministrar por la salida del OPAMP será:

$$I_{maxOPAMP} = I_{D25} + i_{omax} = 3.33\ mA$$

En los casos de amplificadores anteriores (7.8.1 y 7.8.2) no se tomó en cuenta la corriente de polarización DC ya que era muy inferior a la corriente dinámica a AC.

De acuerdo con su hoja de datos el LM358 puede suministrar en el peor de los casos: 10 mA. De modo queda dentro de sus límites de operación segura.

El voltaje de salida AC máximo pico-pico será:

$$V_{omaxpp} = V_{omaxp}\ x2 = 21.4\ V$$

Ahora La impedancia de salida del amplificador es:

$$Z_{out} = \frac{v_{out}}{i_{out}}$$

$$i_{out} = i_{dQ1}\ y\ v_{out} = v_{dsQ1}$$

7.8.3 Final de potencia con MOSFET: +30V, 2Ω, 28.62 Watts.

Luego:

$$Z_{out} = \frac{v_{dsQ1}}{I_{dQ1}} = \frac{1}{g_m}$$

Como el g_m ya fue calculado anteriormente: $g_m = 0.858$, luego la impedancia será:

$$Z_{out} = 1.16 \, \Omega$$

La mayor impedancia de salida (Z_0) sin tomar en cuenta la retroalimentación será:

$$Z_o = \sim 1.1 \, \Omega$$

Recordando que la impedancia efectiva de salida se reduce por efecto de la retroalimentación negativa tenemos:

$$|Z_{outf}| = \frac{R_0}{(1+\beta A_{vOL})}$$

$R_0 = Z_o = 1\Omega, \beta = \dfrac{1}{91}, A_{VOL} = 1100 \, (f = 1 \, kHz)$

Tenemos:

$$Z_{outf} = \sim 84 \, m\Omega$$

La impedancia baja permite acoplar una carga de muy baja impedancia al OPAMP, manteniendo el voltaje de salida en la carga.

El voltaje de excursión o *output Swing* máximo pico-pico será de:

$$v_{omaxpp} = 2xV_{omaxpico}$$

La potencia máxima promedio será:

$$P_{max} = \frac{1}{T}\int_0^T P(t)dt$$

$$P(t) = \frac{V_{omaxpico}^2}{R_L} sen(\omega t)^2$$

7.8.4 Comparador con histéresis controlada.

$$P_{max} = \frac{V_{omaxpico}^2}{2R_L} = 28.62\ W$$

La potencia máxima RMS será:

$$P_{maxRMS} = \sqrt{\frac{1}{T}\int_0^T P(t)^2 dt}$$

$$P_{maxRMS} = \sqrt{\frac{3}{8}\frac{V_{omaxpico}^2}{R_L}} = 34.91\ W\ RMS$$

$$R_L = 2\ \Omega$$

Con $R_L = 4\ \Omega$ las potencias respetivas son: 14.31 W y 17.45 W RMS.

7.8.4 Comparador con histéresis controlada.

La figura 7-51 muestra el esquema de este comparador.

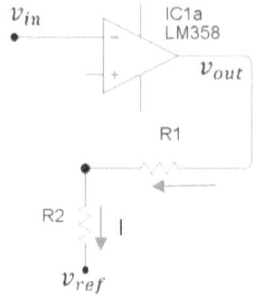

Figura 7-51 Comparador con histéresis controlada.

Por Kirchhoff el voltaje en V^+ será:

$$V^+ = v_{ref} \pm IR_2$$

Si v_{out} es la salida máxima positiva (v_{oH}) del OPAMP:

7.8.4 Comparador con histéresis controlada.

$$I = \frac{v_{oH} - v_{ref}}{(R_1 + R_2)}$$

Luego:

$$V_H^+ = v_{ref} + \frac{(v_{oH} - v_{ref})R_2}{R_1 + R_2}$$

Si v_{out} es la salida mínima negativa (v_{oL}) del OPAMP:

$$V_L^+ = v_{ref} - IR_2$$

$$I = \frac{v_{oL} + v_{ref}}{(R_1 + R_2)}$$

Luego:

$$V_L^+ = v_{ref} - \frac{(v_{oL} + v_{ref})R_2}{R_1 + R_2}$$

El voltaje de histéresis será:

$$V_H = V_H^+ - V_L^+ = \frac{R_2}{(R_1 + R_2)}(v_{oH} + v_{oL})$$

Las expresiones anteriores ya consideran el término v_{oL} como negativo.

Ejemplo:

$R_1 = 10\ k\Omega$, $R_2 = 1\ k\Omega$, $V_{ref} = 5\ V$. $V_{OH} = 15\ V$, y $V_{OL} = -15\ V$.

$$V_H^+ = 5.90\ V$$

$$V_L^+ = 3.18$$

$$V_H = 2.72\ V$$

La figura 7-52 muestra una gráfica donde se ilustra el funcionamiento de este comparador.

7.8.5 Comparador de Ventana.

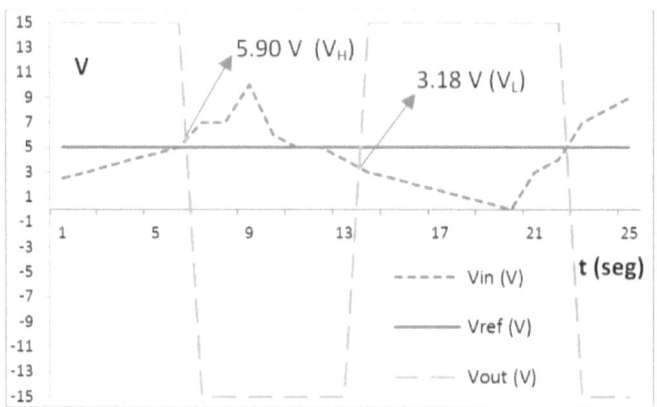

Figura 7-52. Gráfica que ilustra el funcionamiento del comparador con histéresis contralada.

Obsérvese en la figura 7-52 que los niveles de transición de la salida ocurren entre V_H^+ y V_L^+.

Este comparador es particularmente útil cuando el nivel de referencia deseado es distinto de cero voltios (0 V). Los niveles de transición V_H^+ y V_L^+ son asimétricos respecto del nivel de referencia V_{ref}.

7.8.5 Comparador de Ventana.

La figura 7-53 muestra las dos configuraciones del comparador de Ventana. La figura 7-53(a) indica el arreglo que proporciona una salida de nivel bajo (0 V), cuando la tensión de entrada está dentro de los límites de la ventana impuesta por las tensiones en los puertos V_{IC1A}^- y V_{IC1B}^+. Esto es:

$$V_{IC1A}^- > V_{in} > V_{IC1B}^+ \; ; \; V_{out} = V_{oL}$$

Se toma como V_{OL} una tensión de:

$$V_{out} = V_{OL} = 0\,V$$

Para cualquier otra condición de V_{in} la salida es:

7.8.5 Comparador de Ventana.

$$V_{out} = (V_{oH} - 0.7\ V) \sim V_{OH}$$

En otras palabras, solo lo que esté dentro de la ventana ($V_{IC1A}^- > V_{in} > V_{IC1B}^+$) del comparador produce una salida de nivel bajo, todos lo que caiga por debajo o por encima de la ventana produce una salida de nivel alto igual al nivel V_{oH} del operacional en cuestión.

Para poder acoplar ambas salidas, se utilizan dos diodos D1 y D2, que impiden un cortocircuito cuando las salidas correspondientes a IC1A e IC1B tienen niveles distintos.

La resistencia R_4 permite establecer un nivel de referencia de cero voltios cuando las ambas salidas son negativas o cero voltios.

La impedancia de salida es R_4. La impedancia de salida (3 KΩ) tiene un límite mínimo impuesto por la corriente máxima de salida en el nivel alto (V_{OH}) de IC1A o IC1B. En este caso, el LM358 suministra una corriente de salida I_{out} de 20 mA máximo con $V_{CC} = 15\ V$. Por lo que la impedancia mínima de R_3 debe ser:

$$R_4(\min) = \frac{(V_{oH} - 0.7V)}{I_{oH}} \sim \frac{12.3\ V}{20\ mA} \sim 615\ \Omega$$

Se toma como V_{OH} una tensión de:

$$V_{OH} \sim (V_{CC} - 2\ V)$$

El valor seleccionado de 3 KΩ cumple con la condición ya descrita anteriormente.

Las resistencias R_1, R_2, y R_3 pueden tomar cualquier valor. Estas resistencias generan un divisor de tensión a través de V_{CC}, y sirven para imponer los niveles de referencia en voltios de la ventana de comparación. De este modo los voltajes de referencia son:

$$V_{IC1A}^- = \frac{R_2 + R_3}{(R1 + R_2 + R_3)} V_{CC} = \frac{2}{3} V_{CC}$$

Y

7.8.5 Comparador de Ventana.

$$V^+_{IC1B} = \frac{R_3}{(R1 + R_2 + R_3)} V_{CC} = \frac{1}{3} V_{CC}$$

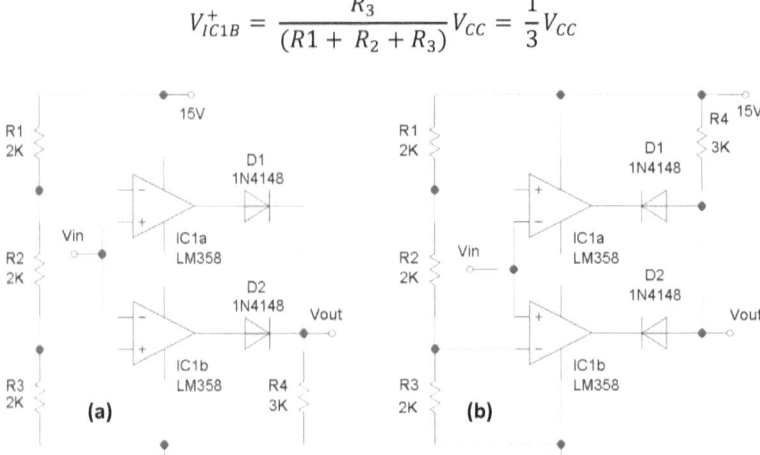

Figura 7-53. (a) Comparador de Ventana con salida V_{OL}. (b) Con salida V_{OH}.

La figura 7-54 (a) muestra la respuesta gráfica de este comparador.

La figura 7-53(b), muestra la variante del comparador con salida de nivel alto. En este caso, la salida es de un nivel alto (~V_{OH}), cuando la tensión de entrada está dentro de la ventana impuesta por las tensiones en los puertos V^+_{IC1A} y V^-_{IC1B}. Esto es:

$$V^+_{IC1A} > V_{in} > V^-_{IC1B} \ ; \ V_{out} = V_{OH} + 0.7\,V \sim V_{OH}$$

Recuerde que la salida de nivel alto del OPAMP nunca alcanza a la fuente V_{CC}. Por lo que los diodos D1 y D2 no están bloqueados.

Si $V_{OH} \sim (V_{CC} - 2\,V)$ entonces la tensión de salida será:

$$V_{out} = V_{OH} + 0.7\,V = 13.7\,V$$

Para cualquier otra condición de V_{in} la salida $V_{out} = V_{oL} + 0.7\,V$

Si $V_{OL} = 0\,V$

$$V_{out} = 0.7\,V$$

7.8.5 Comparador de Ventana.

La impedancia de salida es R_4. La impedancia de salida en este caso está condicionada por la máxima corriente que puede soportar el operacional cuando cualquiera de sus salidas IC1A o IC1B están en nivel bajo. En este caso, el LM358 puede manejar una corriente *Sink current* de salida I_{out} de 10 mA máximo con $V_{CC} = 15\,V$. Por lo que la impedancia mínima de R_4 debe ser:

$$R_4(\min) = \frac{V_{CC} - V_{OL} - 0.7\,V}{I_{oH}} = \frac{14.3\,V}{10\,mA} = 1.4\,k\Omega$$

Se toma como V_{OL} una tensión de:

$$V_{OL} = 0\,V$$

Un valor de 3 kΩ cumple con la condición antes descrita.

Los voltajes de referencia son:

$$V^+_{IC1A} = \frac{R_2 + R_3}{(R1 + R_2 + R_3)} V_{CC} = \frac{2}{3} V_{CC}$$

Y

$$V^-_{IC1B} = \frac{R_3}{(R1 + R_2 + R_3)} V_{CC} = \frac{1}{3} V_{CC}$$

Obsérvese que en ambos casos los operacionales están alimentados con una fuente única de +15V. Si se utiliza fuente dual de ± 15 V, entonces, en el caso de comparador de ventana caso (b), la salida de nivel bajo ya no será de 0 voltios, sino que será el equivalente a:

$$V_{out} = -V_{oH} + 0.7\,V$$

Se debe recalcular el valor de R_4 para este caso.

Para el caso (a), la salida no se afectará ya que R_4 está anclado a 0 V, y los diodos D1 y D2 impiden el paso de cualquier tensión negativa hacia la salida. No hace falta recalcular R_4.

La figura 7-54 (b) muestra la respuesta gráfica del caso (b) del comparador de ventana.

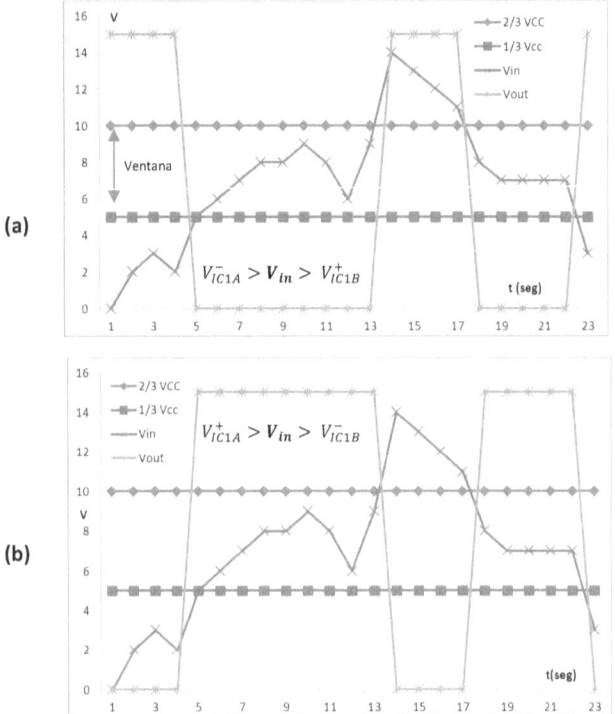

Figura 7-54. (a) Respuesta gráfica del comparador de ventana con salida baja (V_{OL}), (b) con salida alta (V_{OH}).

7.8.6 Sencillo Generador de Funciones.

La figura 7-55 muestra el esquema de un sencillo pero útil generador de funciones. El circuito proporciona salidas con formas de ondas: cuadrada, triangular y senoidal.

7.8.6 Sencillo Generador de Funciones.

Adicionalmente, también proporciona una salida de pulsos TTL, y una entrada para hacer modulación FM sobre las formas de ondas ya mencionadas.

La generación de señales comienza en el integrado IC2A, el cual es un comparador de histéresis controlada. V_{R1} ajusta el voltaje de histéresis que llamaremos en adelante, voltaje de referencia V_{ref}. El V_{ref} permite ajustar del comparador como la frecuencia de trabajo.

El funcionamiento general del generador se puede entender asumiendo que este comparador se inicia en cualquiera de sus dos posibles niveles: V_{OH} si está saturado positivamente o $-V_{OH}$ si está saturado negativamente. Como premisa se asume que los niveles de saturación los cuales dependen de la alimentación positiva y negativa, son idénticos. La fuente de alimentación debe ser por lo tanto, simétrica. En este caso se asume $\pm 15V$.

Sí $V_o = V_{OH}$ tenemos:

$$V_{IC2a}^{+} = \frac{R_2 + V_{R1}}{(R_2 + V_{R1} + R_1)} V_{OH}$$

Y sí $V_o = -V_{OH}$ tenemos:

$$V_{IC2a}^{+} = - \frac{R_2 + V_{R1}}{(R_2 + V_{R1} + R_1)} V_{OH}$$

El voltaje de histéresis V_H será:

$$V_H = 2V_{OH} \frac{R_2 + V_{R1}}{(R_2 + V_{R1} + R_1)}$$

Con $(R_2 + V_{R1}) = R_1$ tenemos:

$$V_H = V_{OH}$$

Con $|V_{CC}|$ y $|V_{DD}| = 15$ Voltios, la salida V_{OH} en el LM358 es de aproximadamente 13 Voltios. De acuerdo con la hoja de datos del dispositivo.

7.8.6 Sencillo Generador de Funciones.

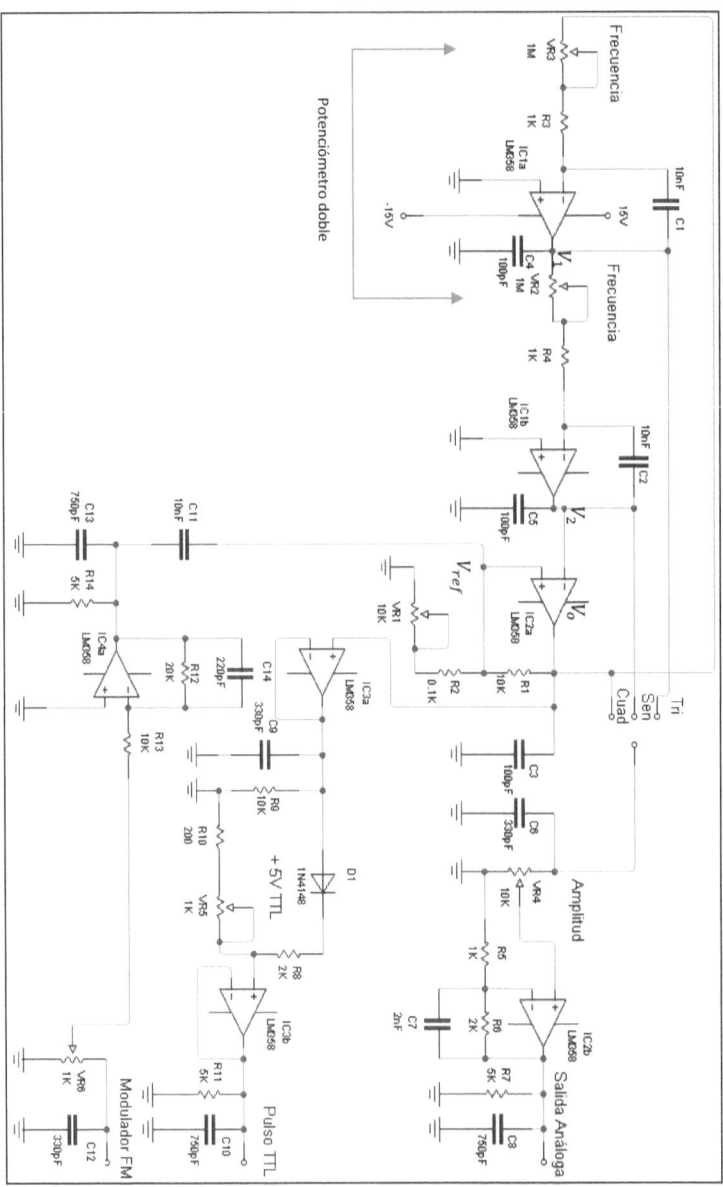

Figura 7-55. Sencillo Generador de funciones.

7.8.6 Sencillo Generador de Funciones.

Los voltajes de comparación respectivos serán:

$$V_{H+} = \frac{V_{OH}}{2} \quad y \quad V_{H-} = -\frac{V_{OH}}{2}$$

Para facilitar su uso más adelante, llamaremos a V_{H+} y V_{H-} como V_{ref} y $-V_{ref}$ respectivamente.

El comprador IC2A puede iniciarse en cualquiera de dos estados de saturación. Supongamos que este estado inicial es de saturación positiva, es decir, V_{OH}. Lo que sucede a continuación es que la salida del comparador está siendo llevada al integrador IC1A, quien integra la señal con signo opuesto (inversor). De modo que en la salida V_1 se observará una triangular, con signo negativo (pendiente negativa). La señal V_1 es vuelta a llevar a otro integrador en cascada: IC1B. La señal en V_1 también es integrada de nuevo y con signo opuesto. Esto resulta en que la señal en V_2 es ahora aproximadamente una de forma de onda senoidal.

El voltaje en V2 se inicia desde 0 V, Cuando el voltaje en V_2 supere ligeramente al voltaje $+V_{ref}$ entonces, el comparador en IC2A cambiará de nivel, hacia el estado de saturación negativa $-V_{OH}$. El cambio de nivel en V0 de positivo a negativo hace que tanto IC1A como IC1B cambien de sentido. Cuando V2 sea ligeramente menor $-V_{ref}$, la salida V0 pasa de negativo a positivo y se repite de nuevo la misma secuencia de manera cíclica e infinita en el tiempo. El resultado es una oscilación de las formas de ondas involucradas en el lazo o *loop*.

La figura 7-56 describe en una gráfica ilustrativa los tipos de señales obtenidas en: V_o, V_{ref}, V_1 y V_2, respectivamente, en función del tiempo, indicando también las amplitudes alcanzadas.

Nótese que la salida V_o es integrada una vez para obtener la señal V_1 (triangular), y una segunda vez para obtener la señal V_2 (senoidal).

7.8.6 Sencillo Generador de Funciones.

Básicamente, y de modo general es un tipo de retro-alimentación positiva. La retroalimentación es un tema que se explicará en el siguiente capítulo. Por ahora se considera suficiente la explicación brindada hasta este punto.

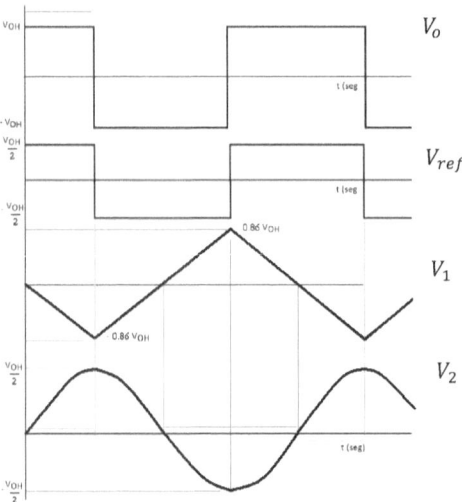

Figura 7-56. Gráficas de funcionamiento del generador de funciones.

La señal de salida en V_1 es:

$$V_1 = \frac{1}{RC}\int_0^t V_o dt = \frac{1}{RC}V_o t$$

Dónde: $C = C_1$ y $R = V_{R3} + R_3$

Y La señal de salida en V_2 es:

$$V_2 = \frac{1}{RC}\int_0^t V_1 dt = \frac{1}{RC}\int_0^t \frac{1}{RC}V_o t\, dt = \frac{1}{(RC)^2}V_o \frac{t^2}{2}$$

Tal que: $C_2 = C_1$ y $V_{R2} + R_4 = V_{R3} + R_3$

V_{R2} y V_{R3} son dos potenciómetros unidos por un solo eje, es decir un potenciómetro doble.

7.8.6 Sencillo Generador de Funciones.

Ahora supongamos que C_2 está cargado con $-V_{ref}$ y se tiene que cargar ahora hasta $+V_{ref}$. Tal y como se observa en la gráfica 7-56.

Igualando a V_2 al $+V_{ref}$ tenemos:

$$V_{ref} = \frac{1}{(RC)^2} V_o \frac{t^2}{2} - V_{ref}$$

Despejando el tiempo t tenemos:

$$t = 2\sqrt{\frac{V_{ref}}{Vo}}\, RC$$

Si $V_{ref} = \frac{1}{2} Vo$ entonces:

$$t = \sqrt{2}\, RC$$

Como las señales son simétricas el período de V_2 será:

$$T = 2\sqrt{2}\, RC$$

Y la frecuencia:

$$f = \frac{1}{2\sqrt{2}\, RC}$$

Con los valores actuales las frecuencias alcanzadas son:

Con V_{R2} y $V_{R3} = 0\, \Omega, f = 35.35\, k\, Hz$

Y con V_{R2} y $V_{R3} = 1\, M\Omega, f = 35\, Hz$

Las frecuencias definitivas pueden ser modificadas de acuerdo al diseñador.

Las amplitudes respectivas son:

En $V1$:

7.8.6 Sencillo Generador de Funciones.

$$V_1 = \frac{1}{RC}V_o t = \frac{1}{RC}V_o \frac{\sqrt{2}\,RC}{2} = 0.707 V_o$$

Como $V_O = \pm V_{OH}$

$$V_1 = \pm 0.707 V_{OH}$$

Si V_{OH} = 13 Voltios tenemos:

$$V_1 = \pm 9\,V$$

En $V2$:

La amplitud en $V2$ es: $\pm V_{ref}$

Si $V_{ref} = \frac{1}{2}Vo = \frac{1}{2}V_{OH} = 6.5$ V, luego:

$$V_2 = \pm 6.5\,V$$

En V_O:

$$V_O = \pm V_{OH} = \pm 13\,V$$

El potenciómetro VR4 permite controlar la amplitud de las señales generadas, desde 0 hasta 13 Vp.

Se ha dispuesto también de un circuito adicional que permite pasar de onda cuadrada a pulso (0-5 V), para alimentar circuitos tipo TTL (circuitos digitales). Este circuito rectifica media onda de la señal cuadrada, dejando pasar solo la parte positiva. Seguidamente se adecua la amplitud para que cumpla con el estándar TTL de 5 Voltios. Un amplificador con ganancia unitaria no-inversor permite llevar este voltaje a la salida para aprovecharla.

También se ha dispuesto de una entrada que permite que la frecuencia de salida pueda ser modulada, de tal forma que si se introduce una señal analógica AC por la entrada del modulador, por ejemplo, y con una amplitud que puede ser controlada por VR6, entonces, la frecuencia de salida variará en función de la variación del voltaje de la señal

7.8.6 Sencillo Generador de Funciones.

de entrada. Si la señal de entrada aumenta su voltaje (pendiente positiva), es equivalente a decir que disminuye el voltaje de referencia V_{ref}. Nótese que IC4a es un inversor. De modo que disminuyen los tiempos de las señales, lo que es equivalente a decir, que aumenta la frecuencia. Y si por el contrario, disminuye el voltaje de entrada (pendiente negativa), disminuye también la frecuencia. La ganancia en IC4a es de dos, y permite aumentar el efecto de la modulación. Cuanto mayor es la amplitud de la señal de entrada mayor es el desplazamiento de frecuencia en la salida.

No obstante, la amplitud de la señal de entrada tiene un límite, ya que por encima de cierto valor causa saturación de la señal triangular, y por lo tanto, distorsión de todas las señales de salida del generador.

Para ilustrar mejor lo anteriormente dicho supongamos que el voltaje de referencia llega a ser igual ¾ V_O. Tenemos:

$$t = 2\sqrt{\frac{V_{ref}}{V_o}}\,RC$$

Si $V_{ref} = \frac{3}{4}V_o$ entonces:

$$t = \sqrt{3}\,RC$$

En $V1$ tendríamos:

$$V_1 = \frac{1}{RC}V_o t = \frac{1}{RC}V_o\frac{\sqrt{3}\,RC}{2} = 0{,}86 V_o$$

Lo cual significa que ya la señal V1 está muy próxima a alcanzar el máximo de voltaje de salida, por lo que más allá de este nivel la señal comenzará a mostrar una pendiente nula, indicando una saturación de voltaje.

Por lo tanto, si V_{ref} = ½ V_O, y el máximo es de ¾ V_O. La diferencia de amplitud máxima de entrada sería de ± ¼ V_O.

Como $V_O = V_{OH}$ = 13 V, 1/4V_O = 3.25 V

7.8.6 Sencillo Generador de Funciones.

Y como la ganancia en IC4a es de dos. La diferencia de amplitud máxima de entrada sería:

$$\Delta V_{in} = 1.625\ Vp.$$

O sea:

$$\Delta V_{in} = 3.25\ Vpp.$$

Los voltajes de referencias respectivos serán:

$$V_{ref} = \frac{1}{2}V_0 \pm \frac{1}{4}$$

Si $V_{ref} = \tfrac{3}{4}\ V_O$ tenemos:

$$f_{min} = \frac{1}{2\sqrt{3}\ RC}$$

Y si $V_{ref} = \tfrac{1}{4}\ V_O$

$$f_{max} = \frac{1}{2RC}$$

La proporción de cambio sería:

$$\frac{f_{max}}{f_{min}} = \sqrt{3} = 1.73$$

7.9 Guía fácil para el diseño.

Función	Circuito	Fórmulas
Amplificador Diferencial Discreto BJT	(circuito)	**DC:** $I_{CQ4} = \dfrac{(V_{CC} - V_{BE})}{R_5}$ $I_{EQ1} = I_{EQ2} = \dfrac{I_{Cq4}}{2}$ $V_{B1} = V_{B2} = \dfrac{V_{CC} R_2}{(R_2 + R_1)}$ $V_{CEQ4} = V_{B1} - V_{BE} - \dfrac{I_{Cq4}}{2} R_E$ $V_{CEQ1} = V_{CEQ2}$ $= V_{CC} - \dfrac{I_{Cq4}}{2}(R_C + R_E) - V_{CEQ4}$
Amplificador Diferencial Discreto BJT	(circuito)	**AC:** Ganancia Diferencial $|A_{vd}| = \dfrac{R_C}{2(r_e + R_E)}$ $|A_{vd}| \cong \dfrac{R_C}{2R_E}$ Ganancia Común $|A_{vc}| = \dfrac{R_C}{(r_e + R_E + Z_{eq})}$ $|A_{Vc}| \cong \dfrac{R_C}{Z_{eq}}$ $Z_{eq} = 2\, h_{oeQ4}^{-1}$ CMRR $CMRR = 20\log(\dfrac{|A_{vd}|}{|A_{vc}|})$ $CMRR = 20\log(\dfrac{Z_{eq}}{2(r_e + R_E)})$

7.9 Guía fácil para el diseño.

Función	Circuito	Fórmulas
Amplificador Diferencial Discreto FET-BJT	*(circuit diagram)*	DC: $$I_{CQ4} = \frac{(V_{CC} - V_{BE})}{R_5}$$ $$I_{DQ1} = I_{DQ2} = I_{DQ12} = \frac{I_{Cq4}}{2}$$ $$V_{GS12} = \left(1 - \sqrt{\frac{I_{DQ12}}{I_{Dss}}}\right) V_p$$ $$V_{DSQ12} = V_{CC} - \frac{I_{Cq4}}{2}(R_D) - V_{CEQ4}$$ $$V_{CEQ4} = -V_{GSQ12}$$ $$v_{out} = V_{CC} - \frac{I_{Cq4}}{2} R_D$$
Amplificador Diferencial Discreto FET-BJT	*(circuit diagram)*	AC: Ganancia diferencial $$|A_{vd}| = \frac{g_m R_D}{2}$$ $$g_m = \frac{2 I_{DSS}}{|V_P|}\left(1 - \frac{V_{GS}}{V_P}\right)$$ Ganancia común $$|A_{vc}| = \frac{g_m R_D}{(1 + g_m Z_{eq})}$$ $$Z_{eq} = 2 h_{oeQ4}^{-1}$$ CMRR $$CMRR = 20 \log\left(\frac{|A_{vd}|}{|A_{vc}|}\right)$$ $$CMRR = 20 \log\left(\frac{g_m Z_{eq}}{2}\right)$$
OPAMP Amplificador Inversor	*(circuit diagram)*	$$A_{Vf} = -\frac{R_2}{R_1}$$ $$Z_{inf} = R_1$$

7.9 Guía fácil para el diseño.

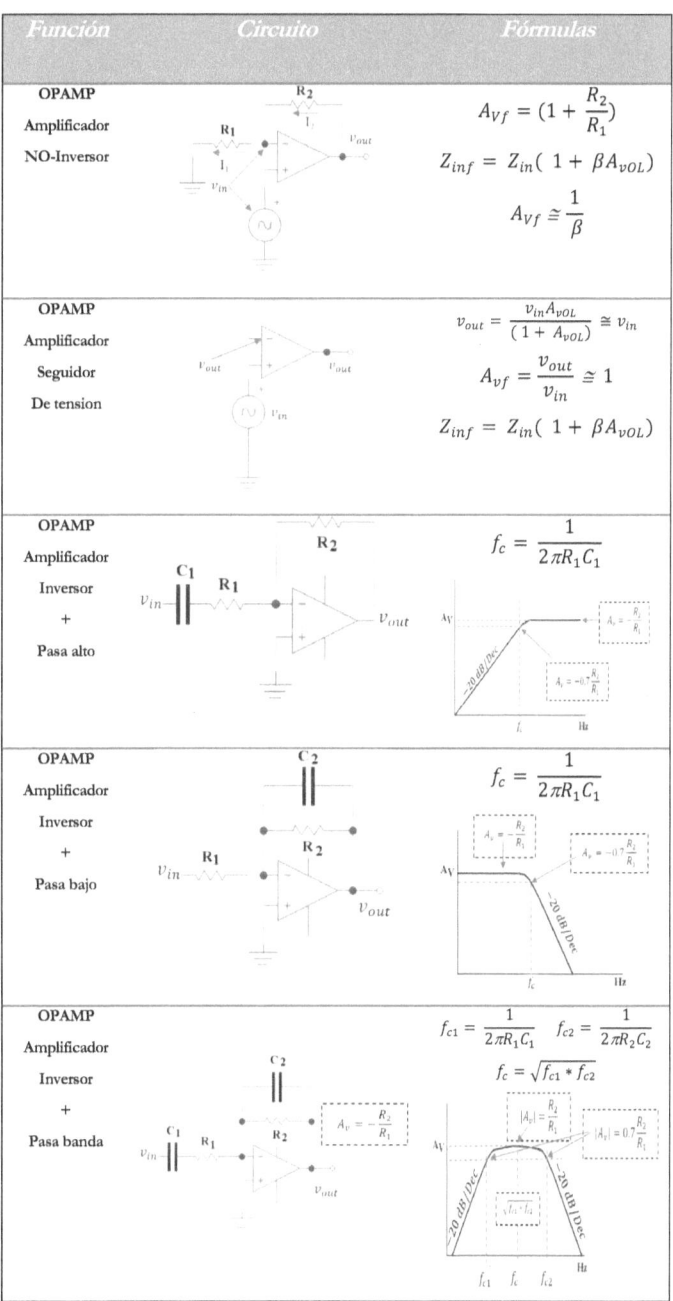

7.9 Guía fácil para el diseño.

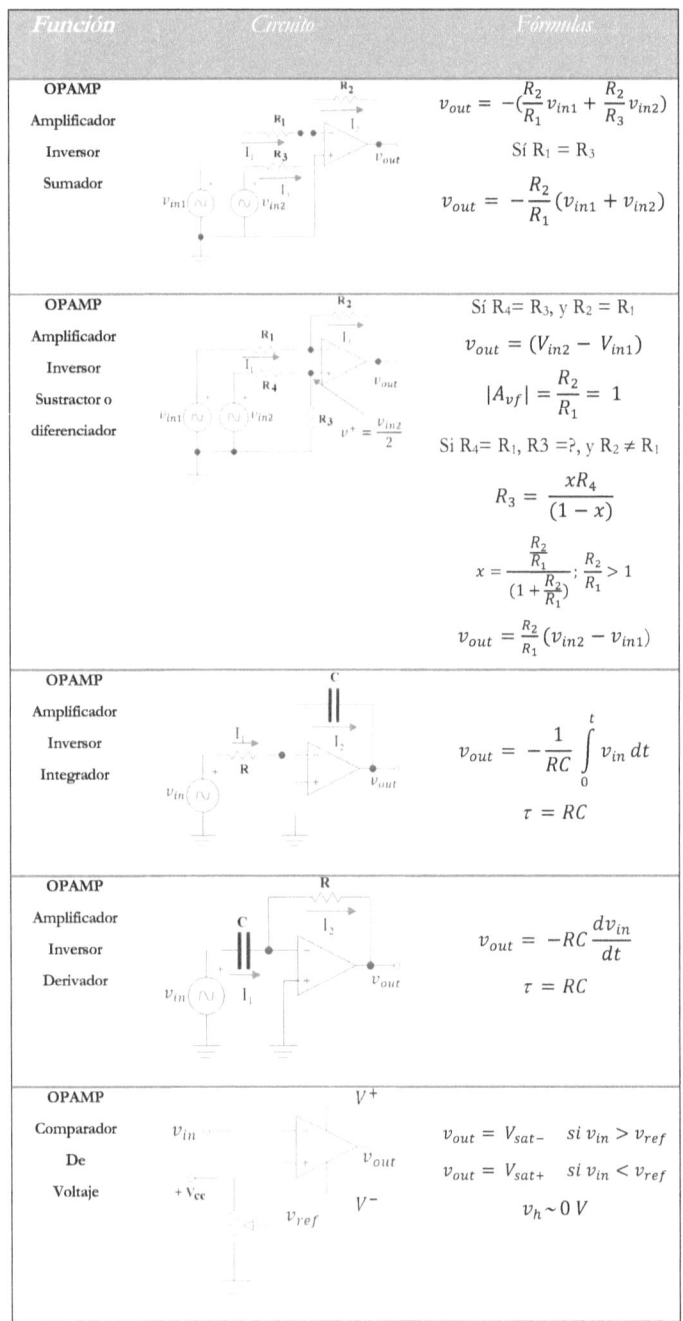

Función	Circuito	Fórmulas
OPAMP Amplificador Inversor Sumador		$v_{out} = -(\frac{R_2}{R_1}v_{in1} + \frac{R_2}{R_3}v_{in2})$ Sí $R_1 = R_3$ $v_{out} = -\frac{R_2}{R_1}(v_{in1} + v_{in2})$
OPAMP Amplificador Inversor Sustractor o diferenciador		Sí $R_4 = R_3$, y $R_2 = R_1$ $v_{out} = (V_{in2} - V_{in1})$ $|A_{vf}| = \frac{R_2}{R_1} = 1$ Si $R_4 = R_1$, $R_3 = ?$, y $R_2 \neq R_1$ $R_3 = \frac{xR_4}{(1-x)}$ $x = \frac{\frac{R_2}{R_1}}{(1+\frac{R_2}{R_1})}; \frac{R_2}{R_1} > 1$ $v_{out} = \frac{R_2}{R_1}(v_{in2} - v_{in1})$
OPAMP Amplificador Inversor Integrador		$v_{out} = -\frac{1}{RC}\int_0^t v_{in}\, dt$ $\tau = RC$
OPAMP Amplificador Inversor Derivador		$v_{out} = -RC\frac{dv_{in}}{dt}$ $\tau = RC$
OPAMP Comparador De Voltaje		$v_{out} = V_{sat-}$ si $v_{in} > v_{ref}$ $v_{out} = V_{sat+}$ si $v_{in} < v_{ref}$ $v_h \sim 0\,V$

7.9 Guía fácil para el diseño.

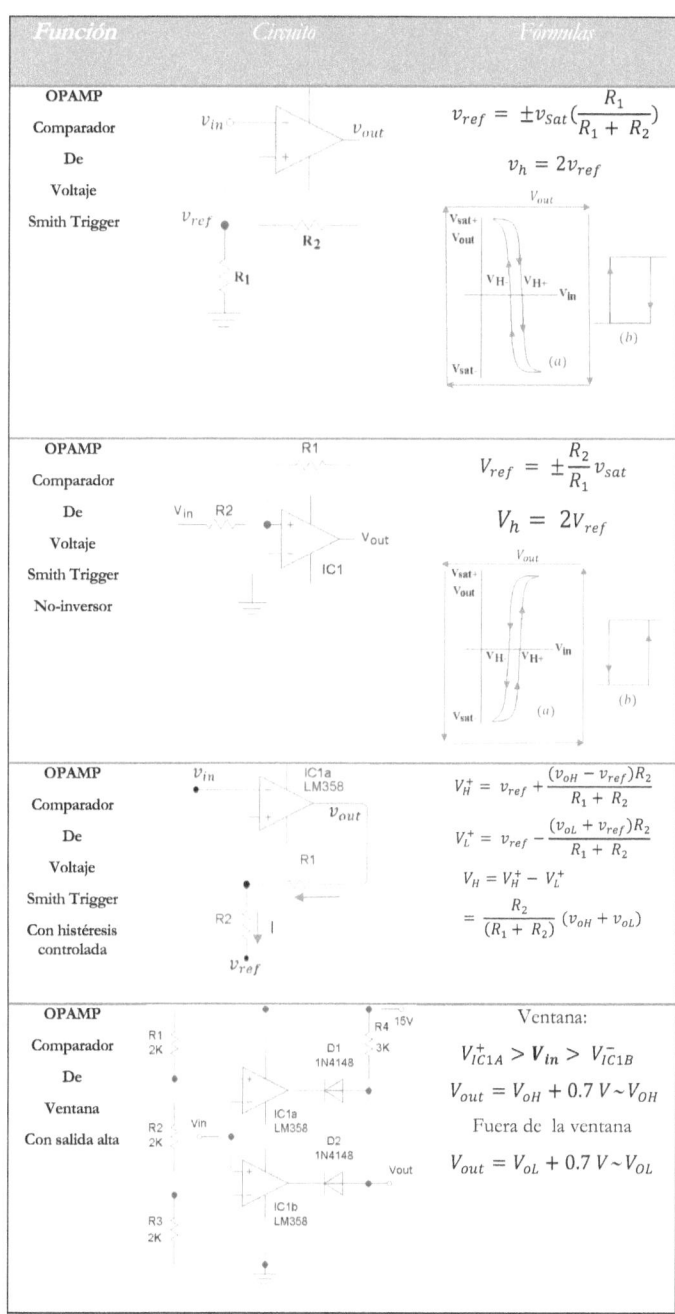

7.9 Guía fácil para el diseño.

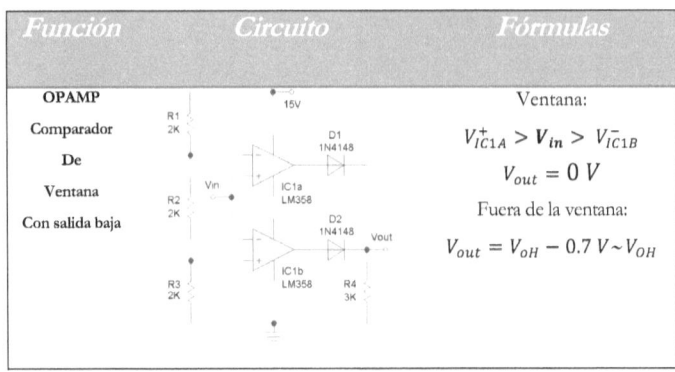

Función	Circuito	Fórmulas
OPAMP Comparador De Ventana Con salida baja		Ventana: $V_{IC1A}^+ > V_{in} > V_{IC1B}^-$ $V_{out} = 0\ V$ Fuera de la ventana: $V_{out} = V_{oH} - 0.7\ V \sim V_{OH}$

7.10 Cuestionario y problemas del Capítulo.

1. El amplificador diferencial es básicamente un sustractor de dos señales. **V ó F**.

2. En el amplificador diferencial rechaza el modo común. **V ó F**.

3. La relación entre la ganancia diferencial y la ganancia en modo común se le conoce como CMRR. **V ó F**.

4. Una ventaja al usar el amplificador diferencial es que reduce ruido común a la entrada. **V ó F**.

5. El amplificador diferencial se puede configurar en modo simple o modo diferencial. **V ó F**.

6. En el caso 5, el mejor modo es el modo simple. **V ó F**.

7. Si el criterio de diseño es alcanzar la frecuencia máxima, manteniendo una impedancia de entrada alta, el diferencial debe configurarse con FET. **V ó F**.

8. Si el criterio de diseño es una impedancia de entrada baja y una frecuencia de operación moderada, el diferencial puede configurarse con BJT. **V ó F**.

9. En el modo común la ganancia del diferencial es menor que la unidad. **V ó F**.

10. Es clave en el modo común del amplificador diferencial que la fuente de corriente ofrezca la mayor impedancia dinámica posible. **V ó F**.

11. El amplificador diferencial es clave en la construcción del OPAMP. **V ó F**.

12. Un OPAMP se compone de al menos tres etapas: diferencial, de amplificación, y de seguidor. **V ó F**.

13. La ganancia del OPAMP suele ser grande, por ejemplo 10.000. **V ó F**.

14. La impedancia de entrada del OPAMP ideal es grande. **V ó F**.

15. La impedancia de salida del OPAMP ideal es grande. **V ó F**.

16. La ganancia del OPAMP permite su utilización sin recurrir a la retroalimentación negativa. **V ó F**.

17. La retroalimentación negativa permite reducir una ganancia inicial muy alta a otra muy baja, por medio de la utilización de elementos pasivos externos al OPAMP. **V ó F**.

18. La retroalimentación negativa reduce la ganancia pero aumenta el ancho de banda del OPAMP. **V ó F**.

7.10 Cuestionario y problemas del Capítulo.

19. El concepto de la tierra virtual es el resultado de una ganancia a lazo abierto y una impedancia de entrada muy altas. **V ó F**.

20. El concepto de la tierra virtual es útil para estudiar la función de transferencia en el OPAMP en configuraciones como: amplificador, integrador, sumador, restador, y derivador. **V ó F**.

21. Si usted diseña un OPAMP para una ganancia A_{VOL} de 1000. ¿Que resultaría mejor para obtener un ancho de banda mayor: (a) una ganancia de 1000 en una sola etapa, (b) una ganancia de 1000 en tres etapas de 10 cada una?

22. En la etapa de salida de un OPAMP siempre tenemos ganancia unitaria. **V ó F**.

23. La retroalimentación negativa permite incrementar la frecuencia de trabajo en el OPAMP. **V ó F**.

24. La máxima frecuencia de trabajo en el OPAMP se alcanza cuando la ganancia es unitaria. **V ó F**.

25. Un OPAMP tiene un GBWP de 0.7 MHz, y un AV_{OL} de 100.000. Haga una gráfica de la ganancia AV_{OL} Vs la frecuencia. Sol:

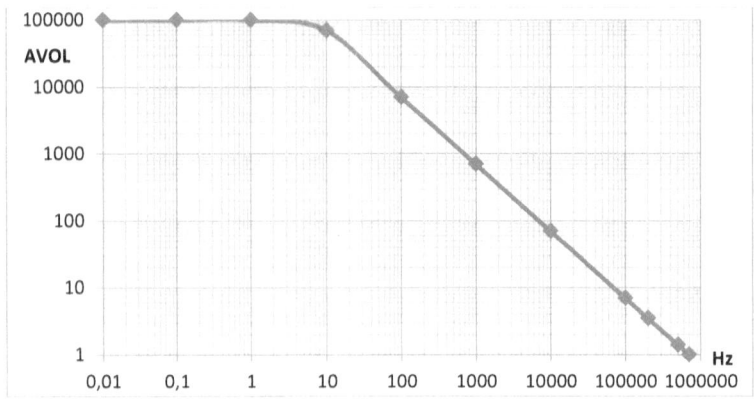

Figura 7-57. Gráfica de la ganancia A_{VOL} Vs frecuencia del **OPAMP** del problema 25.

26. En base la respuesta obtenida en 25 indique: ¿Cuál sería la frecuencia máxima a la que puede operar un comparador realizado con este OPAMP, para que su ganancia A_{VOL} caiga aproximadamente hasta un 70% de su máximo? Sol:

$$f \cong 10\ Hz\ ;\ A_{VOL} = 70000$$

7.10 Cuestionario y problemas del Capítulo.

27. Siguiendo con el caso 25 indique: ¿Cuál sería la frecuencia máxima a la que puede operar un amplificador inversor de ganancia $A_{Vf} = 100$, realizado con este mismo OPAMP? Sol:

$$f \leq 700\ Hz\ con\ A_{VOL} = 1000$$

Recuerde como se define A_{Vf}. Aproxime el β al 90% de su valor.

28. Continuando con el mismo caso 25: ¿Cuál sería la ganancia real efectiva y la frecuencia máxima, si la β= 0.01 y la $A_{VOL} = 100$? Sol:

$$A_{vf} = 50\ ; f = 7000\ Hz$$

29. La figura 7-58 presenta un amplificador diferencial. Con los siguientes valores: $V_{CC} = 12\ V$, $R_5 = 1\ k\Omega$, $R_C = 500\ \Omega$, $R_E = 100\ \Omega$, $R_1 = 9.4\ k\Omega$, $R_2 = 2.2\ k\Omega$, $n=1.5$ y $Q_1 = Q_2 = Q_3 = Q_4 = 2N3904$. Determine la ganancia diferencial A_{vd} y la ganancia común A_{vc}. (consulte la hoja de datos en el apéndice). Sol:

$$A_{vd} = 2.34$$

$$A_{vc} = 0.0175\ |h_{oeQ4}^{-1} \sim 14.2\ k\Omega$$

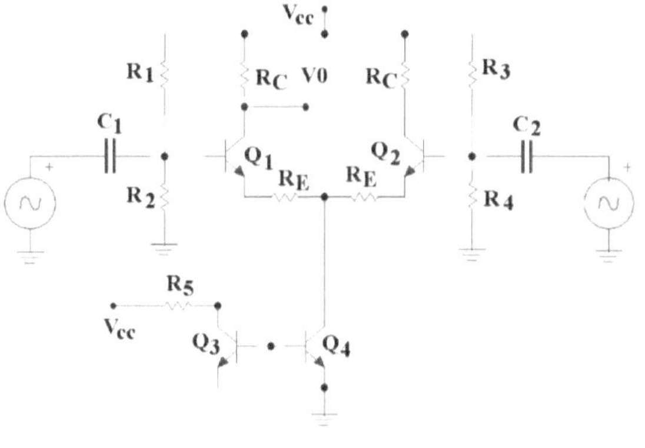

Figura 7-58 Amplificador diferencial con BJT.

30. Para el caso de la figura 7-58, determine: CMRR, Z_{in}, $Z_{intotal}$ y Z_{out}. Sol:

$$CMRR = 42.50\ dB$$

$$Z_{in} \sim 32\ k\Omega\ |h_{feQ12} = 150$$

$$Z_{intotal} = 1.68\ k\Omega$$

7.10 Cuestionario y problemas del Capítulo.

$$Z_{out} = 500\ \Omega$$

31. Para el mimo caso de la figura 7-58, determine los valores de C_1 y C_2, si la frecuencia de corte que se desea es de 10 Hz. Sol:

$$C_1 = C_2 = 9.47\ \mu F$$

32. Siguiendo con el caso anterior, diga cuales fueron los valores DC encontrados por usted en el circuito de la figura 7-58. Sol:

$$I_{CQ4} = 11.3\ mA$$

$$I_{CQ1} = I_{CQ2} = 5.65\ mA$$

$$V0 = 9.17\ V$$

$$V_{CEQ4} = 1\ V$$

33. La figura 7-59 muestra el diferencial de la figura 7-58 pero ahora utilizando FETs. V_{CC} = 12 V, R_5 = 2.8 kΩ, R_D = 660 Ω, R_G=100 kΩ. Q_1 = Q_2 = 2N5459, Q_3=Q_4 = 2N3904. Calcule ahora la ganancia diferencial A_{vd} y la ganancia común A_{vc}. (consulte la hoja de datos en el apéndice). Sol:

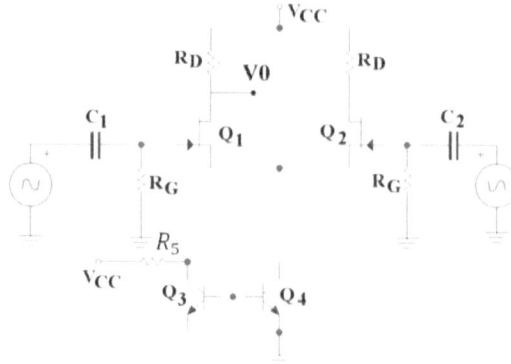

Figura 7-55 Amplificador diferencial con BJT-FET.

$$A_{vd} = 1.05$$

$$A_{vc} = 0.0098\ |h_{oeQ4}^{-1} \sim 33.3\ k\Omega$$

34. Para el caso de la figura 7-55 obtenga: CMRR, $Z_{intotal}$ y Z_{out}. Comprare estos resultados con el diferencial de la figura 7-54. Establezca sus conclusiones.

$$CMRR = 40.6\ dB$$

7.10 Cuestionario y problemas del Capítulo.

$$Z_{intotal} = 100\ k\Omega$$

$$Z_{out} = 660\ \Omega$$

35. Siguiendo con el caso anterior, diga cuales fueron los valores DC encontrados por usted en el circuito de la figura 7-55. Sol:

$$I_{CQ4} = 4\ mA$$

$$I_{DQ1} = I_{DQ2} = 2\ mA$$

$$V0 = 10.68\ V$$

$$V_{CEQ4} = -V_{GS} = 0.72\ V$$

36. La figura 7-60 muestra una etapa de seguidor de emisor. Si R_3 vale (a) 10 Ω, (b) 1 Ω, Calcule la ganancia Av. n = 1.5. Sol:

$$(a)\ A_v = 0.91$$

$$(b)\ A_v = 0.91$$

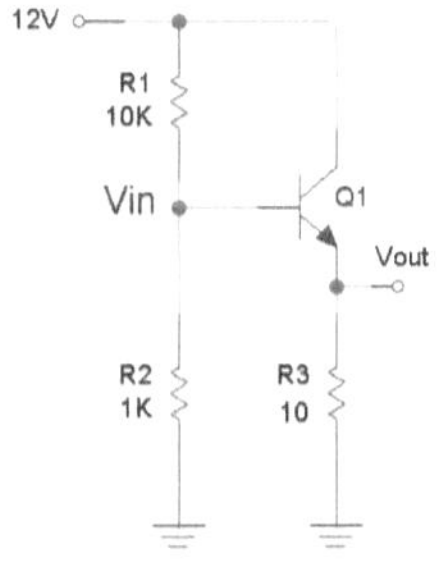

Figura 7-60 Amplificador Emisor-Común.

37. La figura 7-61 muestra ahora un emisor-común pero con una configuración de "Darlington". Calcule la ganancia con:(a) R_3= 10 Ω, (b) R_3 = 1 Ω. Asuma: n=1.5 h_{FEQ1}=70, y h_{feQ2}=30. Compare los resultados con los obtenidos en 36. Haga sus conclusiones. Sol:

$$(a) A_v = 0.82$$

$$(b) A_v = 0.82$$

7.10 Cuestionario y problemas del Capítulo.

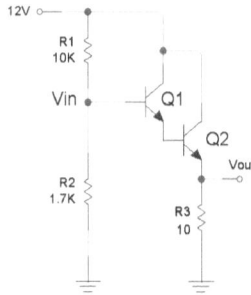

Figura 7-61 Amplificador emisor-común con "Darlington".

38. En el caso de las figuras 7-60 y 7-61 halle respectivamente, el Z_{in}, para $R_3=10\ \Omega$. Asuma: $h_{feQ1}= 100$, $h_{feQ2}=30$. Compare los resultados y haga sus conclusiones. Sol:

$$Z_{in} = h_{feQ1}(re1 + R3) \cong 1.1 k\Omega\ (\text{figura } 7-60)$$

$$Z_{in} = h_{feQ1}re1 + h_{feQ1}h_{feQ2}(re2 + R3) \cong 36.6\ k\Omega\ (\text{figura } 7-61)$$

39. Para los casos planteados en 33 y 34 ¿Cuál es la $Z_{inTotal}$? Sol:

$$Z_{inTotal} \cong 0.5\ k\Omega\ \ (\text{figura } 7-60)$$

$$Z_{inTotal} \cong 1.4\ k\Omega\ \ (\text{figura } 7-61)$$

40. La figura 7-62 propone el emisor-común indicado en la figura 7-60, pero se le ha añadido una retroalimentación de "Bootstrap". Calcule ahora ¿Cuál es el $Z_{inTotal}$? Compare los resultados con los obtenidos en 36. Sol:

$$Z'_{in} = \frac{V_{in}}{\frac{(V_{in} - V_{in}A_v)}{R_2}} = \frac{R_2}{(1 - A_v)} = 10\ k\Omega\ |A_v = 0.91$$

$$Z_{inTotal} = 0.90\ k\Omega$$

7.10 Cuestionario y problemas del Capítulo.

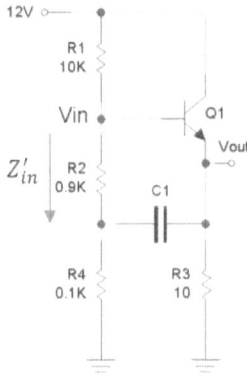

Figura 7-62. Emisor-común con "Bootstrap".

41. En el caso planteado en la figura 7-62, se afecta la polarización DC de Q_1 respecto de la presentada en la figura 7-56 Sol:

    No se afecta la corriente en I_{CQ1} ya la suma de $R_2 + R_4$ sigue siendo 1 kΩ. Lo que se afecta es la impedancia dinámica total de entrada del amplificador.

42. En el circuito de la figura 7-63 $R_1 = 1$ kΩ, y $R_2 = 10$ kΩ. Calcular: la ganancia A_{vf}. Sol: 10

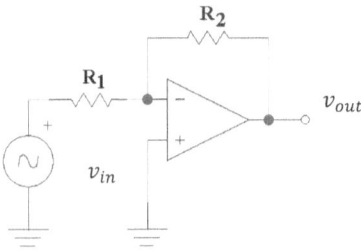

Figura 7-63. Circuito con OPAMP.

43. En el circuito anterior se agrega un capacitor de 0.1 µF en paralelo con R_2 (figura 7-64). ¿Cuál es la frecuencia de corte? Sol: $f = 159.23 \, Hz$

7.10 Cuestionario y problemas del Capítulo.

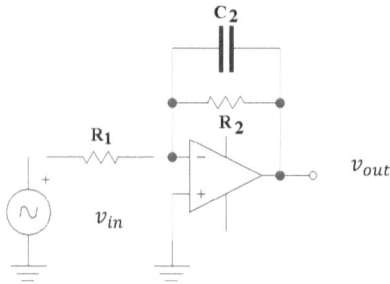

Figura 7-64. Circuito con OPAMP-pasa-bajo.

44. Si ahora se agrega un capacitor de 10 µF en serie con R_1 (figura 7-65). ¿Cuál es la frecuencia de corte? Sol: $f = 15.92\ Hz$

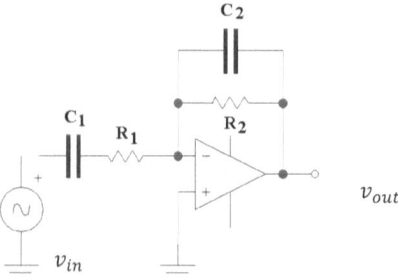

Figura 7-65. Circuito con OPAMP-pasa-bajo más pasa-alto.

45. ¿Qué tipo de filtro es el obtenido en el circuito de la figura 7-65? Sol: pasa-banda.

46. ¿Cuál es el ancho de banda del filtro anterior? Sol: $\Delta f = 143.31\ Hz$

47. En el circuito anterior, Si $v_{in} = 1\ V\ DC$, ¿Cuál es el voltaje de salida? Sol: $v_{out} = 0\ V\ DC$

48. Volviendo al mismo circuito mencionado en 43, ¿Cuál sería el voltaje de salida aproximado para una señal de entrada de 79 Hz y 1 V_{pp}? Sol:

$$v_{out} \sim 10\ V_{pp}$$

49. En el caso 44 ¿Cuál sería el voltaje de salida si la señal de entrada es (a)1592.3 Hz y 1 V_{pp}, (b)1.59 Hz 1 V_{pp}? Sol:

$$(a)\ v_{out} = 0.1\ V_{pp}$$

$$(b)\ v_{out} = 0.1\ V_{pp}$$

7.10 Cuestionario y problemas del Capítulo.

Respuestas a las preguntas de **V**erdadero o **F**also.

(1)V, (2)V, (3)V, (4)V, (5)V, (6)F, (7)V, (8)V, (9)F, (10)V, (11)V, (12)V, (13)V, (14)V, (15)F, (16)F, (17)V, (18)V, (19)V, (20)V, (21)b , (22)V, (23)V, (24)V.

Capítulo 8.

Circuitos Osciladores

Objetivos:

1. Descripción general
2. La Retroalimentación positiva
3. Aumento de la distorsión en la retroalimentación positiva.
4. Tipos de Osciladores.

Actividades:

Guía con preguntas de verdadero o falso y con problemas de cálculos con el que usted podrá comprobar su conocimiento referente a éste capítulo.

8.1 Descripción General.

El oscilador es un tipo de circuito muy utilizado, conocido también como circuito astable. Un circuito astable se caracteriza por no tener ningún estado estable, en consecuencia está constantemente cambiado su nivel de salida, ya sea describiendo una señal de tipo cuadrada que varía entre dos voltajes opuestos $\pm V_{CC}$, de pulso, entre 0 y un nivel V_{CC}, o senoidal, describiendo la forma: $V_m \text{sen}(\omega t)$. El cambio de la señal ocurre en el tiempo y describiendo ciclos que se repiten a intervalos constantes, que definen la frecuencia de trabajo del oscilador.

Los osciladores son utilizados como mecanismos de reloj, que permiten generar una secuencia de eventos en el tiempo, o bien para producir una señal alterna que sirva de excitación, modulación, conversión de voltaje, entre otros usos.

Los osciladores se fundamentan en el principio de la retroalimentación positiva.

En el capítulo VII se dijo que la retroalimentación negativa era usada en el OPAMP para controlar su ganancia a través de una red externa, y que en cambio, no debía usarse la retroalimentación positiva, ya que conduce a inestabilidad en la ganancia, y por ende, a la posibilidad de tener oscilaciones.

Cuando existe retroalimentación positiva se incrementa notablemente la ganancia del amplificador. La ganancia amplificada puede llegar a ser tan grande que el circuito puede oscilar de manera auto sostenida, sin ninguna excitación de entrada más que el solo lazo de retroalimentación. En otros casos, la retroalimentación positiva puede conducir a un estado de saturación de voltaje, sin llegar a oscilar.

La retroalimentación positiva también se le conoce como retroalimentación regenerativa, ya que se establece un lazo de reiteración en el incremento de la señal que puede llegar hasta valores muy grandes, teóricamente hasta el infinito.

A continuación, veremos en detalle los fundamentos de la retroalimentación positiva.

8.2 La Retroalimentación Positiva.

La figura 8.1 muestra un esquema en bloque de un amplificador con retroalimentación positiva.

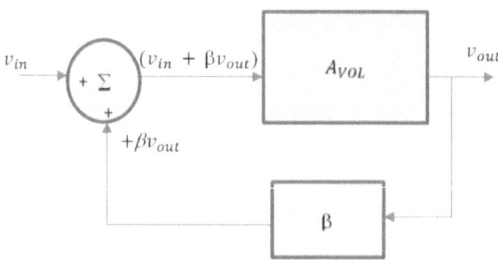

Figura 8-1 Esquema de un amplificador con retroalimentación positiva.

La expresión de salida de v_{out} es:

$$(v_{in} + \beta v_{out})A_{VOL} = v_{out}$$

Despejando a v_{out}:

$$v_{out} = \frac{v_{in} A_{VOL}}{(1 - \beta A_{VOL})} \qquad (8.1)$$

Como puede observarse en la expresión (8.1) existe un denominador que puede hacerse cero.

En este caso, el término βA_{VOL} es positivo, por ser la retroalimentación positiva también.

La ganancia en retroalimentación queda:

$$A_{Vf} = \frac{A_{VOL}}{(1 - \beta A_{VOL})} \qquad (8.2)$$

8.2 La Retroalimentación Positiva.

Para demostrar mejor el efecto del término βA_{VOL} en el denominador de la expresión (8.2) se muestra la tabla 8.1, donde se evalúa distintos valores de β, asumiendo un $A_{VOL} = 1000$.

β	βA_{VOL}	$\mid A_{Vf} \mid$
1	1000	1
0.5	500	2
0.1	100	10
0.05	50	20
0.01	10	111
0.005	5	250
0.001	**1**	**∞**

$$A_{Vf} = \frac{A_{VOL}}{(1 - \beta A_{VOL})}$$

Tabla 8-1 Efecto del término βA_{VOL} en la retroalimentación positiva.

Nótese como la ganancia A_{VF} se incrementa bruscamente cuando el término $\beta A_{VOL} = 1$. Es en este punto donde el circuito puede comenzar a oscilar, ya que como se dijo anteriormente, la ganancia infinita hace que prácticamente cualquier nivel de ruido presente en la entrada sea amplificado. El lazo de retroalimentación asegura una amplificación reiterativa, que de acuerdo a las condiciones establecidas puede conducir a un estado de auto oscilación sostenida en el tiempo.

La auto oscilación ocurre a una frecuencia en particular donde los cambios de fases introducidos por el mismo lazo permiten una variación de la amplitud en el tiempo. Durante los cambios de fases se afecta la ganancia, y por ende la amplitud.

Los cambios de fases pueden ser introducidos por elementos como capacitores o inductores externos o internos a los componentes del circuito, y que definen la frecuencia de operación.

8.3 Aumento de la Distorsión en la retroalimentación positiva.

Las condiciones que se deben cumplir para que se produzca la oscilación en un circuito son:

1. Debe existir una retroalimentación positiva (fase 0).
2. El término βA_{VOL} debe ser +1.

El término βA_{VOL} es conocido también como ganancia de bucle.

Estas dos condiciones son conocidas también como el *criterio de Barkhausen* para oscilación. Este criterio establece que el producto βA_{VOL} debe ser igual a la unidad, y el ángulo de desfase igual a cero o múltiplo de 2π.

La frecuencia a la que oscila un circuito depende de los parámetros que hacen que se cumplan las condiciones anteriores, y puede ser controlada.

De lo anterior se puede deducir que cualquier amplificador con retroalimentación negativa puede convertirse también en un oscilador, si en el lazo de retroalimentación se añade o se introduce un desfasaje adicional de 180°, que coinvertiría la retroalimentación negativa en una positiva, y adicionalmente asegurando que el término $\beta A_{VOL} = 1$, para que se auto sostenga.

8.3 Aumento de la Distorsión en la retroalimentación positiva.

La figura 8-2 muestra ahora un esquema generalizado donde suponemos una distorsión de entrada D_{in}, que se corresponde con la distorsión original de la señal de entrada, y una distorsión de salida D_{out}, producida en un amplificador con retroalimentación positiva.

La Distorsión de salida en la retroalimentación positiva será:

$$D_{out} = \frac{D_{in} A_{VOL}}{(1 - \beta A_{VOL})} \qquad (8.3)$$

8.3 Aumento de la Distorsión en la retroalimentación positiva.

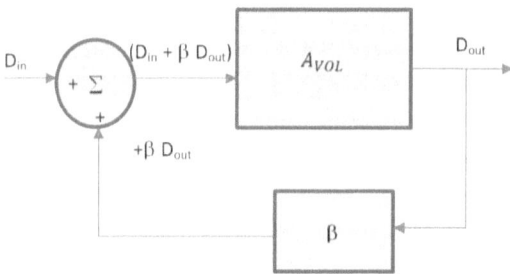

Figura 8-2 Modelo de amplificador con retroalimentación positiva y una entrada de distorsión D_{in}.

Al igual que en el caso anterior, a medida que el término βA_{VOL} se aproxima a 1, la distorsión de salida D_{out} crece. Cuando $\beta A_{VOL} = 1$, la distorsión alcanza un máximo de infinito.

De manera contraria, en el caso de la retroalimentación negativa la expresión de la distorsión sería:

$$D_{out} = \frac{D_{in} A_{VOL}}{(1 + \beta A_{VOL})} \qquad (8.4)$$

Si el término $\beta A_{VOL} = 1$, la distorsión de salida se reduce a la mitad.

La tabla 8-2 muestra como varía la distorsión de salida según el término βA_{VOL}, para el caso de la retroalimentación negativa.

A medida que el término βA_{VOL} se incrementa la distorsión de salida disminuye. Recordemos que la expresión de ganancia en la retroalimentación negativa es:

$$A_{Vf} = \frac{A_{VOL}}{(1 + \beta A_{VOL})}$$

8.3 Aumento de la Distorsión en la retroalimentación positiva.

βA_{VOL}	D_{out}
0	$D_{in} A_{VOL}$
0.1	$0.9 D_{in} A_{VOL}$
0.5	$0.66 D_{in} A_{VOL}$
1	$0.5 D_{in} A_{VOL}$
5	$0.16 D_{in} A_{VOL}$
10	$0.09 D_{in} A_{VOL}$
100	$0.009 D_{in} A_{VOL}$
1000	$0.0009 D_{in} A_{VOL}$
A_{VOL}	D_{in}

→ Mayor Ganancia A_{vf}, β→0, **Mayor Distorsión**

→ Menor Ganancia A_{vf}, β→1, **Menor Distorsión**

Tabla 8-2 Estimación de la Distorsión de salida según el término βA_{VOL} para la retroalimentación negativa

El valor más alto de la expresión βA_{VOL} se alcanza cuando β =1, resultando una ganancia $A_{Vf} = 1$, y $D_{out} = D_{in}$, por lo que se puede concluir que la menor distorsión de amplificación se alcanza cuando la ganancia es unitaria, y por el contrario, la mayor distorsión ocurre cuando la ganancia es máxima. A mayor ganancia mayor distorsión.

Lo anterior es cierto para el caso de amplificadores con retroalimentación negativa. Sin embargo, cuando la retroalimentación es positiva el término $(1 - \beta A_{VOL}) \to 0$, por lo que la ganancia efectiva se mantiene siempre máxima o muy alta, y por ende la distorsión también, véase la ecuación (8.3). Teóricamente, si la ganancia es infinita, la distorsión de salida será también infinita.

La distorsión de salida en la retroalimentación positiva siempre se mantiene alta.

En algunos casos la retroalimentación positiva puede llegar a usarse en circuitos de amplificación donde la señal es muy débil, y en donde una ganancia alta puede ayudar a detectar una señal, pero sin que caiga en un estado de auto oscilación sostenida. En otras palabras, es como diseñar un oscilador, pero que necesita de un mínimo de entrada para que se regenere y oscile a determinada frecuencia. Esto se logra controlando el factor βA_{VOL} para que no sea unitario pero si muy cerca de 1.

Los osciladores emplean fundamentalmente algún tipo retroalimentación positiva.

8.4 Tipos de Osciladores.

8.4.1 Oscilador de relajación con OPAMP.

La figura 8-3 muestra un oscilador de relajación utilizando un OPAMP.

El término relajación se utiliza para describir aquellos tipos de osciladores que utilizan un método de carga y descarga de un capacitor para controlar la frecuencia de oscilación en el circuito.

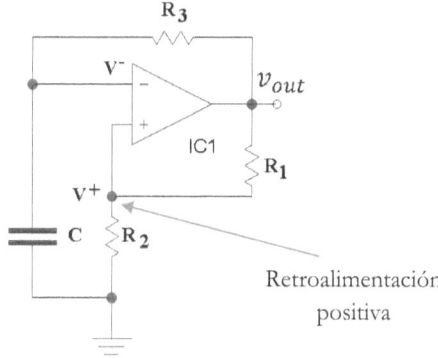

Figura 8- 3. Oscilador de relajación con OPAMP.

En el circuito de la figura 8-3 se cumple la condición de retroalimentación positiva, indispensable para que el circuito oscile, pero sin embargo, no se cumple la segunda condición de que:

$$\beta A_{VOL} = 1$$

8.4.1 Oscilador de relajación con OPAMP.

Partiendo de que la expresión de salida v_{out} es:

$$v_{out} = (V^+ - V^-)A_{VOL} \quad (8.5)$$

Y como:

$$\beta = \frac{R_2}{R_2 + R_1} \quad y \quad V^+ = \beta v_{out}$$

La expresión del v_{out} puede escribirse como:

$$v_{out} = \frac{-V^- A_{VOL}}{(1 - \beta A_{VOL})} \quad (8.6)$$

Si por ejemplo $\beta = 0.1$ y $A_{VOL} = 1000$ tenemos:

$$v_{out} = \frac{-V^- \, 1000}{(1 - 100)} \cong 10 V^-$$

A primera vista podemos observar que cuando el voltaje en el puerto negativo V^- es positivo, v_{out} también será positivo. Del modo contrario, cuando V^- es negativo, v_{out} también será negativo. Es decir, que V^- y la salida v_{out} tienen el mismo signo, por lo que se comprueba que existe una retroalimentación positiva en el circuito.

La retroalimentación positiva se puede identificar también por el lazo indicado por la flecha en la figura 8-3. Obsérvese que la salida v_{out} es llevada al puerto V^+ a través de divisor resistivo conformado por R_1 y R_2. V^+ y v_{out} tienen siempre el mismo signo.

Si examinamos ahora mejor a al voltaje V^-, este puede escribirse así:

$$V^- = v_{out}\left(1 - e^{-\frac{t}{\tau}}\right) - V^+ e^{-\frac{t}{\tau}}$$

Supongamos que $A_{VOL} = muy\ grande$ y $\tau = R_3 C$

8.4.1 Oscilador de relajación con OPAMP.

Se asume también que mientras el término $|V^+ - V^-|AV_{OL} \neq 0$, es lo suficientemente grande, de modo que v_{out} alcanza siempre el máximo voltaje correspondiente al voltaje de saturación de salida que es aproximadamente V_{CC}.

Evaluando entonces la expresión de v_{out}, tenemos:

Si $V^+ > V^-$, v_{out} será positivo.

Si $V^+ < V^-$, v_{out} será negativo.

El voltaje del capacitor que varía con el tiempo, depende del signo del voltaje de salida v_{out}, y del nivel de comparación en V+, ya que cuando el voltaje en el capacitor supera ligeramente en magnitud el voltaje en V+, se produce un cambio de signo en la expresión $(V^+ - V^-)$, pasando de signo positivo a negativo o de negativo a positivo. El cambio de signo afecta directamente la polaridad de v_{out} que también cambia, véase ecuación (8.5). Luego, el capacitor invierte su carga ya que la salida cambió de signo, y se vuelve a establecer la comparación anterior, de modo que el capacitor va cargándose y descargándose de manera cíclica, logrando así que el circuito cambie de manera reiterativa, el voltaje de v_{out}.

En este caso está presente también la histéresis, que hace que el voltaje de oscilación del capacitor este entre: $\pm\beta v_{out}$.

Definimos:

$$\beta v_{out} = v_{ref}$$

La figura 8-4 muestra de forma gráfica las señales en V^+, V^- y de v_{out} que ayudan a entender mejor lo dicho hasta ahora.

El circuito oscila entonces gracias al efecto de la carga y descarga del capacitor que suministra el voltaje de comparación en V^-, necesario para producir el cambio de signo o polaridad en la salida v_{out}.

El período de oscilación será (véase figura 8-4):

8.4.1 Oscilador de relajación con OPAMP.

$$T = t_1 + t_2$$

$$V_{ref} = v_{out}\left(\frac{R_2}{R_2 + R_1}\right)$$

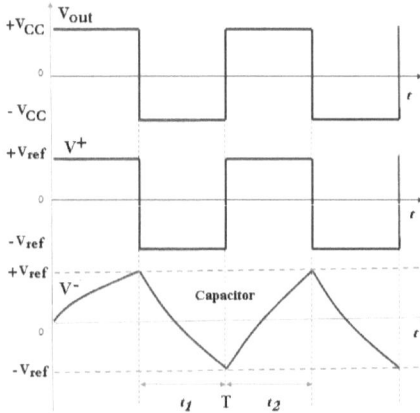

Figura 8-4 Grafica de tiempo para el circuito de la figura 8-3.

Si la señal de v_{out} oscila entre $\pm V_{CC}$, La expresión del voltaje en V^- para t_1 será:

$$V^- = -V_{CC}\left(1 - e^{-\frac{t_1}{\tau}}\right) + V_{ref}\,e^{-\frac{t_1}{\tau}}$$

Igualando V^- a $-V_{ref}$ tenemos:

$$-V_{ref} = -V_{CC}\left(1 - e^{-\frac{t_1}{\tau}}\right) + V_{ref}\,e^{-\frac{t_1}{\tau}}$$

Arreglando los términos:

$$(V_{CC} - V_{ref}) = (V_{CC} + V_{ref})\,e^{-\frac{t_1}{\tau}}$$

8.4.1 Osciladror de relajación con OPAMP.

$$e^{-\frac{t_1}{\tau}} = \frac{(V_{CC} - V_{ref})}{(V_{CC} + V_{ref})}$$

Despejando a t_1 tenemos:

$$t_1 = -\ln\left|\frac{(V_{CC} - V_{ref})}{(V_{CC} + V_{ref})}\right|\tau$$

Que se puede reescribir como:

$$t_1 = \ln\left|\frac{(V_{CC} + V_{ref})}{(V_{CC} - V_{ref})}\right|\tau$$

El término $\frac{(V_{CC}+V_{ref})}{(V_{CC}-V_{ref})}$ puede simplificarse así:

$$\frac{(V_{CC} + V_{ref})}{(V_{CC} - V_{ref})} = \frac{V_{CC} + V_{CC}(\frac{R_2}{R_2 + R_1})}{V_{CC} - V_{CC}(\frac{R_2}{R_2 + R_1})}$$

$$\frac{(V_{CC} + V_{ref})}{(V_{CC} - V_{ref})} = \frac{(1 + (\frac{R_2}{R_2 + R_1}))}{(1 - (\frac{R_2}{R_2 + R_1}))}$$

Luego:

$$\frac{(1 + (\frac{R_2}{R_2 + R_1}))}{(1 - (\frac{R_2}{R_2 + R_1}))} = \frac{2R_2}{R_1} + 1$$

Sustituyendo en la expresión de t_1:

$$t_1 = \ln\left|\frac{2R_2}{R_1} + 1\right|\tau$$

Como t_2 es igual que t_1 entonces:

$$T = t_1 + t_2 = 2\ln\left|\frac{2R_2}{R_1} + 1\right|\tau \qquad (8.7)$$

8.4.1 Oscilador de relajación con OPAMP.

La frecuencia de oscilación será:

$$f = \frac{1}{2\ln\left|\frac{2R_2}{R_1}+1\right|\tau} \quad ; \tau = R_3 C \qquad (8.8)$$

Por ejemplo, si $R_1 = R_2$, y $\tau = 1$mseg, la frecuencia de oscilación será:

$$f = \frac{1}{2\ln|3|\tau} = 455\,Hz \quad ; \tau = R_3 C$$

Como puede observarse la frecuencia depende tanto de la relación β como de τ.

La señal de salida v_{out} será una onda cuadrada, con igual parte positiva y negativa.

La máxima frecuencia a la que puede trabajar este circuito depende la ganancia de retroalimentación establecida por β y acorde con el GBWP del OPAMP. Por ejemplo, Si el β tiende a cero, la ganancia de retroalimentación será la máxima, equivalente o cercana al A_{VOL}, y por lo tanto, la frecuencia máxima será aquella que de acuerdo al GBPW le corresponda. Recuérdese que el producto ganancia por ancho de banda es constante. Esto significa que si la frecuencia impuesta es superior a este límite, el voltaje de salida disminuirá, debido a que la ganancia también disminuye, hasta eventualmente hacerse cero o muy baja. La disminución del voltaje de salida causada por la disminución de la ganancia producirá también un efecto de integración en la señal de salida, tal como lo hace la función de transferencia de un filtro pasa-bajo, para frecuencias mayores a la frecuencia de corte. La frecuencia de trabajo real, se hace también menor.

De manera contraria, si la ganancia en retroalimentación disminuye, es decir, 1≥ β >0, se incrementará la frecuencia de trabajo, conforme el GBWP.

Sin embargo, la ganancia en retroalimentación afecta de manera inversa a la frecuencia de operación del oscilador según la expresión (8.8). De manera que existe un compromiso entre la cantidad de retroalimentación β y la frecuencia del oscilador.

8.4.2 Oscilador Senoidal Colpitts.

Un valor apropiado puede ser $R_1 = R_2$ con lo que se logra un $\beta = 0.5$ y una ganancia de 2, lo que permitiría un rango de frecuencia de hasta $\frac{GBPW}{2}$. Luego, la frecuencia a seleccionar entre este rango, puede ser fijada por medio de los valores de R y C.

En términos prácticos, para que la señal de salida no se vea afectada por la integración que ocurre para frecuencias donde A_{vf} es grande, se recomienda que la frecuencia de trabajo máxima sea muy por debajo de la frecuencia que corresponda para el A_{VOL} de trabajo.

El rango práctico de frecuencias que se obtienen con este tipo oscilador va desde unos cuantos Hz hasta ~100kHz.

El circuito de la figura 8-4 requiere también que el OPAMP sea alimentado de forma simétrica con $\pm V_{CC}$, aunque si se añade una fuente de referencia positiva en R_2 en lugar de llevarla a tierra, se consigue generar voltajes de histéresis V_{H+} y V_{H-} por encima de cero, por lo que podría también implementarse este oscilador con una fuente única. El capacitor C puede seguir conectado a tierra.

8.4.2 Oscilador Senoidal Colpitts.

La figura 8-5 muestra ahora un oscilador Colpitts típico realizado con un FET de canal N. La misma configuración se puede llevar a cabo utilizando un transistor BJT tipo NPN, configurado apropiadamente en DC. Este oscilador se reconoce por el arreglo característico del circuito tanque LC utilizado, representado aquí por la inductancia L_2, y las capacitancias C_2 y C_3.

8.4.2 Oscilador Senoidal Colpitts.

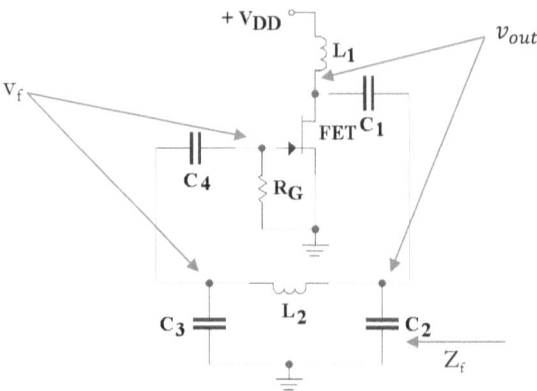

Figura 8- 5 Oscilador Colpitts con FET.

La frecuencia de oscilación viene dada por la condición:

$$Z_f \gg Z_{L1} \qquad (8.9)$$

La impedancia de Z_f es:

$$Z_f = \frac{-jX_{C_2}//(jX_{L2} - jX_{C_3})}{j(XL_2 - (XC_2 + XC_3))} \quad |R_G \gg |XC_3|$$

Si $Z_f \to \infty$ tenemos:

$$XL_2 - (XC_2 + XC_3) = 0$$

De dónde:

$$XL_2 = (XC_2 + XC_3)$$

Luego:

$$\omega L_2 = \frac{1}{\omega C_2} + \frac{1}{\omega C_3}$$

Arreglando los términos:

8.4.2 Oscilador Senoidal Colpitts.

$$\omega^2 L_2 = \frac{1}{C_2} + \frac{1}{C_3} = \frac{(C_3 + C_2)}{C_2 C_3}$$

Despejando el término ω:

$$\omega^2 = \frac{(C_3 + C_2)}{L_2 C_2 C_3}; \quad \omega = \sqrt{\frac{(C_3 + C_2)}{L_2 C_2 C_3}}$$

Multiplicando arriba y abajo por el término $\frac{1}{\sqrt{(C_3 + C_2)}}$ podemos simplificar la expresión así:

$$\omega = \frac{1}{\sqrt{\frac{L_2 C_2 C_3}{(C_3 + C_2)}}} \quad (8.10)$$

Como puede observarse el término: $\frac{C_2 C_3}{(C_3 + C_2)}$ es el equivalente serie de los capacitores C_2 y C_3.

Si llamamos C_{eq} al equivalente de esta serie la expresión anterior puede escribirse como:

$$\omega = \frac{1}{\sqrt{L_2 C_{eq}}} \quad (8.11)$$

Finalmente la frecuencia f de oscilación será:

$$f = \frac{1}{2\pi\sqrt{L_2 C_{eq}}} \quad (8.12)$$

Como sabemos es requerido que se cumplan los dos requisitos para que el circuito oscile de manera auto sostenida: una retroalimentación positiva, y que el factor $\beta A_{VOL} = 1$.

La ganancia a lazo abierto es:

$$A_{VOL} = -g_m Z_{L1}$$

Recordando la expresión (8.2), la ganancia en retroalimentación positiva es:

$$A_{Vf} = \frac{A_{VOL}}{(1 - \beta A_{VOL})}$$

8.4.2 Oscilador Senoidal Colpitts.

Donde el factor β representa aquí la relación: $\dfrac{v_f}{v_{out}}$

El voltaje v_f en retroalimentación es:

$$v_f = \dfrac{-jXC_3}{(jXL_2 - jXC_3)} v_{out} \quad |R_G \gg |XC_3|$$

$$v_f = \dfrac{-XC_3}{(XL_2 - XC_3)} v_{out} \quad |XL_2 > XC_3$$

El signo negativo en la expresión anterior indica un desfasaje de 180° con respecto de v_{out}, y como v_{out} ya está desfasada en 180° inicialmente (el desfasaje del amplificador a lazo abierto), resulta un total de 360°, por lo que el voltaje v_f se convierte en una señal en fase con la salida, y por lo tanto, se cumple el criterio de la retroalimentación positiva.

En el circuito de retroalimentación LC la corriente (en resonancia) circula como se ilustra en la figura 8-6:

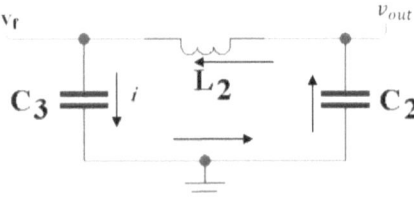

Figura 8- 6 Oscilador Colpitts de la figura 8-5

La ganancia en el lazo de retroalimentación β es:

$$|\beta| = \dfrac{v_f}{v_{out}} = \dfrac{iXC_3}{iXC_2} = \dfrac{\frac{1}{\omega C_3}}{\frac{1}{\omega C_2}} = \dfrac{C_2}{C_3} \qquad (8.13)$$

De modo que: $\beta = \dfrac{C_2}{C_3}$

Si $\beta = 1$, por ejemplo, tenemos que $C_3 = C_2$.

Siguiendo el criterio de oscilación ya conocido:

8.4.2 Oscilador Senoidal Colpitts.

$$\beta A_{VOL} = 1$$

Despejamos A_{VOL} quedando: $A_{VOL} = 1$

Veamos ahora un ejemplo numérico para entender mejor la relación entre los valores de C_2, C_3, y la ganancia A_{VOL}, para que se cumplan todos los criterios de oscilación segura.

Si $A_{VOL} = 10$ por ejemplo, el β requerido será:

$$\beta = \frac{1}{AV_{OL}} = 0.1$$

Lo que significa: $\frac{C_2}{C_3} = 0.1$, que es lo mismo que:

$$C_3 = \frac{C_2}{\beta} = 10 C_2$$

Si C_2 = 1 nF, C_3 debe valer 10 nF.

Finalmente el valor de L_2 puede utilizarse para definir la frecuencia de operación.

Este tipo de oscilador suele utilizarse con mucha frecuencia, ya que es muy sencillo de configurar.

La figura 8-7 muestra un oscilador Colpitts utilizando un transistor BJT NPN.

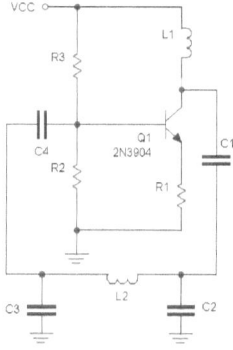

Figura 8.7 Oscilador Colpitts con BJT.

8.4.3 Oscilador Senoidal Hartley.

La frecuencia de oscilación es también:

$$f = \frac{1}{2\pi\sqrt{L_2 C_{eq}}}$$

C_{eq} es el equivalente serie de C_2 y C_3.

C_1 y C_4 son capacitores de desacople DC de la red de retroalimentación.

L_1 es una bobina cuyo valor de inductancia debe ser menor que L_2 para mantener una relación de impedancia donde:

$$Z_{L1} \ll Z_{L2}$$

La condición anterior asegura que la ganancia A_{VOL} no se verá afectada con la carga de la red de retroalimentación.

La inductancia L_2 es la inductancia de oscilación.

En esta configuración las resistencias R_2, R_3 y R_1 forman la impedancia de entrada Z_{in} del amplificador, la cual debe ser lo más alta posible, ya que afecta el Q del oscilador, y por ende puede variar también la frecuencia definitiva de oscilación. Por esta razón, suele implementarse mejor utilizando FET, ya que la impedancia de entrada puede hacerse tan grande como sea necesario.

$$Z_{in} \gg \frac{1}{\omega C_3}$$

8.4.3 Oscilador Senoidal Hartley.

Este oscilador es una variante del oscilador de Colpitts. La figura 8-8 muestra un oscilador de Hartley configurado con un JFET de canal N.

8.4.3 Oscilador Senoidal Hartley.

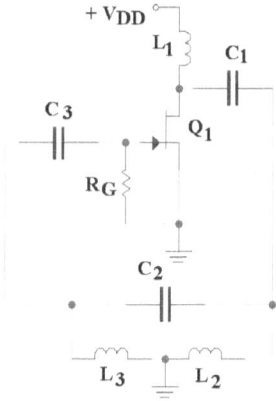

Figura 8- 8 Oscilador Hartley con JFET.

El circuito de retroalimentación se comporta de manera similar al oscilador Colpitts.

La frecuencia de resonancia es también:

$$f = \frac{1}{2\pi\sqrt{L_{eq}C_2}} \qquad (8.14)$$

Dónde:

$$L_{eq} = L_3 + L_2$$

La ganancia en el lazo de retroalimentación β es:

$$|\beta| = \frac{V_f}{V_0} = \frac{iXL_3}{iXL_2} = \frac{\omega L_3}{\omega L_2} = \frac{L_3}{L_2}$$

De modo que: $\beta = \frac{L_3}{L_2}$

Si $\beta = 1$, tenemos que $L_3 = L_2$.

Siguiendo el criterio de oscilación ya conocido:

$$\beta A_{VOL} = 1$$

8.4.3 Oscilador Senoidal Hartley.

Despejamos A_{VOL} quedando: $A_{VOL} = 1$

Por ejemplo, si $A_{VOL} = 10$ para que se cumpla el criterio de oscilación:

$$\beta = \frac{1}{AV_{OL}} = 0.1$$

Lo que significa que: $L_3 = \beta L_2 = 0.1 L_2$

El valor de C_2 puede calcularse para ajustarse para la frecuencia deseada.

Tanto en el Oscilador Colpitts como el Hartley, es importante que la impedancia de entrada del amplificador a lazo abierto R_G, sea lo más alta posible, ya que afecta al circuito tanque LC, haciendo que se afecte la corriente i (véase figura 8-6), de modo que la frecuencia de oscilación resultante se corre, y por lo general, hacia la baja. Por lo tanto, para garantizar que la frecuencia de oscilación no se corra debe cumplirse:

$$R_G \gg \frac{1}{\omega C_3} \text{ en el Colpitts y } R_G \gg \omega L_3 \text{ en el Hartley} \quad (8.15)$$

La condición anterior equivale a tener un factor de calidad Q alto. Típicamente con Q >10.

Debido a lo ya dicho, es más fácil si se utiliza un FET en el circuito oscilador.

Por otro lado, el oscilador de Hartley es menos común que el Colpitts, ya que es más fácil conseguir los valores arbitrarios de capacitores, que de las inductancias, las cuales por lo general tienen menos variedad, y en muchos casos hay que hacerlas a medida, resultando difícil obtener dos inductancias idénticas.

Tanto el oscilador de Hartley como el Colpitts se usan para rangos de frecuencias medio-alto, pudiendo obtenerse valores de frecuencias que van desde unos cientos de kHz, hasta varios cientos de MHz.

8.4.4 Oscilador Clapp.

La figura 8-9 presenta el esquema electrónico del oscilador Clapp. Este oscilador es una variante del oscilador Colpitts. Se distingue por el circuito tanque que incluye un capacitor en serie con la inductancia.

Al igual que en oscilador de Colpitts la frecuencia de oscilación se alcanza cuando la impedancia del circuito tanque es infinita.

La corriente en resonancia circula en serie a través de los capacitores C_1, C_2, C_3, y de la inductancia L_1.

Al igual que en el oscilador de Colpitts debe cumplirse que:

$$jXL_1 - j(XC_1 + XC_2 + XC_3) = 0 \qquad (8.16)$$

De dónde se obtiene:

$$f = \frac{1}{2\pi\sqrt{L\,C_{eq}}}$$

Y la capacitancia equivalente C_{eq} es:

$$C_{eq} = \frac{1}{\frac{1}{C_1}+\frac{1}{C_2}+\frac{1}{C_3}} \qquad (8.17)$$

En la configuración de la figura 8-9 se utiliza un capacitor C_5, que a la frecuencia de trabajo es normalmente un corto. Es decir, que C_5 suele ser un valor relativamente grande respecto de C_2 y de C_1, por ejemplo. La idea de este capacitor es aumentar el valor de la ganancia en retroalimentación ya que la configuración del transistor es en base común.

8.4.4 Oscilador Clapp.

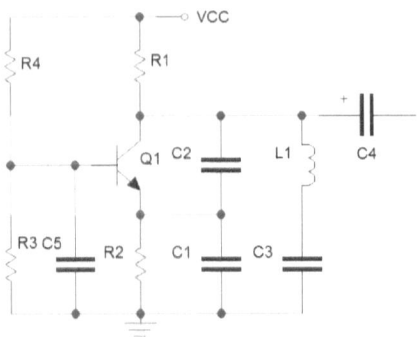

Figura 8-9 Oscilador Clapp.

Por otro lado, C_3 puede escogerse de manera que resulte ser el de valor más bajo, de este modo permite que se pueda controlar la frecuencia de oscilación, ya que predomina en el valor de la capacitancia equivalente. C_3 debe escogerse de modo que permita que el valor de L resulte práctico de realizar.

Comparativamente, C_1 y C_2 de valores más altos, deben escogerse de modo que las impedancias reactivas equivalentes a la frecuencia de trabajo sean comparativamente menores que la impedancia equivalente el emisor de Q1.

El resto de los valores: R_1, R_2, R_3 y R_4 pueden calcularse como si tratara de polarizar el transistor con un puto Q cualquiera.

Un ejemplo numérico se presenta a continuación:

Si en la figura 8-9 los valores son: V_{CC} = 5 V, R_1=10 kΩ, R_2 =1.5 kΩ, R_3 = 950Ω, R_4= 4.05 kΩ, C_1=C_2 =1000 pF, C_3= 200 pF, L = 10 μH, C_5 = 1nF. La frecuencia de trabajo sería:

La C_{eq} es:

$$C_{eq} = \frac{1}{\frac{1}{C_1} + \frac{1}{C_2} + \frac{1}{C_3}} \sim 143\, pF$$

8.4.5 Oscilador Senoidal con cristal.

La frecuencia es:

$$f = \frac{1}{2\pi\sqrt{L\,C_{eq}}} = 4.2\ MHz$$

Puede comprobarse que la impedancia equivalente de emisor es mucho mayor que la impedancia equivalente en C_1.

La frecuencia de oscilación puede ajustarse si C_3 es un capacitor variable.

8.4.5 Oscilador Senoidal con cristal.

Un cristal es un dispositivo basado en un tipo de material que exhibe el efecto piezoeléctrico. Es la propiedad de algunas sustancias que permite que cuando el material es sometido a un esfuerzo mecánico variable, tal como presión o una deformación, este produzca también un voltaje o corriente variable. Esto se conoce como vibración. La frecuencia a la que el material vibra de manera natural se le denomina frecuencia de resonancia.

De forma contraía, cuando en el material piezoeléctrico se aplica un voltaje variable, este se deforma mecánicamente de manera variable.

La deformación del material es provoca por la tensión o *stress*, en inglés, y es ejercida sobre el material en torno a su eje polar. El eje polar es el eje en el que las cargas eléctricas se mueven cuando ocurre la tensión, generando así una diferencia de potencial en los extremos de este eje.

Los materiales piezoeléctricos como el cuarzo por ejemplo, carecen de un centro de simetría.

Cundo el material piezoeléctrico vibra a su frecuencia de resonancia la impedancia equivalente del material se desplaza a su valor mínimo o máximo, según la frecuencia de resonancia sea serie o paralela. Este cambio de impedancia brusco (en resonancia) es lo

8.4.5 Oscilador Senoidal con cristal.

que permite que se pueda utilizar el efecto piezoeléctrico como sintonizador en un circuito oscilador.

Las ventajas de los cristales radican en que son circuitos resonantes con un alto Q, típicamente entre 10.000 y 100.000, lo que se traduce en una alta precisión y estabilidad en frecuencia. Son también muy estables frente a cambios de temperatura.

La figura 8-10 presenta el esquema eléctrico equivalente de un cristal.

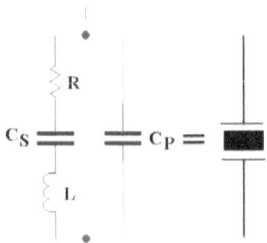

Figura 8-10 Circuito equivalente de un cristal.

Dónde:

R = es la impedancia resistiva del cristal

C_S = es la capacitancia serie

C_P = la capacitancia paralela, o entre los electrodos del cristal.

L = la inductancia serie asociada al cristal.

El esquema de la figura 8-10 indica que el circuito equivalente se compone de la combinación de un circuito resonante serie y otro paralelo.

Debido a lo anterior, el cristal exhibe dos frecuencias de resonancia: la frecuencia de resonancia serie f_s donde: la reactancia inductiva L es igual a la reactancia capacitiva C_S, y la frecuencia de resonancia paralelo f_p donde: la reactancia inductiva L es igual a la reactancia capacitiva C_P.

8.4.5 Oscilador Senoidal con cristal.

Dependiendo del tipo de resonancia escogida, se dice que se opera en modo serie o paralelo.

Normalmente, los cristales especifican su frecuencia fundamental en el modo paralelo.

La figura 8-11 muestra la variación de la impedancia Z del cristal con respecto a la frecuencia de resonancia. Se puede observar que cuando la resonancia es serie, la impedancia tiene un comportamiento capacitivo, siendo mínima, mientras que a la frecuencia de resonancia paralelo, que es una frecuencia mayor, el comportamiento es inductivo, es decir, la impedancia aumenta y es máxima en esta frecuencia.

La impedancia de un cristal en la frecuencia de resonancia serie es típicamente <100 Ω, mientras que para la frecuencia de resonancia paralelo es >100 kΩ.

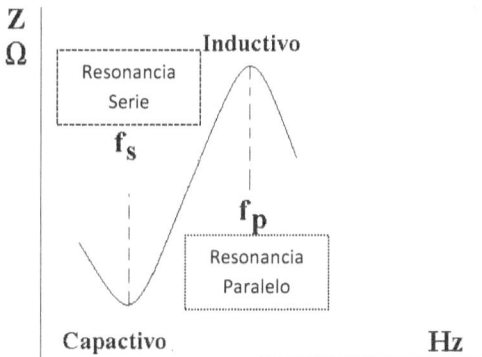

Figura 8-11 Reactancia del cristal vs frecuencia.

Los circuitos osciladores con cristales son muy diversos, y con configuraciones muy variadas, se usan tanto en electrónica analógica como en digital, para garantizar siempre una frecuencia de operación con gran exactitud y estabilidad, frente a variaciones de voltaje, temperatura, y tiempo.

Como ejemplo la figura 8-12 muestra un oscilador que utiliza un cristal en modo serie.

8.4.5.1 Oscilador Pierce con cristal en serie.

8.4.5.1 Oscilador Pierce con cristal en serie.

El circuito oscilador de la figura 8-12 se le conoce como oscilador de Pierce.

El cristal se utiliza en el modo resonante serie, en el que su impedancia relativa es mínima.

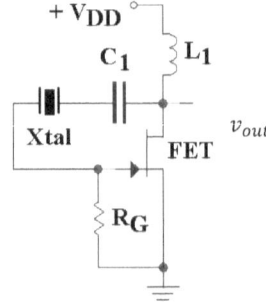

Figura 8-12 Oscilador Pierce FET con cristal (modo serie).

En condiciones de resonancia la fase entre el terminal del drenador y el gate del FET es de 180°, manteniendo así una retroalimentación positiva.

Por otro lado, la impedancia efectiva del lado del gate se mantiene relativamente baja, aunque el valor de la resistencia R_G sea muy alta, ya que la capacitancia del lado del gate que típicamente está entre 10-20 pf es suficiente como para que a la frecuencia de MHz se mantenga una impedancia baja. R_G se encuentra en paralelo con la capacitancia del gate. Una impedancia capacitiva baja dominante en el gate permite que ocurra el desfasaje de 180° y de que la cantidad de retroalimentación β haga que la ganancia retroalimentada: $A_{vf} > 1$.

Recordemos que en la retroalimentación positiva:

$$A_{vf} = \frac{A_{vol}}{1 - \beta A_{vol}}$$

8.4.5.1 Oscilador Pierce con cristal en serie.

Aquí β es el divisor de tensión entre la impedancia efectiva en el gate y la impedancia efectiva del cristal, este factor es típicamente menor que uno (β<1).

En cambio, la ganancia A_{vol} es relativamente alta, ya que la inductancia L_1 ofrece por lo general una impedancia alta a la frecuencia de oscilación (MHz). La ganancia A_{vol} es:

$$A_{vol} = g_{max} X_L \qquad (8.18)$$

Dónde: g_{max} es la transconductancia máxima de FET, es decir con $V_{gs} = 0\ V$

Con una ganancia A_{vol} relativamente grande, la ganancia A_{vf} se aproxima a.

$$A_{vf} \cong \frac{1}{\beta}$$

Finalmente, la ganancia retroalimentada A_{vf} puede entonces estar en el orden de entre 1-10, dependiendo del factor β que exista realmente en el circuito.

La inductancia L_1 no solo ayuda a proporcionar una alta impedancia que aumenta la ganancia de lazo abierto A_{VOL}, sino que además desacopla la salida del oscilador del resto para evitar interferencia hacia otros circuitos a través de la línea de alimentación.

La resistencia R_G no debe ser muy alta ya que puede reducir demasiado el Q efectivo el cristal, pudiendo eliminar la posibilidad de oscilación o cambiando su frecuencia de operación.

El capacitor C_1 desacopla el cristal de la fuente DC, y puede utilizarse también para ajustar ligeramente la frecuencia de resonancia del cristal.

Finalmente, el circuito logra oscilar porque el cristal proporciona la señal inicial de excitación necesaria para luego auto sostenerse en un bucle de baja impedancia, con una ganancia determinada, y a una frecuencia en particular. En cualquier otra frecuencia, el cristal ofrece un gran cambio de impedancia (alta) y fase distintos, que impiden la oscilación.

La amplitud del oscilador es máxima cuando el cristal está en mínima impedancia.

8.4.5.1 Oscilador Pierce con cristal en serie.

La figura 8-13 muestra un ejemplo práctico de un oscilador Pierce con cristal en serie, la frecuencia de oscilación es 20 MHz exactos.

Como ya se mencionó la resistencia R_1 no debe ser de un valor demasiado alto ya que afecta el Q del filtro, reduciéndolo a medida que aumenta el valor de R_1. Si el Q es demasiado bajo, la oscilación no ocurrirá. En este caso, a la frecuencia de trabajo (20 MHz) hay tomar en cuenta que la impedancia efectiva es el paralelo de R_1 con la capacitancia del FET, lo cual puede resultar en algunos casos, como este, menor o que R_1. Para el modelo de FET indicado; 2N5459, la capacitancia de entrada (C_{in}) reportada por la hoja de datos del fabricante arroja 4.5 pf como valor típico. Esto significa que la impedancia de entrada del FET es:

$$|Z_{in}| = XC_{in} = 1.76\ k\Omega\ |f = 20\ MHz$$

Lo cual significa que la impedancia de entrada total del amplificador es:

$$Z_{inTotal} = Z_{in} // R_1 \rightarrow Z_{in}\ |\ f = 20\ MHz$$

De modo que colocar R_1 a un valor de 10 kΩ, 100 kΩ, 1 MΩ o 10 MΩ no afecta el paralelo, y el amplificador oscilará de igual manera a 20 MHz con un Q bastante alto.

De forma contraria, bajar la R_1 por debajo de cierto valor reduciría demasiado la impedancia efectiva del gate, haciendo que la tensión en la compuerta del FET sea demasiado pequeña, y eventualmente puede hacerse nula ($R_1 \cong 0\ \Omega$), lo cual impedirá que haiga la suficiente retroalimentación, la amplitud irá también decayendo, para luego dejar la oscilación, a pesar de que el Q sea muy alto.

Adicionalmente, una impedancia de entrada muy baja también hará que la ganancia A_{VOL} se reduzca, ya que la impedancia de L_1 estaría siendo afectada por la de entrada.

8.4.5.2 Oscilador Miller con cristal paralelo.

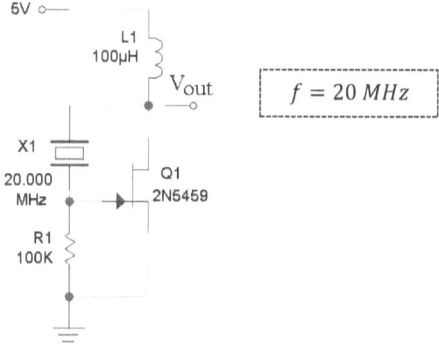

Figura 8-13 Ejemplo práctico de un oscilador Pierce con cristal y FET.

Es necesario entonces que se satisfagan los criterios de impedancias y de retroalimentación para que pueda ocurrir la oscilación.

Por ejemplo, si en el caso anterior el cristal fuese de 32.768 kHz, L_1 debe ser mayor que 100 μH para que el A_{VOL} sea mayor que la unidad, digamos L_1 =1 mH.

$$A_{VOL} = g_{mmax}|X_L| \ |g_{max} = 5 \ mmhos \ 2N5459$$

El valor de g_{mmax} puede obtenerse también a partir de la hoja de datos del fabricante.

R_1 puede dejarse en 100 kΩ o llevarse a 10 kΩ para aumentar el Q.

La salida del oscilador debe aprovecharse a través de un capacitor de desacople, para que no se afecte el DC de Q_1. También debe tomarse en cuenta que la impedancia de entrada a la que se acople v_{out} debe ser mayor que la impedancia de salida del oscilador que es:

$$Z_{out \ osc} \sim \omega L \ //Z_{inTotal} \qquad (8.19)$$

La figura 8-14 muestra ahora un oscilador de cristal en modo paralelo.

8.4.5.2 Oscilador Miller con cristal paralelo.

8.4.5.2 Oscilador Miller con cristal paralelo.

El oscilador de la figura 8-14 es conocido como oscilador Miller controlado por cristal. Es este oscilador se emplea en el drenador un circuito LC tanque sintonizado. La capacitancia C_2 es equivalente a un corto a la frecuencia de resonancia.

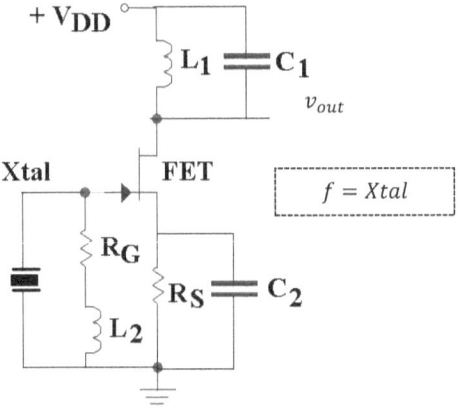

Figura 8-14. Oscilador Miller FET cristal (modo paralelo).

El cristal opera en su frecuencia de resonancia paralelo donde su impedancia es máxima. La inductancia L_2 en serie con R_G se agrega de modo que a la frecuencia de resonancia la impedancia de entrada del FET sea alta, forzando al cristal a oscilar en modo paralelo. Una impedancia alta es necesaria aquí para mantener alto el Q efectivo del cristal. Recuerde que en el circuito resonante paralelo el Q es directamente proporcional al valor de la R, contrario que en el caso del resonante serie.

$$\omega L_2 = \frac{1}{\omega C_{in}}$$

$$L_2 = \frac{1}{4\pi^2 f^2 C_{in}} \qquad (8.20)$$

C_{in} es la capacitancia equivalente de entrada del FET.

R_G puede asumir cualquier valor > 10 kΩ, por ejemplo.

R_S asume un valor pequeño, para auto polarizar el FET a una corriente dada, incluso puede ser eliminada.

8.4.6 El 555 como Oscilador.

Finalmente, la oscilación del circuito se obtiene por una ganancia muy elevada, debido a la alta impedancia en el circuito tanque del drenador, que hace que cualquier señal minúscula presente en la entrada sea amplificada hasta alcanzar niveles de voltios.

La amplitud del oscilador es máxima cuando el cristal está en máxima impedancia.

Debe observarse que no existe una retroalimentación explícita entra la salida y la entrada para que exista la retroalimentación. En cambio, la retroalimentación es hecha a través de la capacitancia drenador-gate.

Los cristales de cuarzo para osciladores se pueden obtener en el mercado de componentes hasta un valor de frecuencia de 30 MHz.

Es posible también hacer oscilar es cristal por encima de su frecuencia natural, llamada también frecuencia fundamental. La operación por encima de la frecuencia fundamental se hace posible en el tercero, quinto o séptimo armónico.

Cuando el cristal está operando por encima de su frecuencia fundamental se dice que está en sobre-tono u *overtone*, en inglés.

Cristales de hasta 30 MHz pueden ser operados en modo serie o paralelo. Pero por encima de 30 MHz son operados solo en modo serie. Para hacerlo funcionar en sobre-tono es necesario añadir una red LC adicional para seleccionar el funcionamiento forzado en el armónico deseado.

8.4.6 El 555 como Oscilador.

El 555 es un circuito integrado muy famoso que no podemos dejar de nombrarlo. No es un oscilador propiamente, pero su configuración de dispositivos integrados en una sola cápsula chip, permite que tenga una versatilidad de aplicaciones muy amplia, ente las que

8.4.6 El 555 como Oscilador.

cuentan: oscilador, temporizador, modulador, control, y otras muchas otras aplicaciones donde se requieran eventos de control de tiempo.

En nuestro caso, haremos una revisión sencilla sobre el integrado 555 como circuito oscilador de relajación.

El esquema con la identificación de los pines del LM555 se muestra en la figura 8-15.

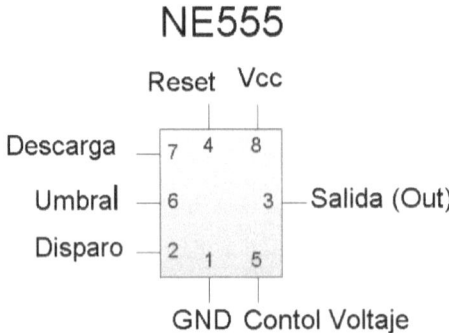

Figura 8-15. Esquema con la identificación de los pines del LM555.

Para entender mejor como funciona este circuito como oscilador, se ha hecho un esquema más detallado que presenta los bloques internos de los circuitos que componen el LM555. De manera general, se compone de dos comparadores, un dispositivo de memoria elemental o *Flip-Flop* en inglés, un circuito de descarga, y un manejador o *Driver* de salida.

La figura 8-16 presenta este esquema.

8.4.6 El 555 como Oscilador.

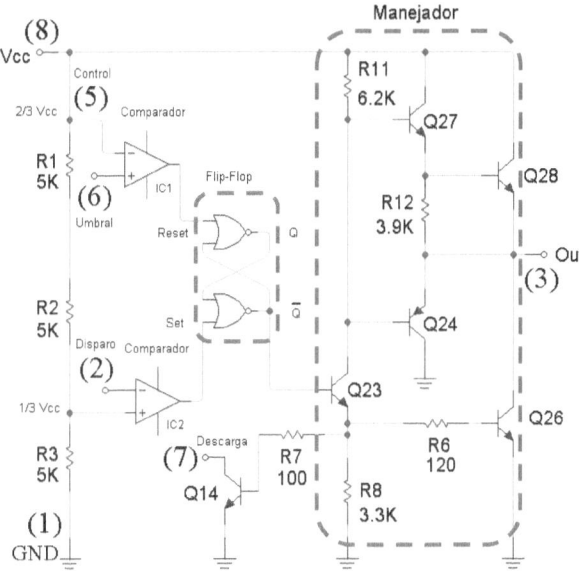

Figura 8-16. Esquema en bloques del LM555.

En el capítulo VII se explicó el funcionamiento del comprador de voltaje. Sin embargo, no se ha explicado aún nada acerca del dispositivo *Flip-Flop*.

Un *Flip-Flop* es un dispositivo que pertenece al mundo de la electrónica digital, la electrónica de unos 1 y ceros 0. La electrónica digital, a pesar de que se fundamenta en la electrónica analógica es tratada como una materia distinta que merece un apartado completo para ella. El capítulo IX trata sobre este tema en detalle. No obstante, y para poder explicar el caso del LM555, haremos una explicación breve, concisa y ajustada, sobre el funcionamiento del *Flip-Flop* indicado en la figura 8-16.

Lo primero que debemos explicar es el funcionamiento de una compuerta NOR. La palabra "OR" significa suma, y la letra "N", significa negado. De modo que NOR es una operación de suma con el resultado negado. En electrónica digital, el negado de 1 es cero 0, y el negado de 0 es 1, en otras palabras es invertir un valor por el otro. Recordemos que solo existe 1 y 0.

8.4.6 El 555 como Oscilador.

El valor de 1 o 0 suele llamarse *bit*, o valor lógico, para diferenciarlo del mundo analógico.

Una compuerta es un dispositivo que presenta dos o más entradas y cuya salida es una función matemática binaria o lógica que puede ser: suma, multiplicación, negación, resta, división, etc. Las funciones básicas son: suma, multiplicación, y negación.

Una compuerta es un arreglo de transistores que realiza una operación binaria o lógica.

Las compuertas pueden combinarse para lograr operaciones o funciones matemáticas binarias más complejas.

Una compuerta básica es la compuerta negadora o "NOT" que se muestra en la figura 8-17.

Negador

Figura 8-17. Esquema de una compuerta "NOT"

X representa la entrada, Y representa la salida. La función de transferencia de esta compuerta, se le conoce como tabla de la verdad. La tabla 8-2 muestra todos los posibles estados de la entrada y su correspondiente salida.

X	Y
1	0
0	1

Tabla 8-2. Tabla de la verdad de la compuerta "NOT"

El valor de 1 lógico se corresponde con un voltaje cercano a V_{CC}, mientras que el 0 lógico se corresponde con un valor cercano a cero Voltios o GND.

8.4.6 El 555 como Oscilador.

Se acostumbra indicar el negado de una variable como la variable con un guion arriba, como se muestra a continuación:

$$X \text{ negado} = \overline{X}$$

En el caso anterior $Y = \overline{X}$

Otra compuerta básica es la compuerta "NOR". El esquema de esta compuerta se muestra en la figura 8-18 y su tabla de la verdad se muestra en la tabla 8-3.

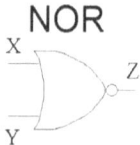

Figura 8-18. Compuerta básica "NOR".

X	Y	Z
0	0	1
0	1	0
1	0	0
1	1	0

Tabla 8-3. Tabla de la verdad de la compuerta NOR.

La función Z de la compuerta "NOR" es una suma binaria con el resultado negado. Para comprender esto se debe saber sumar en binario.

Tomando los valores de la tabla 8-3 como ejemplo tenemos:

$$
\begin{array}{cccc}
X\,0 & X\,1 & X\,0 & X\,1 \\
Y\,1 & Y\,0 & Y\,0 & Y\,1 \\
\hline
+\ \ 1 & 1 & 0 & 1 \\
Z=\text{NOT}=0 & 0 & 1 & 0
\end{array}
$$

Obsérvese que el resultado Z es el negado de la suma.

8.4.6 El 555 como Oscilador.

Nótese también que en el caso de la suma 1+1 = 1, ya que la suma a un solo *bit* genera un 1 de acarreo, por eso da como resultado 1. Lo cual permite diferenciar el resultado de la suma cuando ambos son iguales a cero.

Combinando ahora dos compuertas NOR de la manera que tenemos indicada en la figura 8-19 se obtiene un *Flip-Flop*.

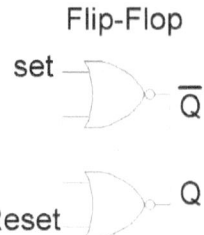

Figura 8-19. Esquema del Flip-Flop NOR

La tabla de la verdad para esta combinación de compuertas está indicada en la tabla 8-4. A esta combinación de compuertas en particular se le conoce como circuito de memoria básico.

Set	Reset	Q	$\overline{Q}$
0	1	0	1
1	0	1	0
0	0	1 (memoria)	0 (memoria)
0	1	0	1
0	0	0 (memoria)	1 (memoria)

Tabla 8-4. Tabla de la verdad del Flip-Flop NOR.

Obsérvese que cuando las entradas "Set" y "Reset" van a cero las dos, se producen un estado de memoria, en donde las salidas actuales de Q y $\overline{Q}$ son iguales a las que había antes de que las entradas pasaran al estado de memoria. En la tabla 8-4 las transisiciones de memoria están indicadas por medio de flechas.

8.4.6 El 555 como Oscilador.

La memoria de este *Flip-Flop* en particular ocure cuando ambas entradas "Set" y "Reset" están en 0. A esta condición de memoria se le conoce también como *latch* en inglés, que significa mantener o retener una condición.

La combinación "Set"= 1 y "Reset"= 1, están prohibidas ya que producen salidas Q y $\overline{Q}$ iguales, lo cual contraviene la lógica digital.

Ahora que ya se conoce cómo funciona este *Flip-Flop*, se puede explicar el funcionamiento del resto del LM555 como oscilador. La figura 8-20 muestra cómo debe conectarse externamente este integrado para que funcione como un oscilador.

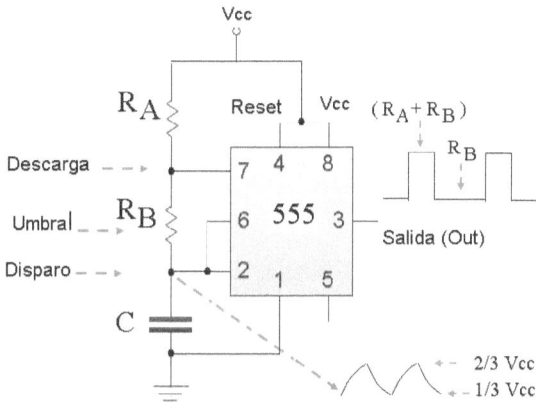

Figura 8-20. Conexiones externas en el LM55 para que funcione como oscilador.

La forma en la que oscila este circuito es como sigue: supondremos que inicialmente el capacitor C esta descargado, su voltaje es entonces de cero (0) voltios. Al encender el circuito, el capacitor C comienza a cargarse a través de las resistencias R_A y R_B, esto es:

$$V_C = V_{CC}\left(1 - e^{-\frac{t}{\tau}}\right); \ \tau = (R_A + R_B)C \quad (8.21)$$

El capacitor continúa cargándose hasta que en algún momento alcanza un voltaje ligeramente superior a 1/3 V_{CC}. Observe el esquema detallado de la figura 8-16. El comparador inferior cambia de nivel de V_{CC} a cero (0) voltios. Mientras tanto, el comparador superior mantiene el nivel de cero (0) voltios. Esto hace que el *Flip-Flop* se

8.4.6 El 555 como Oscilador.

quede en el estado de memoria, donde Q = 1, y $\overline{Q}$ = 0. Q =1 ya que antes de entrar en memoria el comparador inferior tenía un nivel de V_{CC} voltios, que equivale a colocar "Set" = 1, y "Reset"=0 en el *Flip-Flop*.

Como $\overline{Q}$=0, el transistor Q_{23} no se activa, esto hace que los transistores Q_{27} y Q_{28} puedan activarse. La salida en el pin (3), será:

$$V_{out} \cong V_{CC} - 2V_{BE} \quad (8.22)$$

En la expresión (8.22) se desprecia la caída en R_{11}.

El transistor Q_{24}, tampoco se activa y solo se activa cuando Q_{23} se active.

De igual forma Q_{26} y Q_{14} tampoco se activan.

Mientras tanto, el capacitor continúa cargándose hasta que supera ligeramente el voltaje de 2/3 V_{CC}. En ese punto, el comparador superior pasa de nivel cero a V_{CC} voltios. Esto hace que el estado del *Flip-Flop* cambie a Q = 0, y $\overline{Q}$= 1. Esto provoca que los transistores Q_{23}, Q_{24} y Q_{26} se activen simultáneamente. El objetivo de Q_{24}, es descargar rápidamente la salida hasta un voltaje menor de 0.7 Voltios, haciendo que la salida transite rápidamente de V_{CC} a 0.7 Voltios, esto crea un flanco vertical de caída en la salida que se mantiene ahora a un voltaje bajo. El transistor Q_{26} permite que el nivel de salida se mantenga aún más debajo de 0.7 Voltios, ya que trabaja en la zona de saturación, de modo que la salida alcanza finalmente un nivel cercano a cero (0) voltios. Durante este tiempo los transistores Q_{27} y Q_{28} permanecen inactivos.

Al mismo tiempo que ocurre lo anteriormente descrito, el transistor Q_{14} también se activa de manera simultánea, junto con Q_{23}, Q_{24} y Q_{26}. Esto hace que el capacitor ahora se comience a descargar a través Q_{14}, y de la resistencia R_B.

Tan pronto como el capacitor comienza a descargarse, su voltaje ahora es menor que 2/3 V_{CC}, lo que hace que el comparador superior pase de nivel V_{CC} a cero (0) Voltios, que hace que el Flip-Flop quede de nuevo en memoria del estado: Q = 0, y $\overline{Q}$= 1. Esto hace que la descarga en el capacitor continúe. El voltaje en el capacitor es:

8.4.6 El 555 como Oscilador.

$$V_C = \frac{2}{3}V_{CC}e^{-t/\tau} \qquad (8.23)$$

La descarga del capacitor se mantiene hasta que logra disminuir apenas un poco por debajo de 1/3 V_{CC}, en este punto, el comparador inferior cambia de nivel de cero a V_{CC} voltios, lo que hace que el Flip-Flop cambie ahora a: Q = 1, y $\overline{Q}$ = 0.

El capacitor volverá a cargarse de manera cíclica hasta 2/3 V_{CC} y luego se descargará hasta 1/3 V_{CC} y así sucesivamente.

El voltaje de carga del capacitor será entonces:

$$V_c = V_{CC}\left(1 - e^{-\frac{t_c}{\tau}}\right) + V_0 e^{-t_c/\tau} \qquad (8.24)$$

Dónde:

$$V_0 = \frac{1}{3}V_{cc};\ V_C = \frac{2}{3}V_{cc};\ \tau = (R_A + R_B)C$$

Sustituyendo en la ecuación del voltaje de carga tenemos:

$$\frac{2}{3}V_{cc} = V_{CC}\left(1 - e^{-\frac{t_c}{(R_A+R_B)C}}\right) + \frac{1}{3}V_{cc}e^{-\frac{t_c}{(R_A+R_B)C}}$$

Despejando el tiempo de carga t_c:

$$t_c = \ln(2)\,(R_A + R_B)C = 0.693(R_A + R_B)C \qquad (8.25)$$

El voltaje de descarga del capacitor será entonces:

$$V_c = \frac{2}{3}V_{CC}e^{-t_d/\tau} \qquad (8.26)$$

Dónde:

$$V_c = \frac{1}{3}V_{cc};\ \tau = R_B C$$

Sustituyendo en V_C:

8.4.6 El 555 como Oscilador.

$$\frac{1}{3}V_{CC} = \frac{2}{3}V_{CC}e^{-t_d/\tau}$$

Despejando el tiempo de descarga t_d tenemos:

$$t_d = \ln(2)\,R_B C = 0.693 R_B C \qquad (8.27)$$

El período T de la señal es:

$$T = t_c + t_d = 0.693(R_A + R_B)C + 0.693 R_B C = 0.693(R_A + 2R_B)C \qquad (8.28)$$

Y la frecuencia f será:

$$f = \frac{1}{0.693(R_A + 2R_B)C} \qquad (8.29)$$

La relación entre el tiempo que la señal de salida permanece en alto con respecto al período de la señal se denomina: ciclo de trabajo o *Duty cycle* en inglés.

El ciclo de trabajo (CT) se define entonces como:

$$CT = \frac{t_c}{T} x 100 \qquad (8.30)$$

Tomando en cuenta las expresiones de t_h y T ya descritas anteriormente la expresión de CT se puede simplificar así:

$$CT = \frac{(R_A + R_B)}{(R_A + 2R_B)} x 100$$

Si R_B es mucho mayor que R_A, el CT es de 50%, lo que significa que el tiempo en alto de la señal y el tiempo en bajo son aproximadamente iguales.

Si R_A y R_B son iguales, el CT es de 66.6%, lo que significa que el tiempo en alto es ligeramente mayor que el tiempo en bajo.

8.4.6 El 555 como Oscilador.

Si R_A es mucho mayor que R_B, el CT tiende a 100%. En realidad un CT de 100% significa que la señal de salida estaría todo el tiempo en alto, y no es lo que en realidad ocurre, ya que como R_B tiene un valor, entonces existe un valor finito del tiempo en bajo, por lo que el CT debe ser siempre menor que 100%. En la práctica, se pueden alcanzar CT de entre 95-99% con la combinación adecuada de R_A y R_B.

Algunas limitaciones aplican para este oscilador, como son: la resistencia de descarga R_B no puede ser menor a 100 Ω, ya que puede superarse el límite de potencia que soporta el transistor Q_{14}, haciendo que este se queme, especialmente si la tensión de alimentación es la máxima, la suma de (R_A +2 R_B) no debe ser mayor de 10 MΩ, el capacitor C no debe ser menor de 1 nF, y la frecuencia de oscilación máxima en términos prácticos es de 100 kHz.

No obstante, pese a sus limitaciones, no deja de ser un integrado sumamente versátil por las numerosas aplicaciones que este tiene.

8.5 Guía fácil para el Diseño.

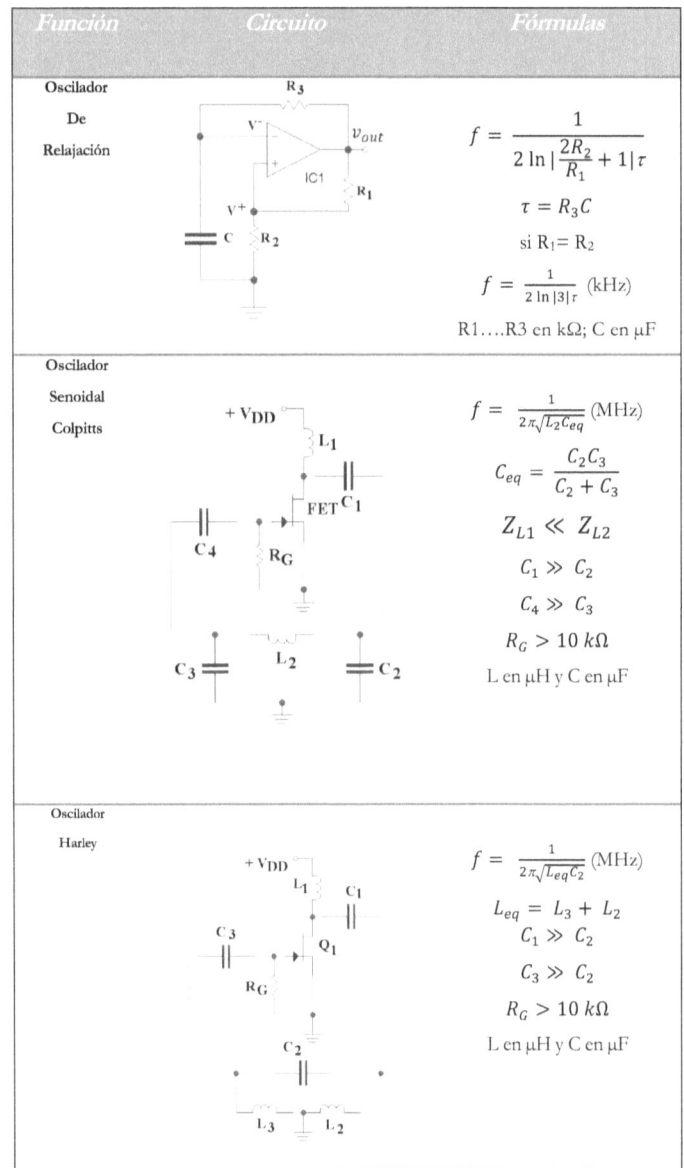

8.5 Guía fácil para el Diseño.

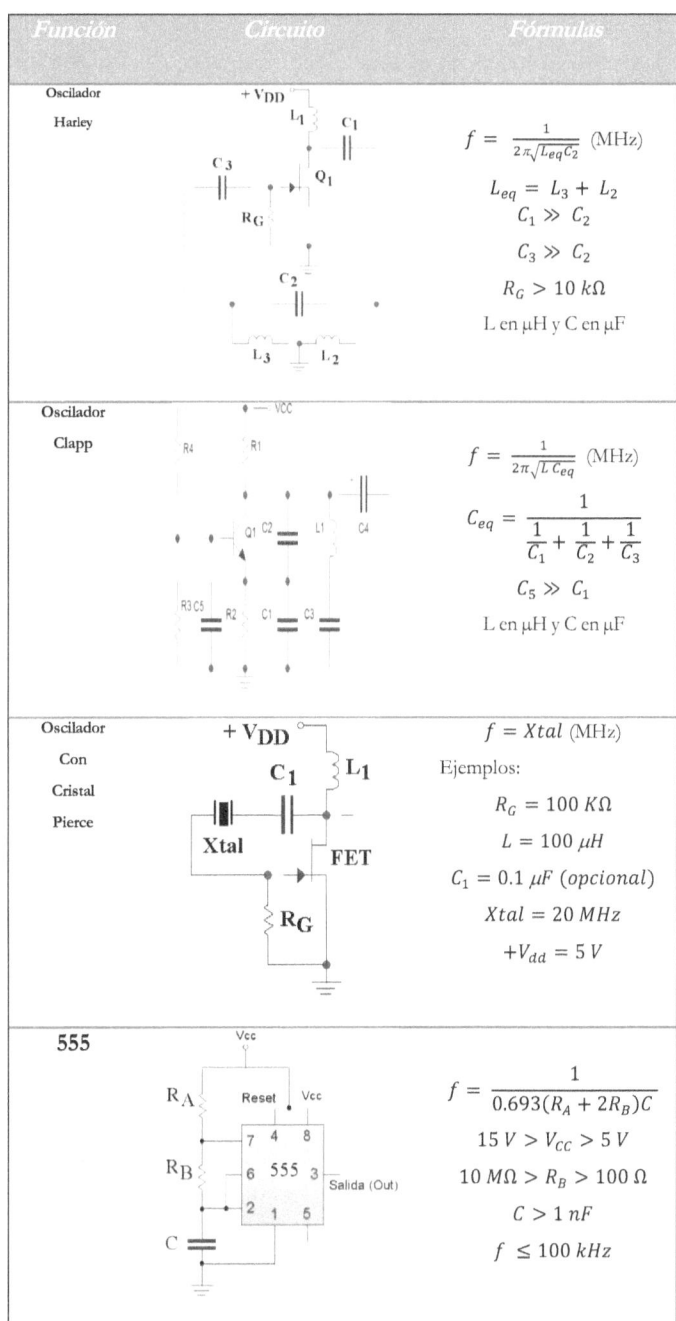

Función	Circuito	Fórmulas
Oscilador Harley		$f = \dfrac{1}{2\pi\sqrt{L_{eq}C_2}}$ (MHz) $L_{eq} = L_3 + L_2$ $C_1 \gg C_2$ $C_3 \gg C_2$ $R_G > 10\ k\Omega$ L en µH y C en µF
Oscilador Clapp		$f = \dfrac{1}{2\pi\sqrt{L\,C_{eq}}}$ (MHz) $C_{eq} = \dfrac{1}{\dfrac{1}{C_1}+\dfrac{1}{C_2}+\dfrac{1}{C_3}}$ $C_5 \gg C_1$ L en µH y C en µF
Oscilador Con Cristal Pierce		$f = Xtal$ (MHz) Ejemplos: $R_G = 100\ K\Omega$ $L = 100\ \mu H$ $C_1 = 0.1\ \mu F\ (opcional)$ $Xtal = 20\ MHz$ $+V_{dd} = 5\ V$
555		$f = \dfrac{1}{0.693(R_A + 2R_B)C}$ $15\ V > V_{CC} > 5\ V$ $10\ M\Omega > R_B > 100\ \Omega$ $C > 1\ nF$ $f \leq 100\ kHz$

8.6 Cuestionario y problemas del Capítulo.

1. Defina que es un circuito astable.
2. Defina que es una retroalimentación positiva.
3. Discuta sobre la utilidad de los circuitos osciladores en general.
4. Puede un amplificador cualquiera convertirse en un circuito oscilador. **V ó F**.
5. Un oscilador está fundamentado en el principio de la retroalimentación negativa. **V ó F**.
6. Los osciladores pueden ser de onda cuadrada solamente. **V ó F**.
7. El criterio de *Barkhausen* establece que el término βA_{VOL} debe ser +1. **V ó F**.
8. Puede lograrse un circuito oscilador aunque la ganancia A_{Vf} no sea infinita. **V ó F**.
9. La distorsión es un parámetro que disminuye en los osciladores respecto de los amplificadores con retroalimentación negativa. **V ó F**.
10. El oscilador Colpitts puede utilizarse para generar señales senoidales con rango de frecuencia media-alta. **V ó F**.
11. Los osciladores de cristal se usan cuando una precisión muy alta es requerida en la frecuencia de oscilación. **V ó F**.
12. El factor Q de un cristal esta normalmente entre 10.000 y 100.000. **V ó F**.
13. Los cristales pueden oscilar solo en modo serie. **V ó F**.
14. Los cristales que operan por encima de su frecuencia natural funcionan en *overtone*. **V ó F**.
15. Los cristales que operan en *overtone* siempre oscilan en modo paralelo. **V ó F**.
16. Los cristales tienen un rango de frecuencia fundamental que llega hasta los 200 MHz. **V ó F**.
17. Uno de los osciladores con cristal más fáciles de construir es el oscilador de Pierce. **V ó F**.
18. Es el integrado LM555 un circuito adecuado para obtener un oscilador práctico para frecuencias de menos de 100 kHz. **V ó F**.

8.6 Cuestionario y problemas del Capítulo.

19. En el circuito de la figura 8-21, $R_1 = R_2 = 100$ kΩ, $R_3 = 10$ kΩ, y C= 0.1 μF. Calcule la frecuencia de oscilación. Sol: $f = 455.11\ Hz$

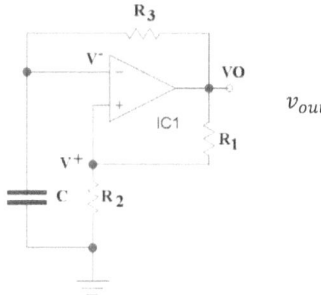

Figura 8-21 Circuito Oscilador con OPAMP.

20. Para el mismo circuito de la figura 8-21, ¿Cuál sería la frecuencia de oscilación si $R_1 = 100$ kΩ y $R_2 = 10$ kΩ? Sol: $f = 2.74\ kHz$

21. La figura 8-22 presenta un oscilador Colpitts con FET. Si L= 10 μH, $C_3 = C_2 = 1$ nF. Calcule la frecuencia de oscilación. Sol: $f = 2.25\ MHz$

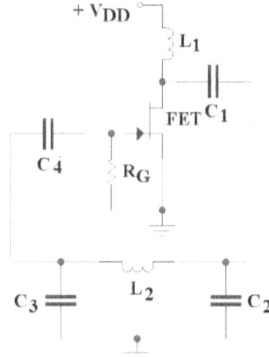

Figura 8-22. Circuito Oscilador Colpitts.

22. Para el oscilador Colpitts de la figura 8-22. ¿Cuál es el valor indicado para R_G. Sol:

$$Z_{in} = R_G \gg \frac{1}{\omega C_3} \gg 141.54\ \Omega$$

8.6 Cuestionario y problemas del Capítulo.

23. Continuando con el oscilador de la figura 8-22. ¿Cuál sería el valor indicado de L_1? Sol:

$$Z_{L1} \ll Z_{L2} \; ; Z_{L2} = 141.3$$

$$L_1 \ll \frac{Z_{L2}}{\omega} \ll 10 \; \mu H \; ; ejmplo \; L_1 = 1\mu H$$

24. En el circuito oscilador de la figura 8-23 R_A= 10 kΩ, R_B =100 Ω, y C=1 µF. Indique: frecuencia de oscilación y el ciclo de trabajo. Sol:

$$f = 141.47 \; Hz$$

$$CT = 99\%$$

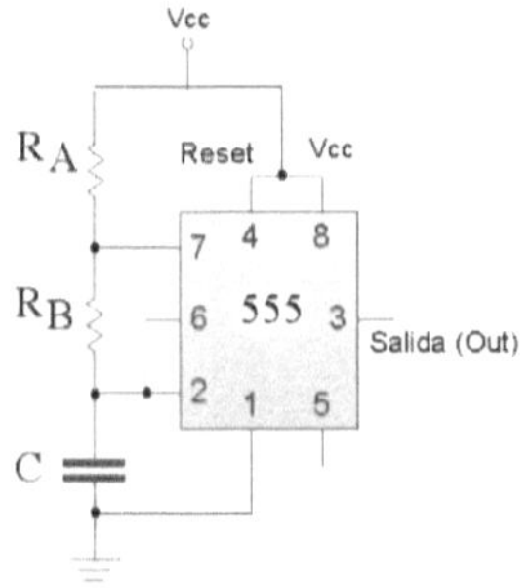

Figura 8-22. Oscilador con LM555.

25. En el caso del oscilador anterior, ¿Cuál sería la frecuencia de oscilación y el ciclo de trabajo?, si ahora si $R_A = R_B = 3.4$ kΩ. Sol:

$$f = 141.47 \; Hz$$

$$CT = 66.6 \;\%$$

Respuestas a las preguntas de **V**erdadero o **F**also.

(4)V, (5)F, (6)F, (7)V, (8)V, (9)F, (10)V, (11)V, (12)V, (13)F, (14)V, (15)F, (16)F, (17)V, (18)V.

Capítulo 9.

Dispositivos de potencia y opto-acopladores

Objetivos:

1. Descripción general: Tiristores
2. El SCR.
3. El TRIAC.
4. Opto-acopladores.
5. El IGBT

Actividades:

Guía con preguntas de verdadero o falso y con problemas de cálculos con el que usted podrá comprobar su conocimiento referente a éste capítulo.

9.1 Descripción General: Tiristores

En muchos casos es necesario que un circuito de baja potencia maneje otro de alta potencia. Como por ejemplo cuando se requiere encender una lámpara de 120 VAC, 60 Hz. En este caso suele utilizarse como manejador o *driver* un tiristor. Los tiristores son por lo general dispositivos de tres terminales que tienen una estructura pnpn, de cuatro capas, que forman a su vez tres junturas. La figura 9.1 muestra esta estructura.

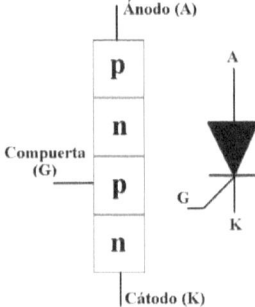

Figura 9-1. Estructura de cuatro capas de un tiristor y su símbolo electrónico.

La figura 9-2, muestra las tres junturas pn formadas de una sola vez en el tiristor.

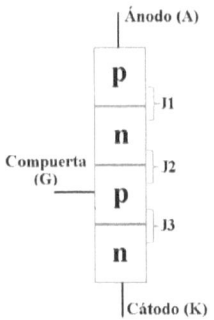

Figura 9-2. Estructura del tiristor indicando las tres junturas formadas.

Recuerde que en cada juntura pn existe el potencial de barrera que se forma por la interdifusión de cargas que establece el equilibrio en esta.

El funcionamiento de este dispositivo es como sigue: cuando existe un voltaje positivo entre los terminales de ánodo-cátodo, y en el terminal de compuerta esta al aire, las junturas J1 y J3 están en directa, pero la juntura J2 está en inversa. Esta condición impide que exista que se active el dispositivo, solo circule una corriente de fuga a la que se le llama corriente de fuga en apagado o *leakage current* en inglés. La corriente de fuga suele estar en el orden de los micros amperios, sin embargo, para tiristores de alta corriente este valor puede alcanzar varias decenas de miliamperios. En esta condición se dice que el tiristor está en modo apagado u *off state*. Sin embargo, si el voltaje de ánodo-cátodo supera un valor máximo, llamado máximo voltaje en directa o *direct repetive máximum voltaje* (VDRM) el dispositivo sufre una transición que lo obliga a pasar al estado de conducción y consecuentemente la corriente se incrementa a niveles dónde el daño puede ser irreparable. Lo mismo ocurre si el voltaje entre ánodo-cátodo se invierte, es decir, es negativo, si supera un máximo se produce un efecto de avalancha. En la condición de reversa a este voltaje se le conoce como máximo voltaje en reversa o *reverse repetive maximun voltaje* (VRRM). Por lo general el VDRM y el VRRM son idénticos, por lo que el fabricante suele indicar un mismo valor para ambos parámetros.

Estando en directa, si se aplica ahora un nivel de voltaje positivo en el terminal de la compuerta tal que se genere una corriente, la juntura J2 entra en conducción. La conducción de la juntura J2 se debe a se ha establecido un voltaje en directa lo suficientemente alto como para permitir que la concentración de cargas positivas en el material p de la juntura 2 salte por atracción hacia el material n en esta juntura. Un proceso similar a como ocurre en el transistor. Al entrar en directa la juntura J2, J1, y J3 el tiristor entra en conducción, y en consecuencia se establece una corriente entre ánodo-cátodo que es limitada por el circuito externo. A la corriente que circula entra ánodo-cátodo en este está estado se le llama corriente en estado encendido u *on current*. En esta condición se dice que el dispositivo está disparado.

El estado encendido requiere que se alcancen niveles de voltaje o corriente en la compuerta necesarios para alcanzar el estado conducción del tiristor. Estos valores suelen especificarse como voltaje de disparo de compuerta o *gate trigger voltaje* (V_G), o corriente de disparo de compuerta o *gate Trigger curent* (I_G). Los voltajes de disparo son de alrededor de entre 1 a 10 V, y la corriente de disparo entre pocos microamperios hasta varias decenas de miliamperios, dependiendo de las características de potencia del dispositivo en particular.

Una vez que el dispositivo entra en conducción, necesita que la corriente ánodo-cátodo se mantenga por encima de cierto valor, llamado corriente de sostenimiento o de mantenimiento. De lo contrario, el dispositivo regresa a la condición de apagado.

La corriente de sostenimiento o *holding current* en el orden de varios miliamperios, establece la mínima condición segura en el que el dispositivo permanece en el estado de conducción. Mientras la corriente de ánodo-cátodo se mantenga por encima de este valor el dispositivo permanece encendido. La condición de encendido permanece aun cuando la excitación en la compuerta ya no exista. Esto se conoce como cebado del dispositivo. En este estado, el dispositivo cebado conduce de forma permanente en el tiempo, y no se puede desactivar mediante otro pulso, ni positivo, ni negativo.

Estando en directa la tensión de trabajo entre ánodo-cátodo o *forward voltaje* (V_F) puede llegar a ser desde cerca de 1V hasta 3 V, dependiendo nuevamente del tipo y potencia del dispositivo.

La figura 9-3 muestra la curva característica I vs. V de un tiristor. En la práctica los SCR (*silicon controlled rectifier*) son modelos de tiristores.

Nótese en la curva de la figura 9-3 que se ha indicado la corriente de fuga tanto en directa como en reversa del dispositivo, así como la tensión de trabajo en directa (V_F) y la zona de ruptura en inversa (VRRM).

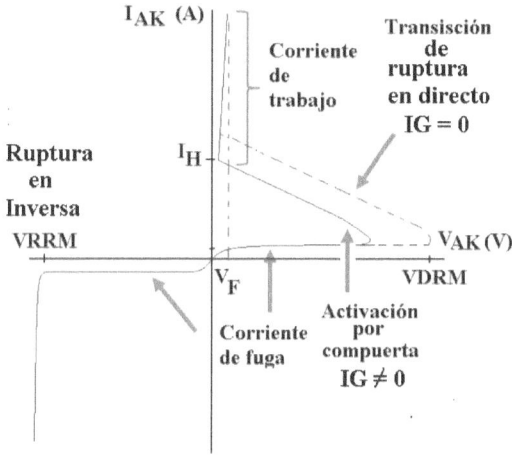

Figura 9-3. Curva I vs. V de un tiristor.

Las aplicaciones para un dispositivo tiristor como el SCR son muchas. Debe tomarse en cuenta que una vez que el dispositivo esta cebado, no puede apagarse por la compuerta. La única manera de apagarlo es hacer que la corriente en ánodo-cátodo disminuya por debajo de la corriente de mantenimiento.

La figura 9-4 presenta una aplicación práctica de un tiristor SCR para controlar la carga de una batería de 12V.

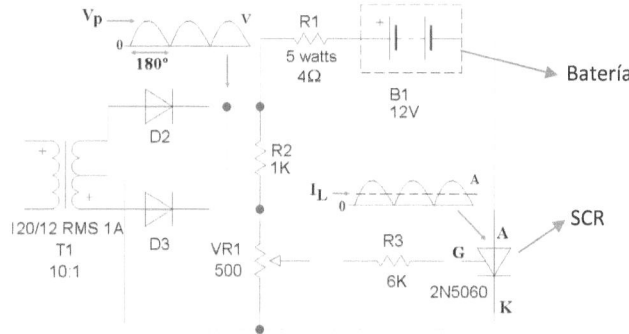

Figura 9-4. Cargador básico de batería 12V, 1A con SCR.

En el circuito de la figura 9-4 se ha realizado un cargador básico d batería. Nótese que la señal de salida del rectificador **NO** esta filtrada. De este modo la señal que se genera en la salida de es como la que se indica en la figura 9-4. Esto permite que el SCR se apague una vez que el voltaje sea lo suficientemente bajo para impedir que el SCR se mantenga en conducción. A fines prácticos esto se alcanza cuando la señal llega a cero voltios.

Por otro lado, VR1 programa el voltaje de disparo de la compuerta (V_G) del SCR que es de aproximadamente 1 V, y su consumo máximo es de unos 200 µA (I_{GM}). R_3 limita la corriente de compuerta para no exceder la potencia en la compuerta, R_2 limita el voltaje máximo en VR1 para que no exceda de 5.3 V aproximadamente, y R_1 limita el consumo y la corriente de carga de la batería para que no exceda la corriente máxima promedio (I_{TA}) del SCR que es de 1.2 A. Suponiendo que el voltaje de cresta de salida máximo (V_p) es de 15.5 Voltios pico y una tensión mínima de descarga de la batería de 8 V.

Al variar VR1 se puede controlar en ángulo de conducción del SCR. Cuando VR1 es 0, es decir que hay 0 V, el SCR no conduce y el ángulo de conducción es 0°.

Si VR1 es de 500 Ω, entonces cuando el voltaje de salida en el rectificador alcance 3.6 V, es decir, 1.2 V en VR1, el ángulo de conducción será de cerca de 170°. Lo que representaría una conducción máxima correspondiente a un semiciclo de 180°.

Entre 0 y 500 Ω se puede regular para que conduzca entre 0-170°.

Un amperímetro en serie con la batería puede ser incorporado para conocer el nivel de corriente promedio en todo momento.

Recuerde que como la señal a la salida del rectificador es periódica debe aplicarse su valor medio se obtiene por la expresión:

$$V(DC) = \frac{1}{T}\int_0^T f(t).dt$$

9.2 El $\frac{dv}{dt}$ del tiristor.

Un tiristor como el SCR por ejemplo, puede estar expuesto a una variación o tasa de cambio del voltaje ánodo-cátodo relativamente grande. Esto puede ocurrir en cualquier momento. Una tasa de cambio alta del voltaje a través de las capacitancias de las junturas internas del tiristor implica a su vez una corriente alta en la juntura, que en algunos casos puede ser excesiva y dañar el dispositivo. La ecuación (9.1) indica claramente el efecto del $\frac{dv}{dt}$ en la corriente del dispositivo.

$$i_C = C \frac{dv}{dt} \qquad (9.1)$$

Por tal razón, hay que limitar el $\frac{dv}{dt}$ para que no se excede el máximo indicado por el fabricante.

La manera de solucionar este problema es agregar una red suavizadora o *snubber* como se le conoce en inglés, y no es más que una red RC. La red RC actúa como un integrador haciendo que la tasa de cambio del voltaje sea menor.

La figura 9-5 indica la red *snubber*.

Figura 9-5. Red *snubber*.

En el circuito *snubber* de la figura 9-5 la constante de tiempo es:

$$\tau = RC \qquad (9.2)$$

Al agregar este circuito el voltaje en el tiristor cambia de manera exponencial. Eso implica que:

9.2 El $dvdt$ del tiristor.

$$\frac{dv}{dt} = -\frac{(1-e^{-t/\tau})\ V_{in}}{t} \quad (9.3)$$

La expresión (9.3) es la derivada de la tensión en el capacitor cuando este se carga. Si evaluamos la expresión (9.3) para t = 1τ tenemos:

$$\frac{dv}{dt} = -\frac{0.632\ V_{in}}{t} = -\frac{0.632\ V_{in}}{RC}$$

Luego:

$$\left|\frac{0.632\ V_{in}}{RC}\right| < \frac{dv}{dt} \quad (9.4)$$

Despejando de (9.4) tenemos:

$$RC > 0.632\ V_{in} \frac{1}{(dv/dt)} \quad (9.5)$$

El valor de R debe mantenerse pequeño para aproximar la tensión del capacitor a la del tiristor, típicamente toma valores desde varios ohmios hasta algunas decenas. Una forma de estimarla es a través de la corriente de descarga máxima de descarga del capacitor la cual no debe superar la corriente máxima del dispositivo.

Por ejemplo, si el $\frac{dv}{dt} = \frac{30V}{\mu s}$, el voltaje de entrada V_{in} = 30 V, y la corriente máxima del tiristor es de 1 A. Los valores de RC pueden ser:

$$R = \frac{V_{in}}{I_{FM}} = \frac{30\ V}{1\ A} = 30\ \Omega$$

Luego empleando la ecuación (9.5) tenemos:

$$C > 0.632\ V_{in}\frac{1}{(dv/dt)R} = \frac{0.632\ 30}{30^6\ V\ 30} > 21\ nF$$

Si el tiristor está siendo conmutado como en el caso de la figura 9-4 a una frecuencia de 120 Hz, la energía almacenada en el C será:

$$E = \frac{1}{c}C\ V^2 f = \frac{1}{2}\ 21^{-9}\ F\ (30\ V)^2 120 = 1.1\ Ws$$

Si toda la energía del capacitor se disipa como calor en R, la potencia de R será entonces de 1.1 W.

La figura 9-6 muestra un SCR con la red *snubber*.

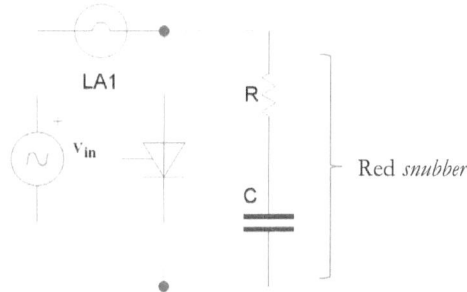

Figura 9-6. Ejemplo de un SCR con una red RC de *snubber*.

9.3 El Triac.

El Triac es un dispositivo tiristor que a diferencia del SCR puede conducir en ambos sentidos. Es similar a colocar dos SCR en antiparalelo con una conexión de compuerta común. La figura 9-7 presenta el símbolo utilizado para representar este dispositivo.

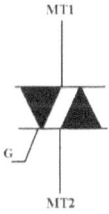

Figura 9-7. Símbolo del Triac.

Debido a que es bidireccional no se puede identificar un ánodo o un cátodo, en cambio, se designan terminales: MT1 y MT2.

El modo de operación es como sigue: Si el terminal MT2 es positivo frente a MT1, el Triac se puede disparar con un pulso positivo entre la compuerta y el terminal MT1

9.3 El Triac.

(cuadrante I). Si el terminal MT2 es negativo frente a MT1, el Triac se puede disparar también con un pulso negativo entre la compuerta y el terminal MT1 (cuadrante III).

El Triac también puede encenderse en los cuadrantes II y IV esto es: voltaje positivo entre MT2 y MT1 y pulso negativo de compuerta entre el terminal G y MT1 (cuadrante II), y voltaje negativo entre MT2 y MT1 y pulso positivo de compuerta entre el terminal G y MT1 (cuadrante IV). La figura 9-8 indica la posibilidad de operación del Triac en los cuatro cuadrantes.

La operación del Triac en un cuadrante u otro puede requerir de niveles corrientes de compuerta distinto según el cuadrante. Esta información debe ser consultada en la hoja de datos del fabricante. Por lo general, el Triac se utiliza en los cuadrantes I y III. Adicionalmente, las corrientes de disparo de compuerta entre los cuadrantes I, II, y III, suelen ser aproximadamente iguales, mientras que la utilización en el cuadrante IV requiere de una corriente de compuerta mayor, que en algunos casos puede llegar a doblar la requerida para los otros cuadrantes. Esto no significa para nada que no se pueda utilizar el Triac en este cuadrante.

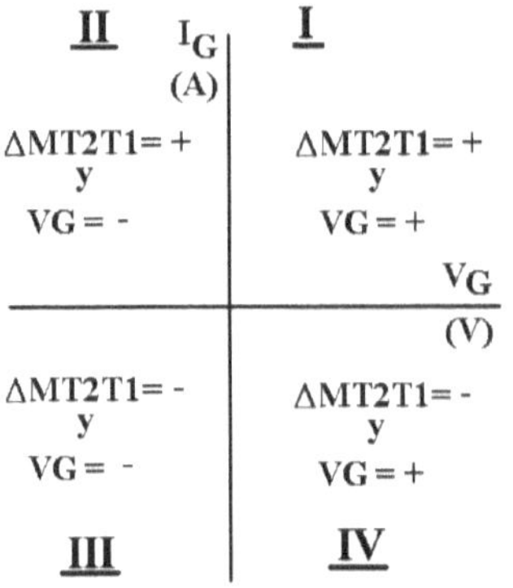

II I_G (A)	**I**
$\Delta MT2T1 = +$ y $V_G = -$	$\Delta MT2T1 = +$ y $V_G = +$
	V_G (V)
$\Delta MT2T1 = -$ y $V_G = -$	$\Delta MT2T1 = -$ y $V_G = +$
III	**IV**

Figura 9.8 Cuadrantes de operación del Triac.

El Triac al igual que el SCR necesita que la corriente que circula entre MT2 y MT1 sea superior a la corriente de mantenimiento o el Triac se apagará.

9.3 El Triac.

Tome en cuenta también que si la corriente de compuerta no es la adecuada, el Triac puede provocar falsos disparos o activación errónea de fase, encendiéndose al azar o muy retardado.

La figura 9-9 muestra la curva característica I vs del Triac.

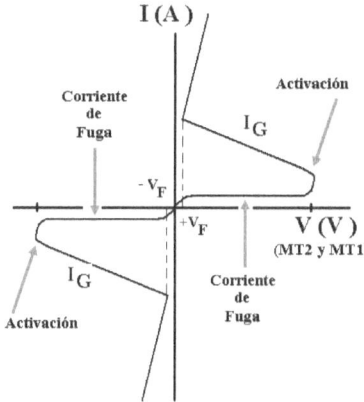

Figura 9-9 Curva característica I vs V del Triac.

Es importante indicar que cuanto mayor es la corriente de compuerta la tensión de activación es menor. Por ello es importante que en el momento de activación la corriente sea la mayor posible. No debe confundirse la tensión de trabajo V_F que se alcanza después de que ocurre la activación en una tensión mayor (Véase la figura 9-9).

Por lo general, y como ya se indicó, si la corriente de compuerta es escasa o muy baja la activación ocurre con un voltaje de entrada V_{in} mucho mayor al esperado.

La figura 9-10 presenta una aplicación de un Triac que enciende un bombillo en una línea de AC, utilizando solo pulsos positivos.

Una vez que el Triac ha sido disparado este permanece encendido aunque la señal de excitación de compuerta ya no esté presente. Solo se apagará cuando la corriente baje por debajo de la corriente de manteamiento (I_H) o se haga muy cercana a cero.

9.4 Opto-acopladores.

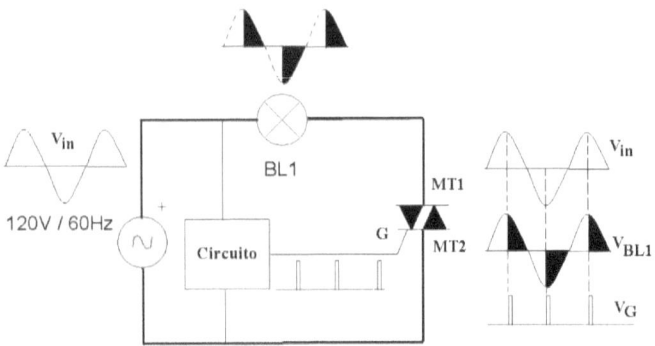

Figura 9-10. Ejemplo de aplicación de un Triac disparando en los cuadrantes I y IV.

En el ejemplo de la figura 9-10 se dispara el Triac en los cuadrantes I y IV.

El circuito encerrado en el cuadro simboliza un generador de pulsos periódicos que están sincronizados con la señal de entrada V_{in}.

Obsérvese que el pulso de disparo es corto comparado con la duración de cada semiciclo de la señal de entrada V_{in}.

El ángulo de conducción del Triac es de aproximadamente 90° por ciclo. Por lo tanto, el voltaje RMS en el bombillo BL1 será menor a 120 V RMS, y es de alrededor de 85 V RMS.

9.4 Opto-acopladores.

Los opto-acopladores u opto-aisladores son circuitos empaquetados que constan de un diodo emisor de luz o led de un lado y de un fotodiodo, fototransistor, fototriac, o un foto-SCR, etc. del otro lado. Una señal luminosa emitida por led incide en la juntura desnuda del elemento que funge como receptor. La luz que incide suministra suficiente energía para producir pares electrón-hueco que bajo la acción de un campo eléctrico producido por un voltaje externo aplicado, es capaz de recoger las cargas, y así producir

9.4 Opto-acopladores.

una corriente en fotodiodo de salida por ejemplo. De esta manera se logra acoplar la entrada con la salida mediante un haz de luz.

Como la luz que se produce en el emisor puede variar o ser modulada, la señal de salida también lo hará. El comportamiento de la corriente en el emisor, y la corriente de salida puede ser en gran medida lineal.

En los opto-acopladores existe lo que se conoce como relación de transferencia de corriente, o *current transfer ratio* (CTR) normalmente se expresa en %, y da cuenta de cuan eficiente se transmite la corriente de entrada a la salida. No es lineal, y presenta un comportamiento parabólico. Es decir, existe un nivel de corriente en el emisor donde se alcanza un máximo de eficiencia, por debajo o por encima de este valor la eficiencia decae. El CTR puede ser mayor a 100% cuando no está normalizado a 1. Para obtener este valor hay que utilizar la hoja de datos del fabricante y ubicar la curva CTR correspondiente.

La longitud de onda utilizada en el emisor es el infrarrojo.

La tensión en directo del diodo emisor es de alrededor de entre 1.3 a 1.5 V.

Los tiempos de respuesta o de conmutación disminuyen conforme aumenta la corriente de salida pudiendo llegar a tiempos de encendido tan bajos como de 2 a 5 µs, y de 300 ns de tiempo de apagado. Estos tiempos no son compatibles con aplicaciones en alta frecuencia. Típicamente pueden ser usados en un rango de 20-40 kHz dependiendo del tipo de opto-acoplador.

Como el medio de acople es luz, el voltaje de aislamiento entrada-salida puede llegar ser relativamente alto, típicamente de entre 500 a 5500 Voltios. Adicionalmente la resistencia de aislamiento también lo es, llegando a valores típicos de 10^{11} Ω, es decir de varios miles de gigaohmios.

Tome en cuenta que el voltaje y resistencia de aislamiento son características de transferencia (entrada-salida), y no tienen nada que ver con los voltajes y resistencias asociados al emisor o receptor particulares del opto-acoplador.

9.4 Opto-acopladores.

La figura 9-11 muestra un opto-acoplador diodo-transistor.

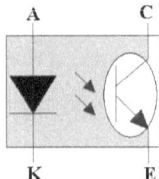

Figura 9-11. Opto-acoplador diodo-transistor.

La figura 9-12 muestra ahora el circuito de la figura 9-10 pero empleando ahora un opto-acoplador tipo diodo-Triac.

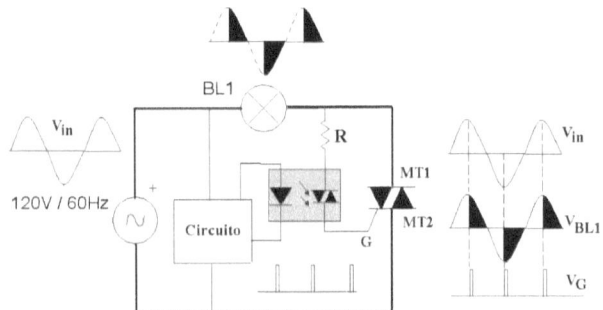

Figura 9-12. Ejemplo de la figura 9-10 utilizando un opto-Triac.

En el circuito de la figura 9-12 la utilización de un opto-Triac permite aislar completamente el circuito de control del Triac de salida. Esto proporciona mayor seguridad al impedir que un posible daño o corto-circuito se transfiera al control dañando todo por completo.

La resistencia R se utiliza para controlar la corriente de gate del Triac.

9.5 El IGBT.

El IGBT es tipo de transistor de potencia conocido como: transistor bipolar de compuerta aislada, o *isolated gate bipolar transistor*, en inglés. Su estructura consta de cuatro capas PNPN, y es controlado por tensión.

El IGBT puede verse como la combinación de dos dispositivos: un MOSFET de enriquecimiento de canal N, y un transistor bipolar PNP en configuración de seudo Darlington. El circuito de entrada es el MOSFET y el circuito de salida el BJT.

En el circuito de salida el transistor PNP nunca alcanza un estado de saturación fuerte, de modo que el voltaje de caída entre el colector y el emisor es un poco más alto que el voltaje de saturación mínimo del correspondiente transistor NPN. La condición de operación del BJT ligeramente por encima del voltaje de saturación le permite al dispositivo tener un tiempo de apagado más corto, y por lo tanto una velocidad de operación mayor.

En esencia un IGBT exhibe una velocidad de conmutación más rápida que un BJT pero menor que la de un MOSFET.

El transistor de salida es saturado cuando el MOSFET de entrada alcanza la condición de activación. Es decir, cuando es aplicado el voltaje o corriente de activación de compuerta.

La figura 9-13 representa un circuito equivalente del IGBT.

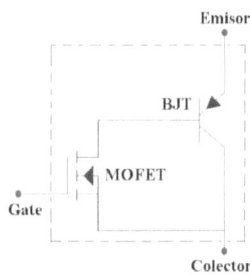

Figura 9-13. Circuito equivalente de IGBT.

9.5 El IGBT.

El IGBT es un dispositivo apropiado para el control de potencia en: fuentes conmutadas, motores, alta tensión, maquinarias, variadores de frecuencia, etc.

El IGBT puede manejar cargas con relativa alta potencia (MW) con voltajes de trabajo que pueden llegar hasta los 3500 voltios, y corrientes de hasta 2400 Amperios.

La principal ventaja en la utilización de este dispositivo es su alta capacidad aislamiento eléctrico entre la sección de salida y la sección de entrada o compuerta.

Adicionalmente, puede activarse con un voltaje de control relativamente bajo: 4-15 V.

La figura 9-14 presenta el símbolo utilizado para representar un IGBT.

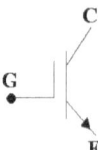

Figura 9-14. Símbolo del IGBT.

La frecuencia de operación de un dispositivo IGBT por lo general no supera los 150 kHz.

La tabla 9-1 resume algunos parámetros importantes de los IGBT.

Parámetro	Valor
Voltaje en directo (*forward voltaje*)	0.7-2.1 V
Tiempo de encendido (*turn on*)	~1 µs
Tiempo de apagado (*turn off*)	~1.5µs
Voltaje de trabajo	600-3500 V
Frecuencia de trabajo	< 150 kHz
Control	DC

Tabla 9-1. Resumen de algunos parámetros importantes del IGBT.

9.5 El IGBT.

La figura 9-15 muestra un ejemplo de utilización práctica de un IGBT para encender una lámpara con una tensión DC V_2.

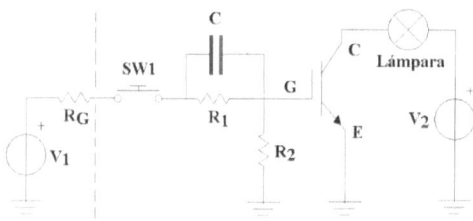

Figura 9-15. Ejemplo de utilización de un IGBT para encender una lámpara.

En el circuito de la figura 9-15 el IGBT actúa conmutando la juntura de salida colector-emisor cuando el suiche SW1 esta cerrado. Las resistencias R_1 y R_2 actúan como un divisor de tensión para proporcionar la tensión de activación de compuerta gate-emisor.

La resistencia R_G es la resistencia asociada a la fuente V_1.

Justo en el momento en el que el suiche pasa de abierto ha cerrado el capacitor C permite inyectar más corriente a la compuerta, de modo de reducir el tiempo de activación del IGBT. Después de un tiempo se alcanza el régimen permanente y la tensión en R_2 será la que proporcione la fuente V_1 de acuerdo al divisor de tensión entre R_G, R_1, y R_2.

Cuando el suiche pasa de cerrado ha abierto, el IGBT se apaga y la lámpara pasa al estado apagado. La resistencia R_2 ayuda también a apagar el IGBT, reduciendo también el tiempo de apagado, cuando el suiche pasa al estado abierto.

9.6 Guía fácil para el Diseño.

Función	Circuito	Fórmulas	Gráficas
Voltaje Promedio DC		$$V(DC) = \frac{1}{T}\int_0^T f(t).dt$$	
$\frac{dv}{dt}$ Del tiristor.	R1, C1	$\tau = RC$ $\left|\frac{0.632\ V_{in}}{RC}\right| < \frac{dv}{dt}$ $RC > 0.632\ V_{in}\frac{1}{(dv/dt)}$ $V_{in} = V_{max}$ $R = \frac{V_{in}}{I_{FM}}$ $I_{FM} = \max\ del\ tiristor$	LA1, R, C
Triac	120V / 60Hz, BL1, MT1, MT2, Circuito, G		V_{in}, V_{BL1}, V_G Cuadrantes: I, IV
Opto Acoplador (opto-triac)	A, MT1, K, MT2	Si $V_{AK} = V_F$ $V_F = volatje\ en\ directo$ $\Delta MT1MT2 \sim 0\ V$ (encendido) Si $V_{AK} = 0\ V$ $\Delta MT1MT2 = V_{in}$ (apagado)	
Triac + Opto	120V / 60Hz, BL1, R, MT1, MT2, Circuito, G		V_{in}, V_{BL1}, V_G

9.7 Cuestionario y problemas del Capítulo.

1. Un tiristor es un dispositivo de cuatro capas. **V o F**.
2. En los tiristores la conducción es controlada por un terminal de compuerta (G). **V o F**.
3. Un SCR es un tipo de tiristor que solo conduce en un solo sentido. **V o F**.
4. Una vez iniciada la conducción en el SCR este se puede apagar con otro pulso en la compuerta. **V o F**.
5. A medida que aumenta la corriente de compuerta en el tiristor disminuye la tensión de activación. **V o F**.
6. La tensión de trabajo del tiristor es de alrededor de 0 V cuando esta encendido. **V o F**.
7. Una vez que esta encendido el tiristor este puede apagarse si la corriente de carga baja por debajo de cierto valor. **V o F**.
8. El valor que impone el límite de encendido-apagado en el tiristor se llama corriente de mantenimiento IH. **V o F**.
9. Un Triac es un de tiristor que conduce en ambos sentidos. **V o F**.
10. El Triac solo se puede encender cuando el voltaje entre MT1-MT2 y el de la compuerta son iguales. **V o F**.
11. El Triac puede encenderse según las combinaciones en cuatro cuadrantes. **V o F**.
12. Si la corriente de carga en el Triac baja por debajo de cierto valor se comporta igual que un SCR apagándose. **V o F**.
13. Si la corriente de compuerta en el Triac no es suficientemente alta, el Triac se activará con mayor tensión. **V o F**.
14. Si la tensión entre MT1 y MT2 supera el límite ya la corriente de compuerta es cero, el Triac se activará por ruptura. **V o F**.
15. Un opto-acoplador utiliza luz infrarroja para acoplar corrientes de entrada-salida. **V o F**.
16. La relación de transferencia de corriente es absolutamente lineal y expresa un 100% siempre. **V o F**.
17. Distintos tipos de opto-acopladores podemos conseguir desde diodo-diodo, hasta transistores, Triac, etc. **V o F**.

9.7 Cuestionario y problemas del Capítulo.

18. En los opto-acopladores la entrada es siempre un diodo led infrarrojo. **V o F.**
19. Los opto-acopladores pueden ser utilizados en alta frecuencia sin ningún problema. **V o F.**
20. La tensión de aislamiento en el opto-acoplador suele estar en el orden de varias decenas de voltios. **V o F.**
21. Un opto-acoplador puede usarse para aislar secciones de alto voltaje de otras de bajo voltaje. **V o F.**

Respuestas a las preguntas de verdadero o falso:

(1)V, (2)V, (3)V, (4)F, (5)V, (6)F, (7)V, (8)V, (9)V, (10)F, (11)V, (12)V, (13)V, (14)V, (15)V, (16)F, (17)V, (18)V, (19)F, (20)F, (21)V.

Capítulo 10.

Principios Digitales

Objetivos:

1. Descripción general
2. Compuertas básicas.
3. Circuitos combinacionales.
4. Circuitos secuenciales.
5. Circuitos de tiempo.

Actividades:

Guía con preguntas de verdadero o falso y con problemas de cálculos con el que usted podrá comprobar su conocimiento referente a éste capítulo.

10.1 Descripción General.

La electrónica que hemos visto hasta ahora se llama electrónica analógica. La electrónica digital es la electrónica de los unos y ceros (1 y 0). Una ligera introducción sobre la electrónica digital se adelantó ya en el capítulo VIII, en el tema de los osciladores, en especial, utilizando el integrado 555, como circuito astable. Ahora, vamos a profundizar un poco más sobre esta electrónica digital.

En la electrónica analógica las variables se caracterizan por tener un rango continuo de variación en el tiempo. En cambio, en la electrónica digital solo existen saltos discretos en el tiempo. Estos estados son llamados estados lógicos, y se corresponden con una simbología adoptada del 1 y el 0.

Los valores discretos son referidos como rango de valores definidos y asignados al 1 y al 0 de manera correspondiente.

Estos 1 y 0 al igual que los dígitos en el sistema decimal pueden combinarse para expresar cantidades decimales equivalentes.

Utilizando esta asignación y por medio de un sistema de codificación de 1 y 0 lógicos, se puede discretizar las variables analógicas a digitales, lo que permite entonces poder digitalizar dichas variables.

La digitalización permite la manipulación de la variable en forma matemática. No obstante, la digitalización debe cumplir con ciertos criterios impuestos por las condiciones de la matemática discreta, como por ejemplo: el criterio de Nyquist, que impone las condiciones para muestrear y digitalizar señales periódicas.

La electrónica digital es la base de los sistemas programados, como los microcontroladores, y computadores.

La electrónica digital ha ganado cada vez más popularidad, por su simplicidad y flexibilidad de uso. Sin embargo, el uso y funcionamiento de la electrónica analógica es parte fundamental de todos los sistemas digitales.

10.1 Descripción General.

Dos son las familias lógicas más conocidas: TTL y CMOS. El término TTL viene del inglés *transistor transistor logic*, y CMOS de *Complementary metal-oxide-semiconductor*

En la tecnología TTL los niveles de alimentación son de 5 Voltios, y en la CMOS puede ir desde 3 a 15 Voltios. Aunque en algunos casos los CMOS pueden ser alimentados hasta con 18 Voltios.

Básicamente, ambas tecnologías funcionan iguales en términos digitales, solo que la CMOS es de mucho menor consumo que la TTL, pero la anterior es de mayor velocidad.

Los niveles lógicos de 1 y 0 se definen así:

Nivel lógico (de salida)	TTL +5V	CMOS (3-15 V)
1	> 2.4 V	>70 %
0	< 0.4 V	< 30 %

Tabla 10.1 Niveles de voltaje de 1 y 0 en **TTL** y **CMOS**.

Como ya se mencionó, la asignación de 1 y 0 es simbólica, y se usa para representar dos rangos de valores que son mutuamente excluyentes.

Un nivel lógico es un estado de un número finito estados en el que una entrada o salida puede estar para que se considere 1, 0, u otro estado.

Puede darse el caso de tres estados lógicos como por ejemplo:

1. Estado lógico 1= nivel alto.
2. Estado lógico 0 = nivel bajo.
3. Estado lógico 3 = nivel de alta impedancia.

10.1 Descripción General.

El tercer estado lógico es conocido también como *tri-state*, en inglés. Es un estado dónde la salida se coloca en alta impedancia, y por lo tanto, no refleja ninguna condición de 1 o 0 lógico. Se considera como salida flotante. Se utiliza cuando existe una o varias líneas, llamado *bus*, que comparten la misma salida en varios dispositivos, por ejemplo. Por medio de un pin habilitador o *enable*, se pasa el dispositivo al tercer estado. Esto permite conmutar solo el dispositivo deseado, mientras que el resto pasa alta impedancia. El control *tri-state* se logar por medio de un arreglo de compuertas que permite el direccionamiento correcto sin que entren en conflicto los dispositivos que comparten un mismo *bus*.

Las principales características eléctricas de entrada y salida para compuertas TTL y CMOS se pueden apreciar en la tablas 10-2:

Ítem	TTL (74LS04) $V_{CC} = 5\ V$	CMOS (CD4049) $V_{CC} = 15\ V$	CMOS (CD4049) $V_{CC} = 5\ V$
V_{OL} (típico)	0.35 V	0 V	0 V
V_{OH} (típico)	3.4 V	15 V	5 V
V_{IL} (máx.)	0.8 V	4 V	1.5 V
V_{IH} (mín.)	2 V	11 V	3.5 V
I_{OL} (máx.)	8 mA	40 mA	5 mA
I_{OH} (máx.)	-0.4 mA	-12 mA	-1.6 mA
I_{IL} (máx.)	-0.36 mA	$-10^{-5}\ \mu A$	$-10^{-5}\ \mu A$
I_{IH} (máx.)	20 µA	$-10^{-5}\ \mu A$	$-10^{-5}\ \mu A$

Tabla 10-2. Características eléctricas principales de una compuerta TTL 74LS04, y su equivalente CMOS CD4049.

Los términos V_{OL} y V_{OH} significan: voltaje de salida en nivel bajo y alto respectivamente.

V_{IL} y V_{IH} significan: voltaje de entrada en nivel bajo y alto respectivamente.

10.1 Descripción General.

I_{IL} y I_{IH} significan: corriente de entrada en nivel bajo y alto respectivamente.

I_{OL} y I_{OH} significan: corriente de salida en nivel bajo y alto respectivamente.

Por convención, el sentido positivo para la corriente es la corriente que entra hacia la compuerta, y el negativo para la corriente que sale desde la compuerta. Este mismo sentido aplica para la entrada o salida.

Usualmente, en electrónica digital se representa el 1 lógico con la letra H de *High* en inglés, y L de *Low* para el 0 lógico.

Cunando se combinan distintas series lógicas o tecnologías como la TTL y la CMOS hay que verificar las compatibilidades de entrada/salida entre ambas.

En la lógica binaria solo pueden existir dos niveles lógicos (binario). En nivel lógico 1 y el nivel lógico 0.

Un bit es la representación más pequeña e indivisible de un nivel lógico. Una representación de dos o más bits compone una palabra lógica o digital. Si esta palabra está compuesta por ocho bits por ejemplo, se le llama octeto o *byte* en inglés.

Una palabra binaria formada por dos o más bits tiene su equivalente decimal. El sistema para la conversión de un número binario a decimal es como sigue:

$$Ax2^0 + Bx2^1 + Cx2^2 + Dx2^3 \ldots Zx2^n \qquad (10.1)$$

Ejemplo:

Tomamos la palabra: 1001

Se obtiene:

$$1x2^0 + 0x2^1 + 0x2^2 + 1x2^3 = 9$$

El equivalente decimal es el número: 9

10.1 Descripción General.

En el ejemplo anterior se designa como el bit de menor significado o *least signicant bit* (LSB), el que se encuentra más hacia la derecha. Por defecto, el bit de mayor significado o *most significant bit* (MSB), el que está más hacia la izquierda, tal y como designamos a los números en el sistema decimal. Véase la figura 10-1.

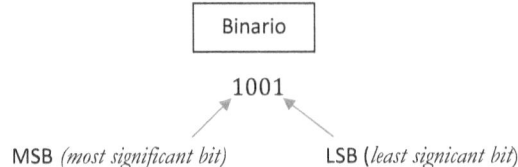

Figura 10-1 **Identificación del MSB y el LSB en una palabra binaria.**

En digital es muy importante definir quién es el LSB o el MSB.

Si la palabra consta de N número de bits, el número de combinaciones máximas que se puede obtener es:

$$2^N$$

En el ejemplo anterior la palabra consta de 4 bits. El número de combinaciones máximas es de:

$$2^N = 2^4 = 16$$

La tabla 10-3 presenta todas las combinaciones posibles con una palabra de 4 bits:

ABCD	Decimal	ABCD	Decimal	ABCD	Deciaml	ABCD	Decimal
0000	0	0101	5	1010	10	1111	15
0001	1	0110	6	1100	11		
0010	2	0111	7	1101	12		
0011	3	1000	8	1101	13		
0100	4	1001	9	1110	14		

Tabla 10-3. **Representación de todas las combinaciones posibles con una palabra de 4 bits.**

10.2 Compuertas básicas.

Los números lógicos están sujetos de manipulación matemática como los números decimales. La matemática que se aplica es el álgebra de *Boole* o *Boolean algebra* en inglés.

El álgebra de *Boole* se basa en la manipulación de 1 y 0, que a su vez se puede manejar como verdadero *truth* o falso *false* respectivamente. Las principales operaciones son la suma, y la multiplicación. El principal operador es el negador.

Cuando se comentó sobre compuertas lógicas en el capítulo VIII se utilizaron las operaciones de suma y el operador de negación.

Las compuertas básicas resumen también las operaciones básicas aritméticas del algebra de *Boole*.

Como en el capítulo VIII se explicaron las compuertas NOR y NOT, se continúa con las compuertas AND, NAND, OR, OR exclusivo, y NOR exclusivo.

10.2 Compuertas básicas.

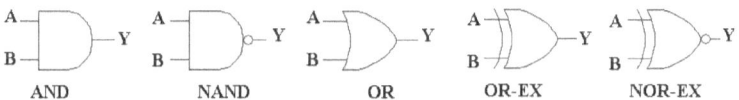

Figura 10-2. Compuertas básicas

Como ya se adelantó en el capítulo VIII, el comportamiento de entrada/salida de cada compuerta se conoce como la tabla de la verdad. Dicha tabla representa una descripción de todos los posibles valores lógicos de entrada y sus posibles respuestas de salida.

La tabla 10-4 presenta la tabla de la verdad para cada una de las compuertas de la figura 10-2

Obsérvese que cada compuerta posee dos entradas, por lo que se usan dos bits, 4 combinaciones.

10.2 Compuertas básicas.

Bit	Bit	Salida	Salida	Salida	Salida	Salida
0	0	0	1	0	0	1
0	1	0	1	1	1	0
1	0	0	1	1	1	0
1	1	1	0	1	0	1

Tabla 10-4 tabla de la verdad para las compuertas **AND, NAND, OR, OR-EX, y NOR-EX**.

La compuerta AND representa la multiplicación de dos bits, la compuerta NAND es el resultado negado u opuesto de la AND, la compuerta OR representa la suma de dos bits.

La compuerta OR-Exclusivo representa una función que solo es uno lógico cuando existe un combinación de entrada distinta o número impar de 1 o 0 de entrada. La NOR-exclusivo es por defecto, lo contrario o el negado a la OR-Exclusivo.

El álgebra de Boole permite también escribir una función lógica de manera sencilla. Por ejemplo, si se toma los resultados de la tabla de la verdad de la compuerta AND de la tabla 10-4, la función que se obtiene se pude escribir así:

$$Y = A.B$$

Obsérvese que la salida Y representa una multiplicación a un bit.

De manera similar la compuerta NAND sería:

$$Y = \overline{A.B}$$

La barra por encima del termino A.B indica que el resultado de la multiplicación se niega o se conjuga en binario, es decir si es 0 se convierte 1, y viceversa.

Puede comprobarse que el resultado lógico de las expresiones anteriores concuerda con lo indicado en la tabla 10.4.

Para la compuerta OR sería:

$$Y = A + B$$

Y la NOR:

$$Y = \overline{A + B}$$

En el caso de la compuerta OR-EX exclusivo se usa una denotación especial:

$$Y = A \oplus B$$

Y para la NOR-EX exclusivo:

$$Y = \overline{A \oplus B}$$

La figura 10-3 representa un circuito combinacional del cual se ha obtenido su función lógica de salida a partir de las funciones lógicas individuales.

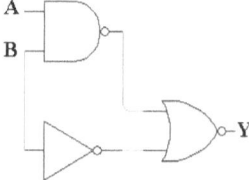

Figura 10-3. Arreglo de compuertas para obtener una función Y.

La función de salida Y sería:

$$Y = \overline{\overline{A.B} + \overline{B}}$$

Obsérvese que existe un doble negado en la función Y. Al igual que en la aritmética normal, en lógica digital se pueden hacer simplificaciones o reducciones de las funciones. Para ello se debe tener en cuenta algunas propiedades o teoremas ya establecidas en el álgebra de Boole. Obviando las más elementales, algunas de las más útiles son:

10.2 Compuertas básicas.

1. $\overline{A.B} = \overline{A} + \overline{B}$ ⎫
2. $\overline{A + B} = \overline{A}\,\overline{B}$ ⎬ Leyes de Morgan

3. $\overline{\overline{A} + \overline{B}} = AB$

4. $A + \overline{A} = 1$

5. $A + \overline{A}B = A + B$

6. $\overline{A} + A\overline{B} = \overline{A} + \overline{B}$

Si desarrollamos la función Y del circuito de la figura 10-3 tenemos:

$$Y = \overline{\overline{A.B} + \overline{B}} = \overline{\overline{A} + \overline{B} + \overline{B}} = \overline{\overline{A} + \overline{B}} = A.B$$

Nótese que primero se resolvió los argumentos internos y luego se aplicó el negador más exterior.

Para comprobar este resultado, se obtiene la tabla de la verdad (10-5), a partir del circuito de la figura 10-3.

De la tabla 10-5 se puede ver que la función Y es:

$$Y = A.B$$

Por lo tanto, hemos reducido un circuito de tres compuertas a sola una compuerta AND.

10.3 Circuitos combinacionales.

A	B	Y
0	0	0
0	1	0
1	0	0
1	1	1

Tabla 10-5. Tabla de la verdad del circuito de la figura 10-3.

Otros métodos de simplificación de circuitos combinacionales son: el mapa de Karnaugh, y los teoremas de Morgan. En este libro solo se considera el método directo de funciones lógicas y por la tabla de la verdad como métodos suficientes para entender el aspecto fundamental de este tema en particular.

Los circuitos digitales pueden ser agrupados en: combinacionales, secuenciales, y de tiempo.

A continuación se describe cada tipo:

10.3 Circuitos combinacionales.

Como su nombre lo indica, un circuito combinacional es aquel cuya salida depende básicamente de la combinación actual de sus entradas. Estos circuitos como muchos otros, son realizados a partir de compuertas básicas. La figura 10-3 es un ejemplo de un circuito combinacional.

Otros circuitos combinacionales son: el multiplexor, de-multiplexor, el sumador, multiplicador, decodificadores o *decoders*, comparadores, por ejemplo.

10.3 Circuitos combinacionales.

La figura 10-4 muestra un circuito multiplexor digital. Los multiplexores son en realidad una especie de selector de N entradas y una salida. Recuerde que solo se admiten niveles de 0 o 1 lógicos, por lo tanto no debe usarse para seleccionar señales analógicas.

El modo de pasar o de seleccionar una entrada en particular a la salida, es por medio de las entradas de control. El número de entradas de control es n y las combinaciones de selección N se definen así:

$$2^n = N$$

Por ejemplo: sí n = 3, tenemos N = 8 entradas de selección, ya que: $2^3 = 8$.

La entrada que ha sido seleccionada de acuerdo al control, pasa su estado lógico a la salida Y.

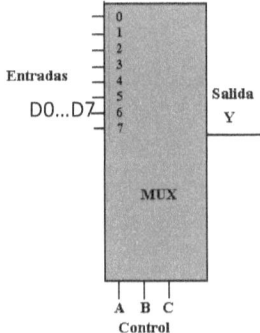

Figura 10-4. Multiplexor digital de 8 entradas requiere 3 bits de control.

La tabla 10-6 presenta la tabla de la verdad de este multiplexor.

Por ejemplo, con la combinación de control 111, se selecciona la entrada D7. Esto significa que el nivel lógico en esta entrada (0 o 1) se transfiere a la salida Y. Las demás entradas pueden cambiar de valor pero no son transferidas a la salida, solo la entrada D7. Si la combinación de control es la 000, entonces la entrada D0 es conectada o dirigida a la salida Y

10.3 Circuitos combinacionales.

A	B	C	Y
0	0	0	D0
0	0	1	D1
0	1	0	D2
0	1	1	D3
1	0	0	D4
1	0	1	D5
1	1	0	D6
1	1	1	D7

Tabla 10-6. Tabla de la verdad del multiplexor de la figura 10-4.

Los de-multiplexores son exactamente lo contrario, tienen una entrada, y disponen de N salidas. Los bits de control siguen siendo n.

Los de-multiplexores existen porque a una compuerta de salida no puede inyectársele señal para que la refleje a su entrada. Por esta razón, un multiplexor digital no puede funcionar a la inversa.

El siguiente ejemplo propone un circuito digital *decoder* o decodificador. Un decodificador es un circuito que convierte o pasa de un código a otro, como por ejemplo de binario a decimal, o de binario codificado decimal (BCD = *binary-coded decimal*) a decimal. En BCD las combinaciones solo llegan hasta el número 9.

La figura 10-5 presenta un *decoder* BCD-decimal. La tabla 9-7 muestra su tabla de la verdad.

Tanto los multiplexores como los *decoders* son muy utilizados en la electrónica digital de hoy, en numerosas aplicaciones de circuitos digitales.

10.3 Circuitos combinacionales.

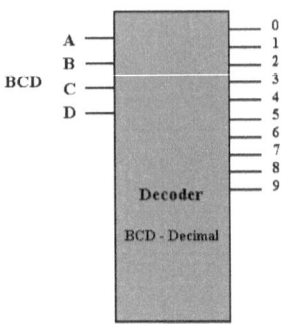

Figura 10.5 Decodificador BCD-decimal

La tabla 10-7 indica que la salida que se activa con un uno lógico es la correspondiente al equivalente decimal de la entrada BCD.

Muchas veces se emplea lo que se conoce como **Lógica Negativa**. La lógica negativa consiste en lo opuesto a la **Lógica Positiva**, que consiste en que toda entrada o salida se activa con 1 lógico y se desactiva con 0 lógico.

En la Lógica Negativa, todo se activa con 0 lógico y se desactiva con 1 lógico. La Lógica negativa se indica por medio de un círculo pequeño en la entrada o salida que corresponda.

A	B	C	D	0	1	2	3	4	5	6	7	8	9
0	0	0	0	1	0	0	0	0	0	0	0	0	0
0	0	0	1	0	1	0	0	0	0	0	0	0	0
0	0	1	0	0	0	1	0	0	0	0	0	0	0
0	0	1	1	0	0	0	1	0	0	0	0	0	0
0	1	0	0	0	0	0	0	1	0	0	0	0	0
0	1	0	1	0	0	0	0	0	1	0	0	0	0
0	1	1	0	0	0	0	0	0	0	1	0	0	0
0	1	1	1	0	0	0	0	0	0	0	1	0	0
1	0	0	0	0	0	0	0	0	0	0	0	1	0
1	0	0	1	0	0	0	0	0	0	0	0	0	1

Tabla 10-7. Tabla de la verdad del *decoder* BCD-decimal dela figura 10-5

10.4 Circuitos Secuenciales.

En el caso del *decoder* de la figura 10.5 si la lógica de salida es negativa la figura se presentaría como se indica en la figura 10-6.

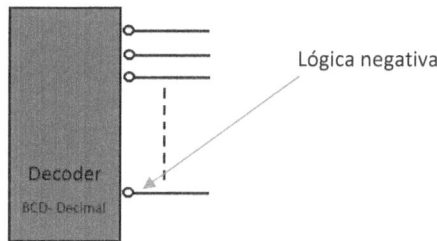

Figura 10-6. *Decoder* de la figura 10-5 indicando lógica negativa de salida.

Y la tabla de la verdad correspondiente sería la que se indica en la tabla 10-8.

De manera similar aplica para las entradas que presentan esta tipo de lógica. Si la entrada presenta un círculo indica que para que esta se active debe tener presente un 0 lógico.

A	B	C	D	0	1	2	3	4	5	6	7	8	9
0	0	0	0	0	1	1	1	1	1	1	1	1	1
0	0	0	1	1	0	1	1	1	1	1	1	1	1
0	0	1	0	1	1	0	1	1	1	1	1	1	1
0	0	1	1	1	1	1	0	1	1	1	1	1	1
0	1	0	0	1	1	1	1	0	1	1	1	1	1
0	1	0	1	1	1	1	1	1	0	1	1	1	1
0	1	1	0	1	1	1	1	1	1	0	1	1	1
0	1	1	1	1	1	1	1	1	1	1	0	1	1
1	0	0	0	1	1	1	1	1	1	1	1	0	1
1	0	0	1	1	1	1	1	1	1	1	1	1	0

Tabla 10-8. Tabla de la verdad del *decoder* de la figura 10-6 con lógica negativa.

10.4 Circuitos Secuenciales.

10.4 Circuitos Secuenciales.

Los circuitos secuenciales se caracterizan por que sus salidas dependen del no solo del estado actual de sus entradas sino también de su estado anterior. El ejemplo más sencillo de un circuito secuencial elemental es el Flip-Flop. A su vez, cuando estos circuitos secuenciales no dependen de una señal de reloj para producir sus cambios se llaman asíncronos, y síncronos cuando sus cambios dependen de una señal de reloj. Esta señal de reloj es por lo general provista por un oscilador externo.

La señal de reloj actúa marcando el cambio o la secuencia de estados. Los contadores, desplazadores de registro o *shift register*, memorias o Flip-Flop, etc. Son ejemplos de circuitos secuenciales.

Las transiciones de estado en los circuitos secuenciales pueden a su vez ocurrir por nivel o por flanco de la señal de reloj. La figura 10.7 presenta una señal de reloj donde se indican los flancos y los niveles de esta.

La señal de reloj debe ser siempre una señal apropiada para circuitos digitales, mayormente se trata de una onda de pulsos con niveles de 0 a 5 V, y con flancos de subida y bajada relativamente rápidos (verticales). La señal de reloj no puede tener parte negativa.

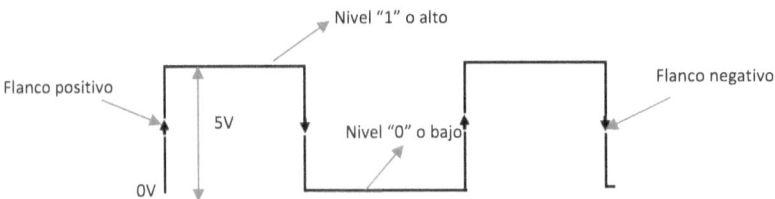

Figura 10-7. Señal de reloj digital indicando flancos y niveles.

Con frecuencia en la literatura de los dispositivos digitales se designa al flanco positivo como flanco de ascenso o *rising edge* en inglés, y *falling edge* al flanco negativo o de caída.

10.4 Circuitos Secuenciales.

En las tablas de la verdad se suele indicar si la entrada del dispositivo responde a un nivel o un flanco en particular. La figura 10-8 indica un ejemplo de dos entradas A y B, que responden en un caso a niveles 1 y 0, y en el segundo caso a los flancos.

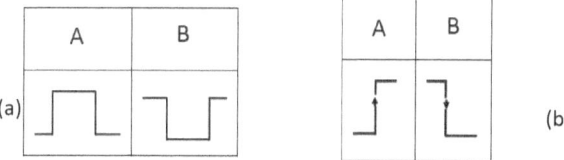

Figura 10.8 Señal de entrada A. (a) se activa con nivel. (b) se activa con flanco.

Normalmente, las transiciones de la mayoría de los circuitos digitales trabajan en modo de flanco. Cuando se trabaja por flanco se ignora el nivel de la señal de entrada, la entrada en cuestión solo se activará cuando se presente la transición del flanco indicado.

La figura 10-9 presenta un circuito secuencial de memoria elemental, que ha sido realizado con dos compuertas tipo NAND.

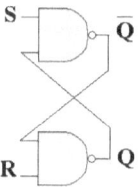

Figura 10-9 Flip-Flop NAND.

En la tabla de la verdad de la figura 10-9 el circuito secuencial produce una cierta secuencia cuando las entradas S=1 y R=1. Las salidas actuales, son idénticas a su estados de salida inmediata anterior. Esto es lo que se llama efecto memoria.

10.4 Circuitos Secuenciales.

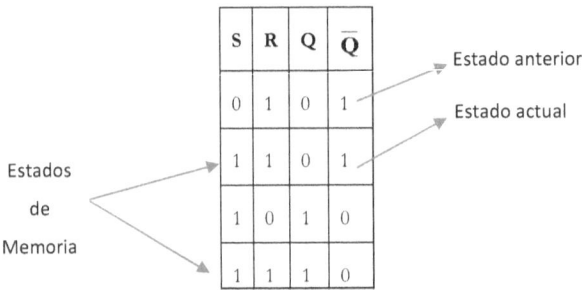

Tabla 109. Tabla de la verdad del Flip-Flop de la figura 10-9.

En el caso del Flip-Flop RS NAND, el estado de memoria se produce cuando ambas entradas (S y R) están en alto. A diferencia del Flip-Flop RS NOR, la memoria se produce cuando ambas entradas (S y R) están en bajo.

La figura 10-10 presenta ahora un ejemplo de un circuito integrado secuencial. Se trata de un contador que tiene una secuencia de conteo decimal.

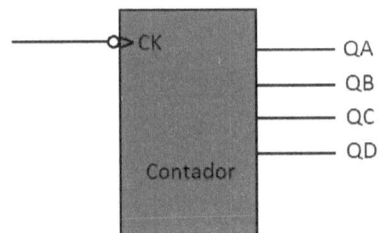

Figura 10-10. Ejemplo de un contador tipo BCD.

La palabra CK indica la entrada de la señal de reloj o *Clock* en inglés. Como puede verse en la figura 10-10 la entrada de reloj se activada con lógica negativa, es decir, con nivel lógico de 0.

La secuencia de conteo ocurre a la velocidad de la señal de reloj. La tabla 10-10 presenta la tabla de la verdad de este contador.

Obsérvese que en este ejemplo se ha invertido el orden de los pesos de las salidas. El MSB corresponde ahora a la salida D.

10.4 Circuitos Secuenciales.

CK	QD	QC	QB	QA
0	0	0	0	0
1	0	0	0	1
2	0	0	1	0
3	0	0	1	1
4	0	1	0	0
5	0	1	0	1
6	0	1	1	0
7	0	1	1	1
8	1	0	0	0
9	1	0	0	1

Tabla 10-10. Tabla de la verdad del contador BCD ejemplo dela figura 10-10.

Cada vez que la señal de reloj cambia de 1 a 0 lógico, se realiza un incremento en la cuenta de este contador. Una vez que se llega a la cuenta máxima de nueve, el siguiente pulso de reloj reinicia la cuenta a 0. El ciclo se repite de manera infinita mientras está presente la señal de reloj.

Obsérvese también que cada salida del contador actúa también como un divisor de frecuencia. Los contadores son conocidos también como divisores de frecuencia. En este caso, cada salida se corresponde con un divisor de frecuencia. Así por ejemplo, la salida QA es un divisor por 2, QB por 4, QC por 8, y QD por 10. La figura 10-11 muestra el caso de la salida QA como divisor por 2.

En la figura 10-11 puede verse claramente que cada dos periodos de pulsos de la señal de reloj se produce un periodo en la salida QA. Por lo tanto, QA es un divisor por 2 de la señal de reloj CK.

10.5 Circuitos Osciladores y Temporizadores.

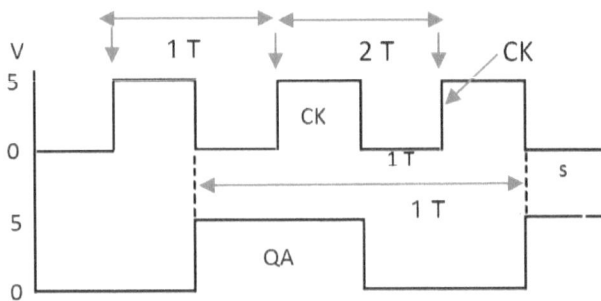

Figura 10-11. Esquema de tiempos que indica QA como divisor por 2.

En muchos otros circuitos se suele partir de una frecuencia muy alta para luego dividirla y producir un pulso de baja frecuencia pero de alta precisión. Tal es el caso de las señales de reloj de 32.768 kHz, por ejemplo, el cual es dividido por una sucesión de contadores en cascada hasta lograr obtener un pulso de 1 Hz de salida.

Los contadores a su vez pueden ser ascendentes o descendentes y pueden ser síncronos o asíncronos. Son síncronos cuando la señal de reloj es paralela a todos los contadores internos, se usa por lo general cuando el orden de las cuentas no es correlativo (por ejemplo: 1, 4, 8, 3). Son asíncronos cuando la entrada de reloj solo llega a un elemento de entrada, y la salida de este es el reloj va al siguiente, y así sucesivamente. El caso del contador de la figura 10-10 es de tipo asíncrono.

10.5 Circuitos Osciladores y Temporizadores.

Osciladores:

En esta sección se quiere hacer énfasis en aquellos circuitos digitales que pueden ser utilizados como marcadores de secuencia o de temporización.

La figura 10-12 presenta un circuito oscilador hecho con (a) un circuito de relajación, (b) un oscilador de cuarzo.

10.5 Circuitos Osciladores y Temporizadores.

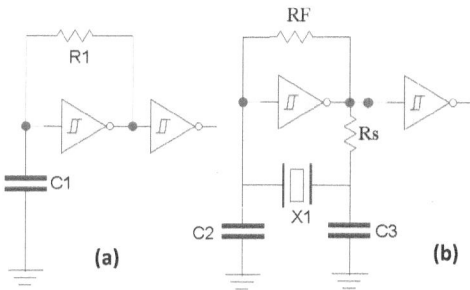

Figura 10-12. (a) Oscilador digital con: (a) capacitor, (b) con cristal de cuarzo.

En el caso (a), se utiliza una red RC. Obsérvese que la función de la compuerta es invertir el nivel lógico de la entrada, es decir, es un negador. El capacitor produce un retraso en el nivel de la entrada de la compuerta, de modo que cuando el capacitor alcanza el nivel lógico de 1 o 0 según corresponda en la entrada, entonces, la salida cambia de estado. El cambio de estado hace que el capacitor se cargue o descargue de nuevo, hasta que se alcanza el nivel lógico de entrada, y de nuevo la salida cambia. Esta secuencia se mantiene de forma permanente en el tiempo.

Existe entonces una retroalimentación positiva.

Se utiliza una compuerta de Smith Trigger porque ofrece un disparo más seguro, ya que la señal de entrada en el capacitor transita de manera analógica por todos los valores de voltaje existentes entre los niveles lógicos de 1 y 0 y viceversa, por lo que una compuerta normal puede producir disparos de manera no confiable. Recuerde que el circuito de Smith Trigger asegura que solo se produce el disparo en los niveles de histéresis fijados por el circuito.

La frecuencia de operación depende de los niveles de histéresis V_{h+} y V_{h-}, del valor de R y C. Puede aproximarse a la siguiente expresión:

$$f \sim \frac{1}{RC(\ln\left(\frac{V_{h-}-VOH}{V_{h+}-VOH}\right)+\ln\left(\frac{V_{h+}}{V_{h-}}\right))} \qquad (10.2)$$

10.5 Circuitos Osciladores y Temporizadores.

Dónde:

V_{h+} y V_{h-} son los niveles de histéresis, y VOH el voltaje de salida de nivel alto de la compuerta.

Si $V_{h+} = 1.7$ V, $V_{h-} = 0.9$, y VOH = 3.4 V por ejemplo tenemos:

$$f \sim \frac{1}{RC\ 1.02}$$

La frecuencia de oscilación debe estar siempre por debajo de la frecuencia de operación máxima de la compuerta.

El valor de R es este caso tiene un rango para que el circuito pueda operar apropiadamente como oscilador. Debido a que la entrada de la compuerta presenta un consumo muy distinto en alto y en bajo. El valor de R debe calcularse para satisfacer los niveles de entrada lógicos sin producir caídas de tensión más allá de lo permitido.

En el caso de los TTL por ejemplo, el consumo de corriente de entrada en nivel bajo I_{IL} es superior al consumo de entrada en nivel alto I_{IH}. Véase la tabla 10-11.

TTL Entrada 7414	Típico
I_{IL} (vin =0.4 V)	-0.8 mA
I_{IH} (vin = 2.4 V)	40 µA
VOH	3.4 V
VOL	0.2 V
I_{OL}	-16 mA
I_{OH}	0.8 mA

Tabla 10-11. Valores característicos de una compuerta TTL: 7414.

Si se asume un voltaje de entrada máximo de 0.8 V para el estado bajo, que es el máximo para considerarse como 0 lógico. Entonces:

10.5 Circuitos Osciladores y Temporizadores.

$$R \leq \frac{0.8\ V}{0.8\ mA} \leq 1\ k\Omega$$

Puede notarse que la condición anterior también satisface cuando la entrada esta en nivel alto o de 1 lógico, ya que la corriente es mucho menor.

El valor de R máximo se ha calculado considerando que la compuerta consume su máxima corriente de entrada. En términos prácticos, esta corriente suele estar muy por debajo de su máximo, por lo que el valor máximo de R puede ser mucho mayor. Todo dependerá de los valores reales. Si el consumo de la compuerta llega al orden de unos pocos microamperios, el valor de R puede incrementarse hasta valores cercanos a los 100 kΩ. Sin embargo, si el consumo real es mucho mayor, un valor de 100 kΩ impedirá que la compuerta cambie de estado, evitando que este oscile.

El valor de R tampoco puede ser demasiado bajo, ya que sobre carga demasiado la salida, obligando al voltaje a caer muy por debajo de los niveles de umbral TTL establecidos. En términos prácticos una compuerta TTL puede dar hasta 5 mA, lo que impone un límite de R de 480 Ω.

$$R \geq \frac{2.4\ V}{5\ mA} \geq 480 \Omega$$

Por otro lado, el valor de C más fácil de variar, debe ser mucho mayor que la capacitancia de entrada de la compuerta, la cual es de alrededor de unas decenas de pF. Por lo que valores de capacitores mayores a 300 pF pueden ser recomendados.

La frecuencia definitiva va a depender también de las corrientes I_{IH} e I_{IL} de la compuerta, y de los niveles de histéresis reales.

Los rangos de frecuencia obtenibles con este circuito pueden ir de unos cuantos Hz hasta 10 MHz aproximadamente.

En el caso (b), donde se usa un cristal de cuarzo, es más sencillo. Los capacitores C2 y C3 son de alrededor de 10 a 20 pF típicamente, y el rango de frecuencia puede ir hasta 20-30 MHz.

10.5 Circuitos Osciladores y Temporizadores.

El uso del cristal como circuito resonador, ya se discutió en el capítulo anterior. El cristal oscila en este caso en modo paralelo.

El valor de RF, a veces no necesaria, suele estar entre 1KΩ-10 MΩ, y se utiliza para mantener la estabilidad proporcionando cierta cantidad de retroalimentación negativa.

RS forma un filtro pasa-bajo que ayuda a ajustar la frecuencia de operación, la cual es cercana a la frecuencia fundamental del cristal. Típicamente RS es de valor < 1kΩ para TTL.

Temporizadores:

Los temporizadores son circuitos conocidos también como mono-estables, ya que tienen un solo estado estable. Cuando reciben una activación de entrada pasan a un estado diferente al estable, y solo lo hacen por un período de tiempo. En la mayoría de los casos, este período de tiempo puede ser programado mediante una red RC interna o externa.

La figura 10-13 presenta el esquema de un temporizador digital. Se ha escogido el integrado 74LS122 para este ejemplo.

Los monoestables pueden ser de tipo re-disparable (*re-triggering*) o no-redisparable (*not-retriggering*).

Son re-disparable cuando estando en el periodo de tiempo, es decir, activado, y reciben una señal de entrada, este vuelve a iniciarse en el tiempo de duración. Cuando no son re-disparable, la señal de entrada no tiene efecto sobre la duración del pulso de salida, hasta que éste haya concluido completamente.

10.5 Circuitos Osciladores y Temporizadores.

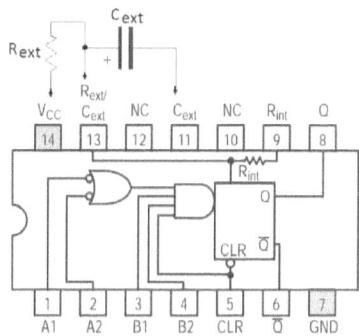

Figura 10-13. Esquema interno del circuito integrado 74LS122.

La expresión de tiempo para el 74LS122 es:

$$T = kC_{ext}R_{ext}$$

K es nominalmente = 0.45

Para conectar un capacitor externo (C_{ext}) se coloca entre los pines 13 (R_{ext}/C_{ext}) y y 11(C_{ext}). Se debe colocar el lado positivo del capacitor hacia el pin 13.

El resistor externo (R_{ext}) se coloca entre los pines 13 y 14 (V_{CC}).

Tanto C_{ext} como R_{ext} tienen limitaciones:

$$C_{ext} \geq 100 \, pF$$

$$5 \, k\Omega \leq R_{ext} \leq 260 \, k\Omega$$

Las diferentes compuertas que tiene a la entrada ofrecen la posibilidad de poder activar el temporizador con flanco de bajada o de subida, según sea requerido.

Adicionalmente, posee una entrada de habilitación o *enable* con lógica negativa, que permite inhibir el temporizador aunque haya eventos de entrada válidos.

La tabla de la verdad de este circuito se presenta a continuación:

10.5 Circuitos Osciladores y Temporizadores.

Clear	A1	A2	B1	B2	Q	$\overline{Q}$
L	X	X	X	X	L	H
X	H	H	X	X	L	H
X	X	X	L	X	L	H
X	X	X	X	L	L	H
H	L	X	↑	H	⊓	⊐⊏
H	L	X	H	↑	⊓	⊐⊏
H	X	L	↑	H	⊓	⊐⊏
H	X	L	H	↑	⊓	⊐⊏
H	H	↓	H	H	⊓	⊐⊏
H	↓	↓	H	H	⊓	⊐⊏
H	↓	H	H	H	⊓	⊐⊏
↑	L	X	H	H	⊓	⊐⊏
↑	X	L	H	H	⊓	⊐⊏

Tabla 10-12. Tabla de la verdad del circuito temporizador 74LS122.

La tabla 10-12 se interpreta de la siguiente manera: Si la entrada de *Clear* esta en bajo, no importa ninguna otra entrada (X = no importa). La salida en este caso es el estado estable de Q = 0 y $\overline{Q}$=1. Para que trabaje el mono-estable debe tener la entrada *Clear* a un uno lógico. La tabla 10-13 indica la condición de no-habilitado en el mono-estable:

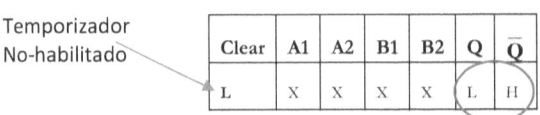

Tabla 10-13. Condición de Clear activado (*low*).

10.5 Circuitos Osciladores y Temporizadores.

Si queremos que se active el temporizador con flanco de bajada por ejemplo, entonces mantenemos a uno lógico las entradas B1, B2, y cualquiera de las entradas A1 o A2. La entrada de disparo será entonces por la entrada A1 o A2 que quede libre. La tabla 10-14 indica el disparo con flanco de bajada por la entrada A2.

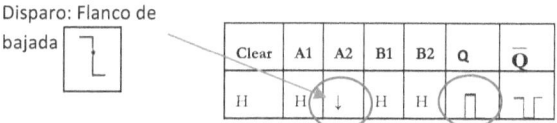

Tabla 10-14. Activación por flanco de bajada.

Si queremos que se active con flanco de subida: mantenemos en bajo cualquiera de las entradas A1 o A2, y en alto una de las entradas B1 o B2. La entrada de disparo será por la entrada B1 o B2 que este libre. La tabla 10-15 indica el disparo con flanco de subida.

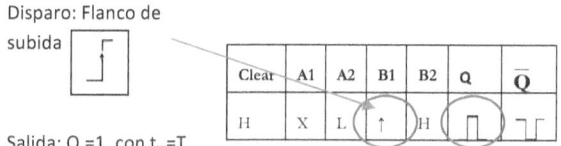

Tabla 10-15. Activación por flanco de subida.

La figura ⊓ indica que se ha activado el pulso alto, por un tiempo T en la salida correspondiente.

Consistentemente la figura ⊔ indica la activación de un pulso bajo, durante el tiempo T.

El 74LS122 es de tipo *re-triggering*. De modo que si la compuerta se re-dispara durante el evento inicial de disparo, es decir, antes de que el pulso se extinga, el pulso correspondiente se extiende en el tiempo.

Existen otros tipos de mono-estables o temporizadores con distintas opciones de entrada y salida, se incluyen los de tipo CMOS como el CD4047BC por ejemplo. La selección de uno u otro tipo de mono-estable dependerá de la aplicación en particular, pero el funcionamiento es muy similar en todos.

10.6 Convertidor Analógico-Digital ADC.

El convertidor analógico-digital también conocido por sus siglas en inglés ADC (*analog to digital converter*), representa uno de los circuitos que con frecuencia se utilizan para pasar de un valor analógico al mundo de lo digital. La figura 10-14 presenta un circuito ejemplo de un convertidor ADC tipo escalera de una rampa. El convertidor es solo un modelo de ejemplo básico para ilustrar el concepto de la conversión de analógico-digital.

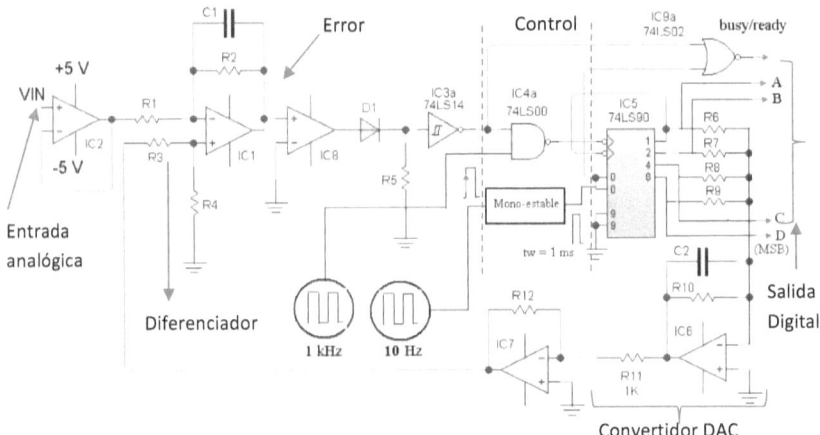

Figura 10-14. Ejemplo de un ADC.

El funcionamiento del circuito de la figura 10-14 puede resumirse en el esquema en bloques de la figura 10-15.

En el proceso de conversión Analógico-digital (ADC) se pasa por una etapa donde se realiza lo opuesto, es decir, una conversión digital-analógico (DAC = *digital to anlog converter*).

10.6 Convertidor Analógico-Digital ADC.

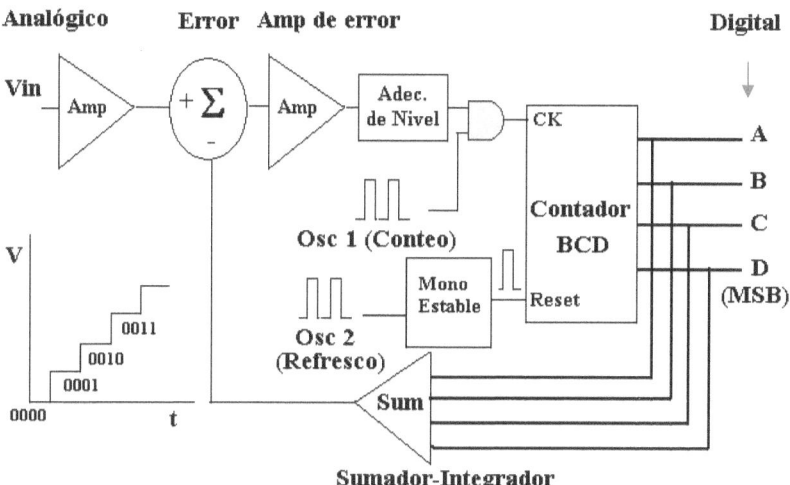

Figura 10-15. Esquema en bloques del circuito del ADC de la figura 10-14.

El DAC está indicado en la figura 10-14 y está conformado por un OPAMP en configuración de sumador.

De modo general el funcionamiento del ADC es como sigue: si el voltaje de entrada es mayor que cero ($V_{in} > 0$ V), y el contador inicia en la cuenta cero, es decir, 0000. El voltaje que arroja el amplificador sumador es de cero voltios. Esto hace que se genere una señal de error positiva que luego es amplificada por el amplificador de error, que típicamente es un comparador. El voltaje de error positivo es convertido en un 1 lógico en la compuerta de control AND. La compuerta AND se encuentra entonces habilitada, y deja pasar los pulsos del reloj 1. Ha medida que los pulsos van sucediendo, la cuenta en el contador BCD se va incrementando. Si el contador es de 4 bits, y es de tipo BCD, habrá 10 combinaciones contando la inicial que es 0000.

Con cada combinación del contador se genera un equivalente analógico en la salida del sumador.

La expresión del sumador, es:

10.6 Convertidor Analógico-Digital ADC.

$$|V_{out}| = V_{ref} \, R_{10}(\frac{1}{R_6} + \frac{1}{R_7} + \frac{1}{R_8} + \frac{1}{R_9}) \qquad (10.3)$$

Dónde el V_{ref} es el valor asignado al 1 lógico. Es decir, 5 V. Aunque si el contador es TTL un valor más real sería de 3.5 V, que es el voltaje típico de salida para 1 lógico en circuitos TTL.

Las resistencias R_9 hasta R_{10} se calculan dependiendo del valor de escala completa o *full scale* al que se desea convertir.

Por ejemplo, si el convertidor es tipo BCD de 4 bits, habrá 10 combinaciones totales. Si el valor de escala completa es de 1V, y el voltaje de referencia es 3.5 V, los valores de las resistencias pueden ser:

El escalón más pequeño de conversión es con la combinación 0001. Siendo QA el LSB.

De modo que:

$$1 \, LSB = \frac{1 \, V}{10} = 0.1 \, V$$

El voltaje de salida también puede expresarse como:

$$V_{out} = LSB \, x \, (BCD) \qquad (10.4)$$

Si R_{10} es 10 kΩ, y utilizando la expresión (10.3) tenemos:

$$|V_{out}| = 0.1 \, V = V_{ref} \, R_{10}(\frac{1}{R_6})$$

De dónde despejando R_6 resulta:

$$R_6 = V_{ref} \, R_{10} \left(\frac{1}{V_{out}}\right) = 350 \, k\Omega$$

Siguiendo el orden de los pesos: 1, 2, 2^2, 2^3 el resto de las resistencias resultan:

$$R_7 = \frac{R_6}{2} = 175 \, k\Omega$$

10.6 Convertidor Analógico-Digital ADC.

$$R_8 = \frac{R_6}{4} = 87.5\ k\Omega$$

$$R_9 = \frac{R_6}{8} = 43.75\ k\Omega$$

Para comprobar el resultado supongamos que tenemos la combinación 1001. Aplicando la expresión (10.3) y (10.4) tenemos:

(9)

$$|V_{out}| = V_{ref}\ 10\left(\frac{1}{350} + \frac{0}{R_7} + \frac{0}{R_8} + \frac{1}{43.75}\right) = 0.9\ V$$

$$V_{out} = LSB\ x\ (BCD) = 0.1\ V\ x\ 9 = 0.9$$

El resultado obtenido es el esperado. Recuerde que siendo un contador BCD la cuenta máxima es de nueve.

El voltaje de entrada debe limitarse de 0 a 0.9 V máximo. El escalón mínimo de conversión, llamado también resolución del convertidor es igual al LSB, que en este ejemplo es de 0.1 V.

El voltaje de entrada puede llevarse hasta 1 V si se genera un quinto bit (QE) que vendría siendo el número de acarreo que sigue luego de que el contador pasa de 1001→0000. Para ello hay que agregar bien un contador adicional en cascada con el primero, o una lógica con compuertas. El quinto bit, que corresponde a R_{11}, tendría un peso igual 10. Es decir, la ecuación (10.3) se re-escribiría así:

$$|V_{out}| = V_{ref}\ R_{10}(\frac{1}{R_6} + \frac{1}{R_7} + \frac{1}{R_8} + \frac{1}{R_9} + \frac{1}{R_{11}}) \quad (10.5)$$

Y el valor de R_{11} sería:

$$R_9 = \frac{R_6}{10} = 35\ k\Omega$$

10.6 Convertidor Analógico-Digital ADC.

Continuando con el funcionamiento del convertidor, cuando la rampa de escalera que genera el sumador alcanza un voltaje ligeramente superior al de la entrada, pero de signo opuesto, se produce una señal de error que ahora es negativa. La señal de error negativa es amplificada por el amplificador de error, que básicamente es un comparador que permite adecuar la respuesta de error en términos de un valor máximo, que es 1 lógico, y un valor mínimo que es 0 lógico. De esta manera el error negativo, hace que la compuerta AND de control se coloque en cero, por lo que no deja pasar ningún otro pulso de reloj. El contador queda detenido en el valor digital que equivale al valor analógico de V_{in}.

Para refrescar la lectura, cada cierto tiempo, un segundo reloj de mucho menor frecuencia, típicamente pocos Hz, hace que un circuito mono-estable produzca un pulso corto de tiempo, pero suficiente para resetear o volver a cero (0000) el contador, para iniciar todo el proceso de lectura de nuevo.

El proceso de conversión arranca desde el momento en que el valor del contador es menor que el equivalente analógico, y se detiene cuando es igual o ligeramente superior a este.

El tiempo de conversión máximo t_c será:

$$t_C = \frac{1}{T_{osc}} 2^N \qquad (10.6a)$$

Dónde:

T_{osc} es el período del oscilador principal, y N el número de bits del contador si es binario.

En el caso de la figura 9-14 el contador no es binario, sino BCD de modo que la expresión (10.5a) debe ser reescrita así:

$$t_c = \frac{1}{T_{ocs}} x 10 \qquad (10.6b)$$

Si por ejemplo el oscilador es de 1 kHz, el $t_c = 10\ ms$

El segundo oscilador actúa como muestreador. Si la frecuencia del oscilador 2 es de 10 Hz por ejemplo, significaría que el ADC toma 10 lecturas de la señal de entrada por cada segundo que transcurre.

El tiempo del mono-estable debe ser mucho menor al período del oscilador 2.

Por lo general, existe una lógica de control adicional que permite leer el valor digital cuando el contador ha finalizado la cuenta. Esta lógica se indica como una señal de *busy/ready* en la figura 10-14. Cuando la salida de la compuerta NOR es un 1 lógico, indica que se puede leer el valor digital, y cuando es 0 indica que está ocupado el ADC convirtiendo la señal de entrada.

10.7 Convertidor R2R.

En la sección anterior se expuso un ADC que emplea un circuito sumador de pesos como elemento convertidor digital-analógico. El problema de este convertidor es que emplea resistencias de valores distintos, que a veces, pueden resultar en valores difíciles de obtener de forma práctica. Lo anterior conduce a errores en la conversión ya que los escalones no son exactamente iguales, por lo que adicionalmente se introduce una no-linealidad en la recta de conversión. El error aumenta conforme la cantidad de bits de conversión, pues aumenta el número de resistencias involucradas. Para una longitud de 4 bits y escogiendo de manera apropiada las resistencias, el valor de error puede ser aceptable, digamos de entre 3-5%, empleando resistencias de 1% de precisión.

Para solucionar el problema anterior se emplea un convertidor tipo R2R que solo emplea dos valores de resistencias, haciendo que el error se minimice, al tiempo que se mantiene una mejor linealidad. Empleando resistencias de 1% de precisión el error puede estar alrededor del 1% o menos.

La figura 10-16 muestra un convertidor R2R de cuatro bits:

10.7 Convertidor R2R.

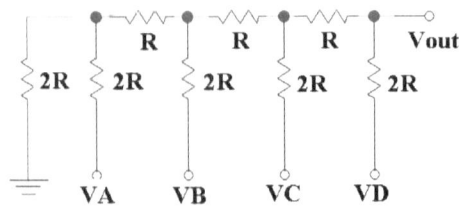

Figura 10-16. Convertidor R2R de cuatro bits.

Para analizar este circuito y obtener Vout utilizaremos los teoremas de superposición de redes y el de Thévenin. Así:

Supongamos que tanto VA, VB, VC, VD son entradas de voltaje digital. Es decir, son ceros o unos lógicos.

Supongamos también que en este momento: VD = 1, y VA = VB = VC = 0 V.

Hallamos el equivalente de Thévenin que se ve con VD =1, como lo indica la figura 10-17, así:

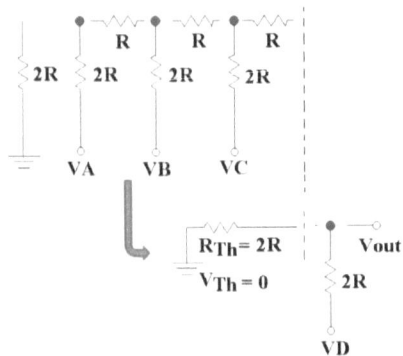

Figura 10-17. Equivalente de Thévenin con VD=1.

Hacer 0 V los bits de entrada equivale a puesta a tierra también.

El voltaje de salida en función de VD sería:

$$V_{out} = \frac{1}{2}V_D$$

10.7 Convertidor R2R.

Supongamos ahora que: VC = 1, y VA = VB = VD = 0 V.

El equivalente de Thévenin que ve con VC, como lo indica la figura 10-18, es:

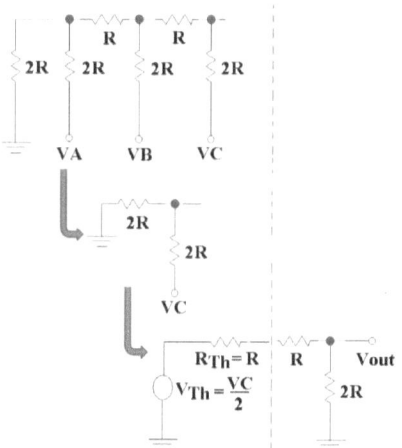

Figura 10-18. Equivalente de Thévenin con VC=1.

El voltaje de salida en función de VC sería:

$$V_{out} = \frac{1}{4} V_C$$

Con: VB = 1, y VA = VC = VD = 0 V.

En este caso, es necesario aplicar Thévenin dos veces, como lo indica el esquema de la figura 10-19.

El uso recursivo del teorema de Thévenin no permite hacer simplificaciones sucesivas hasta obtener la representación que deseamos.

10.7 Convertidor R2R.

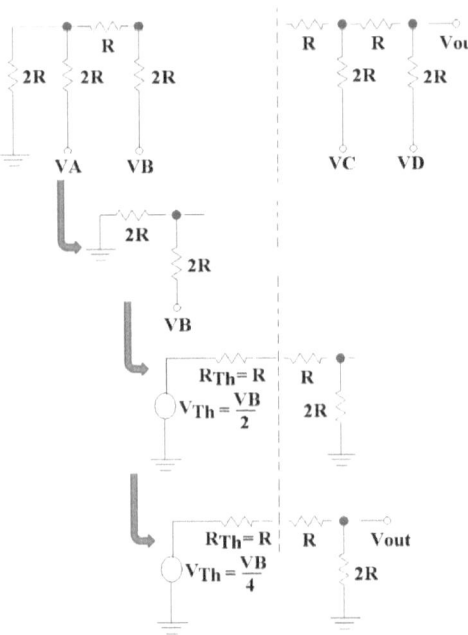

Figura 10-19. Equivalente de Thévenin con VB=1.

El voltaje de salida en función de VB sería:

$$V_{out} = \frac{1}{8} V_B$$

Con: VA = 1, y VB = VC = VD = 0 V.

En este caso, es necesario aplicar Thévenin tres veces, como lo indica el esquema de la figura 10-20.

El voltaje de salida en función de VA sería:

$$V_{out} = \frac{1}{16} V_A$$

10.7 Convertidor R2R.

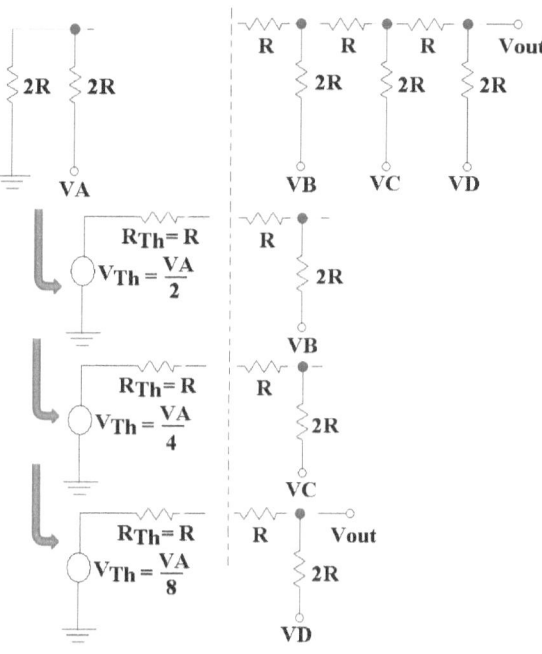

Figura 10-20. Equivalente de Thévenin con VA=1.

Aplicando ahora superposición el resultado final es:

$$Vout = \frac{1}{2}V_D + \frac{1}{4}V_C + \frac{1}{8}V_B + \frac{1}{16}V_A \qquad (10.7)$$

El LSB es el dígito A.

En la expresión de Vout puede observarse una relación de potencia de la forma 2^{-n}. Dónde:

n; se corresponde con la cantidad de bits y A_n el bit en cuestión.

La expresión general sería:

$$Vout = \sum_{n=1}^{\infty} \frac{A_n}{2^n} \qquad (10.8)$$

10.7 Convertidor R2R.

Pongamos un ejemplo numérico.

Supongamos que existen las siguientes combinaciones digitales:

DCBA   →Decimal

(1) 1010   →10

(2) 0101   →5

Aplicando la expresión (10.7) tenemos:

Combinación: $1010 \rightarrow Vout = \frac{1}{2}1 + \frac{1}{4}0 + \frac{1}{8}1 + \frac{1}{16}0 = 0.625$

Combinación: $0101 \rightarrow Vout = \frac{1}{2}0 + \frac{1}{4}1 + \frac{1}{8}0 + \frac{1}{16}1 = 0.3125$

Si observamos los resultados podemos inferir que existe proporcionalidad entre el valor digital y su equivalente decimal.

Recuerde que hemos asignado un valor de 1 y 0 lógico a los voltajes de los bits. El valor real en el convertidor será el que corresponda a los voltajes de la respectiva salida tanto para el estado alto como para el estado bajo. Así por ejemplo, si 5 V representa el 1 lógico, y 0 V el 0 lógico respectivamente, los resultados anteriores serían:

Combinación: $1010 \rightarrow Vout = \frac{1}{2}1 + \frac{1}{4}0 + \frac{1}{8}1 + \frac{1}{16}0 = 0.625 * 5 = 3.125$

Combinación: $0101 \rightarrow Vout = \frac{1}{2}0 + \frac{1}{4}1 + \frac{1}{8}0 + \frac{1}{16}1 = 0.3125 * 5 = 1.5625$

Un operacional puede utilizarse en este tipo de convertidor para controlar la ganancia a la salida del convertidor, tal y como se indica en la figura 10-21.

La ganancia del convertidor será:

$$A_V = -\frac{R_f}{2R}$$

Y la expresión de salida será:

10.7 Convertidor R2R.

$$Vout = A_V k \sum_{n=1}^{\infty} \frac{A_n}{2^n} \qquad (10.9)$$

Dónde:

k; es el valor del voltaje de referencia asignado como 1 lógico (5 V por ejemplo).

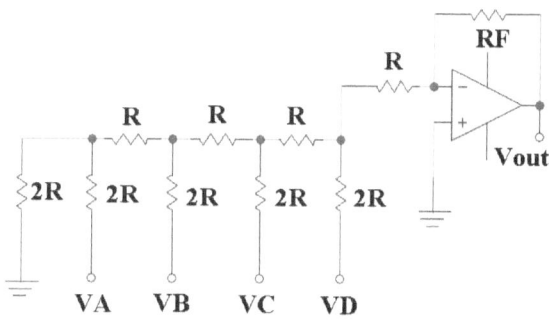

Figura 10-21. Ejemplo de un convertidor R2R con ganancia controlada por un OPAMP.

También puede aplicarse en configuración no-inversor como se indica en la figura 10-22.

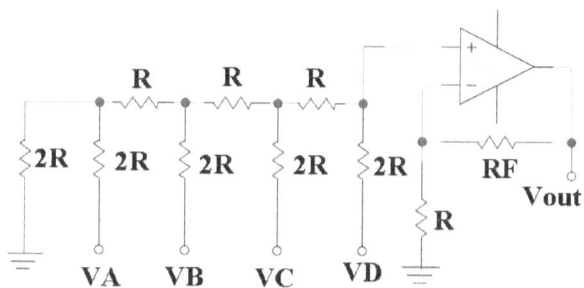

Figura 10-22. Ejemplo de un convertidor R2R con ganancia controlada por un OPAMP (no-inversor).

En el caso de la figura 10-22 la ganancia del convertidor será:

$$A_V = 1 + \frac{R_f}{2R}$$

10.8 Modulador de ancho de pulso PWM.

La modulación de ancho de pulso o *pulse width modulation* (PWM) como se le conoce en inglés, es una técnica que consiste en modificar el valor promedio DC de una señal pulsante (periódica), variando para ello su ciclo de trabajo, es decir, la relación entre el nivel alto y el nivel bajo, mientras se mantiene constante la frecuencia f de trabajo.

La variación típica del ciclo de trabajo va desde un 10% hasta un 90%.

El ciclo de trabajo se define como:

$$CT = \frac{t_A}{T}$$

Donde: t_A es el tiempo en alto de la señal PWM y T es el período de la señal.

La señal PWM es normalmente una señal de pulso, tipo TTL, pero puede ser de cualquier nivel, o forma.

Si la señal es de tipo pulso o cuadrada, el nivel o voltaje máximo de la señal pulsante se mantiene también como una constante.

El voltaje promedio $V(DC)$ que ofrece una señal modulada en PWM se puede conocer en todo momento por la expresión:

$$V(DC) = \frac{1}{T}\int_0^T f_{(t)} \quad (10.10a)$$

Si la señal es de tipo pulso o cuadrada:

$$(DC) = \frac{1}{T}\int_0^T Vp \quad (10.10b)$$

Dónde: T = es el período de la señal PWM, y Vp es el valor del nivel de la señal en voltios.

Por ejemplo, si una señal PWM es de tipo TTL y tiene una frecuencia de 1 kHz, y el ciclo de trabajo es de 50%, el voltaje promedio será (utilizando la expresión 10.10b):

10.8 Modulador de ancho de pulso PWM.

$$V(DC) = \frac{1}{T}\int_0^{T/2} V_p = \frac{V_p}{2}$$

Como la señal tiene niveles TTL, es decir, que Vp = 5 V, el promedio equivalente de $V(DC) = 2.5\,V$.

Las aplicaciones del PWM en la electrónica digital son muchas, entre las que podemos destacar: control de motores de corriente continua o DC, lámparas, transmisión de información, audio, etc.

La figura 10-23 muestra un arreglo básico para obtener una señal PWM a partir de una señal triangular. La señal de referencia puede ser también una señal tipo diente de sierra.

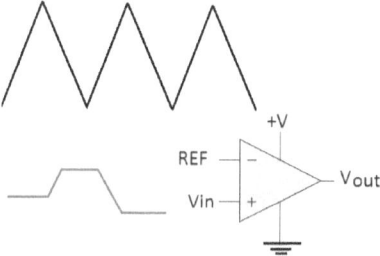

Figura 10-23. Arreglo que permite generar una señal PWM.

El arreglo de la figura 10-23 consta de un oscilador de onda triangular y un comparador de voltaje. La onda triangular sirve como referencia en el puerto inversor del OPAM. La señal de entrada, de nivel variable, entra por el puerto no-inversor. La señal de salida obtenida se representa en la gráfica de la figura 10-24.

En la gráfica de la figura 10-24 se puede observar que cuando la entrada varía de nivel, se modifica el ancho del pulso respectivamente. De manera coherente, cuando el nivel es mayor, el ancho del pulso también lo es, y viceversa.

10.8 Modulador de ancho de pulso PWM.

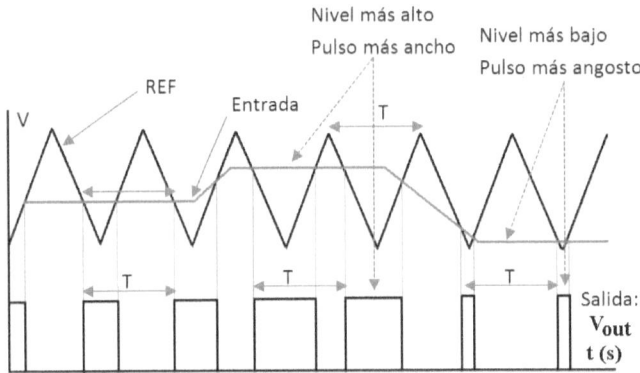

Figura 10-24. Gráfica mostrando la comparación de señales del arreglo de la figura 10-16 y la señal de salida obtenida.

La relación de variación de la entrada vs. el ancho del pulso se debe ajustar para que la modulación sea óptima. Es decir, que la máxima amplitud de entrada debe provocar un ancho de pulso mayor o igual del 90% del ciclo de trabajo, y la mínima amplitud de entrada, se debe corresponder con un ancho menor o igual al 10% del ciclo de trabajo. No siempre se puede lograr esto, y la efectividad va a depender del uso particular que se le esté dando a la señal PWM. Muchas veces una variación menor del ciclo de trabajo puede resultar igualmente exitosa.

En la figura 10-24 se ha hecho hincapié en que la frecuencia o período de la señal PWM se mantiene en todo tiempo igual al de la señal de referencia.

La figura 10-25 muestra un circuito PWM realizado con el versátil LM555.

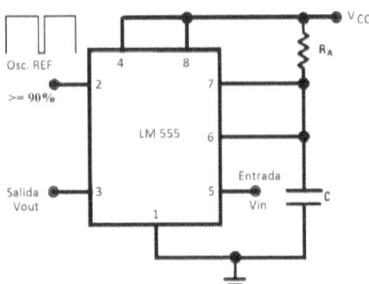

Figura 10-25. LM555 en configuración de PWM.

10.8 Modulador de ancho de pulso PWM.

En el circuito de la figura 10-25, el 555 está utilizándose en modo monoestable. El oscilador externo de referencia (Osc. Ref) puede ser otro circuito LM555 configurado como astable (oscilador de pulsos), pero con ciclo de trabajo de aproximadamente 90%. Un ciclo de trabajo alto para el oscilador de referencia es necesario, ya que cuando ocurre el nivel bajo en la entrada (pin 2), la salida del 555 se vuelve baja o cero, es decir, ocurre un *reset* de la salida, y permanece en este estado hasta que desaparece la condición de nivel bajo en el pin 2. Es recomendable entonces que el pulso de *reset* sea lo más corto posible, para no afectar significativamente el tiempo de arranque del PWM respecto a la señal de referencia. Por esta razón el ciclo de trabajo para el Osc. Ref debe ser tan alto como 90%. o más.

Por otro lado, existen limitaciones para los valores de tiempo, R_A y C. La frecuencia de trabajo tiene un límite práctico de ~100 kHz, ya que a partir de allí los tiempos de retraso internos del 555 son comparables con los de la señal de referencia, por lo que la respuesta real puede no ser la esperada.

El valor de R_A no debe ser menor a 100 Ω si la alimentación es de +5V, y de 300 Ω si es +15V. La razón se debe a que cuando ocurre la descarga de C el transistor de descarga tiene un límite de corriente, si es superado, simplemente se excede la potencia del mismo y puede quemarse, dejando inservible al 555.

El valor de C recomendado es ≥ 1 nF, debido a la corriente de fuga presente en el pin de descarga y a la capacitancia intrínseca asociada a este.

El tiempo de duración inicial del pulso cuando V_{in} está al aire es de:

$$t_{w0} = \ln(3)\, R_A\, C = 1.1 R_A\, C \qquad (10.11)$$

Si el valor de V_{in} no afecta las referencias internas del 555 estas siguen siendo 1/3 y 2/3 de V_{cc}, lo que da origen a la expresión anterior.

Cuando $V_{in} \neq 0$ la expresión (10.11) se modifica para incrementarse (t_{w0}) cuando el voltaje sube por encima de 2/3 de V_{cc}, y para disminuir cuando el voltaje baja por debajo de 2/3 V_{cc}.

10.8 Modulador de ancho de pulso PWM.

La expresión 10.11 puede entonces escribirse en función de la fracción X respecto de V_{CC}, que representa la entrada:

$$t_w = \ln\left(\frac{1}{1-X}\right) R_A C \qquad (10.12)$$

Puede comprobarse que si X=2/3, el valor de t_w es el indicado por la expresión (10.11).

Si por ejemplo, si la fracción $X_1= 0.75$, significa que el voltaje en V_{in} es de 3.75 V, si la alimentación V_{CC} es de 5V. En este caso el tiempo t_w es:

$$t_{w1} = \ln\left(\frac{1}{1-0.75}\right) R_A C = 1.38 R_A C$$

Y si la fracción es $X_2 = 0.55$, es decir, V_{in} es de 2.75V:

$$t_{w2} = \ln\left(\frac{1}{1-0.55}\right) R_A C = 0.79 R_A C$$

En este caso hemos supuesto una señal de entrada que se mueve entre 3.75 V y 2.75 V.

La variación en torno al valor central será:

$$\Delta(\%) = \left(\frac{t_{w1} - t_{w2}}{t_{w0}}\right) x 100 = \left(\frac{1.38 R_A C - 0.79 R_A C}{1.1 R_A C}\right) x 100 = 53.63\%$$

Cuanto mayor es el porcentaje mejor es la modulación. Los valores máximos para el 555 son de $V_{in(max)} = 4$ V (X_1=0.8), y $V_{in(min)} = 2.25$ V (X_2=0.45).

La configuración del 555 como astable ya se discutió en el capítulo VIII.

10.8 Guía fácil para el Diseño.

Función	Circuito	Fórmulas
AND NAND	AND / NAND gates with inputs A, B and output Y	AND: $Y = AB$ NAND: $Y = \overline{AB}$
OR NOR	OR / NOR gates with inputs A, B and output Y	OR: $Y = A + B$ NOR: $Y = \overline{A+B}$
NOT	$\overline{Y}$ — NOT gate — Y	$Y = \overline{\overline{Y}}$
Algebra De Boole Teoremas Básicos		1 $\overline{A.B} = \overline{A} + \overline{B}$ 2 $\overline{A + B} = \overline{A}\,\overline{B}$ 3 $\overline{\overline{A} + \overline{B}} = AB$ 4 $A + \overline{A} = 1$ 5 $A + \overline{A}B = A + B$ 6 $\overline{A} + A\overline{B} = \overline{A} + \overline{B}$
Flip-Flop NOR	S→NOR→$\overline{Q}$, R→NOR→Q (cross-coupled)	Set Reset Q $\overline{Q}$ 0 1 0 1 1 0 1 0 0 0 1 (memoria) 0 (memoria) 0 1 0 1 0 0 0 (memoria) 1 (memoria)
Flip-Flop NAND	S→NAND→$\overline{Q}$, R→NAND→Q (cross-coupled)	Estados de Memoria: S R Q $\overline{Q}$ 0 1 0 1 1 1 0 1 1 0 1 0 1 1 1 0

10.8 Guía fácil para el Diseño.

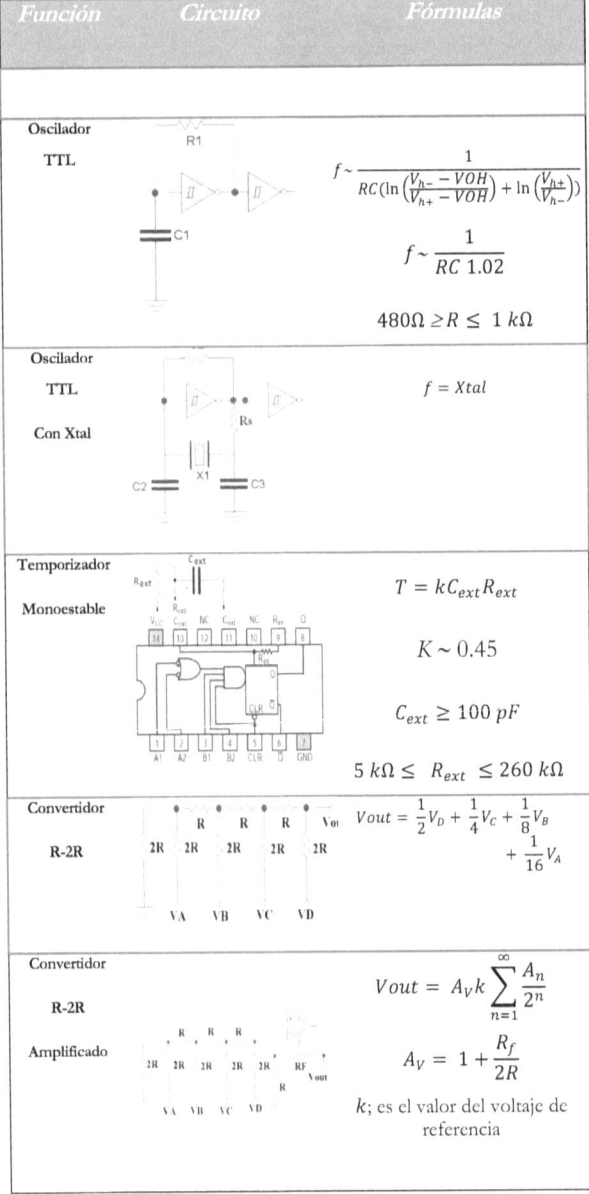

Función	Circuito	Fórmulas
Oscilador TTL		$f \sim \dfrac{1}{RC(\ln\left(\dfrac{V_{h-} - VOH}{V_{h+} - VOH}\right) + \ln\left(\dfrac{V_{h+}}{V_{h-}}\right))}$ $f \sim \dfrac{1}{RC\,1.02}$ $480\,\Omega \geq R \leq 1\,k\Omega$
Oscilador TTL Con Xtal		$f = Xtal$
Temporizador Monoestable		$T = kC_{ext}R_{ext}$ $K \sim 0.45$ $C_{ext} \geq 100\,pF$ $5\,k\Omega \leq R_{ext} \leq 260\,k\Omega$
Convertidor R-2R		$Vout = \dfrac{1}{2}V_D + \dfrac{1}{4}V_C + \dfrac{1}{8}V_B + \dfrac{1}{16}V_A$
Convertidor R-2R Amplificado		$Vout = A_V k \sum_{n=1}^{\infty} \dfrac{A_n}{2^n}$ $A_V = 1 + \dfrac{R_f}{2R}$ k; es el valor del voltaje de referencia

10.9 Cuestionario y problemas del Capítulo.

1. La familia TTL opera solo con 15 V de alimentación. **V o F**.
2. TTL y CMOS son dos familias de circuitos digitales. **V o F**
3. Pueden existir tres o más estados lógicos, por ejemplo. **V o F**
4. En la lógica binaria solo existen dos valores: 1 y 0. **V o F**
5. El álgebra de Boole solo maneja dos estados lógicos. **V o F**
6. El llamado *tri-state* viene siendo un tercer estado lógico. **V o F**
7. En los circuitos TTL un 1 lógico es cualquier valor entre 1 V en adelante. **V o F**
8. Los circuitos cuya salida depende de su estado actual y de su estado anterior son los circuitos combinacionales. **V o F**
9. El Flip-Flop es un tipo de circuito secuencial elemental. **V o F**
10. Los circuitos secuenciales pueden ser controlados por una señal de reloj. **V o F**
11. Un tipo de contador asíncrono es aquel cuya señal de reloj está conectado a todos los elementos de conteo. **V o F**
12. El circuito digital mono-estable tiende dos estados estables. **V o F**
13. El monoestable no puede ser re-disparado cuando el pulso de tiempo está presente.
14. Un oscilador digital hecho con compuertas exhibe una forma senoidal de salida. **V o F**
15. Implemente con compuertas la siguiente función lógica:

$$Y = \overline{AB + C}$$

Sol:

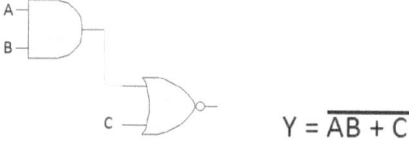

$$Y = \overline{AB + C}$$

Figura 10-26. Solución del ejercicio 15.

16. Si en el caso de la figura 10-26 se añade un negador a la salida, indique la expresión Y resultante. Sol:

10.9 Cuestionario y problemas del Capítulo.

$$Y = AB + C$$

17. Haga la tabla de la verdad para el caso de 15. Sol:

A	B	C	Y
0	0	0	1
0	0	1	0
0	1	0	1
0	1	1	0
1	0	0	1
1	0	1	0
1	1	0	0
1	1	1	0

$$Y = \overline{AB + C}$$

Tabla 10-16. Tabla de la verdad de la función del ejercicio 15.

18. Demuestre que los resultados de la tabla 10-16 equivalen a la expresión:

$$Y = \overline{AB + C}$$

Sol:

La función es: $Y = \overline{AB + C}$

Usando los teoremas la función Y puede escribirse así:

$$Y = (\overline{A} + \overline{B})\overline{C}$$

De la tabla de la verdad 10.16 obtenemos:

$$Y = \overline{A}\overline{B}\overline{C} + \overline{A}B\overline{C} + A\overline{B}\overline{C}$$

Agrupando términos:

$$Y = \overline{C}(\overline{A}\overline{B} + \overline{A}B + A\overline{B})$$

Volviendo a agrupar:

$$Y = \overline{C}(\overline{A}(\overline{B} + B) + A\overline{B})$$

10.9 Cuestionario y problemas del Capítulo.

Como el término:

Tenemos:

$$\overline{B} + B = 1$$

$$Y = \overline{C}(\overline{A} + A\overline{B})$$

Finalmente, aplicando de nuevo los teoremas tenemos:

$$Y = \overline{C}(\overline{A} + \overline{B})$$

19. Un oscilador como el de la figura 10-27 opera a una frecuencia de 100 kHz. Calcule los valores aproximados de RC. Sol: R =1 kΩ , C = 9.8 nF

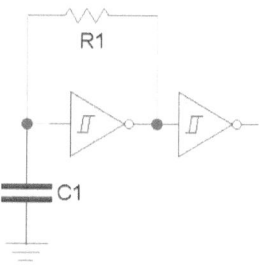

Figura 10-27. Oscilador con compuerta TTL 7414.

20. Un monoestable como el de la figura 10-13 se necesita activar con flanco de bajada por un tiempo de 2.25 μs. Estime los valores de RC y conexión de entradas. Sol: R = 5 kΩ, C =1000 pF

Las conexiones son: A1 =B1=B2 = alto, y entrada de disparo por A2.

21. Un convertidor ADC como el de la figura 10-14 emplea un reloj principal de 100 kHz, se usan dos contadores de tipo BCD de 4 bits en cascada. Si el valor a escala completa es de 5V, determine (a) tiempo de conversión máxima, (b) resolución del ADC.

Sol:

$$t_C = \frac{1}{T_{osc}} 100 = \frac{1}{100^3} 100 = 1 \, ms$$

10.9 Cuestionario y problemas del Capítulo.

Y la resolución es:

$$1\ LSB = \frac{5\ V}{100} = 50\ mV$$

22. Si en el caso de 21 se emplea un contador de 12 bits BCD (3 contadores BCD de 4 bits cada uno), indique el tiempo de conversión y la resolución del ADC.

Sol:

$$t_C = \frac{1}{T_{osc}} 1000 = \frac{1}{100^3} 1000 = 10\ ms$$

Y la resolución es:

$$1\ LSB = \frac{5\ V}{1000} = 5\ mV$$

23. En el caso de 22 indique la ecuación de salida y los pesos correspondientes:

Sol:

$$V_{out} = -V_{ref}\ R_{10}(\frac{1}{R_6} + \frac{1}{R_7} + \frac{1}{R_8} + \frac{1}{R_9} + \frac{1}{R_{11}} + \frac{1}{R_{12}} + \frac{1}{R_{13}} + \frac{1}{R_{14}} + \frac{1}{R_{15}} + \frac{1}{R_{16}} + \frac{1}{R_{17}} + \frac{1}{R_{18}})$$

Los pesos serían:

1 2 4 8 /10 20 40 80/ 100 200 400 800 (MSB corresponde a R_{18}). Se emplearían 3 contadores BCD de 4 bits cada uno en cascada.

24. Si en 23 R_{10} = 10 kΩ, calcule el resto de las resistencias (R_6....R_{17}), si V_{ref} = 3.5 V, y V_{out} = 5 V, a escala completa.

Sol:

$$R_6 = V_{ref}\ R_{10} \left(\frac{1}{V_{out}}\right) = 7\ M\Omega$$

$R_7 = 3.5$ MΩ, $R_8 = 1.75$ MΩ, $R_9 = 875$ kΩ, $R_{11} = 0.7$ MΩ, $R_{12} = 350$ kΩ, $R_{13} = 175$ kΩ, $R_{14} = 87.5$ kΩ, $R_{15} = 70$ kΩ, $R_{16} = 35$ kΩ, $R_{17} = 17.5$ kΩ, $R_{18} = 8.75$ kΩ.

25. ¿Cuál sería el voltaje alcanzado por el ADC del caso anterior si la combinación de los contadores es: 1001 1001 1001?

Siguiendo lo pesos:

1 2 4 8 /10 20 40 80/ 100 200 400 800

Y la combinación: 1001 -1001- 1001

Tendríamos: 1 + 8 + 10 + 80 + 100 + 800 = 999

Luego el voltaje sería:

$$V_{out} = LSBX(MSB) = 5\ mV\ (999) = 4.995\ V$$

Respuestas a las preguntas de verdadero o falso:

(1)F, (2)V, (3)V, (4)V, (5)V, (6)V, (7)F, (8)F, (9)V, (10)V, (11)F, (12)F,(13)F, (14)F.

BIBLIOGARFÍA

Nashelsky Boylestad. Electrónica: Teoría de circuitos y dispositivos electrónicos. 10ª edición. Prentice Hall. 2009.

Pressman Abraham I. Billings Keith, Morey Taylor. Switching Power Supply Design. Third edition. Mc. Graw Hill. New York. 2009.

Robredo Gustavo A Ruiz. Electrónica Básica para Ingenieros. Universidad de Cantabria. 2009.

Floyd Thomas L. Dispositivos Electrónicos. Octava edición. Prentice Hall. 2008.

Malvino Albert, Bates David. Principios de Electrónica. McGraw-Hill Interamericana de España S.L.; 7ª edición. 2007.

Malik Norbert R. Circuitos Electrónicos. Prentice Hall. 2006.

López J. Espi, Valls G. Camps. Fundamentos de Electrónica Analógica. Universitat de València. 2006.

Rashid Muhammad H. Electrónica de Potencia. Tercera edición. Prentice Hall. 2004.

Análisis Básico de Circuitos Eléctricos y Electrónicos. Prentice Hall. 2004.

Khanna Vinod Kumar. The Isolated Gate Bipolar Transistor. IGBT. JhonWiley & Sons. 2003.

Cogdell J.R. Fundamentos de Electrónica. Prentice Hall. 2000.

S.M. Sze (Ed). Modern Semiconductor Device Physics. Jhon Wilwy & Sons. 1998.

Mazda F. Power Electronics Handbook. Third edition. 1997.

Donate Antonio Hermosa. Electrónica Digital Práctica. Alfaomega Marcombo. 1995.

J.B. Kuo and Chiang. Turn-on Trasient Analysis of a Power IGBT with an Inductive load in Series with a Resistive Load. Solid State Electron. Vol: 37, N° 9, September 1994. pp. 1673-1676

B.K. Bose. Modern Power Electronics Evolution, Technology and Applications. IEEE Press, New York. 1992.

Motorola Linear/Interface ICs Device Data. 1990

Horowitz Paul, Hill Winfield. The art of electronics. Cambridge University Press. Second edition. 1989.

Lapatine Sol. Electrónica en sistemas de comunicación. Limusa. 1986.

Heumann, K. Basic Principles of Power Electronics. New York, Springer-Verlag, 1986.

Wiley. Fundamentals of Electronics. Jhon Wiley & Sons. Third edition. 1981.

Mazda F. F. Thyristor Control. Jhon Willwy Sons. 1973

Resnick Halliday. Física. Parte II. Continental S.A, Mexico. 1966.

Signetics Analog Manual: Applications, Specifications. Signetics Coporation, Sunnyvale, California, 94086.